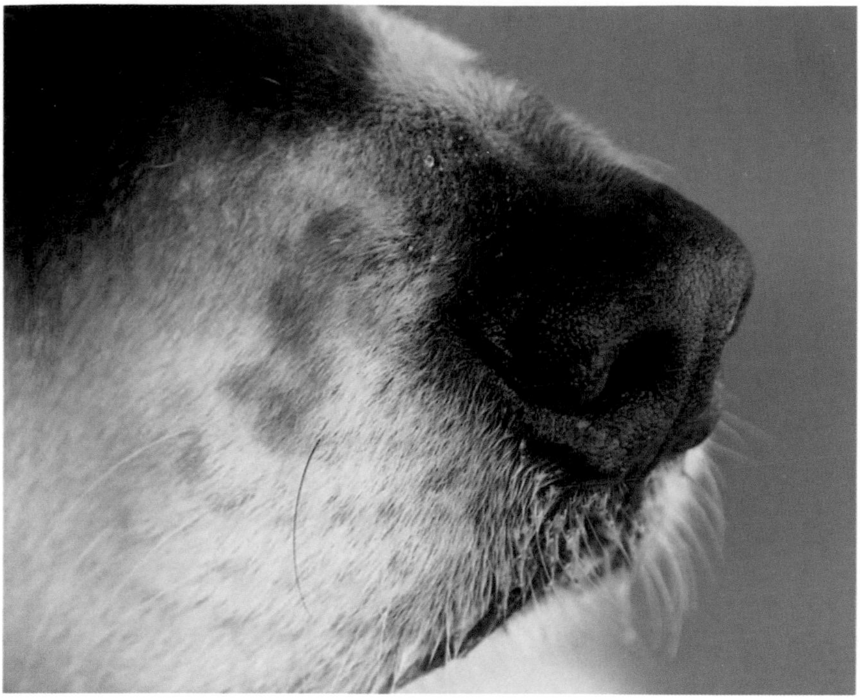

Gunn Shots!

狗鼻子上兩道側向延伸的縫隙能讓牠在呼氣時，將更多氣味送進鼻子裡。

Daniel Kronauer

畢氏粗角蟻被塗上顏色記號，以便追蹤牠們。

sheilapic76

Seabird NZ

嗅覺器官的型態多變，包括
大象的鼻子、信天翁的鳥喙
和蛇分岔的蛇信。

Lisa Zins

Tambako the Jaguar

腳上的受體讓蝴蝶和其他昆蟲能嚐到所站位置的滋味。

Mathias Appel

鯰魚是會游泳的舌頭，全身的皮膚上都布滿味蕾。

Artur Rydzewski

蠅虎中間的眼睛提供牠們清晰的視野，而兩側的眼睛負責追蹤移動。

janetgraham84

埃及穢蠅超高速的視覺能力讓牠可以在人類眨眼的一瞬間，抓住快速飛行中的昆蟲。

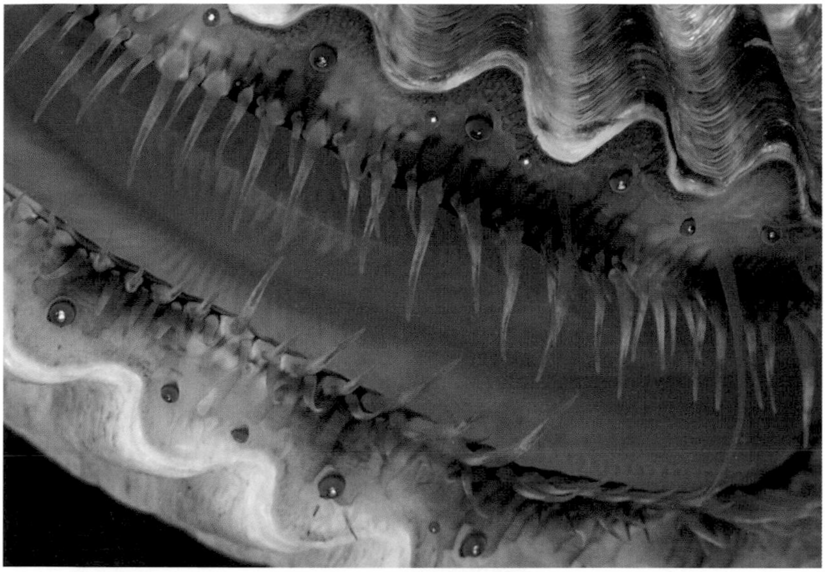

Sonke Johnsen

在扇貝的貝殼周圍，環繞著許多亮藍色的眼睛。

Ophiocoma wendtii (Muller & Troschel, 1842), observed in Puerto Rico by Kent Miller

紅鞭蛇尾的整個身體就是一顆眼睛，但只有在白天的時候才是如此。

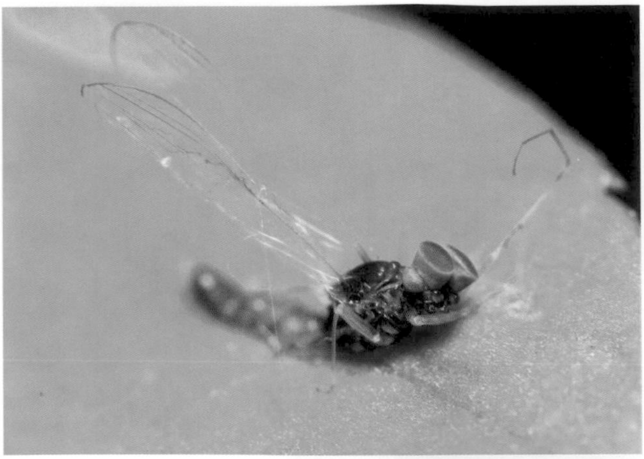

treegrow

公蜉蝣眼睛巨大的頂部讓牠能辨識出路過身旁的雌性。

VVillamon

變色龍用牠可以獨立轉動的眼睛，能同時看見前方和身後。

E. A. Lazo-Wasem,
Yale Peabody Museum

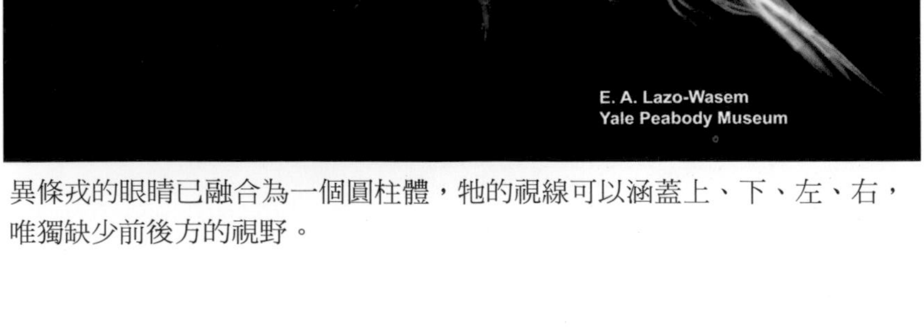

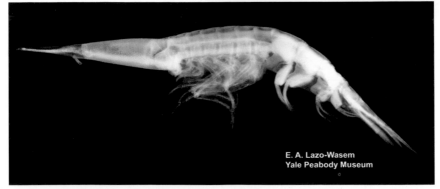

異條戎的眼睛已融合為一個圓柱體，牠的視線可以涵蓋上、下、左、右，唯獨缺少前後方的視野。

Eric Warrant

在伸手不見五指的黑暗中，這隻夜行性的汗蜂仍能找到牠在叢林中的小小巢穴。

Nick Goodrum Photography

即使在晦暗的星光下，紅天蛾仍能看見花朵的顏色。

Ed Yong；下方照片以the Dog Vision Tool by Andras Peter生成

我的好毛孩——柯基犬泰波——正為各位展示（多數人類）的三色視覺和狗兒二色視覺之間的差別。

adrian davies / Alamy Stock Photo

許多自然界的圖案，包括花朵上的記號和安邦雀鯛頭部的條紋，都只能被看得見紫外光的眼睛所看見。

Ulrike Siebeck

Larry Lamsa

寬尾煌蜂鳥胸前的圍兜，以及藝神袖蝶翅膀
上的帶狀花紋會反射人眼看不見的紫外光。

berniedup

prilfish

雀尾螳螂蝦會用牠們由三個部分組成的眼睛的中央帶狀結構來看見顏色，這種方式和其他動物的完全不同。

prilfish

John Brighenti

裸隱鼠對酸和辣椒素產生的疼痛並不敏感。

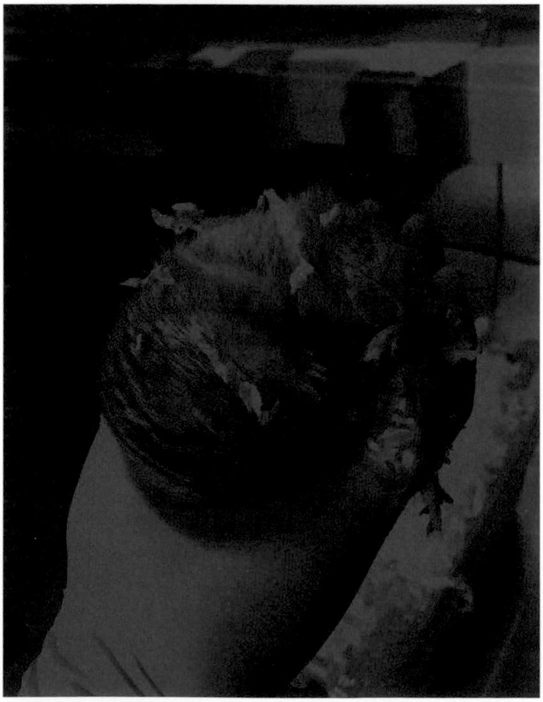
Ed Yong

十三條紋地松鼠能度過冬天，是因為牠們對刺骨的低溫不敏感。

Helmut Schmitz

這些動物可以感應到溫暖物體發出的紅外光。松木黑吉丁蟲藉此追蹤森林野火，而吸血蝠和蛇藉此追蹤溫血的獵物。

Acatenazzi at English Wikipedia

bamyers4az

Colleen Reichmuth

海獺用牠們敏銳的肉掌能快速感覺到眼睛看不見的獵物，
同樣地，紅腹濱鷸將鳥喙伸進沙子裡也能做到一樣的事。

U. S. Fish and Wildlife Service—Northeast Region

Ken
Catania

gordonramsaysubmissions

觸覺器官有很多種型態，例如星鼻鼴鼠的鼻子、扁頭泥蜂的蜂刺、冠小海雀臉上的羽毛以及老鼠的鬍鬚。

USFWS Headquarters

JohannPiber

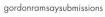

USFWS Endangered Species

海牛用牠們對觸摸特別敏感的口盤來認識物體和打招呼。

JustinJensen

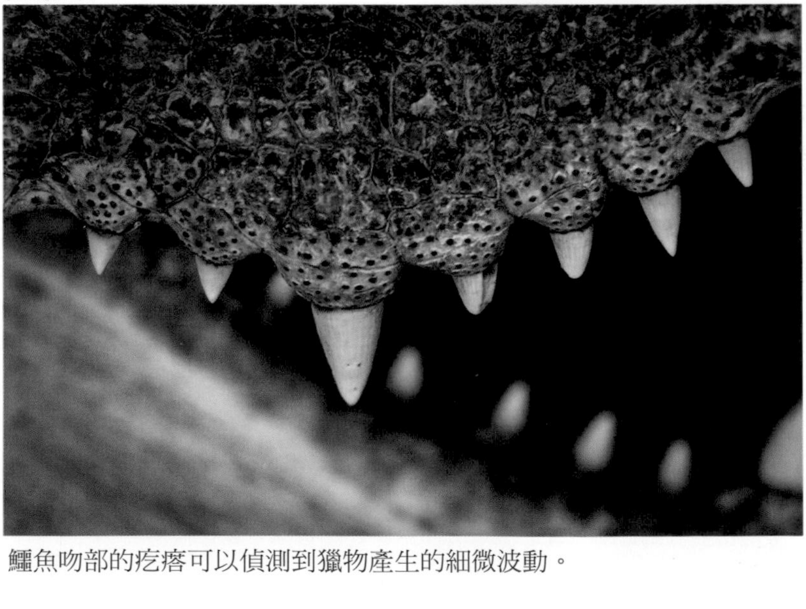

鱷魚吻部的疙瘩可以偵測到獵物產生的細微波動。

Colleen Reichmuth

即使被蒙上眼睛，海豹新芽仍可以用牠的鬍鬚跟隨魚游過留下的不可見蹤跡。

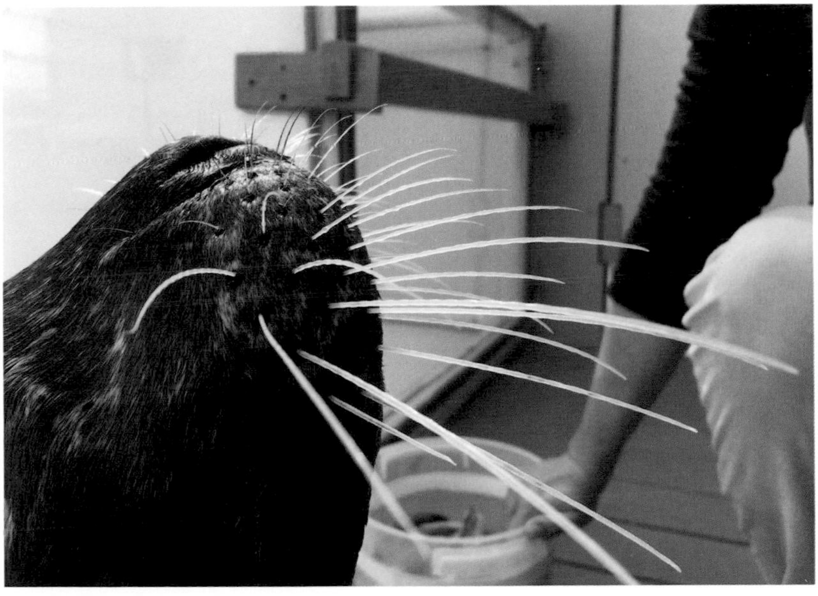

Ed Yong

孔雀的冠羽可以感應到求偶中的孔雀製造的氣流。

透過牠們敏感的毛髮，虎紋絞蛛可以偵測到蒼蠅飛過時產生的氣流。

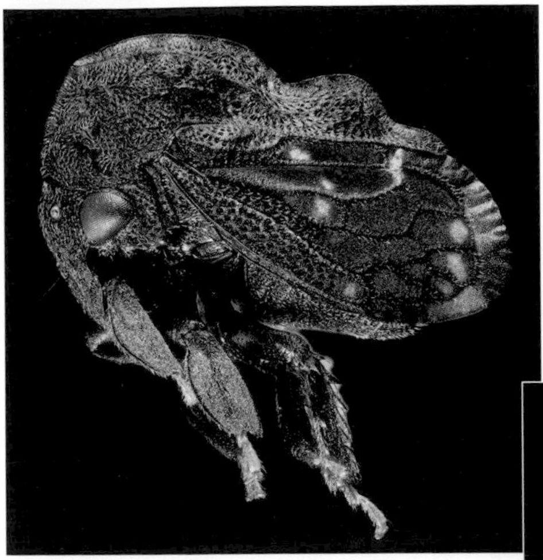

角蟬利用牠們站立的植物傳送振動進行交流。當轉換為聲音時，這些一般來說聽不見的歌曲就類似於鳥類、猴子或樂器的聲音。

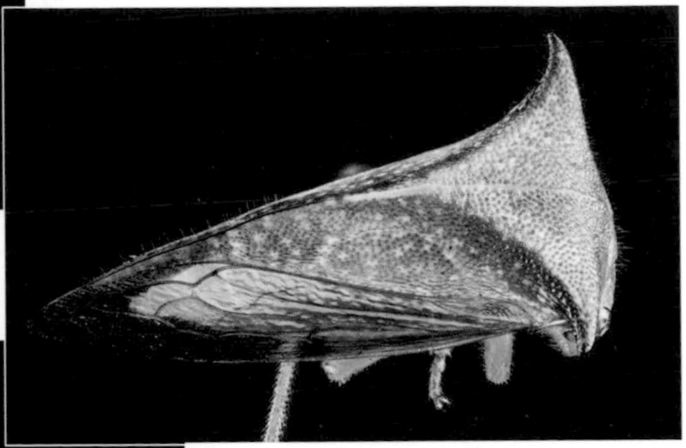

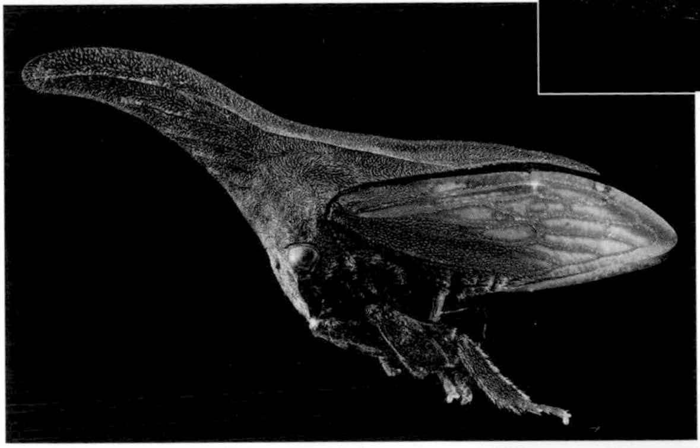

USGS Bee Inventory and Monitoring Lab

Xbuzzi

副尾鬣蠍感應到獵物的腳步聲。金鼴感應到風吹過充滿白蟻的沙丘。樹蛙的蝌蚪感受到蛇咀嚼的震動而孵化。

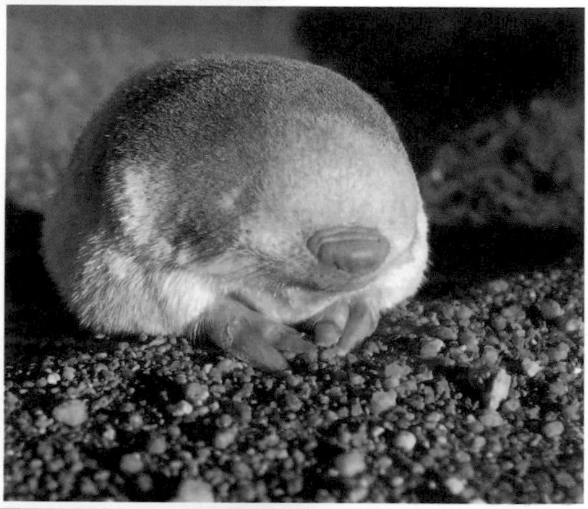

Galen Rathbun, courtesy of California Academy of Sciences

Karen Warkentin

srikaanth.srikar

絡新婦蛛的圓網是牠感覺系統和心智的延伸，但寄居姬蛛會偷牠們的獵物。

spiderman (Frank)

AHisgett

這些聽覺專家能精準定位音源。倉鴞會聆聽囓齒類動物的聲音，寄生性的奧米亞棕蠅則聆聽求偶中的蟋蟀。

treegrow

brian.gratwicke

雄屯加拉泡蟾的叫聲被雌泡蟾的聽覺偏好所形塑。

archer10 (Dennis)

斑胸草雀能聽見同類歌聲中人耳所不能聽見的快速細節。

greyloch

藍鯨和亞洲象能用低頻率的次聲波和彼此進行長距離的溝通。在比現今更安靜的年代，鯨魚的叫聲甚至能傳遍整個海洋。

Kumaravel

菲律賓眼鏡猴用超聲波溝通，但我們人類聽不見。

berniedup

大蠟蛾能聽見比已知動物可聽見的更高頻的聲音。

Andy Reago & Chrissy McClarren

Bettina Arrigoni

奇怪的是，藍喉寶石蜂鳥不能聽見自己唱的超音波音符。

Jesse Barber

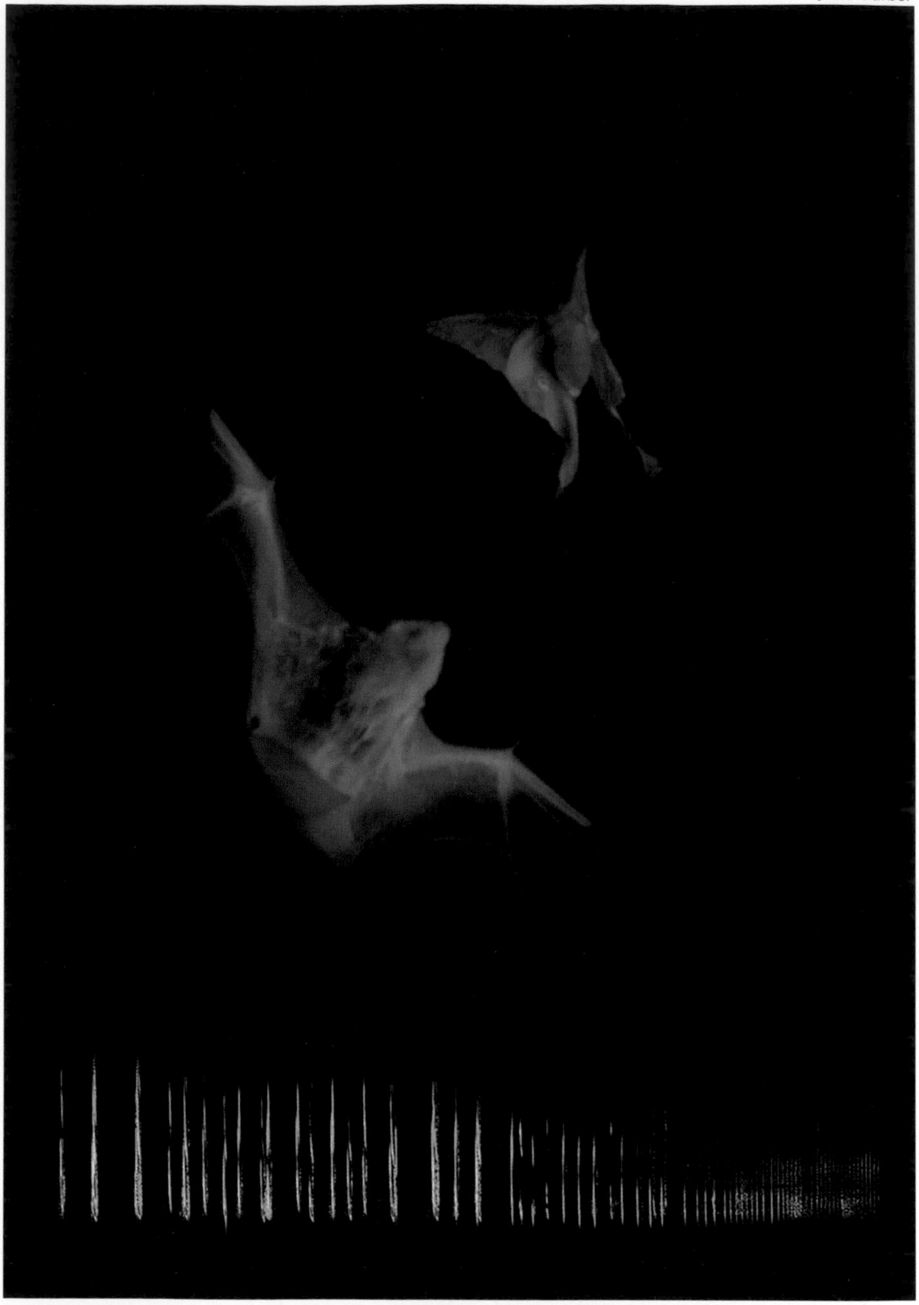

北美大棕蝠獵食月形天蠶蛾。左圖中上色的光譜圖代表回聲定位。當大棕蝠靠近獵物，牠的叫聲會變得更快更短，這讓牠能獲得更清楚的細節。

J. D. Ebberly

海豚能用聲納發現埋藏的物體，建立座標系統，並從魚類充滿氣體的魚鰾認出牠們。

blickwinkel / Alamy Stock Photo

chrisbb@prodigy.net

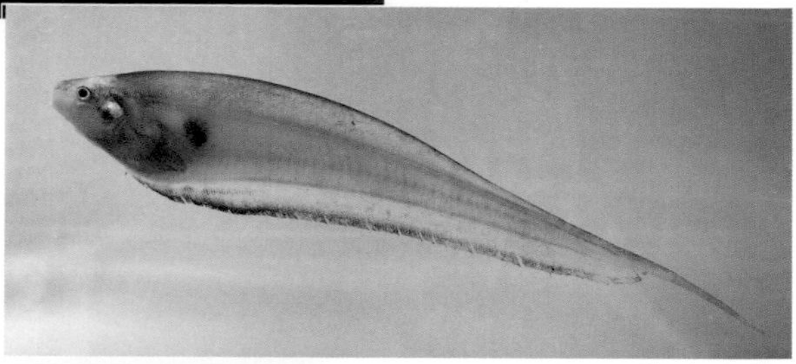

Charles & Clint

Imagebroker / Alamy Stock Photo

黑魔鬼、電鰻、琥珀玻璃飛刀和彼氏錐頜象鼻魚皆會形成自己的電場，用來感受周遭環境。

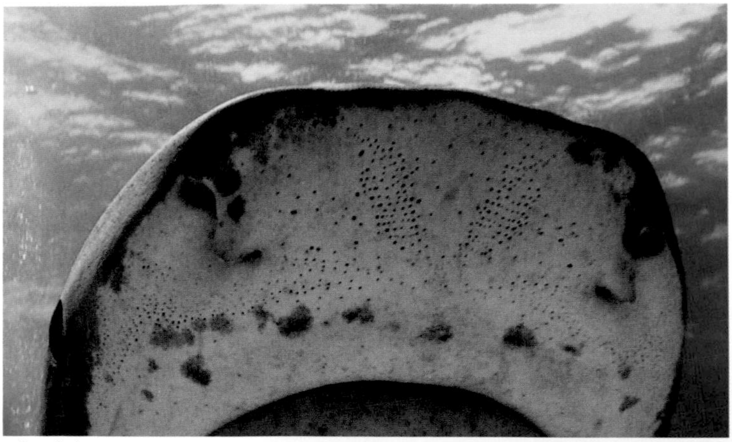
Albert kok

Simon Fraser University

這些叫做勞倫氏壺腹的小孔讓鯊魚和魟魚能感應到獵物製造的微小電場。勞倫氏壺腹常見於鋸鰩和雙髻鯊的頭部。

Numinosity by Gary J. Wood

Klaus

鴨嘴獸的吻部可以感受到壓力和電場，這兩種感覺整合成單一種電觸覺。

wwarby

熊蜂能感受到花朵的電場。

CSIRO

博貢夜蛾、歐亞鴝、赤蠵龜可以藉由感應地球磁場長途導航方向。

tallpomlin

Dionysisa303

Joe Parks

章魚的腕足是獨立的，它們能不經中央的大腦指揮便感覺並探索世界。

an IMMENSE WORLD

How Animal Senses Reveal the Hidden Realms Around Us

五感之外的世界

認識動物神奇的感知系統，探見人類感官無法觸及的大自然

Ed Yong 艾德·楊

孟令函——譯

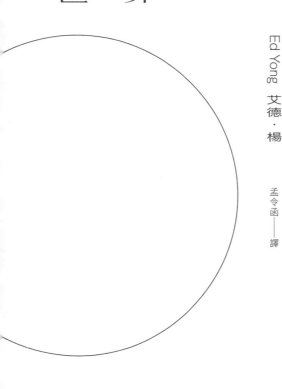

科普漫遊 FQ1080

五感之外的世界：

認識動物神奇的感知系統，探見人類感官無法觸及的大自然

An Immense World: How Animal Senses Reveal the Hidden Realms Around Us

作　　者　艾德・楊（Ed Yong）
譯　　者　孟令函
審　　訂　曾文宣
特約編輯　鄭家暐
行銷企畫　陳彩玉、林詩玟、林佩瑜
封面設計　廖韡
事業群總經理　謝至平
發 行 人　何飛鵬
副總編輯　陳雨柔
編輯總監　劉麗真
出　　版　臉譜出版
城邦文化事業股份有限公司
115台北市南港區昆陽街16號4樓
電話：(02)2500-0888　傳真：(02)2500-1951
發　　行　英屬蓋曼群島商家庭傳媒股份有限公司城邦分公司
115台北市南港區昆陽街16號8樓
讀者服務專線：02-25007718；25007719
24小時傳真專線：02-25001990；25001991
服務時間：週一至週五09:30-12:00；13:30-17:00
劃撥帳號：19863813　戶名：書虫股份有限公司
讀者服務信箱：service@readingclub.com.tw
城邦網址：http://www.cite.com.tw
香港發行所　城邦（香港）出版集團有限公司
香港九龍土瓜灣土瓜灣道86號順聯工業大廈6樓A室
電話：852-25086231　傳真：852-25789337
馬新發行所　城邦（馬新）出版集團
Cite（M）Sdn. Bhd.（458372U）
41, Jalan Radin Anum, Bandar Baru Sri Petaling,
57000 Kuala Lumpur, Malaysia.
電話：+6(03)-90563833　傳真：+6(03)-90576622
讀者服務信箱：services@city.my

一版一刷　2023年8月
一版五刷　2024年8月

ISBN 978-626-315-292-2（紙本書）
ISBN 978-626-315-300-4（epub）

定價：650元（紙本書）
定價：455元（epub）

圖書館出版品預行編目資料

五感之外的世界：認識動物神奇的感知系統, 探見人類感官無法觸及的大自然／艾德・楊(Ed Yong)；孟令函譯. -- 一版. -- 臺北市：臉譜出版，城邦文化事業股份有限公司出版：英屬蓋曼群島商家庭傳媒股份有限公司城邦分公司發行, 2023.08
面；　公分. --（科普漫遊；FQ1080）
譯自：An Immense World: How Animal Senses Reveal the Hidden Realms Around Us
ISBN 978-626-315-292-2（平裝）
1.CST：動物行為　2.CST：感覺心理
383.7　　112005261

致

最懂我的麗茲・尼莉

目次

被五感所限制的你，
又如何能知道
鳥兒雙翅劃破的天際，
其實是無垠又歡愉的世界？
—威廉・布萊克（William Blake）

【序言】唯一真正的發現之旅

請各位想像房間裡有隻大象；這大象並不是俗話中所意指的大麻煩或重大事件，而是一隻實際存在、體型龐大的哺乳類動物。再請各位想像一個巨大到足以容納這隻大象的房間，假設是學校的體育館好了。現在你腦海裡的這幅畫面中，有一隻老鼠也溜了進來，接著是一隻歐亞鴝跳步著跟上老鼠的步伐，一隻貓頭鷹棲息在頭頂的橫梁上，一隻蝙蝠倒掛在天花板下，一隻響尾蛇在地面上蜿蜒著身子前進，一隻蜘蛛在角落織了張蛛網，一隻蚊子嗡嗡作響地破空而出，一隻熊蜂端坐在花盆裡的向日葵上。這時你腦海想像出的空間越來越擁擠了，最後，再加上一個人類。我們叫她瑞貝卡好了，她看得見眼前的一切，也有旺盛的好奇心，而且她還很喜歡動物（幸好）。各位不用追究她到底為什麼會身陷於這一片混亂裡，也不用深究這些動物到底跑來體育館幹麼；我想請各位思考的是，瑞貝卡以及這堆想像出來的野生動物，會怎麼感覺周遭其他生物的存在。

大象舉起姿態如潛望鏡一般的象鼻，響尾蛇吐著蛇信，蚊子則是跟著觸角的指引破空而出。這三種生物都在嗅聞周遭的空間，感受著空氣中飄浮的味道；大象沒聞到什麼值得一提的氣味，響尾蛇發現了老鼠的蹤跡，於是蜷起身軀準備伏擊，蚊子則是聞到了瑞貝卡吐息中傳來二氧化碳的誘人氣味，以及她皮膚的香氣。於是蚊子停在瑞貝卡的手臂上準備大快朵頤，但就在蚊子下嘴之前，她出手拍開了蚊子——而這一巴掌卻驚擾了老鼠，牠也警覺地發出了吱吱的叫聲，蝙蝠能夠聽見老鼠高頻的叫聲，大象的耳朵卻聽不出這種聲音。

此時，大象也發出了深沉、如雷一般隆隆作響的象鳴，這麼低頻的聲音不管是老鼠還是蝙蝠都聽不見，但響尾蛇的腹部能清楚感受到因此產生的振動。然而不管是超高音頻的老鼠吱吱叫聲，還是超低音頻的象鳴，瑞貝卡同樣都絲毫察覺不到，此處，只有歐亞鴝啁啾歌聲的音頻，才是她能夠接收得到的頻率。然而身為人類的瑞貝卡聽覺辨識的速度還是不夠快，無法聽出鳥兒叫聲中繁複的各種變化。

在瑞貝卡眼裡，歐亞鴝的胸膛是紅色的，對大象只能看見藍色與黃色的雙眼來說則不然。熊蜂雖然也看不見紅色，但牠對於彩虹光譜上位於紅色另一端的紫外光十分敏感；牠身下坐著的那朵向日葵中央，正有著因紫外光反射而形成的靶心圖案，同時吸引了鳥兒與熊蜂的注意力。瑞貝卡看不見向日葵上的靶心圖案，對她來說那就只是一朵黃色的花而已。然而瑞貝卡其實是在場所有生物中視力最好的物種；她的視力比大象與熊蜂都好，因此可以看見蜘蛛網上那隻小小的蜘蛛；但突然燈一暗，她就什麼也看不見了。

因為身邊陷入一片黑暗，瑞貝卡伸出雙臂慢慢地摸索著前進，希望能感覺得到前方的障礙物。老鼠也是這麼在黑暗中緩慢地移動，只是把人類的雙臂換成牠們臉上的鬍鬚而已，老鼠的鬍鬚每秒會前後擺動好幾次，以探測周遭環境。老鼠在瑞貝卡腳下敏捷地移動，然而其腳步聲卻如此細微，人類根本聽不見，但在頂上橫梁棲息著的貓頭鷹卻都聽見了。貓頭鷹臉盤上的堅硬羽毛可以聚攏聲音，將非常細微的震動都傳遞到耳裡。牠們的聽力絕佳，耳孔位置一邊高、一邊低。但也正因為這種結構，貓頭鷹能夠在老鼠敏捷的移動下，依然精準定位出老鼠的水平與垂直位置。貓頭鷹撲翅飛下橫梁，而老鼠也正好在響尾蛇伏擊的範圍內踉蹌地前進著；響尾蛇運用吻部上的兩個小孔（頰窩），就能夠感覺到獵物體溫所散發出的紅外線輻射。牠能夠運用溫度辨識物體，而老鼠快速移動的身體正是攻擊目標。響尾蛇發動攻擊……正好迎頭撞上從空中俯衝而下的貓頭鷹。

然而在這電光石火之間的一切動靜，蜘蛛幾乎都完全聽不見也看不見；牠基本上全靠蛛網傳來的振動判斷周邊狀態——這個蜘蛛自製的致命陷阱就是牠所有感官的延伸。一旦蚊子飛進蛛絲纏繞的網裡，蜘蛛就能藉由獵物苦苦掙扎所引起的振動靠近正確位置，進而殺死獵物。但在蜘蛛發動攻擊的同時，卻沒注意到撞擊到自己身上的超音波，也沒注意到這股超高頻率的主人——蝙蝠。蝙蝠準確的聲納系統不僅能在黑暗中找出蜘蛛的位置，更能藉此精準獵捕端坐於蛛網上的蜘蛛。

蝙蝠飽餐一頓的同時，歐亞鴝感受到了一股熟悉的吸引力，然而這卻是一股同一空間內的其他動物都感受不到的力量；隨著天氣轉涼，是時候遷徙到氣候更為溫暖的南方了。即便在這個密閉的體育館裡，歐亞鴝仍然感受得到地球磁場，以牠體內與生俱來的指南針指引方向，確定了飛行的方向以後，歐亞鴝便趁隙從窗子脫逃，一路飛向南方。留下了體育館裡的一隻大象、一隻蝙蝠、一隻熊蜂、一隻響尾蛇、一隻受到些微驚嚇的貓頭鷹、一隻幸運逃出生天的老鼠，當然，還有一位人類——瑞貝卡。這七種生物身處同一個實體空間裡，其各自的體驗卻極為巧妙地截然不同。不管是對於這地球上的其他數十億種動物來說，還是就同類生物之間的無數個體而言，這種差異都同樣存在。[①]地球上充滿了變化萬千的景象與質地、聲音與振動、氣味與口味、電場與磁場。然而每一個生命都只能挖掘出這世界千變萬化之中的一小塊真實；每一種動物都受其獨一無二的感官範圍所局限，只能感受到這大千世界一小部分的美妙。

這所謂的感官範圍有個非常美妙的名稱——環境界（Umwelt）。這是由波羅的海的德國動物學家雅各

① 只要觀察人類，就能夠了解就算是同一物種，在不同個體身上也會有截然不同的感官差異。對某些人來說，紅色和綠色看起來都一樣；而對另外某些人來說，體味聞起來就像香草；還有些人覺得香菜的味道就跟肥皂一樣。

布・馮・魏克斯庫爾（Jakob von Uexküll）在一九〇九年所提出並發揚光大[1]的名詞；環境界一詞原為德文，意思是「環境」，然而魏克斯庫爾並不單純只把這個詞用來指涉動物周遭的環境，而是特別用來闡述動物在周遭世界能夠感覺、體驗到的一切——也就是動物對世界的**感知**（perception）。就像各位想像出來的那座體育館裡，各種動物都同在一樣的實體空間，牠們感受到的環境界卻截然不同。對於渴求哺乳類動物血液的蜱來說，牠在乎的不外乎就是體溫、毛髮的觸感以及皮膚所散發出的丁酸氣味；這三種感官體驗就建構出了蜱的整個環境界。翠綠的大樹、豔紅的玫瑰、湛藍的天空、潔白的雲朵——這些對蜱來說都不是構成美好世界的必要條件；這些小小的蜱並非刻意忽略以上種種美妙事物，牠只是根本感覺不到這些環境條件的存在而已。

魏克斯庫爾將動物的身體比喻為房屋[2]，他寫道：「每間房屋裡都有好幾扇窗戶，這每一扇窗都面對著花園：光之窗、聲之窗、嗅覺之窗、味覺之窗，以及數不勝數的觸覺之窗。每一扇窗建造的方式都有所不同，因此從裡面向外看出去的花園景象也是形形色色。然而對於生活在這房子裡的生物來說，窗外的景色並非只是這宏偉世界的其中一個切片而已，而是這座房屋主人身屬的唯一世界——這就是環境界。展現於我們眼前的這座花園，與每一幢房屋的主人所看見的花園，都有著根本上的不同。」[3]

這個觀點在當初的時空背景之下——以及在某些圈子裡，都被視為激進觀點，也許直至今日也依然存在這種眼光。魏克斯庫爾與其他同代學者抱持不同看法，他認為動物絕不只是機械性的存在，而是有感知能力的個體，也因此動物的內在世界不僅真實存在，也值得人類好好探究；對魏克斯庫爾來說，人類的內在並不比其他物種高尚，因此環境界的概念對他來說，正是一種使眾生平等的整合力量。人類的屋子比起蜱來說，或許確實更大、有更多窗子，因此能夠看見更廣闊的花園景象，然而所有生物都一樣被困在其各自屬於的屋子裡，也都只能由內而外張望。人類同樣也受到其環境界局限，只是我們**感覺**不出來而已。我們都以為自己擁有全知的感知能力；然而正因為每種生物的感知都有所限制，人類才因此很容易以為自己所感知到的就是世界的全貌；然而這種認知是一種幻覺，是所有動物都深陷於其中的自以為是。

人類無法像鯊魚與鴨嘴獸一樣感受到微弱的電場變化；也不像歐亞鴝和海龜可以靠著地球磁場找到正確方向；既不能如同海豹一般追蹤魚兒無形的蹤跡；也沒辦法向蜘蛛看齊，靠氣流發現蒼蠅的位置。人類的雙耳無法聽見囓齒類動物與蜂鳥發出的超高頻音波，也聽不見大象與鯨魚的超低頻鳴唱。我們的雙眼看不見響尾蛇用來探測獵物存在的紅外線輻射，也察覺不到鳥類與蜜蜂眼力所及的紫外光。

即便我們和其他動物擁有部分相同的感官能力，也不代表牠們的環境界就和人類相同。有些動物和人類一樣擁有聽力，卻能夠接收到我們聽不見的聲音，也有些動物能在對人類來說全然黑暗的條件下看見不同的色彩，甚至是在我們覺得全然靜止的環境下感受到人類無法察覺的振動。有些動物的生殖器上有眼睛、膝蓋上有耳朵、四肢上有鼻子、皮膚上滿布舌頭[②]；海星能從腕足的尖端看見外界，而海膽則是用整個身體觀察世界。星鼻鼴鼠運用鼻子感知周遭，而海牛則靠嘴唇探查環境。至於人類，我們的感官能力其實也相當不錯；人類具備良好的聽力，與這世界上幾百萬隻根本沒有耳朵的昆蟲相比，絕對稱得上是聽力超群；人類也通常有優異的視力，可以看見動物身上的圖案，而這些動物本身則普遍沒有足夠良好的視力看出這些細節。每個物種身上都存在某些限制，卻又具備某些優勢；也正因如此，這本書並不打算像小朋友列清單一樣地羅列各種動物並為其排名，不會按每種動物的感官優劣為其排序，也不打算只關注感官能力優於人類的物種。我想要著重的並不是誰勝於誰，而是這萬千世界的多元性。

②審註：動物的感官五花八門，視物的器官不一定要長在臉上。換句話說，器官（位置）和感官（功能）不全然是一模一樣的。

而這本書裡的動物，就只是動物而已。某些科學家研究其他動物的感官，是為了更了解人類，他們把發電魚③、蝙蝠、貓頭鷹這些動物當成模式生物（model organisms），藉此探究人類感覺系統的運作機制。另外也有些科學家運用逆向工程（reverse-engineer）仿造動物的感官能力創造新科技，例如：太空望遠鏡其實發想自龍蝦的眼睛；助聽器的發明是受到寄生蠅類如耳朵般的構造啟發；而軍用聲納系統則是研究海豚聲納產生的成果。雖然這些都是研究動物的合理動機，但我對此並不感興趣；對我來說，動物不該只是發展科技時用來扮演人類的替代品，也不是單純用來刺激人類發想的素材。動物本身有其珍貴價值，因此我們將探討其他動物的感官，藉此更深入了解**牠們**的生命。美國自然文學作家亨利・貝斯頓（Henry Beston）寫過，「動物如其所是，牠們具備了人類已失去或從未擁有過的敏銳感官，生命中伴隨著人類根本無法聽見的聲音而存在。牠們不是人類的弟兄，更非從屬；牠們雖有專屬於自己的世界，卻和你我一樣都被困在生命與時間的網中，和我們同樣被囚困在這充滿美好卻也勞苦的世界上。」[4]

我想跟大家分享幾個專有名詞，作為這趟旅程的指南。動物為了感知世界[5]，具備了探測**刺激**的能力——例如光線、聲音、化學物質——動物會將外界刺激轉化為電子訊號，再藉由神經細胞將訊號傳遞到大腦。而負責探測這些刺激的細胞正是**受體**：光受體負責探測光線刺激；化學受體接收各種分子帶來的訊號；機械性受體則感知壓力或動作。各種受體細胞則通常會集中在**感覺器官**上，例如眼睛、鼻子、耳朵；這些感覺器官以及各自負責將訊號傳送到大腦的神經細胞，再加上負責處理外界訊號的腦區，通通結合在一起以後就統稱為**感覺系統**。例如視覺系統就包括了雙眼、視網膜裡的光受體、視神經、大腦裡的視覺皮質：有了以上各種身體結構的通力合作，我們才能感受到光線的存在。

以上內容在國高中的課本裡其實都有，但我想請大家花點時間感受其中奧妙。光線的本質其實只是電磁波輻射，聲音則是壓力造成的波動，氣味則由各種小分子所組成。我們平常根本就不會特別感覺到以上**任何**感知能力的存在，更遑論是察覺將這些刺激轉換為電子訊號的過程，或是從這些訊號感知到日出的景象、說話的聲音、烤麵包的香氣等神奇現象。這些感官能力將存在於世界上的各種混亂，轉變成我們能夠接收的感覺與體驗——我們才能進而做出反應、決定行動。源自動物感官的生物學就在此時凌駕於物理現象，將各種外界刺激轉化為**資訊**。靠著感官，動物能從各種偶然現象中察覺相關性，並且從各種混亂龐雜的資訊中找出意義。動物仰賴感官與周遭環境產生連結，也使個體之間能夠藉由表情、展示、姿態、叫聲和電流互相溝通。

但感官同時也會為動物的生命帶來局限，限制個體能夠探測的刺激範圍與相應的行動；除此之外，感官也決定了物種的未來，以及其演化的可能性。例如在大約四億年前，一部分魚類開始脫離水中生活轉而適應陸地；而在陸地上因為有了開放的露天空間，這些演化的先鋒——也就是我們的祖先——與在水裡相比，能夠看得更遠了。腦神經科學家馬爾坎・麥可依佛（Malcolm MacIver）認為[6]，正是這項改變促使這些生命演化出了更高等的心智能力，例如計畫以及策略思維能力。與過去在當下單純對面臨的任何事做出臨場反應相比，這些個體能夠提前思考下一步；由於這些生物的環境界變得更加寬廣，心智也相對提升。

然而環境界並不能無限拓展。想要具備某種感官能力，總是得付出相應的代價才行。動物感覺系統的神經細胞得一直維持在蓄勢待發的狀態[7]，才能夠在必要時激發；然而這種狀態非常消耗精力，就像是持續維持拉滿弓箭的狀態，以待最佳時機到來一樣。即便閉上了雙眼，視覺系統也仍然在不斷地消耗動物的精力。

③ 審註：例如電鰻、和電鱝等具備發電器官可電擊他種生物的魚類。

正因如此，沒有任何動物能同時擁有所有感官能力。

其實應該也沒有任何動物會希望擁有全部的感官能力；倘若真的有個體擁有所有感官能力，牠一定會被各式各樣的刺激壓垮，而且其中大部分都是對牠來說毫無用處的外界刺激。每種生物的感官都會按其需求而形成，從無盡的各種刺激中找出關聯性，並且過濾掉無用的資訊，只攫取關於食物、棲息地、威脅、盟友、配偶的訊號。這些感官能力就像敏銳的私人助理一樣，只會把最重要的訊息帶給大腦。④[8] 魏克斯庫爾寫到蜱時，特別提到，我們所身處的花花世界對蜱來說只存在三種刺激，並且「受其感官限制而變成了一個單調的世界。然而，這種單調的環境正是蜱果決行動的必要條件，而這份果決對於蜱來說，比感受豐富的世界來說更為重要。」[9] 沒有任何生物能夠感知一切，也沒有任何生物需要感知一切；這正是所謂環境界存在的原因。這也是為什麼探討其他生物的環境界對人類來說意義如此深刻且影響深遠；人類感官會自動攫取需要的資訊，而我們則得靠自己的力量學習剩下的部分。

千年來，人類一直為動物的各種神奇感官能力所驚嘆，然而謎團依然處處存在。其中有許多動物的環境界與人類生活環境大不相同，牠們生活在人類去不了、摸不透的地方——例如混濁的河流、黑暗的洞窟、遠洋、深海、地底。我們也因此難以觀察牠們的自然行為，更別說還要深入解讀了。也因此許多科學家的研究對象僅限於抓得到的動物，也因此得面對牠們的奇異特性；即便是在實驗室裡，動物也仍然是極富挑戰性的研究對象。想要設計出適合的實驗來探究動物究竟如何運用感官能力，實在困難，尤其是如果這些動物的感官能力與人類迥異時，更是難上加難。

令人驚奇的各種新知——有時候甚至是與過去全然不同的嶄新感知能力——時不時成為科學家的新發現。鬚鯨下顎尖端有個排球大小的感測器[10]，而人類卻直到二〇一二年才發現這個構造的存在，其功用至今則仍是未知的謎團。我在這幾頁提到的內容，有些是幾十年前或數百年前的發現；有些則是直到我寫作的當下才為人所知的全新知識。大自然中，實在還有太多人類無法解釋的事情。桑克．強森（Sonke Johnsen）是位感官生物學家，他曾說道：「我父親是原子物理學家，他有次問了我一堆問題，在我回答了幾次『我不知道』以後，他說：『你們這些學生物的傢伙實在什麼也不懂。』」正因為有這段對話[11]，強森在二〇一七年發表了一篇文章，標題為「我們真的什麼都不懂，對吧？感官生物學中的各種待解疑問。」（We Don't Really Know Anything, Do We? Open Questions in Sensory Biology）。

至於到底共有幾種感官存在？這個看似簡單的問題，其實在大約兩千三百七十年前，亞里斯多德就已在其著作中提到這世上共有五種感官，無論是人類還是其他動物，都擁有——視覺、聽覺、嗅覺、味覺、觸覺。這套說法一路沿用至今；但哲學家費歐娜．麥可佛森（Fiona Macpherson）卻認為這套說法有待商榷。[12]首先，亞里斯多德漏了其他幾種人類擁有的感官能力：本體感覺，也就是一個人對自己身體的感知，這種感官能力與觸覺是獨立的兩種感覺；還有平衡感，也就是人類維持身體平衡的能力，這項能力還牽涉到了觸覺與視覺。

至於其他動物則擁有更難以歸類的各種感官能力。許多脊椎動物都有用來探測氣味的輔助感覺系統，而負責主掌這套系統的則是一種名為犁鼻器（vomeronasal organ）的器官；這種結構到底是人體嗅覺系統的其中一部分？還是是獨立於嗅覺系統之外的器官？響尾蛇能夠探測獵物的體溫，然而牠們的溫度感知結構卻是與大腦視覺中心相連；這麼說來，牠們感知溫度的能力，究竟是視覺能力的一部分，還是一種獨立的能力

④ 一九八七年，德國科學家魯迪格．魏納（Rüdiger Wehner）將這些感官能力稱為匹配過濾器（matched filters）——動物感覺系統涉及的範圍與其最需要探測的各種感官刺激互相呼應。

呢？鴨嘴獸的嘴上布滿了分別能夠探測電場以及細微壓力的感測器；對鴨嘴獸的大腦來說，這兩種外界刺激帶來的資訊是否有所分別呢？還是已將這兩種感覺整合成單一種電觸覺的感知能力了呢？

麥可佛森在《感官》（*The Senses*）一書中寫道：「感官能力無法被非黑即白地清楚劃分為某幾種類型。」[13]因此與其試圖按照亞里斯多德提出的五種感官類型，把動物的各種感官分門別類，我們其實應該試圖了解感官能力的本質。⑤雖然我選擇按照各種外界刺激類型來編排本書的各個章節（例如光或聲音），但我選擇這種編排方式的一大部分原因其實是出於方便。本書的每個章節都是一扇知識的大門，帶大家了解動物面對各種刺激會產生的反應。本書關注的焦點並不是要逐一計算各種動物有哪些感官能力，也不會天花亂墜地聊所謂「第六感」；我真正想要做的是，帶大家認識動物運用感官能力的方式，同時在此過程中嘗試了解每種動物的環境界。

但想要做到這一點並不容易。美國哲學家湯瑪士・內格爾（Thomas Nagel）在一九七四年發表了一篇經典之作，他在其中提問：「當一隻蝙蝠，是什麼感覺？」內格爾認為，其他動物生活中的意識經驗（conscious experience）是牠們與生俱來的主觀體驗，實在難以轉述。以蝙蝠為例子來說，牠們運用聲納來感知世界，然而大部分的人類都沒有這種感官經驗，因此「我們根本無法從主觀角度來假設蝙蝠的感官體驗與人類的經驗或想像有相似之處。我想知道的是，**蝙蝠**身而為蝙蝠的感受，但假如我嘗試想像自己是隻蝙蝠，實際上身為人類的我，腦子裡存在的感知經驗受到人類感知能力的限制，因此我無法全然體會身為蝙蝠到底是什麼感受。」[14]內格爾如此寫道。我們確實可以想像自己跟蝙蝠一樣，手臂上有大大的翼膜、嘴裡叼著昆蟲，但這依然只是在腦中描繪出**你**是一隻蝙蝠的想像而已。

在探討其他動物的感覺時，我們常常會因為自己的感官及視覺能力而產生偏見。不管是人類本身的感覺還是人類的文化，都受到視覺能力的巨大影響，甚至連先天失明的人都會用各種與視覺有關的詞彙與隱喻來描述世界。⑥假如你**窺見**了某個人的意圖，或是對他們的**觀點**有同感，可能就會同意對方的意見。而你也可能會對於自己的**盲點**視而不見。我們都希望自己的未來一片**光明**、**耀眼**；反烏托邦的世界則是滿布**黑暗**、**幽影籠罩**。甚至連科學家在描述人類所不具備的感官能力時（例如探測電場的能力），也會用到**圖像**、**遮蔽**這些字眼。語言對我們來說，既是恩慈也是詛咒；語言雖是我們用來描述其他動物的環境界的工具，卻也使我們不得不將自己的感官經驗加諸在這些描述上。

動物行為學者常討論將動物擬人化的危險性——也就是將人類的情緒與心智能力套用到其他動物身上。但最常見也最不容易察覺的擬人化現象，其實就是人類會一直忘記其他環境界的存在——我們因此把**人類自己**的感官經驗套用在**牠們**身上。而這種偏見也確實會帶來負面影響；人類使這個世界上充滿了會壓垮、迷惑動物感官的刺激物質，因此傷害了自然界裡各式各樣的存在；例如海濱的燈火會誘使剛出生的海龜遠離海洋、水下的噪音會掩蓋鯨魚的鳴唱、蝙蝠的聲納系統誤以為透明玻璃是水體。我們以為動物的生存需求都與人類相似，因此阻止仰賴嗅覺的狗兒們四處嗅聞，把人類的視覺世界強加在牠們身上。我們也因為自己沒有某些感官能力，而低估其他動物的本能，並且因此錯失了解真正的大自然有多遼闊、多美妙的機會——這些

⑤其實如果真的要用最簡化的方式來看，我們也可以說這世上只有兩種感官——也就是化學性感官能力及機械性感官能力。化學性的感官能力包括了嗅覺、味覺、視覺；而機械性的感官能力則包含觸覺、聽覺、電覺。至於磁覺則可能屬於這兩種感官類型的其中一種，也可能其實兩者皆是。這種觀點在此時看來或許令人覺得根本是胡說八道，但隨著慢慢閱讀本書，這項概念會越來越清晰。我自己雖然沒有特別喜歡這種觀點，但這確實是其中一種看待感官能力的角度——而這種概念或許會特別吸引那些喜歡把事情整合在一起來看的人。

⑥我不得不說，在這整本書的篇幅中描述其他感官能力時，想要完全避免運用與視覺有關的隱喻實在太過困難；但我的確有努力嘗試做到這一點，或至少在不得不使用與視覺有關的詞彙時審慎處理、清楚說明。

自然的動人之處，人類其實就像威廉・布萊克（William Blake）的文字所說的一樣「被五感所限制」。

我們將在本書探討過去被認為不可能存在或荒謬的動物能力。動物學家唐諾・格里芬[15]（Donald Griffin）是蝙蝠聲納系統的發現者之一，他曾寫道，生物學家長久以來實在太被所謂的「簡化的濾鏡」左右。也就是說，生物學家似乎只想參考現存數據資訊，根本不願意思考動物感官可能更加複雜、精緻的可能性。然而格里芬的這份惋惜卻與奧坎剃刀法則（Occam's razor，又稱簡化法則）互相牴觸（這項法則的涵義為：針對一件事的解釋越簡單越好）；然而奧坎剃刀法則其實只有在**已取得所有必要資訊**的情況下才適用。以格里芬的觀點來說，我們很可能根本還沒取得所有必要資訊。科學家對於其他動物提出的現象解釋，受其所蒐集的資訊左右，而蒐集到的資訊究竟為何，又會受到科學家原先提出的問題所影響，再者，科學家能提出哪些疑問，又會受其想像力限制，而人類的想像力又囿於其自身的感官經驗。因此，人類的環境界所帶來的限制，時常令我們忽略其他動物的環境界。

然而格里芬的見解，其實也並不是要我們對動物行為提出令人費解或超自然的解釋。就我自己看來，不管是格里芬的文字，還是內格爾的文章，都是在呼籲人類應該用謙卑的態度面對其他動物。他們只是想提醒世人，每一種動物都是複雜而精細的存在。也正因如此，常自以為聰明的人類其實非常難以真正了解其他生物，也很難不用人類自身的感官經驗看待其他動物的感官能力。我們可以深入研究某種動物存在的物理環境、觀察牠們究竟會察覺或忽略哪些事物、追蹤連結牠們感覺器官與大腦的神經網路，但理解另一種動物的終極目標——搞清楚身為一隻蝙蝠、一隻大象、一隻蜘蛛到底是什麼感覺——還是得像心理學家亞歷山德拉・霍羅威茲（Alexandra Horowitz）所說的一樣，「懷抱著洞見讓想像力飛躍[16]」。

許多感官生物學家都有藝術相關的知識背景，這或許也有助於他們看穿人類大腦自動創造出的感知世界。例如桑克．強森在開始鑽研動物的視覺之前，早已浸淫在學習繪畫、雕塑、現代舞的世界裡；他說，藝術家為了在作品中表現出世界的樣貌，早已將自身環境界的限制推展至極限，並且「窺見其本質」。而這樣的能力讓他「想得到動物擁有跟人類不一樣的感知世界」。他也發現，許多感官生物學家本身的感知能力就格外不同。莎拉．濟林斯基（Sarah Zylinski）主要研究魷魚與其他頭足類動物，而她本身有面部識別能力缺乏症（prosopagnosia），甚至無法辨認自己母親的面容；蟻川謙太郎（Kentaro Arikawa）研究蝴蝶辨認顏色的視覺能力，但他本身卻是紅綠色盲；蘇珊．阿瑪多．坎恩（Suzanne Amador Kane）研究孔雀所發出的視覺與振動訊號，她雙眼的辨色能力不一，其中一隻眼睛能夠看到偏紅的色調。強森認為，這些科學家感知能力上的與眾不同之處可能會被貼上「疾患」的標籤，但那或許其實也是一個人能夠跨出自己環境界的局限、了解其他生物的契機。也許只有那些用被視為非典型的方式體驗這個世界的人，才能夠感受到所謂典型所帶來的局限。

然而我們每一個人其實都能用不同的角度看待世界。在本書一開始，我請各位想像了一個充滿各種動物的空間，在接下的十三個章節，我也希望各位讀者持續運用這樣的想像力。正如內格爾所說，要用這樣的眼光看待世界並不容易；但這份努力會帶來美好的回報。在這趟探索各種自然環境界的旅程中，人類的直覺雖是絆腳石，想像力卻會成為我們最珍貴的資產。

一九九八年的某天早上，麥可．萊恩（Mike Ryan）到巴拿馬的雨林健行，和他過去的學生雷克斯．柯克羅夫特（Rex Cocroft）一起尋找某些動物。萊恩的目標通常都是青蛙，不過柯克羅夫特感興趣的則是專吸植物汁液的角蟬，而且他也想給萊恩看些酷東西。這兩個人一起從研究站出發，沿著河邊蜿蜒的路徑前進；柯克羅夫特發現了他要找的那種灌木，於是立刻將幾片葉子翻面，找到了一家子名為美錐角蟬（*Calloconophora pinguis*）的小小角蟬。柯克羅夫特發現角蟬媽媽身邊圍繞著幼蟲，而這些角蟬黑色的背上有著向前彎的弧形構造，看起來就像貓王的髮型。

角蟬藉由振動腳下的植物與彼此溝通；我們平常雖然聽不到這種振動，但其實可以輕易地將其轉換為人類聽得見的聲音。柯克羅夫特將簡易麥克風夾到植物上，接著把耳機遞給萊恩。此時柯克羅夫特輕拍葉片，角蟬寶寶們立刻四處奔逃，同時收縮腹部肌肉製造振動。「我原本以為自己會聽見碎步逃跑的腳步聲，」萊恩如此回憶道。「但沒想到我聽到的竟然是像牛在哞哞叫的聲音。」那是一種低沉、充滿共鳴的聲音，你可能根本想都沒想過昆蟲會發出這樣的音頻。而一旦角蟬寶寶們安定下來、回到媽媽身邊後，原本繁亂嘈雜的哞哞振動聲又變得和諧一致起來。

萊恩看著角蟬，一邊拿下了耳機；他身邊充滿了鳥啼、猴嘯、蟲鳴，卻聽不見角蟬發出的任何聲音。萊恩再次戴上耳機，「當下我立刻進入了截然不同的世界，」他這麼對我說。再一次地，雨林裡的一切喧鬧通通從他的環境界消失，只剩下角蟬發出的哞哞聲。「那真的是我遇過最酷的事了。」他這麼說著。「我彷彿藉由感官去了不同的地方旅行。我就站在原地，卻可以在兩個不一樣的神奇環境來去。這就是魏克斯庫爾所提出的環境界概念最活生生的例子。」

環境界的概念或許會讓人覺得有點畫地自限，畢竟其直指每種生物其實都被囚困在由感官能力搭建起的房屋裡，不得自由。但對我來說，這個概念反而才能帶來無限寬廣。有了環境界的概念，我們才會知道這世上的一切其實不單單只是你我所見，我們身而為人所體會到的一切，其實都只是所有生命**原本可以**感受到的一切經過人類感官過濾後的簡化版本。這讓我們驚覺，黑暗中其實有光、寂靜中其實有喧鬧、荒蕪中其實有豐饒；它暗示著，陌生中有熟悉、日常中有不凡、平凡中也有壯麗。它讓我們了解，單單只是在植物上夾個麥克風，也能成為一種無畏探索的壯舉。在各個環境界之間穿梭來去，甚至單單只是嘗試接觸其他環境界，都是如同踏足外星球一樣的奧妙旅程；因此魏克斯庫爾甚至將他的作品歸類為「旅遊文學」。

假如我們真正用心了解其他動物，就能夠使自己的世界更加遼闊、深遠。傾聽角蟬發出的聲音，你會發現植物正靜靜地振動出獨特的曲調；看著狗兒散步，你會察覺城市景觀其實是由一道道氣味交織而成，記錄下了棲身於其中的生命與歷史脈絡；觀察悠遊自在的海豹，你才驚覺水面下充斥著各式各樣的生命蹤跡。「假如你能用動物本身的角度看待動物行為，才會發現身為人類的自己忽略了多少顯而易見的訊息。」專門研究海豹與海獅的感官生物學家珂琳・瑞奇摩斯（Colleen Reichmuth）這麼對我說：「擁有了這些知識以後，就像拿著一支神奇的放大鏡觀察世界。」

馬爾坎・麥可依佛認為，動物從水中移動至陸地生活以後，更廣闊的視野也促使動物演化出計畫的能力和更高的認知功能；動物的環境界拓展開來了，於是心智也隨之提升。同樣地，投入其他環境界也能讓我們看得更遠、想得更深。我想起了哈姆雷特對何瑞修說的話：「這宇宙之間無奇不有，比你想得到的一切還要更多。」這句對白時常被視為對於擁抱神性的呼告，但在我看來，這段話其實是在提醒世人要更了解大自然。有些感官在人類眼中，好像是超自然現象，但其實那是因為人類的感官能力有限，而我們卻根本沒發現自身局限的存在。長久以來，哲學家都在哀嘆魚缸中的金魚有多可憐，不知道外面有天高地遠的廣大世界，然而人類的感官也為我們創造出了屬於自己的魚缸——我們確實無法逃脫。

然而我們仍然可以努力嘗試。科幻小說的作者總是喜歡創造出平行宇宙、多重現實，在那些幻想世界中，一切事物與我們身處的現實十分相似，但又有些微不同；那些世界真的存在！我們將逐一認識這些平行世界，就從最古老且生物之間共通的化學感官能力開始，例如嗅覺與味覺。以此為起點，我們即將踏上令人驚喜的旅程；首先探訪視覺的國度，對大多數人的環境界來說，視覺是主掌一切的感官能力，然而其中仍有許多會令我們倍感意外的知識。停下腳步感受色彩帶來的美好世界之後，我們即將前往嚴酷的境地——疼痛與熱。接著，我們將行雲流水一般地逐一認識回應壓力與動作的機械性感官能力——觸覺、振動、聽覺，以及把聽覺用到淋漓盡致的回音定位。身為徜徉在感官世界裡的旅人，此時我們的想像力已經發揮到極致，這時，帶著這股想像力，我們將展開一次最困難的飛躍，透入某些動物獨有的感官世界，人類根本沒有這些奇妙的感官能力——電覺與磁覺。最後，在旅程的尾聲，我們將了解動物如何將感覺到的各種刺激統整為有用的資訊，而人類又是如何污染、扭曲了這些珍貴的訊息，最後則是省思人類如今該為大自然做些什麼。

正如作家馬賽爾．普魯斯特（Marcel Proust）所說，「真正的發現之旅，不在尋找奇妙的新大陸，而是要以全新的眼光看待事物……用這些不同的眼光，看盡每一個宇宙。」[17] 讓我們開啟這趟旅程吧。

第一章　無處不在的化學分子——嗅覺與味覺

「牠沒來過這裡，這下牠有得聞了。」亞歷山德拉．霍羅威茲這麼說著。

這裡的「牠」，指的是芬尼根——霍羅威茲養的墨黑色混種拉布拉多犬，她也叫他芬恩。而「這裡」則是指她在紐約市這間無窗的小實驗室，她在這裡以狗兒為對象進行心理學實驗。至於「有得聞了」指的則是這間房間裡充滿了各種陌生的氣味，對芬恩好奇的狗鼻子來說應該很有趣。事實上也確實如此。隨著我的眼光所到之處，都看得見芬恩在四處嗅聞。牠先張開鼻孔四處探查一番，接著專心地嗅聞地上的墊子、桌上的鍵盤與滑鼠、垂墜在角落的窗簾、我椅子下的小空間。以人類來說，我們會微微轉頭、移動雙眼，藉此探索新環境，而狗兒的探索方式相對來說較為發散，因此常常讓人覺得牠們只是在隨處亂聞、毫無確切目標。但霍羅威茲可不這麼想；她發現芬恩對於人類碰過、有所互動的物品格外感興趣，而且牠也會追蹤、檢查其他同類接觸過的位置。芬恩會檢查通風孔、門縫，以及其他任何會有氣流帶進新氣味分子的地方。① 芬恩會從不同角度嗅聞同一物件，也會從各種距離仔細探查氣味，「就像牠在慢慢靠近梵谷的畫作，試圖近距離觀察繪畫的筆觸一樣。」霍羅威茲說道。「狗兒們隨時都開啟著嗅覺探索模式。」

霍羅威茲專門研究狗的嗅覺[1]——也就是牠們用來探測氣味的感官能力——而我這次正是打算來跟她討論

① 以專業術語來說，氣味分子是一種物質分子，而氣味則是該種分子令人產生的感受；例如乙酸異戊酯是一種氣味分子，而它會產生香蕉的氣味。

關於嗅覺、氣味的一切。然而我實在忍不住一直被視覺畫面影響，芬恩終於探索完一部分的氣味向我走來，而我則立刻被牠的雙眼吸引，那棕色的迷人雙眼就像黑巧克力一般令人醉心。②我得特別花費一番力氣，才能將注意力轉回芬恩雙眼前方的那個部位——也就是他的鼻子，突出、濕潤，有著逗號形狀的兩個鼻孔，往側邊延伸。這就是芬恩與這世界交流的主要工具，其運作方式如下。

請各位深吸一口氣，一方面是要讓各位了解即將講解的實際動作，另一方面是希望大家做好準備，迎接幾個重要詞彙。各位在吸氣時會創造出一股氣流，讓你嗅聞氣味的同時也吸入空氣；然而狗在嗅聞時，牠們鼻子裡的構造會將氣流一分為二。[3]大部分的空氣會直接進入肺部，然而其中一小部分的氣流，則會進入狗吻部後方的嗅覺區。這個區域滿布薄透、曲折蜿蜒如迷宮般的骨質薄壁，其表面則滿布黏黏的嗅覺上皮。這就是狗鼻子裡第一個探測氣味的地方；嗅覺上皮充滿了長型的神經細胞，其中一端直接接觸從外界傳進來的氣流，並且運用名為氣味受體，且有著形狀特殊的蛋白質抓取氣流中的氣味分子；至於神經細胞的另一端則直接連接到大腦裡的嗅球（olfactory bulb）。一旦氣味受體成功抓取到氣味分子，神經細胞就負責通知大腦，這時狗兒就會接收到氣味。現在各位可以呼氣了。

人類的嗅覺機制大致相同，[4]不過相較之下，狗的嗅覺構造確實比人類更上一層樓：牠們有著面積更大的嗅覺上皮，上面又有多上好幾十倍的神經細胞，不僅嗅覺受體種類是人類的兩倍之多，就連嗅球也比人類來得大。③而且狗有另外用來分辨氣味的獨立結構，而我們人類則只能仰賴一直有氣流進進出出的鼻子而已。這就是關鍵性的差異了；正因這種差異，人類每一次呼氣時，就會把氣味分子再從鼻子裡推出去，也因此在一吸一呼之間，氣味的表現也忽明忽暗；而狗就不一樣了，牠們感受氣味過程更為順暢，氣味分子一旦進入了狗鼻子，就不會輕易飄散出去，而且牠們每多吸一口氣，就會蒐集到更多氣味分子。

狗鼻孔的形狀也加強了這種效果。[5]看見一隻狗在嗅聞地面時，你可能會以為這隻狗每一次呼氣都會把表面的氣味分子**吹離**鼻子；但對狗兒來說，其實並非如此。下一次觀察狗鼻子時，特別注意一下在牠們面向前方的鼻孔下方，有兩道側向延伸的隙縫。正因為這種結構的存在，狗每一次呼氣時，空氣都會從側縫被推出來，製造出把新鮮氣味**推向**鼻子的氣旋。而且狗連在呼氣時，也**仍然**會同時把空氣吸進鼻子裡。在一項實驗中，名為撒旦先生（這名字真是令人好奇）的英國指示犬在長達四十秒的時間內，不間斷地製造往鼻子內流動的氣流，然而在這段時間內，牠同時也呼氣達三十次之多。[6]

有了這樣的嗅覺構造，難怪狗鼻子如此敏銳。不過狗鼻子到底有多靈敏呢？科學家嘗試找出狗嗅聞到某種化學物質的最低門檻，[7]但各個實驗結果實在差距太大，差異竟可達一萬倍之多。④與其探究這些無法確定的數據，好好了解狗到底有什麼真本事還比較有建設性。在過去的實驗中，我們發現狗可以靠氣味分辨出同卵雙胞胎[9]；就算把按了指紋的顯微鏡玻片丟在屋頂上日曬雨淋長達一週，狗還是聞得出其氣味[10]；就算只嗅

---

② 我會這麼受芬恩的眼睛吸引其實並非純屬巧合。狗的臉部肌肉讓牠們能夠做出內縮挑眉的臉部動作，也因此能夠展現出充滿靈魂、楚楚可憐的表情。狼的臉上則沒有這種肌肉；這正是狗在這幾世紀以來受人類馴化而產生的結果，牠們的臉型在無意間變得更像人類，也因此我們更能讀出狗兒的情緒，也更容易產生想要照顧牠們的心情。[2]

③ 我在這裡刻意避免用確切數字表示人類與狗之間的嗅覺能力差距。要找到相關的估計數字其實很簡單，但我實在找不到這些估計數字最原始的資料來源；經過好幾個小時查找各種資料的奮鬥後（我不僅找了科學文獻的論述，甚至還看了某本相關主題的傻瓜書），我實在有點厭世，同時也開始質疑知識的本質。無論如何，人與狗的嗅覺差距確實存在，而這段差距不僅存在，還很巨大，只是我們不確切知道差異究竟多大而已。

④ 在某項實驗中，兩隻狗可以探測出濃度低至兆分之一或二的乙酸戊酯氣味（請各位想像香蕉的味道）[8]，這樣說來，狗的嗅覺靈敏程度就是人類的一萬至十萬倍之多。然而假如這項研究結果為真，就表示這兩隻狗的嗅覺比二十六年前另一項實驗（使用同樣的化學物質、不同研究方法）中的六隻米格魯好上三十至兩萬倍。

聞五個腳印，狗兒也能辨識出目標朝哪個方向走去。[11]人類訓練狗兒探測炸彈、毒品、地雷，搜尋失蹤人口、屍體、走私現金、松露、入侵植物、農業疾病、低血糖狀態、臭蟲、油管滲漏、腫瘤。

米迦盧能夠找出埋藏在考古遺址下的骨骸；胡椒能聞出海灘上零散的油污染；榮恩隊長能夠找出海龜巢穴，人類也就能藉此進行海龜保育；熊熊有辦法精準嗅出隱藏起來的電子產品；而貓王的專長則是聞出哪些北極熊懷孕了；至於小火車，牠因為實在太活力旺盛而不得不退出緝毒犬學校，但牠現在則改用靈敏的鼻子追蹤美洲豹和美洲獅的糞便蹤跡；塔克則擅長在船隻邊緣探出身感知虎鯨糞便的氣味，在牠退休之後，則由埃巴接棒這項任務。只要有氣味的存在，我們就能訓練狗兒探測它。人類將狗兒與環境界互動的方式化為己用，藉此補足我們嗅覺能力的不足之處。這種強大的能力實在令人讚嘆，但也很容易被視為譁眾取寵的花招；人類只會空泛地讚賞狗兒有著無比強大的靈敏嗅覺，卻無心真正了解嗅覺對狗的生命來說意義何在，也忽視了牠們的嗅覺世界與人類被視覺主宰的環境界之間的差異。

氣味不像光線總是以直線前進，氣味會擴散、滲透，會急湧而出，也會四處打轉。霍羅威茲每次觀察芬恩用嗅覺探索新環境時，她都會努力忽略視覺帶來的清晰輪廓，轉而在腦海中描繪「四周一切都在閃爍晃動，沒有明確分界的場景」她這麼說道。「氣味能穿越黑暗，繞過拐彎處，穿透會阻礙視力的一切事物。」霍羅威茲看不見我掛在椅背上的袋子裡有什麼，但芬恩但靠鼻子就能**聞得出來**，他能攫取從袋子裡的三明治飄散出來的氣味分子。氣味會用與光線不一樣的方式在環境中徘徊、停留，並藉此揭示此地發生過的事。⑤先前在霍羅威茲的小房間逗留過的生物，並沒有留下如幽靈身影一般的視覺線索，卻遺留了芬恩能夠探測到的化學物質。氣味能夠預告即將到來的人事物，就像遠處下雨時散發出的氣味，能讓我們知道風暴即將到來；而人類走到家門口時身上散發的氣味，則能促使狗兒跑到門邊等主人進門。這種能力有時候會被貼上「超感知」的標籤，但對狗來說，這其實就只是普通的感知能力而已。對狗兒來說，嗅覺比視覺來得快又精準。芬恩嗅覺氣味時，不僅僅是在評估當下的狀態，更能夠看見過去、預見未來；對牠來說，嗅聞氣味就像在閱讀傳記一樣，可以清楚了解該處長時間的狀態。動物的身軀就像不斷滲出化學物質的麻布袋，使空氣中瀰漫著各式各樣的氣味分子。⑥確實有些物種會刻意藉由氣味釋放訊息，然而我們卻是因為碰到了有著相應嗅覺能力的動物，而在無意之間因氣味而洩漏行蹤，更因此顯露出自己的地位、身分、健康狀態、最近吃了什麼。⑦

霍羅威茲告訴我：「我以前真的沒特別注意過狗鼻子的存在，我根本連想都沒想到要研究狗鼻子。」⑧她研究狗，是從觀察狗面對不公平會有什麼態度這種角度開始——就是那種心理學家會感興趣的主題。但自從讀了魏克斯庫爾的著作後，她開始思考環境界的概念，因此將研究焦點轉移到氣味上——這才是**狗**會感興趣

---

⑤ 不過我確實想得到一個例外：有些海生多毛綱的蟲會放出閃閃發光的「光彈」，其中充滿了會發光的化學物質，而這些光線能夠分散獵食者的注意力，好讓海生蠕蟲逃出生天。審註：可見於 https://www.science.org/doi/10.1126/science.1172488

⑥ 豹的尿液聞起來像爆米花；小黃家蟻（Yellow ant）則有著檸檬的味道。多虧了刻苦耐勞的科學家努力嗅聞一百三十一種不同種的蛙，才發現各種青蛙面對壓力時分別會散發出像花生醬、咖哩、腰果的氣味[12]，而這些科學家則靠著這番辛勤研究，贏得了搞笑諾貝爾獎（Ig Nobel Prize）。冠小海雀（Crested Auklets）是一種海鳥，頭上有著成簇的羽毛，外觀十分逗趣——牠們是成群棲息的鳥類，身上會散發出好聞的柑橘氣味。

⑦ 膨蝰可能是其中的一項例外[13]，這種來自非洲的毒蛇有著能夠融入環境的外表，因此能夠靜靜待在原地好幾週等待伏擊的最佳時機；除此之外，牠們身上散發的化學物質似乎也能完美融入環境。二〇一五年，阿沙迪・凱・米勒（Ashadee Kay Miller）發現，就連擁有靈敏嗅覺的動物如：狗、獴、狐獴，都無法靠氣味探測出膨蝰的存在，甚至連經過對方身邊也無法察覺。狗可以聞出牠們蛇蛻的氣味，但不知為何活體卻可以躲過這些靈敏鼻子的探測。

⑧ 就連科學家也會陷入這種盲點。霍羅威茲蒐集了近十年針對狗的行為研究文獻[14]，她發現當中只有百分之四的研究有關注嗅覺的議題。其中更只有百分之十七提及實驗進行下的氣味環境狀態——包括氣流、氣溫、濕度、實驗前接觸的人或食物。這種感覺就像研究視覺的科學家根本沒想到要闡明實驗室的燈究竟是開還是關一樣。

的主題。

舉例來說，她發現實在有太多狗主人剝奪了牠們嗅聞的快樂。對狗來說，就算只是簡簡單單散個步，也是一場探索氣味的壯闊旅程。但倘若主人無法理解嗅聞對狗的重要性，只把遛狗視為一種運動方式，或是只是移動的過程，每一次狗兒停下腳步嗅聞氣味，就會被主人視為麻煩。只要狗兒停下腳步仔細了解某些無形的蹤跡，就被催促前進；一旦狗兒去嗅聞糞便、屍體或任何主人的感官無法接受的東西，就會被拉走；就連狗兒把鼻子湊近另一隻狗的胯下，都會被視為無禮的行為，主人會大聲叫嚷：壞狗狗！畢竟在西方文化中，人與人之間沒有嗅聞彼此的習慣。⑨「我們會互相擁抱，但不會去認真聞人家身上的味道，這樣實在太怪了。」霍羅威茲說著。「我可以稱讚你的頭髮很香，但除非我們關係非常親密，不然實在不適合對**你**說你身上很好聞。」一次又一次地，人類將自己的價值觀——以及環境界——強加在狗的身上，強迫牠們運用視覺來取代嗅覺探索世界，削弱狗兒對氣味世界的探索，同時壓抑牠們身為狗對於嗅聞的需求。直到霍羅威茲帶芬恩去上嗅聞訓練課，她才前所未有地清楚意識到這一點。

嗅聞訓練雖標榜為一種運動，但其實這項課程只是在訓練狗兒找出隱藏的氣味，並一步一步加深難度。這對狗來說應該是自然天性，但對芬恩班上的許多狗同學來說，卻並非如此。其中有許多狗兒看起來好像根本沒有任何動力主動嗅聞：要不是得由主人拉著牠們在一個又一個盒子之間走動，就是根本毫無頭緒到底該做什麼。也有些狗而則是受到其他同類存在的刺激，不斷對彼此吠叫。然而隨著一整個夏天的嗅聞訓練過去，這些奇怪的行為都慢慢消失了；原本躊躇不前的狗兒們變得更加積極主動，那些原先反應激烈的狗卻變得比過去沉穩。看到這令人驚奇的成果後，霍羅威茲和她的研究同仁夏綠蒂．杜蘭頓（Charlotte Duranton）決定找來二十隻狗進行實驗。杜蘭頓在每一隻狗面前的三個不同位置放置食碗：其中一個位置的碗每次都會有食物，另一個碗則總是空著，而第三個位置碗裡的食物則時有時無。[15]這些狗很快就學會直接走進總是有食物的碗、忽略空碗，至於那個食物時有時無的碗呢？狗靠近**那個**碗的意願，就顯示了認知心理學中所謂的正向判斷偏誤，也就是我們一般人所說的樂觀心態。霍羅威茲發現，僅僅經過兩週的嗅聞訓練，就能夠令狗兒變得更加樂觀；因為嗅覺能力受到了正面刺激，牠們的狀態也變好了；反之，經過了兩週腳邊隨行（heelwork）的狗——一種訓練狗服從主人帶領的活動，狗在此訓練過程中不會運用嗅覺和自主性——則不會產生變化。

對霍羅威茲來說，實驗結果顯而易見：讓狗好好當狗就好。人類應該了解狗的環境界與自己不同，並順應這份差異。她也確實以行動實踐，帶芬恩散步時讓牠專心嗅聞氣味、想聞就聞，直到牠的嗅球滿意為止。只要芬恩停下腳步，她絕不催促；由芬恩的鼻子帶領散步的節奏。確實，這樣散步的時間會拖得很長，但她本來就沒有設定確切的目的地。我們一起用這種方式帶芬恩散步，從她的辦公室開始往西走了幾個街口，朝曼哈頓河濱公園（Manhattan's Riverside Park）前進。當時是炎熱的夏季，空氣中充斥著垃圾、尿液和廢氣的味道——但這只是我能聞到的氣味，對芬恩來說可不僅如此。牠一路將鼻子貼著人行道上的縫隙認真嗅聞，研究了一下交通號誌以後再停下腳步聞聞消防栓。霍羅威茲說：「因為那是哥倫比亞大學所有狗狗的必訪之地。」她發現，芬恩有時候會聞聞地上新鮮的尿液，接著抬起頭看看四周（或是聞聞四周），就能確實找到那泡尿的主人。氣味對狗兒來說不僅僅只是味道本身，也是一種重要的參照物；而散步也不單純是從A點移動到B點的過程，而是看見曼哈頓層層交疊的無形故事的發現之旅。

⑨在二〇二一年的奧斯卡頒獎典禮上，有位記者問南韓演員尹汝貞（Yuh-Jung Youn），布萊德・彼特聞起來是什麼味道，她回答道：「我又不是狗，怎麼會去聞他的味道！」

到了公園裡，空氣裡充滿了綠色植物、剛剪的草皮、土壤、烤肉的味道。芬恩身邊有另一隻狗走過，於是牠轉過去聞了聞氣味，鼓起雙頰細細品味，就像在抽雪茄一樣。有兩隻巨型貴賓犬想走近，但在牠們足夠靠近之前，主人就把牠們硬拉到圍籬邊細細檢視身體；這時的霍羅威茲看起來很難過。後來有隻澳洲牧羊犬走來圍著芬恩打轉，她這才開心起來；兩隻狗狗熱情地嗅聞彼此的生殖器，而我們則和狗主人閒聊一番。我們得從主人對狗兒的稱呼才能推測出牠是母狗，然而對芬恩來說，只要靠鼻子就能判斷了；我們得開口問才知道這隻狗幾歲，而芬恩卻可以靠氣味猜出來；我們沒有貿然詢問這隻狗的健康狀況、是否在發情期，但芬恩連問都不必問，光靠氣味牠就能知道這些狀態。霍羅威茲說：「有一段時間我很努力嘗試嗅聞芬恩聞到的味道，但後來我就放棄了，因為我實在不像牠能聞到那麼多氣味。」但這絕對有機會進步。雖然人類的鼻子不像狗鼻子擁有如此精巧複雜的結構，同時我們的鼻子像較之下也距離地面較遠，更別說我們還荒廢嗅覺已久了；但霍羅威茲表示，靠著更常仔細嗅聞氣味，她的鼻子確實變得更靈敏了（不過這種行為也讓她看起來更怪了）。「人類的鼻子其實已經很完美了，只是我們不像狗兒一樣懂得善用而已。」

霍羅威茲在寫《嗅聞高手》（*Being a Dog*）這本書時，發現了一件有趣的事。在向專門研究人類嗅覺的神經科學家提到狗時，他們的反應很有趣……怎麼說呢……有點像在保護地盤，又有點嗤之以「鼻」。有些人認為，明明這世界上還有其他許多哺乳類動物也擁有優異的嗅覺，卻只有狗受到大力吹捧[16]；這些擁有出色嗅覺的哺乳類動物包括大鼠（牠們也能聞出地雷）、豬（牠們的嗅覺上皮面積可達德國牧羊犬的兩倍）、大象（我們稍後會談到）。其他人則是直指測試狗探測特定氣味的嗅覺能力實驗結果出入極大，這些實驗數據各異，有些顯示狗的嗅覺比人類敏銳十億倍，有些卻說是一百萬倍，甚至也有只好上一萬倍的實驗結果。在辨認某些氣味時，人類的表現確實**比較好**[17]：研究人員讓狗和人類嗅聞十五種氣味後發現，在辨認某五種氣味時，人類的分辨能力比狗出色，這些氣味包括雪松氣味裡的香堇酮（beta-ionone）以及香蕉氣味的乙酸戊酯。在分辨不同氣味這一點上，人類的表現確實優於狗兒。要找出兩種人類難以分辨差異的顏色非常容易，但要找到相似到難以區分的氣味實在不簡單。腦神經科學家約翰・麥甘（John McGann）就試驗過，他告訴我：「我們在實驗中發現有一些味道連小鼠都無法分辨，人類卻可以很有自信的說：『沒問題，我來。』」

然而各種教科書上卻依然聲稱人類的嗅覺能力不好；麥甘努力追溯這項說法到底從何而來[18]，於是發現這個迷思起源自十九世紀。一八七九年，腦神經科學家保羅・布羅卡（Paul Broca）發現人類的嗅球與其他哺乳類動物相比小了許多；他認為這是因為嗅覺是最底層也最動物性的感官，而人類犧牲這項能力是為了擁有更高等的心智與自由意志。他也因此將人類（以及其他靈長類和鯨魚）劃分為非嗅覺型動物。即便當初布羅卡根本沒有實際測量各種動物的嗅覺能力，而是光憑基於動物大腦尺寸的粗估推論就提出這項論點，但這個嗅覺不好的標籤仍然一直留在人類身上揮之不去。人類嗅球和其他腦區的比例與小鼠相比確實較小，但我們嗅球的實際尺寸卻比小鼠大，神經細胞的數量也差不多；然而我們到現在還是不清楚這些數據對於動物的嗅覺體驗來說到底有什麼意義。⑩

除此之外，教科書上記載的也都只有西方觀點，而西方文化其實一直以來都貶抑嗅覺的價值。柏拉圖與亞里斯多德認為嗅覺太模糊、太沒有具體規範，因此只能稱為一種情緒性的表徵；達爾文則聲稱嗅覺「用處微乎其微」。[20]康德認為「嗅覺是一種無法描述的感官特性，我們只能透過與其他感官比較來理解嗅覺」。[21]英

⑩ 其實嗅球對於嗅聞氣味來說甚至可能不是必要存在。二〇一九年，塔莉・魏斯（Tali Weiss）發現有些女性身上似乎根本沒有這種結構存在，然而她們卻依然能聞到氣味；背後原因為何依然眾說紛紜。[19]

語的用詞也確實表現出了康德的這項觀點，英語語境中只有三個專門用來描述氣味的詞彙：stinky（臭）、fragrant（芳香）與musty（霉味）；至於其他就都是拿同義詞如：aromatic（香氣）、foul（臭味）；粗糙的暗喻如：decadent（原意為人或職位的腐敗，借指腐朽的氣味）、unctuous（原意為諂媚，借指油滑、豐盈的氣味）；或是借用其他感官的詞彙如：sweet（甜香）、spicy（辛香）；甚至是直接用氣味的來源來指稱氣味，如：rose（玫瑰香）、lemon（檸檬味）。[22]在亞里斯多德提出的五種感官能力之中，有四種感官能力擁有數量龐大的專用詞彙；而嗅覺則正如黛安・艾克曼（Diane Ackerman）所述，「缺乏專屬於它的詞彙」。[23]

不過，馬來西亞的嘉海人[24]（Jahai）可能不會同意這種說法，像塞莫克貝里人（Semaq Beri）、馬尼人（Maniq）這些以捕獵維生的族群，都有各種專門用來描述氣味的詞彙。嘉海人就有十幾個（純粹）用來描述氣味的字眼；其中一個單字是專指汽油、蝙蝠糞以及馬陸的氣味，另外還有一個詞則是用來描述蝦醬、橡膠樹汁、老虎和腐肉之間某種共通的味道，他們還有一個詞則是指肥皂、榴槤以及熊貍⑪（或稱貍貓，binturong）身上那種像爆米花的強烈氣味。心理學家阿西法・馬吉德（Asifa Majid）發現描述氣味對嘉海人來說，就像使用英語的人描述顏色那樣稀鬆平常，她說，對這些人來說「談論氣味可說是輕輕鬆鬆、信手拈來」，就像我們會說番茄是紅色的一樣，熊貍身上那種聞起來像是爆米花的味道就叫做Itpit。氣味無庸置疑是他們文化最基本的一環。馬吉德的嘉海人朋友就曾指正過他，認為她坐得離研究夥伴太近，導致彼此身上的氣味混雜在一起；還有另一次，她試圖描述野薑的氣味，當地的小朋友則嘲笑她不僅無法具體描述出野薑的味道，甚至還把野薑植株的各個部位概括為只有單一種氣味，對這些嘉海族的孩子來說，野薑的莖部與花朵聞起來**顯然**完全不同。針對人類的嗅覺能力不佳這個迷思，「假如當初衡量人類嗅覺的是嘉海人而不是英國人和美國人，這項迷思或許早就被推翻了。」馬吉德這麼說道。

假如有適當的機會，西方人其實也能出人意表地表現出色嗅覺。二〇〇六年，腦神經科學家傑斯．波特（Jess Porter）讓學生在柏克萊的公園戴上眼罩，使用嗅覺追蹤她在草地上潑灑、達十公尺長的巧克力油路徑。[25]這些學生趴在地上，用跟狗一樣的姿勢探查氣味，這景象看起來實在很荒謬；但學生們也確實成功做到了，而且越練習表現得越好。

我去拜訪亞歷山德拉．霍羅威茲時，她也讓我挑戰了這項測試，她把沾染上巧克力氣味的繩子放在地上；我跪在地上，閉上雙眼，張大鼻孔地四處嗅聞。很快地，我聞到了巧克力的氣味，並且跟著味道前進；一旦發現氣味消失，我就會左右擺動頭部試圖尋找氣味蹤跡，看起來完全就跟狗一樣。不過那也只是看起來像而已；狗能在一秒內嗅聞六次，穩定地將氣流導引到嗅覺受體上，然而我連續吸了好幾口氣以後就感覺自己快過度換氣了，只好停下來深深呼氣，於此同時，我也就失去了原本的氣味蹤跡。最後我仍然找到了那條沾染了巧克力氣味的繩子，但是我得花一分鐘才做得到的事，芬恩只需要半秒鐘的時間。即便我定期練習這項技巧，依然比不上牠；因為我沒有夠好的硬體設備（也就是器官構造）。最重要的是，霍羅威茲移開了那條繩子以後又告訴我，即便是散發氣味的物件消失了，狗依然能找到氣味的蹤跡。我們兩個都嘗試再度彎下身尋找氣味的痕跡，但她說「現在我什麼也聞不到了。」人類確實低估了自己的嗅覺能力，但也無庸置疑，我們確實無法體會像狗一樣的嗅覺世界。對人類來說，狗的嗅覺世界實在太過龐雜，要是我們真能理解就真是個奇蹟了。

⑪ 熊貍有著澎鬆粗亂的黑色皮毛，身長可達兩公尺，牠們的長相介於貓、鼬與熊之間。熊貍又名bearcat，在我的第一本書《我擁群像》（*I Contain Multitude*）中也有出場。

許多生物都能感知光，或是對聲音產生反應，少數生物則能夠感覺到電力與磁場；但幾乎所有生物（或許沒有任何例外），都能感受到化學物質。甚至只是單一個細胞的細菌，也能藉由感知來自外界的化學分子來找到食物、躲避危險。而細菌本身也能散發出獨特的化學訊號來和其他細菌溝通，並且在細菌群體的數量達到某個程度時，開始產生感染或其他合作行為。而能夠殺死細菌的病毒則會探測並利用這些細菌發出的化學訊號[26]，這些病毒的構造簡單到甚至有某科學家認為它們不是生物，但它們確實能夠感覺到化學物質。這麼說來，化學分子其實是這世界上最古老也最通用的感知訊號[27]；大自然中的環境界存在多久，它們就存在多久，而它們也是環境界當中最令人費解的部分。

對科學家來說，了解視覺與聽覺相對容易；畢竟光波和音波都有明確、可測量的實體存在，如：亮度和波長、音量和頻率。我眼前如果閃過了波長為四百八十奈米的光線，我就會看到藍色；假如我耳邊響起了二百六十一赫茲的頻率，我就會聽到中央C的音頻。然而這種可預測性在氣味的世界並不存在，可能產生氣味的化學分子實在太多，能夠組合出的味道也就幾乎永無止盡。[28]為了分類各式各樣的氣味分子，科學家運用強烈程度、令人愉悅的程度等主觀判斷數值，然而這些特性都得靠人實際嗅聞才能得知。更糟糕的是，我們無法準確預測某個化學分子聞起來究竟是什麼味道——或甚至那種化學分子到底有沒有氣味——我們根本無法單靠觀察化學結構得知。⑫然而卻有許多動物天生就有破解各種複雜氣味的能力，完全無需任何化學或神經科學的訓練，與生俱來的嗅覺器官就讓牠們成為稱霸這個無垠氣味空間的王者。[31]牠們究竟是怎麼做到的？

琳達・巴克（Linda Buck）以及理查・阿克塞爾（Richard Axel）在一九九一年提出了一項突破性發現後，這種現象的根本原因終於為人所知。這兩位諾貝爾獎得主[32]發現了一群能夠製造氣味受體的基因——這些蛋白質能夠在動物嗅聞的第一步就分辨出氣味分子。⑬我們在前面討論狗的嗅覺時，就有提過這些受體，它們的存在確實對動物的嗅覺感官能力有莫大影響。這些氣味受體的作用就像某些電源插座只能插入某些電源線一樣相互對應⑭，有其各自專門辨別的氣味分子。在辨別氣味分子時，神經細胞上的受體會發送訊號給大腦的嗅覺區，動物也就因此感受到氣味；不過這整個過程的細節依然充滿未知。各式各樣的氣味實在種類繁多，不可能有這麼多種受體能夠對應無數氣味，因此動物在接收氣味時，必定是仰賴嗅覺神經細胞以各種組合受激發；其中一組嗅覺神經組合受到激發時，你就會聞到玫瑰令人陶醉的氣味；假如是另一組神經受到激發，你就會因為嘔吐物的臭味而皺眉。這些組合勢必存在於動物的嗅覺神經中，但其運作方式依然成謎。

此外，不同個體的氣味受體也有可能差異甚大。例如OR7D4基因就會產生對雄烯酮（androstenone）有

---

⑫ 除非真的把鼻子湊近苯甲醛，否則我們根本猜不到它聞起來像杏仁；假如只是看到畫在紙上的二甲硫醚化學結構，也無法預測它會有著大海的氣息。即便是類似的分子也可能有著天差地別的氣味表現；例如庚醇的結構中有七個碳原子，聞起來就像植物與綠葉，然而在這串碳原子中再加一個碳原子，此化學分子就成了辛醇，聞起來卻是柑橘類的味道。香芹酮（carvone）有兩種表現方式，雖然以一模一樣的原子構成，結構卻互呈鏡像：其中一種聞起來像凱莉茴香籽（caraway seed），另一種聞起來卻像是綠薄荷。至於混合物則更是令人百思不得其解了，一旦經過混合，有些混合物聞起來仍然有原組成物各自的氣味，有些卻變成了與原來的物質截然不同的味道。[29]此外，香水裡雖然含有上百種化學物質，卻也不會就比單一種氣味分子來得複雜，人類更是很難在一種混合物中分辨出三種以上的氣味。諾安・索貝爾（Noam Sobel）是專門研究氣味的神經生物學家[30]，他比誰都了解這種複雜的現象。在我寫作本書的同時，他和研究團隊發展出了一種測量方法，分析出不同氣味分子中的二十一種特性，接著將這些特性整合為單一個數字；任兩個化學分子在這個評量系統上越靠近，它們的氣味就越相似。這種方式與藉由化學分子的結構預測氣味不同，但也不失為一個好辦法——藉由氣味之間的相似程度來預測某種氣味聞起來會是什麼味道。

⑬ 這裡的專業術語有點令人混淆。在感官生物學中，受體（receptor）這個字通常用來指感覺細胞，例如光受體或化學受體；然而在這裡，氣味受體則是指這些感覺細胞表面覆蓋的蛋白質。別罵我，這些術語可不是我創造的。

⑭ 有一項理論十分為人所知，其認為氣味由不同物質分子的振動所決定，不過這項理論已遭到徹底推翻。[33]

反應的受體，這種化學物質正是汗濕的襪子與體味的來源。[34]對大多數人來說，這種氣味很難聞，但有些幸運的傢伙身上則有著存在些微不同的OR7D4基因，導致雄烯酮的味道對他們來說就像香草一樣。而這還只是數百種受體中的其中一種而已，而每一種受體更存在其各自的變化型態，使這世界上的所有個體都擁有獨一無二的環境界。同一種氣味對於這世上的所有個體來說，聞起來都略有不同；假如連要完全理解另一個人類的嗅覺感受都如此困難了，何況是要領略其他物種的環境界？

遇到任何將一種動物的感官拿來跟另一種動物相比的說法時，我們都該特別謹慎。我常常讀到大象嗅覺能力比尋血獵犬好上五倍的說法，但說實在的，這種比較根本沒意義。難道這代表大象能夠探測到比尋血獵犬多五倍的化學物質嗎？還是表示牠們能用五分之一的濃度探測到某種化學物質？還是可以在五倍的距離之外聞到氣味？或是說大象能記住某種氣味的時間是尋血獵犬的五倍之久？這種比較一定會有其不足之處，畢竟氣味實在太變化多端，而且通常難以量化。我們也不該再問像是「某種動物的嗅覺多強？」這種問題，而是應該問「對這種動物來說，嗅覺有多重要？」以及「這種動物如何運用嗅覺？」

例如雄蛾[35]，牠們天生就會受到雌蛾散發的生殖性化學物質吸引。牠們從大老遠之外就能運用羽狀觸角探測到這些氣味，於是慢慢地翩然飛向氣味來源。氣味對蛾來說實在太重要，甚至連科學家把雌天蛾（sphinx moth）的觸角移植到雄性個體身上後，這隻雄性個體就會表現出雌性的行為，開始探尋適當的產卵地點而非配偶的氣味。[36]從蛾這一物種能存續如此長久這點來看，就知道牠們的嗅覺感官絕對是無與倫比；然而蛾卻只把這種絕無僅有的優異感官能力用在少數幾件事上。蛾被冠上「探測氣味的無人機」（odor-guided drone）這個稱號其來有自，一點也沒有誇大[37]；許多雄蛾就算已進入成年期，依然連口器也沒有，因此牠們無需進食，短短的一生完全用來專心飛翔、探尋，以及……交配。而牠們受氣味驅使的行為模式實在太簡單，也因此很容易受到利用。流星鎚蜘蛛（bolas spider）能夠藉由模仿雌蛾散發出的氣味引誘雄蛾上當，使雄蛾直接投身到牠的致命陷阱之中[38]；而農人則能藉由氣味誘捕飛蛾。至於其他昆蟲，則是用更加精巧的方式處理各種氣味。

里奧諾拉．歐莉佛斯．西內羅（Leonora Olivos Cisneros）在她紐約的實驗室裡拿出了一個保鮮盒，打開蓋子，裡面是密密麻麻蠕動著的深紅色小點。那些小點全都是螞蟻；更精確一點來說，牠們是畢氏粗角蟻（clonal raider ant）——這是一種比較不為人所知的螞蟻物種，身型比一般螞蟻壯實，更不尋常的是，牠們沒有蟻后也沒有雄蟻。每一隻畢氏粗角蟻都是雌蟻，而且全都可以自我複製來製造後代；保鮮盒裡約有一萬隻畢氏粗角蟻，其中大部分的個體把自己的身體當作臨時巢穴保護幼蟻，剩下的個體則到處遊蕩尋找食物。歐莉佛斯．西內羅把其他螞蟻當成牠們的食物——其中也包括了一種名為escamole⑮的墨西哥食物，顧名思義，這種料理是以體型更大的螞蟻幼蟲所製成。

這些畢氏粗角蟻體型之小實在令人難以用肉眼觀察；用顯微鏡就容易多了，不過這不僅是因為顯微鏡的放大效果，也是因為里奧諾拉．歐莉佛斯在這些螞蟻身上塗了顏色。她有著訓練有素的穩定雙手，用蟲針在小小的螞蟻身上塗了黃色、橘色、紫紅色、藍色、綠色的記號，給每一隻螞蟻獨一無二的顏色標記，以利自動配對的鏡頭系統個別追蹤牠們的行動。而這些顏色標記也使得觀察螞蟻變得更加容易。我發現牠們時不時就會用棒狀的觸角尖端拍拍彼此，這種行為就是觸角感觸（antennating），對螞蟻來說的作用就跟嗅聞一樣。

⑮ 譯註：意指螞蟻卵。

牠們藉此感知彼此身上的化學物質，辨識對方是同窩的夥伴還是闖入者。這些螞蟻通常都住在地底下，因此完全沒有視力；「牠們完全不需要視覺，一切溝通都仰賴化學物質。」實驗室的主理人丹尼爾・克隆努爾（Daniel Kronauer）這麼告訴我。

螞蟻用來溝通的化學物質是費洛蒙[39]——這個重要的科學名詞常常受到誤解；費洛蒙指的是**同物種**的不同個體用來傳遞訊息的化學訊號。例如雌蠶蛾性費洛蒙（bombykol），又稱為蠶蛾醇，就是一種雌蛾用來吸引雄蛾的費洛蒙；而人體上吸引蚊子靠近的二氧化碳則不是費洛蒙。費洛蒙同時也是一種有著**共通意義的訊息**，任何物種裡的每個個體之間運用某種費洛蒙的方式與傳達的意義都一樣，因此所有雌蛾都會用雌蠶蛾性費洛蒙，而所有雄蛾也都會受到吸引；相反地，能夠用來區分出每個人的人體氣味則不是費洛蒙。說實在的，儘管這世界上確實有費洛蒙派對的存在[40]，讓單身人士可以靠嗅聞彼此衣物上的氣味找到適合的對象，市面上也有廠商販售宣稱有催情效果的賀洛蒙噴霧產品，但人類費洛蒙究竟是否存在，尚未有定論。儘管經過了好幾十年的研究，我們仍然還沒找到正確答案。⑯

至於螞蟻的費洛蒙則又是另一回事了。[42]螞蟻會產生許多種費洛蒙，而且每一種費洛蒙按質地差異也有各自不同的用途。重量較輕的化學物質很容易飄散在空氣當中，因此螞蟻將這些化學物質用來召集大批工蟻，藉此快速壓制獵物，或是迅速傳遞警戒訊號。只要捏死一隻螞蟻，用不了幾秒鐘，附近跟這隻螞蟻同巢的其他同伴就會感受到飄散在空中的警訊，因此進入戰鬥狀態。重量中等的化學物質飄散至空中的速度較慢，通常用來標示足跡。工蟻會在找到食物時用這種費洛蒙標示路徑，讓其他同伴能夠找到覓食地點；一旦有越多工蟻找到覓食點，這條路徑的費洛蒙也就會越強烈。而只要食物被搬完了，路徑也會慢慢消失。切葉蟻（leafcutter ant）對牠們的路徑標記費洛蒙極度敏感[43]，只要一毫克的量，就足以標記長達環繞地球三圈之長的路徑。最後一種則是最重的化學物質，幾乎不會飄散在空氣之中，而是分布在螞蟻身體上。這種費洛蒙名為表皮碳氫化合物[44]（cuticular hydrocarbons），用來標記每隻螞蟻的身分；螞蟻會用這種費洛蒙分辨其他螞蟻是否為同類，辨識誰是同巢的夥伴、誰是來自別的蟻窩，更是區別出蟻后與工蟻的重要物質。蟻后同時也會用這種物質來防止工蟻繁衍後代，或是標記出不守規矩、得接受懲罰的個體。[45]

費洛蒙對螞蟻的影響力之大，甚至可以迫使牠們做出怪異或危害自身的行為，並且無視其他感官帶來的感受。紅蟻（*Myrmica* spp.）會無視於大藍灰蝶（*Maculinea arion*）的毛毛蟲看起來一點也不像幼蟻的外表，而老老實實地照顧這些毛毛蟲，就因為牠們**聞起來**和幼蟻一模一樣。[46]行軍蟻（army ant）則是把跟隨費洛蒙足跡視為鐵則[47]，以至於牠們的足跡若不小心形成了封閉的迴圈，上百隻的工蟻就會永無止盡地繞著這個「死亡螺旋」不斷前進，直到筋疲力竭而亡。⑰也有許多螞蟻會運用費洛蒙來分辨其他螞蟻是否死亡[49]；也正因如此，生物學家E．O．威爾森（E. O. Wilson）只要將油酸塗抹在還活著的螞蟻身上，同伴就會視牠們為屍體，直接把牠們扛到蟻穴的垃圾堆去。無論這隻螞蟻到底是不是還活著，甚至根本還活跳跳地踢著腿，對牠們來說**聞起來**死了，就是死了。

---

⑯ 人類費洛蒙很有可能確實存在[41]，但要找到確切證據卻沒那麼簡單。研究動物時，研究人員通常會運用刻板行為或生理反應的出現與否判斷該研究對象是否對費洛蒙產生反應——例如掀起嘴唇、揮動觸角、睪固酮增加。然而人類的個體差異實在太大也太複雜，因此不太有這種可以當作證據，判斷一個人究竟是否對費洛蒙產生反應的行為。有些研究學者曾懷疑女性間的月經週期會因為某些不知名的費洛蒙而同步，但這種同步現象其實本身就是一種迷思。此外，也有其他科學家認為乳房會散發出某種費洛蒙，促使嬰兒產生吸吮動作，但同樣地，目前還是沒找到相應的化學物質。

⑰ 二〇二〇年九月，我發現這種行軍蟻陷入死亡螺旋的現象很適合用來形容美國面對COVID-19疫情的舉措：「這些螞蟻只能感知到當下近在眼前發生的一切，根本沒有互相協調的能力引領整個群體逃出死亡迴圈。牠們被由本能所築起的高牆困住而無法逃脫。」[48]

「螞蟻的世界嘈雜喧囂，充滿了各種費洛蒙你來我往地交互傳遞，」威爾森說道。「當然了，我們看不到這些訊息的傳遞過程；呈現在我們眼前的不過是這些紅色的小生物在地面上四處亂竄的結果，但在我們眼前所見之下，其實有許多事情正在發生，同時蘊含了許多協調與溝通的力量。」[50]而這一切都是因為費洛蒙才有可能發生。這種富含氣味的物質讓螞蟻超越了個體的限制，變成一個龐大的超級組織，由每一隻小螞蟻簡簡單單、看不出意義的行動，結合為超越個體的複雜行為。正因為有這些費洛蒙，行軍蟻成了銳不可擋的掠食者；阿根廷蟻（Argentine ant）得以創造出蔓延達數英里的巨大蟻穴；切葉蟻更因此能夠藉由種植真菌發展獨特的螞蟻農業。螞蟻的社會大概是這世界上數一數二令人嘆為觀止的組織了，正如同研究螞蟻的專家柏翠莎・迪爾托雷（Patrizia d'Ettorre）的著作所言，牠們「一切驚奇絕妙之處絕對都在那對觸角上。」[51]

克隆努爾深入研究畢氏粗角蟻，發現了這種神奇生物演化的其中一種可能性；螞蟻以本質來說其實是在一億四千萬至一億六千八百萬年前由蜂類演化而來[52]，牠們很快就從單獨存在的個體轉變為極具社會性的群體。在這個過程中，螞蟻身上各式各樣的氣味受體基因[53]——也就是那些讓牠們能夠感知氣味化學物質的工具——急遽變大。果蠅的身上有六十種氣味受體基因，蜜蜂有一百四十種，而大多數的螞蟻則有三百至四百種，至於畢氏粗角蟻則有高達五百種。⑱為什麼會這樣呢？我們目前得知了以下三項線索。[54]首先，畢氏粗角蟻有三分之一的氣味受體都位於觸角底部——也就是牠們在觸角感觸時用來拍打彼此的部位。再者，這些受體都是螞蟻專門用來辨識彼此身分而且比較重的費洛蒙物質。最後一點則是，這些受體當中大約有一百八十種其實都來自同一個基因，其數量約莫是在古代的螞蟻從獨居轉變為群居的社會性生物時快速增加。將這些線索拼湊起來以後，克隆努爾認為這些額外的嗅覺身體結構或許都是為了讓螞蟻更能辨識出同伴而存在。畢竟牠們不是單靠一種費洛蒙的存在與否來進行判斷，而是得評估好幾十種費洛蒙組合而成的比例；這種計算的過程非常複雜，但正是這一點支撐起螞蟻的一切合作行動。藉由拓展嗅覺能力，螞蟻擁有更多方法掌控牠們精細複雜的群居社會。

藉由觀察螞蟻失去了嗅覺以後的行為表現，就能看出牠們是多仰賴嗅覺的生物。克隆努爾為了實驗，去除了畢氏粗角蟻體內的*orco*基因[55]，這是嗅覺受體要探測相應化學分子時不可或缺的存在，失去了這種基因的螞蟻行為舉止都再也不像螞蟻了。「我們馬上就看出來，這些移除了*orco*基因的螞蟻不太對勁，」里奧諾拉．歐莉佛斯對我說道。「牠們的行為差異顯而易見。」牠們不會跟隨著費洛蒙足跡前進；牠們會忽略對一般螞蟻來說太過強烈的氣味所形成的障礙，例如用螢光筆畫出的線；牠們也根本不在意原本會因本能而上前照顧的幼蟻；牠們更是完全無視於整個蟻穴的存在，自顧自地一連走上好幾天。而倘若這些螞蟻意外走進蟻穴，牠們的存在也會引起混亂；這些被移除了特定基因的螞蟻有時會在根本沒事時突然釋放警示費洛蒙，讓蟻穴中的同伴陷入不必要的恐慌。「牠們根本就不知道身邊還有其他螞蟻，」克隆努爾這麼說。「牠們完全感覺不到其他螞蟻的存在。」看到這些螞蟻的表現，實在很難不感到同情；失去了嗅覺的螞蟻，也就同時失去了屬於牠們的蟻穴，而沒有了蟻穴的螞蟻根本就不能稱為螞蟻。⑲

要了解費洛蒙的力量究竟有多強大，螞蟻大概就是其中最誇張的例子了，但牠們絕不是唯一有這種現象的物種。母海螯蝦會尿在公海螯蝦臉上，藉此用性費洛蒙引誘對方。[57]公小鼠則會在尿液中製造名為達西素（darcin）的費洛蒙，令母小鼠特別受牠們身上的氣味成分吸引，其命名靈感就來自《傲慢與偏見》中的男主

⑱ 警語：用基因數量來評估動物的感官能力其實很不保險；狗的氣味受體基因數量是人類的兩倍，但這並不表示牠們的嗅覺能力就是人類的兩倍。

⑲ 在這之前也有其他人發現這一點。一八七四年，瑞士科學家奧古斯特．福雷爾（Auguste Forel）發現螞蟻的觸角就是牠們的主要嗅覺器官；因此一旦移除了觸角，螞蟻就無法建造蟻穴、照顧幼蟻，也不會攻擊來自其他蟻穴的擅闖者。[56]

角。[58]蜘蛛蘭（spider-orchid）則會模仿蜜蜂的性費洛蒙，誘騙雄蜂為它傳播花粉。[59]E・O・威爾森曾說過：「我們生活的周遭，特別是在大自然中，時時刻刻都籠罩著各種費洛蒙。這些物質就算只有稀少到百萬分之一的量，或許就能傳播達一公里之遠。」[60]這些經過精心編造的化學訊號掌控了整個動物界的運作，從體型微小的動物到如龐然大物一般的生命體，無一不受它的驅使。

二〇〇五年，露西・貝茲（Lucy Bates）抵達了肯亞的安博賽利國家公園（Amboseli National Park），準備開始研究當地的大象。她第一天出發探尋象群時，經驗豐富的助理告訴她，這些自從一九七〇年代起就受到許多科學家觀察的動物，絕對知道研究團隊來了一個新人。貝茲很懷疑，牠們怎麼可能知道？牠們又為什麼會在乎有沒有新面孔到來？不過就在研究團隊找到其中一個象群並將車子熄火的同時，這些大象立刻轉向他們。貝茲說：「其中一隻大象走了過來，把象鼻湊近我旁邊的窗子並認真嗅聞了一番。他們確實知道車子裡有個陌生面孔。」

過了幾年，貝茲也終於了解任何跟大象相處了好幾年的人都會發現的事：牠們的生命受嗅覺影響甚巨。就算不知道大象有數量破紀錄達兩千種的嗅覺受體基因[61]，也不知道牠們嗅球的尺寸有多大，只要看看牠們的象鼻就知道了；沒有其他任何動物擁有如此靈活且顯眼的鼻子，大象嗅聞氣味的動作也因此比其他動物都來得明顯。不管是在走動或進食、警戒或放鬆，大象的鼻子一直在擺動、盤繞、扭轉、探查、感知。有時候這長達一百八十公分左右的器官還會很誇張地擺出彷彿潛望鏡的姿態，藉此細細感受某個物件；而有時候象鼻的動作卻又十分細微。「你靠近正在進食的大象時，牠們其實都聽到你的動作了，卻可以完全不轉頭查看就流暢地把象鼻尖端轉向你。」貝茲如此說道。

非洲象能用象鼻找出牠們最喜歡的植物，不管是藏在有蓋的盒子裡，還是隱身在各式各樣的草葉百匯裡，牠們都能把心儀的目標找出來。[62] 牠們也能學會探測本來不熟悉的氣味[63]：快速教會大象探測黃色炸藥的氣味後（人類聞不到這種物質的氣味），三隻非洲象學會了探測黃色炸藥，甚至比受過高度專業訓練的探測犬還要厲害。而這三隻非洲象裡的其中兩隻[64]分別名為奇蘇魯和穆西納，牠們能夠在嗅聞某個人的氣味後，從九個罐子裡不同人類的氣味當中找出正確目標。至於亞洲象也毫不遜色[65]：在一項實驗中，牠們能單靠嗅聞就正確辨認出兩個有蓋的桶子裡，哪一個有比較多的食物——這種事人類根本做不到，而且甚至連（在亞歷山德拉．霍羅威茲的其中一項實驗中）狗都很難辦到。⑳ 貝茲說：「我們可以用眼睛判斷差異，但如果要單靠鼻子聞，那實在不可能辦到。大象單靠嗅聞就能得到的資訊豐富程度，實在超乎人類的理解之外。」

大象也能聞到危險。貝茲在安博賽利待了一陣子以後，有次她的同事用吉普車載了協助研究團隊好幾十年的幾位馬賽男性一程；結果隔天，研究團隊開車去找象群時，這些大象出乎意料之外地對這輛車展現出謹慎小心的態度。年輕的馬賽族男性有時會以矛攻擊大象，而貝茲認為這些大象應該是因為吉普車上殘留的馬賽族男性氣味而產生警覺——這股氣味結合了馬賽人養的牛群、每天攝取的奶製品以及他們塗在身上的土黃色塗料。為了驗證這項推測，貝茲將幾籃衣服藏在大象的棲地；這些動物在靠近洗過的衣物或坎巴族人（Kamba）穿過的衣物時[66]，未表現出受到威脅的樣子，反而顯得好奇、放鬆；然而每次只要聞到馬賽人穿過的衣物，牠們的反應就會明顯到難以錯認。貝茲說：「一旦其中一隻大象舉起象鼻，整個象群就會全力**拔腿就跑**，跑得越遠越好，而牠們幾乎每一次都會躲進長草叢裡。這反應實在太明顯了——每個象群、每一次，

⑳ 霍羅威茲認為這可能只是因為狗沒有這麼做的動力。

都是如此。」

除了食物與敵人以外，少數也與牠們息息相關的氣味，就是別隻大象身上的味道了。大象時不時就會用象鼻探查彼此，朝著對方腺體、生殖器、嘴巴猛聞。非洲象在與彼此分別一段時間再度團聚時[67]，會進行劇烈的打招呼儀式；人類會看見牠們拍打耳朵、發出低沉如喉音一般的象鳴，但對大象本身來說，這段打招呼的儀式則想必是一陣群情沸騰的熱情騷動。牠們會猛烈地排尿、排便，眼後腺體則會潺潺流出富含氣味的液體，令周遭充滿自己的氣味。

這世界上沒有多少人對大象氣味的研究比貝慈・拉斯穆森（Bets Rasmussen）來得深[68][㉑]，拉斯穆森是位生化學家，而她也有著「研究大象內分泌、排泄物、呼出氣體的女王」的稱號。只要是大象身上產出的東西，拉斯穆森幾乎都聞過，甚至也很有可能嚐過。她發現大象分泌出來的物質裡充滿了費洛蒙，也因此承載了許多意義。一九九六年，經過了十五年的潛心研究後[69]，她終於分離出名為Z-7-dodecen-1-yl acetate的化學物質；母象的尿液會散發出這種物質，讓公象知道自己已準備好交配。令人吃驚的是，竟然光是這一種物質就能對如此複雜的動物的性生活產生劇烈影響。更令人瞠目結舌的是，雌蛾也正是用這種物質來吸引雄蛾。幸好這種物質只是雄蛾尋覓的許多種化學物質之一，所以雄蛾並不會因此就受到母象吸引；而同樣幸運的是，公象並不會因為這種物質就試著跟雌蛾交配，因為雌蛾的分泌量對公象來說少得不值一提。至於其他大象，也都因為其各自的氣味而使其他同類難以忽略。拉斯穆森後來發現，大象能透過氣味分辨母象正在發情週期的哪一個階段，或是公象是否正處於名為發情狂暴期的狀態。[70]牠們更能透過氣味分辨出每隻個體。大象走在連接家園的古舊小徑上[71]，一邊留下排泄物——然而這些都不是無用的廢物，而是能讓周遭同類透過象鼻了解自身故事的線索。

二〇〇七年，露西．貝茲想到了一個聰明的方法驗證這點。[72]她跟在一個大象家族後面等牠們排尿，一旦大象排泄完離開，她就開車過去拿鏟子把被尿液浸透的土壤通通挖起來裝進冰淇淋桶裡。接著她會在草原上開車尋找同一群或另一群大象；貝茲會開車超過牠們，把冰淇淋桶裡浸滿尿液的土壤倒在象群即將走過的路徑，接著再飛馳到遠處的制高點等待觀察牠們的反應。「這實在不是個令人開心的實驗，」她這麼告訴我。「你常以為自己知道象群會往哪走，結果就在放好尿液樣本以後，牠們卻改變了前進方向。這個過程實在很令人崩潰。」不過每當她猜對象群的前進方向時，就能觀察到大象走近探查地上的尿液樣本；假如這份尿液來自不同象群，牠們會很快地忽略這泡尿繼續前進。而假如這泡尿來自不在現場，但仍屬於同一家族的大象，牠們就會對這股氣味展現出更多興趣。然而倘若這份尿液樣本其實來自現場象群的某一隻大象，但牠卻是走在正在嗅聞尿液的那隻大象後面，象群就會展現出特別好奇的樣子。這些大象確實知道是誰尿了這泡尿，而這隻同伴也不可能被憑空傳送到牠們前方，因此大象就會對這股不該出現在這兒的氣味感到格外困惑，同時牠們也會特別小心檢查。大象總是成群結隊地以一整個家族的型態移動，牠們似乎不僅知道有誰在象群之中，對於哪一隻同伴位置在哪裡更是清清楚楚；氣味為牠們構築了這種感官意識。貝茲說：「大象行走的同時，一直都在藉由周遭各式各樣的氣味獲取大量資訊……這種感覺一定無比驚人。」

然而科學家實在難以分辨這些資訊的確切性質；畢竟氣味實在抽象，有些科學家能夠過照片捕捉動物外觀，或是錄製動物叫聲，但是潛心研究嗅覺的科學家卻得做到像是鏟起被尿液浸透的土壤這種地步，才能夠

㉑ 大象本身就是母系社會的動物，由母象領導象群，因此由女性來主導關於大象感官的研究也相當合理：貝茨．拉斯穆森研究大象的嗅覺；凱蒂．佩恩（Katy Payne）、喬伊斯．普爾（Joyce Poole）、辛西雅．莫斯（Cynthia Moss）研究聽覺；凱特琳．奧康奈爾（Caitlin O'Connell）則是研究地震波。我們在後面幾章會再遇到這幾位學者。

進行研究。此外，氣味也難以再製；我們無法透過音響或螢幕回放氣味，因此研究人員得載著蘊含尿液的土壤跑到象群前面，才能夠進行實驗。而這還是科學家在有確實考慮到嗅覺這項感官才會產生的實驗；事實上，在大多數情況下，科學家在測試大象的大腦功能時，時常還是只考慮到視覺因素而運用鏡子等物件來進行研究。我們究竟因為忽略嗅覺這種原始感官能力，錯失了多少認識大象心智的機會？

大象走在最喜歡的路線上，遇到其他同類留下的排泄物時，牠們從氣味獲知的資訊除了個體的身分以外還有什麼呢？牠們能藉此知道前一隻經過的大象的情緒狀態嗎？牠們會感知到對方的壓力或察覺對方是否生病嗎？又是否能夠從中獲知這隻大象身處的環境？大象回到戰後的安哥拉國土，似乎都知道要繞開仍星羅棋布在地表下的上百萬顆地雷[73]——不過這或許也不令人意外，畢竟牠們那麼快就能學會探測黃色炸藥。也有許多人知道，大象會在乾旱時挖掘水源[74]；而也在安博賽利進行研究的喬治・威特彌爾（George Wittemyer）則非常確定這些動物是藉由氣味找出埋藏在土壤下的飲水。他也認為大象能夠聞到遠方雨滴灑落地面時散發出的氣味，並藉此察覺即將下雨。「那種氣味令人覺得興奮又充滿生命力，你會發現大象也為這種氣味的出現感到歡欣鼓舞。」

拉斯穆森推測，大象可能是藉由「景觀、地形、路徑、礦和鹽脈、水坑、雨水或氾濫的河流散發出的氣味，以及彰顯季節遞嬗的樹木香氣互相交織，由種種化學物質構成的記憶」來找到長途遷徙的方向。[75]至今沒人驗證過這個說法，但確實有其道理。畢竟無論是狗、人類還是螞蟻都能透過氣味追蹤方向，鮭魚更是能依循著當初出生的河流氣味迴游到出生地。[76]㉒鞭蛛（又稱無尾鞭蠍，whip spider）能運用像繩子一樣長的前肢，以其尖端上的嗅覺受體在雨林茂密的植被間找到回家的路[77]；北極熊或許也是因為腳掌上有腺體，才能在踏出每一步的同時留下氣味，因此得以在蔓延上千英里又長得一模一樣的浮冰之間找出正確方向。[78]這些例子實在數見不鮮[79]，有些科學家也因此認為動物嗅覺的主要功能並不是用來探測化學物質，而是為了指引方向而存在。有了好鼻子，就能以氣味構築出具體景觀，而氣味形成的地標則能指引動物朝食物與棲地前進。諷刺的是，動物擁有這種特殊能力的最佳證據則是來自一種直到不久之前，還被誤以為沒有嗅覺的動物。

約翰・詹姆斯・奧杜邦（John James Audubon）是一位極富熱忱的自然學家[80]兼藝術家，因為繪製了北美洲鳥類的畫作而為人所知，並將這些作品統整成前所未見的鳥類學巨著。然而也正是他那糟糕透頂的美洲鷲實驗，種下了世人對鳥類長達一世紀的誤解。

自亞里斯多德以降，學者都相信美洲鷲擁有敏銳嗅覺；然而奧杜邦卻不這麼認為。他將腐敗的豬屍放在空曠處，沒有任何美洲鷲上前覓食；然而在他把豬屍換成塞滿麥稈的鹿皮以後，紅頭美洲鷲（turkey vulture）卻俯衝下來啄食。於是他在一八二六年提出這些鳥兒是仰賴視覺尋找食物而非嗅覺的說法[81]，同意奧杜邦看法的人也提出了同樣似是而非的證據支持這項論點；其中一位發現畫著除去內臟的綿羊的畫作會引起美洲鷲攻擊，然而這隻美洲鷲被捕獲並弄瞎雙眼後，卻反而拒絕進食。另一位則是發現火雞——提醒各位，這裡說的真的是一隻火雞，而不是紅頭美洲鷲——會吃沾染了硫酸及氰化鉀的食物，這些都是有著強烈氣味的致命物質。這些奇怪的研究成果卻引起了許多共鳴，根本不管這些實驗過程存在許多問題。美洲鷲喜歡的其實是新鮮的動物屍體，他們直接忽略奧杜邦用來實驗的根本是過於腐爛的臭肉，同時還忘了奧杜邦根本就把黑美

㉒ 亞瑟・海思樂（Arthur Hasler）在一九五〇年代因為自己的嗅覺能力而頓悟，進而確認了鮭魚也有嗅覺。他在健行時走近了瀑布，水霧熟悉的氣味喚醒了他埋藏在腦海中已久的童年回憶，他也因此開始思考，鮭魚會迴游是不是也是因為同樣的道理。

洲鷲（black vulture）這種不那麼依賴嗅覺的美洲鷲與紅頭美洲鷲搞混，而且當時那幅畫用的油性顏料當中，根本就蘊含了也會出現在腐肉上的某些化學氣味；更別說一隻被搞得身體殘缺的動物會不想進食根本不奇怪，但他們根本不管這些。這個關於紅頭美洲鷲——再由奧杜邦延伸解讀到**所有鳥類**身上——沒有嗅覺的說法，就成了教科書中記載的普遍知識。反證這項說法的證據就此被忽略了數十年，關於鳥類嗅覺的研究也因此遭到擱置。[82]㉓

後來，貝西・班（Betsy Bang）重新使鳥類擁有嗅覺這項說法躍於眾人眼前[83]；她不僅是業餘鳥類學家，也專精於醫學插畫，解剖了一隻又一隻鳥類的鼻腔後，她畫下了自己雙眼所見。而她看到的——大大的鼻腔空間，裡面滿滿纏繞著捲軸狀的輕薄骨頭，就和狗鼻子裡的結構一樣——使她認定鳥類一定也有嗅覺，不然鳥類為什麼會有這種鼻腔結構？因為擔心教科書裡記載的根本是錯誤訊息[84]，於是她花費了整個一九六〇年代的時間仔細檢視超過一百種鳥類的大腦，並測量其各自的嗅球大小。她發現紅頭美洲鷲、紐西蘭的奇異鳥以及鸌形目（tubenose）鳥類的嗅球特別大——鸌形目鳥類包含了信天翁、海燕、水薙鳥、暴風鸌等；鸌形目鳥類的原文名稱是tubenose，來自於牠們那一眼就能看見的管狀鼻孔與鳥喙，過去大家以為那是用來排出鹽分的通道，然而班的研究成果卻證實了另一種理論：這些鳥類的管狀鳥喙是用來將空氣吸入鼻腔，讓鳥兒飛在大海上空時能感覺到食物的氣味。班曾以文字記錄：「對鳥類來說，嗅覺是最重要的感官。」[85]㉔（『她可不介意向其他人提出自己的看法，即便是要和奧杜邦的論點硬碰硬也沒關係。』班的兒子艾克索如此說道。）

加州的伯尼絲・溫佐[87]（Bernice Wenzel）也做出了同樣的結論。她是一位生理學教授（在一九五〇年代的美國，擔任這種職位的女性相當少見），溫佐發現返鄉的鴿子在聞到富含氣味的空氣時會心跳加快，嗅球中的神經細胞也會興奮地顫動。她也進而將這項實驗用在其他鳥類身上[88]——火雞、美洲鷲、鵪鶉、企鵝、烏鴉、鴨子——全都產生同樣的反應。她也因此證明了班的推論：鳥類確實有嗅覺。後來班與溫佐都過世了，而她們也都被視為「其身處世代的獨行俠」[89]，她們致力於推翻錯誤的既存知識，讓後繼的研究者能夠鑽研過去被視為不存在的感官世界。而也正因為她們立下了這樣的典範，並傳承其研究精神，接下她們科學研究火炬的科學家多為女性。

其中一位就是蓋比艾爾．奈維特（Gabrielle Nevitt），在溫佐退休前的某一次海鳥研究演講，她就是臺下的聽眾之一。受到了溫佐的啟發，奈維特全心投入研究鸌形目的海鳥，希望找出牠們運用嗅覺的奧祕。她告訴我，自一九九一年起，她就盡可能參加所有南極地區的航行旅程，同時努力嘗試「在維持人身安全的情況下，找出從破冰船的甲板上研究海鳥的方法。」她將棉條浸在魚油裡，然後把棉條像風箏一樣放到空中；她也會在船尾向外灑同樣氣味濃厚的油。而每一次她這麼做，這些海鳥都會立刻現身；因此奈維特認為，這些鳥兒是受這些強烈氣味中的某種化學物質吸引而來，只是她還不知道那確切來說到底是什麼物質，以及海鳥究竟是怎麼跨越一望無際的海面找到目標。直到後來的南極巡航旅程，她才在一個最始料未及的狀況下找到答案。

㉓ 鳥類學家肯尼斯．史塔格（Kenneth Stager）把奧杜邦的研究以更周詳的方式做了一次，並且發現紅頭美洲鷲確實能聞到藏起來的屍體發出的氣味。他也發現，油品公司開始在油中加入乙硫醇，藉此便於追蹤油管滲漏——這種氣味在屁與腐敗物中也會出現——而天空中卻出現了盤旋的美洲鷲。受此景象啟發，史塔格自己弄來能釋放乙硫醇的器具，在加州各處放置這些儀器；無論他在什麼時候釋放出乙硫醇氣味，美洲鷲都會隨之而來。因此證明奧杜邦錯了：紅頭美洲鷲不僅聞得到味道，牠們的嗅覺還好到足以從數十英里之外的高空探測稀薄的氣味。

㉔ 鳥類是由一群小型肉食恐龍演化而來，該類群其中也包括廣為人知的伶盜龍（舊稱為迅猛龍）。藉由檢視這些動物的頭骨[86]，古生物學家達拉．澤倫斯基（Darla Zelenitsky）發現，以牠們的體型而言，這些小型肉食恐龍的嗅球確實很大——就像牠們體型更大的近親暴龍一樣。這些恐龍很有可能就是運用嗅覺來捕食獵物，而鳥類正是傳承這種古代環境界的現代生物。

在那趟旅程中，強烈的暴風雨襲擊了奈維特乘坐的船隻，大浪把她甩到了房間的另一端而重重地撞上工具櫃，她的腎臟因此產生撕裂傷，後來只好待在房間裡休養，甚至一直到船靠岸了，還換了一批新的科學家上船，她都還無法下床走出房間。在這緩慢恢復的期間，奈維特與名為提姆・貝茲（Tim Bates）的大氣化學家聊天，他負責領導這群剛上船的科學家，研究的目標是一種名為二甲硫醚的氣體。海洋中的浮游生物被磷蝦（一種長得像蝦子的生物，也是鯨魚、魚類、海鳥捕食的對象）吃掉時會散發出二甲硫醚，這種物質並不易溶於水，因此最後總是會飄散到空中；假如飄得夠高，這種氣體還可能形成雲狀，而假如是飄進了水手的鼻子裡，就會帶來奈維特描述的那種「聞起來像牡蠣的味道」或「海草味」。這就是大海的氣味。

這麼說來，二甲硫醚就是屬於海洋那**蘊含萬物**的氣味，在海裡有大量的浮游生物餵飽了同樣數量驚人的磷蝦。就在奈維特與貝茲討論的同時，她發現二甲硫醚就是她一直在尋找的那種化學物質——用來讓海鳥知道水中擠滿了獵物，如晚餐鈴一般提醒牠們該吃飯了的氣味。貝茲給奈維特看了記錄南極各處二甲硫醚濃度的地圖，更加深了奈維特對新發現的信念；透過圖中記錄各處的二甲硫醚濃度變化[90]，她彷彿看見了氣味構成的景觀，充滿了高濃度二甲硫醚氣味的高山，以及氣味寡淡的低谷。她發現，大海並不像她過去所想像的那樣毫無特色、毫無變化；大海其實有它隱藏於其中的地形樣貌，只是我們用眼睛看不到，只能靠鼻子領略。於是她開始試著用海鳥的角度了解海洋。

休養到可以下床行走的程度後[91]，奈維特立刻開始進行一連串研究以確認她的二甲硫醚假說。她發現鸌形目的海鳥會朝充滿那種化學物質的浮油聚集；也歸納出這些動物甚至能靠著濃度低而微弱到會隨風飄蕩的氣味找出哪裡散發出二甲硫醚[92]，她也發現某些鸌形目的海鳥甚至在會飛以前就已經受到二甲硫醚氣味的吸引了。[93][25]其中有許多物種都棲息在深處的巢穴裡，而牠們的幼雛就像一隻隻葡萄柚大小的小毛球，孵化時眼前還是一片漆黑；牠們幼年的環境界沒有光的存在，但充滿著豐富的氣味，可能是吹過鳥巢門口的微風所帶來的化學分子，或是親鳥的鳥喙及鳥羽上的味道。這些剛孵化的雛鳥對大海一無所知，但牠們知道該朝著二甲硫醚的氣味去；即便等牠們長大，接觸到光並離開狹小的鳥巢飛向無盡的天空以後，氣味仍然是為牠們指引方向的北極星。牠們翱翔了上千英里，一路尋找從海面下的成群磷蝦傳來的微弱氣味，可能就能令牠們飽餐一頓。㉖

不過氣味可不只有指示動物哪裡有食物的用途。在大海裡，氣味也有路標的作用；各種地形特徵，如：海床上冒出來的山頭或坡度，都會影響海水營養的豐富程度，也因此會連帶形成浮游生物、磷蝦、二甲硫醚的分布密度差異。所以海鳥們用嗅覺追蹤的氣味景觀，其實與真正的地形景觀變化息息相關。[95] 奈維特推斷，隨著時間的遞嬗，海鳥在大腦中建構記錄了這些地形的地圖，運用鼻子來找尋食物最豐富的地點以及家園的方向。

這項推論實在沒那麼容易證明，不過安娜・嘉莉雅多（Anna Gagliardo）發現了一項有力證據。她將幾隻柯里氏水薙鳥（*Calonectris borealis*）——也是一種鸌形目鳥類——送到距離棲息地五百英里之外的地方[96]，並用洗鼻器暫時麻痺牠們嗅覺。釋放這些鳥兒後，牠們回家的路變得萬分辛苦，得花上幾週甚至幾個月才能找

㉕ 鸌形目海鳥也並非唯一會追蹤二甲硫醚氣味的動物。企鵝、礁岩魚類、海龜也都能探測到這種化學物質，也都會受其吸引。

㉖ 單靠探測氣味來尋覓方向可比仰賴視覺直直往某個地方前進來得困難。身為一隻鳥，穿過吹來的陣風碰碰運氣，才是有可能擭取到四散的氣味分子的最佳機會，接著就跟隨著風向左拐右彎朝目標前進。這也正是雄蛾尋覓雌蛾費洛蒙的方式，亦為信天翁搜尋獵物氣味的方法。亨利・威莫斯克屈（Henri Weimerskirch）在四處飛翔的信天翁[94]——也就是全世界翼展最長的鳥類——身上裝設GPS軌跡記錄器，藉此了解這些鳥兒都去了哪，並觀測牠們胃部的溫度以記錄信天翁的進食時間。藉由分析這些資料，蓋比艾爾・奈維特發現這些鳥兒運用曲折蜿蜒的飛行路徑追蹤氣味，並用這種方法捕獲總進食量約一半的獵物。

到正確的方向，然而一般嗅覺正常的水薙鳥卻在幾天之內就能辦到。少了氣味，牠們就會迷路；沒有了這些氣味，海洋中的路標也就通通消失了。亞當·尼科爾森（Adam Nicolson）在他的著作《海鳥的呼喚》（*The Seabird's Cry*）當中提到：「對人類來說一眼望去毫無特色與差異的大海，對這些鳥兒來說卻是多采多姿；大海裡有布滿裂縫或皺褶的地景，或密或疏地遍及各處，大海就像一片充滿氣味的草原，各種奮力覓食或被獵捕的動物在當中隨之翻騰；海洋斑駁點點，充滿不可信任的未知性，同時也滿布著各式各樣的生命，一陣陣的海浪就像愉悅與危險交錯刻畫下的紋理，在海面上留下大理石般的花紋與雜點，大海的豐饒時而隱藏，時而流動，裡頭盡是孕育了無盡生命力與可能性的地方。」[97]

水薙鳥、狗、大象、螞蟻，這幾種動物都用不一樣的器官嗅聞氣味，然而因為牠們的鼻孔或觸角都是成對存在，因此聞到的氣味也會以立體的方式呈現。將落到嗅覺器官兩側的氣味互相比對後，牠們就能追蹤氣味的來源[98]；甚至連人類都能做到這一點：假如要我把其中一邊的鼻孔堵住，再做亞歷山德拉·霍羅威茲的嗅聞繩子測試，勢必更加困難。有成對的氣味探測裝備，才更容易找出氣味的來源方向，這也就解釋了大自然中最不尋常但也最有效的嗅覺器官——長得像叉子的蛇信——為什麼會是那種奇怪的形狀。

蛇信的顏色有口紅一般的豔紅色、電藍色、墨黑色，而延伸、展開的蛇信可能比蛇本人的頭寬還要寬，還要寬。柯特·施文克（Kurt Schwenk）數十年來都著迷於研究蛇信，不過他發現好像只有自己懷抱著這份熱情；在他念博士的第二年，他跟一位同學聊到研究主題，希望和有著相似研究熱忱的對方分享追求科學的快樂。但這位同學（對方現在是知名的生態學家）卻一邊笑一邊說著：「你這樣講也太傷人了吧，我研究的可是蜂鳥鼻孔裡的蟎呢。」施文克語氣裡帶著一絲惱怒地對我說道：「這個傢伙研究的是蜂鳥鼻孔裡的蟎，結果他竟然覺得我的研究很好笑！我實在不知道為什麼大家都覺得研究舌頭很可笑。」

也許是因為研究與性與食物等肉體歡娛直接連結的器官，顯得不太正經；或許是因為認真探討大家在開玩笑或示威時會吐出的器官，好像有點怪；也有可能是因為分岔的舌頭已經成為了邪惡與欺瞞的象徵；無論是什麼原因，總之認真研究的學者還是提出了各種關於蛇類如何運用蛇信，還有為何牠們的舌頭會分岔的奇妙理論。[99]有些人說蛇信是蛇的毒刺，或是牠們用來抓蒼蠅的夾子，甚至是類似手的觸覺器官，也有人說蛇信是蛇用來清理鼻孔的工具。亞里斯多德則認為，分岔的舌頭能讓蛇在品嚐食物時產生的愉悅感加倍——不過蛇信上其實沒有味蕾，因此無法單靠蛇信傳遞味覺。最後終於有科學家在一九二〇年代研究出了答案，蛇信其實是用來蒐集化學分子的器官。蛇在吐蛇信時，其尖端就會抓取地面上或飄散在空氣中的氣味分子；蛇信縮回口腔時，牠們的口水就會將大量的化學分子掃進與大腦嗅覺腦區相連且成對的腔室裡——也就是犁鼻器。[27]藉由蛇信的功能，蛇能夠用嗅覺體驗世界。輕吐舌信的動作對牠們來說就相當於嗅聞氣味；就連剛出生的小蛇破卵而出所做的第一個動作，就是吐出蛇信。施文克說：「這樣你就知道這種感官能力有多重要了。」

公的襪帶蛇能運用蛇信追蹤母蛇滑過地面時留下的費洛蒙痕跡[100]，並且依據母蛇在經過不同物體的表面所留下的氣味，找出母蛇的所在方位。[101]找到母蛇後，公蛇就能在一兩次吐信之間評估出這隻母蛇的體型與健康狀況；因為仰賴的是氣味，所以這一切就算在黑暗之中也能如常發生。只要是塗滿了母蛇氣味的物體，就

㉗ 長久以來，研究人員都宣稱蛇信是藉由將尖端穿過蛇口腔頂部的兩個小洞來將化學分子送進犁鼻器（又稱為茄考生氏器〔Jacobson's organ〕）裡。但這其實是個迷思，用X光拍攝的影片顯示，蛇並不會有這種行為，而牠們的蛇信平常也都好好地待在口腔頂部。然而在各式教科書中依然存在這種誤解，令施文克困擾許久。

算只是紙巾，也能吸引公蛇興致勃勃地與其交配。但話說回來，這些能力就算蛇的蛇信長得跟人類一樣只有單純一片，應該也能做到，牠們究竟為什麼會長出分岔的舌頭呢？施文克認為，分岔的蛇信賦予了蛇類立體的嗅覺感受，牠們能比較兩個尖端所感受到的化學物質，藉此判斷位置。[102]假如兩個尖端都感受到費洛蒙，這條蛇就會維持在原來的路徑上；假如只有右邊的尖端感受到氣味刺激，左邊則沒有接收到化學物質，這條蛇就會轉向右邊；若是蛇信的兩個尖端都落空了，牠就會朝四處擺動頭部，直到重新找到氣味痕跡為止。正因為有蛇信的存在，蛇才能清楚定位自己的行走路徑。

森林響尾蛇在森林中游走時，蛇信不僅像地圖一樣為牠們引領方向，更是令牠們自由選擇食物的關鍵，牠們能用蛇信追蹤嚙齒類動物四處鼠竄的行蹤，也能分辨出不同物種的氣味。在錯綜複雜的氣味蹤跡之間，牠們總是能找出自己最喜歡的獵物氣味[28]，以及氣味痕跡最豐富、最新鮮的地點。這時牠們就會隱身在周遭，盤起身子等待攻擊的最佳時刻；一旦有老鼠跑過去，蛇就會衝出去，以比人類眨眼快上四倍的速度將毒牙刺進老鼠的身體裡注入毒液。蛇毒通常需要一點時間才會起作用，而因為嚙齒類動物的牙齒非常銳利，因此蛇會選擇先放獵物逃跑，以免受到攻擊。過了幾分鐘後，蛇就會開始吐著蛇信尋找已經被毒死的獵物。響尾蛇毒除了有殺死獵物的毒性以外，其中的解整合素（disintegrin）[29]成分更會與嚙齒類動物的組織產生作用，釋放出氣味，幫助響尾蛇找到死去的獵物。[104]響尾蛇更可以運用這種氣味分辨究竟哪隻老鼠中了蛇毒，更能夠知道老鼠身上中的蛇毒是來自同類還是其他種的響尾蛇。[105]藉由咬下獵物那一刻記住的氣味，牠們甚至能夠確實找出那隻被自己咬中的老鼠。施文克說：「周遭想必有許多不同老鼠的氣味，但響尾蛇就是知道自己該跟著哪一股氣味走。」

蛇也能夠攫取從風中傳來的氣味。查克・史密斯（Chuck Smith）是施文克以前的學生，他在銅頭蝮身上植入無線發報器，藉此追蹤牠們的行蹤。[106]他嘗試野放母蛇兩次，發現牠們一直待在同一個地方，因此也沒有在地面上、物體上留下氣味痕跡，然而母蛇依舊能吸引到在幾百公尺外四處遊走的公蛇，這些公蛇一接收到氣味，就會逕直往母蛇的所在方位前進。

施文克猜測，其中的奧妙之處應該來自蛇拍動蛇信的方式。蛇是從蜥蜴演化而來，而蜥蜴也會用舌頭嗅聞氣味，其中也有某些物種的蜥蜴擁有分岔的舌頭；不過每次蜥蜴吐出舌頭時，通常只會拍動一次，牠們舌頭的尖端會往前延展、掃過地面以後就收回口腔中。而蛇則無一例外地總是會在每一次吐信快速且多次地拍動蛇信，而且通常不會觸碰到地面；牠們舌頭的中間處彷彿有個樞紐般，使前段上下彎曲移動，其尖端則會以一秒鐘十至二十次的頻率畫出垂直大大的圓弧曲線。比爾・萊爾森（Bill Ryerson）也是施文克的學生，為了研究蛇信的拍動方式，便把蛇放進用玉米澱粉製造出的粉塵中，讓牠們拍動蛇信。他用雷射光照亮粉塵，並且用高速鏡頭拍攝隨著蛇信拍動而旋轉的粉塵粒子。[107]施文克說，他看到這段影片後感覺「我的腦袋都要爆了」。

原來蛇每一次拍動蛇信，舌頭兩個尖端在伸到最遠端時便會分開，回到中間點時則會相互靠近；這種動作製造出了兩個甜甜圈狀的氣流循環，能夠從蛇的左右兩側吸進各種氣味。這種行為就像蛇突然變出了兩臺巨型風扇，從兩邊吸入氣味，將來自左右的各種氣味分子凝聚在蛇信的兩個尖端上。既然氣味分別來自蛇的左側和右側，因此分岔狀的蛇信即便只是在空氣中輕輕拍動，也依然可以讓牠們輕鬆分辨出方向。

㉘ 魯隆・克拉克（Rulon Clark）（我們在後續章節會再提到他）發現即便是在實驗室出生、沒有野外求生經驗的響尾蛇，依然能夠以氣味辨識出自己最喜歡的獵物（例如花栗鼠、白足鼠）與實驗室小白鼠之間的差異。同時他也發現一件有點邪惡的事，玫瑰蚺（*Lichanura* spp.）會格外受正在哺育幼鼠的母鼠所散發出的氣味吸引。[103]

㉙ 審註：解整合素是一類蛇毒蛋白，其作用主要會抑制血小板的凝血功能。

不過這種感知氣味的方式也有兩個非比尋常的地方。首先，蛇用的是舌頭，一般而言，這是一種味覺器官——但蛇幾乎不使用味覺，其中原因我們稍後會提到。再者，這種感知氣味的方式牽涉到的是對大多數動物來說要不是不存在，不然就是位屬次要的嗅覺器官。許多脊椎動物都有兩種不同的氣味偵測系統；主要的嗅覺系統包含了所有本章開頭所提到，狗在頭部所具備的所有器官結構、受體、神經細胞；而犁鼻器的用途則是輔助主要嗅覺系統，它有自己的氣味感覺細胞、感覺神經，同時也有與大腦連結的路徑。犁鼻器通常位於鼻腔內部，正好就在口腔頂部的上方。不過各位也不必白費力氣地尋找自己的犁鼻器了；不知道為什麼，人類的犁鼻器在演化的過程中消失了，其他猿、鯨魚、鳥類、鱷魚以及某些種類的蝙蝠也同樣沒有犁鼻器。[108]

多數哺乳類、爬行類、兩棲類的動物則還保有犁鼻器；因此大象若以象鼻碰觸同伴，再將沾滿了費洛蒙的象鼻尖端放進嘴裡，這些氣味分子就會直接進入犁鼻器。馬兒或貓咪咧開上唇露出牙齒時，也就暫時截斷了進入鼻孔的氣流，將吸入的氣味送進犁鼻器。而蛇收回舌頭，將蛇信尖端在口腔擠壓時，也就是在把蒐集到的氣味分子推進犁鼻器裡；對蛇來說，這個所謂的輔助嗅覺器官才是主角。少了犁鼻器，襪帶蛇就無法追蹤獵物的足跡，也就無法進食[109]；而響尾蛇更會搞砸伏擊行動，並且也無法捕捉到牠以毒牙咬中的獵物。假如失去了犁鼻器，這些蛇依然可以用鼻孔吸收氣味，但牠們的那組「主要」嗅覺系統，似乎不太有辦法處理蛇需要的氣味資訊，因此對其他動物來說身為主要嗅覺系統的構造，在牠們身上卻成為了被動的嗅覺器官，只負責在周遭有值得注意的氣味出現時將此資訊通知大腦，再由大腦指揮蛇信拍動氣流。

蛇對我們來說會如此特別，不僅僅因為犁鼻器對牠們來說是重要的嗅覺器官，更因為我們已經確實了解犁鼻器之於蛇的用途為何。至於其他動物，到底為什麼牠們有犁鼻器卻依然是未解之謎，不過依然有各式各樣的推測和說法紛紛出籠。[30]眼下，仍然沒人知道為什麼某些物種會有兩套嗅覺系統；而我們其實也不全然了解為什麼大多數動物擁有另一種特別的化學感知能力。沒錯，我說的就是味覺。

化學感官科學協會（The Association for Chemoreception Sciences）每年四月都會在佛羅里達舉辦年會，協會的傳統是每年都會舉辦競爭激烈的壘球比賽，由研究嗅覺的科學家對上研究味覺的科學家。嗅覺科學家雷絲利・沃蕭（Leslie Vosshall）說：「通常都是嗅覺隊贏，因為我們這個領域的人比較多。差不多是四、五個人對一個人吧。」味覺和嗅覺都是用來探測環境中化學物質的感官；但除此之外，這兩種感官能力其實相當不同。把鼻子湊近香草精油，你會聞到好聞的氣味；但假如是把同樣的精油滴在舌頭上，嚐起來卻可能令你想吐。

嗅覺與味覺之間的差異其實出乎意料之外地相當複雜。各位可能會理所當然地覺得動物用鼻子聞氣味、用嘴嚐味道，但蛇卻是用舌頭來蒐集氣味，而其他某些動物（我們稍後就會講到）則是用奇怪的身體部位品嚐味道。各位也可以說（許多科學家也這麼認為）我們用鼻子聞到的是飄散在空氣中的分子，而以液體或固體型態存在的化學分子則得靠味覺感受。或是說嗅覺可以在遠距離下作用，味覺感受則需要直接接觸，這或許是更明顯的差異，不過這種說法也有一些問題存在。首先，負責分辨氣味的受體上都會覆蓋著薄薄一層液體，因此氣味分子勢必得先溶解於這層液體才有可能被嗅覺受體接收。所以嗅覺——其實就跟味覺一樣——物質都得先經過成為液體的這一步，嗅覺器官才感受得到其存在，而且氣味分子也得從遠處飄進嗅覺器官，

㉚ 犁鼻器常被視為專門用來探測費洛蒙的神祕器官[110]，但這其實不可能，因為犁鼻器同時也會對其他氣味有反應，而且動物的主要嗅覺系統其實也能夠接收費洛蒙氣味。或許犁鼻器其實是用來探測太重而無法隨空氣流動飄進主要嗅覺器官的氣味分子，不過這個說法尚未得到詳細驗證；此外，犁鼻器也可能是用來控制動物對氣味的本能反應，而主要嗅覺系統則負責探測動物透過日常經驗而學會探測的氣味，然而這項說法也仍未受到證實。

並且進一步接觸到嗅覺受體，才會被動物感覺到。再者，正如同我們的觀察，螞蟻和其他昆蟲都會運用觸角探測因為其重量太重而無法飄在空中的費洛蒙，這也是運用實際接觸來嗅聞的例子。第三，魚類周遭環境的一切都泡在水裡，而魚類也有嗅覺，因此牠們聞到的所有化學物質其實都溶解於水中。究竟要如何區分這些一直生活在水中的動物的味覺與嗅覺，這實在令人頭痛，有位神經科學家則對我說：「我盡可能不去思考這個問題。」

不過專門研究鯰魚的生理學家約翰．卡皮歐（John Caprio）則認為，嗅覺與味覺之間的差異再清楚不過；味覺是與生俱來的反射反應，嗅覺則不是。㉛我們天生就會閃避嚐起來很苦的東西，即便長大以後我們學會抑制對苦味的負面反應，轉而開始欣賞啤酒、咖啡、黑巧克力的味道，但是這些欣賞的背後依然存在著需要壓抑的本能反應。至於氣味則正好相反，卡皮歐認為，氣味「在我們將其與經驗連結之前都未受賦予任何意義。」人類嬰兒並不會對汗水或糞便的氣味感到噁心，而是在長大一點後才會產生這些反應。成人對氣味的喜惡更是五花八門，美軍曾試圖研發出能夠控制群眾的臭彈，然而他們始終無法找出對所有文化背景的所有人來說都是臭味的氣味。[111]甚至連一般來說被認為能夠觸發本能反應的動物賀爾蒙，出乎意料之外地，在動物身上產生的效果也有個體差異，同時也能透過後天的學習經驗形塑。

至於味覺則是簡單得多的感官。正如同我們於前文所見，嗅覺的範圍涵蓋了無數化學分子，有著說也說不盡的各種特質，嗅覺神經系統更是令人難以計數的龐雜組合來呈現這些氣味，嗅覺世界之浩瀚連科學家都才剛開始探究其皮毛。至於味覺則恰恰相反，人類的味覺可以簡單地統整為五種基本特質——鹹、甜、苦、酸、鮮——至於其他某些動物，則可能比我們多上幾種味覺感受，然而負責探測這些味道的味覺受體數量也不多。嗅覺能夠產生各種複雜的用途[112]——遠洋探索、尋找獵物、整合獸群或窩巢裡每位成員的位置——味覺卻幾乎只用來對食物做兩者其一的選擇。要或不要？好或不好？吃進去還是吐出來？

諷刺的是，味覺其實是感官中最粗糙的一種，我們卻把鑑賞、辨別微妙差異的細節分辨能力與味覺扯上關係。人類能夠嚐到苦味的味覺能力是用來警告我們可能具有毒性的上百種成分存在，而不是要讓我們**分辨**那到底是什麼味道；苦味只有一種，因為你根本不必知道自己吃到的苦味到底是來自什麼東西——別吃就對了。味覺可說是動物在吃下食物之前的最後把關，彷彿是身體在問：我該吃這個東西嗎？這也就是為什麼蛇根本幾乎不需要味覺；只要輕拍蛇信，牠們就能在嘴巴碰到某個東西之前就透過**氣味**決定這東西到底是不是食物㉜，因此我幾乎沒聽過蛇在攻擊獵物之後又吐掉不吃的例子。（我們通常會把味道和風味搞混，但其實風味主要是由氣味決定。這也是為什麼我們感冒時會覺得食物吃起來平淡無味：每種東西吃進嘴裡的味道都一樣，但其實是因為我們聞不到氣味而降低了食物的風味。）

爬行類、鳥類、哺乳類動物都用舌頭嚐味道，至於其他動物則就不一定了。假如某種動物的體型很小，其很可能不僅僅會把食物放進嘴裡，甚至有可能平常根本就直接站在自己的食物上。也正因如此，大多數的昆蟲的腳上都有能夠感受味覺的結構；授粉蜂類單靠站在花朵上就嚐得到花粉的甜味[114]；蒼蠅則只要停在你正準備咬下去的那顆蘋果上，就能品味到蘋果的香甜[115]；寄生蜂則能用蜂針尖端具備的味覺感知能力小心地將卵產在其他昆蟲的身體裡。[116]甚至還有一種寄生蜂能靠味覺嚐出來宿主是否已經被其他寄生蜂寄生過。㉝

㉛ 這兩種感官能力運用的是不同的受體與神經細胞，也分別連結到不同的腦區。以脊椎動物來說，味覺系統主要連接到負責掌控基本生命功能的後腦；而嗅覺系統則是連接到控制更高級的心智能力（如學習）的前腦。

㉜ 施文克認為，這是因為蛇類進食頻率低、單次進食量大的緣故。蛇通常會獵食比自己體型大得多的獵物，並且會改變內臟的大小來消化食物。假如有隻蟒蛇吞下了一隻豬或鹿[113]，在短短幾天內，牠的腸子和肝臟就會變成原來的兩倍大，而心臟則會漲大百分之四十。對蛇來說，每一餐飯都得消耗大量能量，因此牠們得儘早決定是否該付出這份代價。

蚊子降落在人類手臂上時，「那對牠們來說是愉快的感官體驗。牠們能夠嚐到人類皮膚的味道，蚊子也就因此可以更確定自己停在正確的位置。」雷絲利．沃蕭說道。但假如這個人的手臂上塗了有苦味的敵避胺（DEET），蚊子腳上的味覺受體就會感受到苦，令牠們在有機會叮咬之前就因為受不了這種苦味而飛走。[117] 沃蕭有段影片就是蚊子停在戴了手套的人手上，走到了唯一一片裸露出來的肌膚上，卻發現上面塗了敵避胺；蚊子的腳一碰觸到塗了敵避胺的肌膚就縮了回去。牠飛起來盤旋，再試一次，結果又不得不立刻把腳縮了回去。沃蕭展現出了一絲對蚊子的同情並說道：「看著這影片，會覺得這隻蚊子很心酸。不過蚊子的味覺感受確實超乎我們的想像，我們根本想不到手指有味覺到底是什麼感覺。」除了腳以外，昆蟲也可以用其他身體部位感知味覺，進而擴大了味覺的用途。有些昆蟲可以運用產卵管上的味覺受體尋找適合產卵的地點；有些則是翅膀上具有味覺受體，因此在飛行時可以察覺食物的蹤跡。[118] 蒼蠅翅膀上的味覺受體若感受細菌的存在，就會促使蒼蠅開始清潔身體[119]；即便蒼蠅頭被砍掉了，也不影響這種感知行為。

大自然中味覺感官涵蓋面積最廣的，就是鯰魚了吧[120]；這種魚簡直就是會游泳的舌頭。牠們的身體上沒有魚鱗，但全身卻布滿了味蕾，從魚鬚的尖端到尾鰭都是如此[121]；所以假如你觸碰鯰魚的身體，實在很難找到不會因此拂過上千個味蕾的部位。而倘若你舔了鯰魚，你們雙方都會同時「品嚐」到彼此。[34]約翰．卡皮歐對我說：「如果我是一隻鯰魚，應該會想跳進一大桶巧克力裡，用屁股品嚐巧克力的味道。」也正因為全身上下都是味蕾，鯰魚有著涵蓋全方位的味覺感官能力——不過牠們依然只把味覺用來感受食物。鯰魚是肉食性魚類，假如你把肉放在牠皮膚上任何位置（或只是在牠周圍的水裡灑肉汁），牠都能立刻轉向正確的位置捕食獵物。牠們對胺基酸的味覺相當敏感[122]——也就是組成蛋白質與肉類的物質。[35]不過鯰魚卻不善於探測糖類；我為卡皮歐感到可惜，他用屁股品嚐巧克力的幻想看來是無法成真了。

無法感知甜味和其他常見味道的現象其實很普遍，根據動物本身的飲食習慣差異，其缺乏的味覺也會有所不同。貓、斑點鬣狗以及其他許多完全肉食性的動物都感覺不到甜味[124]；只吸血維生的吸血蝙蝠，同樣無法感受甜味[125]，也缺乏品嚐鮮味的能力。至於只吃竹子的大貓熊，牠們也不需要感覺得到鮮味的味覺能力，不過牠們感知苦味的基因卻比其他動物來得多，為的就是要避免牠們將各種可能有毒的東西放進嘴裡。㊱其他專性葉食者動物如無尾熊，牠們感受苦味的能力也增加了[126]；而那些通常會把獵物整隻一口吞進肚子裡的哺乳類動物，如：海獅、海豚，則失去了感受苦味的能力。周而復始地，動物的味覺環境界為了順應牠們最常攝取的食物而拓展或限縮，有時候，這種改變也會扭轉動物的命運。

就像貓和其他現代的肉食動物，小型的肉食恐龍或許也失去了感知甜味的能力；牠們將這種味覺的限制傳承給了後來的鳥類，因此有許多鳥類也嚐不出甜味。不過鳴禽——也就是擁有多變鳥鳴聲且生生不息地繁衍的那些鳥種，如歐亞鴝、松鴉、紅雀、山雀、麻雀、燕雀、椋鳥——則是其中的例外。二〇一四年演化生

㉝寄生蜂的螯針就像瑞士刀一樣；上面除了有味覺感受器以外，同時也有嗅覺、觸覺感受器，以及像金屬鑽頭一樣的構造。寄生蜂的螯針集電鑽、鼻子、舌頭、手的功能於一身。

㉞有些鯰魚身上有毒刺（我們在後面的章節會提到），有些則是會產生電流，所以即便暫且先不管動物福祉的問題，我還是強烈建議各位不要真的去舔鯰魚，用想像的就好了。

㉟胺基酸有兩種互為鏡像的形式，分別為L型和D型；大自然中存在的多為L型胺基酸，動物身上則幾乎找不到D型胺基酸。因此卡皮歐在一九九〇年中期檢測墨西哥擬海鯰（*Ariopsis felis*）時[123]，他十分震驚這種鯰魚身上有近一半的味蕾會對D型胺基酸產生反應。他說：「我原本還以為這其中一定是出了什麼錯，我實在想不到自然環境中到底哪裡會有對鯰魚來說如此重要的D型胺基酸存在。」後來他終於發現，其實有好幾種海生多毛綱和蚌類動物都能夠將L型胺基酸轉換為鏡像形式的D型胺基酸。科學家直到一九七〇年代才發現海洋中的某些動物能夠製造D型胺基酸，「然而鯰魚卻早在幾億年前就知道了。」卡皮歐感嘆道。

㊱不過各位請別忘了，味覺是一種粗略的感覺，無法辨別細微差異。與狗相比，對熊貓來說或許有更多東西嚐起來有苦味，但這些苦味對牠來說大概都一樣。

物學家莫得．包德溫（Maude Baldwin）發現許多鳴禽鳥類在演化初期將一般用來感知鮮味的味覺受體轉為感知甜味的用途，並因此重拾了感受甜味的能力。[127]這項改變發生在澳洲，當地的植物產出了大量的糖，因此花朵有豐碩的花粉，桉樹的樹皮則冒出了糖漿一般的物質。或許正是這些豐富的能量來源讓這些擁有甜味味覺的鳴禽得以在澳洲大量繁衍，也因此有足夠的精力長途跋涉飛越大陸，才得以在遙遠的彼方找到同樣富含花粉的花朵，也才能夠建立起巨大的鳴禽王朝，如今更是涵蓋了世上近半數的鳥種。這項理論雖尚且未受證實，但實在是很有趣的推論；假如幾千萬年前那些澳洲的鳥兒沒有發展出甜味的味覺，今日的我們很有可能就無法在起床時迎接婉轉鳥鳴了。㊲

我們可以按照探測到的外界刺激來分類不同感官能力；嗅覺用來辨別不同的氣味，而味覺則負責**探測化學物質**並感受物質分子的存在。這些都是古老且動物共通的感官能力，也似乎與其他感覺大不相同，這也是為什麼我選擇在這趟發現之旅首先介紹嗅覺與味覺。但其實各種感官之間並非毫無相似之處；透過更仔細深入地了解後，我們會發現每種感官都至少與另一種感官有著出乎意料之外的共通點。

本章一開始介紹了狗和其他動物會運用名為氣味受體的蛋白質探測氣味；氣味受體屬於一個更大的蛋白質類別之下，其名稱為G蛋白質耦合受體（G-protein-coupled receptor），各位可以將這拗口的名稱拋諸腦後，那不是很重要。重要的是它們都是分布在細胞表面的化學感測器，負責抓取飄過的特定物質分子；藉由此過程，細胞就能探測周遭的各種物質並做出適當反應。不過這只是暫時的現象——G蛋白質耦合受體完成該做的事以後，就會釋放或摧毀抓取來的物質分子。不過有一種受體蛋白質則反其道而行，那就是：視蛋白。這種蛋白質的特殊之處在於，它們會保留抓取來的特定物質分子，而它們抓取的這種目標物質則會吸收光線；這正是產生視覺的基礎。這正是為什麼動物能夠看見周遭的世界——運用的其實就是某種修飾過的化學感測器，也就是感光蛋白。[129]

從某種程度上來說，我們其實是聞到光線的存在，才擁有了視覺。

㊲包德溫發現蜂鳥也將身上的鮮味受體轉變為甜味受體。[128] 牠們改變的基因與鳴禽相同，但轉變的細節卻與牠們截然不同。她說某些種類的蜂鳥把原本專門用來感知鮮味的受體變得能夠同時感知鮮味與甜味，不過這就表示「牠們很可能無法分辨甜味與鮮味之間的差異」。各位可以想像，那種感覺就像是你無法分辨醬油與蘋果汁有何差別。

【第二章】看見世界的各種方式——光

我正盯著一隻蠅虎（又稱跳蛛）看，然而即便牠的身體並沒有朝著我的方向，牠依然看能朝我回望。四對眼睛環繞著牠的頭，給了牠像站在高塔上一樣的環景視野，其中兩對眼睛往前看，另外兩對眼睛分別朝兩側及後側望。這種蜘蛛有著將近全方位的視野，牠唯一的盲點就在其正後方；假如我在牠的五點鐘方向搖動手指，牠依然能看見我晃動的指頭並且轉過身來，將視線隨著我的手指移動。我造訪了伊莉莎白．傑考伯（Elizabeth Jakob）位於麻州阿模斯特（Amherst）的實驗室，她認為蠅虎「是唯一會時不時轉身過來看你的蜘蛛。許多其他物種的蜘蛛大多只會靜靜待在蜘蛛網上，等著事情發生；但蠅虎是非常活躍的動物。」

人類是極度仰賴視覺的物種，因此我們會不自覺把優異的視力與智力畫上等號。從蠅虎輕快、跳躍的動作之間，我們看見了另一種用好奇心探索世界的生命。如果以蠅虎的例子來說，這確實不是無的放矢的擬人化說法；蠅虎體型小歸小，卻相當聰明。① 許多人都知道，孔蛛（*Portia*）是一種能夠計畫策略來捕捉獵物的蜘蛛[1]，牠們甚至還能自由轉換各種精緻的獵捕技巧。至於傑考伯研究的那種名為英勇蠅虎（*Phidippus audax*）的蠅虎就沒那麼靈巧了，不過她依然努力使其居住空間更加豐富——就像動物園會為動物打造更有趣、多元的居住環境一樣。其中有些蠅虎的養殖箱裡妝點了明亮色彩的桿子，我甚至發現其中一隻蠅虎家裡有個紅色的樂高；我們還開玩笑，轉過頭去搞不好會發現牠在玩樂高呢。

蠅虎的體型大概只比我的小指大上一點點，除了膝蓋上的白色的絨毛、連接毒牙的附肢上分布著鮮活的綠松石色以外，牠們身體大部分為黑色。蠅虎長得令人意外地可愛；牠們有著矮壯的身型、短短的腳、大大的頭，還有像小孩子一樣大大的眼睛，令人彷彿看見了寶寶和小狗一般燃起憐愛之心。但牠們長成這個樣子並不是為了令人覺得可愛；蠅虎短短的腳有著極強大的跳躍力，牠們不會像其他蜘蛛一樣呆呆坐著等待攻擊時機，蠅虎會跟蹤獵物，並且找機會跳到獵物身上主動出擊。[2] 除此之外，蠅虎也不像其他蜘蛛一樣幾乎只靠振動與觸覺感受世界，牠們仰賴的是視覺；這也就是為什麼會有八隻眼睛占據掉牠們巨大頭部的大半面積。牠們是環境界與人類最相似的蜘蛛；也因為這份相似，我格外受蠅虎的吸引。看著牠們的同時，牠們也回望著我，兩種截然不同的生物因為同樣受視覺感官主宰的特性而有了連結。

已逝的英國神經生物學家麥可・蘭德（Mike Land）受同事讚譽為「視覺科學研究的大神」，正是他開創了蠅虎視力研究的先河。[3] 一九六八年，他研發出用來觀察蜘蛛的眼底檢查鏡，於是運用這項工具觀察蠅虎在凝視圖像時視網膜上的活動。[4] 傑考伯與同事則進一步改良蘭德的設計；在我拜訪傑考伯時，他們把蠅虎放在觀察裝置裡，並藉此訓練蠅虎位於中央的那對眼睛；在四對眼睛之中，這對直視前方的眼睛最大、視覺最銳利。這對僅有幾毫米大小的眼睛，竟可以擁有和鴿子、大象、小型犬相當的視力。每個眼睛都是一個長長的管狀構造，最前方是水晶體、最後方則是視網膜。② 雖然水晶體的位置都是固定的，但蠅虎能夠藉由轉動管狀眼睛的剩餘部分來掃視四周。（各位可以想像你握著手電筒的一端，然後移動管狀的筒身瞄準要照亮

① 我忍不住問傑考伯，蠅虎（以蜘蛛而言）高於平均水準的智力是否與其感官能力的發展密不可分。一般的蜘蛛大多是靠蜘蛛網的振動感知周遭，牠們就算接收到訊息，其中真正需要理解的資訊並不多，傑考伯說：「對於真正仰賴視力的蜘蛛來說，必須處理的資訊複雜程度就高得多了；我實在忍不住想，牠們能夠處理這些資訊的能力實在彌足珍貴，而這對於演化出更多、更高的認知能力來說，不失為一個相當好的起跑點。不過誰知道呢，我們人類對視覺的仰賴程度之高，或許會導致我們對於這種能力的評價過於正面，因此也會有失偏頗吧。」

的目標。）③觀察儀器裡的母蠅虎就正在這麼做；牠的身體靜止不動，眼睛看起來也注視著同一個位置，但從螢幕上我們就能發現牠的視網膜其實正在移動。傑考伯說：「牠是真的在環顧四周。」

這隻母蠅虎中央那對眼睛的視網膜構造長得像回力鏢，至於為什麼會是這種形狀，目前還沒人有確切答案。從傑考伯的螢幕看來，蠅虎的視網膜一開始長的是（> <）這個樣子，彼此是分開的；然而當傑考伯在蠅虎面前秀出了黑色的正方形圖案，牠的兩個視網膜就會朝圖案匯聚，形成了（><）的樣子，彷彿狙擊手瞄準了目標。黑色正方形一動，蠅虎的視網膜也緊緊跟隨；然而過了一陣子以後，蠅虎就對這個圖案失去興趣，於是兩個視網膜就又分開來了。接著傑考伯將方形圖案換成蟋蟀的剪影，這時蠅虎的視網膜又互相靠近了。這一次視網膜則在蟋蟀剪影的觸角之間、身體、腳的位置不斷跳動，就像人類注視某個景象時掃視的動作一樣。兩個視網膜也一起朝順時鐘、逆時鐘的方向轉動，這也許是因為蠅虎正在尋找適當的角度，好辨認出眼前究竟是什麼東西。麥克．蘭德曾寫道：「看進另一種有感知能力的生物移動的雙眼之中，是種令人振奮卻又有點怪異的體驗，尤其是在這種生物已隨著演化的過程變成與我們完全相異的物種時，更是如此。」[5]我對他的這番說法實在再同意不過。經過了至少七億三千萬年的演化，人類與蠅虎成為了截然不同的物種，因此要解讀牠們的舉動也實在不容易。不過從傑考伯的螢幕上，我看得出蠅虎從專注轉而失去興趣的過程，我也仔細觀察蠅虎觀察圖案的樣子；藉由觀察蠅虎凝視的眼光，我能夠盡可能貼近蠅虎觀察世界的角度，進而理解牠們的想法。然而，儘管有如此多相似之處，我也依然非常清楚，人類與蠅虎觀察世界的視角實在大不相同。

首先是，蠅虎擁有的眼睛數量更多；牠們中央的那對眼睛雖然視覺銳利、視線也能夠移動，視野卻相當狹窄。假如蠅虎只有這一對眼睛，牠們的視覺能力就只會像是在黑漆漆的房間裡拿著兩支手電筒照光一樣。

然而牠們位於兩側的第二雙眼睛，則有寬闊得多的視野，彌補了這項不足之處。這第二雙眼睛雖然不會動，但是對於再細微的動作都有極高的敏感度；假如有隻蒼蠅在蠅虎正前方飛，牠們的第二對眼睛看到了蒼蠅的動作，就會告訴位於中央的眼睛該往哪裡看。然而最奇怪的地方來了：假如把蠅虎的第二對眼遮住，牠們就無法追蹤正在移動的物體了。[6]

這對我來說實在難以想像；我寫下這些內容的同時，雙眼視力最銳利的部分就聚焦在一個個出現在螢幕裡的文字上。同時，我的眼角餘光則可以看見我的科基幼犬泰波黑色的輪廓，也因此知道牠正在客廳裡四處晃來晃去，準備搞出點麻煩讓我收拾。這兩種功能——銳利的目光與動態視覺能力——似乎密不可分。然而對蠅虎來說卻是徹底不同的兩種功能，甚至要用**兩對不一樣的眼睛**來區分；中央的眼睛負責辨識圖案、形狀、顏色，第二對眼睛則負責追蹤動態、導引目光。不同的眼睛有各自專門負責的任務，也各自連接到蠅虎大腦中不同的腦區。④蠅虎提醒了我們，雖然人類和其他擁有視力的動物看到的是同一個世界，但是體驗卻不盡相同。傑考伯對我說：「我們甚至根本不必去研究什麼外星人，光是周遭其他動物眼中的世界，就有夠多有趣的迴異之處了。」

人類有一對長在頭上的眼睛，大小相若、面朝前方；然而這些特徵在大自然中卻並非常態，隨便瞧瞧動

② 位於中央的每隻眼睛其實都有兩個水晶體，一個在外側、一個在內側；外側的水晶體負責蒐集並匯聚光線，內側的水晶體則負責發散光線。這種構造能夠放大影像後再投射到蠅虎的視網膜上，這也就是為什麼小小的蠅虎卻有著能和小型犬比肩的視力。伽利略在一六〇九年才開始使用的望遠鏡就和蠅虎的眼睛構造一樣，運用管狀結構與前後兩端的鏡片來窺見遠方的物體。伽利略不知道自己只是仿造了蠅虎在幾百萬年前就演化出的構造；在晴朗的夜晚，牠們正是用這雙眼睛遙望明月。

③ 蠅虎寶寶的身體是透明的；因此只要在足夠的燈光下，就可以看見牠們眼睛裡的管狀構造在頭部轉動的樣子。

④ 至於另外兩對眼睛呢？其中一對似乎是用來察覺蠅虎身後的動態，而另外一對則非常小，其功能未知。

物界裡的其他生命，就知道各種動物的眼睛型態就跟自然界的物種一樣五花八門。有些動物有八隻眼睛，有些卻有上百隻眼。大王魷的眼睛跟足球一樣大[7]，纓小蜂（Mymaridae）的眼睛卻跟變形蟲的細胞核差不多小。魷魚、蠅虎、人類都有著各自獨立發展，如同相機一般的眼睛，一個水晶體聚光到一個視網膜上[8]；然而昆蟲與甲殼類動物卻擁有由許許多多單眼聚集而成的複眼。動物可能有著雙焦點的眼睛構造，眼睛也可能互不對稱[9]，水晶體還有可能是由蛋白質或岩石礦物所構成[10]，視覺器官甚至還可能出現在嘴巴、手臂、外殼上。有些動物視覺器官的功能涵蓋了人類雙眼的所有功能，有些則不然。

形形色色的眼睛型態也帶來了各式各樣令人目不暇給的視覺環境界。有些動物可以大老遠就看到清晰的各種細節，也有些動物只能模模糊糊地看見光源與輪廓；有些動物可以在我們認知的黑暗中看得清清楚楚，或是在人類覺得光線充足的地方什麼也看不見。動物的眼睛所見，對人類來說可能就像慢動作或縮時攝影的畫面；牠們或許能同時朝兩個不同方向望去，甚至同時看向四面八方。動物的視力也可能隨著一天當中的不同時間變得愈發敏銳或遲鈍；牠們的環境界也可能隨著年齡增長而改變。傑考伯的同事內特・莫豪斯（Nate Morehouse）就發現，蠅虎一輩子所需的感光細胞在出生的那一刻就已齊備，這些感光細胞隨著年齡的增長會越來越大、越來越敏銳。[11]莫豪斯說：「對蠅虎來說，一切會變得越來越明亮，」年紀增長的過程對牠們來說就像「看著太陽緩緩升起。」

桑克・強森在其著作《生命之光》（*The Optics of Life*）就開宗明義寫道，他認為視覺「與光線息息相關，所以我們也許該從光到底是什麼開始談起」。[12]接著，他用令人激賞的坦誠對讀者說：「我不知道光是什麼。」光雖然隨時隨地都存在你我周遭，我們卻無法直接了解光的本質。物理學家認為，光既以電磁波的形式存在，又是由被稱做光子的能量粒子所構成；然而光的這兩種性質並不是我們關心的重點，畢竟對我們來說，光的這兩種樣態都並非人類能靠肉眼所見。所以，以生物學的角度來說，光最美好的一點或許就是我們可以感知到它的存在。

看向蠅虎、人類以及任何其他動物的眼睛裡，就會發現名為光受體的感光細胞。不同物種身上的感光細胞或許有天壤之別，卻也有其共通性：這些細胞當中都有名為視蛋白（opsin）的蛋白質。視蛋白與名為色基（chromophore）（通常來自維他命A）的粒子緊密合作，於是令動物產生視覺。[13]色基可以從光線中的單一個光子吸收能量；一旦色基吸收了光子的能量後，就會立刻變成不同的形狀，而這種形狀變化也會迫使與之合作的視蛋白改變形狀。也因為視蛋白產生了變化，才會引發化學性的連鎖反應，最後將電子訊號傳送到神經細胞。這就是動物的眼睛接收光線、產生視覺的過程。各位可以將色基想成車鑰匙，視蛋白則是點火開關；兩者互相搭配，光轉動了鑰匙，視覺的引擎才會啟動。

這世界上有上千種視蛋白，不過它們的始祖都一樣。[⑤]然這卻令人感到有些矛盾；假如所有動物的視力都源自同一種蛋白質，這些蛋白質也都能夠探測到光線，為什麼動物視覺器官的差異會如此巨大？答案就存在於光的特質之中。地球上大部分的光都來自於太陽，陽光可以讓我們估量溫度、時間、水深；陽光能夠反射出物體的存在，同時也能讓我們看見敵人、同伴、棲地。光線以直線前進，並且會被固體擋住，也因此會形

⑤ 二〇一二年，演化生物學家梅根・波特（Megan Porter）比較了來自各種動物身上的近九百種視蛋白[14]，並確認這些視蛋白都有著同樣的源頭。最原始的視蛋白出現在最原始的動物身上，而它捕捉光線的效能之好，就算經過了這麼久的演化過程，也都沒有出現能與之匹敵的對手。因此，這個最原始的視蛋白就開始變化出龐大的視蛋白家族，也成為如今所有動物的視覺基礎。波特將這一整個視蛋白家族樹以圓形圖案呈現，從一個小點向外以放射狀延伸出許多分支，看起來就像一隻巨大的眼睛。

成影子和剪影。陽光可以一瞬間照亮幾乎整個地球，因此能夠立刻傳遞來自遙遠彼方的資訊。各種動物的視覺會如此多變，正是因為光線會以各式各樣不同的方式傳遞訊息，至於動物，也是因為各種千奇百怪的理由而需要感知光線。[15]

生物學家丹－艾瑞克．尼爾松（Dan-Eric Nilsson）認為眼睛的發展歷經了四個階段，進而變得越來越複雜。[16]第一個階段只有光受體的存在——也就是僅能探測光線的細胞。水螅是水母的近親，牠們會運用光受體確保自己的刺絲胞在微弱的光線下更能迅速出擊；也許牠們是為了能夠在獵物更多的夜晚時分捕食，或是要探測獵物經過時形成的陰影。[17]劍尾海蛇（*Aipysurus* spp.）的尾部尖端也有光受體，牠們會據此遠離光源。[18]章魚、魷魚，以及其他頭足類動物的皮膚上都遍布著光受體，或許牠們就是藉此控制其驚人的變色能力。[19]⑥

進入第二階段，光受體出現了深色色素——就是黑色素或其他會從某些角度遮擋光源的遮擋物。出現遮光色素的光受體變得不僅能感知光線的存在，更能藉陰影推斷出光線來源；不過這些結構還是太過簡單，因此許多科學家並不認為這是真正的眼睛，儘管如此，對擁有這些構造的動物來說，這樣的功能已經很實用了。這種光受體可能出現在動物身上的任何部位；例如柑橘鳳蝶（*Papilio xuthus*）的生殖器上就有光受體[20]，雄鳳蝶就是靠著這些細胞的引導，將陰莖導伸入雌鳳蝶的陰道裡，而雌性則會運用這些細胞將產卵管對準植物的表面。

到了第三階段，有遮光色素的光受體會集結在一起；於是動物就能藉此拼湊出來自不同方向的光源資訊，並且建構出周遭世界的視覺影像。對許多科學家來說，此階段才是單純的感光能力變成真正的視覺的轉捩點，原本單純的光受體終於成為真正的眼睛了，而動物也是自此階段起才真正「看得見」。⑦一開始，動物的視力都模糊不清又缺少細節，因此只能用來做一些簡單的事，例如尋找棲息處或辨認靠近的形體輪廓；然而加上了能夠聚焦的結構（如水晶體）以後，動物的眼力變得更敏銳了，牠們的環境界也自此多了更豐富的視覺細節。高解析度的視力正是尼爾松提出的四個階段的最後一步。在第四階段剛出現時，動物之間的互動也因此變得更為密切；衝突及求偶行為發生的距離可以拉得更長，不再只能仰賴觸覺或味覺了，也因此能擺脫嗅覺所需的時間限制，能夠更快速地發生。掠食者能從遠處發現獵物，反之，獵物也能更早發現掠食者的存在，動物之間的追逐戰於是接踵而至。動物變得更大、更快、更靈活，隨之也發展出各種防禦身體的盔甲、脊椎、外殼。高解析度視力的出現或許就能解釋，為何整個動物界約莫在五億四千萬年前產生了劇烈變化，演變出許多不同物種，也因此成就了今日存在的大多動物族群。這個不同物種紛紛演化出現的時期，就是寒武紀大爆發，而這第四階段的出現，或許正是其中一個關鍵因素。[21]

尼爾松的四階段理論也解決了查爾斯·達爾文（Charles Darwin）的疑問，他不確定現代動物複雜的眼睛構造究竟為何能發展至此；達爾文在《物種源始》（*The Origin of Species*）一書中寫道：「要說有著無與倫比精巧設計的眼睛……是靠大自然的天擇所形成，我得承認，這聽起來似乎實在太過荒謬……然而只要用理智思考就能發現，眼睛這種器官從複雜精巧又完美的樣態，到簡單粗陋且不夠完美的結構之間，存在著多不勝數的種種層級，而這世間也確實存在擁有各種層級眼睛結構的無數物種；對牠們來說，其各自的眼睛構造已可稱為完備……因此，雖然以人類的想像力實在難以描繪出這種可能性，但我們確實應該相信，大自然能夠

⑥ 總是有些人喜歡自以為是地用錯誤的資訊糾正他人，所以我要在這裡講清楚：octopus這個字是源自希臘文而非拉丁文，所以其複數型態並不是octopi，正確的複數型態應該是octopodes（而正確發音則應該是ock-toe-poe-dees），不過用octopuses也可以。

⑦ 不過並非所有人都認同此一觀點，也有些研究學者認為第二階段——光受體加上遮光色素——就已經算得上是眼睛了。

靠天擇演化出完美又繁複的眼睛。」[22]達爾文想像出的層級之分確實存在：從簡單的光受體到敏銳的眼睛構造之間，只要是想像得到的樣態，都確實存在於各種動物身上。不同的動物群體也運用來自同一源頭的視蛋白反覆建構出獨立的多元樣態；光是水母就在眼睛發展的第二階段演化了至少九次，在第三階段則發生至少兩次的演化。[23]眼睛的存在對演化理論的虛實來說絕非一大打擊，而是證明演化論的最佳例子。⑧

不過達爾文的見解還是不完全正確，他認為複雜精密的眼睛結構就是完美的眼睛，簡單則是不夠完美；實際上並非如此。第四階段發展出的眼睛並不是動物在演化時致力追求的唯一理想型態，就算是前面幾個階段結構較為簡單的視覺能力，也都在不同的動物身上發揮出了最完美的功用。尼爾松強調：「眼睛演化的過程並不是單純地從糟糕慢慢臻於完美。而是從能夠完美無瑕地發揮少數幾項功能的狀態，發展成足以優異地處理各種複雜面向的型態。」我們在序言中提到，海星的眼睛位於五個腕足的尖端，這些眼睛無法分辨顏色、物體的細節或快速的動作，但牠們其實根本也無需具備這些能力。[25]牠們只需要能夠辨識出龐大的物體輪廓，以便慢慢移動到安全的珊瑚礁躲藏起來就好。海星不需要老鷹一般的敏銳視力，甚至連蠅虎那樣的視覺能力都不需要；牠只需要看見該看見的東西就好。⑨若想了解其他動物的環境界，第一步就是得知道牠們運用感官的**理由**。

例如靈長類動物演化出了碩大、敏銳的雙眼，或許就是為了捕捉停在樹枝上的昆蟲。人類則繼承了這種優良的視覺能力，因此能夠靠視力進而靈活運用手指，或是以雙眼閱讀被賦予了各種意義的文字與符號，同時也能夠釐清隱藏在細微臉部表情中的意思。人類的眼睛剛剛好符合我們的生活需求，同時也為我們帶來了與其他動物不同的獨特環境界。

二〇一二年，專門研究動物視覺的科學家阿曼達．梅林（Amanda Melin）遇見了研究動物花紋的提姆．卡羅（Tim Caro），他們自然而然地就談起了斑馬身上的斑紋。

長久以來，生物學家一直都在探討為什麼斑馬會有如此奇怪的黑白斑紋，直到他們談話的當下，卡羅依然在探究這個問題。[28] 他告訴梅林，其中最早出現、最廣為人知也令人意外的推測，是認為這些斑紋其實是斑馬的保護色。斑馬身上的黑白條紋毛色能夠擾亂掠食者（如獅子、鬣狗）的視線，讓牠們看不清楚斑馬的輪廓，也可以讓斑馬的身影融入周遭聳立的樹木之間，又能夠在斑馬跑動時讓其他動物感到視線模糊。但梅林對這些說法抱持著存疑的態度，她回想自己當初的反應：「我那時候表情應該很怪。我對他說：『大部分的肉食性動物都是在夜晚獵食，而且牠們的視覺根本不如人類靈敏，因此很有可能根本看不到那些斑紋。』」提姆這時驚訝地忍不住脫口而出：「**什麼？**」

人類視覺處理細節的能力幾乎比其他任何動物都來得好；梅林也發現，正是因為這種特別敏銳的視力，人類才成了少數能夠看見斑馬條紋的物種。她和卡羅找了個光線明亮的日子，計算出擁有絕佳視力的人類能

⑧一九九四年，尼爾松與蘇珊．佩爾格（Susanne Pelger）模擬了由簡單的第三階段視覺演化到第四階段的過程。[24] 整個模擬是從小小一塊平面的光受體開始；經過每一代的演化，這塊光受體變得越來越厚，也慢慢形成向內凹的杯狀，後來更演化出粗略的水晶體，並且慢慢發展得更為敏銳。假如保守估計眼睛在每一世代只會有0.005%的演化，而一個世代會存續一年好了，視線模糊不清的第三階段得要花上三十六萬四千年才有演變為人類現在的視覺能力。然而從演化的時間尺度來看，這段時間也只不過就像眨個眼的一瞬間而已。

⑨在大自然中，高等生物並不總是擁有高度發展的眼睛，簡單的生物也並不全然都只有構造粗略的眼睛。有些微生物完全是由單細胞生物構成，牠們卻也擁有令人吃驚的複雜視覺能力。集胞藻（*Synechocystis*）是一種淡水微生物[26]；光線照射到球狀集胞藻的其中一側後，就會聚焦到另外一側；這種微生物也因此能感知光線是從何處照射過來，進而向有光線的地方移動。這就是類似於水晶體的功能，而每一隻集胞藻都有完整的視網膜功能。有一群隸屬在單眼藻科的單細胞藻類，似乎就像活生生的眼睛。它們每個細胞裡都擁有類似水晶體、虹膜、角膜和視網膜的構造。[27] 不過這些單細胞藻類到底看得見什麼，又為什麼需要擁有視覺，依然未有確切答案。

狗在一百八十二公尺左右之外的距離就分辨出斑馬身上的黑白條紋，獅子則得拉近到八十二公尺左右的距離才看得出來，鬣狗更是要到四十五公尺左右的距離才看得清楚。[29] 一旦到了掠食者最常打獵的黃昏或清晨時分，牠們則得再拉近約莫一半的距離才能看見斑馬身上的紋路。所以梅林的想法沒錯：斑馬身上的條紋不可能是牠們用來匿蹤的保護色，因為掠食者都得靠得很近才看得到這些紋路，然而假如真的距離這麼近，這些天生的獵人早就聽見或聞到斑馬的蹤跡了，實在無需仰賴視力。在肉食動物與斑馬平時間隔的距離之下，這些紋路其實根本都融成了一片灰濛濛的顏色；對正在打獵的獅子來說，斑馬看起來跟驢子其實也沒什麼不同。⑩

動物的視覺敏銳度以單位視角週期數（cycles per degree）為測量單位——這個概念剛好可以用剛剛的斑馬條紋來做例子。[31] 各位伸出手臂並豎起大拇指，你的指甲大約可以代表一單位視角；以你的手臂為距並涵蓋四周三百六十度的距離範圍來說，各位應該可以在指甲上畫了六十至七十條黑白條紋的情況下，依然辨識得出黑白條紋之間的區別。因此人類視覺敏銳度的單位視角週期數便約為六十至七十；目前的最高紀錄是來自澳洲的楔尾鵰（*Aquila audax*），牠們的視覺敏銳度之高，單位視角週期數高達一百三十八。⑪[32] 楔尾鵰擁有動物世界中最細的光受體，這也使牠們的視網膜裡可以密密麻麻地塞滿大量光受體；有了這些細窄的感光細胞，楔尾鵰敏銳視力的畫素大約是人類的兩倍，也因此可以在大約一點六公里之外的距離看見小小一隻大鼠。

然而老鷹和其他猛禽卻是少數視覺比人類敏銳得多的物種。感官生物學家愛倫諾・凱福斯（Eleanor Caves）搜羅了上百種動物的視覺敏銳度，發現人類的視力幾乎超越了所有物種。[34] 除了猛禽以外，就只有其他靈長類動物的視覺敏銳度能與我們比肩了。各種動物的視覺敏銳度以單位視角週期數表示如下：章魚為四十六、長頸鹿為二十七、馬為二十五、獵豹為二十三，視力表現還算不錯；而獅子卻只有十三，僅略高於人類法律中定義為全盲的單位視角週期數：十。[35]然而其實除了上述物種之外，大部分動物的視覺敏銳度都低於人類視為全盲的門檻，其中包括半數的鳥類（令人意外的是，蜂鳥和倉鴞都在此行列之中），大部分的魚類與所有昆蟲；例如蜜蜂的單位視角週期數竟只有一，這也就表示你伸出去的那隻大拇指在蜜蜂眼裡就代表著一個畫素，至於拇指上畫的其餘細節在牠們眼中都是一團模糊。另外還約有百分之九十八的昆蟲視力比這還要更弱。凱福斯說：「人類真的很怪。我們的其他任何感覺根本連摸都摸不到可以稱為頂尖的邊，卻唯獨在視覺敏銳度上傲視群雄。」矛盾的是，人類雖有優良的視力，卻也因此失去了能夠欣賞其他環境界的視野，因為「我們以為自己看得到的，其他物種一定也能看見；認為那些對人類來說顯而易見的事物，對其他動物來說也一定難以忽視。但實際上卻並非如此。」凱福斯如此說道。

凱福斯自己本人也曾陷入這種認知偏誤；她研究的對象是猬蝦（cleaner shrimp，*Lysmata spp.*），這種蝦子會幫魚類清潔身上的寄生蟲與死皮。「牠們清理的對象是色彩斑斕的珊瑚礁魚類，而猬蝦的外表也很顯眼，因此我以為牠們會有一定的視覺能力。」凱福斯這麼對我說。不過事實並非如此；受到服務的珊瑚礁魚類看得見猬蝦身上鮮明的藍點，以及牠們不斷揮舞著的白色蝦鬚，但牠們自己卻看不見。猬蝦身上美麗的斑紋並不是其環境界的一部分，即便在極近的距離下牠們也看不到這些細節。凱福斯說：「牠們可能根本連自

⑩ 那斑馬身上到底為什麼會有紋路呢？卡羅找到答案了[30]：為了避免吸血蠅類的叮咬。非洲的牛虻與采采蠅身上有許多會致斑馬於死地的病原體，斑馬又因為毛比較短而更加容易受叮咬；然而斑馬條紋不知為何卻能夠干擾這些害蟲，防止斑馬遭到叮咬。藉由拍攝斑馬與披了斑馬條紋的普通馬匹在野外的影片，卡羅發現吸血蠅類雖還是會靠近馬匹，但不僅無法順利降落，動作還變得跌跌撞撞；不過現在還不清楚其中緣由。

⑪ 一九七〇年代的一項研究常受到引用，該研究提出美洲隼（American kestrel）的單位視角週期數高達一百六十，但卻有其他研究指出這種鳥的視覺敏銳度其實跟人類差不多，比前者提出的數據低得多。[33]

己的蝦鬚都看不到。」

許多蝴蝶的翅膀上都有繁複的花紋，或許是為了警告掠食者自己身上有毒；因此有些科學家認為，蝴蝶或許能夠辨認出彼此的花紋，不過這實在不太可能，因為蝴蝶的眼力根本沒那麼好。烏鶇（blackbird）能夠看見蜘蛺蝶（*Araschinia levana*）橘色翅膀上點綴的黑色斑點，但在另一隻蜘蛺蝶眼裡，同類的身影大概就只是一團橘色的模糊色塊。我們一直都在用錯誤的眼光看待蝴蝶、猬蝦、斑馬——也就是人類的眼光。

不過既然這麼多動物身上都妝點著顯眼的花紋，為什麼大自然中視力優異的動物卻這麼少呢？以某些物種來說，牠們是受到了過去演化歷程的限制。複眼結構的缺點是空間解析度低[12]，而昆蟲和甲殼類動物視覺演化的起點正是複眼的結構，也因此受限於這種框架。食蟲虻（robber fly）視覺敏銳度的單位視角週期數是三點七[36]，而這已經是牠們的最大極限了；假如食蟲虻想要擁有跟人類一樣敏銳的視力，牠們的眼睛得有一公尺

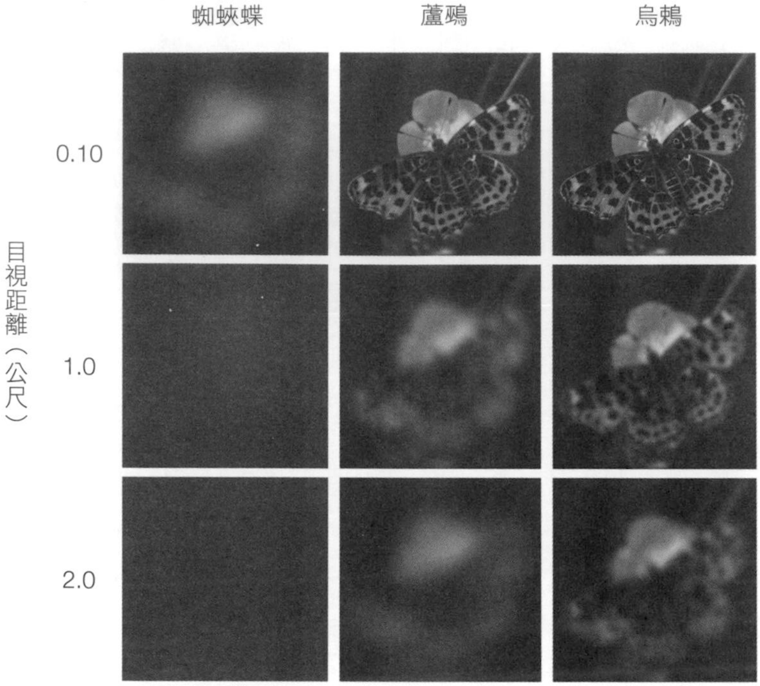

各物種自不同距離看見的蜘蛺蝶

那麼寬才行。[37]

不過精準的視力也有重大缺陷。就像楔尾鵰，牠們有著比較窄小而排列緊密的光受體，因此擁有更為敏銳的視覺能力；然而正因為如此，每個光受體蒐集光線的面積就更小，降低了牠們對光線的敏感度。對光的敏感度與空間解析度——這兩種視覺特質互相拉鋸，沒有任何動物的眼睛能夠魚與熊掌兼得。⑬老鷹或許能在大白天看見遠處的兔子，然而只要太陽一下山，牠的視覺敏銳度就會遽減（所以沒有夜行性的老鷹⑭）。反之，獅子與鬣狗或許無法從遠處看出斑馬身上的條紋，但牠們對光線的敏感度之高卻足以在夜晚打獵。不管是牠們還是其他各式各樣的動物，都為了著重光敏感度而犧牲了視覺敏銳度。但同樣地，每種動物眼睛演化的結果，都是為其需求量身打造；有些動物不需要有清晰敏銳的視覺能力，甚至有些動物根本不需要視覺。

丹尼爾．斯裴瑟（Daniel Speiser）從沒想過自己會把研究生涯花費在體會扇貝的感受上。二〇〇四年剛開始讀研究所時，他對扇貝的感覺和大多數人一樣——「就是躺在盤子上的肉。」他這麼對我說道。不過令我們胃口大開的香煎扇貝，其實只是牠們用來開關貝殼的肌肉。假如細細端詳活生生的扇貝，你會發現牠們與你腦海中的印象大不相同；而且當你看著扇貝，牠也正在看著你。扇貝上下兩片扇狀的貝殼上，都有環繞著排列於內緣的眼睛——某些物種的扇貝有幾十個眼睛，其他種則有多達兩百個眼睛。[38]海灣扇貝（*Argopecten*

---

⑫ 審註：即單位視角週期數較低。

⑬ 審註：貓頭鷹即是對光敏感度極高，但解析度差的例子。

⑭ 審註：完全夜行性的僅有一個例外，來自澳洲的紋翅鳶（*Elanus scriptus*）。

irradians）的眼睛看起來就像帶著霓虹光的藍莓；斯裴瑟覺得這些眼睛實在「集有趣、恐怖及迷人等特色於一身。」

奇怪的是，雙殼貝類中只有扇貝有眼睛，而貽貝與牡蠣卻都沒有；更奇怪的是，麥克・蘭德在一九六〇年代發現這些眼睛其實非常複雜精密。[39]每隻眼睛都位於扇貝觸角的尖端，且都有一個小小的瞳孔；斯裴瑟說：「看著這些眼睛同時開合的樣子，實在太瘋狂、太詭異了。」光線會穿透這些小小的瞳孔，並由扇貝眼裡最內層的凹面鏡反射而出。這個像鏡子的晶體結構精準地以方狀排列，負責同時將光線聚焦到扇貝的視網膜上。扇貝眼睛裡的視網膜還不只一個，牠們每個眼睛裡竟有兩個視網膜，兩者的差異之大彷彿是兩隻不同動物的構造。⑮這兩個視網膜間充斥著上千個光受體，扇貝的視覺因此有了足夠的空間解析度，足以探測較小的物體。斯裴瑟說：「牠們的視力非常好。」⑯

但這是為什麼呢？扇貝在面臨危險時，其實只要像猛敲響板那樣一張一合兩片貝殼地游開就好；除了這種情況以外，扇貝其實不太需要移動，牠們大部分時間都靜靜躺在海床上，從海水中過濾出可以食用的粒子。所以桑克・強森才說扇貝其實就是「比較漂亮的蚌」。那牠們究竟為什麼會需要如此複雜的眼睛結構呢？更別說牠們竟然還擁有數十隻、上百隻眼睛。扇貝又到底是如何運用視覺呢？為了找出答案，斯裴瑟做了一項名為「扇貝看電視」的實驗。他把扇貝固定在小小的座位上，讓牠們面朝電視螢幕，螢幕上播放的則是電腦製作的影片，畫面中都是小粒子正在飄動。[41]整個實驗設置實在太過荒謬，因此根本沒人相信這會有效；但事實證明，真的有用：假如畫面上出現的粒子夠大、移動得夠緩慢，扇貝就會打開貝殼，好像是張開嘴要準備進食一樣。強森對我說：「那真是我見過最瘋狂的實驗了。」

斯裴瑟當初以為扇貝是在用眼睛觀望可能進到嘴裡的食物，但他現在覺得應該不是如此。扇貝的眼睛之間，間隔著無數根用來嗅聞氣味分子的觸角。斯裴瑟認為扇貝會用嗅覺來感知如海星等掠食者的行蹤，視覺則是用來探索哪些東西值得牠們一聞。因此，在扇貝看電視的實驗中，扇貝對著螢幕打開貝殼的動作其實並不是為了進食，而是在向外探索。斯裴瑟說：「我猜我們看到的其實就是扇貝表現好奇的方式。」

斯裴瑟推測，扇貝的視覺運作方式應該與人類大相逕庭。人類大腦會將雙眼所見重疊在一起形成單一畫面，而扇貝確實也**能夠**藉由上百個眼睛重疊畫面，但是牠們的大腦簡單到實在不太可能做到這一點。因此，扇貝的每一個眼睛或許只能傳遞物體移動與否的簡單訊息給大腦。各位可以把扇貝的大腦想像成盯著上百個監視器螢幕的保全人員，每部監視器都連接著有移動偵測功能的鏡頭。鏡頭一旦偵測到物體移動，保全人員就會派探測犬去進一步探測、嗅聞氣味。然而，問題來了：這些鏡頭或許非常精密先進，但捕捉到的畫面卻**根本不會傳送給保全人員**。保全人員在螢幕上看到的，就只有鏡頭偵測到動作便會開始閃爍的警示燈而已。假如斯裴瑟這番推論為真，那就代表即便扇貝的每個眼睛都有優良的空間解析度，牠自己卻根本沒有空間**視覺**。牠們知道身體的某個部分確實探測到了某些東西，卻沒有相應的視覺畫面；人類的視覺就像在大腦裡播映畫面一樣，然而扇貝卻和我們不同，牠們的視覺根本沒有畫面。

⑮ 動物身上的光受體，依照細胞外形可區分成睫狀（ciliary）和彈狀（rhabdomeric）兩大類細胞。這兩種光受體都會運用視蛋白，但功能卻不一樣。科學家過去認為，睫狀細胞只會出現在脊椎動物身上，而無脊椎動物則是具備彈狀細胞。然而事實並非如此：其實不管是脊椎動物還是非脊椎動物，身上都有這兩種光受體；扇貝身上更是兩者兼具[40]，牠們的其中一個視網膜上都是睫狀細胞，而另一個視網膜則滿布彈狀細胞。科學家至今還沒找出這種現象的成因，不過目前看起來，其中一個視網膜的功能是探測其他物體的移動，另一個則是用來選擇棲息地。

⑯ 但這並不表示扇貝的視覺能力很完美。光進入扇貝的眼睛時，會先經過視網膜才照射到眼後像鏡子的結構，如此才能反射與聚焦光線。因此扇貝每一次接收光線，牠們的視網膜就會受到兩次光線照射——第一次尚未經過聚焦，第二次才是已聚焦的光線。這就表示，扇貝的眼睛雖然能夠看到聚焦的物體影像，背景卻是一片模糊。

因此，這種形式的視覺能力與人類的視覺相較之下，或許還跟人類的觸覺比較類似。即便人類的每一寸肌膚都有觸覺，我們卻不會靠觸覺建構周遭環境的樣貌。說實在的，除非有什麼東西碰到自己（反之亦可），不然大家通常都會忽略觸覺的存在。一旦我們感覺到不熟悉的觸感，最普遍的反應就是轉過去看看到底是碰到了什麼東西。然而對扇貝來說，嗅覺（而非視覺）或許就是牠們用來探索外界的細膩感知能力，而視覺（而非觸覺）才是那個粗略卻又遍布全身的感覺系統。⑰

但倘若真是如此，扇貝的眼睛又為什麼需要具備這麼高的視覺解析度？牠們眼睛裡又為何要有精巧的鏡子結構和兩個視網膜呢？根本不需要這麼多眼睛，就能囊括扇貝周圍的視角了，牠們到底要這麼多眼睛幹麼？而扇貝的大腦如此簡單，根本難以處理眼睛接收到的訊息量，他們到底為什麼會演化出視覺如此優異的眼睛呢？⑱這一切都沒人知道答案。「有時候我很努力、很努力地想，會覺得自己幾乎就要可以體會扇貝的感受了，」斯裴瑟這麼說著，「但大多數時候還是想不出個所以然來。」⑲

有些動物則可能雖然根本沒有眼睛，卻擁有跟扇貝一樣的分散式視覺系統。紅鞭蛇尾（屬於陽燧足的一種，學名*Ophiomastix wendtii*）長得就像乾瘦而多刺的海星，或者也可以說牠們長得就像曲棍球球餅裡爬出了五隻蜈蚣的樣子。外觀上看不出來牠們有眼睛，但牠們顯然看得見；紅鞭蛇尾會為了躲避光線爬到有遮蔭的岩石縫隙中，甚至也會在太陽下山後改變顏色。二〇一八年，蘿倫・桑默－魯尼（Lauren Sumner-Rooney）發現紅鞭蛇尾彎彎曲曲的腕足上分布了上千個光受體[47]；彷彿整隻動物就是一大顆複眼一般。⑳更怪的是，只有在**白天時**，這一大顆眼睛才稱得上眼睛。[49]

太陽一出來，紅鞭蛇尾就會把皮膚裡的色素囊漲大，牠們的皮膚也因此變成了血塊一般的深紅色；到了晚上，色素囊則會縮小，紅鞭蛇尾的皮膚也就轉為帶著條紋的淺灰色。白天時，色素囊漲大時會遮擋光受體從某些角度入射的光線，因此此時光受體擁有了辨識光源方向的能力，如前述所稱的第二階段的眼睛。並且，就整隻紅鞭蛇尾身體而言，則可稱得上具備了空間視覺的第三階段眼睛。然而一入夜，色素囊就會收縮，所有的光受體就會完全暴露出來；因此紅鞭蛇尾在晚上無法辨識光源方向，空間視覺也會失去作用。「紅鞭蛇尾知道自己暴露在光源下，卻不知道該怎麼躲開。」桑默－魯尼說道。

蛇尾究竟為何會有這些變化，沒人有確定答案。牠們不像扇貝還有大腦——蛇尾只有環繞著中央體盤的環狀神經。環狀神經負責協調五個腕足，但卻不會進行指揮；這些腕足多數時間都是各自行動。紅鞭蛇尾彷

⑰ 這項推論令人感到格外有趣，因為扇貝的眼睛其實是從負責化學感知能力的觸角演變而來。牠們的視覺系統以前其實是用於感知嗅覺與觸覺。

⑱ 一九六四年，當時麥克・蘭德還是研究生，他從扇貝眼睛裡看見了自己上下顛倒的倒影[42]；也因此發現扇貝的每一隻眼睛裡都有用以聚焦的鏡子結構。他後來發現，這些鏡子是以層層晶體所組成，並且（正確地）推測出這些晶體的成分是鳥糞嘌呤（guanine）——也就是DNA的組成物質之一。然而鳥糞嘌呤並不會自然形成方形結晶[43]，因此扇貝必然以某種方式掌控了其生長方式。如今我們尚且不知道其中的運作機制，也不知道扇貝到底怎麼讓每個晶體都長成同樣的尺寸——所有晶體的厚度皆為七十四奈米（也就是一公尺的十億分之一）。

⑲ 世界上擁有這種令人困惑的分散型視覺系統的動物可不只扇貝一種。石鱉（chiton）是一種軟體動物[44]，長得就像《星際迷航記》（*Star Trek*）裡克林貢人的額頭一樣，牠們身上覆蓋著盔甲一般的盤狀甲殼，那上面就布滿了上百隻小眼睛。纓鰓蟲（fan worm）看起來則像是色彩豐富的雞毛撢子[45]，彷彿一根根羽毛從棲管中長了出來似的，這些構造就是牠們的觸角，上面也布滿了眼睛。硨磲貝（giant clam）看起來就像……呃……超大的蚌[46]；牠們以公尺計的巨大外殼上也有著幾百隻眼睛。丹－艾瑞克・尼爾松將這些眼睛比喻為防盜器；探測周遭的動靜和接近的陰影，有這種能力，動物才知道何時才該採取防禦行動。遇到危險時，石鱉會把自己牢牢固定在岩石上，纓鰓蟲則會把一根根羽毛般的觸角縮回棲管裡，硨磲貝則會把貝殼闔上。這些動物很有可能都跟扇貝一樣，看不見任何成像的畫面。審註：二〇一五年有篇刊登在《自然》期刊的研究指出，西印度石鱉（*Acanthopleura granulata*），是部分具備水晶體的石鱉，其密密麻麻的微眼是可以成像的。DOI: 10.1126/science.aad1246

⑳ 海膽和蛇尾一樣，牠們的身體似乎就是一顆簡單的眼球。海膽長得就像插滿了刺的圓球，上百根管足布滿了海膽球狀的身體。牠們的光受體就位在這些管足上，然而管足通常被遮掩在牠們的棘刺或外骨骼下，因此海膽的視力應該不是特別敏銳，不過牠們確實可以藉此慢慢移動到陰影處。[48]

佛擁有跟扇貝類似的監視器系統，但卻沒有扮演保全人員角色的大腦；這些鏡頭只是互相傳遞訊息而已。不過這些腕足會互相傳遞訊息嗎？每隻腕足又是否只單純扮演著眼睛的角色呢？還是腕足就只是碰巧互相連結在一起的一堆有半自主意識的眼睛呢？桑默－魯尼說：「答案很可能是我們根本想都沒想過的事。目前人類對於動物視覺的一切認知，都源自於自己的雙眼所見。我們對於視覺所知的一切，都源自於這一世紀左右以來對眼睛上那一塊視網膜，及其上擠在一塊的不同種類光受體群體的研究。而這（紅鞭蛇尾的存在）實在太違反人類的既有認知了。」

擁有多不勝數的眼睛、沒有頭，甚至還可能沒有大腦，蛇尾和扇貝都顯示出了其他動物的視覺到底可以怪到什麼程度。桑默－魯尼說：「動物若想運用視覺，不一定都非得要看見畫面才可以。然而人類實在是徹底的視覺動物，所以才難以想像這些你我全然陌生的視覺系統。」我們比較容易想像出那些和我們一樣有頭、有兩隻眼睛的動物的視覺世界；但即便我們想像得出來，也常常忽略眼前的事物。

兀鷲（*Gyps spp.*）翱翔在暖空氣柱之上，飛過高低起伏的大地一路尋找食物。然而牠們既然能夠清楚看見地面上的動物屍骸，應該也能夠輕易注意到前方的巨大障礙物才對；然而兀鷲、老鷹以及其他猛禽，卻時常因撞上風力發電機而死亡。單是在西班牙的某個省分，十年間就有三百四十二隻歐亞兀鷲（*Gyps fulvus*）撞上風力發電機。[50]到底為什麼這些在大白天飛翔，同時又擁有自然界最銳利雙眼的鳥兒避不開如此巨大又醒目的建築物呢？鳥類視覺研究專家葛拉漢．馬丁（Graham Martin）以另一項提問回答了這個疑問：兀鷲的眼光到底往哪兒看？

二〇一二年，馬丁和同事測量了兩個種類的兀鷲，來檢視牠們的視野到底有多廣——也就是牠們雙眼所能涵蓋的頭部周邊範圍。[51]他們讓這些鳥把鳥嘴放在特製的裝置上，接著用視野計從各個方向觀察牠們的眼睛。「我們用的就是驗光師做視力檢查時會使用的儀器。」馬丁這麼告訴我。「不過想要讓鳥兒乖乖坐著一個半小時實在是個大難題，其中有一隻就狠狠抓了我一把，我大拇指都被抓掉了一塊肉呢。」

藉由視野計測量後發現，兀鷲的視野涵蓋了頭兩側的範圍，但在頭部的上下方卻存在極大的盲點。牠們飛在天空中時會低著頭，因此原本位於頭上的盲點這時就變成位於牠們的正前方；這正是兀鷲會撞上風力發電機的原因：在天空中翱翔時，牠們根本沒在注意正前方。畢竟長久以來，牠們飛行時根本不必在意前面有沒有障礙物。「長久以來，兀鷲飛行時根本不會遇到能夠飛這麼高又如此巨大的物體。」馬丁如此說道。在這些鳥兒飛近時暫時關閉風力發電機，或許是個解決辦法，要不然就是運用地面標記誘使兀鷲遠離障礙物。重要的是，在風力發電機的扇葉上放警示圖案根本沒有用。㉑（北美的白頭海鵰也因為同樣的緣故撞上風力發電機。）

我在思考馬丁的研究時，突然驚覺自己的頭正後方就有著極大的盲點，我卻很少想到這件事。人類和其他靈長類動物的雙眼很奇怪，都長在頭的正面，直視前方；而左眼與右眼看到的畫面也極度相似、視野大幅重疊。但這種構造也令我們擁有絕佳的遠近、深淺辨識能力。㉒不過我們也因此幾乎看不見頭部兩側的事物，而且除非轉過頭，不然根本看不到後面有什麼。對人類來說，要看什麼就轉頭朝向該事物，我們也得四處轉頭張望才能探索四周。然而大部分的鳥類（除了貓頭鷹以外）卻都擁有位於頭部兩側的眼睛，牠們不必

㉑ 為什麼兀鷲的視野如此狹窄，以至於無法在飛行時目視前方呢？馬丁認為，那是因為這些猛禽碩大、銳利的雙眼太過脆弱，無法直面刺眼的陽光。他說，一般而言，鳥的眼睛越大，盲點就越大。像鴨子這種眼睛比較小、視力沒那麼優異的鳥類就擁有全景視野，牠們的雙眼也更能承受陽光照射。

㉒ 審註：即為立體視覺。

轉頭也能朝四周張望。

飛翔在空中的兀鷲不僅能俯視地面，牠們也能看見身旁飛過的其他同類。[52]蒼鷺的視野則涵蓋了垂直方向一百八十度的範圍，因此即便牠們站直身子，鳥喙指向正前方，也都能看見在腳下悠遊的魚兒。至於綠頭鴨則擁有全景視野，不管是前方還是後方都毫無視覺死角；牠們停在水面時，就算紋絲不動也能將整片天空盡收眼底，飛行時更能同時看見迎面而來和錯身而過的身後風景。我們用鳥瞰這個詞來描述從高空往下俯視美景的動作，但鳥的視覺可不僅僅只是人類視覺的加強版而已。馬丁的文字曾如此描述鳥類的視覺：「人類雙眼所見的是前方的世界，我們都朝著眼前的景物前進；然而鳥類的世界卻是環繞著牠們的四面八方，牠們就在其中遨遊。」[53]㉓

鳥類視覺最敏銳的地方也與人類有所不同。許多動物的視網膜上都有個緊密排列了大量光受體（以及其附屬神經）的區域，該區的視覺解析度也相應提升。[54]這個區域有許多不同名稱；以無脊椎動物而言，叫做**視覺敏銳區**（acute zone）；脊椎動物的話則是（視網膜）**中央區**（area centralis）；倘若這個區域像人類身上的構造一樣向內凹陷，則稱為**中央窩**（fovea）。為了大家閱讀方便（除了對視覺研究專家來說以外，我在這裡先向各位道歉），我打算直接統一使用**視覺敏銳區**這個名稱。對人類來說，這就是我們視線的中心——也就是視野的中央位置；各位在閱讀這些文字時所使用的便是視野中央區域，大部分鳥類如同人類都有圓形的視覺敏銳區，只是牠們的視覺敏銳區不是朝著正前方、而是朝向兩側。㉔因此倘若鳥兒想仔細檢視某個物體，牠們得側過頭，一次用一隻眼睛細細端詳。假如是一隻雞想細看某個沒見過的東西，牠就得左右擺動頭部，輪流用左右眼的視覺敏銳區詳細觀察。[55]鑽研鳥類視覺的動物學家阿穆特・凱爾博（Almut Kelber）提到：「假如一隻雞盯著你看，你不會知道牠另一隻眼睛在看哪裡。牠們勢必至少能夠同時把注意力放在兩個地方，這對我們人類來說實在難以想像。」

許多猛禽如老鷹、隼、兀鷲的**每隻眼睛**裡都有兩個視覺敏銳區——一個看向正前方，另一個則以四十五度角往外看。[56]往側面看的這隻眼睛視力更敏銳，所以多數猛禽用它來捕捉獵物。遊隼在朝鴿子俯衝時，不會直直地往下衝向獵物，而是一路盤旋而下。[57]這樣牠們才能將用來獵捕目標的側向視線牢牢鎖定在鴿子身上，同時維持頭朝下的姿勢，使身體姿態保持流線。㉕㉖

遊隼也偏好用右眼追蹤獵物。這種偏好在鳥類身上相當普遍；牠們既然兩隻眼睛可以看到不一樣的景象，也就能夠具備不同用途。鳥類左半邊大腦的專長是集中注意力及將看見的物體分類，因此鳥兒能夠運用由左腦掌控的右眼在遍布鵝卵石的地面辨識出細微的食物碎屑。[58]至於右半邊大腦則負責處理出乎意料之外的情況，因此許多鳥類會用牠們由右腦指揮的左眼搜尋掠食者的蹤跡。因此假如危險是從左方出現，牠們發現的速度也更快。

動物的視野決定了牠能看到哪些範圍，視覺敏銳區則是牠們能**看清楚**哪些地方的關鍵。倘若沒有搞清楚以上這兩點，就很可能嚴重誤解動物的某些行為。抖音上有個熱門影片，畫面中的公青鸞向母青鸞展示牠令人目眩神迷的羽毛，然而母青鸞卻撇頭看向旁邊，大家都覺得母青鸞顯然對公青鸞不感興趣的樣子很好笑，但母青鸞其實正在用牠位於頭部兩側的視野注視著公青鸞。海豹的視野範圍則跟人類差不多[59]，不過牠們朝

㉓ 雞和其他許多鳥類都只會在近距離的情況下運用正前方的視野，例如想用鳥喙或鳥爪精準抓取某些事物的時候。

㉔ 審註：換句話說，正前方的物體反而看得沒那麼清楚。

㉕ 猛禽幾乎不可能在不轉動頭部的情況下只轉動眼睛，牠們的眼睛實在太大了，雖位於頭部的左右兩側，但其尺寸大到幾乎要在頭骨裡相碰了。

㉖ 審註：具備雙中央窩的還有蜂鳥、翠鳥、燕子，以及伯勞鳥等。

上的視野範圍倒是比人類更好，向下所能看見的視野範圍則沒那麼出色，據推測這可能是因為海豹會在水中往上看，以魚的倒影為線索來捕食。人類看到海豹在水中用仰式的姿勢游泳時可能會以為這是因為牠們很放鬆，但海豹其實是在掃視海底、尋找食物。

牛和其他牲畜的眼神總是固定在同一點，因此看起來好像昏昏欲睡。[60]牠們不像人類（或蠅虎）會藉由轉頭移動視線，說實在的，牠們也確實用不著這麼做。這些動物的視野涵蓋了頭部四周的幾乎所有範圍，牠們的視覺敏銳區則呈水平條狀，也因此可以同時將地平線四周的一切盡收眼底。其他棲息在地形平坦區域的動物也是如此，例如兔子（田野）、招潮蟹（沙灘）、紅袋鼠（沙漠）、水黽（池塘水面），除了不時從空中俯衝而下的掠食者以外，**上下**方的空間對牠們來說其實無關緊要，因為對牠們來說，生活中只充斥著朝四面八方**橫跨**的移動。[61]牛的視野之廣，讓牠們能夠同時看見從前方迎面而來的農夫、跟在身後的牧羊犬、身側的其他牛隻。**四處張望的動作**與人類的視覺經驗密不可分，但這在自然界其實是很不尋常的舉動，只有視野與視覺敏銳區都不夠寬闊的動物才不得不這麼做。

大象、河馬、犀牛、鯨魚、海豚的每隻眼睛裡都有兩到三個視覺敏銳區，這或許是因為牠們都無法快速地轉頭，所以才必須具備這種構造。[62][27]變色龍擁有像砲臺一樣且能獨立轉動的眼睛，可以同時看到前後方，或是同時追蹤朝兩個不同方向移動的目標，所以牠們根本沒有轉頭的必要。[64]其他動物的視線則穩定多了。許多公蒼蠅都會把視線聚焦在上方，牠們的複眼上方有一大片被暱稱為求愛區的平面，讓牠們能夠精準察覺飛過頭上的母蒼蠅身影。[65]公蜉蝣則更誇張，牠們眼睛裡負責探查異性的部位大到就像兩隻眼睛上各戴了一頂廚師帽一樣。有種魚叫做四眼魚（*Anableps anableps*），牠們棲息於南美洲的河流水面上，其眼睛的兩個分區也有不同用途：上半部負責探出水面查看空中的事物，下半部則專門用來觀察水中的一切，這也是為什麼牠們會被叫做四眼魚。[66]

對於深海世界的動物來說，上下方向的重要性不亞於前後。許多深海魚如後肛魚科（barreleye，科名為Opisthoproctide）和銀斧魚屬（hatchetfish，屬名為*Argyropelecus*）的眼睛都是朝上指的筒狀構造，使牠們能夠看見上方灑下的微弱陽光映照出的動物剪影。長頭胸翼魚（brownsnout spookfish，學名為*Dolichopteryx longipes*）也是一種後肛魚，牠們的眼睛和其他親緣相近的魚類相比，能看見的還多了下方的區域，同時眼睛的此處也有相應的視網膜構造。[67]帆魷又名斜眼魷魚（cock-eyed squid，屬名為*Histioteuthis*），牠們的左眼是右眼的兩倍大；比較小的右眼負責往下看更深的水層，以探查是否有深海生物正在發光，比較大的左眼則專門用來朝上捕捉其他動物的身影。[68]而深海的甲殼類動物異條戎（*Streetsia challengeri*）的眼睛則已融合為呈水平方向的圓柱體，所以看起來就跟一根炸熱狗一樣；異條戎假如以自己為圓心，其視線可以涵蓋四周幾乎每一個方向——上、下、左、右——唯獨缺少前後的視野。[69]㉘

我們實在難以想像擁有跟條戎（*Streetsia*）、變色龍，甚至是牛一樣的視野到底是什麼感覺。我可以用手機的自拍鏡頭看見自己的肩膀，但我卻依然只能用人類總是朝前的視覺方向觀察這個畫面。正如我在前文所述，在了解扇貝的視覺能力時，用人類的觸覺去假想牠們的視覺應該會比較容易一點。我能同時感受到自己的頭皮、腳底、胸膛、後背的肌膚；而假如我努力集中注意力，才能想像得出把人類皮膚全方位的觸覺感受和能夠延伸到遠距離的視覺能力結合到底是什麼樣子。動物的視覺能夠觸及圍繞四面八方的任何方向，也能

㉗ 鯨魚的瞳孔不像人類會收縮到像針孔一樣微小。牠們的瞳孔會從中間向下縮起來，形狀就像笑容詭異的嘴巴一樣（審註：形狀像是⌣），而收縮到最後，只會留下兩端各有一個小開口；這開口其實就是牠們的迷你瞳孔，負責將光線接收到其各自的視覺敏銳區。[63]

㉘ 審註：這是一種外觀似蝦但分類上屬於端足目的甲殼類動物。

隨著時間與空間不斷變化，它彌補的不僅僅是你我周遭的空白，更是每一刻之間的稍縱即逝。

地中海有一種體型小又不起眼的埃及穢蠅（*Coenosia attenuata*）；牠們淺灰色的身體只有幾毫米長，同時還有著大大的紅色眼睛，「牠們看起來就跟一般的蒼蠅沒兩樣。」帕洛瑪・貢薩洛斯－貝里多（Paloma Gonzalez- Bellido）這麼對我說道。但牠們其實是殺手級的昆蟲；從牠原本靜靜端坐的葉片起飛，開始尋找果蠅、蕈蚋、粉蝨（whiteflies），甚至是其他同類——「只要是體型小到牠們能夠制服的動物都可以。」貢薩洛斯－貝里多如此表示。在獵捕的過程中，埃及穢蠅會把腳伸長，只要有任何一隻腳碰到目標，牠就會把六隻腳聚合起來變成囚困獵物的牢籠，在這之後，牠們通常就會帶著獵物回到原本棲息的葉子上。所以，假如你能誘使埃及穢蠅爬到你的指頭上，牠就會不斷從你的手指起飛去覓食，再帶著獵物飛回來，感覺就像（非常迷你的）獵鷹與馴鷹人之間的關係；這對人類來說勢必是令人驚喜的神奇體驗，不過對獵物來說可就沒那麼開心了。[70] 一般蒼蠅的口器就像棒子上插了海綿，可以用來輕觸並吸收液體；埃及穢蠅的口器則是結合了劍與刺的功能，能夠戳刺、撕裂獵物的軀體。牠們會在獵物還活著的時候就把口器刺進對方身體，並且將對方從體內掏空。從貢薩洛斯－貝里多拍攝的影片裡就能發現，埃及穢蠅能以口器把果蠅的眼睛從內部刮得一乾二淨，只留下依然整齊排列的透明水晶體。農人和園丁也因為牠們的這種習性而常將埃及穢蠅引進溫室，負責幫忙處理蟲害，如今牠們的蹤跡也已遍布世界各地。

對埃及穢蠅來說，速度就是決定一切的關鍵。貢薩洛斯－貝里多說：「牠們的獵物可能來自任何地方，不過地中海的氣候十分乾燥，所以適合的獵物也為數不多。」因此只要遇到了任何牠們認為可能是獵物的對象，埃及穢蠅都會起身追捕；牠們只要升空，就會盡一切努力地快速捕捉獵物，以免反被其他同類獵捕。而這番搜捕獵物的過程實在太快，就算是經過訓練的人類也難以用肉眼清楚觀察。貢薩洛斯－貝里多用高速攝影機拍攝了埃及穢蠅獵食的過程，發現牠們每次捕捉獵物約花費四分之一秒，有時候甚至連這一半的時間都不用。[71] 埃及穢蠅可以在人類一眨眼的瞬間就成功抓到獵物。

埃及穢蠅超高速的獵食過程都仰賴超高速的視覺能力。[72] 用速度來討論各種動物的視覺好像很怪，畢竟光是這世界上最快的事物，因為光而產生視覺的過程對我們來說也就是一瞬間的事而已。但其實眼睛並不會隨著光速作用；光受體遇到進入眼睛的光子時，需要一定時間才能反應，光受體產生電子訊號後也需要時間才能將訊息傳送到大腦，而埃及穢蠅則隨著演化把這些步驟的速度提升到極限。㉙ 貢薩洛斯－貝里多進行實驗，他讓埃及穢蠅觀看圖片，並且發現牠們的光受體只需要六至九毫秒就能開始傳送電子訊號到大腦，並立刻對肌肉下達動作指令。㉚ 相較之下，人類的光受體光要完成對光子產生反應的第一步，就得花費三十至六十毫秒[74]；因此假如人類和埃及穢蠅同時看到某個畫面，在電子訊號甚至還沒離開人類的視網膜之前，牠們就已經動身飛到空中了。「我們不知道還有什麼動物的光受體反應速度比埃及穢蠅更快。」貢薩洛斯－貝里多帶著一股近乎感到驕傲的態度對我說。㉛

㉙ 審註：相對於視覺敏銳度所呈現的空間解析度，這裡要談的則是眼睛的時間解析度。

㉚ 埃及穢蠅眼睛中的光受體不管是受激發還是重置的速度都非常快，不過這兩種能力都相當耗費能量。與果蠅的光受體相比，埃及穢蠅的光受體有多上三倍的粒線體——粒線體長得很像豆子，卻是提供動物細胞能量的重要電池。[73]

㉛ 其他肉食昆蟲如蜻蜓和食蟲虻都有碩大且有著高解析度的眼睛，同時也有其各自的視覺敏銳區。牠們追捕獵物時會轉動頭部，好讓獵物的身影一直待在視覺最敏銳的區域。埃及穢蠅則「必須對四面八方都保持警覺。」貢薩洛斯－貝里多說道，因此牠們沒有視覺敏銳區，而且牠們的視覺解析度也不是特別高。儘管如此，埃及穢蠅似乎有更厲害的獵食策略。蜻蜓會以天空當背景，捕捉飛過頭上的獵物身影；然而根據貢薩洛斯－貝里多所說，埃及穢蠅「選擇執行不可能的任務，直接面對地面捕捉獵物。」牠們會在繁複龐雜的環境背景下搜捕移動的獵物，在各種植物的枝葉及混雜的周遭環境當中追著目標不放。

埃及穢蠅視覺更新畫面的速度也比人類來得快。各位可以想像燈光忽明忽暗的閃爍畫面，閃燈不斷加快閃爍的速度到某個程度時，閃動的光線會轉而成為穩定的燈光；這就是臨界閃光頻率，是用來評估大腦處理視覺訊號速度的測量單位。各位可以把它想成像是在動物大腦裡播放著電影一樣，就是處理各種影像的畫面更新率——也就是一幅幅靜態影像結合後會令人誤以為是動態畫面的錯覺。人類在光線良好時，臨界閃光頻率大約是每秒六十幀（或是赫茲）；大多數蒼蠅的臨界閃光頻率高達每秒三百五十幀，至於埃及穢蠅則可能更高。因此在牠們眼裡，人類電影的播放速度大概就跟幻燈片一樣慢；而人類的動作再快，對牠們來說大概也都是慢吞吞的樣子。因此牠們可以輕而易舉躲避人類伸出巴掌的攻擊動作，人類打拳擊的樣子在牠們眼裡大概就像在打太極拳一樣緩慢吧。

普遍而言，體型越小、動作越快的動物就會有越高的臨界閃光頻率。[75]與人類視覺相比，貓眼睛的臨界閃光頻率稍微來得慢一點（四十八赫茲），狗則是稍快一些（七十五赫茲）；扇貝眼睛的速度大概跟冰河移動的慢有得比（一至五赫茲），不過夜行性蟾蜍竟然還更慢（零點二五至零點五赫茲），至於革龜（十五赫茲）和菱紋海豹（二十三赫茲）與前面這幾種動物相比雖然的確比較快，但依然是屬於臨界閃光頻率比較慢的動物。[76]劍旗魚的視覺在一般情況下也快不到哪去（五赫茲）[77]，但牠們能藉由特殊的肌肉增強眼睛與大腦代謝的能力，使視覺速度變成原來的八倍。許多鳥類天生就有快速的視覺能力[78]，斑姬鶲——一種小型鳴禽——就擁有所有脊椎動物當中最快速的視覺，牠們的臨界閃光頻率高達一百四十六赫茲，這種能力會出現，或許是因為牠們得靠獵捕飛蟲維生。[32]然而這些身為鳥類獵食目標的昆蟲視覺則更快，蜜蜂、蜻蜓、蒼蠅的臨界閃光頻率皆介於兩百至三百五十赫茲之間。[80]

如果動物擁有不同的視覺速度，時間的流逝速度對不同物種來說或許也大不相同。在革龜的眼中，周遭世界的一切或許都是以縮時攝影一般的速度在進行，人類彷彿像是蒼蠅一樣，總是以忙亂的步調行動。然而在蒼蠅眼裡，這個世界發生的一切或許看起來就像慢動作播放；蒼蠅的動作在人類眼裡看起來實在快到令人難以察覺，然而其他蒼蠅卻可以看得清清楚楚，至於那些動作緩慢的物種就算移動身軀，在牠們眼裡看起來或許就像連動都沒動。貢薩洛斯–貝里多說：「大家都問我們，到底要怎麼樣才抓得到埃及蘱蠅。其實只要拿著小玻璃瓶慢慢接近就好，如果動作夠慢，你在牠們眼裡看起來就會像是背景的一部分。」

快速的視覺需要相當明亮的光線，因此埃及蘱蠅只能在白天活動；不過其他動物就不一定了。一旦陽光自巴拿馬雨林漸漸消散，下層林木的陰影也慢慢轉濃後，一種體型嬌小的蜂就會從中空的樹枝探出頭來。這是一種俗稱汗蜂（sweat bee，又稱隧蜂，學名 *Megalopta genalis*）的物種，牠們有著金黃色的腳與腹部，頭和身軀則是帶著金屬光澤的綠色。牠們只會在光線對人類肉眼來說太過微弱的時刻現身，美麗的身影也因此不常為人類所見，更別說還要觀察牠們的體色了。然而儘管周圍一片漆黑，汗蜂依然能夠在藤蔓纏繞、迷宮一般的植物之間穿梭來去，尋找牠最喜歡的花朵。蒐集到足夠的花粉後，牠們竟然還能夠回到原來棲息的那根僅有姆指寬的樹枝上。

艾瑞克・瓦蘭特（Eric Warrant）從小就蒐集昆蟲，如今的他則是在鑽研昆蟲的視覺研究，他在一九九九年某次前往巴拿馬做研究的旅程中遇到了汗蜂。很快地，他就驚喜地發現，原來汗蜂是運用視覺在夜色籠罩下採集花粉。他用紅外線攝影機拍攝汗蜂的行蹤，於是發現牠們從樹枝飛出來時，會先回頭在巢穴門口盤旋

㉜ 傳統日光燈閃爍的頻率為一百赫茲——也就是每秒閃爍一百次。[79] 這種速度對人眼來說實在太快，因此看不出光線的閃爍，但是對許多鳥類（如椋鳥）來說卻不是如此，牠們想必會因此非常困擾、倍感壓力吧。

並記住周圍枝葉的模樣；接著在覓食完準備回巢時，運用視覺記憶找到回家的路。[81]瓦蘭特先在汗蜂出門採食前在牠們棲息的樹枝附近放置白色方形標記，然後等汗蜂一出門他就把標記移動到別的樹枝上，結果汗蜂還真的會走錯家門。汗蜂強大的視覺能力如果是在光線明亮的白天能夠有這種表現，就已經夠強了，還要在雨林中錯落的無數枝幹間找到回家的路，這也絕不是件簡單的事，但汗蜂就是有辦法在「你想得到最微弱的光線下」找到回家的方向。瓦蘭特如此感嘆道。他在伸手不見五指的濃郁夜色下拍攝汗蜂如何尋找自己的巢穴，在如此微弱的光線下，他得戴上夜視鏡才看得到汗蜂用肉眼就能看得清清楚楚的一切。瓦蘭特說：「牠們在黑暗中的行動就跟蜜蜂在光線充足的白天一樣敏捷。牠們飛得很快也毫不遲疑，降落的速度更是快得驚人。這大概是我看過最令人驚奇的事了吧。」

瓦蘭特推測，汗蜂的祖先會慢慢轉變為夜行性昆蟲，是為了避開在白天採集花粉的其他競爭者（包含其他蜂類）。不過在黑暗中生活對仰賴視力的動物來說真的不是那麼簡單，兩個主要原因如下：首先最顯而易見的是，晚上的光線比白天暗得多；即便是滿月的日子，光線也比白天暗了一百萬倍。假如月亮根本沒露臉的夜晚，單靠星光，光線更是再暗上一百倍。倘若星光又被雲或樹木遮擋，又要再暗一百倍。而在這種環境下——毫無星光的暗夜，雙眼幾乎接收不到任何光線——汗蜂卻依然能夠暢行無阻。[82]第二點則比較不那麼直觀：光受體可能會無故自動受到激發，在夜晚，光受體產生假警報的次數可能比真正由光子引起的視覺訊號來得多。因此夜行性動物不僅得努力接收微弱的光線，更得試圖忽略其實根本不存在的幻象。[83]牠們除了得克服物理環境的限制以外，同時還要釐清生理條件造成的混亂。

不過有些動物則乾脆選擇放棄這種苦苦掙扎。就跟其他任何感覺系統一樣，要擁有並維持視覺系統得付出許多代價。即便只是讓光受體和鄰近的神經細胞做好準備隨時接收光線，並且再以行動反應，就得耗費大把能量。[84]即便是在動物什麼也看不到的情況下，為用到視覺的可能性做好準備就大量消耗了牠們的能量，而這份耗損之巨大，導致假如視覺變得不再實用、有效，動物的視覺通常會直接衰退或消失。某些動物則會轉而將能量投注在其他不會受光線限制的感官能力上。（我們之後會講到這些感官；科學家會發現許多不同凡響的感官能力，都是因為他們觀察到某些動物在全然黑暗的環境依然能做出令人驚奇的舉動。）有些動物則直接徹底拋開視覺[85]；在地底、洞穴中，以及地球上其他各式各樣沒有光線照射，因此視覺無法發揮效用的地方，動物的眼睛通常也不復存在。㉝

其他動物則發展出了各種方式在微弱光源下發揮視力，以取代完全放棄視覺能力。例如瓦蘭特研究的汗蜂，就運用了神經系統做到這一點；牠們會將好幾個不同光受體產生的反應混在一塊處理，把大量的小像素集結起來成為少數幾個巨大的百萬像素。牠們的光受體也會延長蒐集光子的時間，這種原理就像為了長時間曝光而延長相機打開快門的時間一樣。[87]這兩種方式各自以擴大空間、延長時間的方式讓接觸到汗蜂眼睛的光子變多，卻也同時增加了訊噪比。汗蜂的視覺畫面雖然因此變得更有顆粒感且速度也相對變慢，但能在極度黑暗的情況下獲得足夠的光源。正如瓦蘭特所說：「看見比較粗糙、緩慢，但也更明亮的世界，總比什麼也看不到來得好。」㉞

㉝ 視覺會消失有許多種可能性，動物的演化過程中則有各式各樣的原因使牠們的視覺不復存在[86]；包括水晶體退化、視蛋白消失、眼球縮進皮膚底下或被皮膚覆蓋。光是墨西哥麗脂鯉（*Astyanax mexicanus*，俗稱洞穴魚）這個物種，就歷經多次失去眼睛的歷程；原本具備視力的墨西哥麗脂鯉群體一旦從明亮的河流移居到黑暗的洞穴裡以後，就會放棄其視力，一批批的墨西哥麗脂鯉就這樣隨著棲地的改變各自產生演變。正如艾瑞克．瓦蘭特所說：「《哈比人》（*The Hobbit*）裡的咕嚕有那麼大的眼睛根本不符合科學常理。」

㉞ 不過這也並非汗蜂夜視能力的全貌。瓦蘭特說：「我無法解釋他們到底是怎麼辦到的。我大概知道牠們在微弱光線下提升視覺能力的機制，但我依然無法拼湊出全貌。」

動物也會藉由盡可能接收所有光子來提升夜視能力。某些物種如貓、鹿以及許多哺乳類動物的眼睛都有一層名為脈絡膜層（tapetum）的反射層，就位於視網膜後方，負責反射剛通過光受體的光線；這麼一來，光受體就有第二次機會蒐集前一次漏掉的光子。[35]另外也有些動物則是演化出碩大的眼睛和特別寬的瞳孔。灰林鴞（*Strix aluco*）的眼睛大到都從頭凸出來了；至於眼鏡猴——來自東南亞的一種小型靈長類，長得很像小精靈——牠們的兩個眼睛都比大腦來得大。[89]而這個世界上最大的眼睛則是從地球上最黑暗的環境孕育而生——也就是來自深海。

潛入深海，就等同進入了地球上最廣闊的動物棲息地——其範圍比海面以上的所有生態系統加總起來還要大上超過一百六十倍。[90]不過其大部分區域都是一片黑暗。

往海面下潛十公尺，來自海面的光線已被吸收了百分之七十；而坐在潛水器裡下潛的你也會發現，身上的紅色、橘色、黃色，都變成了黑、棕、灰三色。下潛達五十公尺後，原本的綠色與紫色也大多都消失了。達到海面下一百公尺，你能看到的就只剩下藍色，然而這藍色的彩度卻只有海面上的百分之一。到了海面下兩百公尺處，就是海洋中層帶，又名黃昏區，這裡的彩度又比原來下降了五十倍。這裡的藍色變得像雷射光一樣——顏色異常純色又看似包羅萬象。銀色的魚兒在其中快速穿梭，像果凍一般的水母和管水母則緩緩地漂浮悠游。到了三百公尺處，周遭變得像是只有月光照耀的夜晚一般漆黑，並隨著深度的增加越來越暗。隨著潛進海底越來越深，魚身上的顏色變得更黑，無脊椎動物則變紅。漸漸地，各種生物也開始發光，而這些發光生物散發出來的光線則點亮了你身處的潛水器輪廓。一路到了海面下八百五十公尺處，剩下的陽光已經微弱到你的眼睛起不了任何作用；再到一千公尺處，沒有任何動物的眼睛能在這裡發揮效用，這裡是半深海帶，或者也可稱為午夜區的起點。水面上多采多姿的視覺畫面已徹底消失，變成了發光生物在一片漆黑當中散發出的點點星光，在充斥著黑暗的深海中忽明忽暗地閃爍。[91]在這世界上的某些地方，再往下還有一萬公尺的深海呢。

徹底黑暗的深海令想要研究深海生物的科學家大傷腦筋。除非打開潛水器的頭燈，否則坐在裡面的研究人員根本什麼也看不見，但這麼強的光線又會對已經習慣在黑暗中生存的深海動物造成危害。即便只是月光，都能令深海蝦類暫時失明，就別說是潛水器的頭燈了。某些深海動物會因為光線而產生像敢死隊一樣的攻擊舉動，例如受到光線驚嚇的劍旗魚就會用牠的劍狀吻突猛撞潛水器。其他生物則要不是被光線嚇得動都不敢動，就是立刻逃之夭夭。桑克．強森說：「大家可以想像一般探勘海底的方式，可能就像是創造出了半徑五十公尺內的動物都避之唯恐不及的空間。而我們在深海觀察到的大多都是動物受到驚嚇或因光線而暫時失明的狀態，牠們都以為自己要被某種會發光的神祇毀滅了。」

因此，出於對深海環境界的尊重，強森的導師伊蒂絲．維德（Edith Widder）研發出了一種名為梅杜莎的隱形式攝影機。[92]這種攝影機會運用大部分深海動物都看不見的紅光照明以利拍攝，並且以藍色的環狀LED燈模仿發光水母的樣子以吸引動物靠近。他說：「其實其中真正創新的部分在於我們關閉了會干擾深海動物的燈光；一旦我們把干擾光源關上，真正的大傢伙就出現了。」

二〇一九年六月，維德和強森帶著梅杜莎前往墨西哥灣巡航十五天，以進行研究。當時他們身處的似乎

㉟正因為脈絡膜層會形成反射，狗、貓、鹿等動物的眼睛在被車頭燈或相機閃光燈照射時，才會產生反光。馴鹿眼睛裡脈絡膜層的結構會在黑暗的冬季產生變化[88]，藉以反射更多光線，而這恰巧也會改變脈絡膜層的顏色，因此馴鹿的眼睛在夏天是金黃色，入冬後則會轉藍。

是墨西哥灣當中唯一一場海上風暴，所有人用手動的方式把將近一百四十公斤的攝影機用繩索降到水底，一路下沉到繩索長度所及的兩千公尺深處，接著又在隔天晚上把攝影機拉起來。強森問我：「你有沒有試過把跟冰箱差不多大的東西從將近兩公里的深處拉上來過？我們每天晚上都要花三小時做這件事。」每一次把攝影機拉上來，內森・羅賓森（Nathan Robinson）就會仔細琢磨梅杜莎拍攝到的影像。從頭四次拍到的影像中，「我們只看到蝦子發出了些許的光芒，我實在不知道自己該不該高興。」強森無奈地說道。

接著在六月十九日那天，「我人在駕駛室裡，突然看到伊蒂絲站在樓梯底大大地咧著嘴露出燦爛笑容，我心想：『這只有一種可能了吧。』」在第五次回收攝影機時，我們發現梅杜莎拍到了一隻大王魷。影片拍得很清楚。在深度七百五十九公尺處，出現了圓筒狀的物體，牠游到攝影機前，接著展開牠那巨大、蠕動著又充滿吸盤的腕足。牠用長長的觸手短暫地抓住攝影機，沒過多久就失去興趣，重新游回黑暗之中了。[93]研究團隊研判，那是一隻大約三公尺長的青少年大王魷，距離大王魷體型的最高紀錄（約十三公尺）還差得遠。不過這依然是一隻**大王魷**——這是種充滿謎團的生物，更別說牠們還擁有這世界上尺寸最大又對光最為敏感的眼睛。

正如我在本章開頭所提到，大王魷（以及體長差不多但重得多的大王酸漿魷〔colossal squid〕）的眼睛可以長到跟足球差不多大，直徑可達將近二十七公分。牠們的眼睛會長得如此巨大實在令人費解。確實，眼睛越大對光越敏感，居住在深海的動物因為周遭一片漆黑，有這種眼睛也很合理。但這世上沒有任何生物（包括深海生物），擁有能與大王魷或大王酸漿魷比肩的巨大眼睛。[94]眼睛尺寸僅次於牠們的生物是藍鯨，然而藍鯨的眼睛尺寸卻不及牠們的一半。劍旗魚則擁有魚類當中最大的眼睛，但其大小也不過就是直徑八點八九公分而已，牠們的整個眼睛恰恰好可以放進大王魷的瞳孔裡。除此之外，大王魷的眼睛不僅僅只是大而已，而是比世界上其他動物都大得離譜。牠們到底要用這麼大的眼睛來看什麼呢？

桑克・強森、艾瑞克・瓦蘭特、丹－艾瑞克・尼爾松覺得他們找到了正確答案。[95]經研究計算後，他們發現動物的眼睛在深海中會產生報酬遞減的現象：也就是動物的眼睛越大，就得花費更多精力使眼睛產生作用，但提升的眼力卻相對地少。因此一旦牠們的眼睛大小超過八點八九公分——也就是劍旗魚的眼睛尺寸——再大就沒什麼意義了。但研究團隊發現，更大的眼睛確實能做到一件事，也只能做到這件事——也就是在深度超過五百公尺的深海發現巨大的發光體。這世界上確實有種動物符合這個條件，牠們也確實是大王魷得好好注意的動物：抹香鯨。

抹香鯨是這世界上有牙齒的肉食動物當中體型最大的一種，牠們也是大王魷的天敵。有人就曾在抹香鯨的胃裡發現大量大王魷如鸚鵡般的嘴喙，而牠們頭上也時常有魷魚吸盤鋸齒狀邊緣遺留下的痕跡。抹香鯨並不會發光，但牠們就像潛水艇一樣，在潛入深海的過程中，會因為撞到許多小型的水母、甲殼類動物與其他浮游生物而使這些動物發出光芒。大王魷也因為具備那大到不合常理的眼睛，才能夠從將近一百二十公尺外的距離看見這些光芒，也才有足夠的時間逃跑。牠們是地球上唯一有這種能力的生物，有足夠大的眼睛可以從遙遠的距離之外就看到這些生物體發出的光團，而牠們也是唯一**需要**這種能力的物種。「其他動物在這麼深的海裡，根本不需要看得到如此巨大的物體。」強森如此說道。抹香鯨和其他齒鯨類的鯨魚都會運用聲納系統取代視覺尋找食物。體型巨大的鯊魚則通常選擇尺寸較小的獵物，藍鯨等鬚鯨則以體型迷你的磷蝦為食。對磷蝦來說，能看見藍鯨周遭的發光生物光團或許確實會是一大益處，但磷蝦複眼的構造卻會導致視覺的空間解析度不足，牠們的移動速度也太慢，就算接收到這些視覺資訊也無法及時逃跑。大王魷和大王酸漿魷的獨特之處在於，牠們本身就是超巨大的動物，卻得靠視力察覺同樣體型龐大的掠食者，牠們這種獨一無二的需求也造就了牠們絕無僅有的環境界。有了這世上最大也最敏感的眼睛，牠們就能夠在地球上最黑暗的深海看見抹香鯨游動時散發出的微弱光芒。[36]

一關上燈，人類眼前的世界就只剩黑與白，這是因為我們的眼睛裡有兩大類光受體——錐狀細胞和桿狀細胞。因為有錐狀細胞的存在，我們才看得見顏色，但錐狀細胞需要光線才能發揮作用；而在黑暗中，則換成對光線更加敏感的桿狀細胞上場了，這時候白天萬花筒一般五顏六色的景象就轉變為夜晚的一片黑與灰。科學家過去以為，所有動物在夜晚時分都同樣看不見顏色的區別。

然而就在二〇〇二年，艾瑞克．瓦蘭特和同事阿穆特．凱爾博以紅天蛾（*Deilephila elpenor*）為研究對象，進行了一項開創性研究。[97] 這種美麗的昆蟲來自歐洲，牠們有著粉紅色與橄欖綠相間的身體，翅膀展開可達近七點六二公分。紅天蛾只在晚上覓食，牠們會在夜色籠罩下飛向花朵並伸出長長的吸管狀口器吸食花蜜。凱爾博訓練紅天蛾從餵食器吸食花蜜，並且把餵食器放在藍色或黃色的卡片前方。紅天蛾因此學會了聯想顏色與食物之間的關係，牠們能夠從我們看起來都差不多的灰階色彩中明確區分出藍色與黃色。即便凱爾博關上實驗室的燈，牠們依然能夠找到正確的餵食器。

在彷彿只有弦月月光的光線下，凱爾博眼中的世界只剩下黑與白，紅天蛾卻依然能夠順利找到目標。凱爾博說，在暗到某個程度時，「我得坐在一片漆黑的實驗室裡二十分鐘後，才能重新看見紅天蛾的身影。不過我甚至看不到牠們的口器。」但這些紅天蛾依然能從正確的餵食器裡吸食花蜜。接著凱爾博再把實驗室的燈光關到與微弱星光相近的暗度，這時他就什麼也看不見了，但紅天蛾依然看得見卡片上的明亮色彩；只是牠們眼中的色彩大概與我們眼中所見大不相同。

㊱大王魷似乎是遍布全球各大洋的生物。但長久以來，人類都只能透過被沖上岸的大王魷屍骸認識這種動物。直到二〇〇四年，才有人首次拍攝到大王魷在大自然中的身影；更是到了二〇一二年，透過維德和研究同仁將當時最新的梅杜莎攝影機投放到日本的海岸之外，才拍攝到大王魷在大自然中的影像。[96]七年後，在紐奧良東南方一百六十公里左右處，這種隱藏式攝影機又再次證明了它的好處。強森說：「墨西哥灣的這區布滿了石油鑽井平臺，因此這裡有上千部遠距操控的機臺。這些操控員從來沒見過大王魷魚的身影，然而我們卻在第五次投放梅杜莎攝影機就見到了；這要不是因為我們是舉世無雙的幸運星，就是因為我們有好好把燈光關上。」（他們是真的很幸運，就在研究團隊觀察到大王魷的身影後大概半小時，就有閃電擊中了他們的船，摧毀了船上的多數儀器，幸好梅杜莎攝影機的硬碟沒事。而且就在這不久之後，他們的船還驚險躲過了水龍捲。）

[第三章]

紫外光紅、紫外光綠、紫外光黃——顏色

莫琳（Maureen Neitz）和傑・奈茨（Jay Neitz）領養了一隻小型貴賓狗，傑說：「我們就跟所有負責任的狗家長一樣，找了一本關於怎麼養狗的書來認真閱讀。」那本書裡提到，狗的名字最好由兩個音節構成，並且包含一個有聲子音；於是奈茨夫婦就開始動腦想了幾個名字，莫琳則根據傑潛心研究的視覺領域，提議可以把狗狗叫做視網膜（Retina）。（這時我忍不住說，視網膜其實有三個音節，傑回答道：「對，但我們會把音連在一起唸，所以就會唸成ㄕㄨㄤˇ ㄇㄛˋ〔Ret-na〕。」）渾身黑又毛茸茸的可愛小狗——視網膜，後來更成了科學歷史的一部分。牠是證明狗真的看得見顏色的重要貢獻者之一。

一九八〇年代，奈茨夫婦正在攻讀博士學位；在那個時代，許多人都相信狗是色盲的說法。漫畫家蓋瑞・拉森（Gary Larson）在他的作品《遠方》（*The Far Side*）當中，畫了一隻狗在床邊祈禱：「希望媽媽、爸爸、雷克斯、小薑、塔克、我，還有其他家人都能看見各種顏色。」而科學家也都相信這種迷思，有本教科書中甚至還寫著：「整體而言，哺乳類動物當中除了靈長類以外，都沒有色覺。」[1] 然而其實根本沒有幾個物種真正經過謹慎的步驟測試色覺——連狗也是，儘管牠們是如此受歡迎的動物，卻也沒人真正認真驗證過牠們是否看得到顏色。[2] 傑說：「大家都會問我，他們家裡寵物狗眼中的世界到底是什麼樣子，而我是真的不知道。或者應該說，我們猜得到，卻苦無證據。」

為了找出證據，他將視網膜和另外兩隻義大利靈緹犬帶到了實驗室；他訓練狗兒們坐在三面會發光的面

板前，只有其中一個面板發出的色光與另外兩者不同，假如狗兒用鼻子碰了那個顏色不同的面板，就能得到起司點心的獎賞。他們一而再，再而三地重複這個訓練，發現狗真的看得到顏色，只是牠們看得到的顏色範圍和多數人類不同，大多動物能看見的顏色範圍也都與我們不一樣。[3] 為了了解牠們究竟能看到哪些顏色，我們得先認識顏色的本質、理解動物是如何看見顏色、知曉**為何**動物會演化出色覺。色覺是一種非常複雜的感官，因此即便是我稍後將以簡化版本解釋，也可能令各位讀者覺得很抽象又難以理解。但還請大家稍作忍耐，因為其中細節便是真正了解鳥類、蝴蝶、花朵的關鍵；願意投身於蔓生的雜草之間，才能真正欣賞到美麗的花朵。

光有各種波長，人類能看見波長四百奈米（我們看到的是藍紫色）至七百奈米（我們會看見紅色）的光波。[4] 而人類能看見這個區間的波長，以及當中的彩虹色光譜，是因為我們有視蛋白——這正是所有動物視覺的基礎。視蛋白有各種形式，每一種都有特別擅長吸收的光線波長；一般來說，人類視覺仰賴三種視蛋白，而視網膜裡的每一種錐狀細胞上都有其對應的視蛋白種類。按其感應的波長不同，視蛋白（以及含有視蛋白的錐狀細胞）分別為短波長、中波長、長波長三種類型；更為人所知的分類方式就是感應紅光、感應綠光、感應藍光三種類型。① 當光線從紅寶石反射進我們的眼睛時，長波長（紅色）視蛋白會受到強烈刺激，中波長（綠色）視蛋白次之，短波長（藍色）視蛋白感受到的刺激則最微弱；假如光線是從藍寶石反射到眼睛裡，產生的反應正好相反——短波長（藍）視蛋白的反應最為強烈，其餘兩者受到的刺激則較弱。

① 嚴格來說，假如按真正最能激發各種視蛋白的波長來區分，長、短視蛋白其實應該名為「黃綠色視蛋白」和「藍紫色視蛋白」而非紅與藍。

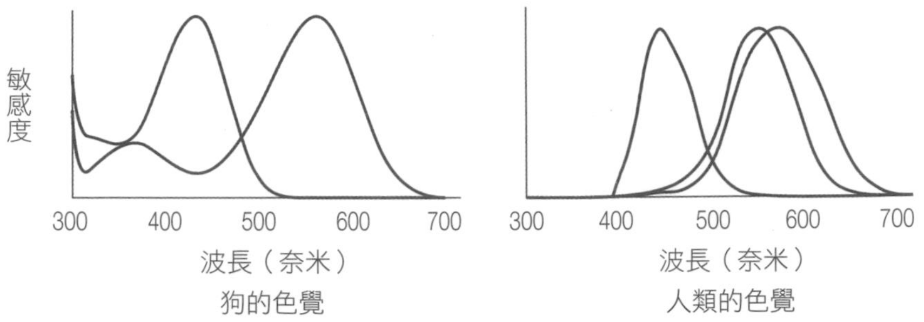

每條曲線皆代表一種錐狀細胞，每條曲線的頂峰則為各種錐狀細胞所對應到其反應最敏感的光線波長。如圖中所示，狗有兩種錐狀細胞（及兩種錐狀視蛋白），而人類則有三種（及三種錐狀視蛋白）。

不過色覺不僅會**偵測**不同光線波長，同時還要**比較**這些光波。複雜的神經細胞網絡會將來自這三種錐狀細胞的訊號互相加減，其中某些神經細胞會對來自紅錐狀細胞的訊號反應特別大，遇到綠錐狀細胞傳來的訊號則沒什麼反應，如此一來，我們就能區分出紅色與綠色；其他神經細胞則是對藍錐狀細胞的訊號特別有反應，遇到紅**與**綠錐狀細胞則不然，我們也因此能夠分辨藍色與黃色。這只是簡單的加減法而已——紅綠以及藍（紅＋綠）——這就是所謂的色彩互補處理作用（opponency）。如此一來，來自三種錐狀細胞的訊號就能變化出我們眼中所看到的絢爛彩虹。

色彩互補處理作用（幾乎）就是一切色覺的基石。沒有色彩互補處理作用，動物就無法以我們想像中的那種方式看見顏色。例如水蚤（*Daphnia*），牠們分別有四種對橘色、綠色、藍紫色與紫外光的光線波長敏感的視蛋白；然而這些光波卻只能觸發牠們與生俱來的反射反應。[5]紫外光代表陽光，因此水蚤會直覺避開這種光線；綠色與黃色代表食物，所以牠們會下意識地靠近。水蚤會對這四種在我們眼中以不同顏色呈現的光產生不同反應，但牠們無法像人類一樣加減來自不同視蛋白的訊號，也因此無法看到色彩光譜。

這麼說來，色彩其實是非常主觀的事。不管是一片草葉或是其所反射出波長為五百五十奈米的光波，其實都不是天生就具有「綠色」的色彩；而是我們的光受體、神經細胞、大腦將這些物理性質轉換為我們對綠色的感受。顏色其實是由觀者的雙眼——以及其大腦所定義。各位可以參考奧立佛・薩克斯（Oliver Sacks）與羅伯特・瓦瑟曼（Robert Wasserman）寫作的〈色盲畫家案例〉（The Case of the Colorblind Painter）一文，內容是關於一位藝術家強納森・I（Jonathan I）的故事；強納森原本有正常的色覺，他投注了所有心血在繪畫上，結果卻因為腦傷變得只有單色視覺。[6] 雖然他的視網膜依然健康，視蛋白和錐狀細胞更是毫無損傷地正常運作，但他的大腦卻只能構築出由黑白灰等單調色彩組合而成的世界，甚至連他閉上雙眼所想像出來的世界也毫無其他色彩。

一小部分的人類和許多其他動物，都只能看見各種灰階色調，但這並不是因為腦傷所致，而是因為視網膜上缺乏色覺感知的構造。這些人和動物擁有的是單色視覺。如樹懶及犰狳等動物都只有桿狀細胞，這種細胞雖然能在微弱的光線下感光，卻無法用來識別顏色。②[7] 其他動物如浣熊及鯊魚，他們則只有一種錐狀細胞，而色覺畢竟還是得透過色彩互補處理才能產生作用，因此只有一種錐狀細胞其實就跟沒有沒兩樣。[8] 至於鯨豚也只有一種錐狀細胞③；鑽研視覺的科學家李奧・佩西爾（Leo Peichl）就曾說過——對藍鯨來說，海水根本不藍。[9] 錐狀細胞為脊椎動物所獨有，不過其他動物則有專門對應特定波長的光受體，負責產生同樣的作用。令人意外的是，頭足類動物如章魚、魷魚、魷魚都只有一種錐狀細胞，這就代表牠們也是單色視覺動物。[10]④ 這些動物能快速改變自己的體表色彩，但牠們自己卻看不見這些顏色。

這世界上既然有這麼多單色視覺動物的存在，我們很可能也會下意識地想：色覺的存在既然並非必要。

② 審註：桿狀細胞也擁有桿狀視蛋白，但該種視蛋白只對明暗有反應，與色彩無關。

③ 審註：部分鯨豚，如露脊鯨、鬚鯨、抹香鯨、喙鯨等物種，視網膜裡頭完全沒有錐狀細胞，只留下桿狀細胞。

不管是移動、覓食還是溝通——這些動物在日常生活中會運用雙眼進行的活動，其實都可以在只有黑白灰的視覺環境下順利達成，那色覺到底有什麼用處？

生理學家瓦丁．麥希莫夫（Vadim Maximov）認為，這個問題的答案或許得從五億年前的寒武紀說起。當時現代動物的祖先紛紛出現，其中有許多古代生物都住在淺海海域，四周充滿了躍動的陽光照射。[12]這些不斷閃動的陽光對我們的雙眼來說或許十分美麗，但對於這些只有單色視覺的古代動物來說卻只會徒增困惑。因為在水中看來，單是某一點的亮度從這一秒到下一秒就可以改變上百次，因此要從背景的光線間辨識出重要的物體就更加困難。那個黑黑的形狀到底是掠食者靠近的身影，或單純只是從雲層後面透出來的光影？只能處理明暗的單色視覺實在難以辨別這種狀況；因此擁有色覺的動物，勢必會更有優勢。就算光線出現了明暗的變化，不同波長的光波依然會維持同樣的特性；在日光照射下看起來鮮紅的草莓，就算多了陰影的遮蔭，看起來也依然是紅色，草莓的綠葉就算染上了夕陽的橘紅色調，看起來也依然是綠色。顏色——特別是運用色彩互補處理作用而產生的色覺——能夠為視覺帶來**一致性**。假如動物能夠比較對應不同波長的光受體所產生的訊號，就能夠在光線晃動、閃耀時依然保有色彩一致的視覺畫面。最簡單的色覺就是二色視覺，即為仰賴兩種錐狀細胞相互比較而產生。而這也就是視網膜以及其他狗兒，還有多數哺乳類動物擁有的色覺型態。

狗有兩種錐狀細胞——其一是感應較長波長的黃綠視蛋白，另一種則是感應較短波長的藍紫視蛋白。因此牠們看到的大多是藍、黃、灰色調。[13]我的柯基犬泰波有個玩具的顏色是由紅色與紫色所組成，但在牠看來，紅色可能是暗沉、混濁的黃色，而紫色的部分則呈現深藍色。當牠看著亮綠色的環狀啃咬玩具時，綠色對牠的兩種錐狀細胞產生的刺激相當，兩方的訊號也因為產生的色彩互補處理作用而相互抵銷，所以泰波看見的就會是白色。

馬也是二色視覺的動物，牠們的錐狀細胞與狗的反應類似。這也代表馬其實很難看出賽馬場上用來標示賽道的橘色標記。[14]這些鮮豔的橘色標記在人類眼裡看來顯眼，但莎拉·凱瑟琳·保羅（Sarah Catherine Paul）以及馬丁·史蒂文斯（Martin Stevens）發現，在馬二色視覺的眼裡，這些標示其實根本就跟背景都混在一起了。因此假如我們想為馬的視覺貼身打造賽馬跑道，就應該把標記漆上螢光黃、亮藍色或白色。

除此之外，假如這個賽馬跑道是為**所有人**設計，就也應該選擇上述那幾種顏色（螢光黃、亮藍色或白色）。大部分「色盲」的人少了三種錐狀細胞的其中一種，所以他們幾乎都是二色視覺，而他們雖然還是看得見色彩，但可見色彩的範圍比較狹窄。色盲有許多種，不過綠色盲（少了感應中間波長的綠錐狀細胞）的人看見的色彩與狗和馬最為相近。在他們的視覺世界裡，眼前所見的顏色只有黃、藍、灰，分不清楚紅色與綠色的他們也因此可能會難以辨識紅綠燈、電線、各種色票。[15]除此之外，閱讀物品的包裝或圖表、分辨運動比賽中的不同隊伍對他們來說可能也有困難，因為即使兩隊穿著在我們眼中看來截然不同的顏色，對他們來說可能根本沒什麼差別，而那些看似簡單的學校作業（如：畫彩虹）對他們來說或許也是難以達成的任務。某些國家會限制色盲的人不得開飛機、從軍，甚至駕駛車輛，但色盲其實不該被視為一種障礙。如今是因為人類文化已由三色視覺的預設觀點所建立而成，才會對有色盲的人造成日常生活上的阻礙。這麼說來，雖然大部分的人類都擁有三色視覺，但三色視覺到底有何特別之處？倘若二色視覺對大多數哺乳類動物來說已經很夠用了，為何我們和其他靈長類動物偏偏要和大家不一樣呢？我們到底為什麼會看得見這麼多顏色？

④ 螢光魷（firefly squid）則是例外。牠們是頭足類動物中唯一已知擁有三種不同光受體的物種，牠們也因此可能擁有完整的色覺。[11]

我們幾乎可以確定地球上第一隻靈長類動物擁有的就是二色視覺，牠們有短波長和長波長的兩種錐狀細胞，因此跟狗一樣能夠看見藍色與黃色。[16]不過就在距今兩千九百萬年至四千三百萬年前，一次意外永遠改變了靈長類動物其中一支的環境界。這一個演化支的靈長類動物多了一組用來建構長波長視蛋白的重複基因，這種基因重複的現象通常會在細胞分裂及DNA複製時發生。這是偶然間發生的錯誤，卻也因此導致動物的身體裡多出一組基因，能夠在不干擾其原本運作機制的情況下產生其他演化現象。而這組重複的長波長視蛋白正是如此演變來的，原本那一組視蛋白維持大致相同的狀態，負責吸收波長五百六十奈米的光線；多的那一組則逐漸演變為吸收波長短一些為五百三十奈米的光線，因此成就了如今的中波長（綠色）視蛋白。[17]這兩組基因彼此間有百分之九十八相同，但就是那百分之二的不同之處創造出現今的人類色覺，在原本只能辨別藍色與黃色的色覺之外，再加上分辨紅色與綠色的能力。⑤有了新的中波長視蛋白，再加上原本的長波長和短波長視蛋白，這些靈長類動物便演化出三色視覺；並且也繼續將這更豐富的色覺遺傳給後代——這些演化出三色視覺的靈長類包括非洲、亞洲、歐洲的猴子與人猿，人類也是其中一員。

這的確解釋了我們究竟**如何**產生三色視覺，卻還是沒有說明我們**為什麼**會擁有三色視覺。原本的長波長視蛋白複製基因到底為什麼會轉變為接收中波長光波的視蛋白基因呢？其實答案不言自明：為了看見更多色彩。擁有單色視覺，就能夠看見大約一百種黑與白之間的灰階色調。假如是二色視覺，就會再加上黃與藍之間的約一百種色階，與原本的灰階色調搭配起來，就大約可以看到幾萬種色調。如果再進一步成為三色視覺的動物，就要再加上紅到綠之間也是一百種左右的色階，這麼一來，這種動物能看見的顏色也就因此翻倍至上百萬種。動物身上每多一種視蛋白，能看見的色彩種類也就會翻倍。[18]但二色動物就算只能看見幾萬種顏色，依然能活得好好的，又為什麼需要三色視覺那種能看見幾百萬種顏色的色覺呢？

自十九世紀以來，科學家便認為三色視覺能讓動物從綠色的草葉之間更輕易辨識出紅色、橘色、黃色的果實。[19]⑥不過直到近來，有些研究人員則提出擁有三色視覺還有另外的優勢。雨林植物葉片在幼嫩、富含蛋白質的階段通常呈紅色，這也是葉片營養最豐富的階段，而三色視覺較能辨識出這些葉片。[20]這套說法與前者關於果實的推論也沒有矛盾，大多靈長類動物都會吃植物的果實，然而有時候果實還不夠成熟，或是根本找不到果實，體型較大的靈長類就會改吃幼嫩的葉子。研究靈長類視覺的阿曼達．梅林（正如我們在前一章所讀到，她也研究斑馬的條紋）說，這就是「演化出三色視覺的最佳環境」，而且「三色視覺不僅能讓靈長類動物找到主食，還能找出備用的食物來源」。⑦

不過中南美洲的猴子卻讓情況更複雜了，這些猴子也發展出了三色視覺，但是其過程與後續發展都相當特別。一九八四年，傑拉德．雅各（Gerald Jacobs）發現某些松鼠猴會對紅色燈光有反應，其他同類則不然。[21]透過傑．奈茨的協助，他終於知道其中關竅。這些沒反應的猴子根本沒有發展出長波長視蛋白的複製

---

⑤ 靈長類的中波長與長波長視蛋白的基因都位於X染色體上；因此如果某個人的兩條X染色體上，有其中一條載有錯誤的複製基因，至少還有另一條X染色體可以備用。然而如果這個人的染色體一條是X染色體、一條是Y染色體，而其中一條染色體上乘載了錯誤的複製基因，那就真的無計可施了。這也就是為什麼通常因缺少中波長或長波長視蛋白而造成的紅綠色盲現象，較常出現於只有一條X染色體的男性身上。

⑥ 蟻川謙太郎（Kentaro Arikawa）的研究主題是色覺，他在六歲時發現自己有紅綠色盲。當時他母親請他從家裡的花園採些草莓當作早餐，結果色盲的他卻找不到草莓，讓母親很失望。在多項實驗中，擁有三色視覺的受試者尋找植物果實的能力確實比二色視覺的受試者好。

⑦ 靈長類動物通常都有敏銳的視覺，這或許就解釋了為何其他以果實或葉片為食的哺乳類動物沒有發展出三色視覺。「老鼠是夜行性的哺乳類動物，牠們的視覺並不敏銳，因此就算擁有三色視覺對牠們來說也沒什麼用。」梅林說道。反之，視力敏銳的靈長類則可以運用三色視覺從遠處找出果實和嫩葉的位置，並且搶在其他競爭者之前拿下目標。

基因。[22]⑧反之，牠們原來的那組基因產生了多種變化版本，不同個體間相異，有些仍然會製造長波長錐狀細胞，有些則會製造出中波長錐狀細胞，而這組基因也同樣位於X染色體上。因此公猴（擁有XY染色體）只能遺傳到其中一種基因，不管牠們遺傳到的是中波長錐狀細胞還是長波長錐狀細胞，都注定只能擁有二色視覺。然而母猴身上有XX染色體，因此其中一部分的母猴會同時遺傳到各位於一條X染色體上的中波長錐狀細胞以及長波長錐狀細胞，[24]於是擁有三色視覺。⑨因此當這些猴子成群結隊地在樹梢嘻笑玩鬧，一邊尋找食物時，其中一部分的個體能看見綠葉背景之中的紅色果實，其他個體卻只能看出黃色與灰色的差別。即使是同胎的兄弟姐妹，也可能擁有不一樣的色覺型態。

我們很容易以為，只有二色視覺一定是種缺陷。但阿曼達・梅林花了長達十五年研究哥斯大黎加森林中的白面捲尾猴以後，發現事實並非如此。她持續追蹤各個白面捲尾猴族群，慢慢能夠辨別每一隻白面捲尾猴。她蒐集牠們的糞便做DNA定序，搞清楚哪幾隻是三色視覺，哪幾隻擁有二色視覺。後來她發現，其實兩個擁有不同色覺的群體生存與繁衍的比率相當。[25]三色視覺的群體確實比較善於找出色彩鮮豔的果實，但二色視覺的個體則比較找得到隱身在枝葉之間的昆蟲。[26]因為沒有各種色彩的混淆與干擾，牠們更能看出物體的輪廓與形狀，也因此能夠看穿昆蟲的偽裝，梅林就親眼看見牠們輕輕鬆鬆就能抓到擁有三色視覺的白面捲尾猴以及她本人根本沒發現的昆蟲。看得到更多顏色其實有好也有壞，擁有更多其實並不代表一定更好。這也是為什麼還是有一部分的母猴和所有的公猴依然只擁有二色視覺。

或者我應該說是「幾乎」所有公猴都擁有二色視覺。二〇〇七年，奈茨夫婦將人類的長波長視蛋白基因植入兩隻成年松鼠猴的眼睛裡，牠們因此有了第三種錐狀細胞，就此從二色視覺變成擁有三色視覺。[27]這兩隻猴子分別名為達頓與山姆，在擁有了三色視覺後，牠們突然對於過去兩年來每天都會做的視覺測驗產生不一樣的反應，變得能夠分辨過去對牠們來說根本不存在的顏色。達頓在實驗後不久就因糖尿病過世，但直到我在二〇一九年四月與傑對談的當下，山姆還活得好好地，距離牠擁有三色視覺之後已有十二年的光陰。我很好奇山姆在那之後的生活有什麼變化，牠的行為是否和過去有所不同？傑笑著說道：「我曾經試著問牠：『很酷吧？這很有趣吧？』但牠對於自己有沒有三色視覺根本毫不在意。」

對我來說，山姆的不在乎其實就說明了一切。山姆的態度提醒了我們，看得見更多顏色這件事情本身並沒有好或不好，顏色本身也並不是什麼神奇的東西。**是因為**動物賦予顏色意義，顏色才會變得神奇。對人類來說，正因為從擁有三色視覺的祖先傳承了這種色覺，才會為某些我們能夠看見的顏色賦予社會價值，這些顏色才因此成為特別的存在。反過來說，這世界上也有對我們來說毫無意義的顏色，也就是那些我們根本看不見的顏色。

一八八〇年代，身為銀行家、考古學家，又通曉各領域知識的約翰・盧伯克（John Lubbock）用三稜鏡折射光線產生的彩虹照在螞蟻身上[28]；這些螞蟻立刻匆匆忙忙地遠離這道光線，不過盧伯克發現螞蟻也刻意遠離這道彩虹光紫色那一端旁邊的區域，這一小塊區域在他眼中看起來就只是單純的陰影。不過對螞蟻來說卻並非如此，這個區域裡滿是紫外光（ultraviolet）——以拉丁文來看，字面上的意思就是「紫色以外」。紫外

---

⑧ 吼猴（*Alouatta spp.*）則是例外，牠們也是來自中南美洲的猴子，但不像其他新世界猴子，牠們無論公母，皆有三色視覺。這是因為牠們和來自非洲與歐亞大陸的遠親運用同樣的方式發展出三色視覺——複製了一套長波長視蛋白基因。不過，牠們卻是獨立產生出這種基因變化。[23]

⑨ 更複雜的是，許多中南美洲的猴子種類在同一組基因上，都有三種變化版本。母猴可能遺傳到三種基因的其中兩種，或是一對同樣的基因，這表示這種猴子可能會有六種不同的色覺形式——三種二色視覺以及三種三色視覺。

光（又稱UV）的波長分布範圍在十至四百奈米之間。⑩人類看不見大部分的紫外光，但「對螞蟻來說那顯然是完全不同的其他顏色（而人類則無法想像那到底是什麼顏色），」盧伯克的前衛想法確實沒錯，「這麼看來，在牠們眼中，各種物體的顏色以及大自然的面貌必定與我們雙眼所見相當不同。」

在當時，部分科學家認為動物要不是色盲就是和人類擁有同樣的色覺，但盧伯克證明了螞蟻是其中的例外。[30]大約半世紀以後，又發現了蜜蜂與鰷魚其實也能看見紫外光，於是改變了科學家的說法：**某些**動物能夠看見人類看不到的顏色，但這種能力很少見。又過了半個世紀以後，一九八〇年代，科學家再度發現許多鳥類、爬行類、魚類以及昆蟲都有能夠感知UV的光受體，於是原本的說法又變了：許多動物都看得見UV光線，但哺乳類動物沒有這種能力。[31]這說法後來又在一九九一年被推翻，傑拉德．雅各和傑．奈茨發現，小鼠、大鼠、沙鼠都有能夠吸收UV光的短波長錐狀細胞。[32]好，**很好**，哺乳類動物確實**看得到**UV光，但只有像囓齒類動物或蝙蝠這樣的小型哺乳類動物才有這種能力。再一次地，事實並非如此。二〇一〇年，葛倫．傑佛瑞（Glen Jeffery）發現馴鹿、狗、貓、豬、牛、雪貂，以及其他許多哺乳類動物都能運用短波長的藍錐狀細胞偵測到更短波長的UV光。[33]對這些動物來說，UV看起來並非另一種截然不同的顏色，應該就像比較深的藍色而已；無論如何，牠們就是能夠感知到UV的存在。事實上，也有一部分的人擁有這種能力。

一般而言，人類雙眼的水晶體會阻擋UV光線進入，但因為手術或意外而失去水晶體的人，則就能夠接收到看起來像是淺藍色的UV光線。克勞德．莫內（Claude Monet）剛好就是這少數人的其中之一，他在八十二歲時失去了左眼的水晶體，因而開始看得見睡蓮反射出的紫外光，便轉而將這些光線以淺藍色在畫作中表現（而不是過去的白色）。[34]不過莫內這是特例，大多數的人都看不見紫外光波長，這或許就是為什麼科學家如此堅信看得見紫外光是相當少見的感知能力。不過在自然界其實正好相反，大部分看得見色彩的動物都看得到紫外光[35]，對動物來說這才是常態，我們人類才奇怪。⑪

紫外光視覺實在太普遍，因此大自然在大部分動物的眼中看來，必定與我們看到的畫面截然不同。⑫水會使紫外光散射，在周圍形成紫外光發散的水霧，魚類可以利用這一點更清楚看見能夠吸收紫外光的浮游生物；而嚙齒類動物則可以藉由充滿紫外光的天空看出鳥類清晰的黑色倒影。馴鹿更是可以運用山上滿布白雪所反射出的紫外光，迅速看出其中不太會反射紫外光的苔蘚和地衣。[37]這種例子多不勝數，要多少有多少。

那麼我們就來看看更多例子吧。花朵會運用誇張的UV光反射圖案向授粉者宣傳自家產的花蜜。[38]向日葵、萬壽菊、金光菊在人類眼裡看起來都是同一個顏色，但蜜蜂可以看見花瓣底部的UV光斑塊所形成的顯眼靶心圖案。這些圖形通常能夠為授粉者標示出花蜜的位置。但有時候那其實是死亡陷阱，蟹蛛（crab spider科名為Thomisidae）會靜靜地待在花朵上，等待伏擊靠近的授粉者。[39]至於對我們人類來說，這些蜘蛛似乎與

---

⑩ 可見光只是龐大電磁光譜當中的一小部分而已，人類的雙眼只能看見其中一小部分也有其理由。大部分波長極短的電磁波如伽碼射線以及X光，都會被大氣層吸收；至於波長極長的電磁波，如微波及無線電，則沒有足夠的能量刺激視蛋白。正因以上緣由，動物都看不到微波或X光；動物的視覺只看得見一小部分波長剛剛好的電磁波，而這個範圍大約落在三百至七百五十奈米之間。[29]至於人類的雙眼則只看得見波長介於四百至七百奈米之間的電磁波，與可見光的波長大致重疊。不過光是在這段動物與人類沒有互相重疊的波長區段裡，就能發生很多奇妙的事。

⑪ 為何大多數人類看不見UV光呢？這很可能得歸咎於我們優秀的視力：光線經過人類雙眼的水晶體時，比較短的波長會以較尖銳的角度折射，因此即便水晶體接收到了UV光，這些波長也只會聚焦在其他光線聚焦的位置前方，導致視網膜上的畫面變得十分模糊，這就是色像差（chromatic aberration）的現象。如果動物的眼睛比較小或是視力不那麼優異，這問題還不大；但對於有著大眼睛、好視力的動物來說，還真是個煩惱。這可能就是為何靈長類動物看不到UV，猛禽能看見的UV又比起其他鳥類少得多的原因了。

⑫ 有些科學家認為，最先發展出來的色覺就是二色視覺，而動物眼中具備的即為綠光受體及UV光受體。假如真是如此，動物從看得見顏色起，就看得見UV光，兩者在自然界的歷史同樣悠久。[36]

牠們選擇的花朵顏色互相搭配，因此長久以來我們都以為牠們是偽裝高手，但其實真相是，這些蜘蛛身上也反射出大量的ＵＶ光，顯眼到能夠吸引蜜蜂的目光，也因此使得這些蜘蛛所在的花朵顯得更加誘人。與其選擇以偽裝融入環境，有些掠食者則是選擇盡可能令自己醒目，以吸引對紫外光相當敏感的獵物。

許多鳥類的羽毛上也都有ＵＶ光構成的圖案。一九九八年，就有兩組研究團隊發現許多歐亞青山雀身上的「藍色」鳥羽，其實會反射大量紫外光。[40]其中有一位科學研究人員寫道：「青山雀其實是紫外光山雀。」對人類來說，這些鳥兒看起來都一樣。但多虧了牠們身上的ＵＶ圖案，在這些山雀的同類眼中，雄鳥與雌鳥其實看起來完全不同。有超過百分之九十的鳴禽都有這種特性[41]，人類很難以鳥羽分辨牠們的性別，但對牠們來說則不然，其中包括家燕和嘲鶇都有這樣的特性。

但其實不是只有人類看不到ＵＶ構成的圖案。紫外光線在水裡會大量散射，因此對於那些從遠處觀察獵物動向的肉食性魚類，紫外光的反射訊號相當不明顯。至於牠們的獵物則會反過來運用掠食者的這項弱點。中美洲河流流域中的劍尾魚（*Xiphophorus* spp.）在人類眼中看來是色彩單調的魚類，但茉莉．康明斯（Molly Cummings）及吉爾．羅森塔爾（Gil Rosenthal）卻發現，其中某些種類的雄魚體側和尾巴上有很粗的ＵＶ反射條紋。[42]這些條紋能夠吸引雌魚，但劍尾魚的天敵卻看不到這些圖案。在劍尾魚的天敵更多的地區，牠們身上的ＵＶ圖案則更為鮮明。康明斯感嘆道：「就算身上圖案再浮誇，牠們也不會引起天敵的注意」，劍尾魚也因此能夠遠離危險。澳洲的大堡礁也有類似的動物溝通密碼存在，那裡是安邦雀鯛（*Pomacentrus amboinensis*）的棲息地。在人類看來，牠們長得就像檸檬身上多了魚鰭，與其他親緣相近的魚類看起來也沒什麼分別。但烏爾里克．賽貝克（Ulrike Siebeck）發現牠們的頭部其實有ＵＶ條紋，就像是臉上塗了隱形睫毛膏一樣。[43]雖然掠食者看不到這些圖案，但雀鯛自己卻能夠用這些圖案辨識同類與其他種雀鯛的差異。

對我們來說，UV好像是迷人又難以捉摸的東西。這種不可見的色光遊走在我們的視覺邊緣——因此是人類亟欲用想像力填補的一片感官空白。科學家則時常賦予它特別或神祕的色彩，將紫外光視為一種祕密的溝通管道。[44]但事實上，除了安邦雀鯛與劍尾魚身上的隱藏圖案以外，這種神祕感或祕密溝通的誤解其實都已被破除。⑬真相是，紫外光視覺以及透過紫外光傳遞的訊號在自然界極為普遍。全心投入色覺研究的英尼斯．庫蒂爾（Innes Cuthill）就說了：「我個人認為，那其實就只是另一種顏色而已。」

各位可以用蜜蜂的立場思考看看。蜜蜂是三色視覺動物，牠們的視蛋白能夠敏銳接收到綠色、藍色、紫外光。假如蜜蜂是科學家，牠們可能會對於人類能夠看見的紅色感到驚奇、讚嘆，也因為牠們看不見紅色，所以蜜蜂搞不好會把這種顏色稱為「黃外光」。牠們剛開始也可能會以為其他動物都看不到黃外光，後來才進而探討為何有那麼多物種都看得到這種顏色。牠們可能會好奇這種顏色究竟有何特殊之處，也可能用黃外光攝影機拍攝玫瑰，並且為透過這種光線看見的玫瑰讚嘆不已。牠們也可能會疑惑，那些看得見黃外光又體型龐大的雙足直立動物，是不是在用他們泛紅的雙頰傳遞著什麼祕密訊號。最終，牠們可能也會發現，黃外光對於人類來說不過就是另一種顏色，牠們會覺得特別只是因為這種顏色不在自己的色覺範圍內。而牠們也可能會想知道，如果把這種特別的顏色加入自己的環境界會是什麼樣子，嘗試用第四種色覺加強自己原本的三色視覺世界。

⑬ 其他也有許多關於紫外光視覺的說法被推翻。一九九五年，一組來自芬蘭的研究團隊提出，紅隼（*Falco tinnunculus*）能夠看見田鼠（*Microtus agrestis*）尿液反射出來的紫外光，也能夠藉此找出田鼠的行蹤。[45]許多書籍與文獻都反覆提及這項論點，但阿穆特．凱爾博則反駁：「並不是這樣。」二〇一三年，凱爾博和同事們發現田鼠的尿液根本無法反射出那麼大量的紫外光[46]，而且牠們的尿液所反射出來的紫外光跟水形成的反射根本難以區分；因此紅隼不可能大老遠地就看見這些蹤跡。

就在科羅拉多的埃爾克山（Elk Mountain）海拔約兩千九百公尺處，是過去曾因出產銀礦而相當活躍的歌德鎮（Gothic）；然而就在十九世紀末銀價暴跌後，哥德鎮就成了人跡罕至的鬼鎮。不過到了一九二八年，它又搖身一變，以科學研究據點的姿態重生。時至今日，洛磯山脈生物實驗室（Rocky Mountain Biological Laboratory）（科學家暱稱它為Rumble）吸引來自世界各地的科學家到來。上百位科學家每年夏天都跑來這裡，在看起來像西部片的場景裡生活、工作，研究當地的土壤、河流、蜱和土撥鼠。瑪麗．卡斯沃（凱西）．史塔德（Mary Caswell "Cassie" Stoddard）就是在二〇一六年來到此處，當時她想研究的目標是蜂鳥。

史塔德說：「我從小就開始賞鳥，但一直到上了大學，才知道鳥類其實能夠看見人類看不到的顏色；這對我來說實在太驚奇了。」大部分的鳥類都有四種錐狀細胞，牠們的視蛋白對於紅色、綠色、藍色以及藍紫色或紫外光最為敏銳，因此鳥類其實是四色視覺的動物。理論上來說，牠們應該能夠分辨出人類根本看不到的許多顏色。為了證明這一點，史塔德以及研究團隊決定開始針對棲息在洛磯山脈生物實驗室周遭的寬尾煌蜂鳥（broad-tailed hummingbird，學名為*Selasphorus platycercus*）進行實驗——這種美麗的鳥類有著色彩斑斕的綠色鳥羽，雄鳥的胸膛上更有著像圍兜兜一樣的洋紅色醒目斑塊。

史塔德運用蜂鳥會尋找鮮豔花朵採食花蜜的天性，在餵食器附近裝了特殊的燈光以吸引鳥類靠近覓食，這些燈光的顏色都經過特製，是擁有四色視覺的鳥類能夠看見的顏色。[47] 其中一組燈光會以綠色與紫外光的組合照亮裝有花蜜的餵食器；另一組則是以純粹的綠色光線照射裡面只有水的偽餵食器。史塔德自己根本看不出來這兩種燈光有何不同，但顯然這些根本沒有經過實驗訓練的鳥兒能夠清楚分辨其中差異。經過一整天的測試，牠們直接飛向花蜜餵食器的頻率逐漸增加，她說：「牠們學會了如何分辨對人類來說看起來一模一樣的燈光。雖然我們早就預想過結果，但親眼見證還是令人驚喜萬分。」[14]

即便有這樣的實驗證明，人類依然很容易低估其他鳥類的色覺。鳥類的色覺不僅僅是人類色覺加上紫外光色覺，或是蜜蜂的色覺加上紅色色覺而已。四色視覺不僅拓展了動物可見的光譜，更等於是為牠們的色彩感知世界又打開了一個新的維度。各位應該還記得，二色視覺大約可以看見三色視覺可見光譜的百分之一——也就是幾萬種與幾百萬種顏色的對比。假如這樣的巨大落差同樣出現在三色視覺與四色視覺之間，那麼我們眼中所見的顏色就只有鳥類所能辨別的上億種色彩的百分之一而已。各位可以把人類的三色視覺想像成一個三角形，三個角各自代表紅色、綠色、藍色，人類肉眼所能見的每一種顏色都由這三者組合而成，因此會位於這個三角形裡的任何一點。相較之下，鳥類的色覺就像立體的**金字塔**一樣，四個角分別代表一種錐狀細胞。[48] 因此人類的整個色覺系統占據的僅僅是鳥類色覺這座金字塔的其中一面而已，而這整個金字塔內部的廣大空間對人類來說都屬於不可見色光的範圍。

倘若我們的紅錐狀細胞與藍錐狀細胞同時受到刺激，就會產生紫色（英文是purple，偏紅紫色）的色覺——這是彩虹色光譜中沒有的色光（彩虹中的紫其實偏向藍紫色，英文是violet），同時也無法僅靠單一波長的光波呈現。這種混合型的色光名為非光譜色。蜂鳥有四種錐狀細胞，所以牠們能看到**更多**這種對人類來說屬於非光譜色的色光，包括UV紅、UV綠、UV黃（也就是紅色＋綠色＋UV），或許還有UV紫（紅色＋藍色＋UV）。而我太太則建議我把這些色光稱為紫外光紅（rurple）、紫外光綠（grurple）、紫外光黃（yurple）和紫外光紫（ultrapurple），史塔德也很喜歡這種命名方式。⑮史塔德發現，這些非光譜色以及其相

⑭ 如果史塔德用的是兩組顏色一樣的燈光，蜂鳥就無法像先前一樣順利找到裝有花蜜的餵食器了。這就表示，蜂鳥並不是靠位置或其他感官（如嗅覺）來分辨出真正裝有花蜜的餵食器。

⑮ 我還在猶豫UV紫到底應該叫做紫外光紫還是紫紫外光（purpurple）。

應的各種色階，其實占了從植物與鳥羽上所發現顏色的大約三分之一。因此對鳥類來說，草地與森林或許充滿了紫外光綠與紫外光黃；而對於寬尾煌蜂鳥來說，雄鳥胸口那團洋紅色的斑塊或許其實散發著紫外光紫的色光。[49]

對於四色視覺的動物來說，牠們所謂的白色也與我們的認知不同。對人類來說，當所有錐狀細胞受刺激的程度都相當時，我們就會看見白色，但要是想同時刺激鳥類如四重奏一般的四色錐狀細胞，需要與刺激人類的三色視覺不一樣的波長組合。假如有一張紙上塗滿了能夠吸收紫外光的染料，這張紙對鳥來說就是白色。然而許多在我們眼裡看來應該是「白色」的鳥羽卻會反射紫外光，因此對鳥來說可不一定是白色。[50]

史塔德說，要想知道紫外光紅、紫外光綠等其他非光譜顏色在鳥類眼中到底看起來是什麼樣子，實在太過困難。她除了是科學家以外，也是小提琴家，所以她知道若同時彈奏兩個音，這兩個音要不是無法和諧地融合，因此聽起來依然是兩個獨立的音，就是能夠和諧組成一個新的音頻。同樣地，蜂鳥眼中的紫外光紅到底看起來是紅色加上紫外光，還是會進而形成一種完全不一樣的全新顏色？史塔德也很好奇，在選擇要造訪哪一朵花的時候，「牠們會把紫外光紅當成是紅色的一種，還是視其為完全不一樣的色調呢？」牠們的確知道紫外光紅和純粹的紅色並不相同，「但我就是無法徹底了解在牠們眼中那到底是什麼顏色。」

鳥類並非唯一擁有四色視覺的動物，爬行類、昆蟲、淡水魚，包含不起眼的金魚，也都有四種錐狀細胞。⑯[51]依據現代動物當中的四色視覺物種往古時候推斷，科學家認為脊椎動物剛演化出來時應該也擁有四色視覺。[52]而哺乳類動物很可能是因為一剛開始全都是夜行性動物，而慢慢失去了其中兩種錐狀細胞，才成為二色視覺動物。這些哺乳類動物當時全都得在恐龍腳下四處逃竄。現在我們幾乎可以確定恐龍是四色視覺動物，而且牠們「或許可以看到各種超酷的非光譜色。」史塔德說道。諷刺的是，長久以來，不管是各種插畫還是電影中的恐龍，身上都是單調的棕色、灰色、綠色。直到最近才開始有些藝術家為這些動物的身體增添明亮色彩。會有這種轉變，也是因為科學界發現恐龍其實就是鳥類的祖先。但即便有這些鮮豔色彩的存在，對三色視覺的動物來說，牠們依然只看得見恐龍身上或眼中豐富色彩的一小部分。

對多數人來說，想像狗的色覺比想像鳥（或恐龍）的色覺要容易得多。如果你擁有三色視覺，可以直接用某些軟體去除圖片中的某些顏色，藉此仿造二色視覺看到的畫面。甚至也可以把原來的紅、綠、藍各自替換為藍色、綠色、紫外光色系，模仿出其他三色視覺動物（如蜜蜂）所看到的畫面。但我們根本無法用三色視覺的框架模擬出四色視覺能看到的世界。史塔德說：「常有人問我，可不可以研發出某種能讓人類可以直接看到各種非光譜色的眼鏡——拜託，我也很想好嗎！」我們確實可以運用分光光度計從鳥羽上找出紫外光紅與紫外光綠的存在，但我們無法用三色視覺所能看到的顏色表現這些色調，我們根本無法把更廣闊的四色視覺世界塞進三色視覺的小框框裡，辦不到就是辦不到。令人沮喪的是，常人根本無法想像許多其他動物在彼此眼中到底是什麼樣子，也想不到這些動物的色覺有多少多元繁複的變化。

即便只是小小的蝴蝶，也有著令人驚嘆的色彩。藝神袖蝶（red postman）的飛行方式非常精緻，牠們的翅膀快速振動，在空中前進的幅度卻小得令人驚訝，看起來就像是牠們非常努力卻幾乎紋絲不動。不過這種移動方式也確實很適合牠們身上擁有的防禦機制，藝神袖蝶全身充滿毒性，身上也滿布著紅、黑、黃的警告色。這樣看來，牠們確實不需要急著躲避天敵。而在人類眼裡，這種蝴蝶實在令人賞心悅目。就在位於加州

⑯ 審註：確切具備四色視覺的爬行動物有日行性的蜥蜴和烏龜，鱷魚和蛇則頂多至三色視覺。

爾灣（Irvine）的一間溫室裡，有二十幾隻藝神袖蝶在我頭頂飛舞，牠們就在馬纓丹紅色與橘色相間的花朵自在飛翔。看著牠們身上明亮的色彩和不疾不徐的動作，使周遭世界變得豐饒又平靜。藝神袖蝶的學名是*Heliconius erato*，這個名字的確非常適合牠們。希臘神話中的赫利孔山（Mount Helicon）不僅是繆思女神的居所，更是詩意靈思的源頭，而厄剌托（Erato）則是掌管情詩的繆思女神。

一隻藝神袖蝶停在馬纓丹的枝枒上，牠蜷曲著腹部產下小小的金黃色蝴蝶卵。另外五隻藝神袖蝶則一起停在近處的葉片上，翅膀慢慢地張合。另一隻則待在溫室裡氣候控制系統的顯示器上，上面寫著溫室裡是華氏九十七度（約為攝氏三十六度），濕度則是百分之五十九。這時我才發現，選擇穿牛仔褲來真是大錯特錯。站在我身邊的亞卓安娜・布里斯科（Adriana Briscoe）則是穿著適宜，臉上帶著大大的笑容環顧四周。這座溫室對她來說不僅是工作地點，更是休閒放鬆的好地方，這裡令她感到快樂又平靜。她用留戀的語氣說著：「我很愛待在這兒。這下你知道為什麼這麼多科學家願意投注一切心力研究這些蝴蝶了吧。」

在中美洲與南美洲，藝神袖蝶通常和牠們的近親紅帶袖蝶（*Heliconius melpomene*）比鄰而居，紅帶袖蝶的學名則源自掌管悲劇的繆思女神。不管是藝神袖蝶還是紅帶袖蝶都有毒性，而且還會互相模仿，這樣天敵一旦記住了要遠離前者，就會同時遠離長得很像的後者，反之亦然。只要在同一個地方，那兒的藝神袖蝶和紅帶袖蝶都會長得幾乎一模一樣；但是在不同地方的藝神袖蝶和紅帶袖蝶外觀差異卻非常大。[53]在秘魯的塔拉波托（Tarapoto），藝神袖蝶和紅帶袖蝶的前翅與後翅分別有著紅色與黃色的帶狀花紋，然而一旦到了僅僅相隔約一百二十九公里外的猶里馬瓜斯（Yurimaguas），這兩種袖蝶身上的花紋卻都變成前翅有著紅底黃斑塊，後翅則有紅色條紋。就算是親眼看到，你一定也會很不可置信這兩個地方的藝神袖蝶竟然是同一個物種，然而要分辨在同一地點的兩種袖蝶卻是難上加難。就算布里斯科的溫室裡充滿了這兩種蝴蝶，我也絕對看不出來牠們分屬不同物種。那這些蝴蝶究竟怎麼分辨同類呢？布里斯科在一九九〇年代開始研究這些蝴蝶，當時他非常詫異竟然沒人知道其中關竅。「看到這麼漂亮又受歡迎的物種，感覺就應該研究牠們的眼睛才對啊。」

多數蝴蝶和蜜蜂一樣，都是三色視覺動物，牠們有三種分別對UV光、藍光、綠光最為敏感的視蛋白，而且也能看見紅色到UV之間的各種色彩。然而就在二〇一〇年，布里斯科發現袖蝶與其他蝴蝶親戚有兩點不同之處[54]：一、牠們擁有四色視覺，除了平常的藍色與綠色視蛋白以外，牠們還有兩種專門對應不同波長的UV視蛋白；二、其他種類相近的蝴蝶翅膀上會有黃色的色塊，袖蝶的翅膀上卻是紫外光黃——混合了UV與黃色的非光譜色。這兩點之間彼此息息相關，有了這兩種UV波段的視蛋白，袖蝶就能在光譜中UV色光的區段劃分出更細的色階，藉此分辨出各種以UV為基底的色彩之間的細微差異。有了翅膀上的這些UV色調，牠們就能夠更清楚分辨其他蝴蝶到底是同類還是只是模仿牠們的近親。甚至連擁有單一UV視蛋白的鳥類，似乎也無法區分蝴蝶所運用的黃色與紫外線黃之間的差異。[55]

除此之外，雄藝神蝴蝶也一樣分不出來其中的差異。二〇一六年，布里斯科的學生凱爾·麥卡洛克（Kyle McCulloch）發現，只有雌藝神蝴蝶才擁有四色視覺[56]；雄性則是三色視覺。雄性同樣也有第二種UV波段的視蛋白基因，但不知道為什麼卻抑制了這組基因的表現。就像松鼠猴一樣，雌藝神蝴蝶的色覺有一整個雄蝶所不具備的新維度。⑰在布里斯科的溫室裡，我們看著兩隻藝神蝴蝶交配。牠們的腹部相接，然而就在分開之前，雌蝶率先飛了起來，雄蝶則還連在牠身上。因此牠們暫時合而為一地飛行了一陣，在那短暫的時間裡，生殖器令牠們相互結合，然而接下來牠們就又會回到彼此完全不同的環境界裡。

蝴蝶並非是唯一在四色視覺上有性別差異的物種，其實**人類**也有。在英國紐卡斯爾（Newcastle）有一位在科學文獻中被編號為cDa29的女性，她因為很重視隱私而從不接受訪談，也不對外公開真實姓名。[57]然而根據多次針對這位女性進行深入研究的心理學家蓋比艾爾．喬丹（Gabriele Jordan）表示，cDa29在測定四色視覺的測驗中表現優異，因此就像史塔德的蜂鳥一樣，cDa29也能夠在一片看起來一模一樣的綠色中，找出最不一樣的那個色調。喬丹說：「就像樹梢上的尚未轉紅的櫻桃一樣，對我們來說，看過去就是一整片綠色，根本分不出來其中差別，其他人也可能仔細觀察後大膽一猜。但她不必，她可以在幾毫秒間就找到目標。」

以人類來說，擁有四色視覺的通常是女性，因為不管是長波長還是中波長視蛋白都位於X染色體上，也因為大部分女性有兩條X染色體，這兩條X染色體上承載的遺傳物質可能略有不同。也正因如此，就會產生**四種**不同的視蛋白，分別對應到不同波長的光線——例如：短、中、長（A）、長（B）。有八分之一的女性的基因中有這種表徵[58]……但其中大多數卻並沒有四色視覺。要擁有真正的四色視覺，得要所有細節都恰恰好水到渠成才行。一般來說，紅錐狀蛋白與綠錐狀蛋白最敏感的光波相距約三十奈米，想要創造出全新且完全不同的色彩維度，第四個錐狀細胞得幾乎正好位於這段距離的正中央才行，也就是距離綠錐狀蛋白十二奈米遠（這就是cDa29錐狀細胞呈現的樣態）。為了搭配這麼特別的錐狀細胞，視蛋白也得有相應的獨特之處，「幾乎就是得靠遺傳上的原子裂變才行，」喬丹說道。假如這些女性眼睛裡真的產生出正確的第四種錐狀細胞，這些細胞還得位於視網膜裡正確的地方——中央窩（central fovea）才行，這個區域是人類色覺最敏銳的地方。此外，最重要的是，她們還得要有適合的神經相互搭配，好運用色彩互補處理作用處理來自錐狀細胞的訊號。

這種組合實在太過稀有，所以雖然有些女性確實擁有四種錐狀細胞，其中卻只有少部分人是真的具有四色視覺。喬丹表示，許多宣稱自己有四色視覺的人，其實都並非真的具備此能力。當中又以藝術家特別容易以為自己比別人看得到更多顏色，但其實那是因為對藝術家的工作來說，色彩的重要性不言而喻，但這和可以看得到另一維度的色彩根本不是同一回事。「我為非常多人做過測試，結果卻發現他們根本沒有四色視覺，」喬丹說道，「擁有超乎於一般人類之外的顏色視覺或許真的非常吸引人吧。但這種現象真的不是大家以為的那麼常見。」[18]世界上第一位確定擁有四色視覺的人就是cDa29女士。喬丹估計在全英國大約還有四萬八千六百位擁有四色視覺的人士，但要找到他們並不容易。[19]他們可不會大剌剌穿著色彩奪目的衣服在路上走來走去，就像二色視覺者的生活裡也不會真的只有黑白灰的單調色彩。在cDa29做四色視覺的測驗之前，「她根本沒想過自己的視力有何特別之處，」喬丹說道，「每個人從出生的那一刻起，就一直用以與生俱來的視網膜與大腦面對這個世界，而且我們也無法用別人的視網膜和大腦體驗世界，所以根本不會想到自己有什麼特別之處。」

喬丹跟我說這些時，我得承認我的感覺就跟當初傑．奈茨跟我說做了基因工程的松鼠猴山姆根本不在乎

⑰ 這裡有個精采轉折，讀過我第一本書《我擁群像》的讀者聽到這點應該會很開心。布里斯科時不時地會發現有些雌藝神袖蝶的眼睛和雄性一樣只有三種視蛋白，這種現象實在令她困惑，後來她才發現，這些雌藝神蝴蝶其實都被沃爾巴克氏體（*Wolbachia*）這種細菌感染了。沃爾巴克氏體是這世界上散布最成功的一種細菌，感染了無數昆蟲及其他節肢動物。但沃爾巴克氏體只會由母體傳染給雌性子代，而且它們還有各種方式可以排除沒用的雄性個體。有時候是乾脆直接殺了雄性個體，有時候則是選擇把目標轉變為雌性，有時候甚至讓雌性能夠無性生殖，因此繁衍根本不需要雄性個體的存在。至於沃爾巴克氏體對藝神蝴蝶有什麼影響如今依然成謎，這也正是布里斯科亟欲解決的疑問。

⑱ 請注意，不管是cDa29還是其他真正擁有四色視覺的人，其實都無法像鳥類那樣看見紫外光，這些人的色覺涵蓋範圍其實與一般三色視覺的人差不多，只是看得見另一個色彩維度的各種色調，我們也同樣可以用金字塔呈現這些人的色覺（而不像普通人的三色視覺是以三角形呈現）。但他們的金字塔比較小，能夠被囊括在鳥類色覺的那個巨大金字塔裡。

⑲ 二〇一九年，喬丹發展出一種快速測試，可以測驗出女性在兩個視蛋白之間十二奈米的位置是否剛好有著第四種視蛋白，以鑑定她們是否有四色視覺。「我們就能夠到各地進行測試，快速檢驗到底有多少人擁有四色視覺。」她如此說道。但後來COVID-19疫情就爆發了。

牠擁有了三色視覺一樣，有點失望。色彩對人類來說非常重要。不管是彩色電視、彩色影印機還是彩色書籍，對人類來說就是比黑白的要好，因此我們很自然地就會期待，這些動物一定會很開心擁有了全新的色覺維度。不過我也理解，只要習以為常以後，色彩就變得沒那麼神奇了。對**我們所有人**來說——單色視覺、二色視覺、三色視覺或四色視覺——不管擁有哪種色覺，很自然地都會把自己看得見的顏色視為常態，我們每個人也因此都困在自己的環境界裡。不過正如我在序言所道，這本書並不是為了比較誰優於誰而存在，而是要帶讀者盡可認識更多元的環境界。色彩的美好之處並不在於計較哪些動物看得到更多顏色，而是要了解每種動物眼中的彩虹竟如此不同。

想著擁有四色視覺的那些人和藝神袖蝶時，我突然想到，人類竟然曾經很可笑地以為動物眼中所見的色彩一定與我們一樣。但其實即便是人與人，都可能擁有不一樣的色覺。[20]這世界上有些人是部分色盲，甚至可能是完全色盲，也有些人擁有四色視覺。然而看看廣大的動物世界，就能發現更多無窮無盡的變化。在約六千種的蠅虎、一萬八千種的蝴蝶、三萬三千種的魚類之中，色覺也隨著每個物種有著千變萬化的面貌。

斑馬魚幼魚的眼睛裡至少就有三種色覺[59]：牠們視網膜當中負責觀察天空的部分只看得見黑與白，這是因為觀察空中是否有掠食者的身影不需要用到顏色；用來注視前方的部分則充滿了能夠探測紫外光的光受體，讓牠們更能快速發現好吃的浮游生物；至於負責掃視水平方向及魚身下方空間的部分則有四色視覺。從黑與白的簡單色覺，到能看見連人類都看不到的顏色的四色視覺，這些魚寶寶的眼裡風景真是包羅萬象。

若想了解其他動物到底能看見什麼顏色，不能只靠在眼睛裝上ＩＧ濾鏡就好。這些顏色在不同畫面、不同季節，甚至是不同個體的眼睛裡，都會產生不一樣的變化。我們也無法單靠計算動物眼睛裡的視蛋白或光受體數量就建構出牠們的色覺樣貌。蟻川謙太郎發現大部分的蝴蝶有許多種光受體[60]；紋白蝶（*Pieris rapae*）

就有八種，不過其中一種只出現在雌蝶身上，還有另一種則只出現雄蝶身上。柑橘鳳蝶有六種光受體，但其真正使用的卻只有四種，因此牠們擁有的是四色視覺，至於另外兩種光受體則似乎都有其各自的特殊用途，例如察覺特定顏色的物體飛過眼前。各種蝴蝶當中，眼睛裡光受體種類最多的種類當屬青帶鳳蝶（*Graphium sarpedon*），牠們有十五種光受體。然而這種蝴蝶並不會因為這樣就成為十五色視覺動物。這十五種光受體當中，其中只有三種布滿了牠們的眼睛，另外四種則居於眼睛上半部，剩下的八種則位於下半部。蟻川認為，假如他繼續鑽研下去，一定還能找出其中更細微的分別。他認為青帶鳳蝶應該是四色視覺動物，牠們會運用其中十一種光受體在視野比較狹窄的角落探測某些事物。

說實在的，動物其實不需要擁有超過四色的色覺。至少從大自然中能夠反射出顏色的物體看來，只要有在光譜中平均分布的四種光受體，就足以讓動物看見一切需要看見的事物了。在自然界中，鳥類的眼睛構造就很接近這種理想型態，再多出其他構造，只會顯得浪費又多餘。這麼說來，科學家會在動物身上發現比四種還要多上不少的光受體，其中必有古怪。

我跑到澳洲的布里斯本，艾咪．史翠茲（Amy Streets）指著面前的小水族箱對我說：「把手指放進去，牠會打你喔，如果你還是想試試看……」

我其實並不想真的被打，但聽說了水族箱裡的這種動物有著看到什麼都會攻擊的習性，因此雖然我難免

⑳ 阿曼達．梅林告訴我，人類的色覺十分多變，比她和其他科學家在黑猩猩、狒狒等其他靈長類動物身上觀察到的變化還要豐富。目前還不清楚原因為何，但或許是因為人類的存活與否不再那麼與色覺息息相關，我們不會因為看得見或看不見哪些顏色就難以生存，也因此保留下了許多可能對生存不那麼有利的色覺變化。

緊張，卻還是忍不住想嘗試。

於是我問：「牠會打多大力？」

史翠茲說：「大力到會讓你嚇一跳喔。快試試。」

於是我把小指伸進水裡；幾乎就在同一瞬間，有個大約五公分的綠色身影如閃電一般衝了出來攻擊我，發出明顯的聲響，而我的小指頭也傳來一陣尚在忍耐範圍內的刺痛。我莫名其妙地因為被史氏指蝦蛄（purple spot mantis shrimp，學名為*Gonodactylus smithii*）揍了一拳而感到驕傲。

蝦蛄（又稱螳螂蝦、瀨尿蝦）是一種生活在海洋之中的甲殼類動物，牠的英文名稱是stomatopods（也有人會更親暱地稱牠們為pods）。蝦蛄和螃蟹及明蝦是親戚，但在那之後又經過了四億年的單獨演化。蝦蛄的身體後半段看起來很像體型比較小的龍蝦，不過牠們的前半段則掛著兩隻折起來像螳螂一樣的螯足（這也是牠們英文名稱的由來）。「穿刺型」的蝦蛄螯足尖端有著驚人的尖刺，而「粉碎型」的蝦蛄螯足頂端則是有著像大錘子一樣的構造。這兩種蝦蛄都能以驚人速度伸出螯足當作武器，而這種攻擊舉動通常也不需要什麼理由，總之牠們就是把獵物打到屈服為止。而且牠們也會攻擊任何入侵地盤的物體，遇到同類也是先打上一場再說。蝦蛄出拳的方式和許多人發表意見的方式相去不遠——兇狠地一而再，再而三攻擊，就算根本沒受到什麼刺激也一樣。

蝦蛄的拳擊速度和力量放眼全世界都稱得上是數一數二，體型比較大的粉碎型蝦蛄**在水中**揮動螯足的速度可比擬大口徑的子彈，能夠加速到時速約八十公里。牠們也因此能夠擊碎螃蟹殼、打破水族箱，甚至粉碎血肉。[61]這也難怪牠們會有拇指切割者（thumb-splitter）、指頭粉碎者（finger-popper）以及拳擊手（knuckle-buster）的稱號了。這下各位知道為什麼我在把手伸進水族箱之前會那麼緊張了吧。雖然攻擊我的那隻蝦蛄體型還很小，所以不足以對我造成什麼傷害，但牠出拳的速度還是快到能使螯足前方的水因加熱而瞬間汽化，這也是為什麼牠移動時會形成小泡泡，同時產生泡泡破掉的逼逼啵啵聲——這正是我剛剛聽到的奇怪聲響。「不同種的蝦蛄攻擊時發出的聲音也不一樣，真的很有趣。」史翠茲對我說道。

她接著帶我去看另一個水族箱，裡面住著雀尾螳螂蝦（peacock mantis shrimp，學名為 *Odontodactylus scyllarus*），這種粉碎型的蝦蛄有著包含紅、藍、綠三種鮮豔色調的外殼。牠不僅是五百種蝦蛄當中最知名的物種，更是攻擊力最強大的一種。史翠茲強調：「**千萬別**被這些傢伙打到。」我乖乖接受了她的建議，所以也不打算像剛剛那樣試圖挑戰雀尾螳螂蝦的能耐，於是我決定認真盯著牠的眼睛瞧就好。雀尾螳螂蝦有兩隻眼睛，看起來就像是粉紅色的瑪芬外面裹著藍色錫箔紙，位於頭頂可動的眼柄末端。牠左邊那隻眼睛盯著我，右邊那隻眼睛瞪著史翠茲；這毫無疑問是我看過最奇怪的眼睛了，更厲害的是，這雙眼睛有著自然界當中獨一無二的色覺。在我們目前所提及的所有動物當中，雀尾螳螂蝦的環境界或許是令人最難以想像的一種。與史翠茲共事的賈斯汀·馬修（Justin Marshall）是這間實驗室的負責人，經過了三十年以上的研究，他依然無法徹底了解雀尾螳螂蝦這種生物的環境界。

馬修的媽媽是自然史插畫家，爸爸則是海洋生物學家，同時也是負責倫敦自然史博物館（Natural History Museum）魚類展間的策展者。馬修因此幾乎都在海灘與船上度過他的童年時光，而他的心中更是充滿了對色彩與海洋生物的熱愛。一九八六年，馬修攻讀博士學位時的指導教授麥克·蘭德（我們在前一章有提到他的研究）問他想要研究什麼主題，讓他在蜘蛛、蝴蝶、蝦蛄之間選擇，而這對他來說再容易不過了。馬修說：「我很快就決定要研究棲息在熱帶地區的蝦蛄。」

於是馬修開始著手解剖雀尾蹚螂蝦的眼睛。和其他甲殼類動物一樣，牠們的複眼結構是由許多能集中光線的小眼結合而成。[21]但特別的是，雀尾螳螂蝦的每個複眼都分為三個部分，上下半球之間有一條明顯的中帶，看起來就像環繞著地球的赤道一樣。馬修用顯微鏡觀察中央的這條帶狀結構，發現了意外之喜——上面排列著彩色的斑點，畫面就像萬花筒一般，有紅色、黃色、橘色、紫色、粉紅色和藍色。[62]當時大家還都以為甲殼類動物是色盲，但就馬修的觀察結果看來，顯然並非如此。馬修說：「我還記得當初跟麥克分享解剖結果時，他的反應超大，他喊著『哇靠！靠，靠，靠！哇靠！』於是當時我就想，哦，這應該是很棒的意思吧。」

馬修猜測，當光線進到雀尾螳螂蝦單一種類的光受體後，便能運用這些彩色小點來過濾出不同的光線。藉由這種方式，就算雀尾螳螂蝦的眼睛結構傾向為色盲樣式，卻也能看見顏色。為了驗證這項推論，他從英國前往美國與湯姆・克羅寧（Tom Cronin）合作，克羅寧不僅擁有適合的儀器，也和馬修一樣對於研究雀尾螳螂蝦充滿熱情。經過了幾週緊鑼密鼓的研究，這兩位科學家盡可能地徹底探究了雀尾螳螂蝦的眼睛，分析了任何他們找得到的光受體。令他們震驚的是，他們找到了不只一種，而是至少十一種的光受體！[63]克羅寧語帶驚嘆地對我說：「這實在不合理。我們每次多研究雀尾螳螂蝦眼睛的一個部分，就會再找到一種新的光受體；和賈斯汀攜手研究發現雀尾螳螂蝦眼睛的祕密，這大概是我整個研究生涯最奇妙的一段時光了。」這兩位科學家在他們於一九八九年共同提出的研究結果中表示，雀尾螳螂蝦這種生物「可能擁有超越人類認知中所有動物的色覺系統。」或者正如馬修所說：「雀尾螳螂蝦的眼睛值得讚嘆『**哇靠！**』的地方，比我們當初以為的還要更多。」

眼球中間的帶狀結構可細分為六排能夠匯聚光線的小眼。[64]我們先暫時不管最底下的兩排。在這六排小眼中，只有上面四排小眼適用於產生色覺。每一排小眼都有三種獨特的光受體，各自按層級排列。第一排有藍紫色與藍色，第二排是黃色與橘色，第三排是橘紅色和紅色，第四排則是藍綠色與綠色，再加上每一排其上也都各有一個獨特的紫外光受體。[22]這麼一來，總共就有十二種光受體了，且當中有四種光受體負責接收的是紫外光。[23]雀尾螳螂蝦光是用來辨識紫外光光譜的光受體種類就比人類**所有**的光受體還多[65]，但牠們為什麼需要這麼多種光受體呢？牠們有可能是十二色覺動物嗎（也就是擁有十二個維度的色覺）？還是在中央橫狀結構的那四排會各自形成三色視覺，因此牠們總共擁有四種三色視覺型態呢？無論如何，牠們想必是鑑賞顏色的專家吧，牠們也或許能夠辨識出所有難以辨別的色彩之間的細微差異。人類眼中的珊瑚礁已經十分色彩斑斕了，那麼在雀尾螳螂蝦擁有如此豐富色覺的眼中，又該是什麼樣子呢？各種猜測、想像五花八門、天馬行空。就連網路連環漫畫《燕麥》（*The Oatmeal*）都曾推測過：「我們眼中的彩虹，在雀尾螳螂蝦眼中是核彈等級的光與美。」[66]

但事實並非如此。二〇一四年，馬修的學生漢娜・松恩（Hanne Thoen）做了一項實驗，推翻了關於雀尾螳螂蝦擁有豐富色覺的傳言。[67]她以食物作為酬賞，訓練雀尾螳螂蝦攻擊兩種色光的其中一種，她會不斷輪流更換目標的燈光顏色，直到兩者相似到受試者分不出差異為止。人類能夠辨別光線波長差異在一至四奈米之間的顏色，然而雀尾螳螂蝦卻連光線波長差異達十二至二十五奈米之間的顏色都分辨不出來，這大約就是

㉑ 審註：每一個小眼皆是一個感光單位，專有名詞為ommatidium。

㉒ 馬修一開始注意到的是位於第二排與第三排的彩色小單位。正如他所猜測，這些小眼確實會過濾光線，但其目的是使其中的光受體更加敏銳。

㉓ 各位可能也讀過螳螂蝦有十六種光受體的說法。除了中央橫狀結構前四排的十二種以外，最後兩排上面有另外兩種，牠們的眼睛的上下半球也各有一種。就目前所知，這四種光受體與色覺無關。此外，也不是所有蝦蛄物種都有十二種光受體，雖然大部分的雀尾螳螂蝦都居住在色彩豐富的淺海區域，還是有些種類住在深海，因此牠們的眼睛裡只剩下一兩種光受體。

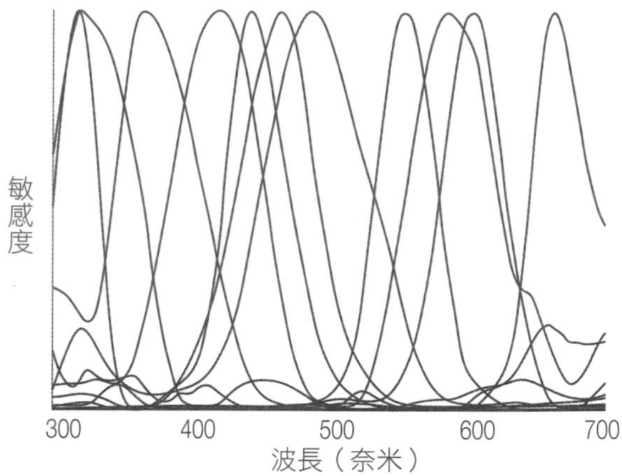

每條曲線都代表螳螂蝦眼睛裡的一種光受體（感光細胞）。曲線的高峰處則代表該種光受體最為敏感的光線吸收波長。

正黃色與橘色之間的差別。即便牠們擁有厲害得誇張的視覺元件，辨別顏色的能力卻如此差勁，就連人類、蜜蜂、蝴蝶、金魚辨別顏色的能力都比雀尾螳螂蝦好。

到了這個地步，馬修已經了解雀尾螳螂蝦的色覺形式應該相當特別：牠們的眼睛不是用來分辨上百萬種色階之間的細微差異，反之，牠們會將光譜中各式各樣的色調統整歸納為十二種顏色，就像小朋友的著色本那樣簡單的色調。每一種紅色都會刺激第三排最底層的光受體、所有屬於藍紫色的色調都會刺激第一排最上層的光受體。除此之外，牠們也不會用色彩互補處理作用比較這十二種光受體輸出的訊號，而是直接將原始訊號毫不修飾地傳送至大腦，大腦再接著運用接收到的訊息組成來辨識顏色。螳螂蝦的可見光譜就像條碼一樣，而牠們眼睛中央的帶狀結構就像是超市的掃碼機。各位可以想像，假如一號、六號、七號、十一號光受體一起輸出訊號，大腦就會將這個訊號組合辨識為獵物，螳螂蝦就會發動攻擊；假如是三號、四號、八號、九號受體的組合出現，螳螂蝦就可能會將對方視其為異性同類。也因為牠們是螳螂蝦，所以接下來會出現「一些非常謹慎小心的求偶行為，」馬修說道。「這種動物的大腦中可能根本沒有色彩的概念。」

但剩下的細節也只能靠科學家的了解來推測了。目前我訪問過的蝦蛄研究專家當中，沒有任何人敢宣稱自己已經真正了解螳螂蝦眼中的世界。牠們很有可能是運用不同的色覺處理不同的事情。在辨認食物時，正如松恩的實驗結果所示，十二色的色覺或許就夠用了。然而在辨識同類時，牠們可能就會使用大自然中較為通俗的色覺系統，才能夠辨識出相似色彩之間的些微差異。畢竟大部分的螳螂蝦本身就有著鮮明豐富的色彩，牠們也會對同類展示身上的花紋；因此克羅寧說：「或許在求偶時這些細節就變得至關重要了，但我們實在很難用實驗證明這一點。」

研究動物行為這件事本身就已充滿挑戰性，然而研究像雀尾螳螂蝦這樣的生物卻根本可以稱得上是自虐行為。在馬修的實驗室中，史翠茲正在進行一項新實驗，她試著訓練雀尾螳螂蝦攻擊特定顏色的束帶。但在史翠茲向我展示訓練成果時，螳螂蝦卻一直攻擊錯誤的目標；甚至還有一隻螳螂蝦攻擊水族箱的牆壁，另一隻螳螂蝦則是對空（對水？）漫無目的地出拳。於是我問史翠茲，雀尾螳螂蝦是不是很難訓練，她微微搖頭無奈說著：「你才知道。」螳螂蝦不是會頻繁進食的動物，所以很難用食物引誘牠們做某些事，再加上牠們也很容易對目標失去興趣，所以一天當中能夠反覆測試的次數實在不多。「我敢發誓，牠們一定知道我們到底要測試什麼，但這些傢伙就是懶得理我們。」史翠茲嘆道。

「那你是喜歡還是討厭研究螳螂蝦？」我問道。

史翠茲無可奈何地回答我：「又愛又恨吧。一剛開始我覺得研究螳螂蝦超酷的，那是**螳螂蝦**欸！喜歡這類型動物的人一定都知道雀尾螳螂蝦這種動物。但真正開始研究牠們以後，我常常坐著忍不住想，自己到底在幹麼？」

讀到這裡，我們跟史翠茲一樣，都得再多忍耐螳螂蝦一陣子，因為牠們的眼睛除了用來……哎呀，你知道的，除了某些用途以外，還有更多值得探究的地方。牠們的眼睛實在太特殊了，獨特到遍及全球的許多科學家都投入了這個研究領域。英國布里斯托的尼可拉斯・羅伯茲（Nicholas Roberts）和馬丁・豪（Martin How）正是鑽研螳螂蝦眼睛奧祕的其中一員。他們同樣帶我到了一間養著雀尾螳螂蝦的房間裡——那裡總共有八隻個體，為了每隻螳螂蝦的安全起見，他們將每一隻個體分開飼養。這些水族箱都擺在與人視線等高的位置，因此研究人員可以輕易觀察到螳螂蝦的行為舉止。我們一靠近，其中好幾隻螳螂蝦馬上發現了，還立刻盯著我們瞧；我將一根手指放在其中一個水族缸的壁面上，名為奈吉爾的雀尾螳螂蝦就游了過來，我的手指動到哪裡，牠就跟到哪裡，就像我用手指牽著牠跑一樣。

奈吉爾的眼睛一直往各個方向不停地動，有時上下，有時左右，甚至是順時鐘、逆時鐘旋轉。[68][24]不過牠們的兩隻眼睛很少同時移動，也不太會往同一個方向轉。羅伯茲做實驗時是由上往下拍攝實驗過程，時不時會拍到雀尾螳螂蝦正盯著鏡頭看的畫面。羅伯茲與我分享：「牠們常常是靠一隻眼睛注意著自己正在做的事，另一眼睛則看著鏡頭。」正如我在前一章所提到，人類通常會把靈動的眼睛視為智力的象徵，但螳螂蝦的大腦卻是不僅小還不太發達；牠們的雙眼雖然能夠靈巧地活動，卻不代表牠們有刻意探查周遭的智力。然而這種現象**正是**了解螳螂蝦視力背後原理與牠們雙目所見的關鍵。

人類的視網膜裡有充滿錐狀細胞的中央窩，那裡正是視覺與色覺都最敏銳和最豐富的區域，因此我們會一邊眨眼一邊四處張望，將世界的一切景象盡收於這個區域。一但眼角餘光發現到值得注意的事物，我們就會將視線聚焦於該處細細端詳、分析色澤。螳螂蝦也有類似的行為[69]，牠們眼睛的中央帶狀結構能看見顏色，但僅限於視野中一條細窄的範圍。這個帶狀結構以外的上下半球空間，雖然很可能只有黑白視覺，卻有全景視野。因此螳螂蝦在移動眼睛時，會運用眼睛的上下半球觀察值得注意的物體與動靜。一但瞥見了任何動靜，牠們會迅速地將目光移至該處，再以中央帶狀結構掃視目標，就像拿著兩個掃碼機朝超市貨架揮舞一樣。[70]那麼螳螂蝦是先以上下半球看見黑白視覺畫面，再隨著中央帶狀結構的掃視慢慢看到顏色嗎？馬修的推測是：「我不這麼認為。螳螂蝦的大腦裡根本沒有具體的二維色彩呈現的概念。」牠們之所以用中央帶狀結構來掃視周遭，反倒只是在被動等待某些刺激，正好能激發特定的光受體組合而已。

各位可以想像自己是隻螳螂蝦。你一直在等著揮拳出擊，你的眼睛也持續各自轉動，右眼隨意掃視著珊瑚礁的一角，左眼則在斜看別的地方。因為你想要捕捉的是動作而非色彩，因此視野裡只由單色畫面構成。然而一旦發現右邊有動靜，雙眼就會迅速移向右方，這時你的兩隻眼睛都一起看著右方的物體，並且同時用中央帶狀結構掃視目標。突然間，三號、六號、十號、十一號光受體同時受到刺激，你的大腦因此辨識出那是一條魚，於是你猛力出拳，擊中了目標。

這種視覺型態非常有效率，螳螂蝦小小的大腦也因此省了不少事。㉕不過這種視覺型態也有個問題，實在很難一邊動作還同時發現周遭物體是否移動。無論是走在大街上或是從車窗往外看，我們眼睛所注視的點，其實都保持在我們的前方，這個注視點會非常迅速地移動到下一個位置。這個移動注視點的動作，又或者可以稱為跳視，可說是人體所能做出最快的動作之一，而這也正是其關鍵所在。因為在跳視那極其短暫的移動過程中，視覺系統就會暫停運作，我們的大腦則會自動填補上這毫秒之間的空白，藉此創造出連續的視覺影

㉔ 人類會比較兩眼所見的畫面來判斷視覺深度，雀尾螳螂蝦則是能靠著用一隻眼睛裡的三個不同區域做到這一點。雀尾螳螂蝦的兩隻眼睛都各自有著三眼並用一般的視覺，而且也都能獨立判斷距離。對於像雀尾螳螂蝦這種好鬥又常常在打架時傷到眼睛的動物來說，這是相當方便的能力。

㉕ 各位可以想像，假如你想打造一臺能溜進餐廳裡幫你偷漢堡出來的機器人，你可以在機器人身上裝設兩架最先進的攝影鏡頭，並輸入能夠學習辨識、分類出漢堡影像的演算法。但是說實在的，就跟馬修說的一樣，「直接設計一臺漢堡探測器想必一定更簡單。而最簡單的方法就是用線性掃描鏡頭直接一氣呵成地掃視視線範圍，這樣最有效率了。」

像，但這其實是大腦產生的幻覺。螳螂蝦在用他們的中央帶狀結構慢慢掃視時，也發生了同樣的現象。「很有可能在那個當下，牠們眼睛的動態視覺不得不關上，」豪如此說道。「牠的眼睛雖然在移動，但周遭畫面卻是一片模糊，要發現天敵靠近也就更加困難。」然而當螳螂蝦的眼睛**沒在**掃視時，牠們的視野就會變成一片黑白。我們在前一章提到的蠅虎，就將不同的視覺功能——動態與色彩細節——分配給不同的眼睛；然而螳螂蝦是在同一隻眼睛的不同位置各有用途，然而**這些功能卻無法同時作用**。螳螂蝦當下若想辨識物體的動向，就得犧牲辨識色彩的能力；反之牠們若想知道眼前的事物到底是什麼顏色，就得暫時犧牲偵測動作的功能。克羅寧說：「這就表示牠們的眼睛得輪流分配時間給不同功能。我想螳螂蝦不是刻意發展出這種視覺機制，而是牠們發現這種機制還算堪用就繼續用了。」

講到這裡，各位親愛的讀者，我想你們應該都已經被螳螂蝦眼睛裡的光受體、中央帶狀結構、眼睛的上下半球還有各種奇異複雜的現象搞得頭昏腦脹了吧。也或許在講了這麼多以後，你終於覺得好像比較了解螳螂蝦，就快要能夠想像出牠們的環境界到底是什麼樣子了。無論你是屬於哪一種，我都得跟各位說個壞消息：**接下來還有呢**。

各位應該都還記得，光是一種波，因此光在移動時會產生振盪；這種振盪會以光前進的方向為軸線，往任一方向垂直擺動，不過有時候這股振盪會被局限在某個平面上——各位可以想像牆上綁著一條繩子，而你上下或左右地搖動這條繩子，就像這樣，光線產生了**偏振**，這是自然界中相當常見的現象。當光線遇到水或空氣而散射，或是遇到平滑表面（如玻璃、表面有蠟質的葉片、水體）而反射時，就會產生偏振光。人類通常不會察覺到偏振光的存在[71]，然而對昆蟲、甲殼類、頭足類的動物來說，偏振光就和顏色一樣看得見。這些動物的眼睛通常有兩種光受體，分別會受到水平方向或垂直方向的偏振光刺激。藉由比較這兩種受體接受到的訊號，動物就能區分出在不同程度、和不同角度下偏振產生的光線。我們可以姑且把擁有這種視覺能力的動物稱為「雙偏振視覺動物」（dipolats）。㉖

螳螂蝦的眼睛上半球就有這種結構。不過牠們眼睛下半球的偏振光受體則是轉了四十五度角。至於中央帶狀結構裡第五排及第六排的光受體，則有更加獨一無二的構造。偏振光通常會在固定的單一平面震盪，不過這個平面有時候會旋轉，因此光會以扭轉為螺旋狀的方式前進，此時產生的就是圓偏振光（circular polarization）。二〇〇八年，馬修的博士後研究員邱慈暉㉗發現，螳螂蝦是唯一能看見圓偏振光的動物[73]。上述提及那第五和第六排小眼裡，就有光受體能夠接收以順時針或逆時針方向旋轉的圓偏振光。這麼說來，螳螂蝦總共有**六種**偏振光受體——分別對應到垂直、水平、兩個斜對角、順時針與逆時針方向。換句話說，牠們是擁有「六偏振光視覺」（hexapolats），最獨一無二的動物。㉘

我在本章分別解釋了偏振光與色覺，但其實在教科書中，這兩個主題通常會分別各占一個章節的篇幅。不過我認為在螳螂蝦眼中，這兩者其實沒什麼不同。對牠們來說，那六種偏振光訊號或許也就跟多了幾種顏色的色覺差不多——就只是擁有更多可以用來辨識周遭物體的訊息傳遞方式。但是既然螳螂蝦已經有十二種光受體，為什麼還需要多這六種呢？又為什麼牠們的視覺是如此獨一無二呢？湯姆・克羅寧說：「相較之下，許多動物擁有的視覺系統真的簡單得多，但就算簡單，一樣可以在牠們生活的珊瑚礁區域派上用場。」

㉖ 頭足類動物比任何其他動物都來得對偏振光敏感。[72]夏爾比・天波（Shelby Temple）與其研究同仁發現，哀悼魷魚（*Sepia plangon*）能夠區分出振動平面角度只相差一度的兩種偏振光。哀悼魷魚是色盲，但辨識偏振光的能力或許補足了這一點，為牠們眼中的世界增添了各種細節。

㉗ 審註：現職為國立成功大學生命科學系副教授。

㉘ 牠們能夠旋轉眼睛來加強物體與背景之間的偏振光訊號對比，也因此是這世界上第一種已知具有動態偏振光視覺的動物。[74]

所以話又說回來了，螳螂蝦這種動物「身上又有未解的謎團——**牠們究竟為什麼會擁有那麼特別的視覺系統？**還沒人找出正確答案。」

等等，再倒回去一點。**螳螂蝦到底為什麼能看見圓偏振光？**

與線性偏振光相較之下，圓偏振光實在相當少見，這也或許就是為什麼其他動物都沒有演化出看得見圓偏振光的視覺能力。說實在的，在螳螂蝦的棲息環境裡，唯一會持續散發出圓偏振光的其實就是……螳螂蝦本身。有一種螳螂蝦[29]尾節中央聳起的脊突會反射圓偏振光，而該種類的公螳螂蝦就是用這種方式求偶。另一個種類則是會從身體反射圓偏振光，藉此在戰鬥時威嚇對手。[75]也許螳螂蝦就是用這種只有同類看得到的光線偷偷互相溝通。然而這樣的解釋卻還是令人不盡滿意，假如螳螂蝦不是本來就有能看見圓偏振光的視覺，圓偏振光傳遞的訊號對牠們來說應該沒有意義才對。然而，若是螳螂蝦本來根本就感覺不到圓偏振光的存在，又為什麼會發展出這種特別的視覺能力呢？這就像雞生蛋、蛋生雞的問題，看得見

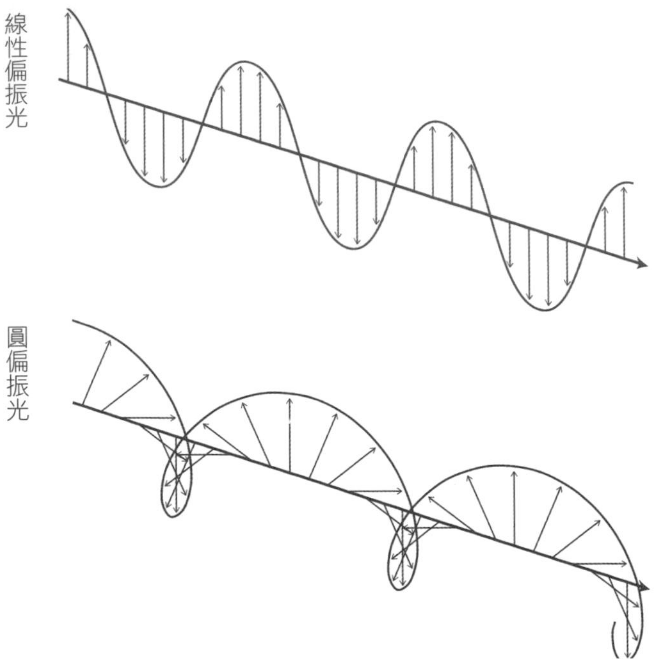

圓偏振光的眼睛和圓偏振光的訊號到底是誰先出現？

湯姆・克羅寧認為應該是螳螂蝦先演化出能看見圓偏振光的眼睛。[76]牠們眼睛中央帶狀結構最底下兩排（第五和第六）的光受體，正好能夠用來解開原本繞成螺旋狀的圓偏振光，使其轉變為一般的線性偏振光，這就是雀尾螳螂蝦能夠看見圓偏振光的成因。這種現象或許只是生理解剖學上的巧合——然而正是螳螂蝦複眼的這一點奇異之處，讓牠們看得見大自然中少見的圓偏振光。對於剛獲得這項能力的螳螂蝦祖先而言，這純粹是一種偶然。於是牠們慢慢運用這項能力發展出相應的蝦殼結構，使其變得能夠反射出圓偏振光，變成符合牠們視覺能力的視覺訊號。這種演化過程在自然界多不勝數，訊號存在的目的就是希望被接收到，因此各種動物身上皮毛、鱗片、羽毛、外骨骼的顏色，其實都會受到動物的視覺形塑。因為有這些動物的存在，自然界的訊號才會被接收。在我們觀賞大自然美妙傑作的當下，自然也同時被我們雙眼所能看見的色彩定義。

例如靈長類動物當初演化出三色視覺，是為了更能發現幼嫩的葉片與成熟的果實。然而紅色一旦出現在牠們的環境界裡，靈長類就進而演化出皮膚裸露在外的部位，因此能夠用皮膚發紅的現象來傳遞訊息。例如普通獼猴（又稱恆河猴，學名為 *Macaca mulatta*）的紅臉蛋[77]、山魈（屬名 *Mandrillus*）的紅屁股，以及白禿猴（*Cacajao calvus*）又紅又禿、引人發笑的頭和臉，這些都是因為三色視覺才產生的生殖訊號。

大部分的珊瑚礁魚都是三色視覺動物，然而因為水會吸收大部分的紅光，因此這些魚類的視覺慢慢演變成對光譜中藍色那一端的顏色較為敏銳。這也就是為什麼許多珊瑚礁魚類，如皮克斯動畫《海底總動員2：多莉去哪兒？》的主角——擬刺尾鯛（*Paracanthurus hepatus*）的體色會是藍色加黃色。以牠們的三色視覺而

㉙審註：脊尾齒指蝦蛄，學名為 *Odontodactylus cultrifer*。

言，黃色可以完美融合在珊瑚礁的背景之中，藍色更可以與海水融為一體。人類的三種錐狀細胞能夠清楚分辨藍色與黃色，因此擬刺尾鯛身上鮮豔的色彩對於正在浮潛的人類來說十分醒目。但以魚類的視力來說，這樣的色彩卻是最好的偽裝方式，可以躲過其他同類與掠食者的目光。[78]

大自然中各種掠食者的色覺，也導致中美洲的草莓箭毒蛙（*Oophaga pumilio*）出現了豐富多元的體色——單單一個物種就有十五種完全不同的型態。其中一種的身體是檸檬綠，腳上卻彷彿穿著襪子一樣，有藍綠色的色塊；另一種則是橘色的底色搭配上黑色點點。這些顏色組合變化多端，乍看之下會以為只是隨機搭配，但其實這些瘋狂、豔麗的色彩背後有其存在的道理；草莓箭毒蛙的身體有劇毒，而且越毒的個體，外表型態就越醒目。不過茉莉・康明斯和瑪婷・馬安（Martine Maan）卻發現，其實箭毒蛙的顏色只有在鳥類眼裡看起來醒目，對於其他掠食者如蛇類來說卻不然[79]。因此，很有可能就是鳥類的四色視覺左右了兩棲類動物稀奇古怪的皮膚色澤。這也很合理，箭毒蛙鮮豔的體色就是為了警告掠食者不要貿然攻擊而存在，經過一代又一代的演化，皮膚色調最能順應掠食者視覺型態變化的個體就最不容易受到攻擊。康明斯和馬安也發現，他們可以透過這一點了解動物的天敵究竟是誰——以箭毒蛙來說就是鳥類——藉由研究動物的體色，就能探知誰才是牠們最需要防備的頭號天敵。動物能夠左右大自然的色彩，而動物身上的顏色，則能告訴你誰是牠們的觀眾。

這個邏輯也能應用到花朵身上。一九九二年，拉爾斯・奇特卡（Lars Chittka）與藍道夫・門澤爾（Randolf Menzel）分析了一百八十種花，並且找出最能分辨花朵顏色的是哪種動物。[80]於是答案出來了——擁有綠、藍、UV三色視覺的動物——這正是蜜蜂與其他昆蟲所具備的視覺型態。各位可能會認為，應該是這些授粉者為了看見花朵才演化出相應的視覺型態，但其實不是如此。昆蟲的三色視覺型態早在第一朵花出現在世界上之前的幾億年就已演化出來了，因此一定是後來才出現的花朵配合昆蟲，演化出最能刺激昆蟲視覺的色彩。[81]

生物之間的連結相當深遠，令我不禁用不同的角度看待各種感覺。我們會以為感覺是一種被動的功能，彷彿眼睛與其他感覺器官都像進氣閥，只是動物們用來單方面吸收、接納外界刺激的管道。然而隨著時間流逝，就算只是用眼睛看這種簡單的行為，也能夠改變自然界的色彩。因為演化，生物的眼睛成了在大自然中揮灑色彩的筆刷。花朵、青蛙的皮膚、魚類的鱗片、羽毛、果實，在在都顯示出視覺能夠影響我們看見的世界面貌，而我們在大自然中看到的各種美麗事物，都是由和人類共存在這個世界上的所有動物一起塑造而成。美麗並不只是被動物看見，美麗其實源自於所有動物的眼睛。

二〇二一年三月的一個晴朗午後，我帶我的柯基犬泰波出門散步。靠近正在洗車的鄰居家門口時，泰波停下腳步坐在原地盯著看。我一邊等泰波仔細觀察，一邊發現水管裡噴出的水霧形成了彩虹。對泰波的雙眼來說，這道彩虹是由黃轉白，再接到藍色。而在我看來，就是一道由紅、橙、黃、綠、藍、紫依序排列構成的彩虹。至於對那些在我們身後樹梢上跳躍的麻雀與椋鳥來說，則可能是一道在紅到紫外光之間有著更多細微色階變化的彩虹。

我在本章一開頭就提過，顏色其實本來就是一件很主觀的事。人類視網膜中的光受體能夠探測不同波長的光，大腦則會運用這些光線傳來的訊號建構出對色彩的感受。這整個過程的前半段很容易研究，但要探討後半段則可就是難上加難了。從動物偵測到的訊號、到牠們實際上體驗到的感覺，這番訊號接收與知覺形成之間的角力，幾乎在每一種感官上都存在。我們可以藉由解剖螳螂蝦的眼睛了解牠的複眼究竟如何接收訊號，但依然無法確切知道牠們眼中看見的到底是什麼景象。我們可以清楚了解蒼蠅腳上味覺受體的形狀，卻無法體會牠們停在蘋果表面上時到底會有什麼感受。我們能夠記錄動物在體會不同感官經驗時的反應，卻很難了解牠們真正的**感覺**。要區別這種受到刺激產生的反應與實際感覺格外困難——也格外重要——特別是在面對疼痛時，更是如此。

第四章 沒人喜歡的感覺——疼痛

在一間溫暖又充滿玉米甜香的房間裡，我戴著手套，手裡抓著一隻小小的嚙齒類動物。牠毫無體毛的身體有著粉紅色澤，看起來不像一般的大鼠或是天竺鼠，比較像是一根泡在水裡太久的手指頭。即便已經是成體，這隻生物從外觀看來依然像個初生的胚胎。牠的雙眼就像一對黑色小針孔，還有長長的門齒凸出了嘴唇，牠身上看起來鬆鬆垮垮的皮膚雖然質地堅韌，卻透明到我能看見其體內的器官，其中當然包括肝臟那黑色的輪廓。這是一隻裸隱鼠（學名為*Heterocephalus glaber*）。講了這麼多，但外表其實根本不算是牠身上最怪的地方呢。①

裸隱鼠是十分長壽的嚙齒類動物，牠們的壽命可長達三十三年。裸隱鼠有著能夠隨意開闔夾取物體的下門齒[3]，還有外形古怪又活動力低下的精子[4]，牠們甚至還能夠在沒有氧氣的情況下存活長達十八分鐘[5]，其他老鼠種類根本撐不過一分鐘。牠們像螞蟻、白蟻一樣是群居的社會性生物，每個群體會有一隻或數隻負責生育的鼠后，以及大量無生育能力的其他工鼠。裸隱鼠（就像我手上抓著的這隻）形單影隻出現在自然界是非常罕見的景象，就連在地底以外的開放空間看到牠們的機會都少之又少。這是因為裸隱鼠平時都生活在如

① 裸隱鼠是種非常奇怪的生物[1]，因此牠們的各種神奇特性形成了許多迷思，其中有許多說法都不盡真實。我非常推薦大家閱讀〈關於裸隱鼠生態的長年迷思〉（Surpris ingly Long Survival of Premature Conclusions About Naked Mole-Rat Biology）一文[2]，這篇文章解開了許多世人對裸隱鼠的誤解。

迷宮一般的地底通道當中，牠們會不斷擴張、改建、巡視這些地下通道，藉此找到更多營養來源——塊莖食物。湯瑪斯・帕克（Thomas Park）在他位於芝加哥的實驗室裡將塑膠籠子通通連在一起，把裡面塞滿衛生紙捲和木屑，藉此複製出裸隱鼠在地下通道生活的環境。其中有些裸隱鼠出於本能地大嚼四周的牆壁，想要拓展人類為牠們創造出來的地下通道，同時也像在地底一樣，一邊往後踢腳試圖把被啃鬆的泥土移開。至於其他裸隱鼠則在窩裡休息，一隻又一隻身體充滿皺褶的裸隱鼠蜷曲著身子堆疊在鼠后周圍。鼠后的體型比其餘個體都大，牠鼓脹的肚子裡正孕育著幼鼠。帕克說：「對喜歡裸隱鼠的人來說，這真是最美好的景象了。」我相信他是真心如此認為。

裸隱鼠在野外的地下巢穴中，也是這樣一大群堆在一起睡覺保暖。因此被壓在最下層的裸隱鼠很快就會失去足夠的氧氣，這或許也就是牠們演化出特殊能力，能夠忍受缺氧狀態的原因。在這種環境下，牠們不得不發展出能夠忍受大量二氧化碳的能力，畢竟在這樣的地下巢穴中，每隻裸隱鼠每一次呼氣都會產生並累積二氧化碳。[6]在一般的空間裡，二氧化碳大約占空氣的百分之零點零三，倘若二氧化碳濃度上升到百分之三，人類就會開始換氣過度並產生恐慌。同時，二氧化碳也會溶解於人體各種潮濕的黏膜而酸化。這時你的眼睛、鼻子都會開始感到刺痛、灼熱，因此痛苦難耐，讓你只想趕緊逃走。但裸隱鼠卻不逃避也不退縮。

帕克為了證實裸隱鼠的這項特性，他在一個密閉空間裡的其中一側注入二氧化碳，另一側則是一般空氣。此時，一般實驗小鼠會匆忙跑到一般空氣的那一側，裸隱鼠則是在濃厚的二氧化碳中泰然自若，直到二氧化碳濃度達到百分之十才會離開。[7]因二氧化碳而產生的酸並不會使牠們感到疼痛，牠們就算嗅聞酸味濃烈的氣體也不會覺得不適[8]，就算把酸性液體滴到牠們的皮膚底下——相當於把檸檬汁擠到割傷的傷口裡——牠們也沒有反應。[9]除此之外，牠們對辣椒素（capsaicin）的反應也類似於此，辣椒素是辣椒與胡椒辣味的來源，會刺激人類皮膚產生發炎反應，而變得對熱度高度敏感，然而辣椒素對裸隱鼠卻沒有這種作用。話雖如此，這不代表裸隱鼠就像大家口耳相傳的那樣感覺不到疼痛，牠們和我們一樣，也討厭被捏痛或灼傷，也會閃躲芥末帶來的刺激感。[10]不過某些會使人類感到疼痛的有害物質對牠們來說，確實不痛不癢。

人類對於疼痛的體驗其實來自一種名為痛覺受體（nociceptor）的神經細胞[11]（這個字的其中一個c要輕柔地發音。此字源於拉丁文的nocere-，意指「傷害」），這些神經細胞有著裸露的尖端，會滲入我們的皮膚與其他器官當中，上面乘載著能夠偵測有害刺激的感受器——無論是感覺燙或冰、粉碎性的壓力、酸、毒，以及因為傷口和發炎反應而產生的化學物質，都在其偵測的範圍。②痛覺受體的尺寸大小不一，各自的敏感度、傳送訊息的速度也都不同——然而正是這些條件（很不幸地）建構出了扎痛、刺痛、燙傷、抽痛、絞痛、隱隱作痛等各種疼痛的樣貌。

大多數的動物都有痛覺受體，就連裸隱鼠也不例外。但牠們的痛覺受體數量較少，也會以各種方式停止作用。[12]一般動物體內會因為酸而活躍起來的痛覺受體，在牠們身上就不會作用。[13]然而裸隱鼠身上依然存在負責探測辣椒素的痛覺受體，只是不會像其他動物在受到刺激時產生神經傳導物質，把疼痛訊號傳遞到大腦。這些現象當中，有些確實不難解釋：假如裸隱鼠依然感受得到酸造成的疼痛，牠們睡在巢穴裡所產生的二氧化碳想必就會帶來極大的痛苦。「但我們不知道牠們為什麼不會對辣椒素產生痛覺。」帕克對我說道。或許是因為牠們會吃某些特別辣的塊莖食物，因此發展出抵抗辣的能力？也或許正好相反：幾百萬年來牠們都

② 痛覺受體不像視覺、嗅覺、聽覺那樣只會接收特定種類的刺激——也就是光線、化學分子、聲音——而是必須囊括所有可能造成傷害的刺激。因此痛覺是種大雜燴一般的感官能力，它結合了我們先前早已探究過的嗅覺，也包含其他元素，例如我們接下來才要談到的觸覺。

生活在相對安全的環境裡，因此失去了根本用不到的感官能力。無論事實到底為何，牠們對於許多人類所認知的疼痛無動於衷，就代表辣椒素與酸本質上並不是造成疼痛的核心要素。

許多會冬眠的哺乳類動物（如裸隱鼠）[14]，都必須面對冬眠時四周環境逐漸升高的二氧化碳濃度，牠們也因此對於酸不那麼敏感。負責傳播胡椒類植物種子的鳥類，則不會感受到因辣椒素而產生的灼熱感。[15]至於人類則對荊芥內酯（nepetalactone）相當不敏感，然而這種由貓薄荷產生的化學物質，對蚊子來說卻是強烈的刺激物質。[16]沙居食蝗鼠（屬名為*Onychomys*）出乎意料地，對蠍子來說是凶猛的天敵；對人類來說，被蠍子螫到會產生如同把菸蒂摁在皮膚上一般的劇痛，但沙居食蝗鼠卻對蠍毒沒感覺。沙居食蝗鼠的痛覺受體演化出特殊的能力，會在辨識出蠍毒以後阻止神經傳導訊號，因此反而能夠把一般而言令人痛苦難當的毒液變成最佳的止痛藥。[17]

大家可能都以為疼痛這回事對所有動物來說都一樣，但其實不然。痛覺就像色覺一樣，天生就具有相當主觀的特質，在各物種之間的落差也十分巨大。就像某種波長的光不一定就代表紅色或藍色，某種氣味對不同動物來說可能是臭味，也可能是香氣，這世界上也沒有舉世皆然的疼痛，甚至連像蠍毒這種刻意演化出來令人感到劇痛的物質，也不一定會使所有動物都產生痛覺。痛覺能夠警告動物受傷或危險的可能性，所以是生存的重要條件。而所有動物都有會威脅其生命安全的天敵，因此動物的痛覺便會根據牠們得躲避或得忍受的條件而逐漸演變。這就是為什麼要辨識出動物受什麼刺激會感到疼痛是如此困難，我們實在很難確定動物到底痛不痛，甚至也很難了解牠們到底有沒有痛覺。

一九〇〇年代初期，神經生理學家查爾斯・斯科特・薛凌騰（Charles Scott Sherrington）發現皮膚上有「某種末梢神經，專門用來感受令皮膚受傷的外界刺激」。[18]若這些神經與大腦連結就會「使皮膚疼痛」，然而若將這些神經與大腦的連結截斷，其依然會對外界刺激產生「非精神層面」的反射防衛舉動。舉例來說，一隻狗就算受到脊椎損傷，若你用力捏牠的腳掌，牠仍然會反射性地把腳掌縮回去。薛凌騰因此希望能用另一個詞彙來描述身體感受到具傷害性的刺激時所產生的行為，藉此將其與因傷害性刺激而產生的疼痛感受區分開來——這個詞彙會讓一切「更加客觀」。他也因此想出了傷害性痛覺（nociception）一詞。

超過一世紀以後，科學家與哲學家仍以區別的眼光看待傷害性痛覺與疼痛。[19]傷害性痛覺是我們受傷時產生的身體感覺；疼痛則是由此而生的痛苦感受。例如上週，我不小心碰到燒得正熱的鍋子，我皮膚上的痛覺受體感受到炙熱的溫度，這就是傷害性痛覺，並且因此觸發了我的反射反應，**在我意識到到底發生了什麼事之前**就硬生生縮回手臂。很快地，由痛覺受體傳來的訊號抵達大腦，產生不適與痛苦的感受，這就是疼痛。傷害性痛覺與疼痛兩者密不可分，但依然有所區別。傷害性痛覺發生在我的手上（以及脊髓），疼痛則是源自於我的大腦。在一連串的行為中，感覺與情緒的作用各占一半。對大部分的人來說，傷害性痛覺與疼痛兩者實在密不可分。

然而傷害性痛覺與疼痛其實是**可以**分開的。有些人在截肢後會產生幻肢的感受，即便已經沒有了截肢部分的傷害性痛覺，他們依然感受得到該處的疼痛。也有些人則是天生感受不到疼痛[20]——他們對其他人會感到疼痛的事依然有感覺，卻不會因此而產生痛苦。③有些止痛藥便是仿造這種效果，藉由影響人體的中樞神經系統來麻痺疼痛，但不會同時影響傷害性痛覺。專門研究疼痛的神經科學家羅賓．克魯克（Robyn Crook）說：「我動完下巴的手術後吃了止痛藥維可汀（Vicodin），我的下巴仍然有感覺，卻不覺得疼痛。」人類也能夠學會忽略，甚至享受會引起傷害性痛覺的事物，如芥末、辣椒或很燙的感覺。④

我得先澄清，傷害性痛覺與疼痛雖然不一樣，但這並不代表後者就沒有前者來得真實。許多因慢性疼痛疾患所苦的人（尤其是女性）長久以來都受到醫療機構的質疑與忽略，聲稱這些疼痛都只是想像出來的幻覺，或認為那是因為焦慮等心理健康問題而產生。[23]正因為疼痛是如此主觀的事，才那麼容易受到輕視。直到現在，多數人依然相信二元論，然而正是因為有這種認為身體與心靈不可混為一談的過時論調——人們才會把**主觀感受**視為**胡思亂想**，把**心靈**層面的概念斥為**想像**。這種想法其實會造成許多負面影響：傷害性痛覺與疼痛之間的區分，並不在於傷害性痛覺是身體實質產生的現象，而疼痛是人類心智的產物。這兩者其實都是神經細胞受到激發產生的結果。只是對人類來說，傷害性痛覺只靠末梢神經系統就會產生，疼痛則還得有大腦參與其中才能作用。要有疼痛的感覺，就得有某種程度的意識與覺察能力，而傷害性痛覺則非如此。

傷害性痛覺這個概念的歷史相當悠久，自然界中的動物也廣泛擁有傷害性痛覺，因此鴉片類的化學物質對人類、雞、鱒魚、海蛞蝓、果蠅——各式各樣經過了八億年各自演化的物種——都能有鎮靜痛覺受體的效果。[24]然而因為疼痛是如此主觀的事，我們很難分辨出到底哪些生物感受得到疼痛。就連人類也不太能夠準確察覺彼此的痛。克魯克說：「就算你跟我說你現在頭痛到爆，我還是無法完全了解你到底有多痛。而這還是我們都是人類，也擁有幾乎一樣的大腦構造的情況呢。」因此，研究人類疼痛的科學家如今仍大幅仰賴個人感受作為研究資料，但動物顯然不像人類能夠說明自己的感覺，因此我們只能靠觀察動物行為來推斷牠們的感受。⑤

捏老鼠（或是裸隱鼠）的腳一把，牠不但會把腳抽走，還很有可能會仔細舔拭梳理被你捏的地方，假如這時給牠們一些止痛藥，牠們也會欣然接受。這種行為跟人類受傷時會有的反應很像，既然囓齒類動物的大腦結構與人類相去不遠，我們就能合理猜測囓齒類動物表現出的傷害性痛覺反射動作也是伴隨著疼痛產生。然而用類比做出的推論還是不夠可靠，畢竟這世上有太多動物擁有非常獨特的身體與神經系統，實在很難如此比較。水蛭被捏住的時候會不斷扭動，但這種動作到底是像人類感受到疼痛時的痛苦表現，還是像把手抽離滾燙的鍋子那種下意識的反射動作？更別說還有些動物甚至可能會隱藏痛苦了。具備社交能力的動物，受傷時可以藉由痛苦的呻吟來尋求幫助，然而羚羊就算感到劇痛也很可能只會默默忍耐，因為痛苦嚎叫只會讓獅子認為牠們是更好下手的目標。每個物種展現疼痛的方式都不太一樣[25]。這麼一來，我們到底要怎麼判斷某種動物是否感受到疼痛呢？

對許多過去的思想家來說，動物沒有情緒也沒有意識經驗，因此動物到底痛不痛對他們來說根本不重要。[26]十七世紀的二元論者勒內·笛卡兒（René Descartes）就認為動物只是如同自動機械一般的存在。身為哲學家兼牧師的尼古拉·馬勒伯朗（Nicolas Malebranche）則根據此論調寫道：「動物會進食卻無愉悅之心，會哭泣卻感受不到苦痛，會成長而不自知。牠們無慾、無懼亦無知。」這種觀點幾十年來已大幅改變，大部分的科學家也都認同哺乳類動物感受得到疼痛的說法，然而其他動物如魚類、昆蟲、甲殼類動物到底會不會痛，科學界依然爭論不休。⑥[27]而在這些長久存在的爭論背後，傷害性痛覺與疼痛之間的差異正是關鍵。不過，專門研究動物福利的生物學家唐納德·布魯姆（Donald Broom）則認為這種區別「是試圖強調人與其他

---

③ 這種現象其實很危險。感覺不到疼痛的小孩或嬰兒會因而無法學習受傷與危險之間的關聯性，所以常常會咬自己的手指、用頭去撞其他物體或燙傷自己。其中那些安然存活下來的特例也有可能受到剝削或利用；史上第一位感受不到疼痛的人是一位在馬戲團討生活的男性，他在馬戲團工作，負責擔任人肉針插。還有一位也有這種特質的巴基斯坦男孩，他會在街頭表演將刀子插進手臂，後來他在十四歲生日時從屋頂跳下身亡。[21]

④ 我強烈推薦大家閱讀蕾依·科沃特（Leigh Cowart）的著作《痛快》（*Hurts So Good*）——該書深入探討受虐狂、超馬跑者、熱愛冰冷海水的狂熱者等各式各樣刻意感受疼痛的人。[22]

⑤ 大腦成像掃描在這一點上也沒用。科學家至今都還不清楚究竟怎麼樣的大腦活動代表有意識，更別說是要辨識出有意識且感受疼痛的大腦活動了，要搞清楚有意識的其他動物感受到疼痛時究竟會有哪些大腦活動，更是無比困難。

⑥ 直到一九八〇年代，科學家仍沒有定論幼兒或新生兒到底是否感受得到疼痛，以及止痛藥對他們是否有用。[28]

動物，或者說是『高等』或『低等』動物之別的概念遺毒」。[29]畢竟以其他感官能力而言，各種感覺受體產生的變化，以及該個體大腦產生的體驗並沒有不同的名稱。例如研究眼睛的科學家並不會質疑是不是只有人才有視覺，而魚類則只是具有光受體而已。

然而正如我們在前幾章所提到，視網膜裡的感光細胞偵測到的事物，以及眼睛真正看到的意識經驗**確實**不同。研究視覺的科學家也**確實**在單純的光受體與空間視覺能力之間做出了區分——各位別忘了丹－艾瑞克・尼爾松提出的四種視覺階段。這些科學家推測某些生物（如扇貝）根本不具成像的視覺能力或許會打破世人對視力的既定想像。他們也認知到視覺世界的某些層面（如色彩），是因應大腦樣態而生。某些動物能感知到與人類不同波長的光（例如螳螂蝦），不過這些動物可能根本看不見顏色。

至於對化學物質的感覺——也就是嗅覺與味覺——則很有可能會在無意識下直接感覺外界刺激並做出反應。各位現在就正在這麼做。人類渾身上下都有味覺受體——不是在皮膚上或是腳上，而是遍布於我們體內的器官。[30]腸道裡有甜味受體，藉以控制人體釋放能左右食慾的賀爾蒙。我們的肺裡面也有感知苦味的受體，才能夠辨識過敏原並產生免疫反應，而這一切都在根本沒有意識到的情況下發生。同樣的道理，蚊子腳上的味覺受體就算探測到敵避胺，也不需要將訊號傳送到大腦就會自動做出躲避的反射動作。蒼蠅翅膀上的味覺受體更是能夠在感覺到微生物群時，自然引發清潔身體的反射反應，而蒼蠅本身可能根本就不知道所謂的微生物群甚至翅膀到底是什麼。然而對旁觀者而言，可能以為這就是厭惡的表現，但其實我們無法知曉當下昆蟲的大腦裡究竟產生了什麼情緒。

布魯姆的想法沒錯，我們確實很少去區分什麼是正在發生的感覺，什麼又是接踵而來的主觀經驗感受。然而這並不是因為兩者之間沒有差異，而是因為這種差異通常不重要。扇貝到底看得見什麼、人類與鳥類眼中的紅色是否相同，這大概算是哲學層面的大哉問。然而疼痛與傷害性痛覺之間的差異卻在道德、法律、經濟等議題上有重大影響，也會影響人類在捕捉、屠殺、食用動物，甚至是以動物為實驗對象時認同的社會規範。疼痛（或是各位比較喜歡稱其為傷害性痛覺）是種沒人喜歡的感覺，也是唯一一種如果「消失」了反而會被視為擁有超能力的感覺（就像裸隱鼠或沙居食蝗鼠那樣），同時，它也是人類唯一會刻意避免、以藥物麻痺，並且避免在其他個體身上引起的感覺。

鑽研視覺或聽覺的科學家對動物重複播放影像或聲音進行實驗，然而研究疼痛的科學家卻得在實驗的過程中傷害動物，才可能藉由研究成果得來的知識提升這些動物的福祉。科學家當然希望能傷害越少動物越好，但實驗數據總得要有足夠的樣本數才行，他們的研究也因此不僅充滿了道德層面的挑戰，更是常常面臨各種挫折。羅賓．克魯克說：「大家要不是跟我們一樣認為動物理所當然能感受疼痛，因此覺得我們研究這個主題很蠢；要不就是覺得動物根本不可能覺得痛，於是也認為這個研究主題很白癡。在不可知論者⑦的心中，一切通常都是非黑即白，沒什麼中間地帶。」

魚類更是證明疼痛研究困難重重的最佳例子。二〇〇〇年代初期，琳恩．史內頓（Lynne Sneddon）、麥克．貞托（Mike Gentle）、維多莉亞．布雷斯威特（Victoria Braithwaite）進行了一項實驗。[31] 他們在鱒魚的嘴唇注射蜂毒或醋酸（也就是醋裡面會產生刺激的成分），這些魚與被注射了食鹽水的控制組產生的反應相當不同，牠們的呼吸變得沉重，連續好幾個小時都不願意進食，還躺在魚缸底部的沙礫鋪面上翻來覆去，其中

⑦ 譯註：不可知論為一種哲學觀點，認為如鬼神、來世、上帝是否存在等形而上的問題是不為人所知或根本無法得到答案的問題。

有些魚甚至用沙礫或魚缸壁摩擦自己的嘴唇。牠們看起來不像平常那樣，會刻意與不熟悉的物體保持距離，感覺好像是被什麼東西轉移了注意力——而這些反應卻在注射嗎啡以後消失無蹤。對史內頓和研究同仁來說，這些魚注射刺激物以後的表現，絕對不只是對傷害性痛覺的反應而已，他們親眼目睹這些魚表現出痛苦。

二〇〇三年發表的這些開創性研究就像平地的一聲驚雷。過去的許多科學文獻、釣魚雜誌，甚至是超脫樂團（Nirvana）的歌詞都在宣揚魚類感受不到疼痛的思維，他們認為上鉤的魚會掙扎純粹是反射動作，而不是牠們感到痛苦的表徵。在史內頓的研究團隊提出證明以前，根本沒人知道魚類確實有痛覺受體。史內頓告訴我，她在開始進行研究之前問過許多獸醫學生與熱愛釣魚的人，魚類是否能感受到疼痛。她說：「當時認為魚類能感受到痛的人非常少。」然而十七年過去了，有越來越多的證據證明這一點。「現在我提出這個問題時，幾乎所有人都舉手認同魚會感到疼痛的說法了。」

魚的痛覺受體受到激發時，神經訊號會被傳送到負責學習與處理其他更複雜行為（與單純的反射相較之下）的腦區。[32] 顯而易見地，動物在被捏、被電擊、被注射毒素以後，會連續好幾個小時或好幾天表現出與平常不一樣的行為——或是直到用了止痛藥為止。[33] 牠們也會為了得到止痛藥做出犧牲或放棄更舒適的環境。史內頓在其中一項實驗中發現，與空蕩蕩的空間比較之下，斑馬魚顯然更喜歡生活在充滿植物與沙礫的魚缸裡。[34] 然而倘若她在魚身上注射了醋酸，並且在空無一物的魚缸水裡溶入止痛藥，這些魚就會放棄平常偏好的舒適環境，轉而選擇無聊但有藥物能舒緩疼痛的空間。在另一項研究中，莎拉．密索普（Sarah Millsopp）與彼得．蘭明（Peter Laming）訓練金魚固定在魚缸的某個位置進食，然後再電擊牠們[35]。這些金魚會放棄食物選擇逃走並遠離魚缸該處好幾天。然而這些金魚最後卻還是會游回能夠吃到食物的位置，假如這些金魚很餓或電擊強度減緩，牠們就會更快回到原處進食。金魚一開始逃走可能是出於反射動作，但後來牠們也會進一步衡量繼續躲避電擊的利弊得失。正如布雷斯威特於其著作《魚會痛嗎？》（*Do Fish Feel Pain?*）所述：「能夠證明魚會因疼痛感到痛苦的證據，跟能證明鳥類和哺乳類動物會痛的證據一樣多。」[36]

不過仍然有一群人大肆批評這種論點。⑧[37]他們不買帳史內頓的實驗成果，並批評史內頓與其他科學家把魚類擬人化，並以人類的眼光看待這些實驗裡的魚。反對者認為，魚類的大腦根本無法處理這麼複雜的行為模式，因此該實驗結果中魚產生的是無意識行為。人類的大腦上有一層像蘑菇傘蓋一樣的神經組織——新皮質（neocortex）。新皮質就像交響樂團一樣，囊括了負責不同功能的區域，攜手合作創造出意識的樂章與痛苦的輓歌。而魚類根本沒有新皮質，更別說是像人類這樣極有組織的大腦結構了。「魚類的神經結構能讓牠們擁有無意識下產生的傷害性痛覺和情緒反應，但牠們沒有疼痛的意識與感覺。」二〇一四年，七位持懷疑態度的人在標題為〈魚類真的會痛嗎？〉（Can Fish Really Feel Pain?）的文章中如此寫道。[39]

諷刺的是，這項反對論點其實才是將魚極度擬人化的說法。[40]只因為人類的疼痛是如此運作，他們就自顧自地假設對所有動物來說，新皮質都是感受疼痛的必要條件。但假若真是如此，應該連大腦裡也沒有新皮質的鳥類都感受不到疼痛才對吧。再者，若依循同樣的邏輯，缺乏新皮質的魚類應該也不具備其他對人類來說源自新皮質的心智能力，例如注意力、學習能力以及其他許多魚類明顯具備的能力。[41]各種動物在面對同一種問題時，通常會演化出不同的解決方式，也會演變出各式各樣的身體結構來處理這些事。要拿魚因為不像人類一樣有新皮質，所以沒有痛覺這種說詞來說服人，簡直就像在說蒼蠅的眼睛因為不像人類是單眼構造所

⑧各位若想更了解這番爭論，可以比較史內頓所撰寫的評論與以詹姆斯・羅斯（James Rose）為首的一群作者所寫的文章。[38]各位也可以閱讀布萊恩・凱伊（Brian Key）標題為〈魚為何不會感到疼痛？〉（Why Fish Do Not Feel Pain?）的文章以及數十篇駁斥其論調的回應評論。

以看不到一樣。

不過這些反駁言論當中還是有些有可取之處：我們確實不能直接認定所有動物都能感受到疼痛，並具備其他各種意識經驗。意識源自於動物的神經系統，而這並非所有生命個體與生俱來的特質，即便有些動物的神經系統不需要新皮質就能運作，牠們還是需要足夠的處理能力才能應付這些功能。退一步來看，螃蟹與海螯蝦得運用大約三十個神經細胞的組合才能控制胃蠕動的節律[42]；至於秀麗隱桿線蟲（*Caenorhabditis elegans*）的全身上下總共只有三百零二個神經細胞。把螃蟹胃蠕動需要的神經數量乘上十倍，真的就足以讓線蟲產生有意識的主觀經驗嗎？似乎不太可能。羅賓．克魯克說：「有些動物的神經系統真的太微小了。不過話說回來，到底要有多少腦力才算足夠呢？」人類的八百六十億個神經細胞足夠嗎？狗的二十億個神經細胞足夠嗎？老鼠的七千萬個神經細胞、孔雀魚的四百萬個神經細胞，或是果蠅的十萬個神經細胞，又到底是否稱得上足夠呢？克魯克確實也懷疑全身上下只有一萬個神經細胞的海蛞蝓到底是否有辦法具備足夠的腦力，但「我們實在也不能說一萬零五十七個神經細胞就算是足夠這種話。」她如此說道。

所以重要條件不是只有神經細胞的數量而已，神經細胞之間的連結程度有多高也非常關鍵。[43]在人類大腦中，數十萬個神經細胞與新皮質的各個區域互相連結，正是人類能夠體驗疼痛帶來的痛苦，並且將感官刺激與負面情緒、糟糕的回憶等事物連結在一起的關鍵。然而在昆蟲的大腦中，這樣的連結卻相當稀少。[44]果蠅的痛覺受體與牠們大腦中名為蕈狀體（mushroom body）的區域相連，昆蟲是因為有這個大腦結構才具備學習能力。不過蕈體卻只有二十一個向外連結到昆蟲大腦其他腦區的神經細胞。蒼蠅或許能夠學會如何躲避會引發疼痛的外界刺激，然而在學習的過程中，是否也會像人類一樣因為傷害性痛覺而感到痛苦呢？畢竟昆蟲可能根本沒有處理情緒的腦區（就像人類大腦中的杏仁核）。「我們實在很難了解昆蟲對於疼痛的主觀體驗。」

研究昆蟲行為的生理學家雪莉・阿達莫（Shelley Adamo）如此說道。

不過阿達莫也表示，我們對**人類**大腦究竟如何運作的了解如此淺薄，遑論對其他動物的大腦機制更是知之甚少，又怎麼能確定我們真的知道昆蟲大腦裡的情緒中心到底該是什麼樣子呢？因此，現在要論斷某些神經特徵到底是不是感受疼痛的必要條件還言之過早，就像某些動物似乎就是有辦法突破簡單的大腦結構可能帶來的限制。

二〇〇三年，生物學家羅伯特・艾爾伍德（Robert Elwood）在北愛爾蘭啟利列（Killyleagh）的一家酒吧遇到知名主廚里克・史坦（Rick Stein）。艾爾伍德回憶道：「我們都喜歡甲殼類動物，我研究牠們的行為，他則是以甲殼類為食材。」當下史坦立刻開口問他：「甲殼類動物感覺得到痛嗎？」艾爾伍德直覺認為牠們應該感覺不到疼痛，但他並不確定這個答案。後來，這個疑問一直縈繞在他心頭，於是他開始研究這個問題。「我以為很快就會得出結果，然後我就可以去做其他研究了，」他對我說。「但事情卻不是這樣發展。」

艾爾伍德研究的是本哈德寄居蟹（學名為 *Pagurus bernhardus*），這種生物在歐洲的海灘上十分常見，牠們會將柔軟的腹部塞進無主的貝殼當中。這些貝殼對寄居蟹來說是相當珍貴的資產，因為沒了殼的寄居蟹非常脆弱。不過儘管如此，艾爾伍德和研究同仁馬芮安・艾波（Mirjam Appel）卻發現，只要用微弱的電流電擊寄居蟹，牠們就會逃離寄居的貝殼。[45] 這種逃跑的行為看起來似乎是反射動作，不過寄居蟹並不是每次都會不顧一切逃跑。與牠們沒那麼喜歡的平頂螺殼相較之下，要把牠們逼出最喜歡的玉黍螺殼則需要更強的電擊力道。假如牠們聞到水中有天敵的氣味，寄居蟹丟下貝殼逃跑的機率又下降一半。艾爾伍德表示：「這就讓我明白，寄居蟹丟下殼逃跑的行為並不是反射動作。」反之，逃跑其實是寄居蟹衡量多方資訊以後才做出的決定。

寄居蟹在被電擊後，也會有很長一段時間呈現出不同的行為模式。因為受到電擊而逃跑以後，即便在沒有殼的情況下身體十分脆弱，牠們也不會跑回原來的殼，並且會仔細清理遭到電擊的腹部。即便是牠們沒有選擇拋棄原來貝殼的情況下，與寄居蟹平常在接受新的貝殼前一定要先仔細檢查所花費的時間相比，牠們會更快接受新的殼。艾爾伍德表示，這些研究結果都與寄居蟹會感到疼痛的假設一致，但要真正了解寄居蟹到底有什麼感覺卻是不可能的任務。[46] 他說：「常有人問我，螃蟹和海螯蝦到底會不會痛，然而在研究了十五年以後，我的答案依然只能是『也許』。」

甲殼類動物和昆蟲以演化而言是親緣相近的近親，也擁有差不多簡單的神經系統。然而艾爾伍德研究的寄居蟹卻明顯展現出相當複雜的行為模式，我們該如何解釋其中的矛盾呢？假如某種動物表現的行為與其大腦理論上能展現的功能不相符，那到底是人類過度解釋動物行為，還是我們低估了動物的神經系統？史內頓與艾爾伍德認為是後者，然而阿達莫卻認同前者。但我們實在還無法肯定到底誰對誰錯，也或許大家其實都沒錯。⑨

阿達莫認為：「爭論動物的大腦尺寸也許只是在模糊焦點。」她反而比較關心痛覺在演化上帶來的好處或代價。這裡說的代價指的是動物為了感覺痛得付出的精力與能量，而不是疼痛帶來的痛苦情緒。演化的過程將昆蟲的神經系統推到極簡與高效的極致，盡可能將各種處理能力塞在牠們小小的頭與身體裡。[48] 任何額外的心智能力——例如意識——都需要花費更多的神經細胞，而這會削減昆蟲早已盡可能發揮最大作用的有限身體能量。昆蟲勢必得從中得到足夠益處，才會付出這樣巨大的代價。然而對昆蟲來說，感受得到痛究竟能帶來什麼好處呢？

昆蟲演化出傷害性痛覺的益處其實顯而易見。疼痛就像動物的警示系統，能讓動物察覺可能造成傷害或損及生命的事物，並且做出相應的行動自我保護。不過若要追根究柢痛覺的根源究竟為何，就沒那麼容易了。動物能夠感受疼痛，在適應大自然這個層面上究竟有什麼價值？傷害性痛覺又為什麼非得令人感覺這麼**糟糕**不可？有些科學家認為，伴隨疼痛產生的負面情緒，或許能夠增強、加固痛覺的影響力，因此動物不僅能夠知道當下到底是什麼令牠感到疼痛，也學會未來要努力避免相同的情況發生。[49]傷害性痛覺對動物說：「快逃。」而疼痛則是讓動物曉得：「……以後別再靠近了。」然而阿達莫與其他科學家卻反駁這種說法，他們認為動物根本不需要主觀經驗也能學會躲避危險，各位只要看看機器人就知道了。

工程師能夠設計出彷彿可以感受疼痛並產生相應行為的機器人，而且還能夠從負面感受中學習經驗或躲避會產生不適的因素[50]。然而動物表現出這些行為時，人類卻認為這就代表動物一定會覺得痛。機器人根本不需要主觀經驗就能有這些行為表現，但這也不表示動物像笛卡兒說的一樣，是不會思考、沒有感覺的自動機械。正如阿達莫所說：「機器人不像昆蟲如此複雜。」她認為昆蟲的神經系統經過演化，已經變得能夠以最簡單的方式執行複雜的行為，而機器人向我們證明了這種簡單可以發揮到多極致的地步。假如我們可以不賦予機器人意識，靠編寫程式就讓它們做出疼痛能夠引發的各種適應行為，那麼長久以來控制著各種生物演變，身為更加優秀發明家的自然演化，勢必能夠用同樣的概念將昆蟲的大腦簡化到極限。因此，阿達莫認為昆蟲（或甲殼類動物）不太可能感受得到痛。或者應該說，至少牠們對於疼痛的體驗很有可能和人類截然不同。同樣的邏輯也可以套用在魚類身上。阿達莫說：「我認為牠們應該也有**一套自己的**感受方式，但那到底

⑨關於動物痛覺的爭論十分激烈；但值得一提的是，阿達莫、史內頓、艾爾伍德共同發表了一篇文章來定義動物的痛覺，即便他們想法不同，卻仍然懷抱著善意談論彼此的觀點。[47]

是什麼呢？很有可能跟昆蟲、人類都不一樣。」

這項觀點非常重要。目前科學界關於動物痛覺的爭論要不是直接假設動物有跟人類一樣的痛覺，就是將牠們歸類到沒有痛覺的那一部分去，彷彿我們只有把動物視為比較小的人，或是更精細的機器人這兩種選擇而已。這麼武斷的二分法其實不對，然而正是因為要想像這兩個極端之間的中間地帶實在太過困難，這樣的看法才會長久存在。我們都知道，有些人感受痛的門檻與其他人不太一樣，就像我們也理解有些人的視力就是沒那麼敏銳一樣。然而不同性質的痛覺就像扇貝沒有畫面的視覺一樣令人難以想像。假如沒有意識，真的還會有痛覺嗎？假如拿掉疼痛造成的痛苦情緒，是不是就只剩下傷害性痛覺，還是其中有人類想像力難以涉及的灰色地帶？因此對大多數人來說，乾脆直接忽略痛覺可能存在的各種形式比較簡單，畢竟要想像其他動物的痛覺究竟是什麼樣貌實在太過困難，在各種感官能力中，或許痛覺是最容易令人覺得忽略比想像來得容易的一種。

二〇一〇年九月，歐盟將動物實驗規範的範圍擴大至頭足類——也就是納入章魚、烏賊、魷魚等動物。保護如老鼠或猴子等有脊椎的實驗動物的動物福利法，通常不會將屬於無脊椎動物的頭足類納入其中。然而頭足類動物與其餘大部分的無脊椎動物相比，擁有更大的神經系統[51]——章魚有五億個神經細胞，果蠅卻只有十萬個。頭足類動物也展現出比某些脊椎動物（如爬行類與兩棲類動物）智力更高也更靈活的行為模式。歐盟在其法令中表示：「科學證據顯示，頭足類動物能感受到疼痛、痛苦、痛楚與永久傷害。」[52]然而歐盟宣稱的這一點卻令羅賓．克魯克十分意外，她長期研究頭足類動物，所以知道這些所謂的科學證據根本不存在。歐盟顯然是直接假設智力高的動物就能感受痛苦。然而與此同時，根本沒人知道頭足類動物到底有沒有痛覺受體，更不可能知道牠們到底會不會覺得痛苦。克魯克表示：「當今科學界真正具備的知識，與立法單位認知的科學理解範疇，有相當大的落差。」

她決定盡力填補這段落差[53]，於是從研究槍魷（學名為*Doryteuthis pealeii*）開始——這種魷魚的體型約三十公分長，在北大西洋是相當常見的漁獲種類。牠們的腕足尖端時常因為與同類打鬥而斷裂，也很容易被螃蟹的螯夾斷；克魯克則用解剖刀仿造這種在大自然中會出現的傷口。不出所料，魷魚在被解剖刀所傷之後，便一邊噴出墨汁一邊快速逃離，同時改變體色以融入環境。過了幾天，魷魚逃避閃躲的速度變得更快了。但出乎意料的是，牠們始終沒有像人類、老鼠或甚至寄居蟹一樣觸碰、清理、撫慰自己的傷口。其實牠們只要伸出剩下未受損傷的七隻腕足中任一隻，就能輕易觸碰到自己的殘肢，然而牠們根本連試都沒試。

更驚人的是，克魯克發現明明只有某一腕足受傷的魷魚卻表現出整個身體都在痛的樣子。[54]人類或其他哺乳類動物被割傷或瘀傷時，受傷的局部位置確實會很痛，但身體剩下的部分安然無恙。假如我的手燒傷了，再戳到傷口確實會很痛，但如果我戳的是腳就沒關係；然而克魯克一旦割傷了魷魚其中一側的鰭，另一邊的痛覺受體也會產生和受傷那一側同樣激烈的活動。各位可以試著想像，每一次你撞到腳趾頭，整個身體就會變得無比脆弱、不堪碰觸。這就是魷魚的痛覺樣態。克魯克說：「牠們只要一受傷，全身都會變得超級敏感。從原本完全正常的狀態進入這個潛藏一切痛楚的世界。」這種現象或許就能解釋牠們為什麼不會清理自己的傷口了。魷魚雖然感覺得到自己受傷，卻分辨不出來到底傷在**哪裡**。

對哺乳類動物來說，能夠找出痛點的天性讓我們能夠保護、清理身體因受傷而脆弱的部位，然後繼續過生活。魷魚為什麼會缺乏這麼實用的資訊來源呢？其中一種可能性正如克魯克所說：「因為海裡的各種生物都會以魷魚為食。」而受傷的魷魚對於掠食者來說更是誘人的目標，牠們不僅會因此變得更醒目，也看起來

（或聞起來）更容易獵捕。藉由讓整個身體進入高度警戒狀態[55]，魷魚或許就更有機會逃離可能來自四面八方的攻擊。⑩對於像魷魚這樣碰不到身體其他大部分區域的動物來說，選擇讓全身上下都具備敏銳的感覺也很合理。畢竟他們根本就碰不到自己的鰭，那麼就算知道是哪一邊受傷又怎麼樣呢？

章魚就不一樣了；不像魷魚，牠們**能夠**碰到自己全身的每一個部分，牠們甚至能夠碰到體內，清理自己的鰓——這就等同於人類把手從喉嚨伸進肺裡替自己抓癢一樣。另外也不同的是，魷魚在開放海域裡生活，每分每秒都得繃緊神經抵禦敵人，章魚則可以靜靜地窩在洞裡等到感覺好一點了再跑出去。既然有時間、有辦法撫慰傷口，具備知道傷處在哪裡的能力也就理所當然了。克魯克也發現，章魚真的能夠知道自己哪裡受傷了。章魚的腕足尖端如果受傷，牠們有時候會選擇自斷整隻腕足[57]；這種情況一旦發生，剩餘的殘肢則會變得比其他腕足更加敏感，而章魚也會用嘴喙托著傷處。克魯克在二〇二一年發表了最新研究成果，她發現章魚在水中會躲避先前自己被注射了醋酸的地點，被吸引至有投放止痛藥的位置。[58]而一旦為章魚的傷處做了局部麻醉，牠們就會停止清理受傷的腕足。在這份最新的論文中，克魯克直白道：「章魚能夠感受疼痛。」

甚至在這項研究發表以前，克魯克就表示，她本來就把頭足類動物能感受疼痛的概念放在心中，也以此為出發點經營她的實驗室。她的研究目的是為了提升頭足類動物的福祉（例如了解麻醉藥對頭足類動物是否有效），她也盡可能降低研究動物的數量（但依然維持足夠的樣本數），並確保將對動物造成的傷害降到最低。要在徹底考量動物實驗倫理的框架下進行關於疼痛的研究，實在是件難事，「但我認為這本來就**應該要是**一件不簡單的事，」克魯克說道。「即便不會造成疼痛，對動物進行實驗都不是件令人開心的事。畢竟動物接受實驗並不是出於自願。即便我的目標長遠來看是希望減輕動物所受的苦，但當下在水族缸裡接受實驗的那隻動物並不知道這件事。」

許多研究疼痛的科學家也有同感。他們認為，無論頭足類動物、魚類或甲殼類動物到底是和人類有同樣的痛覺，還是與我們的疼痛體驗截然不同，目前都有足夠的科學證據顯示，人類應該對於進行動物實驗更加謹慎。艾爾伍德說：「這些動物很有可能都感受得到痛楚，所以我們應該想盡辦法避免牠們受苦。」

許多關於動物痛覺的爭議都圍繞著一個簡單的疑問打轉：**牠們感覺得到痛嗎**？然而這個問題背後真正的問題其實是：**那我們可以烹煮龍蝦嗎？我是不是不該吃章魚？我可以釣魚嗎？**[11]人類在探究動物是否有痛覺時，其實不太關心動物到底怎麼感受，而是更想知道：**我們到底可以對牠們做什麼**。但這種態度卻會阻礙我們了解動物真正的感受。

在會痛還是不會痛以外，其實還有更多值得探究的焦點。我認為雪莉．阿達莫的看法沒錯，我們確實應該更深入了解疼痛存在的好處與代價，畢竟痛絕不會白白存在，受傷也不會沒有原因。正因為會受傷、會痛，動物才能從中得到有用的訊息。倘若不了解動物的需求與局限，就很難正確解讀牠們的行為。

例如昆蟲，牠們常做出一些令人覺得想必會疼痛難當的驚人舉動。[60]在附肢受傷時，牠們不會表現出一瘸一拐的樣子，而是繼續將身體的重量交給被壓碎的附肢擔負。公螳螂在被母螳螂一口口吃掉時，仍會依然故

---

⑩ 克魯克藉由實驗證實了這一點。[56]她發現海鱸魚特別會以受傷的魷魚為攻擊目標，這些受傷的魷魚會比沒有受傷的個體更早採取防禦行動。假如克魯克替牠們施以麻醉，牠們逃跑的速度就會變慢，也因此降低了生存機會。

⑪ 這個問題的答案之複雜，都可以再寫一本書了。這裡我只打算提一點，主觀意識上的疼痛只是在考慮動物福祉時的其中一個面向而已，甚至都還不是最重要的一點。「我們其實可以很簡單地接受一件事就好——傷害性痛覺本身確實會影響動物福祉，因此我們需要盡可能為動物治療，」獸醫費德瑞克．夏帝尼（Frederic Chatigny）寫道。「痛苦雖然確實是由意識定義，卻不盡然會對動物的健康造成負面影響。」[59]

我地與母螳螂交配；即便體內的寄生蜂幼蟲正在一點一點由內而外啃食自己的身體，毛毛蟲仍然不受影響地大嚼葉片；蟑螂則會在有必要時以自己的內臟為食。這些行為「彰顯了即便昆蟲感受得到痛，但對於牠們的行為卻不會產生影響。」克雷格・艾斯曼（Craig Eisemann）與研究同仁在一九八四年發布的研究結果中寫道。[61]但這也許只代表昆蟲會為了某些目的願意忍受痛苦？也許蟑螂和螳螂把攝取蛋白質與繁衍後代的優先順序擺在疼痛前面，就像運動選手或軍人在運動賽場上、戰場上為達目標而甘願忍受痛苦一樣。也許毛毛蟲是因為根本對於疼痛無能為力，才變得感受不到自己被活生生啃噬。

除此之外還有魷魚與章魚，牠們都是頭足類動物，卻已經獨立演化超過三億年，和哺乳類動物與鳥類走上不同演化之路的時間差不多長，因此牠們的身體結構與生活模式都已變得截然不同。這麼說來，這些動物在受傷以後神經系統運作方式的差異之大，也就不那麼令人驚訝了。與其去想頭足類動物到底會不會感到痛苦，我們或許應該了解的是，**哪種動物**感受得到痛苦，牠們**如何**感受到痛苦。對於三萬四千種已知的魚類、六萬七千種已知的甲殼類動物以及天知道到底有幾種的昆蟲來說，我們都應該用這種角度思考。既然我們從視覺及嗅覺都可以發現，即便是非常相近的物種，也都可能以不一樣的方式感受世界，那麼選擇用一概而論的方式論斷牠們的痛覺就太過荒唐了。

與其關注動物到底會不會疼痛，我們不如像生理學家凱薩琳・威廉斯（Catherine Williams）說的一樣思考。她認為，人類應該了解對於其他動物來說「在面對什麼情況、什麼樣的刺激時，擁有痛覺、感受痛覺、展現疼痛會有好處。」而我們也會因此而發現，穴居的裸隱鼠與捕食蠍子的食蝗鼠表現疼痛的方式並不相同，擁有長長腕足的章魚和腕足沒那麼長的魷魚，也有不一樣的痛覺形式。從擁有社交行為的動物身上，我們可能會看見牠們以嚎叫求助的方式表現疼痛，獨居動物則是一切靠自己。壽命短暫的動物可能沒幾次機會嘗試錯誤，生命較長的動物則有更多透過疼痛學習經驗的良機。我們也就能藉此了解，不同的動物倘若必須忍受炙人或極寒的極端溫度，就會擁有不一樣的痛覺樣態。

第五章　太酷了——熱覺

我覺得很冷。外面現在是秋天，氣溫是溫暖的攝氏二十四度，然而我在一個根本就是巨大冰箱的空間裡，周圍的溫度已降至攝氏四度。這是個人造越冬巢（hibernaculum）——房間是仿造動物入冬後用來冬眠的空間建造而成，周遭一片黑暗、寒冷。我顯然不太擅長為出差訪問報導打包適合的衣物，因為在這種溫度下，我身上竟然只穿了一件緊身T恤。熱度一點一點從我裸露的手臂肌膚散失，於是我下意識地揉了揉手臂。同時，麥蒂．強金斯（Maddy Junkins）的衣著則合理多了，她把手伸進一個充滿碎紙屑的盒子裡，抓出一坨小毛球，那是一隻十三條紋地松鼠（學名為*Ictidomys tridecemlineatus*）。牠的大小和重量就跟一顆葡萄柚差不多，整個身子蜷成一顆球，尾巴正好掃過鼻子。牠看起來就像一隻比較大也比較華麗的花栗鼠，背上有十三條黑色的條紋向下延伸，其中還點綴了淺色的斑點。我的眼睛能夠接收到這間房間裡的紅光，因此可以看見牠們身上的花紋，然而這些松鼠的眼睛卻看不到紅光，而且此時的牠們都正緊緊閉著雙眼。這時是九月中，漫長的冬眠季節已然開始。

冬眠和睡覺並不一樣，冬眠的動物入睡之深，程度可幾乎完全停止各式活動，也因為這樣，地松鼠才能在北美洲的嚴寒冬季存活。[1]在這段期間，牠們身體的新陳代謝會幾乎全部停擺。①強金斯小心地將地松鼠放在我戴了乳膠手套的掌心上，我立刻為牠真的一動也不動的狀態感到驚嘆。在這隻地松鼠身上，完全看不到囓齒類動物平時那種躁動、全身抽動的樣子；牠側身躺著，一般情況下，我應該可以感覺得到牠因為呼吸急速而產生的身體震動，然而這時的牠毫無動靜。牠們的心臟在夏季時一秒鐘會至少跳五次，現在同樣的心跳次數卻要花上超過一分鐘。[3]強金斯說：「牠們平常在人類手裡都活蹦亂跳的，現在卻完全不是如此。牠現在就像一團毫無生命的冰冷肉塊。」確實，這隻地松鼠在我手上很快就變得越來越冰。牠的體溫不再是夏天時的攝氏三十七度，而是驟降至攝氏四度，就跟擺在這個人造越冬巢裡的各種物體一樣。就連地松鼠本身也散發出死氣沉沉的不尋常氣息——牠的身體既不溫暖，也似乎沒有絲毫生命力。只能從依然帶有血色的爪子看出牠其實還活著，若是刻意抓握牠們的爪子，地松鼠也確實會把手縮回去，只是動作很慢而已。假如我把牠們抓在手裡太久，我掌心的溫度有可能會喚醒牠們，因此我將地松鼠放回臨時巢穴裡，離開了越冬巢。在外面的艾蓮娜・瓜切瓦（Elena Gracheva）是這個機構的主事者，她正等著我們出來。

她問我：「感覺如何？」

我回答：「太酷了。」

瓜切瓦是研究熱與動物冷熱覺的科學家。她過去的研究對象是吸血蝠與響尾蛇（我們稍後會提到），最近則將注意力轉移到比較可愛的十三條紋地松鼠身上，她想研究這種囓齒類動物忍受低溫的驚人能力。她對我說：「假如我被關在很冷的空間裡，很快就會開始感到痛苦，並且陷入失溫狀態。我在低溫的狀態下可能活不過二十四個小時。」然而十三條紋地松鼠卻可以在攝氏兩度到攝氏七度之間的溫度待上半年。[4]牠們的近親北極地松鼠（學名為 *Urocitellus parryii*）則能忍受低至攝氏負二點九度的零下低溫。這種忍耐低溫的特殊能力其實來自於牠們身上時常被忽略的天生特質：牠們**不怕冷**。

---

① 睡眠與冬眠其實相當不同。冬眠的地松鼠因為根本不是在睡覺，會在這段時間內欠下許多睡眠債，也因此必須定期從完全不活動的狀態醒來，提升身體溫度以後才能真正好好睡一覺。[2]

凡尼莎・馬托斯－克魯茲（Vanessa Matos-Cruz）是瓜切瓦的研究夥伴，她將地松鼠放在加熱盤上，想藉此實驗證明這一點。[5]假如其中一個加熱盤的溫度上升至攝氏三十度，另一個則是攝氏二十度，動物會選擇站在哪一個加熱盤上呢？不管是大鼠、小鼠，還是人類，幾乎都是選擇三十度那個加熱盤，因為它的溫度溫暖又適宜——各位只要想像家裡如果有電熱毯會多令人舒服就知道了。不過對於十三條紋地松鼠而言，攝氏二十度跟攝氏三十度一樣舒適。一直要到另外那個加熱盤的溫度下降至低於攝氏十度（這是其他老鼠絕對會遠離的低溫），牠們才會開始移動到三十度的加熱盤上。甚至連加熱盤上的溫度都已經降至攝氏零度了，還是有些地松鼠動也不動地站在上面。

倘若沒有這種忍耐低溫的能力，地松鼠根本就沒辦法冬眠，且很可能就會產生跟人類一樣的反應：睡覺時如果變得太冷，身體就會開始燃燒脂肪製造熱能，倘若這樣還是沒用，身體就會喚醒自己。對人類來說這是一種自救能力，然而對地松鼠來說，若是在死寂的深冬之間脫離冬眠狀態醒來，則可能會致命。牠們**必須**冬眠，而為了冬眠，牠們的感官也產生了相應的調整：地松鼠並不是感覺不到冷的存在，而是對於「冷」有著不一樣的概念——每種動物身體能夠承受的最低溫度都不一樣，而最低溫度的閾值有著警示動物的作用。

所有生物都深受溫度影響；假如太冷，化學反應就會慢下來，隨著溫度降低，慢到起不了作用；假如太熱，蛋白質和其他生命所需的物質分子就會失去原本的形狀失去活性。這一切現象正是令大部分地球上的生命都被限制在適居區（Goldilocks zone）生存的原因，每種動物的適居區都有對牠們各自來說最剛好的環境溫度。每個物種適宜生存的溫度各不相同，但這些最適應某些環境溫度的特質在動物身上都勢必存在，這也是為什麼動物的神經系統都有自己的一套溫度感覺機制。[6]

動物會運用各種溫度感受器，目前經過最深入研究的是名為瞬態受體電位通道（transient receptor

potentials channels，又稱TRP通道）的蛋白質。[7]這種蛋白質遍布動物全身的感覺神經表面，其作用就像一道小門，只要到了正確的溫度門就會打開。門一旦打開，離子就會進入神經細胞，電子訊號也就能往大腦傳送，動物因此會感覺到熱或冷。有些TRP通道對應著熱，其他則負責感受冷。（冷並不單純只是熱度消失了而已，這是兩種不一樣的獨立感受。）②各種TRP通道也會對不同程度的溫度產生反應，有些能夠感知溫和、無害的溫度範圍，其他有些則會在溫度到達危險、令人痛苦的極端值才會受到激發。某些化學物質也能藉由產生熱或冷的感受來引發這些通道活動。辣椒會辣就是因為其中的辣椒素觸發了TRPV1這種TRP通道——專門用來偵測令人疼痛的高溫。③薄荷會涼則是因為它含有薄荷腦（menthol），因此能啟動名為TRPM8的冷感受器。

動物的世界裡也能找到這些感受器，不過每個物種身上的感受器都會因應其各自的身體結構與生活方式而有些許不同。溫血動物的身體會自行發熱④，因此牠們的TRPM8冷感受器會在體溫掉到範圍狹窄的舒適區間之外時產生警示。對老鼠來說，這個溫度大約落在攝氏二十四度。一般而言，雞的體溫偏高，因此牠們的TRPM8閾值是在攝氏二十九度。[8]冷血動物就不一樣了，牠們不靠自己的身體發熱，而是仰賴環境溫度⑤，因此體溫起伏範圍相當大；冷血動物的TRPM8閾值通常也會比其他動物低得多——青蛙是攝氏十四度；魚類則

② 在一八八〇年代，馬格努斯．布利克斯（Magnus Blix）用一種尖頭的金屬管進行實驗，他將金屬管接上水溫各不相同的瓶子，藉此發現手上某些地方對熱比較敏感，有些地方則是對冷感覺敏銳。另外兩名科學家阿弗烈德．哥爾德謝伊德（Alfred Goldscheider）及亨利．唐納森（Henry Donaldson）也各自在同一時期發現了這件事。

③ 與大眾認知不同的是，辣其實與味覺無關。這點我可以用親身經驗來證明，我有次在切完哈瓦那辣椒以後立刻去洗澡，手上和身上其他脆弱的部位都沾上了足量的辣椒素，結果所有沾到辣椒素的地方都有種簡直要燃燒起來的感覺。

④ 審註：按描述，靠自身代謝而產生熱的稱為內溫動物。

似乎沒有TRPM8，所以大部分魚類都能夠忍受接近結凍的溫度。[9] 即便牠們感受得到疼痛，卻似乎仍然感覺不到刺骨的寒冷。在人類這個物種當中，每個人覺得舒適的溫度也各有不同，只是放眼整個動物界，不同物種之間的差異顯然更加巨大。

至於地松鼠呢？馬托斯－克魯茲發現牠們的TRPM8與其他溫體嚙齒類動物十分類似，但還是有些微變化存在，地松鼠的冷感受器才會沒那麼敏感。[10] 因此雖然牠們的TRPM8感受器一樣會對薄荷腦有反應，但在面對攝氏十度左右的低溫時卻不太受影響。這就是地松鼠為什麼能在對人類來說實在太冷的溫度冬眠的其中一項原因。⑥

TRPV1感受器確實能感知引發痛覺的熱度，不過也會按照動物本身的需求調整所謂引發痛覺熱度的閾值，其中特別重要的影響因素就是動物本身的體溫。[12] 因此對雞來說，熱到會觸發牠們身上TRPV1的溫度是攝氏四十五度，對老鼠與人類來說則是攝氏四十二度，青蛙是攝氏三十八度，斑馬魚則是攝氏三十三度（對斑馬魚來說，冷感受器派上用場的機會可能不多，但熱感受器卻相當實用）。每個物種對於到底什麼才是熱，都有各自衡量的標準。我們平常生活的溫度對斑馬魚來說是痛苦難耐的高溫，然而熱到會令老鼠痛苦的高溫對雞來說卻是小菜一碟。不過即便是雞這麼耐熱的動物，也比不過兩個特別的物種，牠們是目前為止科學家發現擁有最不敏感TRPV1感受器的動物，也因此能夠面對其他動物難以忍受的高溫而泰然自若。不難想像，其中一種動物就是在沙漠中生活的雙峰駱駝。至於第二種則出乎大家意料之外——請下鼓聲——這種動物正是十三條紋地松鼠！我握在掌心的這隻不起眼的嚙齒類動物，不僅能面對接近結凍的低溫，竟然**也能**耐高溫。在瓜切瓦的加熱盤測試中，直到加熱盤的溫度上升至燙人的攝氏五十五度，地松鼠才會移動到溫度較低的加熱盤上。[13] 這也怪不得從美國國土北邊的明尼蘇達，到南方的德州都有牠們活躍的蹤跡。地松鼠體內的溫度感受器影響了牠們分布的地理範圍和活躍的季節，牠們生活的種種層面都與其溫度耐受的範圍有關。動物身體裡的溫度感受器能夠定義牠們感覺得到、可以忍受的溫度範圍，而這些動物能夠忍耐「熱」與「冷」的極限，就會影響牠們的生活地點、活躍時間和求生技巧。

這些物種的生命可說是被推展至最極限。撒哈拉銀蟻（學名為 *Cataglyphis bombycina*）能夠頂著正中午的高溫在世界上最大的沙漠覓食，牠們腳下沙子的溫度可達攝氏五十三度[14]；至於龐貝阿爾文蟲（Pompei worm，學名為 *Alvinella pompejana*）則住在海底的火山口附近，因此能夠耐受火山口噴出的高溫水柱。無翅雪大蚊（snow flies，屬名為 *Chionea*）在零下六度時最為活躍[15]，冰蟲（ice worm，屬名為 *Mesenchytraeus*）則是終其一生都在冰河上生活；這兩種嚴寒地區的動物都會因為人類掌心溫暖的一握而死去。科學家在研究這些所謂的嗜極端生物（extremophile）時，通常都會關注牠們身上用來適應極端溫度的身體結構，如：能夠反射熱的體毛、血液中的自製解凍劑。然而假如這些動物的感覺系統會一直因為冷或熱而感覺到疼痛（或傷害性痛覺），那麼這些適應的手段也就沒有用了；因此動物若是想住在撒哈拉沙漠裡、海底、冰河上，似乎就得好好調整自己的感官，進而**喜歡上**這些極端溫度。

這種邏輯似乎就是我們直覺會產生的想法。然而在觀察那些嗜極端生物時，例如：抵抗南極嚴寒氣候的帝王企鵝，或是走在滾燙沙土上的駱駝，人們很容易以為這些物種是為了生存而忍受痛苦。因此人類不僅會開始欣賞牠們生理上的耐受性，更景仰動物心靈的堅韌。人類也會把自己的感官投射到這些動物身上，以為

---

⑤ 審註：因此稱為外溫動物。

⑥ 有一種特別一點的TRPM8版本在住在高緯度地區的居民身上更加常見，或許正能反映出人類適應寒冷氣候的現象。現在我們還不清楚擁有這種版本的人對冷的感覺是否不同於一般人。[11]

只要會讓我們覺得不舒服的狀態，一定也造成這些動物的痛苦。但其實動物的感覺器官會順應其居住環境而變化，駱駝曬著毒辣的大太陽時，很可能根本不覺得熱；就算在面對南極的暴風雪時縮在一起取暖，帝王企鵝也或許根本不在意。畢竟，暴風雨雪要來就來吧，冰天雪地牠們也不怕。

我家裡的調溫器顯示現在是攝氏二十一度，不過整個房子裡各處的溫度卻略有不同。我人在面南的客廳工作，因此這裡比屋裡的其他位置都溫暖。在我打字的當下，頭頂被陽光曬得暖暖的，但雙腳卻被擋在書桌的陰影下所以感覺有點冷。即便是在極微小的尺度下，這種溫度差異依舊存在：我的皮膚上方五公釐的溫度可能比我手臂的溫度低了攝氏十度左右，因此假如有隻蒼蠅停在我的手臂上，牠的腳和翅膀感覺到的溫度可能相當不一樣。[16]也因為蒼蠅體型小，牠們很快就會受到環境周遭的溫度影響。因此假如牠停在我的頭頂，我頭上的那道陽光會在幾秒內累積至會傷害牠身體的溫度。[17]不過這不太可能發生，畢竟蒼蠅的觸角尖端都有溫度感受器。

神經科學家馬可・加里奧（Marco Gallio）以實驗證明蒼蠅的溫度感受器有多麼敏銳[18]。他將果蠅放在某個劃分為四區的密閉空間裡，裡面每個區域被加熱至不同溫度——這個實驗的本質就跟馬托斯－克魯茲的地松鼠加熱盤實驗一樣。加里奧發現蒼蠅可以輕輕鬆鬆地待在溫度維持攝氏二十五度的環境裡，牠們就喜歡這種溫度，並且會躲避旁邊溫度達三十度的區域，牠們不喜歡溫度這麼高。至於高達攝氏四十度的溫度則會至牠們於死地。蒼蠅更可以在電光石火之間就判斷出溫度並下決定是否遠離，只要一碰到熱區的邊緣，就會立刻來個空中大迴轉，直接轉身離開，彷彿有道隱形牆擋在那兒一樣。

會有這種溫度感受機制，全賴構成蒼蠅觸角的幾丁質（chitin）。幾丁質導熱能力相當好，再加上觸角的體積微小，導熱就更加快速了。也因此牠們能迅速感知周遭溫度，馬上判斷是否遇到太熱或太冷的空氣。加里奧發現，蒼蠅甚至能把觸角當成立體的溫度計，藉此判斷溫度改變的方向，就像狗兒運用牠們的鼻孔形成的立體嗅覺那樣。就算其中一隻觸角感受到的溫度只比另一隻高了攝氏零點一度，蒼蠅都感覺得出來、比較得出溫度改變的方位，也因此能夠往比較舒適的溫度飛去。加里奧告訴我這些研究成果時，我突然想起過去三不五時會看見蒼蠅到處飛的情景。蒼蠅飛行的路徑總是看起來如此隨機又混亂，現在我終於知道這種飛行方式其實有其道理了。牠們其實是在我感覺不到、不在意就傻傻穿梭於其中的冷熱差異之中找出一條最佳路徑。

蒼蠅的這種能力叫做趨熱性（thermotaxis），其實許多動物都有這種習性。⑦大大小小的各種生物都能夠感知周遭溫度是否足夠舒適，並且一邊移動一邊感受溫度變化。就像小孩玩的遊戲一樣，負責尋找目標的人只要越靠近藏起來的物品，我們就會說越熱，越遠離則會說越冷。大自然中的溫度會因為陽光、陰影、微風、洋流而改變，動物們則利用周遭溫度的變化來判斷熱源的方位。不過也有些動物把這種常見的溫度感測能力轉變為更稀有的能力，牠們不必親臨現場感受，就能分辨出遠處的B點比A點來的熱。這些動物能夠從遠端尋找熱源。

⑦ 不管是微小的幼魚還是體型達九公尺長的鯨鯊，只要是魚類都會藉由浮至溫暖的淺海或潛進冰冷的深海來控制體溫。[19] 硫蟲（Sulfide worm，學名為 *Paralvinella sulfincola*）棲息於海底熱泉噴出的高溫液體間，那兒會有火山冒出的滾燙泡泡。然而這種生物卻能在這些高溫水柱之間穿梭，藉此找到比較涼的海水。[20] 蝴蝶會曬陽光暖身，為飛行時要用到的肌肉做準備，不過一旦牠們翅膀上的溫度感受器感覺到過熱，蝴蝶就會立刻遠離陽光。[21] 鱉的胚胎甚至在蛋殼裡就能發揮趨熱性，牠們在孵化之前就會追逐溫暖的地方，將胚胎移向蛋殼裡最靠近陽光的那一側。[22]

一九二五年八月十日的早上十一點二十分，一道閃電擊中了加州科林加（Coalinga）附近的油庫，引起熊熊大火，延燒了三天。[23]當時火光沖天，照亮了四方；到了晚上，甚至是住在十四、十五公里以外的居民都能藉由這場大火燃起的熊熊火光看書。就在他們閱讀時，可能也會注意到許多小小的黑點飛向滾動起伏的煙霧、一路衝向火海。這些小黑點就是松黑木吉丁蟲（fire-chaser beetle，屬名為*Melanophila*），從英文俗名來看就是追火的甲蟲，而牠們的生活方式也實在名符其實。

俗話說飛蛾撲火，但真正吸引蛾的其實是光線⑧，然而這種會追求火焰的吉丁蟲，卻是受到熱的吸引。這種黑色的吉丁蟲體長約一點五公分，昆蟲學家厄爾・戈頓・林斯利（Earle Gorton Linsley）發現在冶煉廠和水泥廠的窯爐、糖漿廠的熱糖漿桶中，都能發現「多得難以計數」的這種黑色甲蟲。[24]有一年夏天，林斯利發現這些蟲子因為一場「準備了大量鹿肉的」戶外烤肉蜂擁而至。[25]在一九四〇年代，柏克萊的加州紀念體育場（California Memorial Stadium）會定期舉辦足球賽，這種昆蟲也會出現與現場球迷一起共襄盛舉；林斯頓描述：「牠們會停在球迷的衣服上，甚至叮咬他們的脖子或手，」這些甲蟲有可能「受到兩萬名（左右）的球迷在體育場抽菸形成的煙霧吸引而來。」然而這種現象不管是對松黑木吉丁蟲還是球迷來說，都不是好事。因為不管是工廠、烤肉還是體育場，都只會干擾松黑木吉丁蟲追尋真正的目標：森林大火。

抵達火場後，松黑木吉丁蟲會在自然界中數一數二戲劇化的場景襯托下交配，也就是牠們身後的森林大火。[26]交配結束後，母松黑木吉丁蟲會把卵產在燒焦後已然冷卻的樹皮下。幼蟲一孵化便置身於彷彿伊甸園一般的生活環境裡；這些幼蟲以樹木為食，而牠們四周已被燒焦的樹木則因為當初的大火，變得無力抵抗不斷啃食的幼蟲；至於這些幼蟲的天敵，則都被餘燄未盡的木塊和灰燼散發出的煙霧與熱度驅離。在這平靜安全的幼蟲天堂裡，牠們成長、茁壯，長大為成蟲以後便飛向天空，繼續尋找屬於牠們的那一場森林大火。不過森林大火不僅沒那麼常見，會在何時、何地發生更是難以預測，因此這些甲蟲想必有辦法從遠處就發現大火的存在，才能及時抵達。牠們是在白天活動的昆蟲，因此無法像夜行性昆蟲那樣輕易地在夜色下發現火光。牠們也無法靠目視找到空中升起的煙霧，因為這些甲蟲的視力很可能根本沒有好到能夠分辨出煙霧與雲朵。即便牠們的觸角想必夠探測到樹木燃燒產生的氣味，但這種氣味線索實在太容易受到風向的影響；因此對牠們來說，最可靠的線索就是熱。[27]

所有物體的原子與分子一直都在振動，因而產生電磁輻射。一旦該物體變熱，分子就會移動得更為快速，並且以更高的頻率散發出更強的電磁輻射。[28]這種輻射當中包含了部分可見光——例如加熱金屬產生的光線——然而其餘大部分則依然分布於紅外線光譜之內。⑨我們雖然看不見紅外光，但應該能夠感受到它的存在。走近壁爐，燃燒的木柴散發著紅外光。這些光碰到人體後能量會被人體吸收，靠近壁爐的肌膚溫度也會隨之上升，觸發皮膚裡的溫度感受器。因此我們能夠感受到壁爐的熱度。受到紅外光照射的身體部位則會越來越熱，遠離壁爐的部分則不然，因此我們能藉此判斷熱度的來源方向。不過這一切都只有在近距離下才會發生。紅外光從壁爐往四面八方照射，有些在途中就被其他物體吸收掉了。因此人體一旦遠離正在燃燒的木柴，照射到身體上的紅外光便會越來越少，當遠到某一個程度，木柴燃燒所產生的熱源以及溫度上升的範

---

⑧ 娜歐蜜・皮爾斯（Naomi Pierce）發現蝴蝶的翅膀上有溫度感受器，因此她不認為飛蛾會靠近燭火完全都只是受到燭光的吸引。她與研究同仁虞南方花了數年時間探究蛾的觸角究竟是否能探測紅外線。

⑨ 紅外光涵蓋了極大的波長範圍，假如各位將紅外線光譜的範圍以自己的手臂比擬，可見光的寬度大概比一根頭髮還細。紅外光當中波長最短的就被稱為近紅外光，部分動物如迴游性的鮭魚（我們在第一章提過）和戴上了夜視鏡的人能看到這種光線。波長中等的紅外光則無法用這些方式看見，卻是熱導向飛彈尋找轟炸目標的依據，也是吉丁蟲尋找森林大火的線索來源。至於動物溫暖的身體則會散發出遠紅外線，熱感應相機和響尾蛇就是靠這種紅外線瞄準目標。

圍已在你的感覺範圍之外。若想偵測來自遠處的紅外光，要不是光線來源本來就極度強烈得難以忽視（例如太陽），就是得要有特殊的配備。松黑木吉丁蟲的情況屬於後者。

就在松黑木吉丁蟲的翅膀下方、中足基部的後面，有著一對小窩，這些小窩中都各自塞著約七十個小球構成的結構，看起來就像一顆畸形的覆盆莓。動物學家赫爾姆特・史密茨（Helmut Schmitz）以顯微鏡檢視這些小球，發現每個小球中都承載著液體，同時包覆著感知壓力的神經末梢。[29]一旦紅外線輻射碰到這些小球，裡面的液體就會受到加熱而膨脹，但因為小球本身有著堅硬的外殼，因此液體無法滲漏出去，只好往內擠壓裡面的神經，神經因此受到激發。這種感知熱度的方式與我們在本章先前所見都不一樣，不像冬眠的地松鼠或是飛行路線曲折的果蠅，吉丁蟲可不只是感測周遭環境的溫度而已。牠們的行為模式跟人類在壁爐邊取暖時的表現頗像，吉丁蟲能夠感受到來自熱源中心、以紅外光形式所傳遞出來的輻射熱。

松黑木吉丁蟲得從幾十公里外的距離探測到森林大火等各種散發出熱源的位置，牠們身上的球狀感受器想必格外敏感，才能夠依循著熱源的方位長路迢迢地朝目標飛去。一九二五年那座被閃電擊中的科林加油廠位於一片乾燥貧瘠的區域中央，感受到熱源而趕來的吉丁蟲則很可能大多來自油廠東方約一百三十公里以外的森林。史密茨以這個距離為準，模擬了一九二五年的那道閃電產生的影響，計算出吉丁蟲身上的小窩竟比這世上大多數的商業用紅外線偵測器還要敏銳，並且能夠與最敏銳的量子偵測器（使用前還得先以液態氮冷卻）比肩。[30]史密茨認為這對小窩不可能單靠其本身的結構就達到這種敏銳程度，這些甲蟲一定有什麼方法加強它對熱輻射的反應。

在飛行的過程中，松黑木吉丁蟲會不斷振翅，這些振動會傳進旁邊的小窩裡，進而晃動每一個球狀的感受器，因此不斷促使感覺神經接近被激發的邊緣。[31]各位可以換個方式想像這種運作機制：假如有塊磚頭平放著，有隻蒼蠅撞上那塊磚頭，磚頭肯定紋風不動；但假如這塊磚頭是很小心謹慎地以邊緣平衡放著，即便只是一隻蒼蠅的力量也能讓它被撞翻。在這種狀態下，磚頭就連面對極微小的能量也會產生反應。史密茨認為吉丁蟲拍動翅膀的動作就是以同樣的方式促發其熱感受器，讓熱感受器隨時準備好接收在一般情況下會因為過於微弱而遭到錯失的紅外線訊號。假如吉丁蟲靜靜地待在樹梢上，牠的熱感知力就不會如此敏銳；然而一旦飛上空中尋找火源，牠們的身體就會自動拓展搜尋的範圍，並且將從遠處傳來極微弱的熱源蹤跡，轉變為散發著炙熱光芒，為其指引方向的燈塔。⑩

這些小甲蟲的身上還有另一種機制。就跟所有昆蟲一樣，牠們的體表極擅長吸收火源散發出來的紅外線輻射，因此具備了追逐火源的首要裝備。也因為甲蟲的身體本來就會吸收紅外光，牠們的祖先只需要發展出能夠妥善運用紅外光的感受器就好。根據目前所知，共有十一種與松木黑吉丁蟲同一屬（*Melanophila*）的物種擁有這種探測熱源的裝備，牠們也因此能成功拓展到五大洲的陸塊棲地。[32]不過牠們倒是從沒攻占過澳洲；在那裡，有另外三種昆蟲獨立演化出了紅外線感受器，牠們因此能夠享受森林大火以後，由燒焦的林木所構築出的寧靜天堂。這般逐火的伎倆相當實用，實用到該機制至少經過了四次的演化。不過，動物嚮往的熱源，可能不僅僅只有火而已，某些物種還把最溫暖的動物軀體當作目標。

「你絕對不可以進來喔。」阿斯特拉・布萊恩（Astra Bryant）這麼對我說。於是我乖乖聽話，在布萊恩翻

⑩ 不過這項說法到現在依然只是推論，而且非常難以驗證。史密茨若想證實這項推論，他得先想辦法在不喪失任何熱能的情況下記錄吉丁蟲的神經電子訊號。假如這項吉丁蟲會拍動翅膀促進探測熱源能力的理論為真，他還得在飛行時的吉丁蟲身上實際進行實驗。「這真的很難。」史密茨帶著德國人慣有的輕描淡寫語氣如此說道。

找冰箱時在外頭晃來晃去。過了幾分鐘後，她帶著滴管出現了，滴管尖端裡有五毫升的澄清液體。液體的量少到我幾乎看不見，因此我也絕對看不見在裡面悠遊的上千隻線蟲。

線蟲是這世上種類、數量最多的動物類群之一，其中包括上萬種大多對人類無害的物種；不過其中的例外就包含布萊恩手中滴管裡裝著的糞小桿線蟲（*Strongyloides stercoralis*）（又稱糞線蟲）。[33] 被糞便污染的土壤與水源裡有大量糞線蟲的幼蟲，假如有人不慎經過或在這些地方停留，線蟲會游近並穿透肌膚，進到人體內。糞線蟲與鉤蟲（hookworm）等其他會穿透皮膚的線蟲，感染了世界各地約八億的人口，病例從越南到美國阿拉巴馬州皆有。牠們會造成腸胃道問題、發育遲緩，有時甚至會造成死亡。除此之外，這些寄生蟲也相當難對付。布萊恩與她的導師艾麗莎·哈勒姆（Elissa Hallem）正在嘗試釐清線蟲一開始究竟是如何找到宿主，希望能藉此找出避免感染的方式。其中氣味一定扮演了重要的角色，而熱也是。[34]

布萊恩把滴管連同裡面的可怕生物一起拿到標示著生物危害標誌的金屬箱裡，裡面有一坨透明的膠狀物體，其右邊維持在室內的溫度，左邊則加熱至人體的溫度。布萊恩把滴管中的糞線蟲擠到這坨透明膠狀物中央，於是糞線蟲的身影出現在旁邊的螢幕上，這些糞線蟲看起來就像一圈白色小點。可怕的是，轉眼間這些小點開始移動，原本的圈立刻像一朵雲一樣地往左邊的熱源靠近。不過牠們的速度可不像天空的雲朵那樣緩慢輕柔，牠們一下子就衝過去了。每隻糞線蟲體長不過一、兩毫米長，卻可以迅速移動比身長多上百倍的距離。於是我終於了解，為什麼全世界會有上億人受到這種寄生蟲感染了。在短短三分鐘之內，牠們已經全部跑到最左邊的邊緣擠成一團，所有糞線蟲都在努力尋找感受得到卻摸不著的熱源。布萊恩說：「我第一次看到這個畫面時非常**震驚**。」她原本以為糞線蟲得花上幾小時才能移動的距離，牠們竟然在幾分鐘內就辦到了。她又說道：「我在演講時給聽眾看這個影片片段，通常都會聽到大家害怕的感嘆聲。」

寄生這件事在我們看來或許很可怕，但這其實是大自然中最常見的生命形態之一。這世界上大部分的物種很有可能都是寄生生物，利用其他生物的身體來謀生。[35]而這些坐享其成的傢伙通常都對宿主十分挑剔，因此牠們勢必得具備某些方法，藉此來找到正確的目標。氣味確實是優異的線索來源，不過就在幾億年前，另一種可能性出現了。

當時，鳥類與哺乳類動物的祖先各自演化出自體發熱並控制體溫的方式，使自身的體溫不再受周遭環境溫度左右。擁有這種能力的動物即為內溫動物（endothermy），通俗一點來說就是溫血動物，也因此賦予了鳥類與哺乳類動物足夠的速度與耐力，讓牠們更有在大自然生存所需的體力與可能性。也因為如此，鳥類與哺乳類動物才有辦法在極端環境下生存，並且能夠長時間、長距離地維持行動力。然而，這項特質雖然為牠們帶來了恆定的體溫，卻因為有如不斷散發出光芒的燈塔，相當容易被追蹤。寄生蟲正是仰賴這一點尋找宿主，靠吸食宿主的血液飽餐一頓。血液是絕佳的食物來源——不僅營養豐富又均衡，而且通常都是純淨無菌的狀態，因此也不難想像這世界上至少有一萬四千種動物演化成以吸血維生的生活型態[36]，而其中有許多物種如臭蟲、蚊子、采采蠅、獵椿（科名為 Reduviidae）會以熱源為依據來鎖定攻擊目標，也就不奇怪了。

在哺乳類動物當中，只有三種吸血蝠完全以血液為食物來源。其中兩種主要以鳥類為目標，不過吸血蝠（學名為 *Desmodus rotundus*）則是專門吸食哺乳類動物的血液。牠們尤其喜歡大型哺乳類動物，如牛或豬的血液。吸血蝠體型嬌小，從鼻尖到尾端不過八公分左右，還有著扁平、像哈巴狗的臉。停在地面上時，吸血蝠的翅膀折疊在身後，四足著地趴在地上；牠們也會用這種姿態接近攻擊目標，要不是直接降落在動物身上，就是停在附近以後用超不像蝙蝠的姿勢爬過去。足夠靠近以後，牠們就會用像刀刃一般的門齒在動物身上劃開小小的切口，在這個過程中目標動物不會感到疼痛，因此牠們可以靜靜地吸食流出來的血液。吸血蝠的唾液中還有種相當名符其實的物質——德古拉醣蛋白（draculin），能夠阻止血液凝結，所以吸血蝠才能夠在同一個切口吸吮血液長達一小時的時間。吸血蝠能夠吸食與自身體重等量的血液，而且牠們每晚都得喝下這麼多血才能生存。牠們利用其他感官從遠處追蹤目標，一旦靠近至大約十五公分的距離以後，就會靠對熱的感知能力選擇適當的位置攻擊。

吸血蝠的熱感受器在鼻子裡，牠們半圓形塌扁的鼻子輪廓上有塊特化成心形的鼻葉，夾在中間的則是三個毫米等級大小的小窩，每一個小窩裡則布滿了熱感覺神經細胞。[37]在各種能感知紅外線的動物當中，只有吸血蝠面臨一項特別的挑戰——牠們自己就是溫血動物，所以這些位於小窩裡的神經細胞本應會受到吸血蝠自己的體溫干擾而無法作用。但牠們又具備了能夠緊密隔絕這些小窩的組織，因此能使這些小窩的溫度維持在比臉部其餘位置還低攝氏九度。

艾蓮娜．瓜切瓦在開始研究可愛的地松鼠之前，就是在研究吸血蝠的這些神經細胞。[38]她其他位在委內瑞拉的研究同仁便騎馬到蝙蝠棲息的洞穴裡，直接以馬為誘餌誘使蝙蝠現身，解剖取出蝙蝠臉上小窩裡的神經細胞以後，一路將這些組織樣本送往美國給瓜切瓦研究。因為研究了這些組織樣本，她發現這些神經細胞裡都有特殊的TRPV1通道蛋白——也就是我們先前提到的溫度感受器，通常是用來探測會導致疼痛的溫度與辣椒素帶來的刺痛感。每種動物會感到疼痛的溫度閾值不一，因此TRPV1會根據動物本身對於溫度感受的差異調整其標準——在屬於冷血動物的斑馬魚身上，這個溫度門檻是攝氏三十三度，至於對屬於溫體動物的老鼠或人類來說，則是攝氏四十二度。而在吸血蝠身上，TRPV1會產生反應的溫度與一般哺乳類動物類似，只有小窩裡神經細胞的TRPV1特別不同，會在低得多的攝氏三十一度產生反應。吸血蝠將原本用來探測異常高溫的熱感受器變成用來感知動物體溫的工具。

除此之外，蜱也會吸血，不過牠們的熱感受器則是位於第一對附肢的尖端。⑪ 蜱揮動第一對附肢時——通常被視為尋找宿主的行為——看起來好像等著要抓住什麼東西一樣。牠們確實是在等待目標出現，同時也在感覺周遭環境。提出環境界概念的雅各布．馮．魏克斯庫爾就曾寫道，蜱會利用氣味尋找適合的宿主，至於溫度感覺，則只用在確認牠們是否停在裸露的肌膚上。然而，事實並非如此。安．卡爾（Ann Carr）與文森．沙爾加度（Vincent Salgado）近來發現，蜱能夠在長達將近四公尺的遠處就偵測到體溫。[39] 更令人意外的是，這兩位科學家也發現，一般的驅蟲劑如敵避胺與香茅並不會干擾蜱的嗅覺，但確實會導致牠們停止追蹤熱源。這項發現或許能夠讓我們以全新方式避免蜱蟲的叮咬，也可能會促使科學家重新檢視過去針對蜱所做的大量科學研究。過去到底有多少實驗是因為對於蜱的環境界不夠了解，而做出錯誤解讀？

回頭來看，蜱有溫度感知能力這一點其實很明顯。雖然大多數人都以為牠們第一對附肢尖端的器官是用來探測氣味，但這種器官的結構卻包含了底部有神經細胞的微小球形窩槽，就像吸血蝠臉上的構造一樣。這些小窩裡有一層薄膜覆蓋，薄膜上則有許多小孔。以鼻子的用途而言，這實在是很糟糕的設計，因為薄膜會阻擋大多數的氣味分子而無法接觸到底下的神經細胞。不過以紅外線感知的功能來說，這倒是絕佳的設計。位於遠處的宿主體內的血液所散發出的紅外線輻射，大多數會被薄膜阻擋，只有一小部分會穿過上面的小窩，照亮底部小窩的一部分。因此蜱可以藉由小窩被照亮的部分來判斷紅外線輻射傳來的方位，並找到宿主的位置。這項理論雖然未受驗證，但聽起來實在合情合理；畢竟大自然中大部分精巧的熱感受器都是如此運作，不過若想在某些動物身上找到這些精巧的熱感受器，你得鼓起勇氣，穿上護腿，提起長桿勇往直前才行。

⑪ 審註：即第一跗節的位置。

我們找不到茱莉雅（Julia）。明明知道牠就在前方仙人掌叢之間的老鼠窩裡埋伏，卻還是看不見牠的身影。接收器的天線接收到茱莉雅體內發報器傳送的訊號，我們也聽見它發出的逼逼訊號聲，茱莉雅卻沒有發出任何聲音；甚至沒有擺動尾巴發出聲響。所以我們只好放棄尋找茱莉雅，繼續前進尋找另一隻蛇。

這裡是加州的灌木叢帶，這塊被圍欄圍住的區域為美國海軍所有，我和太太麗茲．尼莉跑來這裡尋找響尾蛇。為我們嚮導的是汝朗．克拉克（Rulon Clark）——他從小就一直追著蛇和蜥蜴到處跑，就算長大也一如既往——和他的學生內特．雷戴斯克（Nate Redetzke）。雷戴斯克時常要捕捉並重新安置出現在周遭住宅的蛇，他也在其中好幾隻蛇體內植入了無線電追蹤器。我們把車停在塵土飛揚的響尾蛇峽谷路（Rattlesnake Canyon Road）以後（真是名符其實的一條路），緊接著穿上護具，一邊穿過三齒蒿叢一邊聞到小茴香的氣味，還要忙著閃躲毒櫟樹，努力爬過巨岩。

「研究爬行類會讓你變得對溫度和天氣非常敏感。」克拉克說道。他帶著我們從一早就開始這次的考察，氣象預報說今天會是十月裡難得的溫暖天氣，所以他希望能遇到跑出來曬太陽的響尾蛇。但氣象預報錯了，今天其實又冷又陰。因此即便我們人都到了這裡，還是不見蛇蹤。包爾斯（Powers）躲在仙人掌的深處；杜魯門（Truman）則窩在巨石之間的某個角落；茱莉雅則是根本完全不見蹤影。（雷戴斯克都用前總統和前第一夫人的名字為這些蛇命名。）就在我們快放棄時，雷戴斯克聽見追蹤器聲響大作，於是立刻振作起來，繞過山坡後馬上跳了下去。沒多久，他就大喊著自己找到了瑪格麗特（Margaret）。他撥開樹叢，用蛇夾拖出一隻紅菱斑響尾蛇（學名為 *Crotalus ruber*）——那是一隻有著鐵鏽般體色，身長近一公尺的蛇。紅菱斑響尾蛇一般性情溫和，不過就算脾氣好也是有個限度的；就在雷戴斯克準備把瑪格麗特放進袋子裡時，牠猛地出擊，在袋子上留下黃色的毒液痕跡。到了袋子裡牠雖然還是搖動著尾巴，卻已稍微冷靜下來，只在袋子裡發出悶聲。

後來，雷戴斯克將瑪格麗特推進差不多就比牠的身體寬一點的塑膠管，接著從管子的另一邊輕柔地抓住牠的尾巴，我則負責從另一側觀察牠的臉。牠的瞳孔是一條垂直的縫，嘴巴向上翹，就像咧嘴笑著一樣，而牠沒有眼皮的雙眼上方有著大片的水平狀鱗片，這一切組成了我所謂的毒蛇臉——看起來好像總是在生氣的表情。這樣的外觀一般來說會令人感到害怕，但我其實覺得牠很美。誰知道牠對我又是怎麼想的呢？不過在這種距離下，牠一定可以看見我，而且牠運用的還不只是眼睛而已。牠能夠靠鼻孔後方一對小孔察覺到我溫暖身體散發出的紅外光，更準確一點來說，是從我被衣服掩蓋的身體所散發出的體溫；在清晨天空清冷的映襯下，我應該看起來閃閃發光吧。

熱感應窩器在三類蛇類身上獨立演化[40]；其中兩類為蟒和蚺，牠們都是無毒的蛇類，靠緊緊綑住獵物令其窒息來捕食。⑫第三類則是因極具毒性而得名的蝮蛇⑬——食魚蝮、銅頭蝮、墨西哥蝮、響尾蛇等都屬於這類毒蛇。⑭響尾蛇會攻擊溫暖的物體[43]，而且比起死了很久的獵物，更喜歡新鮮獵捕的老鼠，而且牠們還能在一

⑫ 以某些層面來說，蟒蛇與蚺的窩器與蝮蛇的窩器相當不同。蟒與蚺的窩器中，其薄膜不會懸掛在窩器裡，也沒那麼敏銳；另外牠們頭部兩側有好幾對窩器（而不是在頭部前方只有一對〔審註：蟒蚺的稱為唇窩、蝮蛇的則稱為頰窩〕）——喬治・貝肯（George Bakken）將這種窩器的型態比擬為昆蟲的複眼。不過艾蓮娜・瓜切瓦卻發現這三類蛇的窩器中都仰賴同一種熱感受器——TRPA1。[41]

⑬ 審註：英文是pit viper，pit即指頰窩。

⑭ 西方的科學家在一六八三年首次描述了蛇的窩器，並且正確推論出那是一種感覺器官，不過他們當初卻以為窩器是耳朵。當然也有人認為那是鼻孔、淚管，或是氣味、聲音、震動的感受器，但這些都是錯誤推論。直到一九三五年，才有人提出正確的看法，瑪格麗特・羅斯（Margarete Ros）——並不是那隻叫瑪格麗特的蛇——發現她只要在家裡養的寵物蛇的窩器塗上凡士林，牠就不會像平常一樣接近溫暖的物體，因此她推測蛇會用窩器來感覺獵物散發出的體溫。[42]

片漆黑的環境下擊中目標。即便是生來就沒有眼睛的響尾蛇，獵殺老鼠的能力也和視力正常的響尾蛇一樣出色。[44]多虧了響尾蛇的頰窩，牠們不僅能成功獵捕囓齒類動物，還能準確命中牠們的頭部。

蝮蛇對體溫的靈敏度來自窩器的構造，其實就類似於蜱足上的熱感應構造。窩器的形狀就像把一張迷你彈簧床放在金魚缸底部以後再把整個金魚缸側放一樣。因此窩器有著狹窄的開口，裡面充滿空氣的空間則較為寬敞，開口與內部之間則張著一片薄膜。所以紅外線輻射一旦照射進窩器，就會落在薄膜上同時加熱；這張薄膜懸在空中，暴露在紅外線輻射下，而且只有本書紙張六分之一的厚度，因此才有這種功能。薄膜上還交織著七千條左右的神經細胞末梢，能夠偵測最細微的溫度變化。艾蓮娜・瓜切瓦找到的神經上都充滿熱感受器**TRPA1**，其數量是位於蛇身體其他部位的神經細胞的四百倍之多；薄膜上的溫度就算只上升攝氏千分之一度，這些感受器都會產生反應。[45]蝮蛇擁有令人驚嘆的熱敏感度，代表牠們能夠在一公尺外就偵測到囓齒類動物的體溫[46]；假如你把響尾蛇蒙上眼睛以後放在頭上，然後在伸出去的手指上放一隻老鼠，這樣的距離下牠都能感受到那隻老鼠的體溫。⑮

窩器的結構跟眼睛很像。裡面的薄膜負責接收傳進來的紅外光，就像視網膜一樣。窩器的開口則是紅外光進入的途徑，就像瞳孔。而另一點跟瞳孔相似的是，這個開口也相當狹窄，這表示薄膜會有一部分區域被紅外線加熱，其他部分則依然受陰影遮蔽而保持涼爽。因此蛇能夠用這種熱與冷的差異定位出熱源方向，就像運用落在視網膜上的光線建構眼前畫面一樣。這些相似之處並不只是單純的比喻而已，有些科學家認為窩器其實真的是蛇的第二雙眼睛，差異只在於它是負責用來接收對於蛇的雙眼來說不可見的紅外光而已。來自這兩種器官的訊號一開始是由不同腦區做初步處理，但最終還是會傳送到同一個名為視頂蓋（optic tectum）的區域。在那裡，兩種訊號源傳送進來的訊息相互結合，可見光與紅外光帶來的資訊似乎是由能夠對兩種訊號都產生反應的神經細胞負責整合。[47]因此蛇很有可能真的能夠**看見**紅外光，並且將其視為另一種顏色。神經科學家理查・哥里斯（Richard Goris）在著作中表示：「把窩器視為獨立的第六種感官其實是種謬誤。窩器的作用是提升動物的視力。」[48]夜色降臨以後，窩器能夠發揮的作用或許更大，能夠找出躲藏在樹叢間散發出暖意的動物身體，或是讓蛇注意到逃竄的獵物。⑯

不過假如窩器真的是眼睛，也應該是相對簡單且沒那麼清晰的一種。與一般視網膜擁有上百萬個感受器的結構相較之下，窩器只有上千個，而且也沒有能夠聚焦紅外光的水晶體。因此許多自然科學紀錄片其實都搞錯了，這些影片中會以熱感應鏡頭來拍攝畫面，嘗試以此呈現響尾蛇的視覺樣貌。在這些畫面中，囓齒類動物白色與紅色的身影會在藍色與紫色的背景前四處移動，這種細膩的畫面其實和現實狀況並不相符。一九八七年的電影《終極戰士》（*Predator*）裡，阿諾・史瓦辛格遇到降臨地球狩獵的外星戰士，電影中呈現的紅外線視野模糊不清，反而是更為精準的現實狀況。（這大概是史上頭一次有人說《終極戰士》更貼近真實吧。）

近來，物理學家喬治・貝肯模擬了小鼠跑過木樁時窩器會接收到的資訊。實際顯示的畫面裡有一個代表體溫的小點移動經過一大團低溫物體，是頗為粗糙的影像。[50]坐在你頭上被矇住眼睛的響尾蛇或許真的能偵

⑮ 請各位相信我就好，但千萬別在家裡嘗試。

⑯ 某些科學家宣稱地松鼠能夠騙過響尾蛇的紅外線感知能力。面對響尾蛇時，牠們會舉起尾巴，並將溫暖的血液輸送至尾巴。[49]這麼一來，地松鼠在蛇頻窩感應下散發熱源的身影就變大了，能夠因此令蛇被地松鼠的體型所震懾。不過據說地松鼠只會對響尾蛇用這一招，面對無法感知紅外光的無害松蛇（*Pituophis catenifer*）則不會展現這樣的能力。這原本被視為人類所知第一項不同物種間以紅外光溝通的例子，但克拉克和其他學者並不買帳。他們認為地松鼠會舉起充血的尾巴只是因為提高警覺，而只對響尾蛇而非松蛇這麼做，或許只是因為響尾蛇對牠們來說比較可怕而已！

測到停在你手上的老鼠，不過除非老鼠一路跑到你二頭肌的位置，不然對響尾蛇來說那都只是一坨看不出形狀的東西。蝮蛇也因此會謹慎選擇伏擊獵物的地點，藉此補足熱感覺在遠距離下不夠精確的缺點。角響尾蛇（sidewinder，學名為*Crotalus cerastes*）則會盯著環境中冷熱突然轉變的交界，這樣一旦有溫血動物在這個區域移動，就更容易被牠發現。[51]在中國的蛇島上，當地的毒蛇會選擇在露天的地點面朝天空準備攻擊，在那種環境下牠們能更輕易察覺候鳥的身影，藉此在春天先飽餐一頓。[52]

蛇究竟是如何感覺溫度的呢？中國爬行動物學家唐業忠藉由研究短尾蝮（學名為*Gloydius brevicauda*）找出了線索。[53]假如他遮住短尾蝮蛇同一側的一隻眼睛與一個頰窩，這隻蛇還是有百分之八十六的機率能咬中獵物；假如他同時遮住蛇的雙眼或同時遮住一對頰窩，準確度就會些微下降至百分之七十五；然而假如他遮住一側的眼睛與**另一側**的頰窩，蛇準確命中的機率就只剩百分之五十了。這結果實在出乎意料之外，而且也表示蛇真的會結合視覺與紅外線感知能力帶來的資訊；但這兩者的解析度差異如此之大，蛇究竟是如何處理的呢？貝肯尋思，也許結合了來自雙眼較清晰的視覺畫面，蛇的大腦就更能精準解讀窩器所接收到的粗略資訊。畢竟人類都能夠靠寫程式訓練人工智慧解讀大量的影像，只要資料庫的資訊量多到一個程度後，人工智慧就能成功分類照片，或看出其中隱藏的規律。也許蛇的雙眼是負責為訓練大腦提供大量的視覺畫面，大腦就慢慢能夠解讀出來自窩器的模糊資訊。

無論窩器究竟為蛇帶來什麼優勢，對牠們來說那想必是一種相當重要的能力。位於窩器薄膜上的神經細胞充滿了對於細胞來說就像是微型電池的粒線體，而該處的粒線體數量也比其他感覺器官多上許多。[54]這表示感知紅外光對蛇來說必須耗費大量精力，所以這種感覺能力就要能帶來很多好處，才配得上擁有它必須付出的代價。而熱感覺能力似乎真的讓蝮蛇具備了其他沒有窩器的蛇缺乏的優勢。⑰不過隨著我問克拉克越多關於蛇感知紅外光的問題，就出現越多待解的疑問。⑱蝮蛇既然已經擁有絕佳的夜視能力，又為什麼會演化出熱感覺能力呢？假如紅外光的感知能力真能輔助視覺，為何其他夜行性毒蛇沒有演化出這種能力呢？為何蟒與蚺這兩種與毒蛇在演化路上已經分道揚鑣約九千萬年，狩獵方式也大不相同的蛇，會演化出同樣的能力；然而親緣更相近的蛇如眼鏡蛇和襪帶蛇，卻不具備熱感覺能力呢？其中最令人摸不著頭緒的是，為何窩器在溫度低時反而似乎更有用？⑲「其中一定有什麼是我們沒發現的，」克拉克這麼對我說。「或許蛇能夠感覺紅外線只是為了要找出獵物，牠們也可能是以我們不了解的方式運用這項能力。」

想要了解其他動物的環境界，就得仔細觀察牠們的行為。然而因為蝮蛇不是會自體發熱的動物，牠們能夠好幾個月不進食，長時間待在原地只為了等待最佳時機攻擊獵物，因此牠們平常大多就是一直在等待。少數有勇氣研究蝮蛇的科學家後來發現，這種動物大多數時間都是坐在那兒什麼事也不做，更別說還相當難以訓練——同時也很難理解。話說回來，連那些我們已經了解、知道如何訓練的動物，其實也都能用我們難以解釋的方式感知熱。

---

⑰ 以色列的生態學家伯特．科特勒（Burt Kotler）將擁有窩器的角響尾蛇與中東地區的角蝰（學名為 *Cerastes cerastes*）相互比較，藉此證明了這一點。[55]這兩種蛇十分相似，差異就在於角蝰沒有感覺紅外線的能力。科特勒把這兩種蛇放在巨大的戶外圍欄裡，沒有頰窩的角蝰在漆黑而無月光的夜晚活動力減弱，而在黑暗中仍能運用熱感應來獵食的角響尾蛇此時便能稱霸全場。至於同樣被關在圍欄裡的以色列大鼠顯然也把這些外來的角響尾蛇視為比當地毒蛇更值得警戒的威脅。科特勒認為蛇的頰窩是牠們「打破限制的適應方式」——是種嶄新的生存構造，讓蛇能夠在最微弱的光線下獵食，將牠們狩獵的能力提升到另一個層次。（審註：蝮蛇科底下一共分成兩大類，響尾蛇亞科和蝮蛇亞科，普遍認為僅有前者具備頰窩的構造。）

⑱ 克拉克的學生漢斯．史瑞夫特（Hannes Schraft）在研究野外的蝮蛇時，產生了許多令人困惑的研究結果。入夜後，角響尾蛇會躲在樹叢中準備伏擊獵物，這些樹叢與周遭環境的沙地相較之下溫暖一些，因此對牠們來說應該是會發出亮光的地標。不過史瑞夫特發現，角響尾蛇一旦被蒙上眼睛，就找不到那些樹叢了，反而還會毫無章法、漫無目的地亂跑。[56]他也很好奇，這些蛇到底是不是運用紅外線視覺來感測獵物的體溫，畢竟獵物體溫越低，應該行動越緩慢、越容易捕捉。然而實驗結果卻不是這樣。史瑞夫特在蛇面前擺了隻用熱水瓶溫熱過的蜥蜴屍體，蛇卻理也不理。[57]

動物學家羅納德・克羅格（Ronald Kröger）養了一隻名為凱文的黃金獵犬以後，便開始研究牠的鼻子。狗睡著的時候鼻子會比較溫暖，不過一旦他們醒來後一陣子，鼻尖就會變得潮濕又冰涼。克羅格在溫暖的房間裡發現，狗鼻子會維持在比周圍低攝氏五度左右的溫度，也比牛或豬在同樣環境下的鼻子溫度低上攝氏九至十七度。[60]為什麼會這樣呢？吸血蝠和響尾蛇似乎也都會主動降低窩器的溫度以維持其敏銳度，狗這麼做的理由，會不會其實和牠們一樣？狗鼻子會不會其實同時具有紅外線感覺與嗅覺的功能？

克羅格確實這麼認為。他的研究團隊也成功訓練了三隻狗——凱文、達菲、查理——牠們能夠分辨出看起來、聞起來完全相同，但溫度相差攝氏十一度的兩片板子。[61]在雙盲測試中，負責操作的研究人員不知道正確的答案，因此也不會在不經意之間影響狗的判斷，然而這三隻狗選出正確答案的機率依然達百分之六十八至八十。因此研究團隊認為，現代家犬的祖先——狼，或許真的能夠感知大型獵物身上散發出的紅外線輻射。然而紅外線輻射會隨著距離快速減弱，這對於早已擁有聽覺與嗅覺等精準感官能力的狼來說，到底有什麼用處？當然了，狼絕對能夠在鼻子感覺到獵物體溫散發出的紅外線輻射之前，就聞到牠們的氣味。而在近距離之下，牠們的眼睛與耳朵就已經足夠敏銳，就算沒有鼻子感知紅外線輻射的能力，也能夠追蹤到處跑來跑去的目標。「實在很難想像這種能力對狗來說到底有什麼用處，」研究這項主題的科學家安娜・巴林特（Anna Bálint）說道。「我猜我們或許得換個方式思考。」

在研究其他動物的環境界時，距離絕對是很重要的影響因素。在適當的條件下，嗅覺與視覺能夠涵蓋很遠的距離，紅外線感知能力則負責在近距離下發揮作用（除非是專門用來探測遠方的森林大火）。在大自然中，還有其他非得靠近距離接觸來感覺的感官能力。

⑲ 二〇一三年，薇薇安娜．卡戴娜（Viviana Cadena）發現響尾蛇能夠控制牠們吐出空氣的方式，藉此冷卻頰窩，讓頰窩一直維持在比體溫低幾度的溫度。[58] 過了幾年，克拉克與貝肯進行實驗，他們將響尾蛇養在幾個不同氣溫的環境裡，接著測量牠們在較涼爽的背景環境下是否能察覺溫暖的擺錘。令他們意外的是，蛇的體溫越低，追蹤擺錘軌跡的能力就越好。貝肯說：「我們當下實在是目瞪口呆。」假如蛇主要的熱感受器是TRPA1，那麼這種現象實在不合邏輯，因為TRPA1在溫度越高的環境才會表現得越好。而冷血動物在體溫越高的情況下，活動力應該會越好才對。因此照理來說，響尾蛇的體溫升高，獵食的動作應該會變得更快、更靈活……但從牠們的表現看起來，在這種情況下牠們最主要的狩獵感官反而變得沒那麼敏銳？克拉克說道：「牠們的表現確實退步了，但我實在不知道為什麼。」於是他和貝肯採取了在學術界令人耳目一新的直言行動，共同發表了研究結果，文章標題是〈蛇的體溫越低對紅外線的反應越強烈，但我們不知道為什麼〉（Cooler Snakes Respond More Strongly to Infrared Stimuli, but We Have No Idea Why）。[59]

第六章 粗糙的感覺——接觸與流動

起初，所有人都以為絲卡（Selka）在睡覺。絲卡是一隻青少年海獺，住在聖克魯茲（Santa Cruz）的隆恩海洋實驗室（Long Marine Laboratory）裡。牠的水池裡放了一張玻璃纖維製的桌子，桌子與水面幾乎齊平。牠被引導游到桌子底下，於是牠把鼻子伸出水面與桌子之間的狹窄空間呼吸，然後小睡了一陣子——或者應該說，牠看來似乎小睡了一下。結果研究人員發現，在每一陣小睡之間，絲卡其實也在慢慢地旋開將桌腳固定在水池裡的螺帽。直到有一天，研究海獺的感官生物學家莎拉．斯卓比爾（Sarah Strobel）發現，整個桌子都往側邊傾倒了。至於絲卡則抱著被卸下來的一根桌腳游來游去，還把桌子的螺帽和螺栓全都塞到排水孔去。

每次看到海獺的照片，畫面裡的動物總上仰躺著漂在水面上，看起來就像在睡覺，有時候手裡還抓著東西；這種畫面令大家都誤以為海獺是懶惰、性情平穩的生物。不過斯卓比爾告訴我，「牠們其實非常焦躁，不僅總是閒不下來，也會一直東摸摸、西摸摸，想要碰這個、摸那個」。海獺與其他鼬科動物都有這種彷彿精力過剩的特質，這個類群的動物還包括黃鼠狼、雪貂、獾、蜜獾、狼獾等。海獺的個性確實如斯卓比爾所說，是「鼬科動物的普遍特色」，而且牠們體型也相對比較大，體長約一至一點五公尺，是水獺家族當中[①]體重最重的一種——除此之外，牠們通常有一雙極為靈巧的手掌，這也是牠們出了名地難以養在家裡的原因。[②]斯卓比爾說：「牠們真的破壞力超強，而且好奇心旺盛，牠們運用這份好奇心的方式是不斷思考：**我要**

怎麼把這東西弄破？要怎麼做才能知道裡面有什麼？」

海獺有著好奇、四肢靈活又喜歡拆解東西的習性，因此能夠在北美洲西海岸的天然棲地生活得如魚得水。當地的海水長年冰冷，雖然海獺在鼬科動物中算是很大隻，但對於海洋哺乳類動物來說，體型卻是出奇地小。海獺沒有巨大的身體來維持體溫，也不像海豹、鯨魚、海牛有可以阻絕低溫入侵的海獸脂。不過牠們確實有動物界中最豐密的皮毛，每平方公分的毛髮數量比人類的頭髮總數還要多，不過光是這樣還不足以阻擋體溫快速從身體散失。[2]為了維持足夠溫暖的體溫，牠們每天必須攝取達體重四分之一的食物，因此造就了牠們總是十分忙碌的天性。[3]無論晝夜，牠們總是不斷潛到水下尋找食物，[4]也幾乎什麼都吃，只要抓到手裡的就是食物。即便是在光線昏暗不足以目視的環境裡，海獺的肉掌也能引領牠們找到食物。正如同我們看到絲卡拆解桌子時展現的靈活度，野生海獺靠這種能力用手掌抓魚、捕海膽、挖出深埋在水底的蛤蚌。海獺擁有細緻的觸覺能力，這正是這些體型嬌小的溫血哺乳類動物能在冰冷的大海裡生存的關鍵。

其實從海獺的大腦就能看出牠們確實擁有觸覺敏銳的肉掌。[5]和其他物種一樣，海獺的大腦裡也有名為體感覺皮質（somatosensroy cortex）的區域，負責處理觸覺。不同的體感覺皮質區接收、處理來自不同身體部位的訊息，各區域的大小也就相對反映出動物最主要的觸覺器官為何。[6]以人類而言，雙手、嘴唇和生殖器

① 審註：包含海獺，現生十三種的水獺都是屬於鼬科當中的水獺亞科（Lutrinae）。

② 絲卡在約一週大時成了無家可歸的孤兒，於是在二〇一二年受到救援，被送到蒙特雷灣水族館（Monterey Bay Aquarium），由那裡飼養的其中一隻海獺扶養長大。[1]在花了幾個月學習如何當一隻海獺以後，絲卡就被野放回大自然了。不過短短八週後，牠就遭到鯊魚的無情攻擊，於是水族館將絲卡帶回去療傷，痊癒後又再次野放。後來絲卡又因為吃下有毒貝類而中毒，這起事件顯示她已太習慣人類的照顧，因此美國魚類及野生動物管理局認定絲卡「習慣於與人類互動，因此在野外生活太不安全」。牠在隆恩海洋實驗室待了兩年，後來又回到蒙特雷灣水族館，現在是其他小海獺孤兒的養母了。

是最靈敏的觸覺器官，老鼠的話是鬍鬚，鴨嘴獸則是牠們的嘴喙，至於裸隱鼠，最敏感的就是牙齒了。在海獺的大腦裡，接收來自手掌觸覺訊號的體感覺皮質區與其他鼬科動物（甚至其他水獺亞科的動物）相比，則是不成比例地巨大。

不過海獺的手掌外表看起來不像是十分敏感的手掌，或者應該說牠們的手掌上的肉墊長得根本不像手掌。海獺手掌上的皮膚像花椰菜的頭一樣質地粗糙，指頭之間的分界也不太明確。但若是你握住海獺的手掌，就會感覺到有靈巧的指頭在皮膚下動來動去，然而就像斯卓比爾形容的一樣，光看外觀，彷彿就只是一雙「有指節的手套」。為了了解海獺的這雙手套到底有什麼能耐，斯卓比爾讓絲卡接受測試。她訓練絲卡感覺塑膠板上凸起的細線，感受這些精細線條的觸感。[7]接下來絲卡的任務就是要從其他凸起線條間距稍微窄一點或寬一點的板子當中，找到間距相同的正確目標。牠也確實做到了。即便線條的間距只有四分之一毫米之差，絲卡依然能夠反覆且準確地辨識出正確的板子。牠的手掌真的和大腦結構顯示的一樣敏銳。

不過敏銳與否並不是評斷感官能力的唯一指標。正如我們在第一章所述，人類和狗都能依氣味追蹤沾了巧克力氣味的繩子，只是人類比狗兒需要花費更久的時間，狗則是能更快也更準確地完成任務。同樣地，斯卓比爾發現人類的觸覺敏感度其實與海獺相當，也能夠分辨各種觸感的差異，只是海獺分辨的速度比人類快上許多。[8]③在斯卓比爾的實驗中，人類受試者多次用手感覺兩塊凸起線條間距不同的板子，反覆地觸摸、感受，終於做出選擇；絲卡卻只要靠手掌一摸，就能選出正確目標。假如牠摸的第一次就已經知道那是正確選項，就懶得再去觸摸其他板子了。絲卡能在五分之一秒間做出選擇，比人類受試者快上了三十倍之多。「牠們很有信心，完全知道自己在做什麼。」斯卓比爾如此說道。

請各位想像，現在有隻海獺準備覓食。牠仰躺著漂浮在海面上，然後一個轉身潛入水下。牠只會待在水下一分鐘——差不多是各位讀完這一段文字的時間。[9]海獺每一次下潛都會耗費許多寶貴時間，因此一旦潛到適合的水深，就沒有時間再挑挑揀揀了。在兵荒馬亂的片刻之間，牠會用那雙有指節的手套一般的手掌努力摸索海床裡外的一切。深海裡一片黑暗，但就算伸手不見五指也無妨。對這世界上數一數二敏感的手掌來說，海洋裡的一切都有其形狀、質地，牠們藉由自己的那一雙手掌感受、抓取、按壓、戳、擠、敲；雙手是海獺在海底的雙眼，就算海底沒有光，觸覺就是牠們的光。有著硬殼的獵物棲息在質地類似的堅硬礁岩群裡，但在電光石火之間，海獺就能感覺出兩者的差異，精準地將獵物抓出來。結合牠靈活的雙掌、極端敏銳的觸覺以及鼬科動物特有的強大自信，海獺左抓這隻蛤蜊，右拉那隻鮑魚，再一掌撈起海膽，最後浮上海面開始享用這頓海鮮大餐，牠破水而出的那一刻，各位也正好讀完了這段文字。

觸覺是一種機械性感官能力，負責處理物理性的刺激如振動、流動、質地、壓力。對許多動物來說，觸覺是一種可以在遠距離之外接收的感覺。[10]我們稍後將在本章讀到，像魚類、蜘蛛、海牛這幾種如此不同的動物，都能感受到空氣與水在流動、吹拂、激盪之間隱藏的訊號。運用微細的毛髮與其他感受器官，牠們能從遠處接收到關於其他動物的資訊。鱷魚能夠感覺到水面最細微的漣漪，蟋蟀可以感知到蜘蛛朝自己猛衝過來時激起的微風，海豹則能察覺魚游泳時帶動的水流。然而，這當中大多數的訊號人類都感受不到。我感覺得到頭頂的風扇吹出的強大氣流，但除此之外我就感覺不出來了。對人類（以及海獺）來說，觸覺主要用來感受最直接的觸碰。

③ 亞里斯多德曾寫道：「人類的其他各種感官確實遜於大多數動物，然而觸覺的準確度卻是遠勝於其他動物。」他應該根本沒聽過海獺這種動物，不過這種說法雖不中亦不遠矣。

人類的指尖是大自然中最敏感的觸覺器官之一。運用指尖，我們可以極度精準地操控工具，也能在失去視力時觸摸點字的圖案，同時也能點、滑、碰地操控觸控螢幕。指尖的觸覺會如此敏銳，是因為機械性受體的存在——這些細胞能夠對輕微的觸覺刺激產生反應。機械性受體種類十分多元，每一種都各自負責處理不同的刺激來源。[11]梅克爾觸體的神經末梢（Merkel nerve endings）會對持續的壓力產生反應，正因為有它的存在，各位才能在捏著本書的書頁時估量其形狀與質地；魯斐尼氏小體的神經末梢（Ruffini endings）負責感知皮膚的張力與拉扯，各位也才能調整抓握的力度，察覺物品從手中滑落的觸感；梅斯納氏小體（Meissner corpuscles）能夠對慢速的振動產生反應，當手指在物體表面移動時，正是它讓我們有了手指滑動與上下起伏的感覺，人類也是靠它才能夠閱讀點字；巴齊尼氏小體（Pacinian corpuscles）則負責處理快速振動，用來評估比較細膩的質地或透過工具觸碰物體的感受，例如用鑷子夾取毛髮或是用鐵鍬翻動土壤的觸感。以上各種觸覺受體大多都存在於海獺的手掌或鴨嘴獸的嘴喙上。靠著這些觸覺受體，就能夠產生觸摸帶來的各種感覺，就像我們靠甜、酸、苦、鹹、鮮等味覺受體交織出味覺一樣。

廣泛來說，我們確實大概知道這些機械性受體如何運作；儘管種類多元，但這些受體都是由某種擁有敏銳觸覺的小體包覆著神經末梢所構成。觸覺刺激會扭曲、改變小體的形狀，藉此激發裡面的神經傳送訊號。然而因為人類對觸覺的研究至今還是所有感覺中最匱乏的一種，因此其中的具體細節依然是待解之謎。[12]與視覺、聽覺甚至嗅覺相比，人類不那麼容易因觸覺而產生藝術表現，研究這種感覺的科學家也比較少。直到不久以前，讓動物能體驗到觸覺的物質分子——相當於產生視覺所仰賴的視蛋白，或是帶來嗅覺的嗅覺受體——才為人所知。我們至今對於感知粗糙質地的能力，還是只有粗糙的理解。

然而觸覺的重要性卻不可忽視，那是一種有親密與立即性的感覺，其面貌之多變與嗅覺或視覺不相上下。各種動物身上觸覺器官的敏銳程度、對應到的刺激源，以及觸覺器官位於身體哪個部位，都有著形形色色的面貌。透過了解觸覺對各種生物的環境界有什麼影響，就能用全新的眼光看待沙灘、地底通道，甚至是體內的器官等不同環境。即便是人類，也是直到最近才開始了解**自己**的觸覺能力。在其中一項實驗中，科學家發現受試者能夠靠觸覺分辨出兩片只有最外層分子存在差異的矽晶圓，而能夠察覺這種細微差異，都來自於受試者用手指拂過物體表面時產生的觸覺感受。[13]在另一項實驗中，受試者要分辨物體表面脊狀紋路之間的差異，而這些紋路的高度僅相差**十奈米**——這種情況就有點類似要求受試者在砂紙的顆粒只跟大分子差不多大小的情況下，去分辨兩張砂紙哪一張更粗糙。[14]

這些令人瞠目結舌的能力都是因為動作的存在而產生。[15]假如你只是把指尖放在物體表面，能感受到的質地十分有限。然而一旦移動指尖，一切就截然不同了。藉由按壓，能讓我們感受到硬度的差異，也能透過摩擦立刻察覺出其紋理。當手指滑過表面，與看不見的微小凹凸互相碰撞，會使指尖的機械性受體形成振動；這也就是為什麼人類能夠察覺其中差異尺度小至奈米的細微差別。④移動使觸覺從粗略的感覺變成細緻的感官能力，也讓大自然中許多擁有絕佳觸覺的動物能夠快速反應。

許多科學家一輩子都在研究同一種動物，不過肯・卡塔尼亞（Ken Catania）可不是這樣。過去三十年來，他研究過電鰻、裸隱鼠、鱷魚、釣魚蛇（學名為*Erpeton tentaculatum*）、扁頭泥蜂（學名為*Ampulex*

④ 馬克・羅特蘭（Mark Rutland）負責領導這項實驗，他讓受試者分辨高度僅有十奈米差異的形體，他說：「這種現象就像是，假如你的手指跟地球一樣大，就能夠摸出地球上的房子與車子之間的差別。」確實沒錯，不過你若真的用跟地球一樣大的手指橫掃巷弄，那可就太不貼心了。[16]

compressa）和人類的感官。他這個人總是會被奇怪的事物吸引，而這份對怪異生物的好奇心也幾乎總是能夠得到回報。他對我說：「結果通常……不，應該說，這些動物不僅僅是有趣而已，牠們總是比我所能想像的還厲害十倍。」在這些稀奇古怪的動物當中，讓他確實了解到這一點的，不外乎就是他研究的第一種動物：星鼻鼴鼠（學名為 *Condylura cristata*）。

星鼻鼴鼠是一種大小跟倉鼠差不多的動物，有著絲綢一般的毛皮、像老鼠的尾巴、和鏟子一樣的爪子。[17]星鼻鼴鼠的蹤跡遍布北美東部的人口稠密區，但由於牠們居住在沼澤區，且大部分時間都在地底下度過，因此親眼看過牠們的人不多。不過只要看一眼，你一定認得出牠們。星鼻鼴鼠的口鼻部位有著十一對長得像手指的粉紅色無毛突起，在鼻孔周圍排列成一圈，這毫無疑問就是牠們叫做「星鼻」鼴鼠的由來。這個構造就像從牠們鼻子長出的花朵，也像是一隻海葵黏在牠們的鼻子上。

長久以來，科學家都在猜測星鼻鼴鼠的星鼻到底有什麼用途，但在卡塔尼亞於一九九〇年代首次以顯微鏡觀察時，他發現結果再明顯不過。[18]他原本預期會在星鼻鼴鼠的星鼻上看到包羅萬象的各種感受器，然而他在顯微鏡下觀察到的卻只有一種名為艾默氏器（Eimer's organ）的半球狀凸起物滿布在星鼻上，就像覆盆莓的表面一樣。而這每一個小小的凸起物都含有機械性受體，能夠對壓力與振動產生反應，其中的神經纖維則負責將這些感覺傳送到大腦。因此這些凸起物顯然是觸覺感受器，並且就是這些觸覺感受器構築出整個星鼻。星鼻鼴鼠臉上的這顆星星是徹底的觸覺器官。然而瞇起眼睛看著它，你可能會以為那是一隻又一隻想要接觸世界的小手。其實或多或少，其中也有這樣的意味存在。⑤

請各位閉上雙眼，將手抵在你身邊的任何表面上——可能是你屁股下的座位或地板，或是你的胸膛或頭。每一次按壓，你的腦海裡就會浮現手掌的輪廓與感受到的質地，假如按壓的速度夠快，頻率夠高，你就能夠在大腦裡建立出周遭環境的立體模型。星鼻鼴鼠的星星狀鼻子很有可能就是如此發揮作用，星鼻鼴鼠在地底下一片漆黑的世界移動，同時持續用一秒鐘十幾次的速度以鼻子觸壓通道內部；隨著每一次動作，牠腦海中都會閃現星鼻形狀的觸覺感知。在我的想像中，這每一次的觸覺感知加總在一起，會為星鼻鼴鼠建立起地底通道的樣貌，就像連連看的圖形隨著每個點連接在一起以後慢慢浮現一樣。星鼻鼴鼠的體感覺皮質區——也就是大腦裡的觸覺中心——負責處理星鼻觸覺的部分出奇地大，就像人類的觸覺中心也有很大一部分對應到手一樣。[20]在我們的體感覺皮質區當中，一群一群的神經細胞代表一根一根的手指，而星鼻鼴鼠也有一束束的神經細胞集中對應到每一條星鼻的突起上。「我們可以直接在牠們的大腦裡看出星鼻的存在。」卡塔尼亞如此說道。⑥不過在卡塔尼亞首次發現這種觸覺器官與神經細胞的對應時，有一點讓他覺得不合邏輯。星鼻鼴鼠的第十一對⑦星鼻尺寸最小，卻對應到一大群神經細胞，大約占負責處理星鼻訊號的腦區的四分之一。[22]為什麼星鼻鼴鼠大腦中如此大量的神經處理能力會被分配在最小的觸覺感受器上呢？

透過高速鏡頭拍攝星鼻鼴鼠的動作，卡塔尼亞與研究同仁瓊恩・卡斯（Jon Kaas）發現牠們**每次**只要碰到食物，就算一開始是用其他對星鼻摸到該物體，最後也都會用這第十一對最小的星鼻去感知。[23]星鼻鼴鼠通常會用星鼻連續觸碰該物體好幾次，第十一對星鼻也會隨著每一次觸碰漸漸接近該物體。這種行為模式其

⑤ 各位可能會以為星鼻鼴鼠吻部那一條一條的構造，是從牠們的鼻子往外呈放射狀長出來的，但其實不然。星鼻鼴鼠還是胚胎時，就已經有小小的腫塊貼著其吻部了。[19]這些腫塊會慢慢發育、變長為圓柱體，這就是星鼻的前身。出生後，這些圓柱體依然緊貼在牠的吻部。接著，圓柱體底部會慢慢長出皮膚，因此就會與吻部的組織分開。過了差不多一週後，一根根的圓柱體剝離、向前綻放開來，「巨星」就此誕生。

⑥ 大約有百分之五的星鼻鼴鼠有偶數對（十或十二對）星鼻，而牠們的大腦皮層上也有相應數量的神經集結成束。[21]

⑦ 審註：位於正中間下方的那一對。

實就像我們用眼睛觀察事物一樣。人類的眼睛會一步步細微調整，將眼睛的中央窩（也就是我們視網膜上視覺最敏銳的區域）聚焦到想要觀察的物體上。同樣地，星鼻鼴鼠的第十一對星鼻，也就是卡塔尼亞所稱的「觸覺中央窩」，是動物觸覺最敏銳的區域。這個區域會位於星鼻鼴鼠的嘴巴正前方並不只是巧合，一旦星鼻鼴鼠確定面前的物體是食物，牠就能立刻分開第十一對星鼻，用像鑷子一樣的前排牙齒將食物掃進嘴裡。

星鼻鼴鼠不會撫摸、摩擦、碰觸，而是只靠星鼻下壓和上提兩種簡單的動作來完成一切判斷，只要比較觸覺器官上各處的艾默氏器是否產生下凹或偏轉，就能辨識獵物。星鼻鼴鼠會吃下蚯蚓屍體，卻又會直接忽略體積大小類似的橡膠和矽膠物體，因此牠們勢必能夠辨別出物體的質地，這種辨識的速度快到連海獺都望塵莫及。

卡塔尼亞給我看了一段由下往上拍攝星鼻鼴鼠的影片，影片中的星鼻鼴鼠正在用星鼻尋找載玻片上的蟲蟲。將影片以放慢五十倍的速度播放時，我才看見原來牠是用星鼻一次次地戳著玻片尋找食物，並且不斷以觸覺中央窩感覺，最後終於找到目標才將蟲蟲吞下肚。然而假如沒有以慢速播放，我們根本搞不清楚影片裡到底發生了什麼事；以肉眼看來，單純是星鼻鼴鼠一出現，蟲蟲就馬上消失了而已。卡塔尼亞與同事費歐娜·仁波（Fiona Remple）仔細分析這段影片後發現，星鼻鼴鼠能夠以平均兩百三十毫秒的速度（最快可至一百二十毫秒）完成辨識獵物、吞下獵物、開始尋找下一隻獵物的一系列動作。[24] 星鼻鼴鼠做完這一連串動作所需的時間，剛好就跟人類眨一次眼睛差不多。各位可以想像你閉起雙眼的那一刻，正在覓食的星鼻鼴鼠剛好用星鼻碰到了蠕蟲，而就在你的眼睫毛往下掃過眼睛中央時，星鼻鼴鼠的大腦已經判斷出剛剛星鼻碰到了什麼，同時將動作指令送出，讓星鼻鼴鼠將第十一對星鼻擺到正確位置。正當你的眼睛完全閉上，星鼻鼴鼠已經用牠超敏銳的第十一對星鼻再次觸碰那隻蠕蟲，就在你重新睜開雙眼至一半時，星鼻鼴鼠已經從第二次碰觸中得到訊息，並決定好如何完成剩下的動作了。你的眼睛這時完全睜開，星鼻鼴鼠也已經把獵物吞下肚，早就開始找下一口食物了。

星鼻鼴鼠似乎已經把感知的速度推展到神經系統的極限，唯一的限制就是訊號在星鼻與大腦之間傳遞的速度。對星鼻鼴鼠來說，這只需要花費十毫秒，然而在同樣的時間內，視覺訊號卻根本還沒傳到視網膜上，更別說是傳遞到大腦或甚至還要再將指令送達身體了。光或許是這世界上最快的物質，光**感受器**傳遞訊號的速度卻有其限度，然而星鼻鼴鼠的觸覺遠超越這一切。卡塔尼亞說：「星鼻鼴鼠的觸覺之快速，甚至超越了牠大腦的處理速度。」他給我看了另一段影片，是星鼻鼴鼠碰到一大坨蟲蟲卻直接走開，後來才又改變方向回頭吞下剛剛遺漏的食物。卡塔尼亞解釋道：「牠原本已經轉而探索接下來的事物，後來才意識到剛剛碰到的其實就是食物。」只要擁有視力，大家應該都有突然經過某個出乎意料之外的事物，才又回頭看第二眼的經驗。對人類來說，看第二眼就只要轉個頭而已，不費什麼力。然而因為星鼻鼴鼠是用觸覺而非視覺探索世界，而牠的觸覺器官又位在臉上而不是四肢，因此要回過頭再觸碰一次剛剛錯過的物體，確實是件得動用到全身上下的麻煩事。

星鼻鼴鼠觸覺的速度與敏感度息息相關。擁有這樣複雜的鼻子，使星鼻鼴鼠能夠獵捕像是昆蟲幼蟲如此微小的獵物。但是要以這麼小的食物為生，想必就得盡可能提升覓食的速度。卡塔尼亞說：「牠們就像小小的吸塵器一樣。而且牠們吃的東西小到你會忍不住心想：『這麼小真的有必要吃嗎？』」不過星鼻鼴鼠會以這種方式生存也是因為牠們的棲息環境在地底，根本幾乎沒有其他競爭者存在。多虧了牠們的星鼻——也就是結合了手與眼功能的鼻子——牠們不會錯過地底世界蘊藏的任何細節，那裡孕育了別的動物根本察覺不到的大量食物來源。對其他鼴鼠來說，地底下的通道或許就像一條空蕩蕩的走廊，然而在星鼻鼴鼠的觸覺感受之下，卻星羅棋布著無數好吃的食物。

許多生活環境中的視覺條件受限的動物，會像星鼻鼴鼠一樣演變出絕佳的觸覺；這些動物尋找的通常也不會是唾手可得的目標，因此牠們得不斷用有觸覺器官的部位四處戳、壓、探尋。無論是海獺的手掌或是人類的指頭，大象的象鼻還是章魚的腕足，動物都得靠著刻意移動觸覺器官來探索世界。然而就像星鼻鼴鼠的星鼻一樣，這個器官不必非得是手不可。

鳥喙內部是一種骨骼結構，外層包覆著跟人類指甲一樣的堅硬物質——角蛋白（keratin）。它看起來像是沒有生命也並不靈敏的構造——就是個長在鳥類臉上，用來叼或啄的堅硬工具。但其實對於許多物種來說，喙的尖端有著少量對於振動與動作非常敏感的機械性受體。例如雞是相當仰賴視覺覓食的動物，因此牠們鳥喙上的機械性受體相對稀少，且都集中在喙的下半部。[25]但某些鴨子（如綠頭鴨和琵嘴鴨）的鳥喙無論上下或內外都布滿機械性受體。其中有些位置的機械性受體分布之密，就像我們的手指一樣。[26]綠頭鴨的鳥喙或許包覆著跟人類指甲一樣的物質，但卻有著極為敏銳的觸覺。牠們正是用這種能力在混濁的水中尋找食物。牠們會一頭潛入水底下，把尾巴浮在水面上，一邊旋轉一邊將喙鑽入水中，彷彿在戲水一般地將鳥喙一張一合。藉由這些動作，牠們能在黑暗的水面下捕捉快速游經的蝌蚪，同時將食物從不能吃的泥沙中過濾出來。提姆．柏克海德（Tim Birkhead）在《鳥的感官》（*Bird Sense*）一書中寫道：「想像你面前有一碗果乾燕麥片加牛奶，同時裡面還撒了一把細細的礫石。你有辦法只吞下其中能吃的食物嗎？我猜很難，但鴨子就做得到。」[27][⑧]

許多其他鳥類也會將鳥喙伸進黑暗的縫隙深處探尋食物，這種行為在海濱地區的鳥類身上則特別常見。

即便是最荒涼的海灘上也都埋藏了無數寶藏——沙蠶、貝類、甲殼類，通通都藏在沙子底下；為了找出這些深埋在沙子裡的美食，各種涉禽如杓鷸、蠣鷸、鷸、濱鷸，都用鳥喙在砂礫之間尋覓食物。從顯微鏡下觀察，牠們鳥喙的尖端布滿小孔，就像玉米被啃出了一個個洞一樣。這些小孔中充滿與人類手上類似的機械性受體，鳥兒能藉此找出埋藏在沙堆中的獵物。

不過牠們一開始究竟是怎麼知道該從哪裡開始探尋的呢？地底下的獵物行蹤根本無法從地面看出來，所以有些人猜測，鳥兒或許只是亂槍打鳥似地胡亂嘗試，祈禱能碰上好運而已。然而就在一九九五年，特尼斯．皮爾斯瑪（Theunis Piersma）發現紅腹濱鷸（學名為*Calidris canutus*）找出貝類的準確率與胡亂碰運氣相比，竟高出八倍之多，所以牠們一定有些特別的法子。[29]為了找出答案，皮爾斯瑪訓練鳥兒去檢查裝滿沙子的桶子裡是否埋了東西，並且藉由靠近指定的餵食器來表示牠們發現桶中有物體。這個簡單的實驗證明紅腹濱鷸真的能在鳥喙不碰觸到目標的情況下發現貝類，甚至還能察覺石頭的存在，因此牠們顯然不是靠嗅覺、聽覺、味覺，或感知振動、溫度和電場辦到的。[30]皮爾斯瑪認為，牠們運用的是某種在遠距離下也能發揮作用的觸覺能力。

紅腹濱鷸將鳥喙插進沙子裡時，會擠壓砂礫之間細微的水流，製造出向外發射的壓力波。這時周圍如果有堅硬的物體——例如貝類或石頭——水就會從物體旁邊流過，使這股壓力波產生偏移。紅腹濱鷸鳥喙尖端

---

⑧ 某些物種更是特別擅長這一點。艾蓮娜．瓜切瓦（也就是研究十三條紋地松鼠的那位科學家）和她的丈夫斯拉夫．巴格揚采夫（Slav Bagriantsev）發現由野生綠頭鴨馴化而成為家畜的北京鴨（Pekin duck）（如今則是專門養殖做為肉鴨的品種），擁有絕佳的觸覺。與其他鴨子相比，牠們的鳥喙更寬，上面也有更多機械性受體，同時又有更多的神經細胞負責傳遞來自機械性受體的訊號。[28]更令人意外的是，北京鴨感受痛與溫度的神經細胞卻相對較少；想要擁有出色的感官能力總得付出代價，而綠頭鴨為了擁有敏銳的觸覺，犧牲了其他接觸性的感官能力。

上的小孔能透過感受到這股波的偏移，就可以不直接觸碰依然感受到周遭物體的存在，皮爾斯瑪稱這種能力為「遠端觸覺」。這樣已經夠厲害了，然而紅腹濱鷸還是將這項能力提升至更進一步，牠們會每秒以鳥喙上下反覆戳刺，藉此徹底探尋同一個區域。這種動作會激起泥沙，使水中的物質密度更高，提升鳥喙引起的壓力波，波的偏移也會更加明顯。隨著紅腹濱鷸每一次低頭、抬頭，周圍食物的蹤跡就變得更加清晰，就像牠用觸覺而不是聽覺構成的聲納系統探索周遭一樣。⑨

扁頭泥蜂用來探測的器官也有著長長的外型，尖端同樣有敏銳的觸覺，不過牠們的目標和使用方式都比濱鷸可怕得多。扁頭泥峰的體長大約二點五公分，身體帶著金屬光澤的綠色，腳則是橘色的，看起來十分美麗。不過牠們卻是會利用蟑螂來養育幼蟲的寄生蜂。一旦雌蜂發現蟑螂的蹤影，就會以蜂刺螫對方兩次——一次在蟑螂身體的中段以癱瘓牠的腳，第二次則是瞄準大腦。第二次出擊的目標是將毒液送進蟑螂大腦裡的兩團神經細胞，使蟑螂動彈不得，變得猶如殭屍一般，任由扁頭泥蜂操縱。在這種狀態下，扁頭泥蜂就能像在遛狗一樣，運用觸角引導蟑螂到自己的巢穴。一旦到了扁頭泥蜂的巢穴裡，雌蜂會將蛋產進蟑螂的身體，蟑螂就此成了泥蜂寶寶出生後最新鮮的食物來源。這種控制意識的能力來自泥蜂的第二次攻擊，因此牠們勢必得一次就準確命中目標位置。就像紅腹濱鷸得從泥沙中找出貝類藏身的確切位置，扁頭泥蜂也得在蟑螂身上交錯的肌肉與內臟之間找準大腦的位置下手。

幸好泥蜂的蜂螫針不只是能夠穿透目標軀殼的鑽頭、注入毒液的毒針、繁衍後代的產卵管，更是絕佳的感覺器官。蘭姆．蓋爾（Ram Gal）與費德瑞克．利博賽（Frederic Libersat）發現扁頭泥蜂的蜂螫針尖端布滿小小的凸起物與孔洞，同時擁有敏銳的嗅覺與觸覺；有了這樣的構造，扁頭泥蜂才能夠準確找到並分辨出蟑螂大腦的觸感。[32] 當蓋爾和利博賽把切除大腦的蟑螂送到扁頭泥蜂面前，扁頭泥蜂會反覆攻擊目標，試著尋找大腦卻徒勞無功。假如把蟑螂的大腦換成硬度相似的一顆小球狀物質，扁頭泥蜂就能準確地攻擊正確位置。然而若把這個小球換成比蟑螂大腦黏軟的他種物質，扁頭泥蜂似乎就會感到非常困惑，只好反覆地用蜂刺到處戳。牠們顯然知道蟑螂大腦的觸感應該是什麼樣子。

扁頭泥蜂和那可憐的蟑螂都會運用觸角感知四周，大多數昆蟲都有這種習性。⑩又長又能朝四處揮舞的觸覺器官有利於探索環境，因此許多物種都各自演化出觸角；⑪至於廣泛使用工具的人類，則會用拐杖前端敲擊地面摸索環境。黑口新鰕虎（學名為*Neogobius melanostomus*）是一種棲息在水體底層的魚類，牠們有著超敏銳的胸鰭[34]；鬚海雀（學名為*Aethia pygmaea*）是一種海雀科的海鳥，頭上有著弧形向前伸展的巨大黑色羽冠，鬚海雀會用它來探勘牠們適合築巢的岩壁縫隙。[35]⑫

許多其他鳥類的頭上、臉上都有堅硬的剛毛（又稱嘴鬚），時常被誤以為是用來協助牠們捕捉飛行昆蟲的構造。然而這些剛毛很有可能其實是觸覺感受器，因此鳥類在處理獵物、餵養幼雛和在黑暗的巢穴移動時都會運用到剛毛。[37]這些用途或許也解釋了鳥類擁有羽毛的原因。我們都知道，鳥類是從恐龍演化而來，許多

---

⑨ 皮爾斯瑪的發現啟發蘇珊·康寧漢（Susan Cunningham），找到其他親緣關係較遠的鳥類也會運用這種遠端觸覺：澤䴉、彩䴉和聖䴉（Ibis，䴉科 Threskiornithidae）會在泥濘的濕地揮動鐮刀一般的長鳥喙，紐西蘭的奇異鳥則會在落葉之間發揮這項能力。[31]

⑩ 昆蟲的祖先是有多體節身體的生物，每一體節都有一對足。隨著演化，這些動物最前面幾節的體節融合在一起變成了昆蟲的頭部，而這些體節原本的足就成了昆蟲的口器或觸角。因此觸角本質上來說其實是改變了用途的腳，或者也可說是用來感覺的附肢。

⑪ 不過觸覺器官不一定都是又長又能四處橫掃揮舞的構造。鮣魚（科名Echeneidae）的背鰭就演化成了吸盤，牠們能靠這種構造吸附在大魚的身體底部；這些吸盤上布滿機械性受體，能夠讓鮣魚感覺到自己接觸到宿主。[33]

⑫ 森帕斯·賽內維拉特尼（Sampath Seneviratne）將一些鬚海雀的羽冠與剛毛貼住後再放進漆黑的迷宮裡，在這種情況下，牠們比平常更容易撞到頭。[36]

恐龍身上都覆蓋著硬而短的原始羽毛[38]，這些羽毛的結構太過簡單，無法用於飛行，因此恐龍演化出羽毛絕對有別的原因。最普遍的解釋是原始羽毛有隔絕溫度影響的作用，然而要真是這個原因，原始羽毛應該會突然大量出現在動物身上才對。既然如此，另一個可能比較貼近事實的原因是，恐龍是為了獲得觸覺資訊而演化出原始羽毛。就像鬚海雀一樣，牠們只需要為數不多的剛毛就能更善加運用觸覺。也許羽毛剛開始是在恐龍的頭上或手臂上一小叢一小叢地長出來，用來感知觸覺，後來才成為飛行的工具。

哺乳類動物的毛髮或許也有類似的起源，剛開始是做為觸覺感受器而出現，後來才轉變為能夠隔絕溫度的體毛。[39]不過也有些毛髮依然保持著原本的觸覺功能，這種毛髮就是觸鬚（vibrissae），此名稱源自拉丁文的顫動（vibrate），更常見的稱呼則是鬍鬚。[40]在哺乳類動物的臉上常出現這種毛髮，與身體其他部位的毛髮相比，鬍鬚更長也更粗，而且每一根更都是從布滿機械性受體與神經的毛囊中長出，因此一旦因受到外力產生偏斜，鬍鬚的根部就會碰到機械性受體並將訊號傳送至大腦。（各位可以握住筆的尖端並將另一端來回搖晃以體驗這種感受。）

有些哺乳類動物會在移動時來來回回地用鬍鬚掃觸物體表面，一秒內重複數次，這種行為叫做擺動鬍鬚（whisking），藉此探索頭部正前方與四周的區域。[41]當我一聽到擺動鬍鬚這個詞，就明白它的意義了。這種行為其實就像你我在一片漆黑的走道上跌跌撞撞時自然會做出的動作——伸出雙手感覺四周，以免撞到牆，同時試著尋找燈光的開關。然而就在與感官生物學家羅賓．格蘭特（Robyn Grant）談過後，我才了解老鼠擺動鬍鬚時運用鬍鬚的方式其實更像我們用眼睛注視周遭的動作。嚙齒類動物會一次又一次地不斷探查正前方的區域，想搞清楚環境的樣貌[42]。一旦牠們用口鼻部那又長又靈活的鬍鬚探測到某些事物時，就會用臉頰及嘴唇上比較短也沒那麼靈活的鬍鬚進一步探查，這些鬍鬚不僅數量更多，觸覺也更為敏銳。[43]這種行為模式其實就跟星鼻鼴鼠用星鼻探索地下通道和感知物體非常相似，牠們都是最後才會將最細小也最敏感的觸覺部位派上用場。這種模式也與人類以雙眼觀察時的行為十分類似，一旦視線邊緣察覺到某些東西，就會再次將高解析度的視網膜中央窩對準目標詳加注視。

視覺與觸覺的相似之處可不只這樣。人在轉頭時，眼睛會率先移動；同樣地，老鼠轉動頭部時，也是鬍鬚先移動。[44]正如同我們以光線照射進視網膜所形成的畫面來構築世界，老鼠也會運用鬍鬚觸碰到的各種事物來了解自己身處的環境。由於每一根鬍鬚都連接到不同的體感覺皮質區，老鼠因此能夠知道是哪一根鬍鬚碰到物體；也因為老鼠知道自己每一根鬍鬚的所在位置，才能夠如格蘭特所說的，「透過觸覺來搞清楚方位」。老鼠移動鬍鬚時，大腦裡會同時一次次閃現環境裡各個方位的資訊。格蘭特也表示，老鼠的大腦可能會自動將這一次次獨立的觸覺感受以連續的方式解讀。因此我實在很想知道，老鼠擺動鬍鬚的意義是不是其實就和人類的視覺一樣——即便人類其實一直不斷地移動視線與眨眼，但我們的視覺卻是一種連續性的體驗。

哺乳類動物差不多自從出現在地球上就開始運用鬍鬚。[45]⑬時至今日，老鼠、負鼠，以及牠們體型嬌小、四處攀爬奔竄的夜行性動物祖先擁有同樣的習性，都仍有擺動鬍鬚的行為。天竺鼠不太仰賴鬍鬚，貓與狗的鬍鬚雖然也都能靈活擺動，但卻成為輔助感知的角色。至於人類與其他大型人猿則是完全失去了鬍鬚，轉而運用手的敏銳觸覺。鯨魚與海豚出生的時候確實有鬍鬚，但除了嘴唇與噴氣孔周圍以外，其餘部位的鬍鬚都很快就掉光了。畢竟，要靠擺動鬍鬚在水底下運用觸覺實在太難了。不過**鬍鬚**本身還是很有用的。

---

⑬ 格蘭特發現負鼠（opossum，廣義指負鼠目 Didelphimorphia 的成員）這種有袋動物也會擺動鬍鬚來運用觸覺，而且牠們用來控制鬍鬚的肌肉與老鼠所使用的肌肉十分類似。[46]這些親緣很遠的類群雖然同屬哺乳類動物的分支，但也僅止於此，牠們分別走上截然不同的演化歷程。這也就代表早期的哺乳類動物，可能都是透過擺動鬍鬚來主動探索世界。

兩隻西印度海牛（學名為 *Trichechus manatus*）住在沙拉索塔（Sarasota）的莫特海洋實驗室（Mote Marine Laboratory）裡；我和戈登．鮑爾（Gordon Bauer）盯著牠們瞧，鮑爾一邊告訴我，休（Hugh）（也就是某隻海牛）超級好動，另一隻巴菲特（Buffett）（牠的名字是取自吉米．巴菲特〔Jimmy Buffett〕，不是華倫．巴菲特〔Warren Buffett〕）則比較懶散，而且還有點過胖。我很老實地告訴他，其實我分不太出來誰是誰；牠們約三公尺長的身體都又圓又胖，而且都看起來懶懶的。但過了一陣子，我注意到其中一隻在水族缸裡慢慢繞圈，這大概就是海牛版本的暴衝了吧，那隻海牛就是休。

在大自然中，海牛會花很多時間在淺海的海床上緩慢移動，取食水生植物。至於被人類圈養的海牛——休和巴菲特每天要吃下大約八十顆蘿蔓萵苣。休正在專心對付其中一顆，牠慢條斯理地撕開菜葉，有時候會用鰭肢裹住蘿蔓萵苣，或是緊咬菜葉，而負責咬下菜葉的部位正是牠上唇和鼻孔之間的區域。這個區域名為口盤（oral disk），正是因為這個構造，海牛的表情才總是看起來好像很不好意思的樣子，也才會如此可愛。口盤看起來不太起眼，但它其實是極為敏銳的觸覺器官。

口盤強健發達的肌肉有很強的抓握能力，與一般的嘴唇構造相較，反而還更像大象的象鼻。[47][⑭] 藉由收放口盤的肌肉，海牛可以用與手一般靈活的動作，以敏銳的觸覺抓取物體仔細檢視。這種行為叫做口操縱（oripulation）——也就是以口盤操縱物體。海牛會以口操縱的方式應對環境中的各種事物，不管是錨索還是人類的腳，一律都先用口盤探索。但這種行為模式有時候也會為海牛帶來麻煩。西印度海牛是瀕危物種，牠們常因為這種先用臉接近物體來探索的行為而被繩索或捕蟹網困住。除此之外，海牛也會運用口操縱建立與同類之間的關係。鮑爾說：「不管何時何地，海牛只要碰見同類，就會用口盤觸碰彼此的臉、鰭肢和軀幹。」

各位讀者，休也用口盤認識我了。巴菲特去做實驗時，休在水族缸的另一區休息。牠靜靜躺著，訓練師握著牠的鰭肢把甜菜根丟進牠的嘴裡。我一靠近就聞到了從休嘴中傳來的甜味，把手伸進水下擺在牠面前，牠便立刻開始用口盤探索我的手。這是兩個觸覺器官的相遇，但感覺起來有點怪——我的手和休的口盤是兩個截然不同的器官，卻同樣被用來感受觸覺。我只能靠想像猜測休用口盤碰觸我的手的感覺——可能比牠吃的菜葉要來得柔軟，也比牠的兄弟巴菲特的皮膚滑順。至於對我來說，被海牛用口盤碰觸的感覺很像被狗舔，只不過牠們用的不是舌頭——而是有抓握能力的嘴唇，在我的手掌上動呀動。我的指尖一下子就感覺到彷彿被砂紙輕輕摩擦過的觸感，因為休的鬍鬚刺刺的。

這些鬍鬚——或是說觸鬚——是口盤擁有敏銳觸覺的關鍵。海牛的口盤上約有兩千根鬍鬚，有些是又長又細的硬毛，有些則又短又刺，就像斷掉的牙籤一樣。[48] 口盤的肌肉放鬆時，鬍鬚會隱身在皮肉的皺褶之間；然而一旦到了要進食或探索的時刻，海牛就會繃緊口盤，拉平上面的皺褶，鬍鬚也會就此向外伸展。[49] 用正確的方式繃緊口盤肌肉，並且讓鬍鬚互碰，海牛就能抓住海草、撕碎萵苣菜葉。鮑爾說：「牠們能夠抓住食物並送進嘴裡，同時還能把其中的小石子吐出來。」鮑爾的同事羅傑・瑞普（Roger Reep）拍攝過海牛進食的影片，牠用嘴巴的其中一邊吞下植物，另一邊則用來去除不想吞進肚子裡的東西。藉由將鬍鬚抵在物體上，海牛就能感覺物體的質地與形狀，就像嚙齒類動物擺動鬍鬚的行為一樣，只是動作比嚙齒類動物慢得多。二〇一二年，鮑爾測試休和巴菲特是否能夠分辨塑膠板上線條凸起紋路的間隔差異[50]，就和莎拉・斯卓比爾後來讓海獺絲卡和許多人類受試者做的實驗一樣。這兩隻海牛在實驗中的表現跟海獺、人類一樣出色⑮，

⑭ 審註：值得一提的是，大象和海牛是現生親緣關係最近的動物類群。

牠們口盤的觸覺敏銳程度和人類的指尖旗鼓相當。

海牛是人類目前所知唯一只有觸鬚而沒有其他毛髮的哺乳類動物。除了口盤上的鬍鬚以外，還有三千根觸鬚遍布在牠們巨大的身體上。這些觸鬚廣泛分布在海牛的身上，因此顯得有些稀疏，很難一眼就看見，不過我後來還是瞧見了休身上的觸鬚在日光下閃閃發光。鮑爾說：「陽光正好的時候，這些觸鬚看起來就像一片麥田。」⑯海牛遍布全身的觸鬚有另一個用途——感覺身邊的水流。[52]

觸鬚有著相當靈活的結構，能主動抵在物體表面上以產生觸覺，就像老鼠擺動鬍鬚和海牛用口盤觸碰物體時那樣；但它也能夠被動承受氣流或水流造成的彎曲或偏折。因為觸鬚會回應這種壓力，動物便能夠偵測出遠處物體形成的氣流或水流，不用直接接觸就能感知遠方的物體。海牛絕對也有這種能力。鮑爾和同事發現休和巴菲特都能用身體上的鬍鬚感知水中球體發出的微弱振動，實驗時，他們將兩隻海牛的眼睛蒙上，也蓋住臉上的鬍鬚，會發出振動的球體更是位於牠們身側一公尺以外的位置。[53]即便這股振動只會對水流造成小於百萬分之一公尺的偏向，海牛依然感受得到這股細微的振動。

在大自然中，牠們很可能就是用這種「水動力學」的感官能力判斷水流方向，也藉此知道其他海牛正在幹嘛，或是感覺到其他動物朝自己靠近。因此即便海牛的視力糟糕到不行，牠們依然能與浮潛的人類保持距離。牠們時常在漲潮時分從河口逆流而上，也會成群結隊地在海床上休息，然後突然一起浮上水面呼吸；牠們的眼睛或許小，周圍的水質也可能十分混濁，但是牠們依然能用遍布全身的觸覺在遠距離之下感知周遭事物。牠們能夠接收到我在前面提過的那些訊號——也就是在你我身邊流動的各種無形資訊，雖然無形，動物卻能運用正確的感覺器官感知這些訊息。

在莎拉・斯卓比爾研究海獺絲卡的隆恩海洋實驗室裡，有隻名為新芽（Sprouts）的港灣海豹（學名為*Phoca vitulina*）正仰躺在水面上漂浮。珂琳・瑞奇茅斯（Colleen Reichmuth）呼喚新芽，牠帶著斑駁色塊的灰色身影便游近了岸邊。珂琳叫新芽說話，於是牠發出一陣介於吼叫與號角聲之間的驚人聲響，聽起來像是在說：「呼哇哇哇哇吼哦。」我將手放在新芽的胸膛上，整個手臂都感受得到轟隆隆的震動；若是在水底下，新芽的叫聲則會顯得更大聲，這股震動想必就像一記重擊。

海豹、海獅、海象——統稱為鰭足類動物——通常會被對鯨魚與海豚等受歡迎的海洋哺乳類更有興趣的科學家忽略；然而瑞奇茅斯長久以來著迷於這些動物，這也許是因為鰭足類動物和她一樣，生活中有一半的時間在陸地上，另一半則在海裡。「我從小游泳到大，隨時都想泡在水裡。因此我深受這些能夠在陸地上生存，也能徜徉在大海中的生物吸引。」瑞奇茅斯這麼說道。她在一九九〇年代加入隆恩海洋實驗室，便一直在那裡做研究。她這一路走來都有新芽的陪伴：牠在聖地牙哥海洋世界（SeaWorld San Diego）出生後不久就被送來隆恩海洋實驗室，比瑞奇茅斯早一年來到這裡。在我見到新芽的當時，牠已經快要三十一歲了，這個年紀早已超過野生港灣海豹的平均壽命。也因為如此高齡，新芽的眼睛得了白內障，幾乎看不見；但這對牠來說不成問題。多虧有鬍鬚的存在，港灣海豹就算失去視力也能活得很好，即便是在野外也是如此。

新芽的口鼻部與眉毛周圍有大約一百根鬍鬚。牠專心注視著我時，這些堅硬的鬍鬚會在牠臉部周圍形成雷達天線的形狀。[54] 新芽能夠用這些鬍鬚分辨形狀與質地、感受水中的振動、閃避障礙。[55] 當牠潛進水中時，

⑮ 巴菲特的表現比休再更好一些，不過鮑爾說那是因為休的注意力持續時間比較短。

⑯ 還有少數幾種哺乳類動物也是全身上下都有鬍鬚，其中就包括裸隱鼠與蹄兔（hyraxe）——一類看起來像土撥鼠的小動物，但牠們其實是大象與海象的近親。[51] 這些毛髮或許能夠幫助裸隱鼠與蹄兔感知狹窄地下通道的牆壁位置和岩石的縫隙，就像鬚海雀那樣。

會用鬍鬚掃過水族缸壁，因此能夠順暢地沿著水族缸壁的圓弧狀游動，絲毫不會產生碰撞。瑞奇茅斯說：「但如果我們丟了一隻魚進去，除非這隻魚開始游動，不然牠很難找到正確目標。」

魚游泳時，會在水中形成尾波（wake）——也就是動物游經以後，在身後留下的水波波紋。海豹會運用敏銳的鬍鬚探測、解讀這些波紋的意義。⑰不過這項能力直到二〇〇一年才由吉多．登哈德（Guido Dehnhardt）與他在德國羅斯托克的研究團隊發現。[57]他們發現兩隻港灣海豹亨利（Henry）與尼克（Nick）能夠跟著迷你潛水艇在水中留下的路徑蹤跡前進。即便被蒙上雙眼、罩住耳朵，牠們依然能緊緊跟隨這條路徑。直到牠們的鬍鬚被長筒襪蓋住，才無法繼續追上潛水艇的行蹤。當時許多科學家都認為，因為水下物體移動時產生的波動只能傳到幾公分之外，很快就會消逝而無法探測，因此這種水動力的感覺能力只會在短距離下發揮作用。不過水體的尾波其實能持續存在好幾分鐘。據登哈德估計，港灣海豹能從將近一百八十二公尺之外的距離追蹤鯡魚游泳時留下的尾波。

新芽或許是上了年紀沒錯，但牠的水動力感知能力仍然敏銳無比。瑞奇茅斯在水池沿岸上行走，並將一端裝上一顆球的長桿子伸入水中，使桿子在水裡留下蜿蜒的軌跡。幾秒鐘後，一旁耐心等待的新芽終於接收到開始行動的指令。牠擺動鬍鬚四處尋找，一旦接觸到水球留下的尾波就立刻轉向，跟上波紋的蹤跡；而且牠不是只朝著大略的方向前進，而是**完全**沿著球在水中移動的軌跡游動，上下左右分毫不差，就像有條無形的繩子拉著牠前進一樣。就算不是因為上了年紀眼睛不好，新芽執行這項任務時其實也無法仰賴視力，因為牠臉上戴著特製的眼罩。但就算不運用視力，牠也能夠接收到球在水中暫時留下的無形水流和漩渦，所以能跟著球的行進路徑游泳。在新芽開始跟著球的軌跡游動時，牠會左右擺動頭部感知軌跡的邊際，像蛇用蛇信探測路徑一樣。當路徑穿過水管噴湧而出的水流，新芽一時之間失去了球的軌跡，但牠很快地又從另一側接收到球留下的波紋。⑱而在軌跡又現蹤時，新芽也立刻跟上。看著新芽的動作，我想起狗狗芬恩嗅聞動物經過所留下的氣味，一路沿著氣味軌跡前進的樣子。對我們來說，觸覺是只發生在當下的感覺，只會在感受器與某個物體表面接觸的那個當下產生；然而對新芽來說，觸覺還能涵蓋到不久前發生的事，就像嗅覺對芬恩來說的作用一樣。牠的鬍鬚不僅能觸碰到當下，更能觸及過去。

當初登哈德發現海豹的這種能力時，對大家來說實在太匪夷所思。因為海豹游泳時，牠們的鬍鬚應該也會在水中產生波紋，這些水流振動照理來說會蓋過遠處的魚留下的尾波才對。不過港灣海豹自有辦法解決這個問題，只要看看新芽伸出水面的頭就知道了。細看牠的鬍鬚，你會發現這些鬍鬚橫切面略呈扁平狀，而且有特別的角度，就像刀刃一樣能夠切開水體。這些鬍鬚表面也並不平滑。第一眼看來，好像布滿了水珠，但是當我用手指一碰才發現，牠的鬍鬚其實是乾的，而這些看起來像水珠的東西其實是鬍鬚本身的構造。海豹的鬍鬚表面有波浪狀的輪廓起伏，且這些起伏間距寬窄不一。羅斯托克的研究團隊發現，這種形狀能夠大幅減少鬍鬚產生的水流漩渦。[58]藉由這種特殊的構造，海豹就能降低自己身體產生的水波波紋，同時增強獵物遺留的蹤跡訊號。海象並沒有這種這些扁平、波浪狀的鬍鬚，但牠們會運用大量的吻部觸鬚找出埋藏在沙子下的貝類；海獅和海狗也沒有這種構造，因此牠們還是相當仰賴視覺。這種特別的鬍鬚是海豹⑲身上獨一無

⑰ 海豹會刻意保暖牠們的鬍鬚，即便潛進寒冷的海水裡，牠們也會這麼做。[56]這麼一來，鬍鬚周圍的組織就不會凍僵，因此能保持靈活度。然而海豹這麼做是要付出代價的。感覺器官不像體內器官一樣能與外界溫度隔離，觸覺器官一定都位在體表，因此會散失溫度。在冰冷的海水中為這些器官保溫，就像在室外開暖氣一樣消耗能量。這些動物會願意費這番工夫，就代表這些器官相當重要。

⑱ 美國軍方會資助這種研究的原因不言自明，他們希望創造出能夠探測不明物體在水下移動行蹤的儀器。「但我們真的能夠打造出模仿海豹追蹤能力的儀器嗎？」瑞奇茅斯指著新芽說道。「目前為止，答案是『不行』。」

二的構造，因此與其他鰭足類動物相比，海豹追蹤水動力尾波的能力更為強大。[20]

在表現強大的能力以後，新芽便沉到水缸的底部躺在那兒靜靜待著。野外的港灣海豹也會這麼做，牠們會潛伏在海草群之間，運用像雷達天線一樣豎起的鬍鬚接收魚群游過留下的尾波。單從這些跡象，海豹就能判斷哪個方位有魚正在游動[59]，也能靠物體留下的尾波判斷其大小與形狀[60]，牠們或許就是靠這一點找出最大也最富含營養的狩獵目標。不過牠們也很可能根本不用靠尾波就能做出這些判斷。在一項實驗中，亨利與羅斯托克研究團隊的其他海豹都能感知到海床上產生的微弱水流，這些可能是埋在底沙下的比目魚魚鰓張合所產生的水波。[61]這些魚隱蔽得很好，在其他動物眼中看來或許一動也不動，但海豹可以單靠這些魚吐氣產生的水流發現牠們的存在。海豹的觸覺世界是專為各種流動與動作而生，而牠們的獵物不可能永遠紋絲不動；這看似是場極不公平的獵食競賽，不過這些獵物本身可有著超強的水動力感知能力。

海豹與其他水中的掠食者朝魚群衝去時，所有魚會成群結隊地同時逃開，不僅不會往四面八方分散奔逃，更不會撞上彼此。牠們就像身邊無所不在的水一樣，從敵人身旁流淌開來。這種神奇的能力部分得歸功於魚類的視力，但牠們身上名為側線（lateral line）的感覺系統也是不可或缺的大功臣。

所有魚類身上都有側線（某些兩棲類動物身上也有）[21]，側線的結構通常包含魚類頭部與側腹上大量肉眼可見的孔洞，以及皮膚下充滿液體流動的管道。[62]十七世紀首次有人描述出這種孔洞的存在後，有長達兩百年的時間，科學家都以為這些孔洞的主要功能是分泌黏液。[63]但經過更仔細的觀察後，科學家發現魚類身上有成群梨子形狀的細胞，其上包覆著拱形的凝膠物質。該種構造的名稱是神經丘（neuromast），顯然是一種感受器。一九三〇年代，生物學家斯萬・迪吉葛拉夫（Sven Dijkgraaf）發現眼盲的魚依然能用側線探測水中其他物體靠近所產生的水流。[64]㉒更令人驚訝的是，他發現魚也能夠分析自己身體產生的水流來探測靜止物體。

魚在游泳時會擾動其前方的水，因此會產生包裹住自身的流場（flow field）。此時魚的身邊若出現障礙物，就會使流場產生扭曲，側線能夠偵測到這些變化，因此魚類可以運用水動力的轉變察覺周遭動靜。假如魚朝著水族箱的牆壁游去，牆壁就會「阻擋水粒子如平常一般自由地散開，與在毫無遮擋的水體裡不同，」迪吉葛拉夫如此寫道，因此「魚類便會感受到這『意料之外的水阻力』。」[66]這種感知能力與紅腹濱鷸尋找埋在沙子下的貝類時運用的技巧十分類似，這也很可能是海牛就算身處混濁的海水之中，也能知道身邊有什麼物體的原因。不過演化上，魚類早在海牛或濱鷸出現之前的幾億年，就已經開始利用側線遠距離探測環境了，而且牠們對於水流變化的感覺更是敏感得多。㉓

有了側線，魚能感受到身邊水流帶來的豐富資訊，牠們的感知範圍因此能延展至距離一至兩個魚身的幾乎所有方位，迪吉葛拉夫稱這種能力為「遠距離的觸覺」。[68]如果是強勁的水流，人類的皮膚也能感受得到，

---

⑲ 審註：為大多數海豹科（Phocidae）成員的獨有特徵。

⑳ 不過髯海豹（學名為*Erignathus barbatus*）是海豹中的例外。牠們的鬍鬚構造簡單呈圓柱狀，這是因為牠們和海象一樣，都是在水體底層覓食的動物，所以並不需要特別強大的水動力感覺能力。

㉑ 審註：若指的是單純魚體表面所能觀察到的側線，則非所有魚類具備。例如，塘鱧、沙丁魚、鯡和鯷魚皆是沒有側線的種類。

㉒ 一九〇八年，魚類學家布魯諾・荷法（Bruno Hofer）深入研究側線的作用；他發現狗魚（pike，屬名*Esox*）就算看不見，只要側線依然完好無損，依然能夠避開碰撞、因應水流行動。[65]於是荷法正確推斷出因為有側線這種器官，狗魚才能藉由感知水流「在遠距離下感覺周遭動靜」。可惜他只將這項發現發表在自己創辦的期刊，不僅沒沒無聞又很快就停辦了，因此幾乎沒什麼人有機會讀到他的發現。

㉓ 一九六三年，迪吉葛拉夫在一篇開創性的文章中概述了他的研究，他認為側線是「專門用於觸覺的構造」，並且將其類比為哺乳類動物的觸鬚。[67]這個概念也可以反過來推導，當初首次發現海牛運用身體上的觸鬚察覺水動力的能力時，科學家便認為這就是哺乳類版本的側線系統。

不過「我認為這種感受力根本無法跟魚類因側線而具備的豐富感覺相提並論。」花費幾十年研究側線系統的謝里爾・庫姆斯（Sheryl Coombs）如此表示。走在大街上，各種光線與色彩的組合不斷進入我們的視網膜，人類因此能夠感受周遭的一切。也許魚類從側線接收到的水流變化，能夠給予牠們類似的體驗。牠們可以運用水流變化在流動的水體中找到正確方向、捕捉獵物、逃離天敵、知道同類的位置。魚群也會運用側線感知身邊其他魚的行動來調整其移動的速度與方向。[69]因此一旦有掠食者衝過來，朝魚群湧去的急促水流會觸發最靠近掠食者的那隻魚的側線，牠會立刻逃開。而受到驚嚇的魚產生的反應就會觸發鄰近其他魚的側線察覺動靜，進而引起周邊其他魚的注意，如此周而復始。最後這股恐慌便傳遍整個魚群，於是一大群魚便能夠毫不停滯地繞過掠食者游開。魚群裡的每一隻魚都只會感受到自己身邊一小區的水流，然而這種觸覺感官將牠們彼此連動，因此能夠協調地成群移動。即便是盲眼的魚，也能很合群地跟著同類在水中移動。[70]

雖然魚類的神經丘基本架構都相同，其中還是有許多種魚用不尋常的方式拓展、轉變側線的功能。[71]有些專門在水面覓食的魚類有著扁平的頭部，上面布滿了神經丘，因此能夠感受到昆蟲掉到水面上引起的振動。[72]鱵魚（halfbeak，科名Hemiramphidae）有著明顯的戽斗嘴型，排列在牠們突出下顎上的神經丘能讓牠們知道是否有獵物靠近自己的嘴巴。[73]居住在洞穴裡的魚類因為失去視覺，才改為運用特別巨大、數量眾多又極度敏銳的神經丘在水中生存。[74]㉔然而也有些魚的側線出乎意料地幾乎完全消失。

二〇一二年，熱愛洞穴又著迷於稀奇古怪動物的黛芬・索爾斯（Daphne Soares）旅行至厄瓜多，為了親眼看看穴棲視星鯰（*Astroblepus pholeter*）；這些盲眼鯰魚全都住在同一個黑漆漆的洞穴裡，一直不為人所知，因此根本連俗名都沒有。用顯微鏡仔細端詳穴棲視星鯰，索爾斯原本預期會看到巨大又格外敏銳的神經丘（就像其他許多因為住在洞穴中而放棄視覺的魚類一樣），然而索爾斯驚訝地發現，在穴棲視星鯰身上幾乎找不到任何神經丘。[76]牠們的皮膚上反而布滿像是迷你搖桿的構造，這對她來說是前所未見的景象。她說：「這就是我投身科學的原因——我好想知道那到底是什麼。」

結果索爾斯發現，那些迷你搖桿其實都是機械性受體。[77]更令人意外的是，這些構造竟然還全都是**牙齒**；它們並不是像牙齒一般的結構，而是真正的牙齒，確確實實由琺瑯質與牙本質組成，還有神經從底部長出來。即便大多數的鯰魚都是身上布滿味蕾，這種穴居鯰魚卻是牙齒布滿全身，就像一層包覆著全身的水流感受器一樣。對於魚類這種祖先已發展出功能完整的側線的物種來說，這確實是很奇怪的演變，不過索爾斯注意到這些鯰魚居住的洞穴裡幾乎每天都會出現猛烈的潮流，她認為激流會掩蓋側線的感知能力，因此牠們必須演化出更為堅硬的感受器，才能抵擋得住。穴棲視星鯰如今便以皮膚上遍布的牙齒找出水流平靜的區域，在那兒用吸盤一般的口器吸住石頭，等待激流退去。索爾斯現在正在研究其他洞穴魚類，想了解牠們是否也有其他特殊的感受器。㉕她告訴我：「我喜歡奇怪的動物，越怪、越古老、越特別，越好。」

一九九九年的夏天，洞穴魚類還沒進入索爾斯的人生，她坐在小卡車的後面，身旁有隻從美國魚類與野生動物管理局抓來的巨大的美洲短吻鱷。長途車程中，她仔細觀察旁邊這位旅伴被膠帶捆起來的嘴巴。這是她首次注意到鱷魚嘴上的凸起物。

㉔ 有些失去視力的洞穴魚類發展出特殊的游泳方式，在快速向前彈射和緩緩滑行之間交替使用。[75]彈射時雖能產生極大的推進力，卻也會遮蔽側線的感知能力；至於滑行的速度雖慢，但能夠製造穩定的流場，讓魚更容易分辨周遭的物體。

㉕ 其中一種是名為金線鲃（Sinocyclocheilus）的中國魚類。牠們有著又長又往上翹的口吻部，以及背上朝前的神祕突起構造，看起來就像介於魚和熨斗之間的生物。牠們的側線很正常，不過索爾斯推測，這種魚頭上的角能夠在其前方製造頭波（bow wave），使牠們的神經丘更為敏銳。以上論點確實還需要更多研究才能驗證，這份工作對索爾斯則是當仁不讓。

短吻鱷的下顎邊緣有一排排凸起的黑色小點，看起來就像一片由黑頭粉刺構成的鬍渣。科學家在十九世紀首次提出關於這些凸起物的敘述，但當時沒人知道這些黑色小點到底有什麼作用。索爾斯說：「我認為那一定是某種跟感覺有關的構造。」回到實驗室後，索爾斯發現這些凸起物裡面存在神經末梢，然而她卻找不到任何毛髮、毛孔或其他能夠接收相應感官刺激的感覺結構。經過鎮靜的短吻鱷躺在水裡，索爾斯試著用光照、電場，甚至是美味、濃厚的氣味刺激這些凸起物，但其神經卻毫無反應。後來有一天，她的工具不小心掉進水裡，於是她伸手去拿；她把手伸出水面時激起了些許漣漪，這些波浪碰到了水中短吻鱷的臉，牠們臉上黑色凸起物的神經終於受到激發了。索爾斯對我說：「我當時還叫了其他朋友過來看，好確定那不是我的幻覺。」

索爾斯發現，那些黑色凸起物其實是壓力受體，能夠偵測水面產生的振動。[78] 這些凸起物就像一個個小按鈕，也近似於星鼻鼴鼠的艾默氏器。這些構造敏感到就算索爾斯只是滴了一滴水到（未受鎮靜的）短吻鱷棲息的水缸，甚至同時蓋住了牠的眼睛與耳朵，牠都會立刻轉過來朝被水滴擾動的水面撲去。但若是索爾斯用塑膠布蓋著短吻鱷的口鼻部，牠就不會發現滴到水面的水滴。短吻鱷用這些黑色凸起物監測空氣與水交界的那層薄薄的水平面。牠們靜靜地待在水面，等待任何動物降落在水面或到水邊飲水的瞬間才出擊。這種獵食策略需要牠們一動也不動地等待才能辨到，所以牠們不會像鼴鼠、老鼠或甚至海牛那樣忙碌地探索周遭。短吻鱷靜止不動時，就能夠用觸覺感受器監控其他動物的行動。[26]

這些凸起物能察覺的或許不只是獵物激起的水花。公短吻鱷求偶時，會發出低沉的喉音，這股叫聲會使牠們背上的水產生振動，就像油碰到熱鍋一樣跳動噴濺，其他短吻鱷或許能透過精巧的面部結構感受到這些振動。在鱷魚的牙齒周邊與嘴裡也能找到這些凸起物，所以鱷魚或許也會用它來評估物體的硬度，調整咬合的力道。牠們在水下四處掃動下顎覓食的時候，凸起物能讓牠們感知碰到了某些可以吃的東西；當鱷魚媽媽聽見快要孵化的鱷魚寶寶的叫聲時，也能夠用這種結構判斷出用適合的力道，咬破蛋殼幫助寶寶孵化。鱷魚媽媽用下顎載著剛孵化的鱷魚寶寶移動時，牠敏銳的觸覺感官能幫助牠辨別該狠狠咬住的獵物，還是必須溫柔以待的寶寶。

然而這種細緻的結構在一般對鱷魚有著野蠻、無情既定印象的人眼中，看起來一定很矛盾吧，牠們有著強而有力、能夠粉碎骨頭的下顎，又有厚厚的皮膚與骨板做為武裝，牠們的一切特質似乎都與精緻背道而馳。然而牠們卻從頭到尾巴都布滿感受器，肯．卡塔尼亞與他的學生鄧肯．萊奇（Duncan Leitch）發現，牠們身上的感受器對壓力波動的敏感度是人類指尖的十倍之多。[80]㉗

還有哪些因為長在看起來不夠敏感的動物身上，而被忽略的觸覺器官呢？許多蛇頭上的鱗片布滿了上千個有敏銳觸覺的凸點[81]，這些觸覺器官在海蛇身上特別常見，也格外重要，海蛇會運用與鱷魚類似的方式感受水動力的變化。棘龍（*Spinosaurus*）是一種背上有著帆船型結構的巨大恐龍[82]，牠的口鼻部尖端也有像在鱷魚頭骨上出現的那種孔洞，也能讓神經通過，偵測外界的壓力。棘龍有著類似於鱷魚的臉，因此時常被視為以魚類為食的半水生動物；或許牠也會運用觸覺來感受獵物激起的水波。懼龍（*Daspletosaurus*）是霸王龍

㉖鱷目的動物如短吻鱷、鱷以及其他親戚不一定都在水中生活。[79]這些鱷魚與牠們已經絕種的遠親已存在於地球上兩億三千萬年，而那些古老的物種當中有許多是陸生性的鱷魚，會像貓一樣潛行，像馬一樣奔馳。目前實在很難確切了解這些史前生物到底擁有哪些感知能力，不過我們也能夠從牠們的頭骨找到線索。假如這些史前生物和現代的鱷魚一樣有能夠探測水波的頭骨凸起結構，牠們的下顎應該也會有明顯的孔洞，神經才有辦法通過。確實有部分滅絕物種有這種結構，鱷目動物是直到轉而在水中生活以後，才演變出這種對壓力相當敏銳的凸起結構。

㉗審註：該凸起物名為外皮感測器官（Integumentary sensory organ，ISO），ISO在短吻鱷科的物種只集中分布於吻部；然而鱷科和長吻鱷科則是全身皆有分布。經常用作皮件使用的腹鱗，便可從鱗片上ISO的有無來分辨鱷魚的種類。

（*Tyrannosaurus*）的近親，牠的下巴也有孔洞結構，或許也同樣布滿了擁有觸覺的凸起物。[83]這些恐龍雖不住在水中，但或許會在求偶時互相摩擦彼此敏感的臉部，或是用嘴巴帶著幼崽移動。以上種種推斷或許聽起來有點牽強，但想想鱷魚下巴的凸起結構、魚的側線、海豹的鬍鬚，這些推斷好像也就沒那麼不可思議了。科學長久以來都低估、忽略了動物身上和觸摸及流動有關的感應器——包括那些再明顯不過的存在。

比孔雀還要顯眼、高調的鳥類並不多，但如果可以的話，我想請各位先忽略牠那華麗又色彩斑斕的尾羽。[28]我們要將關注焦點放在孔雀頭上形成冠羽的那些硬挺羽毛。這些長得像鍋鏟的羽毛雖然也很醒目，卻常常被忽略。蘇珊・阿瑪德・康恩（Suzanne Amador Kane）從專門繁殖鳥類的鳥舍與飼養員那裡找來了一些孔雀，再加上一隻來自動物園、曾經不小心飛進北極熊圍欄裡的倒霉孔雀，想要研究孔雀冠羽的用途。[84]她的學生丹尼爾・凡・貝爾倫（Daniel Van Beveren）在孔雀冠羽上裝設了機械振盪器，並且觀察冠羽的擺動。當機器的振盪頻率為二十六赫茲時——也就是一秒振盪二十六次——冠羽擺動得特別劇烈。這是會令孔雀冠羽產生共鳴的頻率，也正好是雄孔雀求偶時擺動尾羽的頻率，因此康恩對我說：「這不可能只是巧合。」凡・貝爾倫對著架設好儀器的孔雀冠羽播放各種錄音，假如播出的是真正的孔雀搖動尾羽的聲音，冠羽就會產生共鳴；若是播放其他聲音，例如Bee Gees的〈Staying Alive〉，就沒有這種效果。

該研究結果顯示，站在求偶的雄孔雀面前的雌孔雀或許真的能夠感知到雄孔雀尾羽製造出的氣流。除了看見雄孔雀賣力的求偶動作以外，雌孔雀或許也能**感覺**到這一番努力。[85]（這種現象也會反過來，有時候雌孔雀也會對雄孔雀展現自己。）康恩想要拍攝真實的孔雀求偶時冠羽的模樣，觀察牠們擺動冠羽的頻率是否真和尾羽相同，藉此證明她的論點。[29]假如真是如此，就表示孔雀求偶的過程中除了有浮誇的視覺效果以外，其實還存在著人類一直以來都沒注意到的元素；而我們會忽略這些細節，是因為缺少適當的配備。假如連大自然中如此耀眼浮誇的行為展演中，都有被我們忽視的環節，我們到底還錯失了多少東西？

從孔雀冠羽底部細小的纖羽（filoplume）就能找出線索。纖羽的樣子就像一根尖端為簇狀的茅，還能做為機械性受體之用。當空氣流動擾動了冠羽，便會擠壓到纖羽，進而觸發神經。大部分的鳥類都有纖羽，而且幾乎都會伴隨其他羽毛一起發揮作用。鳥類可以透過纖羽掌控羽毛的狀態，因此或許能夠在鳥羽澎亂時即時整理羽毛，重整態勢。不過纖羽還有一項最重要的功用——幫助鳥類飛行。[86]

鳥飛行的樣子看起來是如此地輕鬆自在，因此我們很可能根本想不到那是一件多費力的事。為了維持在空中飛行，鳥必須一直調整翅膀的型態與角度。如果一切都對了，氣流就能順著翅膀流動，鳥類的身體也就能順利抬升至空中。然而如果鳥的翅膀角度太大，原本順暢的氣流會形成擾流，抬升的力量也就隨之消失，這種現象叫做失速（stalling）。一旦鳥無法避免這種狀態產生或即時修正，就會從天上掉下來。不過這不常發生，一部分原因是因為纖羽能為鳥類提供必要資訊，因此能夠因應各種情況快速調整翅膀的狀態，避免不幸。[87]老實說，這種能力實在相當驚人。我記得有次站在船上看著一隻海鷗緊跟船身飛行；那天風很大，而我們——也就是我坐的船和那隻海鷗——都在高速移動。當我伸出手感受從手上與指間吹過的風時，不禁讚嘆海鷗的翅膀竟然也能產生同樣的作用，讓鳥類能夠在天空中飛翔。然而我當時我根本不知道鳥類還會運用纖羽判讀氣流，在飛行時不斷微調姿態。法國的眼科醫師安德烈・羅尚－杜維尼奧（André Rochon-

---

㉘ 審註：更精確一點來說，是尾上覆羽。

㉙ 不過說起來容易，真的要做卻沒那麼簡單。因為雌孔雀的冠羽是綠色的，而孔雀求偶的場景又通常是在林葉之間，所以通常會看起來一片綠，難以分辨主體與背景。不過康恩也確實認識了一些飼養了白孔雀的人，他們正在討論研究相關事宜。

Duvigneaud）曾描述鳥是「一對靠雙眼引導方向的翅膀」，不過這個說法還不夠正確——鳥的翅膀其實會為自己找到方向。

蝙蝠的翅膀也是如此。牠們翅膀的薄膜雖與鳥羽構造大不相同，敏感度卻不相上下。蝙蝠的翅膀薄膜上布滿有敏銳觸覺的毛髮，這些毛髮從小小的半圓球狀上凸出，並且連接著機械性受體。[88][30]蘇珊．斯德賓發現這些毛髮大多數只會對來自蝙蝠背後往前吹拂的氣流有反應，而這種現象通常在蝙蝠快要失速時才會出現。因此蝙蝠其實就跟鳥類一樣，都能感覺出快要失速的狀態，也能夠及時採取行動修正。多虧這些毛髮，蝙蝠能以陡峭的角度飛行、在空中盤旋和後空翻，捕捉在尾巴附近的昆蟲，甚至還能以頭下腳上的姿態降落。當斯德賓以除毛膏去除蝙蝠翅膀上的毛髮，並讓牠們飛過障礙物後，可以發現毛髮消失對牠們產生的影響非常明顯。[89]牠們雖然不會墜落，卻會選擇與周邊的物體保持相當的距離，轉彎的角度也比平常更大，姿態更笨拙；反之，假如牠們翅膀上的毛髮完好無缺，就能夠以離物體僅僅幾公分的姿態飛行，還能做出過髮夾彎一般的飛行動作。對牠們來說，氣流感受器的存在與否決定了牠們只能用一般方式飛行，還是能夠進一步做出各種飛行特技。

對於其他動物來說，這些感受器的存在很可能更是存亡與否的關鍵。這或許就是為什麼它們會演變為這世上數一數二敏感的器官。

一九六〇年，有批來自中美或南美洲某處的香蕉送達德國慕尼黑的市場，三隻體型差不多與手掌一樣大的蜘蛛因此搭著便車來到這裡。[90]後來有人將蜘蛛送去慕尼黑大學（University of Munich），於是一位名為麥希德．梅夏（Mechthild Melchers）的科學家便開始研究、飼養這些蜘蛛。現在我們知道這些腳上有著黑色與橘色條紋的蜘蛛名為虎紋絞蛛（學名為 *Cupiennius salei*），是全世界最廣受研究的蜘蛛。

虎紋絞蛛獵食不靠織網，而是靜靜坐在原地等待獵物上門。牠的腳上有幾十萬根毛髮，其分布之精細可達每平方毫米有四百根。這些毛髮幾乎都連接著神經，因此對觸覺相當敏銳。[91]只要戳戳牠腳上的毛髮，虎紋絞蛛要不是會把腳縮起來，就是會轉過去看看到底是什麼東西碰到自己。假如虎紋絞蛛奔跑時，腳上的毛碰到了某個物體——例如由好奇的科學家在這條路徑上拉起的線好了——牠就會拱起身子快速越過障礙物。[92]公蛛求偶時，也會用正確的方式刺激母蛛的毛髮，以免母蛛以為是獵物把牠給吃了。

這些毛髮當中，大部分只會對直接接觸有反應，不過也有些因為又長又敏銳而會被風吹動的毛髮。這就是聽毛（*trichobothria*），其原文源自希臘文的毛髮（*trichos*）與杯（*bothrium*）。就像鳥的纖羽和魚的神經丘一樣，聽毛也是能感受流動的觸覺感受器——且有著超乎人類想像的敏感度。即便是一分鐘只會移動二點五公分的氣流[93]——微弱到根本稱不上是微風的微風——都能夠吹動這些聽毛。若是用顯微鏡觀察就會發現，在難以察覺的氣流吹動下，這些聽毛還是會飄動，然而周遭的其他事物卻毫無動靜。虎紋絞蛛的每隻腳上都有一百根聽毛，牠們因此能夠接收來自身體四面八方的任何氣流，而這種超高敏感度就是牠的獵食絕招。

虎紋絞蛛棲息在雨林裡，白天躲在落葉之中，夕陽西下後一個半小時後才會出來活動。牠們會走到葉片上靜靜等待；隨著夜色漸濃，風也漸漸停下來，身邊開始圍繞著虎紋絞蛛會直接忽略的低頻氣流。牠的聽毛只會對昆蟲飛行時產生的高頻氣流產生反應（例如蒼蠅朝牠靠近時產生的空氣流動）。一開始，蜘蛛無法分

㉚ 這些毛髮又短又細，肉眼根本看不見，因此其用途也不是隔絕溫度。一九一二年，科學家提出一項說法，認為這些毛髮能夠察覺氣流，讓蝙蝠得以在黑暗中飛行。不過就在大家發現蝙蝠會用聲納系統辨別方位後，對於牠們觸覺的興趣就淡了，直到二〇一一年才由蘇珊·斯德賓（Susanne Sterbing）重新點燃大家對於這項議題的興趣。

辨蒼蠅飛行時產生的氣流與背景空氣流動的差異。不過一旦蒼蠅飛到離虎紋絞蛛只有大約四公分的距離時，虎紋絞蛛就會注意到蒼蠅產生的氣流，對牠來說，那感覺就像是從濃霧中有身影漸漸浮現一樣。於是虎紋絞蛛腳上最靠近那隻蒼蠅的聽毛會先於其他七隻腳上的聽毛被吹動，感受到有目標靠近以後，蜘蛛會轉過身面向即將到來的獵物。一旦蒼蠅正好飛過虎紋絞蛛的其中一隻腳，就會從其頭頂正上方擾動牠的聽毛，此時蜘蛛用力一跳，以前腳獵捕飛在半空中的蒼蠅，接著把獵物拖回地面，注射毒液。[94]一九六三年就開始研究虎紋絞蛛的費德瑞克・巴斯（Friedrich Barth）說：「牠們還可以在彈跳到一半時修正路徑。」他實在看過這個畫面太多次了。他還說：「我常常在想，要打造一個也能這麼做的機器人應該非常困難吧。」

不過昆蟲也絕非手無縛雞之力的待宰羔羊，因為牠們大多也有自己的氣流感受器官。[95]針蟋蟀有一對自腹部最末端突出的尾毛（cerci），上面覆蓋著上百根和蜘蛛的聽毛不相上下，甚至更為敏銳的毛髮，名為絲狀毛（filiform hair），能夠感覺寄生蜂拍動翅膀所產生的氣流。正如傑洛姆・卡薩斯（Jerome Casas）的研究結果發現，絲狀毛能夠感知到蜘蛛起身攻擊時所產生的那股微乎其微的空氣流動。

會追捕獵物的豹蛛是蟋蟀最主要的天敵。在凹凸不平、布滿落葉的森林地面上，豹蛛必須和獵物站在同一片葉子上，才有辦法跳起來發動攻擊。豹蛛的動作雖快，但卡薩斯發現針蟋蟀的絲狀毛幾乎可以在豹蛛動身的那一刻就察覺到動靜[96]；事實上，豹蛛動得越快，就越容易被針蟋蟀發現。因此豹蛛唯一的辦法就是偷偷摸摸地靠近針蟋蟀，緩慢前進避免擾動前方的氣流，直到靠得夠近了，才最後一躍發動攻擊。即便如此，豹蛛成功的機率依然只有五十分之一。卡薩斯對我說：「大多數情況下，針蟋蟀才是贏家。一旦針蟋蟀跳離那片葉子，降落到其他地方，遊戲就結束了。那已經脫離豹蛛當下的環境界了。」[31]

針蟋蟀的絲狀毛與蜘蛛聽毛的敏銳程度超乎我們的想像；這些毛髮會被一個光子當中一小部分的能量影

響而產生偏轉——光子是所能描述光線數量的最小單位。不管是絲狀毛還是聽毛，都比這世上確實存在或**可能存在**的任何視覺受體要敏感上百倍。[98]擾動針蟋蟀的絲狀毛所需的能量與分子晃動時所產生的動能——熱雜訊（thermal noise）差不多，也就是說，若想讓這些毛髮變得比現在還要敏銳，得違反物理定律才可能辦到。

既然絲狀毛與聽毛如此敏感，為何不會一直被周遭各式各樣的動靜觸發呢？為何蜘蛛不會以為一直自己感應到昆蟲的存在而撲空？為什麼蟋蟀也不會一直以為有蜘蛛靠近而持續逃竄？一部分的原因是，這些毛髮只會對生物造成的振動頻率有反應——也就是掠食者或獵物製造出來的振動頻率（而不是來自環境）。再者，這些毛髮底部的機械性受體也沒有毛髮本身那麼敏感，它們要受到更強烈的刺激才會被觸發。最後一點則是蜘蛛並不會因為單一根毛髮受到擾動就直接行動。動物其實很少因為單一個機械性受體受到刺激而做出反應，牠們真正關注的是整體的動靜。

既然如此，為何這些毛髮會有如此高的敏感度呢？最顯而易見的原因是掠食者與獵物之間長期的拉鋸與競爭，因而使感覺系統不斷演化，變得越來越強大，再微弱的訊號都要盡可能探測得到。卡薩斯說：「但這個答案太簡單了，我並不是徹底買帳。」身為生物學家，他時常在動物身上看見不斷優化的現象，畢竟動物得在面對重重限制的情況下，盡可能利用擁有的一切條件生存、繁衍。不過蟋蟀的絲狀毛已經是**最極致**的樣貌了，這在動物世界裡相當少見，他說：「蟋蟀幾乎已經不可能超越自身當下擁有的配備了，這實在令人意

㉛ 這種能力和蜘蛛人用來預知危險的蜘蛛感應很相似。在電影中，蜘蛛感應是以彼得・帕克（Peter Parker）手臂上豎起的細毛作為象徵；但羅傑・迪西爾維斯卓（Roger Di Silvestro）在全國野生動物協會（National Wildlife Federation）的網誌裡寫道：「蜘蛛能夠提前感應到危險降臨，牠們運用的預知系統是眼睛。」[97]

外。也沒人知道究竟為何如此。」㉜

大部分的節肢動物——也就是包括昆蟲、蜘蛛與甲殼類的廣大類群——都擁有能夠探測水流與氣流的毛髮。這表示這些大多數節肢動物都具備的感覺相當重要，而我們人類卻才剛剛開始了解其中奧祕。舉例來說，一九七八年尤爾根・陶茲（Jürgen Tautz）發現毛毛蟲能運用身體中段的毛髮察覺寄生蜂飛行時產生的空氣流動。而毛毛蟲則會以靜止不動、嘔吐、掉到地上等行為來應對。[99]三十年以後，陶茲發現就連正在飛行的蜜蜂也會對毛毛蟲產生同樣的影響，因此只要讓蜜蜂飛行擾動植株周遭的氣流，就能夠降低飢餓的毛毛蟲對植物產生的危害。[100]這麼說來，蜜蜂與毛毛蟲對植物的影響在昆蟲界來說可是數一數二地巨大，卻沒什麼人知道這些動物——植物的授粉者與破壞者兩大族群——其實會因為極其微弱的空氣流動及毛髮偏轉而產生連結。在你我周遭的空氣裡，充斥著人類感受不到的各種訊號，而我們腳下的地面更是如此。

㉜感覺空氣流動的能力是否就像大家說的那樣，也是一種遠距離觸覺呢？還是因為這種能力仰賴毛髮對空氣的擾動產生反應，因此應該算是一種聽覺？科學界各派人馬的意見相當分歧。卡薩斯認為是兩者兼具，巴斯卻覺得應該算是觸覺與聽覺以外的另一種獨立感知能力。我個人認為，除非更深入了解動物本身的實際感受，不然實在很難歸類。遠處的蒼蠅飛行造成的空氣流動與絲線直接掃過腿部的感受，對蜘蛛來說真的一樣嗎？究竟是像冷與熱對人類來說屬截然不同的感受那樣，還是它們其實只是各自分布在觸覺感受光譜兩端的感覺呢？

第七章 地表的漣漪——表面振動

一九九一年，熱愛青蛙與蛇的凱倫・瓦肯汀（Karen Warkentin）終於實現夢想，瓦肯汀因為在念博士學位，才有機會待在一個充滿這兩類動物的地方——哥斯大黎加的柯可瓦多國家公園（Corcovado National Park）。光是坐在池塘邊，就能夠看見一大堆紅眼樹蛙（學名為*Agalychnis callidryas*），牠們有著萊姆綠的身體、橘色的腳趾、電藍色的大腿，側腹則有黃色條紋，還有那雙番茄紅的泡泡眼。光是一個下午，雌紅眼樹蛙就能產下一百顆青蛙卵。牠會用果凍狀的物質包裹蛙卵，並黏附在葉子上，懸掛於水體上方。不過這當中大約會有一半的卵被貓眼蛇（屬名為*Leptodeira*）吃掉，倖存下來的則會在六、七天後孵化成蝌蚪掉進水中——有時也會掉到瓦肯汀頭上。瓦肯汀對我說：「待在這裡常常遇到蝌蚪直接掉到你頭上或筆記本上的情況。我有一次還不小心撞到一整坨蛙卵，親眼看見許多胚胎迅速孵化成蝌蚪。」

這太奇怪了。那些蝌蚪並不是因為被瓦肯汀撞破而孵化，似乎是裡面的胚胎主動孵化為蝌蚪。假如這些胚胎能在瓦肯汀撞到蛙卵時用這種方式躲避，牠們是否也會在遇到蛇類攻擊時這樣逃跑？牠們是否感受得到蛇咬合的動作，因此決定把握機加速孵化，好逃到水裡？瓦肯汀曾在一次學術會議上提出了這項論點，卻遭到許多質疑。在過去的認知裡，青蛙的胚胎應該是被動地等待成熟才會孵化，而且胚胎也感受不到外界環境的變化。「某些人認為我這個論點太瘋狂了，但我覺得這項推論很值得進一步驗證。」瓦肯汀說道。

瓦肯汀蒐集了一批樹蛙卵團[1]，並且將蛙卵與貓眼蛇一起關在戶外的籠子裡。不過因為蛇是夜行性動物，所以瓦肯汀得整夜守著籠子不時查看情況。瓦肯汀睡在旁邊屋子裡的沙發上，不僅得忍受一大堆蚊子的攻擊，還得每十五分鐘起床一次，昏昏沉沉地觀察蛙卵的狀況。雖然過程艱辛，但瓦肯汀的想法確實沒錯：還是胚胎的蝌蚪遇到攻擊時，確實能夠提早孵化。瓦肯汀甚至還看到蝌蚪從已經進了蛇嘴巴裡的蛙卵破卵而出。

瓦肯汀自此就開始潛心研究蝌蚪提前孵化的行為。值得慶幸的是，現在進行研究已經不太需要再忍受被蚊子咬到受不了地熬夜觀察了，而可以仰賴紅外線攝影機捕捉畫面就好。瓦肯汀播了一段近期的錄影片段，畫面中的貓眼蛇撲向樹蛙的卵團，將許多蛙卵掃進嘴裡。就在牠努力把嘴巴拔出蛙卵的黏液時，旁邊的其他胚胎開始劇烈扭動，蛙卵裡的胚胎努力從臉部分泌出某種酶來分解卵壁。於是，其中一隻終於掉進水裡，下一秒，又一隻掉進水裡。很快地，孵化的蝌蚪一隻隻落入水中，數量之多難以計數。貓眼蛇還在努力咀嚼牠第一口咬進嘴裡的樹蛙卵團，面前卻只剩一坨空蕩蕩的黏液。「這個畫面我實在百看不厭。」瓦肯汀如此對我說道。

這項實驗證明青蛙的胚胎並不像大家以為地那麼毫無自保能力、對外界不知不覺。[2]這些胚胎的感知範圍已經超越了包裹著牠們的卵團，光線可以穿透透明的樹蛙卵，化學物質也能滲透蛙卵，然而真正關鍵的刺激其實是振動。外界的振動會穿透卵殼，直達裡面的胚胎，而胚胎在完全不認識這個世界的情況下，竟然就能分辨可能帶來危險的振動和無害的動靜。蛇咬合時產生的振動會促使樹蛙卵提早孵化，然而雨、風、腳步聲卻沒有同樣的效果，甚至連輕微的地震都無法引起胚胎的反應。瓦肯汀於是錄下幾種不同的振動對著蛙卵回放，結果發現紅眼樹蛙的胚胎會對不同的音頻與節奏有不同反應。[3]雨滴落下發出的啪嗒啪嗒聲響，形成節奏穩定、短促、高頻的振動；蛇的攻擊，則會引發低頻又節奏複雜的振動，在一段長時間的咀嚼聲中隔著完全靜止的片段。一旦瓦肯汀將這些完全靜止的片段剪輯進雨聲之間，讓節奏更像蛇產生的振動，蝌蚪就更容易因為感到害怕而選擇提早孵化。這些胚胎顯然早在出世之前，就已經在感覺四周了，且牠們能運用這些資訊保護自己。[4] 牠們有主動權，也有自己的環境界。

「隨著一步步成熟，牠們的感覺越來越豐富，獲得的資訊也越來越多。」瓦肯汀說道。兩天大的紅眼樹蛙胚胎能夠感知周遭的氧氣濃度，這讓牠們能夠判斷卵團是否不小心掉進了水裡。不過瓦肯汀的學生茱莉．鄭（Julie Jung）經研究後發現，胚胎得要長到四天大，才會具備以內耳接收振動的感知能力，在那之前，胚胎雖然具備提早孵化以逃離危險的能力，卻還沒有相應的感覺系統，因此對蛇的攻擊不會有反應。[5]① 在這個階段，蛇還不是蝌蚪環境界的一部分。然而過了幾個小時，一切就都不一樣了：全新的感知能力出現，先前對牠們來說彷彿不存在的振動變得能夠對蝌蚪的生命產生重大影響。

蝌蚪長成青蛙以後就準備好繁衍後代了，公蛙會互相競爭與母蛙交配的機會。瓦肯汀與同事麥可．科沃（Michael Caldwell）以紅外線攝影機觀察發現，這些互相競爭的公蛙會沿著樹枝排列，抬起身子用力地擺動背部。[7] 這種求偶行為雖是為了製造吸引配偶的視覺效果，不過即使公蛙的視線被遮擋起來，牠們依然會繼續動作。因為牠們即便看不到其他競爭者，依然**感覺**得到其他公蛙抖動屁股時產生的振動，同時也會運用振動來評估對手的大小與氣勢。在這樣的競爭當中，通常搖得最多次、振動得最久的公蛙就是勝者。②

或許還有許多動物也是運用這種方式溝通。雄招潮蟹會用巨大的蟹螯敲擊沙地吸引配偶[8]，白蟻會用頭部撞擊土丘製造振動，呼喚更多白蟻同伴前來。[9] 至於在池塘水面或湖面滑行的水黽，則會製造出容易吸引掠

---

① 蝌蚪的身體感覺受到晃動時，內耳有小小的晶體構造會推動著具備敏銳觸覺的毛細胞（hair cell），因此能夠傳遞訊息至大腦。這種內耳系統也控制著蝌蚪的某種反射行為：為了穩定視線，牠們會將眼睛往頭部移動的相反方向轉動。因此茱莉．鄭打造了能夠旋轉蝌蚪的臨時道具，將蝌蚪擺在管子裡之後，輕輕地轉動牠們，觀察蝌蚪的眼睛是否跟著轉動。[6] 她能夠藉此觀察出蝌蚪成長到哪一個階段時，內耳才會對振動有敏銳的反應。

食者靠近的振動逼迫配偶和牠交配。[10]這些動物都會運用身邊介質的表面製造或回應振動，這些振動的表面可能在樹枝上，也可能在沙灘上。科學家稱這種現象為介質傳遞振動（substrate-borne vibration）[11]，不過一般人大概只會簡單稱其為振動，也可能會使用顫動或表面波（surface wave）等稱呼。③

對某些人來說，這些表面振動（以及會刺激虎紋絞蛛與針蟋蟀的氣流）都算「聲音」。按邏輯來說，我在前一章後半段提到的內容，以及我在本章接下來要說的現象，都應該囊括在「聽覺」的大標題下。但這個議題對我來說其實不那麼重要，我也不打算選邊站；假如你喜歡整合觀點，當然可以把這些內容視為同一章節合併閱讀，若你喜歡把事情細細分別，則可以視其為三種不同現象。無論如何，真正值得各位注意的是，這幾種外界刺激雖然有著相當程度的重疊，物理性質卻依然存在非常重要的差異，也因此決定了哪些動物會注意到哪些刺激，如何應對。

例如靠空氣傳播的音波是以與前進方向平行的角度振動——就像各位拉開或壓緊妙妙圈（Slinky）④會呈現的樣子。反之，表面波則是與前進方向呈垂直方向的振動——各位可以想像把妙妙圈上下擺動。[12]這些振動會在水面形成明顯的漣漪，在堅實的地面上則不那麼容易看出來。將石頭往地面丟會產生令人難以察覺的波紋，但假如在地面上的動物夠敏感，就能感受到腳下地面振動時產生的起落。這世上存在許多**敏感**的動物，只是大部分的人類沒有這種能力。除了音響的重低音與手機的振動以外，大部分的人都感覺不到這世上由各種振動構築出的美妙風景，自然界中卻有那麼多物種有這些感知能力。表面振動和靠空氣傳遞的聲音之間的差異難以分辨，令許多人相當困惑。動物撼動大地時通常會擾動空氣，同時製造出這兩種振動，而且動物通常也運用相同的受體及器官（例如毛細胞與內耳）感知這兩種震波。人類描述這兩種現象時，也時常運用共通的詞彙，例如即便無法靠耳朵聽見，我們還是會說生物在「傾聽」振動。

也許表面振動與聲音之間最大的區別，在於前者被忽略了許久，即便是研究感官的科學家也不把它放在心上。長久以來，科學家觀察動物各種敲打、重擊、搖動與顫抖的行為，認為這是在傳遞視覺或聽覺的訊號，卻完全忽略這些動作產生的表面波。紅眼樹蛙的胚胎在僅僅四天半大的時候，就已經沉浸在這樣的感官世界裡了，一代又一代的科學家卻忽略這一點。生態學家佩姬・希爾（Peggy Hill）就寫道：「它在大自然中無所不在，我們卻從沒追尋過其中奧祕。」[13]不僅是感官生物學家，這件事該令所有人深思才對：假如以先入為主的想法看待這世界，我們就看不見明明擺在眼前的各種自然現象，而這些被我們錯失的，有時是令人屏息的美好。

我在密蘇里州哥倫比亞的實驗室裡看著一棵山螞蝗（tick-trefoil，屬名為*Desmodium*，為豆科植物），有個紅色光點在它的葉子上閃動，就像有狙擊手準備暗殺這棵植物一樣。紅點其實是雷射振動儀射出的光線，這臺儀器能夠將我們聽不見的葉片表面振動轉換為聽得見的聲音。我碰到桌子時晃動了整棵植物，於是我聽到巨大的呼嘯聲；當我說話，從我口中傳出的音波在葉片表面造成震波，又被接收葉片振動聲的喇叭轉化為音波。由此一來，我能透過植物聽見自己的聲音，不過現場沒人對我的聲音感興趣就是了。雷克斯・柯克羅

② 科沃甚至在樹蛙的模型上裝了振動器，用來挑釁其他公蛙。這隻機器蛙開始振動以後，其他公蛙則各自以激烈的競爭訊號回應。不過一旦只剩下視覺畫面，其他公蛙就沒有反應了。

③ 這裡的各種用詞有點刁鑽，即便是科學家也會覺得棘手。許多科學家會用**振動**這種比較通俗的說法指稱介質傳遞振動，雖然這個用詞嚴格說起來還包含聲音，但我在這邊還是選擇沿用此名稱，先跟各位工程師道個歉，我知道你們一定超受不了我這麼做。

④ 譯註：一種螺旋彈簧玩具，平時的外型為完全壓縮的彈簧，拉開時可以看出其具有彈性，受到壓縮時則不具彈性。

夫特和學生莎賓娜・麥可（Sabrina Michael）真正有興趣的是葉子上那隻小生物。那是一隻角蟬——一種吸食樹液的昆蟲——牠有大大的橘色眼睛，緊緊地靠在頭部下面的腳看起來就像鬍子一樣，其有黑有白的質地很像貝殼。這種角蟬的學名為*Tylopelta gibbera*，雖然牠現在還沒有正式的俗名，但柯克羅夫特在現場為牠取了個名字——山螞蝗角蟬（tick-trefoil treehopper）。

我們在序言就提過柯克羅夫特了，他帶著導師麥可・萊恩到巴拿馬的雨林裡尋找角蟬。柯克羅夫特與角蟬在二十年前初次相遇，他至今依然很著迷於這些昆蟲，以及牠們彼此之間交換訊息的方式。角蟬會快速收縮腹部的肌肉，使身體下的葉片產生振動，並將這股振動傳到其他角蟬的腳上。[14]這些振動通常不會發出我們聽得見的聲音，不過振動儀能夠將其轉為人耳聽得見的聲響。柯克羅夫特、麥可和我帶著期待的心情，一起將身體靠近小小的山螞蝗角蟬。接著我們真的聽見隆隆聲響，一點也不像一般的蟲鳴，是一股低沉得令人驚愕的呼嚕聲，不像家貓，反而更像獅子發出來的聲音。

科克羅夫特笑著對我說：「這就是了。」

麥可說：「真是太棒了！」

植物強壯又有彈性，是傳遞表面波的絕佳介質。⑤昆蟲運用這項特質，在植物上以振動創造出各式各樣的歌曲。[15]包括角蟬、葉蟬、蟬、蟋蟀、螽斯等昆蟲，柯克羅夫特估計約有二十萬種昆蟲以表面波互相溝通。一般而言，人類聽不見牠們創造出來的歌曲，因此大部分的人根本不知道有這些聲音的存在，然而知其所以然的人，通常都深深著迷於其中。

柯克羅夫特還記得他與這些聲音的第一次相遇。當時他還是年輕學生，對動物的溝通方式深感興趣，因此決定專心鑽研角蟬這種不顯眼又不太有人研究過的昆蟲。在伊薩卡（Ithaca）的田野間，他發現一株一枝黃花屬（goldenrod plant，屬名為*Solidago*）的植物上布滿了名為*Publilia concava*這個物種的角蟬。於是他將接觸式麥克風夾到植物的莖上，再戴上耳機。「沒多久，我就聽到了一陣**嗚—嗚—嗚—嗚**的聲音，」柯克羅夫特這麼對我說，一邊模仿那股像悲傷的牛蛙鳴叫的聲音。「那是一種從來沒有人聽過的神奇聲音，而這聲音其實一直都存在於我家後院裡。這就是了。我認為任何人只要一發現這種振動世界的存在，就很難不為此深深著迷，但確實只有一小部分的人會對此著迷到不斷嘗試記錄下大自然中各物種發出的振動聲。真的有太多各式各樣的聲音了，根本數之不盡。」

柯克羅夫特現在已經蒐集到許多角蟬振動聲的錄音；他播放給我聽時，我驚訝得目瞪口呆。[16] 那聲音實在令人著迷又驚訝，更是叫人難忘，因為它聽起來一點也不像我們一般所熟悉的蟋蟀叫聲或蟬鳴，而是更像鳥叫、猿啼或甚至機器、樂器發出來的聲音。這些聲音通常低沉又充滿旋律，而昆蟲真正聽見的很可能其實就是這種聲音；不同種類的角蟬，發出的聲音也不一樣。*Stictocephala lutea* 發出的聲音像迪吉里杜管（didgeridoo）⑥那充滿摩擦音的樂音；*Cyrtolobus gramatanuzs* 的聲音結合了猴子短促的叫聲與機器的喀噠喀噠聲；*Atymna* 則發出像是卡車倒車的警示聲，其中點綴著鼓聲；*Potnia* 一開始發出我們平日常聽見的火車行駛聲，平緩的聲音令人感到安心，最後卻出現又像牛鳴，又像尖叫的尾音，讓我頓時驚覺剛剛的安心感只是一場誤會。柯克羅夫特說他自己第一次聽到這種聲音時：「我跌坐在椅子上，心想：『不會吧！這是昆蟲發出的聲音？』」

⑤ 在這裡稱其為「表面波」並不是絕對嚴謹的說法。波在又長、又細的結構上傳遞時（例如植物的莖或蜘蛛絲上），不會在物體表面形成波動，而是會使物體的結構本身產生彎折，所以或許該稱這種波為彎曲波（bending wave）才對。但我們就在這裡另外討論就好，以免大家被各種專有名詞淹沒了。

⑥ 譯註：澳洲原住民所吹奏的一種木製長管樂器。

這些振動聲實在很奇妙，它不像一般靠空氣傳遞的聲音，會受其物理性質所限制。以空氣傳導的聲音而言，動物聲調的高低通常與其體型大小息息相關，這也就是為什麼老鼠不會發出低沉的鳴響，大象則不會吱吱叫。然而表面波沒有這種限制，因此體型微小的動物一樣能發出低頻的振動聲，聽起來就像是牠們有著相當巨大的體型一樣。有一種角蟬能夠發出和鱷魚求偶時一樣低沉的聲音，然而鱷魚的體型實際上比角蟬大上百萬倍之多。[17]

靠空氣傳遞的聲音還有另一項限制：會朝空間的四面八方散射，以至於能量流失得十分快速。因此，昆蟲選擇將所有精力限縮在較為狹窄的頻率範圍來彌補此一缺陷，所以只會發出簡單的蟲鳴聲。然而表面波只需要在平坦的介質表面傳遞，所以波的傳遞過程不會大量流失能量，可以傳到較遠的距離之外。運用這種方式傳遞訊息的昆蟲更能夠發揮創意，牠們可以創造出音頻上揚或下降的旋律，層層堆疊，甚至是做出打擊樂一般的背景節奏。這也是為什麼牠們能發出像鳥鳴一般的樂音。

世界上有超過三千種角蟬，牠們各自以五花八門的方式運用表面波。⑦有些角蟬寶寶會在感知到天敵出現時振動，好呼喚角蟬媽媽。[18]也有些角蟬媽媽會以振動促使幼蟲安靜下來，以免角蟬寶寶因為害怕而顫抖產生的振動引來更多天敵。[19]至於我在柯克羅夫特的實驗室看到的山螞蝗角蟬，則會運用表面波引來同類聚集，只要一隻山螞蝗角蟬發出聲音時有其他同類在能夠接收到震波的距離內，就會以尖銳的滴答聲做為回應。兩隻山螞蝗角蟬便會互相應合地慢慢朝對方的位置前進，就像小孩玩遊戲時會互喊「馬可」、「波羅」，直到找到彼此。山螞蝗角蟬也以這種方式求偶：雄性個體會發出尖銳的振動聲響，後面接著一連串高音頻的振動節拍。假如有雌性個體聽見，也接受對方的求偶，就會在雄性個體求偶的聲音結束當下發出低沉的嗡嗡聲。[20]接著雄性個體會利用這個低沉的嗡嗡聲判斷雌角蟬的所在位置，往那個方位前進一些，然後再發出求偶的聲響，雌角蟬也會再次回應。就這樣一步一步地，這對共譜二重奏的佳偶找到了彼此。然而假如當下同一株植物上有另一隻雄角蟬，就會在對手發出的振動結束時也立刻發出求偶的聲音，藉此掩蓋雌角蟬的回應。此時，第一隻求偶的雄角蟬也會用同樣的方式回敬對手，雙方就這樣你來我往地一較高下。柯克羅夫特說：「假如有同株植物上有超過一隻公角蟬，要找到配偶就得花費更久的時間。」⑧

同一株植物上可以一次聚集好幾百隻角蟬，其中多數可能會同時發出振動。植物的莖可能就跟大馬路一樣喧鬧，有些角蟬在求援，有些則在叫其他同類閉嘴，有些角蟬在邀請心儀的對象去約會，甚至還有名符其實的約炮訊號。即便各位從沒聽過角蟬這種昆蟲，但只要你待在戶外一段時間，身邊絕對會有牠們存在，只是你對牠們以振動演奏的曲調不知不覺。在大自然中，角蟬以振動構成的曲調只是一小部分，還有許多其他動物也有貢獻。雙線鉤蛾（學名為*Drepana arcuate*）幼蟲會在葉片上摩擦肛門，藉著這樣的發音號召其他幼蟲前來[22]；當相思樹蟻（Acacia ant）感受到哺乳類動物嚼食葉片的聲音時，會奮力保護自己居住的那棵相思樹。[23]甚至那些叫聲能為人耳所聽見的物種，也時常傳遞我們聽不見的振動訊號。柯克羅夫特播放了更多錄音給我聽，透過植物的莖所聽到的蟬鳴聲就像牛叫聲一樣，螽斯發出的聲音則像高速運轉中的電鋸。「本就如此多采多姿的大自然竟然還藏有如此豐富的奧祕，實在太令我不可置信了。」他如此說道。

想要享受這份大自然的豐饒，其實出乎你我意料地容易，即便沒有雷射振動儀也無妨。一九四九年，也就是雷射振動儀被發明出來的前三十年，一位極富開創精神的瑞典昆蟲學家佛雷傑．奧西安尼爾森（Frej

⑦ 為了搞清楚各種振動的用途，柯克羅夫特會錄製角蟬發出的各種振動，再反過來對著角蟬播放，觀察牠們對這些人造聲音的反應。柯克羅夫特的姐姐有次跟朋友聊到他的實驗，這位朋友的反應是：「所以他在騙這些蟲子？」

⑧ 許多運用這種相互應和的方式求偶的昆蟲都會這樣以振動訊號彼此競爭，而科學家便利用昆蟲這種行為為模式研發控制害蟲的方法。只要葡萄園中布線，藉此製造出正確的振動聲，就能夠阻止葉蟬的繁衍，進而阻擋植物疾病蔓延。[21]

Ossiamnilsson）將葉蟬放在葉片上再放進試管裡，然後貼近耳朵，聽見了葉蟬的振動聲。[24]身為一位受過專業訓練的小提琴手，他將聽見的聲音化為音符記錄下來。然而時至今日，若想聽見昆蟲發出的振動聲，柯克羅夫特只要將便宜的喇叭與數位錄音裝置連接到吉他手使用的夾式麥克風就行了。有了這些工具，他能在閒暇時造訪附近的公園，甚至只是在自家後院，就能將麥克風夾上各種植物的莖、葉和枝幹，蒐集各式各樣的振動聲。他通常每次都能夠發現新的聲音類型，於是我請他帶我嘗試看看。

我們開車到離實驗室只有幾分鐘車程的公園。在一片長草叢邊有塊能曬到陽光的區域，柯克羅夫特和他的學生蹲下身，開始將麥克風夾到植物上；但過了一陣子，我們什麼聲音也沒聽到。當時已經九月底，大自然中充滿振動聲的季節已邁入尾聲，強勁的風聲也掩蓋了自然界的各種聲音細節。我聽見毛毛蟲走路的腳步聲，以及甲蟲重重地降落在葉片上的聲響，但始終沒聽見我想要親耳聆聽的那種迷人旋律。半小時後，柯克羅夫特表示很抱歉讓我失望了。但就在我們決定結束今天的探索時，他的學生布蘭蒂・威廉斯（Brandy Williams）突然對我們說：「我聽到了很酷的聲音。」

我們走過去，並從她的喇叭中聽見彷彿……竊笑的聲音？那聲音聽起來就像：「嘿，嘿，嘿，嘿，嘿。」與其說是昆蟲發出來的聲音，還比較像鬣狗的叫聲。「嘿，嘿，嘿，嘿，嘿。」威廉斯把麥克風夾在某片草葉的底部，我們沒看見任何昆蟲停在上面，然而從聲音聽起來，那兒絕對有昆蟲的存在。「嘿，嘿，嘿，嘿，嘿。」用這種方式聽過角蟬振動聲的人實在太少，因此每一次幾乎都能獲得前無古人的聲音體驗。我問柯克羅夫特有沒有聽過這種神祕的竊笑聲，他說：「我聽過**類似**的聲音，不過要說我到底有沒有聽過這個聲音……我實在無法確定。角蟬的種類實在太多了。」

我們終於心滿意足地回到車上，我突然意識到，就在我們剛剛經過的那些植物上，或許都存在著各式各樣的曲調與和聲。我也想到我們走路時，每一個步伐都會引起的振動——也就是每一次落腳在地面上形成的地震波。雖然我們耳中聽見的，只有雙腳踩踏枯枝所發出的清脆響動，以及鞋子踩進泥濘時嘎吱嘎吱的輕柔聲響，根本感覺不到自己腳步所發出的顫動，但在大自然中，還是有其他生物能感受得清清楚楚。

夜色降臨，莫哈維沙漠陷入一片死寂；除了偶爾出現的郊狼嚎叫聲或是遠處飛機經過的呼嘯聲以外，空氣裡充斥著寂靜。然而一座座的沙丘隨著振動抖動著。當昆蟲外出覓食，牠們細小的步伐引起沙粒的振動，竟發出了低沉的聲響。這些震波不僅微弱，也立刻就消逝了，卻足以引起副尾戮蠍（學名為*Paruroctonus mesaensis*）的注意。

副尾戮蠍是莫哈維沙漠最常見的動物，只要抓得到、能用毒刺攻擊的東西，牠們都可以吃進肚子裡，當然也包括其他同類。一九七〇年代，菲利普・布羅內爾（Philip Brownell）與羅傑・法利（Roger Farley）發現副尾戮蠍隨時都準備好攻擊行經或降落於距離自己五十公分左右的任何物體。布羅內爾後來在《科學人》（*Scientific American*）當中寫到：「就算只是樹枝在沙地上輕輕晃動，也會引起激烈的攻擊……然而在距離蠍子只有幾公分的半空中移動的蛾，卻不會引起任何注意。」[25] 這麼看來，副尾戮蠍似乎是運用表面波來探測獵物的蹤跡。

布羅內爾與法利想要驗證這項推論，他們將副尾戮蠍放進悉心設計的狩獵場內。[26] 這個空間的地面看起來十分平滑，沒有任何阻礙，底下卻埋藏了氣隙裝置，阻隔狩獵場兩側的振動互相傳遞。只要氣隙裝置一開啟，就會阻擋站在其中一側的蠍子感受另一側的振動，因此就算研究人員在狩獵場的另一側用棒子戳地面造成振動，牠一樣感覺不到這股震波，即便位置與蠍子只間隔幾公分。然而倘若蠍子有任何一隻腳跨過了氣隙，牠的感受範圍就能擴及另一側，因此能感受到研究人員敲擊地面所產生的振動，立刻轉向研究人員所在的方位。

副尾戮蠍用步足來感知振動。[27]牠的步足上有個可以姑且稱為「腳踝」的關節，上面共有八條裂隙，彷彿蠍子的外骨骼上被利刃劃了計分的記號。這些裂隙是狹縫感受器（slit sensilla）——所有蛛形綱（Arachnida）動物都有這樣的身體構造——每個狹縫裡都有一層薄膜連接著一個神經細胞。只要表面波接觸到蠍子，揚起的沙塵就會湧向牠的腳，這些推擠狹縫感受器的沙塵量雖然微乎其微，但依然足以擠壓裡面的薄膜並觸發神經。蠍子便是藉由外骨骼來感知極微小的動靜，察覺獵物的行蹤。

剛開始感受到振動時，副尾戮蠍會擺出狩獵的姿勢。牠會抬起身子，張開螯肢並將八隻步足擺成近乎完美的圓形。[28]蠍子會感知表面波碰到每隻腳的時間點，藉由這種姿勢判斷表面波傳來的方向。在下一個波出現之前，蠍子會改變方向，朝目標移動一些再停下腳步等待。而當下一個波來臨，牠會按照同樣的方式，再次轉向並移動，靠著一次次的振動逐步靠近目標。一旦牠的螯肢碰到某個物體，便會立刻抓住並以毒刺攻擊。然而倘若蠍子抵達震波的來源卻什麼也沒碰到，牠就知道獵物勢必藏身在地底下，便會立刻將獵物挖出來。

這項科學新發現發生在凱倫．瓦肯汀發現紅眼樹蛙提早孵化，雷克斯．柯克羅夫特開始傾聽角蟬的振動聲之前十年，大大地撼動了科學界。在那個年代，關於表面波的科學研究比現在還要冷門。科學家都知道動物感覺得到振動，卻沒多少人相信動物能夠追溯震波的來源（這種能力彷彿就像人類可以不靠儀器判斷地震震央一樣令人難以置信）。⑨因此某種動物能在沙地上探測震波來源的說法就顯得更加荒謬了，畢竟鬆散的沙粒應該會降低或吸收振動而不是傳遞震波才對。然而布羅內爾與法利一絲不苟的實驗確實推翻了這樣的論調。不管是沙子、土壤還是堅實的地表，出乎意料地都是傳遞表面波的良好介質，使動物能夠探測到表面波，並且獲得可以善加利用的外界訊息。除此之外，這也是一種值得研究的有趣現象。其他科學家開始探討更多運用地震波的動物，且這些動物其實就生活在你我身邊。

蟻蛉科（Myrmeleontidae）成員的幼蟲名為蟻獅（antlion），在北美則被稱為doodlebug，牠們也會運用表面波獵捕在沙地上移動的獵物。蟻獅不會四處狩獵，而是等著獵物自己送上門。牠們會在乾燥的沙地裡挖出圓錐狀坑洞，將胖嘟嘟的身子埋進坑底後張開巨大的下顎靜靜埋伏。這個圓錐狀的坑洞是經過精準設計的陷阱，洞的直徑夠狹窄，因此沙土不會一直往下塌陷，然而坡度卻又夠陡，螞蟻只要一經過就會往下滑落。螞蟻的腳步（即便是正在掙扎的螞蟻）根本稱不上重，然而蟻獅的身上布滿了剛毛，能夠探測震波小於一奈米的振動。[30] 牠既然能夠感覺到陷阱外有螞蟻經過，就絕對能發現有螞蟻掉進陷阱。一旦感覺到獵物上門，蟻獅會不斷將沙子撥到劇烈掙扎的目標身上，讓早已因為陡峭的坡度而不斷下滑的受害者繼續往下墜動彈不得。[31] 最後，獵物乖乖地掉進蟻獅的下顎，蟻獅會將獵物拉進沙子底下並注射毒液。沙土終於恢復平靜。

還有其他會運用地震波捕食獵物的掠食者。每年四月，位於佛羅里達州的索普喬皮（Sopchoppy）都會舉辦蚯蚓召喚術節（Worm Gruntin' Festival）來慶祝他們的古老傳統。自一九六〇年代起，好幾個當地家族都會進入森林，將木樁打進地面後用鐵製物品刮木樁，製造強烈的震動。不用持續太久，就會有上百隻巨大的蚯

⑨ 動物真的能在地震發生之前就感應到嗎？似乎許多動物都能夠探測即將傳來的地震波，然而動物究竟是否能夠分析這些訊息，並做出適當的避難行動依然不為人所知。千年來，有許多關於動物在地震前表現出特殊行為的傳說，但這些動物行為並不一致，也很難確定這些觀察是不是因為人類只記得動物的怪異舉動而放的馬後砲。在某些案例中，有科學家剛好在地震發生前為大象與其他動物裝上了追蹤器，然而這些動物在地震發生前的那段期間似乎沒有什麼反常的舉動。[29]

蚓爬到地面上，這時就能輕易地將蚯蚓撈起來裝桶，做為餌食售賣。有些善於召喚蚯蚓的人相信，這招會有效是因為震動的聲音聽起來像雨聲。然而肯．卡塔尼亞——也就是研究星鼻鼴鼠的科學家——證明木樁的振動誘使蚯蚓爬到地面上的原因並非如此。[32]二〇〇八年參加索普喬皮的蚯蚓召喚術節時，他發現蚯蚓對雨滴拍打在地面上的聲音其實沒什麼反應，但在感受到鼴鼠掘土的振動時卻會趕忙爬至地面，甚至連以人工播放鼴鼠掘土造成的振動也有同樣的效果。這對蚯蚓來說，其實是很合理的生存策略，因為鼴鼠不會在地面上捕食獵物。不過有許多其他在地面上獵食的掠食者學會這種召喚蚯蚓的技巧，靠振動地面來吸引蚯蚓爬上地表。銀鷗（學名為*Larus argentatus*）與北美木紋龜（學名為*Clemmys insculpta*）都有這樣的能力，佛羅里達州的居民顯然也不遑多讓。幾十年來，善於召喚蚯蚓的大師們其實都在不知不覺地模仿鼴鼠振動地面的行為。⑩

動物很有可能自海中轉往陸地生活開始，就能夠感覺到地震波了。第一波出現這樣演變的脊椎動物——也就是早期的兩棲類與爬行類動物——巨大的頭部很可能是貼在地面上，因此能夠感受到表面波從下顎的骨骼傳進內耳。至於在哺乳類動物的祖先身上，其中三塊顎骨後來演變出可用來傳遞空氣裡音波的作用。這些骨頭縮小、移動，變成構成中耳的細小骨頭——錘骨（hammer，又稱malleus）、砧骨（anvil，又稱incus）、鐙骨（stirrup，又稱stapes）。這些動物不再藉由顎骨傳送來自地面的表面波，而是用外耳與鼓膜接收透過空氣傳遞的聲音。

但這種古老的骨頭傳導作用時至今日仍然能夠發揮效用：振動可以直接透過頭骨進入內耳，直接略過必須通過外耳與鼓膜的步驟。腳踏車選手與跑者都能用這種骨傳導耳機聽音樂，而不必將耳機塞進耳朵裡；聽力障礙的族群，則能夠運用骨傳導助聽器輔助聽力，聾人舞者也能夠藉由地面振動的特殊設計跟著節拍舞動。除此之外，每個人能夠聽見聲音其實也有一部分是骨頭傳導的功勞，這也就是為什麼大家會覺得自己的聲音在錄音中聽起來特別奇怪，因為錄音只會重新播放我們聲線中由空氣傳導的部分，透過骨頭傳導傳遞的振動則消失了。

其他哺乳類動物也各自演變出不同的身體構造，以善加運用骨傳導來感受振動，使自己重新具備他們祖先感受地震波的能力。在非洲西南部的沙漠裡，住著一種名為金鼴⑪的動物，牠們的外耳極為狹小而且藏在皮毛裡，因此感受不到大部分的空氣傳導聲音，然而金鼴中耳的錘骨構造卻擁有極為敏銳的振動感知力。[34] 金鼴的錘骨以牠們的身體比例來說相當巨大：牠們的體重大約只有三公克，人類可以輕鬆一手掌握，牠們的錘骨卻比人類的還要大。⑫

金鼴習慣在夜間覓食，要不是在納米比沙漠的沙丘上移動，就是靠著像槳一樣的四肢「游過」鬆散的黃沙。[35] 牠們尋找的目標是隱身在沙丘之間的稀疏草堆，那兒可能棲息著美味的白蟻。彼得．納林斯（Peter Narins）認為，風吹過這些草堆時，會在沙丘上形成輕柔的低頻振動，金鼴會每隔固定時間便將頭與肩膀插進沙土中，感受是否有振動產生。[36] 振動會透過沙土，再經由金鼴的錘骨傳進內耳，沙丘之間草堆所發出的嗡嗡聲也就在金鼴耳中迴盪。⑬ 金鼴對於地震波的感應力非常精準，因此即便失去視力，也可以逕直地在沙

⑩ 一八八一年，查爾斯．達爾文在著作中寫道：「假如地面受到撞擊或因任何方式而產生振動，蚯蚓會以為自己正在被鼴鼠獵捕，而逃離地下巢穴。」[33] 一百年後，卡塔尼亞終於驗證了這項說法。

⑪ 審註：現存約有二十種，分類上屬於金鼴亞目（Chrysochloridea），其親緣與土豚、蹄兔、大象和海牛較為接近，統稱為非洲獸總目的成員。

⑫ 金鼴雖然名字裡有個鼴字，但牠其實不是鼴鼠。牠們獨立演化出與鼴鼠相同的體格與生活模式，然而牠們的親緣卻與土豚、海牛、大象等動物更相近。

丘的草堆之間來去。

金鼴、副尾鬣蜥、蟻獅、蚯蚓，這些全都是視力不佳且住在接近地面甚至地底的動物。這麼想來，這些動物演化出探測地底振動的敏銳能力其實十分合理，甚至回頭來看，可以說這些動物的身體結構顯然會如此發展。然而對在地面上生活、遠離地表的動物來說，無法那麼容易直接判斷出牠們感知地震波的運作機制。例如貓咪肚子上的肌肉有許多能夠敏銳感知振動的機械性受體，這是否表示貓咪在伏擊時蹲低所代表的意義不僅僅是壓低身子、隱匿身形而已？牠們是否也會感受獵物產生的振動呢？獅子又是否能運用這些受體定位遠處的羚羊群呢？佩姬・希爾在她一本關於動物的振動溝通的著作中寫道：「自然紀錄片中呈現出獅子生性懶惰的模樣，或許其實是錯誤印象，也許牠們是在估算獵物的位置。」[38]希爾本人也不諱言，她的這種推論「可能會大受歡迎，但也可能備受嘲弄」。然而她真正想表達的重點是，不要先入為主，而應該要悉心探究各種可能。地震波長久以來受到科學界的忽略，生物學家則似乎總是在偶然之間觀察到動物不為人知的一面，即便是大家最為熟悉的生物也不例外。

一九九〇年代初期，凱特琳・奧康奈爾（Caitlin O'Connell）花了好幾個禮拜坐在又濕又窄的半地下水泥碉堡中，透過狹窄的縫隙觀察附近的水坑。她在納米比亞（Namibia）的埃托沙國家公園（Etosha National Park），目的是研究大象的行為，找出能令牠們遠離農田的方法。[39]奧康奈爾窩在碉堡裡觀察的這段時間，慢慢了解了當地大象群體的組成，也開始注意到牠們的某些行為。她發現大象有時候似乎會察覺到遠方出現某些事物，停下腳步，前傾著身子並且一腳踮著腳尖。對奧康奈爾來說，這個姿勢令她感到莫名地熟悉。當時還是碩士生的她，研究的主題是蠟蟬的振動溝通，蠟蟬除了是角蟬的近親，也會將身體向前傾，踮著一隻步足嘗試接收彼此發出的訊號。大象有可能也用類似的動作接收訊號嗎？不管何時，只要有一隻大象出現這種動作，遠處很快就會出現另一隻大象，這不可能全是巧合吧。大象似乎會用腳來傾聽地面發出的聲音，只是似乎沒人注意到這種現象。[40]

二〇〇二年，奧康奈爾又回到過去觀察大象的那個水坑，想要驗證自己的想法。[41]她之前錄下了當地象群遇到獅子出現，面臨威脅時發出的警戒叫聲。原本的錄音是人類耳朵可以聽見的空氣傳導聲音，不過奧康奈爾將警戒叫聲中的高音頻部分剪掉，幾乎只剩下地震波訊號，並將這個錄音檔案透過埋在地底下的振動儀播放。她發現一旦播放這股訊號，整個象群就會當場僵住、陷入死寂、提升警戒並圍成一圈進入防禦狀態。奧康奈爾用夜視鏡觀察象群的行為，她對於發現的結果十分欣喜，在《大象的神祕感官》（*The Elephant's Secret Sense*，暫譯）一書中則寫道：「這麼多年來，我都在計畫、期待、夢想著這一刻的發生。現在終於發現我那麼久以前的直覺猜測果然是真的。大象確實能夠探測並回應我們播放的地震波訊號。」[42]

幾年後，她重複這項實驗，只是使用的錄音還加上肯亞的大象面對掠食者時的鳴叫聲。這一次，埃托沙國家公園的大象會對當地象群熟悉的警示振動有反應，面對來自肯亞的陌生訊號則不然。[43]據此可以發現，這些大象不僅會注意到振動訊號，更能判斷訊號是否來自認識的象群。最近，奧康奈爾更發現大象能夠回應其他類型的地震波訊號。一段影片記錄一隻名為貝克漢的發情公象透過隱藏式喇叭聽見發情母象的叫聲後，苦苦尋找對方卻無果的景象。⑭

至於其他與大象體型相近的生物，例如已滅絕的猛瑪象（屬名為*Mammuthus*）與乳齒象（屬名為

⑬ 一般而言，鎚骨會因為接收從鼓膜傳來的振動而移動，藉此將振動傳至砧骨。然而金鼴的鎚骨實在太大，因此運作方式有些微不同。每當地震波傳到金鼴的頭部，牠們的鎚骨大致上會留在同樣的位置，頭骨的其餘部分（包括砧骨）則會產生振動。[37]

Mastodon）呢？還有大地懶（屬名為 *Megatherium*）、比現代灰熊還要大隻的短面熊（屬名為 *Arctodus*）、跟車子一樣大的犰狳⑮（屬名為 *Glyptodon*），又或是比現代犀牛大十倍的史前無角犀牛呢？這些大型動物群如今都已絕種，現代人類和我們的史前近親正是導致這些動物滅絕的元凶。隨著人類的蹤跡遍布全球，各式各樣體型巨大的動物也逐漸消失，這種趨勢直到今日依然存在。[45]全球僅剩的三種大象——兩種來自非洲，一種來自亞洲——目前都已經成為瀕危動物；至於陸地上其他體型巨大的生物——白犀牛與黑犀牛、長頸鹿、河馬——也通通面臨數量減少的困境。地球上巨大的草食獸群也正在減少，過去有三千萬到六千萬頭美洲野牛（學名為 *Bison bison*）在北美洲大陸成群結隊地四處漫遊[46]，然而來自歐洲的殖民者屠殺了這些美洲野牛，藉以消滅仰賴美洲野牛生存的美洲原住民。時至今日，世界上只剩下五十萬頭美洲野牛，大多數都限制活動在私有土地中。各位可以試想，少了這些草食獸蹄的踩踏，如今的地表想必比過去寂靜許多。過去曾有無數巨大生物踏足的六大洲，如今卻徒留稀疏的腳步聲迴盪。

然而，導致這些地震波減少的元凶——人類——究竟是否感受得到這份失去呢？西方世界的人類早已因為穿鞋、坐椅、地板鋪面等原因與腳下的土地失去連結。假如人們願意多花一點時間坐在地上親近大地，而不總是採站姿遠離地表，我們能夠感受到什麼呢？盧瑟・立熊（Luther Standing Bear）是奧格拉拉・拉科塔族（Oglala Lakota）的酋長，同時也是一位作家，他在一九三三年寫下的文字令我們有跡可循。「拉科塔族人……我們深愛這片土地，以及關於大地的一切，這份依戀更會隨著年歲增長日漸茁壯……長者對土地的愛真實不虛，他們在地面或坐或躺，貼近大地母親的力量……這也是為什麼印第安長者總是會選擇坐在地上，而不是站起身子遠離給予他生命力的大地。對於印地安長者來說，坐或躺在地上能讓他們擁有更深刻的思考、更敏銳的感受，同時也能更清楚地看透生命的奧祕，更靠近自身周圍的其他生命。大地充滿各式各樣的聲音，過去的印第安人將這些聲音盡收耳裡，有時候更會將耳朵貼在地面上，好更清晰地傾聽大地。」[47]

人類與大自然中各種振動的連結或許式微，然而在現代人類的世界裡，也出現各種新的振動形式。我們每天都會用皮膚、指尖感受手機的振動，提醒我們注意各種最新消息、即將來到的行程與社交訊息。與我們形影不離的各種裝置用振動將我們與自身以外的世界連結起來，將現代人類的環境界延伸至人體以外的範圍。不過，自然界中其實早已有其他動物這麼做了。

「先跟你說一聲，這裡面有點噁心。」貝絲．莫泰爾（Beth Mortimer）警告我，不過我的心理準備顯然不夠。

我請她讓我參觀她養的絡新婦屬的蜘蛛（屬名為*Nephila*）⑯，原本我以為這些蜘蛛會分別住在籠子裡。未料，我穿過了一扇厚重的門與一條條塑膠門簾，走進以前是鳥舍的巨大房間，發現這裡現在放養了好幾十隻蜘蛛。莫泰爾和我一起站在這個蜘蛛殿堂中央，避免撞上周圍錯綜複雜，可達幾公尺寬的蜘蛛網。我雖然很難用肉眼清楚看見每條蜘蛛絲，卻可以從坐在蛛網中央的蜘蛛身影清楚意識到蜘蛛網的存在。這裡的每隻絡新婦蜘蛛都有人類耳朵一般的大小。野外的絡新婦蜘蛛網又大又強韌，甚至足以捕捉蝙蝠；養在這裡的絡新婦

⑭ 正如我們在第一章所讀到，想要以如大象這般體型巨大、充滿力量又聰明的動物為實驗對象實在不容易，這也是為什麼大象的地震波感知能力如今還是充滿謎團。奧康奈爾發現，大象會在鳴叫與行進時製造表面波，但牠們是故意製造這些振動的嗎？還是只是剛好？這些振動能夠傳遞數公里，因此大象確實可能運用這種振動聲聚集遠處的象群[44]——但牠們真的會刻意這麼做嗎？大象是否能運用表面波訊號判斷哪些個體在附近，知曉對方是否正在面對壓力，或是正處於好鬥的狀態下？地震波訊號很可能是大象環境界的其中一環，只是我們還不知道它對大象來說究竟有多重要。

⑮ 審註：指雕齒獸。

⑯ 審註：台灣山區常見的大型織網蛛——人面蜘蛛，即為同一屬的物種。

蛛則是以蒼蠅餵食，牠們可以自由漫步。至於噁心的點在於：牠們是以角落那堆滿腐爛香蕉和奶粉的堆肥桶孵化出來的蒼蠅做為糧食。在莫泰爾跟我介紹現場的一切，以及她對蜘蛛絲的研究成果時，我試著忽略停在我頭髮、筆記本和筆桿上的巨大麗蠅。莫泰爾對我說：「我之前帶大學生來參觀，結果他們實在有夠嬌氣。」

人類的眼睛能夠掃視眼前的整個畫面，眼力也夠好，可以辨識出構成蜘蛛網的蜘蛛絲，整個房間就是個等待蒼蠅自動上門的死亡陷阱。至於對視力相當薄弱的蜘蛛來說，這個房間根本不存在：蜘蛛的世界裡只有牠的網，以及使蜘蛛網產生振動的一切。至於蒼蠅，牠們得要碰上蜘蛛網，才會發現這些死亡圈套的存在。因此我甚至有點可憐這些蒼蠅，不過莫泰爾說：「我一點也不可憐牠們，我討厭蒼蠅。」但她倒是很愛蜘蛛，其中她最愛的就是絡新婦蛛。除了蜘蛛以外，莫泰爾也研究其他能夠感應振動的動物，包括水黽、蠟蟬和大象。不過絡新婦蛛是她科學研究生涯的第一個研究對象，「牠們永遠都是我的初戀，」莫泰爾如此說道。「我很尊敬大象這種動物，但我對蜘蛛是**真愛**。實在太多人誤解蜘蛛了，所以我更想大肆頌揚蜘蛛的好讓大家知道。」⑰

蜘蛛已於地球上存在約四億年，牠們似乎一生都在吐絲造網。[48] 以工程學的觀點來看，蜘蛛絲真的是相當神奇的存在，蜘蛛絲又輕又有彈性，卻又比鋼鐵、克維拉纖維⑱（Kevlar）強韌。[49] 蜘蛛會用蜘蛛絲包覆自己的卵、打造安全的藏身之處、將自己掛在空中甚至是朝半空中飛去（我們稍後會細講）。至於蜘蛛最為人所知的特色，就是多數種類的蜘蛛都會織出圓形的平面蜘蛛網，稱為圓網（orb web）。

圓網是強大的陷阱，能夠攔截飛行昆蟲，使其動彈不得，除此之外，它也是蜘蛛的監視系統，能將蜘蛛的感官延伸到其軀體以外的範圍。[50] 蜘蛛的身上布滿上千個狹縫感受器——也就是副尾戮蠍身上用來感知獵物振動的裂隙。蜘蛛身上的狹縫感受器同樣集中在關節上，並且集結成一種名為琴形器（lyriform organ）的結構。因為有這些精巧又敏銳的器官，蜘蛛才能感受到從腳下任何事物傳來的振動。以前一章提到的虎紋絞蛛來說，傳遞振動的介質是地面；對於會編織圓網的絡新婦蛛而言，感知振動的媒介是蜘蛛網。這些蜘蛛會自行創造用來感知振動的介質，因此圓網不像其他物質如土壤、沙子、植物的莖等是來自於動物外在世界的介質。蜘蛛網是蜘蛛創造出來的振動介質，更是牠們自身的一部分。蜘蛛網就跟蜘蛛身體上的裂隙一樣，是牠們感知系統的一環。

就像莫泰爾蜘蛛殿堂裡的絡新婦蛛，織圓網的蜘蛛大多會坐在網的正中央，把步足放在放射狀的軸絲上接收震波。這種姿勢能讓蜘蛛分辨振動究竟是來自沙沙作響的風、掉落的葉片還是苦苦掙扎的獵物[51]；牠們大概也能比較從每隻步足傳來的振動力道，據此判斷獵物在哪個方向。[52]除此之外，牠們也會根據振動力道的大小判斷獵物的體型[53]，如果是體型大的獵物，蜘蛛會選擇小心謹慎地接近，或甚至根本選擇不靠近。一旦獵物的動靜停止，蜘蛛會扯動蜘蛛絲並「聆聽」傳回來的振動聲，找出目標的位置。[54]以蜘蛛狩獵的過程來說，振動的重要性大於其餘所有外界刺激。假如有隻美味的蒼蠅嗡嗡飛過蜘蛛頭上，牠大概也只會用腳揮開對方，等到蒼蠅晃動蜘蛛網的那一刻，牠才會成為蜘蛛認定的美味大餐。

因為振動對於蜘蛛的行為有決定性的影響，以至於許多動物會偽裝自己的腳步聲來利用這項習性。寄居姬蛛（dewdrop spider，屬名為 *Argyrodes*）會利用絡新婦蛛的網偷竊對方的獵物[55]；寄居姬蛛會躲在絡新婦

⑰ 我很驚訝竟然有這麼多研究動物振動感知能力的科學家同時也是音樂家。佛雷傑．奧西安尼爾森除了是他研究領域的先鋒以外，也是個小提琴家。雷克斯．柯克羅夫特在愛上生物學以前，原本打算主修鋼琴。貝斯．莫泰爾則是歌手，同時也會演奏法國號和鋼琴。

⑱ 譯註：一種合成纖維，抗拉性極強，強度為同等質量鋼鐵的五倍，然密度僅其五分之一。克維拉纖維現今廣泛運用於船械、機體、自行車輪胎、軍用頭盔與防彈背心的製程。

蛛的網附近，將好幾條自己的蜘蛛絲搭到對方蜘蛛網的中心與軸絲上，借用比自己體型更大的絡新婦蛛的感官系統。寄居姬蛛能夠藉振動判斷絡新婦蛛抓到獵物並將獵物用蜘蛛絲包裹起來儲藏，這時寄居姬蛛會偷偷跑過去，把被抓到的昆蟲吃掉。寄居姬蛛通常會切斷獵物與絡新婦蛛蜘蛛網之間的連結，被寄居的宿主蜘蛛才不會發現自己家遭小偷了。寄居姬蛛動作小心翼翼，避免產生會被發現的振動，而且只有在絡新婦蛛移動時才會跟著加快腳步，假如絡新婦蛛靜止不動，寄居姬蛛會放慢步伐。寄居姬蛛也會拉住被牠切斷的蜘蛛絲，以免蜘蛛網的張力突然改變而被發現。有了這些精巧的花招，這些小偷幾乎完全不會被抓包，光是一隻絡新婦蛛的蜘蛛網上，可能就有高達四十隻的寄居姬蛛。⑲

其他生物則可能為了比搶食更性命攸關的原因運用振動感知能力。某些獵椿科的昆蟲會躡手躡腳地從背後靠近蜘蛛，直接在蜘蛛網上獵殺目標。[56]來自跳蛛科的孔蛛（屬名為*Portia*）會捕食其他蜘蛛，牠會用力晃動蜘蛛網，模仿樹枝撞到蜘蛛網的振動。這股振動就像煙幕彈，當對方一被混淆，孔蛛就會抓緊機會跳到對方身上執行獵殺任務。[57]不管是孔蛛還是獵椿，都能夠扯動蜘蛛網模仿獵物上門的動靜，引誘蜘蛛靠近牠們。這些蜘蛛的天敵雖然看起來都很顯眼，但只要牠們造成的振動與其他昆蟲、樹枝、微風形成的震波夠相像，就能夠騙過蜘蛛。蜘蛛生活的世界正如費德瑞克．巴斯所描述：「蜘蛛網就是個充滿振動的小小世界。」[58]

這些金蛛科（Orb-weaver，科名為*Araneidae*）的物種不僅能夠打造出屬於自己的振動訊號景觀，也能像幫樂器調音一樣調整蜘蛛網的性質。蜘蛛網的變化萬千實在令人驚嘆。莫泰爾使用空氣槍對著單一根蜘蛛絲發射，再用高速攝影機與雷射儀器分析結果後發現，某些蜘蛛絲傳播振動的速度範圍之廣，勝過任何人類已知的材料。[59]理論上，蜘蛛能夠靠調整蜘蛛絲的硬度、蜘蛛網的結構張力及整體形狀來改變振動傳遞的速度與力道。每一次織新的網，蜘蛛都能夠靠調節吐絲的速度、創造不同粗細的蜘蛛絲和增加蜘蛛網的張力，來調整蜘蛛網的各種細節。[60]此外，蜘蛛也能夠在已經織好的蜘蛛網上增加、移除各種結構，甚至是刻意拉緊某一條蜘蛛絲。蜘蛛也能仰賴蜘蛛絲會因為潮濕而收縮的自然特性，將這些緊繃的絲線調整到最適合的角度。目前還不知道圓蛛科的蜘蛛會在什麼時機出現這些行為，但牠們確實能夠根據需求調整自身感官與環境界的互動。

動物學家渡部健（Takeshi Watanabe）發現金蛛科的蜘蛛 *Octonoba sybotides*，在飢餓時會改變蜘蛛網結構。[61]牠們會在蜘蛛網加上螺旋狀的隱帶⑳，增強軸絲的張力，使蜘蛛網更能清楚傳遞來自小型獵物的微弱振動，畢竟快要餓扁的時候，再小的獵物都不容放過。為了獲得足夠的獵物，蜘蛛會改變蜘蛛網的特性以延展感覺範圍。

重點來了：渡部發現，如果把吃得很飽的蜘蛛換到飢餓的蜘蛛織出的高張力蜘蛛網上，這些根本不餓的蜘蛛竟然**也會**捕食體型微小的蒼蠅。這表示蜘蛛是直接靠**蜘蛛網**決定攻擊哪些獵物。這項決定不僅是靠神經、賀爾蒙或其他任何蜘蛛體內的物質所建立，更得仰賴身體以外的媒介——也就是蜘蛛本身可以創造、調整的蜘蛛網。在蜘蛛的琴形器偵測到振動以前，蜘蛛網就已經決定哪些振動可以傳送到蜘蛛的腳上。蜘蛛會吃掉任何牠察覺到的獵物，也能夠決定感覺——也就是環境界——的範圍，而這一切只要靠織出不同的蜘蛛網就能辦到。[62]這麼說來，蜘蛛網不只是蜘蛛感知能力的延伸，更擴大了蜘蛛的認知範圍。[63]不可否認，蜘蛛真的是以與蜘蛛網合而為一的方式在思考，調整每一條蜘蛛絲的同時，也在調整自己的思維。

除了蜘蛛絲以外，蜘蛛也可以因應不同條件調整自己的身體。生物物理學家娜塔莎．馬特（Natasha

⑲ 審註：有機會走訪郊區，讀者也有機會在人面蜘蛛的蛛網上發現紅色、嬌小、帶有白斑的赤腹寄居姬蛛。

⑳ 審註：專有名詞為 stabilimentum，是蛛網上特別纏繞而形成一片片的蛛絲結構。

Mhatre）發現[64]，惡名昭彰的黑寡婦蜘蛛可以改變姿勢，用以調整關節上的琴形器，以適應不同的振動頻率。黑寡婦蜘蛛會織出雜亂的水平狀蛛網，一般都是以朝外張開八條步足的姿勢，頭下腳上地掛在蜘蛛網上；不過在牠們肚子餓時，會將步足收起來呈現「蹲伏」姿態——這種姿勢能使牠們關節上的琴形器察覺到更高的振動頻率。和金蛛科蜘蛛增加蜘蛛網張力的行為一樣，這些舉動或許都能改變蜘蛛的環境界，讓牠們更注意到小型獵物的動靜，也能幫助牠們過濾掉風吹動時產生的低頻振動。這種行為也許就像人類瞇著眼睛仔細看的動作一樣，幫助蜘蛛集中注意力。不過這個比喻並不是非常精確，因為瞇起眼睛只會幫助我們聚焦在空間中的某個部分上，然而黑寡婦蜘蛛改變姿態卻能同時轉變牠在**資訊空間**（information space）㉒中所關注的部分。這種感覺就像人類可以藉由瞇著眼加強視覺中紅色的部分，或是做下犬式瑜伽動作時，只聽到高頻的聲音。

黑寡婦蜘蛛的蹲伏姿勢讓我想起副尾戮蠍狩獵的姿態，以及金龜把頭埋進沙子裡的行為，更別忘了還有令凱特琳・奧康奈爾推測出大象有地震波感知能力的踮腳姿勢。這樣想來，能夠分析腳下振動的動物，或許真與牠們腳下踩著的各種介質有某種奇妙的互動關係，至於對人類來說，我們得要坐在地上才能體會到這種關聯。

自從養了小狗以後，跟以前相比，我花了更多的時間坐在地上。坐著的時候，我能感受到以往根本不會注意到的振動。我感覺得到鄰居進出時產生的腳步聲，也能察覺到垃圾車從門外駛過的隆隆聲響。對我來說，要特別低下身子才感受得到這個充滿振動的世界，然而對於泰波來說，這是牠的日常。泰波是隻柯基犬，因此牠與地面振動的距離與一般人類相比縮短了一點五公尺左右。我很好奇泰波面對這樣的世界究竟會有什麼感受，也很想體驗牠到底會聽見哪些聲音。泰波常常休息到一半突然起身，那雙像尤達大師的大耳朵想必是接收到了某些我的耳朵聽不到的聲音。泰波讓我發現，我確實錯失了許多事物：不僅僅是我們腳下靠地面傳遞的表面波，還有在四周空氣中傳遞的壓力波——聲音。

㉑ 金蛛科蜘蛛也會發現蜘蛛網上哪些位置最常有獵物上門，因此會拉緊那個位置的蜘蛛網軸絲，將大部分的注意力放在最有可能獵捕到食物的地方。[62]

㉒ 譯註：意指在某種資訊系統下的一系列概念以及各種概念之間的關係；也就是某個體在特定的規則、條件下為事物賦予的價值或意義。

第八章 用心傾聽——聲音

羅傑・佩恩（Roger Payne）以前很怕黑。還在念中學時，他為了克服對黑暗的恐懼，會在晚上一個人到家附近的自然保留區散步。獨自散步時，他時常聽到（偶爾也會看見）棲息在附近房舍中的貓頭鷹。佩恩對夜晚的恐懼隨著時間漸漸消退，也因此對貓頭鷹越來越感興趣。一九五六年，他有機會在大學研究鳥類，從此便投入了這個領域。

貓頭鷹有著巨大的眼睛，不過牠們也能在伸手不見五指的漆黑環境中捕捉獵物，因此佩恩猜測貓頭鷹在黑暗之中仰賴的是耳朵。為了驗證這項猜測，他找了一座寬敞的車庫，把窗戶都用黑色塑膠布貼起來，地上則鋪了厚厚一層枯葉。[1]車庫角落的高處棲息著一隻由人類養大的倉鴞（學名為*Tyto alba*），名為沃爾（Wol），命名自小熊維尼裡那隻愛拼錯單字的貓頭鷹（Owl）。佩恩身處黑暗之中，他坐在原地放出一隻老鼠。他說：「當時我什麼也看不到，不過等到那隻老鼠開始移動，我就聽見枯葉沙沙作響。」沃爾當然也聽見了。在實驗的頭三個晚上，沃爾什麼事也沒做。然而到了第四晚，佩恩聽見攻擊的聲響，他打開燈，看見沃爾的爪子裡正抓著那隻老鼠。

接下來四年，佩恩以沃爾和其他更多的倉鴞做了許多實驗，通通都證實倉鴞運用聲音尋找獵物的本領。[2]在這些實驗中，老鼠似乎都感受到危險的氣息，因此總會在佩恩將牠們放進灑滿枯葉的空間裡時，小心翼翼、如履薄冰地壓低身子前進。然而牠們一旦使枯葉產生響動，就此決定了命運。透過紅外線攝影機，佩恩發現貓頭鷹在枯葉第一次發出聲響時，會將身子前傾；當出現第二次聲響，牠們會一頭朝老鼠飛撲過去，而最後一刻，則會以將近一百八十度的角度旋轉身體，將爪子移到前一刻面朝的位置。牠們出爪的精準度之高，不僅能夠確實攻擊到老鼠，更能沿著老鼠身體較長的軸線給牠致命一擊。假如佩恩拽著一團跟老鼠身材差不多大小的紙團拖過枯葉，貓頭鷹也會攻擊這團紙。假如他把一片葉子綁在老鼠尾巴上，讓這隻老鼠在巧拼地板上逃竄，貓頭鷹更是會直接攻擊那片葉子。這些實驗都驗證貓頭鷹並非運用氣味、視力或其他感覺，而是毋庸置疑地以雙耳決定攻擊行動。假如佩恩用棉花堵住貓頭鷹的其中一隻耳朵，這些總是一擊而中的鳥兒就會失誤，攻擊老鼠的位置會距離正確目標相差超過三十公分。因此佩恩說：「這真是令人興奮，實驗結果再明顯不過了。」

老鼠跑動產生的摩擦聲、狗吠聲、林木倒下的聲音，都會形成向外發散的壓力波[3]，這些波會傳遞，在波的傳遞路徑上的空氣分子則會互相聚散，這些現象會以與波前進相同的方向發生，產生所謂的聲音。分子在每一秒內受擠壓與分散的次數決定了聲音的頻率——也就是音頻，測量單位為赫茲（hertz，Hz）。分子移動的幅度大小則決定了音波的波幅——即音量，測量單位為分貝（decibels，dB）。聽覺正是用來感知這一切的感官能力。

人類的耳朵由三個部分組成——外耳、中耳、內耳。外耳負責蒐集傳遞進耳內的音波，並將其傳進耳道內。在耳道底端，音波則會震動質地輕薄、緊緊繃著的鼓膜。這些振動會被中耳裡的三塊小骨頭（我們在前一章提過）放大，緊接著傳進內耳——準確來說，是傳進名為耳蝸的長管狀構造，裡面充滿了液體。在那兒會有一束束對任何動靜都相當敏感的毛細胞負責偵測振動，並且將訊號傳至大腦，於是我們就這麼聽見了聲音。①

倉鴞耳朵的基本結構與我們大致相同：外耳負責接收聲音，中耳接著放大聲音並往內耳傳遞，最後由內耳探測聲音。[4]然而差異在於，我們的外耳是一對片狀的構造，貓頭鷹則是用整個臉來接收聲音。②做為貓頭鷹最大特徵的醒目臉盤，其上的羽毛又厚、又硬、又緊密，就像雷達盤一樣能夠蒐集傳來的音波，並將其送進耳朵裡。貓頭鷹耳朵巨大的開孔就在牠們的眼睛後面，埋藏在羽毛之間，有些種類的貓頭鷹耳孔大到只要撥開覆蓋在周圍的羽毛，就能直接看到貓頭鷹眼球的背面。這些構造與大得出乎預料的鼓膜與耳蝸，成就了倉鴞出色的敏銳聽覺。

貓頭鷹厲害的不只是聽見聲音的能力，也善於辨識聲音的來源方位。③正如我們在視覺章節所見，假如你伸出手臂、豎起大拇指，你的指頭大約就代表一單位視角。小西正一（Masakazu Konishi）與艾瑞克・克諾德森（**Eric Knudsen**）發現，倉鴞能以僅僅不到兩單位視角的差異定位聲音來源，這樣的表現已優於大部分的陸生動物。[6]相較之下，聽覺能力與倉鴞相仿的貓咪，辨別聲音來源位置的能力則有三至五單位視角的差距。

以水平方向來說，人類的聽覺幾乎跟貓頭鷹一樣好，然而若是垂直方向，人類的表現就差多了，人類垂直方向的聽力定位差異約在三至六單位視角之間。會有如此落差，是因為人類雙耳的水平位置相互對稱，因此不管聲音是由上方還是下方傳來，傳進兩個耳朵的時間幾乎一模一樣。④不過，貓頭鷹卻有著獨一無二的不對稱位置的雙耳，牠們的左耳高於右耳。[7]假如把倉鴞的臉想成一面時鐘，牠們的左耳大約在兩點的位置，右耳則在八點鐘方向。⑤假如聲音來自上方**或**左邊，比較高的左耳就會比較低的右耳更快接收到稍微大聲一點的聲音；假如聲音來自下方或右邊，則反之。貓頭鷹的大腦利用這個時間與音量的差異判別出聲音來源的水平與垂直方位。[8]假如我去健行時聽見附近有沙沙的摩擦聲，我可以大概判斷出聲音來自何方，然後轉頭過去用眼睛觀察確切的聲音來源。不過棲息在樹梢的貓頭鷹可以單靠雙耳就**準確定位**出聲源位置。烏林鴞（學名為*Strix nebulosi*）只靠從地下傳來的咀嚼或腳步聲，就能夠把旅鼠（lemming）⑥從被雪覆蓋的通道中抓出來，也能夠精準地掀翻囊鼠（gopher，科名為Geomyidae）地下穴居的屋頂。牠們的狩獵能力實在無與倫比，也顯示了聽覺的重要性。

在傳統所稱的五感當中，聽覺是與觸覺最為相近的感覺。乍聽之下，這或許相當違和，畢竟後者會作用在物質的表面上，是一種實體、有形的存在，前者則靠空氣傳遞，感覺是一種虛無飄渺的存在。不過不管是

---

① 這些毛細胞與魚身體側線的毛細胞十分相似，這是因為耳朵與側線很有可能是演化自相同的原始感覺系統。審註：人耳的耳蝸內含有兩種毛細胞——外側毛細胞和內側毛細胞，單邊耳朵約有一萬兩千個外側毛細胞和三千五百個內側毛細胞。

② 還有其他差異：貓頭鷹的耳蝸形狀像香蕉，而我們則是像蝸牛一樣盤繞的樣態。此外，貓頭鷹的中耳只有一個骨頭，而不是像人類一樣由三個骨頭構成。除此之外，倉鴞及其他鳥類的耳朵也不像哺乳類一樣會因年紀增長而老化。牠們耳朵會重新製造出新的毛細胞，其聽力敏銳度也幾乎不會因為年老而下降。[5] 令人狐疑的是，不管是長耳鴞還是短耳鴞，又或者是其他親緣相近的種類，牠們頭上那顯眼的毛簇好像只是裝飾品，並不是牠們耳朵構造的一部分，也與聽力無關。

③ 即便是倉鴞，也不是什麼都聽得到。就像人類與其他動物一樣，牠們也只能聽見特定範圍的頻率（即音調），而這個範圍則取決於牠們耳蝸中的毛細胞，這些毛細胞便是排列在一片長長的基底膜（basilar membrane）上。這層膜的底部會因為頻率較低的音波產生震動，而尖端則是對應到高頻率的振動。基底膜振動的位置決定了哪些毛細胞會受到刺激，貓頭鷹的大腦也就能分辨當下傳來的到底是哪種頻率的音波。這基底膜的長度、厚度、形狀以及硬度則決定了貓頭鷹的聽力範圍。平均來說，人類能聽見二十赫茲至二萬赫茲（kHZ）的聲音，貓頭鷹能聽見的聲音範圍則稍微狹窄一些，介於兩百赫茲至一萬二千赫茲之間。除此之外，貓頭鷹對於頻率為四千至八千赫茲的聲音最為敏感，而這個範圍止好就是老鼠在滿地枯葉的地面逃竄時會發出的聲音頻率，這絕非只是單純的巧合。

④ 人類能在無意識的情況下定位聲音，我們也因此忽略了這件事到底有多難。眼睛本來就有空間感知能力，可以靠來自空間中不同位置的光線照射到視網膜的不同位置來辨識光源位置。然而耳朵負責感知的是聲音的頻率或音量等特質，這兩種特質本身就沒有空間線索的存在。因此動物若要靠聲音辨別聲源在空間中的方位，大腦就得特別費工夫了。

⑤ 審註：不同貓頭鷹物種會呈現出左高右低或右高左低的樣式。

⑥ 審註：包含了六個屬的物種。

聽覺還是觸覺，其實都是機械性感覺，靠感覺受體在受到彎折、擠壓、偏向時傳送電子訊號來感知外在世界。觸覺會在指尖（或鬍鬚、鳥喙尖端、艾默氏器）產生以上種種現象或碰觸到物體表面時，使受體產生反應並傳送訊號。聽覺則是在音波傳送到耳朵裡，擾動內部微小的毛細胞時，刺激受體傳遞感覺訊號。

不過聽覺與觸覺的不同之處在於，聽覺能夠在遠距離之外作用。和視覺不一樣的是，聽覺能夠在黑暗之中發揮作用，更能穿透實體或不透明的障礙物。除此之外，聽覺也與前一章提到的振動感覺不同，無須透過物質表面做為介質，並且能靠包羅萬象的媒介傳遞（如空氣或水）。而聽覺與嗅覺的不同之處在於，嗅覺會受到分子散播速度緩慢的條件限制，聽覺卻能夠以快速得多的音波速度接收訊號。各種感覺之中，有些擁有以上幾個特質，聽覺卻囊括了上述種種優勢，這也是為什麼許多動物的生活都十分仰賴聽覺。威廉·斯特賓斯（William Stebbins）就曾以優美的文字概括聽覺的特質：「與其他各式各樣的刺激不同，（聽覺）能夠讓你感覺到遠方的當下。」[9]

比較貓頭鷹與響尾蛇的特質後就會發現，雖然兩者都是夜行性動物，狩獵的目標也都是嚙齒類動物。然而響尾蛇的進食頻率不高，且是仰賴伏擊來獵食。響尾蛇會運用嗅覺找到適當的地點長時間蹲點監視，等待獵物自己跑進牠的紅外線感知範圍。至於貓頭鷹就沒那麼有閒情逸致了，為了維持快速的新陳代謝所需，貓頭鷹必須捕捉獵物與進食的頻率更高，這表示牠們必須大範圍掌握森林的動靜，並且精準地靠聲音找出隱匿行蹤、快速移動的嚙齒類動物。聽覺——涵蓋範圍大、傳遞速度快、精準度高——自然而然成了貓頭鷹主要運用的感覺。

然而以聲音做為狩獵的主要工具卻也有一大缺點——干擾。老鷹以視覺做為狩獵的主要工具，老鷹本身也不會在移動時散發各種光線，但貓頭鷹飛行時卻實在難以避免翅膀拍動發出聲響。而且貓頭鷹翅膀拍動的聲音來源又非常靠近牠們的耳朵，很有可能會掩蓋住遠處獵物發出的微弱聲響。幸好，貓頭鷹身體上有十分柔軟的羽毛，翅膀上又有鋸齒狀的邊緣，因此飛行時發出的聲音小到幾乎聽不見[10]。而且牠們拍翅產生的聲音頻率大多也都低於貓頭鷹最敏感的聽覺範圍，也低於小型囓齒類動物能夠聽見的音頻範圍。[11]因此，貓頭鷹能夠清清楚楚聽見老鼠的存在，老鼠卻對貓頭鷹的靠近不知不覺。

不過跳囊鼠（Kangaroo rat，屬名為*Dipodomys*）是其中的例外，這種體型嬌小又彈跳力絕佳的囓齒類動物有著以其體型而言非常巨大的中耳，甚至比牠們的大腦還要大。[12]跳囊鼠的中耳會特別放大貓頭鷹拍打翅膀產生的低頻率聲音，令跳囊鼠能夠聽見大多數囓齒類動物都無法察覺的危險訊號。所以對於倉鴞來說，跳囊鼠是特別難捕捉的獵物。[13]跳囊鼠甚至還能聽見響尾發動攻擊時的動靜，因此能夠爭取到足夠的時間躍起身子，在空中轉向，一腳踢中響尾蛇的臉。[14]（我們在溫度感知那一章提到的蛇類專家魯隆．克拉克就說跳囊鼠是：「特別難搞的獵物。」）

以上種種生物都因為聲音互相連結，生與死更是由牠們能聽見的聲音頻率、對於特定聲音頻率的敏感度、定位聲音來源的能力所決定。每個物種都有長處與弱點。貓頭鷹對老鼠快速逃竄時產生的聲音頻率特別敏銳，也能夠幾乎分毫不差地定位聲響來源，卻聽不見人類雙耳所能察覺最高及最低的音頻。老鼠無法聽見貓頭鷹拍動翅膀產生的低頻聲音，卻能夠發出貓頭鷹聽不見的高頻警告呼叫聲。就跟其他各種感覺一樣，動物的聽覺也是因應需求而生，而有些動物根本不需要聽覺。

聊狐（學名為*Vulpes zerda*）的耳朵是尖尖的三角形，大象的耳朵為巨大的片狀物，海豚的耳朵則是單純的孔洞，這些動物的耳朵都與人類雙耳十分不同。然而動物與人類的耳朵其實大概也只有這些表面的差異。

大部分的哺乳類動物都有優異的聽覺，哺乳類動物的耳朵也大同小異。其中最明顯的相同之處是，哺乳類動物幾乎都有耳朵，而且幾乎都是長在頭上的一雙耳朵。⑦然而對昆蟲來說，這些所謂的「幾乎相同」則不是絕對。昆蟲確實也演化出了耳朵，然而牠們的耳朵卻有著各式各樣、多元豐富的變化[15]，也同時為我們對動物聽覺的認知上了重要的一課，三項重點如下。

第一點：聽覺對動物來說確實很實用，但它卻不像觸覺或傷害性痛覺那樣普遍存在。這世上的第一隻昆蟲其實沒有聽覺[16]；牠們是後來才慢慢演化出耳朵。[17]經過了四億八千萬年，昆蟲因為至少十九次的獨立事件分別演化出聽覺，而牠們身上演化出耳朵的位置實在是令人訝異。蟋蟀與螽斯的聽覺器官長在膝蓋上[18]，蝗蟲與蟬則是長在腹部上，天蛾的聽覺器官則竟然長在嘴巴上。蚊子竟然是靠觸角來聆聽聲音[19]，帝王斑蝶幼蟲（學名為*Danaus plexippus*）則是以身體中段的一對毛髮來接收聲響[20]，牛蝗（科名為Pneumoridae）的腹部有著六對耳朵般的構造[21]，螳螂則是在胸部腹面中央有著一隻耳朵（cyclopean ear）。⑧昆蟲的耳朵型態形形色色，主要是因為牠們的耳朵其實演化自昆蟲全身上下都可能存在且對動作十分敏感的弦音器（chordotonal organ）。[23]在昆蟲堅硬的外殼之下，由大量的感覺細胞構成弦音器，專門感知昆蟲身體的各種振動與拉扯，昆蟲便是靠此器官知道自己身體各個部位正在做什麼動作——如拍打翅膀、移動肢體、鼓脹腹部。然而正因為弦音器也對相對大聲的空氣傳導聲音有反應，因此很有可能順理成章地演變為昆蟲的耳朵。這些弦音器只要演化得更敏感，就能順利發揮耳朵的作用——只要讓覆蓋著弦音器的角質層變薄進一步演變為鼓膜就能辦到。⑨也因為這種轉變可以在昆蟲身體的任何部位發生，因此牠們的耳朵可能會位在身體各種奇妙的地方，彷彿牠們可以運用整個身體表面傾聽聲音一樣。

然而也有許多昆蟲沒有選擇利用這項演化優勢，至少就我們目前所知，蜉蝣與蜻蜓沒有耳朵，大部分的甲蟲也沒有。說實在的，多數昆蟲都不具備聽覺，也因為昆蟲的種類數量遠遠超過其他類群，所以所謂**很可能大多數的動物都聽不見**的說法其實也沒錯。這點看似古怪，尤其因為對於我們這些擁有聽覺的動物來說，聲音無所不在。然而上百萬的聾人即便沒有聽覺，一樣能安然立身於世，這世上也有許多動物根本不需要聽覺也能活得好好的。假如各位將眼光放在其他哺乳類以及脊椎動物身上，想必會認為聽力的重要性無可比擬。不過只要好好觀察昆蟲，各位就會發現其實聽力的重要性並非絕對。

就像我們探討視覺時一樣，要想知道動物到底是如何聽見聲音，就得先了解動物運用耳朵的目的到底是什麼。聽覺的優點在於能夠快速、精準、二十四小時連續不間斷地傳遞來自遠處的訊息，動物因此能夠感覺到迅速移動的獵物與迫近的威脅。這麼說來，許多昆蟲會演化出耳朵（聽覺器官），是為了聽見掠食者的行蹤。[24]許多蝴蝶，包含醒目的閃蝶屬（屬名為*Morpho*）許多種類，前翅基部都有耳朵般的構造[25]；這些物種不會發出聲音，因此牠們具備聽力顯然不是為了發現同類的蹤跡。珍．葉克（Jayne Yack）發現，這些蝴蝶翅膀上的耳朵是專門用來接收天敵——鳥類——發出的聲音。[26]蝴蝶能夠從好幾公尺之外聽見鳥類拍動翅膀的聲音、保護地盤的叫聲，也很有可能聽得見鳥羽掃過草地或鳥類在枝頭跳躍的聲響。蝴蝶運用耳朵的方式很可

---

⑦ 審註：哺乳類有別於其他動物的特徵，便是演化出了外耳殼。除了針鼴、鴨嘴獸、海牛、海象、海豹與鯨豚外，絕大多數種類皆有外耳殼。

⑧ 一九六八年，動物學家大衛．派（David Pye）在世界上數一數二的科學期刊——《自然》（*Nature*）發表了一首關於昆蟲耳朵的優美五節詩篇。時至二〇〇四年，科學家對於昆蟲的耳朵有了更深入的了解，派又發表了相同主題的十二節詩。「時光遞嬗 潛心鑽研／各種形式一一浮現／成果驚艷 悉心分辨／所謂常態 只是成見」（"In later years some further ears / Were found in other forms. / The more we know just goes to show / There are no real norms."）[22]審註：位置為中後胸一帶，視不同種類有一對、一個或完全缺乏聽器的差異。

⑨ 不是所有昆蟲都有鼓膜：蚊子的觸角以及帝王斑蝶幼蟲的毛髮運作的方式，都比較像蜘蛛與蟋蟀身上能夠感知氣流擾動的聽毛和絲狀毛，詳情請見第六章。

能就像跳囊鼠一樣，都是為了躲避天敵。[10]

動物的聽覺既然有感知天敵的效用，當然就能用於溝通。相較於表面振動，動物能製造、聆聽聲音，在更遠的距離之外交換訊號，也能擺脫黑暗與雜亂空間阻擋視線的障礙，更能超越費洛蒙傳遞的速度。這或許就解釋了為何早在幾百萬年前，蟋蟀與螽斯已開始歌唱。

蟋蟀與螽斯的雄性個體通常會發出比較多聲音。牠們其中一邊的翅膀內緣有脊狀構造（稱為彈器〔Plectrum〕），另一邊的翅膀則有著像梳子一樣的鋸齒狀結構（稱為弦器齒突〔file teeth〕），當這兩片翅膀互相摩擦，會製造出我們平時聽見的蟲鳴聲，雌性個體前足上的鼓膜則會接收這些聲音。從昆蟲的化石上也能觀察到同樣的翅膀構造，這表示大自然已有一億六千五百萬年（也可能更久）都充斥著這樣的樂聲。[27]不過就在四千萬年前左右，有另外一群昆蟲演變出偷聽這些歌聲的能力——寄生蠅（科名為Tachinidae）。大部分的寄生蠅會利用視覺或嗅覺尋找宿主，然而身體為黃色、約一點五公分長、遍布於美國各地的奧米亞棕蠅（學名為*Ormia ochracea*）卻是運用聲音尋找目標。就像雌蟋蟀一樣，奧米亞棕蠅也會傾聽雄蟋蟀的歌聲，循著輕柔悅耳的蟲鳴，接著便降落在正歌唱著的雄蟋蟀身上或身邊產下子代（蛆）。奧米亞棕蠅的蛆會鑽進蟋蟀的身體裡，慢慢從裡到外將蟋蟀吃乾抹淨。

奧米亞棕蠅的耳朵並不顯眼，不過因為丹尼爾・羅伯特（Daniel Robert）實在對昆蟲的耳朵太熟悉，他在一九九〇年代首次以顯微鏡觀察奧米亞棕蠅時，立刻就辨識出牠們身上的鼓膜——位於牠們脖子下面的兩片橢圓狀薄膜。[28][11]（羅伯特對我說：「我真的是昆蟲痴。」）大部分的蒼蠅耳朵都位於觸角上，而且有著羽毛狀的構造，這使得奧米亞棕蠅的耳朵顯得格外不同。牠們的耳朵構造更近似於雌蟋蟀，同樣善於傾聽雄蟋蟀歌聲的頻率。奧米亞棕蠅模仿雌蟋蟀的聽覺環境界，並將其用於同樣的目標：定位聽得見卻看不見的公蟋蟀行蹤。假如各位有過一直聽到家裡有蟋蟀叫聲，卻怎麼也找不到蟋蟀本尊的痛苦經驗，大概就會知道光靠那磨人的蟲鳴要找到聲音來源有多困難。但這對奧米亞棕蠅來說卻不是問題，牠能以僅僅一度之差的精準度往歌唱中的雄蟋蟀飛去[29]，這種精準度優於人類，勝過倉鴞，也幾乎比任何科學家測試過的其他動物都強。⑫

儘管有絕佳的精準度，奧米亞棕蠅的耳朵卻只負責一項極單純的行為：**找到蟋蟀**。其他許多昆蟲的耳朵也是如此。珍．葉克認為這或許就是昆蟲身上演化出耳朵的部位差異如此巨大的原因。她說，得用到聽力的行為的控制神經附近，通常就會演化出耳朵。雌蟋蟀運用聽覺是為了走向歌唱的雄蟋蟀，因此牠們的耳朵長在腳上；螳螂與蛾則是會在聽見天敵的聲音時做俯衝及翻滾等飛行逃離動作，因此牠們的耳朵出現在翅膀附近。（在飛蛾附近吹狗哨，你會發現牠開始繞圈飛行。）

這便是第二項重點：聽覺很可能其實是極單純的感覺。可能有人會認為，雌蟋蟀聆聽雄蟋蟀的歌聲時，腦海中會出現聽見這股聲音的心智象徵，並且將聽見的歌聲與某種存於內在的理想雄蟋蟀歌聲比較，接著才

---

⑩ 耳朵探測天敵的用途，或許也能夠回過頭來解釋為什麼某些昆蟲根本沒有演化出聽力。蜉蝣沒有耳朵的構造，或許就是因為牠們數量極多，多到根本不需要預警天敵出現的感覺系統。至於蜻蜓沒有耳朵，或許是因為牠們有絕佳的視力能夠觀察到危險接近，而且又能夠飛到空中靈敏地躲避近距離攻擊

⑪ 審註：位置在前胸最前方、略偏腹側。

⑫ 藉由倉鴞的例子我們就知道，動物能夠比較聲音抵達雙耳的時間差來分辨聲源方位。然而動物的體型越小，雙耳之間的距離也就越近，因此聲音抵達雙耳的聲音也就幾乎同步。奧米亞棕蠅的雙耳距離小於半毫米——大約就跟英文字母 i 上面的那一點差不多寬。在這麼微小的距離下，公蟋蟀歌聲抵達牠們兩個耳朵的時間差應該不會超過一點五毫秒——也就是短到幾乎不存在的時間差。（讓各位做比較，人類的耳朵得要有至少五百毫秒的時間差才能夠精準定位聲源。）然而羅伯特和他的導師榮恩．霍伊（Ron Hoy）卻發現，奧米亞棕蠅的鼓膜構造和人類不同，牠們的兩個鼓膜其實互相連結。在奧米亞棕蠅極微小的頭部當中，兩邊的鼓膜由長得像衣架一樣的彈性結構連在一起，因此聲音一旦使其中一邊的鼓膜振動，這個連結的結構就會將振動傳遞到另一邊的鼓膜，振動也因此會延遲大約五十毫秒的時間。這種結構大大延長了奧米亞棕蠅雙耳接收時間的時間差，牠們也因此不僅能靠聽覺發現蟋蟀的存在，更能準確找出目標的位置。[30]

會走向公蟋蟀。然而牠們根本不需要這些過程。經過多項研究，芭芭拉・瑋柏（Barbara Webb）發現雌蟋蟀的耳朵以及其連結的神經，其實天生就有**自動**辨識出雄蟋蟀歌聲並朝這股歌聲走去的能力，雌蟋蟀的感覺系統已經內建了相應的行為。[31][⑬]人類是因為擁有聽覺才發展出音樂與語言，因此對我們來說，聽覺與複雜的思維、情緒、創意密不可分，然而蟋蟀的聽覺與行為之間的關係，其實類似於人類本能的膝跳反應。

即便是簡單的行為，也可能帶來重大影響。奧米亞棕蠅擁有超乎想像的精準聽覺，以至於夏威夷曾經有三分之一的雄蟋蟀因為歌聲而被該種寄生蠅寄生，導致族群數量大幅減少。因應這樣的威脅，蟋蟀族群獲得了一個突變，該突變使某些個體的翅膀開始出現扭曲狀的梳子結構，因而無法像過去那般鳴唱。為了保全生命，牠們停止歌唱。這些蟋蟀僅僅在二十個世代之間就產生如此巨大的演變，使得這些「扁翅」蟋蟀寫下了大自然中物種演化最快的紀錄。[33]這些陷入沉默的蟋蟀不再引起奧米亞棕蠅的注意，卻也犧牲了吸引雌蟋蟀的機會。牠們會在依然歌唱的雄蟋蟀附近遊蕩，偷偷摸摸地希望有機會與聞聲而至的雌蟋蟀交配。這些演化出不同翅膀構造的雄蟋蟀依然會摩擦翅膀，彷彿牠們依舊能夠歌唱一樣。

這就是第三項重點：動物的聽覺能夠成為動物鳴唱聲演化的驅動力，反之亦然。就像動物的眼睛決定大自然中的色彩一樣，動物的耳朵也決定了大自然中聲音的組成。

一九七八年的夏天，在經過漫長飛行、搭乘火車與船隻的長途跋涉後，年輕研究生麥可・萊恩（Mike Ryan）終於抵達巴拿馬的巴羅科羅拉多群島（Barro Colorado Island），準備開始研究青蛙。自從親眼目睹一位生物學家前輩單靠叫聲就能分辨青蛙種類以後，他就迷上了這些兩棲類動物。萊恩心想，假如連人類都能以耳朵從這些我們以為不成曲調的嘈雜蛙鳴中聽出這麼多線索，青蛙究竟又能聽見什麼呢？萊恩知道，雄蛙會以叫聲吸引雌蛙，但雌蛙聽見的到底是蛙鳴當中的哪個部分？對青蛙來說，什麼才是美妙的聲音呢？

一開始，萊恩計畫研究巴拿馬的紅眼樹蛙，也就是他未來的學生凱倫．瓦肯汀在二十年後潛心鑽研的物種。⑭但紅眼樹蛙躲在樹冠上，又不常發出叫聲，因此每當萊恩試圖錄下紅眼樹蛙的叫聲時，反而常常不小心錄下在他腳邊大聲鳴叫的另一種青蛙——屯加拉泡蟾（學名為 *Engystomops pustulosus*）——的叫聲。[34] 萊恩對我說：「我一直把這些屯加拉泡蟾踢開，想讓牠們閉嘴，不過後來我想：『好吧，還是我乾脆就研究**牠們**好了？至少我眼前就有一大堆屯加拉泡蟾。』」

各位請在腦海中想像一隻普通的青蛙，屯加拉泡蟾就長那樣。牠們的體型和直徑約二點五公分的二十五美分硬幣差不多大，皮膚上有許多疙瘩，體色則是單調乏味的苔綠色。屯加拉泡蟾雖然沒有浮誇的外表，但其歌喉卻彌補了這一點。太陽下山後，雄屯加拉泡蟾會鼓起巨大的鳴囊，當空氣通過比牠大腦還要大的喉嚨以後，就會發出短促重複的嗚嗚聲，就像一臺迷你警報器發出會逐漸淡出的警鈴聲。在嗚嗚聲之後，雄蛙可能會再加上幾聲短促的咕咕聲做為裝飾音。對某些人來說，這兩種叫聲組合起來聽起來就像是「tún-ga-ra」——這就是牠們英文名稱的由來。⑮對萊恩來說，屯加拉泡蟾的叫聲像老電玩裡的音效。⑯對雌性個體來說，這種叫聲像一份邀請；雌性屯加拉泡蟾會直接坐在好幾隻雄性個體面前，細細比較追求者們叫聲裡的鳴

⑬ 瑋柏甚至打造出了與母蟋蟀有完全同樣行為模式的機器人，這個機器人雖然構造簡單，卻能夠在對於公蟋蟀歌聲毫無心智概念的情況下找到正在歌唱的公蟋蟀。[32]

⑭ 我們在上一章遇到的角蟬狂熱者——雷克斯．柯克羅夫特，也是萊恩的學生。

⑮ 譯註：屯加拉泡蟾叫聲中的嗚嗚聲聽起來像tún，咕咕聲則像是ga-ra，牠們的名稱由此而來。審註：可參考https://youtu.be/SEOGTsbLVfM。

⑯ 萊恩超會模仿屯加拉泡蟾的叫聲，不過我覺得很可惜的是，他竟然從沒試過用喇叭播放自己模仿的叫聲給屯加拉泡蟾聽，試試看能不能騙過雌蟾。他說：「我真該試試看。」

鳴聲與咕咕聲，選出聽起來最迷人的那管歌喉，蛙鳴的主人就會獲得為青蛙卵授精的權利。單單一個晚上，雄性屯加拉泡蟾在被女主角選中之前，可能得發出五千次的求偶叫聲。萊恩從黃昏一路堅持到清晨，花了連續一百八十六個晚上在巴羅科羅拉多群島記錄屯加拉泡蟾的叫聲，所以他很清楚這一點；在這段時間裡，他錄下一千隻被標記過的屯加拉泡蟾整夜為愛瘋狂大唱的情歌。[35] 藉由這種馬拉松式的偷偷觀察，萊恩發現一件非常重要的事：咕咕聲對屯加拉泡蟾來說，是**相當**性感的聲音。

比起只會發出嗚嗚聲的雄性個體，雌性屯加拉泡蟾幾乎總是會選擇那些願意在嗚嗚聲中夾雜咕咕聲的個體為配偶。[36] 這種聲音的誘惑力之大令人吃驚，假如雄性屯加拉泡蟾不願意發出咕咕聲，雌性個體甚至可能會用身體猛撞對方，撞到雄蟾發出咕咕聲為止。萊恩錄下雄蟾的歌聲以後，重新拼接當中的嗚嗚聲與咕咕聲，接著在有良好隔音的空間裡用數架揚聲器對雌性個體播放混音版的求偶叫聲，並且記錄雌蟾究竟選擇跳向哪一個聲音。他發現，雖然嗚嗚聲本身已經很有吸引力了，但咕咕聲的魅力竟然是前者的五倍。發出越多的咕咕聲，就越性感，而越低沉的咕咕聲，越是其中翹楚。雌蟾的這些偏好顯而易見，箇中緣由卻沒那麼一望即知。

萊恩發現，這種青蛙的內耳對於兩千一百二十赫茲的頻率特別敏感[37]，這個頻率恰好低於咕咕聲主要的頻率。⑰ 即便是在蛙鳴四起、好幾種青蛙同時鳴叫的池塘裡，雌性屯加拉泡蟾依然能輕易找到同類的雄性個體，因為牠能比其他種的青蛙更精準地聽出雄性同類的叫聲。體型越大的雄性，叫聲越大也越清晰，因為牠們發出的音頻比其他同類更低，所以更接近雌性個體內耳接收的最理想音頻。萊恩推斷，也許這就是屯加拉泡蟾的耳朵接收聲音的方式如此特別的原因。雄蟾體型越大，越有能力為越多卵授精，所以在過去幾個世代當中，那些受更低頻叫聲吸引的雌蟾也就等於受能夠繁衍更多後代的雄蟾吸引。隨著世代繁衍，這樣的偏好在屯加拉泡蟾族群中越來越普遍，牠們的耳朵因此隨著雄蟾的鳴聲調頻和演變。這個推論似乎無比合理，但事實卻全然不是如此。

直到研究屯加拉泡蟾的近親，萊恩才發現真相。[38] 這些與屯加拉泡蟾親緣相近的其他種類也會嗚嗚叫，其中只有少數幾種會發出咕咕聲。然而這些泡蟾卻都有著與屯加拉泡蟾一樣的內耳，同樣都能夠敏銳地接收類似咕咕聲的音頻。因此這些泡蟾即便從來沒聽過咕咕聲，也極有可能會受到這種聲音吸引。萊恩跑到厄瓜多研究科羅拉多侏儒蟾（學名為 *Engystomops coloradorum*）——牠們是屯加拉泡蟾的近親，但不會發出咕咕聲——就是為了驗證這一點。他錄下雄性科羅拉多侏儒蟾的叫聲，再接上屯加拉泡蟾的咕咕聲，並播放這份混音給雌科羅拉多侏儒蟾聽。萊恩對我說：「我原本以為這個聲音會嚇壞牠們。」結果這些雌性侏儒蟾反而跳向這股陌生的混合蛙鳴。這些雌侏儒蟾雖然從來沒聽過咕咕聲，卻依然無法抗拒其吸引力，因為這種聲音正好迎合牠們聽覺中與生俱來的奇特之處。

這項發現完全改變了萊恩原本的推論：屯加拉泡蟾不是為了迎合異性的叫聲而改變聽覺的特性，應該反過來才對。[39] 牠們的祖先早已具有偏好兩千一百三十赫茲音頻的耳朵，雄蟾演化出咕咕聲則是為了迎合這份偏好。不過屯加拉泡蟾的祖先當初究竟為何會產生這樣的偏好依然是未解之謎；或許這種音頻是掠食者移動時會發出的聲音，也可能是屯加拉泡蟾的棲息環境中有其他與這種音頻有關的重要條件。無論如何，總之是先出現雌蟾對於何為美妙蛙鳴的偏好，雄性才慢慢改變叫聲，迎合雌性個體對於美聲的定義。萊恩稱這種現象為「感官利用偏好」（sensory exploitation）[40]，他與其他科學家也發現，這種現象在動物界中其實無處不

⑰ 嚴格來說，青蛙的內耳當中有兩種聽覺器官。其一是兩棲類乳突（amphibian papilla），這個器官對於嗚嗚聲的音頻——七百赫茲最為敏銳；另一個則是基底乳突（basilar papilla），負責接收咕咕聲的頻率。

在。[18]大自然中各種動物的聽覺，確實能夠決定自然界中的聲音組成。

以雄性屯加拉泡蟾而言，牠們具備吸引異性注意的好辦法，發出咕咕聲不需要費什麼力，卻能使自己對異性的吸引力增加五倍。萊恩說：「想想人類為了讓自己更迷人所做的一切努力吧——屯加拉泡蟾用的方式卻一毛錢也不用花。」這麼說來，屯加拉泡蟾應該盡一切所能，反覆不休地發出咕咕聲才對，奇怪的是，牠們卻不太情願發出這種極具吸引力的叫聲。雖然有些雄性個體會因為被雌性個體大力拍打而在嗚嗚聲中加上高達七次的咕咕聲，然而大多數的雄屯加拉泡蟾只願意加入一兩聲咕咕聲。也有許多雄屯加拉泡蟾甚至完全不願意發出咕咕聲。牠們為何選擇沉默實在令人費解，直到萊恩發現，雌屯加拉泡蟾並不是唯一側耳傾聽牠們咕咕聲的對象，這才解開謎團。

就在萊恩來到巴羅科羅拉多群島的前一年，他的同事梅林・特托（Merlin Tuttle）抓到了一隻蝙蝠，牠嘴裡還有吃到一半的屯加拉泡蟾。結果發現，這種縫唇蝠（學名為*Trachops cirrhosus*）專吃青蛙。特托和萊恩還發現，縫唇蝠會偷聽獵物求偶的叫聲來找到目標行蹤，就像奧米亞棕蠅循著蟋蟀的歌聲狩獵一樣。[42]縫唇蝠就像雌屯加拉泡蟾一樣，也特別受雄蟾在嗚嗚聲當中加入的咕咕聲吸引。雖然兩者聽見的同樣都是雄蟾的叫聲，對雌蛙來說那是未來可能伴侶的歌聲，對縫唇蝠來說卻是大餐到來的訊號。這下雄蟾左右為難了，迷人的咕咕聲不僅能招來桃花，也會引來殺機。難怪牠們有時候寧願只退而求其次地嗚嗚叫就好。[19]

發現各種生物之間竟然因為感官能力而有著密不可分的關係，實在令我嘆為觀止。無論是為了什麼原因，蛙類的祖先演化出了偏好兩千一百三十赫茲的耳朵，屯加拉泡蟾則利用這項感官偏好，在嗚嗚叫聲中加入能夠吸引配偶的咕咕聲。後來就換縫唇蝠拓展其聽覺範圍了，牠們變得能夠接收對一般蝙蝠來說過低的音頻，利用泡蟾發出的咕咕聲捕捉獵物。泡蟾的環境界形塑了其鳴叫聲，蝙蝠的環境界也隨之演變。動物的感官決定動物對於美好的定義，也改變了美在大自然中呈現的形式。

對人類來說，鳥鳴啁啾之優美在動物世界稱得上首屈一指。**斑胸草雀**（學名為 *Taeniopygia guttata*）是這世上鳴叫聲被深入研究的程度數一數二的鳥類。從外表上來看，這些源自澳洲的鳥兒外表醒目，灰色的頭、白色的胸口、橘色的雙頰、紅色的鳥喙，眼下的黑色紋路像是睫毛膏隨著淚水留下臉龐的樣子。雄性斑胸草雀叫聲十分張揚，唱出的曲調更是複雜又尖銳。就我聽起來，牠們的叫聲就像印表機富節奏性的印刷聲；然而我也好奇，對斑胸草雀來說，牠們聽見的同類叫聲，究竟是否和我聽見的一樣呢？如果就音頻的層面來看，答案應該是肯定的。鳥類能聽見的聲音頻率範圍與人類大致相仿，所以能聽見的音頻範圍整體而言也與人類相同。不過牠們歌聲的速度快得令人吃驚，斑胸草雀喙吐出音符的速度快到我實在難以清楚辨別每一個音。即便是那些我以為我有確實聽見的音符當中，似乎還藏有更多我難以辨別的複雜細節，挑戰著我的感

---

⑱ 各種感官能力當中都有感官利用偏好的現象。以劍尾魚來說，雄性個體尾鰭的下半部會超乎尋常地長。雄魚尾鰭的這把劍越長，對雌魚來說就越有吸引力。亞歷珊德拉．巴索洛（Alexandra Basolo）則發現，劍尾魚的近親——花斑劍尾魚（學名為 *Xiphophorus maculatus*）雖然沒有劍狀尾鰭，卻也確實存在這種偏好。[41] 假如她把假的劍尾黏在雄性花斑劍尾魚的尾鰭上，這些雄魚就會變得更有吸引力。因此，劍狀尾鰭就像屯加拉泡蟾的咕咕聲一樣，都是演化來利用動物既有感官偏好的特徵。

⑲ 萊恩還記得，他首次在學術研討會上發表關於縫唇蝠的發現以後，有位資深科學家批評他的想法根本不對。這位大咖教授說，蝙蝠的耳朵只專門用來接收其本身叫聲的那種超高音頻，應該根本聽不見像屯加拉泡蟾發出的低音頻咕咕聲。萊恩聽到這些話可沒灰心，他成功證明了事實並非如此。縫唇蝠內耳連接的神經細胞比其他任何哺乳類動物都還要多，而在蝙蝠當中獨樹一幟的是，這些神經細胞當中有一部分會敏銳感知到像蛙鳴這樣的低頻率音頻。這感覺就像縫唇蝠在蝙蝠最基本的聽覺硬體設備上，又加了一套專門用來探測蛙鳴的模組。萊恩的其中一位學生瑞秋．佩吉（Rachel Page）後來也發現，在某些情況下，假如泡蟾同時發出咕咕聲與嗚嗚聲，縫唇蝠就能更輕易地定位屯加拉泡蟾的所在。[43] 除此之外，縫唇蝠也不是唯一會偷聽蛙鳴的動物。萊恩的另一位學生希美娜．貝諾（Ximena Bernal）就發現，吸蛙血的蠓（科名為 Corethrellidae）也會受到蛙鳴聲吸引，其中的咕咕聲也一樣更加令牠們難以抗拒。[44]

知極限。鳥類確實能從這些叫聲中聽出我無法辨別的意涵。

長久以來，愛鳥人士都認定鳥類聽覺運作的速度一定比人類要來得快。[45]有時鳥類會同步唱著令人應接不暇的二重唱，精準地使自己唱出的音符位在對方的某個音符前後，節奏掌握之巧妙，令兩隻鳥兒唱出的兩首歌聽起來就像合而為一一樣。除此之外，包括斑胸草雀在內的其他鳥類，會聆聽其餘同類的歌聲，才知道自己該唱什麼曲調。因為要模仿，所以牠們必須能夠清楚聽出叫聲中的一切細節，模仿的結果才足夠精確；像嘲鶇這樣會模仿叫聲的鳥類就是如此。對人類來說，三聲夜鷹（whip-poor-will，學名為*Antrostomus vociferus*）的歌聲是以三種音符組成，但實際上牠們的歌聲包含五種音符，如果以慢速播放，就能聽得清清楚楚。然而嘲鶇不需要人類科技的協助，牠們憑空聆聽三聲夜鷹的叫聲，就能準確模仿出其中包含的五種音符。[46]

一九六〇年代，就在小西正一開始研究倉鴞之前，他發現鳥類聽覺處理速度極快的直接證據。[47]他一邊播放一連串快速的咔嗒聲給麻雀聽，一邊記錄這些麻雀大腦聽覺中樞的神經電子訊號活動。牠們大腦神經每一次受激發的紀錄都會對應到一次咔嗒聲，即便咔嗒聲之間的間隔短至一點三至兩毫秒也不例外。在這樣的速度之下——**每秒**響起約五百至七百七十次咔嗒聲——貓的聽覺神經只能跟上這個聲音節奏的百分之十，麻雀的神經細胞卻能完美地應付。即便是叫聲節奏並不快速的鴿子，牠們的聽覺似乎也能分辨這種速度的聲音內涵。

後來的研究就沒那麼結果分明了。自一九七〇年代起，羅伯特·杜林（Robert Dooling）一直試圖找出鳥類與人類對聲音速度的感知能力究竟是否存在差異，卻一再失敗。[48]例如，他發現假如在持續播放的噪音當中插入僅僅兩毫秒的無聲空白，人類就能夠察覺。令人意外的是，鳥類的表現竟然和人類差不多。經過一再測試以後，杜林說他在鳥與人類的聽覺速度之間「實在找不出什麼不同之處。我們用數不清的各種方式嘗試了好幾年，但鳥類的聽覺表現始終與人類類似。」杜林花了很長一段時間才發現問題所在：他用來測試鳥類的都是非常簡單的純音（pure tone）⑳，根本比不上鳥類歌聲那複雜多元的特性。各位可以將純音想成上下起伏的平滑波面，畫面中不同的時間點有壓力波的上升或下降；然而鳥類的叫聲看起來像城市中的天際線，或者是山巒之間的山脊線，參差不齊，凹凹凸凸，表現出在單個音符的瞬間內即快速產生的聲音變化。這些細節就是時間精細結構（temporal fine structure），我們一般用來研究聽覺的純音沒有這種結構，然而巧的是，鳴禽真正在傾聽的就是這些細節。

杜林藉由巧妙的實驗證實這一點；他讓數隻鳴禽聆聽僅有時間精細結構不同的幾種聲音，然後讓這些鳥兒辨別其中差異。[49]這有點難以想像，我們一樣用視覺效果來類比好了。請各位想像你在看一部每隔三幀畫面就會前後倒置的電影，畫面中的色彩組合依然相同，場景組成也一樣，所以我們依然看得懂電影情節，但就是有點**什麼**令你感到違和，你很有可能因此發現差異。這差不多就是杜林在鳥兒身上做的實驗。他讓鳥兒聆聽成對的聲音；其中一種當中有著音頻上升幾毫秒以後又下降的片段反覆播放，另一種聲音的音頻則落在同樣的頻率範圍內，持續的時間也一樣。對於聽覺處理速度較慢的耳朵來說，這兩種聲音的平均音頻都相同，因此聽起來似乎一樣；然而對聽覺速度極快的耳朵來說，這兩者卻是截然不同。杜林發現，在這些聲音當中安插的音頻片段必須長達三至四毫秒以上，人類才有辦法分辨其中差異，而金絲雀（學名為*Serinus canaria*）與虎皮鸚鵡（學名為*Melopsittacus undulatus*）的極限在一至二毫秒之間，至於斑胸草雀，就算這個

⑳譯註：指單一頻率的聲音。

聲音片段只有極短的一毫秒時間，依然無法騙過牠們。這項實驗顯然驗證了鳥類能聽見對人類來說變化太過快速而難以察覺的複雜音頻，這實在徹底推翻杜林過去的研究結果，他說：「真的嚇了我一大跳。」這話不誇張，因為進一步的研究結果發現「人類的神經結構根本無法處理鳥類能夠清楚分辨的精妙細節。」這還只是許多意外發現的其中之一而已。

斑胸草雀的歌聲包含幾個音節，而且牠們總是以同樣的順序歌唱——A—B—C—D—E。而貝斯．維納里歐（Beth Vernaleo）與杜林的學生將其中一個音節倒置，變成——A—B—Ɔ—D—E——斑胸草雀幾乎每次都會注意到這個變化。[50] 換成人類，就算經過大量的練習依然無法分辨出其中不同。然而當研究團隊將兩個音節之間的間隔時間加倍，人類就能輕易辨別兩種音頻——那聽起來就像錄音時出現的小故障——然而這下換**斑胸草雀**完全察覺不出差異了。在音節間隔時間加倍的情況下，兩種聲音對人類來說明顯不同，斑胸草雀卻分不出差異。

於是謝爾比．羅森（Shelby Lawson）與亞當．費許班（Adam Fishbein）再更進一步實驗。他們徹底調換音節的順序——C—E—D—A—B，斑胸草**依然**辨別不出兩者差異。[51] 兩種聲音的次序顯然已經變得完全不一樣，但對於**斑胸草雀真正在聆聽的重點**來說卻無不同。即便這些鳥兒從小就學會自己鳴叫聲的音節順序，一生也持續以同樣的音節順序歌唱，「但牠們根本一點也不在乎音節的順序，」杜林說道。「牠們在乎的是每一個音符裡的細節。」這就像兩個人交談時只關注彼此使用母音的細微之處，卻完全不管彼此說話時字詞的排列順序。

於是我的疑問有了顯而易見的答案：對斑胸草雀來說，牠們聽見的叫聲絕對與我們聽見的不同。[52] 牠們對於音節次序的毫不在意更是格外令人吃驚，也與我們過去對於鳥叫聲的直覺想像完全背道而馳。鳥類叫聲的音節順序對人類的耳朵來說不僅美妙，也很實用，賞鳥者可以運用它來辨識不同種類的鳥類。神經科學家研究鳥叫聲，也是看中其與人類語言的相似之處；然而對於發出這些叫聲的鳥類來說，音節的順序根本無關緊要。不過也並非所有種類的鳥類都對音節順序毫不在意，虎皮鸚鵡似乎就對於音節的順序與精細結構都相當敏銳[53]。然而還是有許多其他種的鳥類（包括十姊妹〔學名為*Lonchura striata domestica*〕和金絲雀）幾乎只在意音節的精細結構。對牠們來說，鳥類歌聲的美與重要性全都藏在細節裡；牠們忽略宏觀的音律，反而在乎其中的瑣碎之處。我們說見樹不見林，這些鳥類卻聽不見林的存在——也可能根本不在意。

人類聽力的特性正好相反。對我們的耳朵來說，斑胸草雀的歌聲每次聽起來都一樣，難怪我們會以為那些歌聲都在傳達一樣的訊息。不過杜林的同事諾拉．普萊爾（Nora Prior）發現，就算是幾乎一模一樣的歌聲，在斑胸草雀的耳裡，卻可以聽出其中精細結構的差別。[54]假如她把其中一個錄音的B音節與另一個錄音的B音節互換，這些鳥兒真的能夠聽得出其中改變。鳥類的歌聲中勢必充滿幽微又瑣碎的細節，只是我們感覺不到而已。那些變化聽在我們耳裡，或許只是不斷重複且不變的曲調，牠們卻能從中聽出關於生殖、健康狀態、身分、意圖以及其他各式各樣的訊息。斑胸草雀仰賴歌聲與伴侶建立起一生的關係，也靠這把歌喉才能在暫別以後再次辨識出伴侶，更能依循鳴叫聲在旅途中長伴彼此左右，除此之外，斑胸草雀伴侶還能靠歌聲協調彼此照顧後代的責任。或許牠們是靠歌聲精細結構裡隱藏的種種訊息來做到這一切。

傾聽動物的叫聲時，最令人興奮不已的就是探討動物到底在對彼此說什麼，於是作家創造出像杜立德醫師（Dr. Dolittle）這樣的角色，他能夠聽懂鳥鳴、羊咩咩叫以及其他各種動物發出聲音的含義。我們或許會天真地想像，人類與動物之間是否能互相了解，關鍵在於彼此使用的詞彙，彷彿這世界上存在著某種鳥語字典，只要詳加翻閱，人類就能學會與鳥兒對話。但這種東西並不存在，杜林的研究也告訴我們：物種之間溝通的障礙也包含感官的差異。在我們聽不見、大腦也根本注意不到的鳥叫聲細節中，充滿牠們彼此溝通的各種內容。杜林對我說：「現在我一聽到鳥叫聲就會感嘆，這些聲音聽起來如此繁複，然而我能聽到的**依然**只是一小部分而已。其中有太多另一隻鳥兒聽得見，我卻完全無法感受的細節了。」

兩千年代初期，羅伯特・杜林正在進行他第一次的精細結構實驗，傑佛瑞・路卡斯（Jeffrey Lucas）卻因此偶然發現鳥類聽力不為人知的一面。他和同事將電極貼在六種北美鳥兒的頭皮上，記錄牠們的聽覺神經細胞對不同聲響的反應。[55] 這是聽覺誘發電位檢查（auditory evoked potential test），是種醫生用來檢查病人聽力的簡單測試，生物學家則是用其來辨別動物能聽見什麼聲音。至於路卡斯則是用這項檢查來探討歌聲複雜的鳥種與曲調簡單的鳥種之間，聽力構成是否不同。與其說在計畫之中，不如說是意外使然，路卡斯剛好將這些鳥分為兩批進行測試——第一批在冬天測試，第二批則是等到春天才進行。就在比較不同時間點記錄的結果時，他發現結果相當不同。路卡斯這才發現，鳥類的聽力會隨著季節改變。

鳥類的聽力會變化，是動物天生的權衡能力產生的結果。假設我播放兩種音頻給各位聽——其一是一千赫茲的音頻，其二是一千零五十赫茲的音頻。這兩個音頻的差異聽起來大約就是鋼琴高音部兩個相鄰琴鍵的音差，要分辨應該很容易；但如果我只播放這兩個音當中十毫秒的片段，兩者便會變得難以區別。為什麼呢？因為在如此短暫的時間裡，這兩個音都只振盪了十次，因此聽起來都一樣；然而倘若我把這個片段拉長到一百毫秒，這兩個音就會分別振盪一百次與一百零五次，於是聽起來就不一樣了。正因如此，假如動物的神經細胞整合較長時間的聲音訊息，就更能分辨相似音頻間的差異。然而這麼一來，動物卻也會變得對同樣時間內音頻快速改變的細節**不如以往**敏銳靈敏。我們在視覺的章節中，也看到了類似的權衡舉措：眼睛可以有超群的空間解析度或是優異的偵測光線之敏感度，但無法兩者兼具；同樣地，耳朵可以有超群的**時間解析度**（temporal resolution）㉑或是優異的音頻敏感度（pitch sensitivity），但同樣無法魚與熊掌兼得。[56]路卡斯告訴我：「負責處理快速聲音的聽覺系統，與負責處理音頻的聽覺系統截然不同。」他也發現，鳥類可不滿足於兩者擇一就好，牠們還能夠視當下需求在這兩種出色的能力之間切換。

卡羅萊納山雀（學名為*Poecile carolinensis*）——這是一種生性好奇的小型鳴禽，為美國東部鳥類的亮點之一。牠們的叫聲正是其正字標記，聽起來就像在說著chick－a－dee－dee，而牠們叫聲的音頻與音量也和斑胸草雀的歌聲一樣會快速變換。一年到頭都能聽到卡羅萊納山雀的歌聲，而秋天正是這當中格外重要的季節，入秋之後，具社會性的山雀會聚在一起形成巨大鳥群。在那樣的情況下，卡羅萊納山雀得細膩分析藏在同類叫聲精細結構裡的所有訊息，因此牠們得盡可能提升聽覺處理訊息的速度——而牠們也確實做到了。路卡斯發現，到了秋天，卡羅萊納山雀的聽覺時間解析度就會上升，音頻的敏感度則會下降。[57]直到春天到來，一切變了。雄鳥與雌鳥開始成雙成對地各自建立地盤、繁衍後代，鳥群因此漸漸四散。為了吸引配偶，雄性山雀開始發出求偶的叫聲，這種叫聲的結構比牠一整年當中其他季節的叫聲都來得簡單；只以四個音組成——fee－bee－fee－bay——而且每一個音都接近純音。越能唱出一致音頻的雄山雀，對雌性山雀來說越具吸引力，牠們是否能一直準確維持fee－bee這兩個音之間的音頻升降，更是吸引配偶的關鍵。此時的山雀得盡可能敏銳、準確地聽出自己歌聲中的音頻——牠們也確實辦到了。秋天時，聽覺的速度處理能力是一切的關鍵，然而到了春天，音準更重要。

㉑譯註：即第二章以埃及穢蠅等昆蟲為例，用來描述超高速的感官處理的能力，例如埃及穢蠅只需六至九毫秒就能從接受光線刺激到做出行為反應。此處則指聽覺上的高速處理能力。

白胸鳾（讀音同「師」，學名為*Sitta carolinensis*）的聽覺能力則正好相反。[58]牠們的求偶叫聲是帶著鼻音、節奏快速的wha－wha－wha，其中的精細結構包含音量的快速變化。因此牠們與卡羅萊納山雀不同，繁殖季到來時，白胸鳾的聽覺速度（時間解析度）會**變快**，對音頻則沒那麼敏感。這兩種鳥都會隨著季節徹底調整自己的聽覺特性，好能處理當下最重要的訊息；牠們的歌聲與需求都隨著季節遞嬗而變化，因此牠們的耳朵也得相應轉變。

這些變化是因性賀爾蒙（如雌激素）而產生，也因此能夠直接影響鳴禽耳朵裡的毛細胞。這或許就解釋了為何某些鳥類的雄性與雌性也會產生不同的變化。[59]路卡斯與同事梅根．戈爾（Megan Gall）發現，雌性家麻雀（學名為*Passer domesticus*）和卡羅萊納山雀一樣，會隨著季節改變聽力特質的模式。春天時處理音頻的能力取代了聽覺處理速度的重要性，因此會隨之提升。[60]然而雄性家麻雀的聽力卻是一整年都一樣。這麼說來，羅伯特．杜林發現人類耳裡的鳥叫聲與鳥類聽到的並不一樣，而路卡斯則發現鳥類**聽見自己叫聲**的方式也會隨著其性別與季節改變。秋天時，所有家麻雀的聽覺都一樣，然而到了春天，同樣的音頻在雄性與雌性個體耳裡聽起來卻截然不同。牠們的環境界隨著一整年的季節交替時而相似，時而相異。

這些季節性循環影響的不僅僅是動物對於美的定義而已。正如我們在貓頭鷹與奧米亞棕蠅身上所見，動物會藉由聲音抵達雙耳的時間差推算聲音來源。一旦耳朵探測微小時間差的能力減弱，動物以聲音推斷方位的能力就會變差。因此春天以後，雌性家麻雀的聽覺處理速度變慢，牠以聲音建構出的**世界輪廓**也變得更模糊一些。

二〇〇二年，路卡斯發現了這季節性循環，他著實嚇了一跳。其他科學家一開始則是根本不相信他的研究成果，當時大家都認為聽力是一種穩定不變的感官。某些物種或許會因為年紀增長而聽力退化——很可惜人類就是其中之一——但沒人相信聽力竟會隨著像季節這樣短暫的時間而改變。[61]但正如科學家一再發現的證據顯示，動物感官確實會因應其環境產生變化，變得能夠從中獲取任何有用的訊息，而這些與動物生命息息相關的訊息也會隨之改變。㉒對北美的鳥類來說，春天通常就代表著繁衍後代的時機到來；空氣中飄散著各式各樣在其他時間都聽不見的求偶鳴唱聲，這時，鳥兒們就得豎起耳朵仔細分辨了。至於秋天則帶來了疏闊的林相，樹枝都光禿禿的，小小的鳥兒也因此更容易被掠食者發現，所以牠們必須能夠靠聽覺找出危險迫近的方位，這也就與聽覺能力的速度密不可分。此時，這方面的聽覺能力才是存亡關鍵。大自然隨時都在改變，因此生活於其中的動物的環境界也就不可能永遠不變。

鳥類的歌聲是人類輕易就能領略到的動物之美，不像螳螂蝦的圓偏振光與角蟬的振動歌聲那樣還得耗費一番工夫才能親近。我們在生活中能聽見各式各樣的鳥聲啁啾，不管是卡羅萊納山雀的 fee–bee–fee–bay，還是白胸鳾的 wha–wha–wha，都能清晰地聲聲入耳，我們甚至還能將其轉錄下來。然而人類卻依然無法像這些歌聲的目標聽眾一樣，領略其中蘊藏的訊息。對我們來說，不管一月或三月，山雀的歌聲聽起來都一樣，然而對於山雀本身來說，卻全然不是如此。僅僅以人類雙耳就能聽得見的聲音之中，就已存在了這麼多神祕的謎團，在我們聽不見的聲音裡，又蘊藏著多少奧祕？

一九六〇年代，緊接在深具開創性的倉鴞研究之後，羅傑．佩恩將注意力轉到鯨魚身上。[64]一九七一年，

㉒ 雄性斑光蟾魚（plainfin midshipman，學名為 *Porichthys notatus*）以又長又低沉的嗡嗡聲響來吸引異性，一旦到了繁殖季，母魚的耳朵對於這種聲音頻率的敏感度就會變得比平常好上幾倍。[62]至於綠樹蛙，在連續兩週仔細聆聽同類的大合唱以後，牠們的聽覺就會轉而變得對同種的蛙鳴更加敏感。[63]

他發表兩篇歷史性的論文。其一的立論基礎是佩恩與其妻凱蒂・佩恩所做的錄音分析，首次揭開大翅鯨（學名為*Megaptera novaeangliae*）會在海底吟唱美妙旋律的奧祕。[65]這項發現引起了接下來數十年的研究風潮，使鯨魚的歌聲成為一種文化浪潮，更促使鯨魚歌聲專輯熱賣，為拯救鯨魚的保育運動添了一把興旺的柴火。而另一篇論文則是發現長須鯨（學名為*Balaenoptera physalus*）——也就是僅排在藍鯨之後，體型第二大的動物——會發出頻率極為低沉的鳴聲，並且能夠傳遍整個海洋。[66]然而這篇論文卻差點毀了佩恩的研究生涯。

這項充滿爭議的論文發表於冷戰期間；為了監聽蘇維埃政府派出的潛水艇，美國海軍在太平洋與大西洋都設置一連串水下監聽設備。這個監聽網絡名為音波監聽系統（Sound Surveillance System），簡稱SOSUS，負責接收海底各式各樣、五花八門的聲響。有些聲音顯然是海底生物的叫聲，另外還有一些神祕的聲音。其中令人格外難以理解的，是一種單調、重複、低沉，一直維持在二十赫茲的聲音——比鋼琴琴鍵的最低音還低上八度音。[㉓]這股低沉的聲音音量如此之大，令人懷疑是否真的可能源自某種動物。還是這其實是軍事設備發出的聲音？抑或是海底地殼活動所發出的聲響？又是否可能是海浪拍打到遠方海岸的拍擊聲？直到海軍的科學家開始追蹤聲音源頭，才搞清楚這些其實大多是來自於長須鯨的聲音。[67]

人類所能聽見的最低音頻差不多就在二十赫茲左右，要是再低，就成為我們所認知的次音波（infrasound）；除非將次音波以極大音量播放，否則人類根本聽不見。[68]次音波能夠傳遞的距離超乎你我想像地遠，在水中則尤為如此。[㉔]佩恩知道長須鯨也能發出次音波，經過計算，他發現長須鯨的叫聲傳遞距離竟然可達驚人的兩萬一千公里左右。[69]這樣的距離甚至超越世界上所有海洋的寬度，於是佩恩與海洋學家道格拉斯・韋伯（Douglas Webb）合作發表了他的計算結果，並推測世界上體型最大的鯨魚「或許能夠在巨大的海洋之中，以微弱的聲音彼此聯繫。」然而此一推論卻面臨許多殘酷的批評。鯨魚研究學界的領導者告訴他，這份論文純粹就只是幻想而已。佩恩的同事也暗示，如今已經有些人在背後批評、質疑他的精神狀態是不是出了問題。佩恩說：「假如你走在太前面，大家就會拒絕相信你的發現。」

不過克里斯・克拉克（Chris Clark）倒是對佩恩的研究展現了相當正面的態度。克拉克是一位聲學家（acoustician），過去還參加過唱詩班，羅傑和凱蒂・佩恩找了克拉克擔任音訊工程師，和夫妻倆一起在一九七二年啟程前往阿根廷研究南露脊鯨（學名為*Eubalaena australis*）。那是一段令人興奮的旅程，那段時期，他們的研究漸漸成形。他們在南十字星下的海灘上紮營，看見企鵝呆呆傻傻走著，海鷗從頭上呼嘯飛過，克拉克開始潛心研究鯨魚發出的聲音。他將水下麥克風放進海裡，開始聆聽鯨魚的歌聲，並且將這些錄音與歌聲的主人一一配對。他蒐集了一大堆鯨魚歌聲，他的足跡也遍布由阿根廷至北極的各處海域。與此同時，佩恩那份關於鯨魚叫聲能傳透海洋的研究推論，在他心頭縈繞不去。

一九九〇年代，冷戰終於結束，蘇維埃政府在海中布下的潛水艇威脅也隨之消散，於是海軍提供克拉克與其他專家機會，讓他們透過SOSUS的水下麥克風觀測、記錄大海裡的各種聲音。透過聲音頻譜——也就是SOSUS系統將接收到的聲音轉換為視覺圖像——克拉克無庸置疑地看到了藍鯨正在歌唱的跡象。[70] 光是第一天克拉克就發現，單一個SOSUS感測器所記錄下的藍鯨叫聲比過去所有科學文獻所記載的加起來還要多。[71] 大海中充斥著鯨魚的歌聲，而這些聲音則來自無比遙遠的彼方。克拉克估算，記錄下他聽見的那股歌聲的感測器，距離聲音的主人有兩千四百公里之遠。藉由位於百慕達的水下麥克風，他竟能夠聽見遠在愛爾蘭的鯨

㉓ 聽力其實並沒有聽得見與聽不見的明確分界；假若是以固定音量播放，有些聲音就會變得難以聽見。以人類來說，假如將次音波以足夠大的音量播放，人類的雙耳就能聽見這些本來低於其耳朵所能接收頻率之下的聲音。

㉔ 人類在第二次世界大戰時大肆運用次音波的這項特質，當時的戰機上都裝設了引爆裝置，一旦飛機沉入海裡就會引爆；於是海底的監聽設備就能夠探測出飛機殘骸的沉沒地點，搜救團隊也就能前往準確位置搜救。

魚歌聲。於是他說：「當時我心想：『羅傑的想法沒錯。』我們實際上真的可以探測到橫跨整個海洋盆地的鯨魚歌聲。」對於海軍的分析專家來說，這些聲音就是他們每天工作都會遇到的正常現象，而這些聲音與工作內容無關，所以根本不會被標記在聲音頻譜上，也因此就被忽略了。然而對克拉克來說，這卻是令他茅塞頓開的驚人發現。

雖然藍鯨與長須鯨的歌聲能夠跨洋越海，卻沒人知道鯨魚是否真的會在如此遙遠的距離下互相溝通；畢竟牠們很有可能只是在用極大的音量對附近的同類示意，只是音波剛好傳到了很遠的地方去而已。不過克拉克又指出，鯨魚會一次又一次地不斷重複同樣的音頻，甚至也會精準維持音與音之間的間隔長度。鯨魚會在浮出水面呼吸時停止歌唱，回到水中繼續歌唱卻也會落在剛剛好的拍子上。他說：「所以牠們唱歌並不是隨興而至的舉動。」這種現象令他想起了火星探測車為了傳送資料回地球所發出的那種重複的連續訊號。假如人類想設計出**能夠**跨越海洋進行溝通的訊號，大概也會想出類似藍鯨歌聲的形式吧。

鯨魚歌聲或許也有其他用途。牠們發出的每個音都能持續好幾秒，而其波長更是好比足球場的寬度。克拉克曾問過他在海軍的朋友，假如他有發出這種聲音的能力，可以拿來幹嘛？「那我就能摸透整個海洋。」他的朋友如此回答道。這話的意思是，他能夠藉此刻畫出深海的地景，透過傳至遠方的次音波回音，他就能辨識出海底山稜與海床的位置。地球物理學家也肯定能運用長須鯨的歌聲來了解各處的地殼密度。[72] 那麼，鯨魚到底用這種聲音來做什麼呢？

克拉克從鯨魚的動作中看出了答案；透過SOSUS，他發現藍鯨出現在冰島與格陵蘭之間的極地水域中，一路蜂擁直奔——還是該說是鯨擁？——熱帶地區的百慕達，旅途中一路歌唱。他也看過鯨魚在深海的群山間左彎右拐，在幾百英里間的深海地景之中蜿蜒前進。「看到這些動物的移動方式，就會感覺牠們大腦裡似乎有著以音波構成的海洋地圖。」他如此說道。他也猜測，鯨魚在長長的一輩子裡，會不斷累積大腦中的聲音記憶，隨之擴增儲存在大腦裡的海洋地圖。[73]克拉克也還記得，曾有位資深海軍聲納專家告訴他，大海裡每個地方都有它專屬的聲音。克拉克告訴我：「他們說：『讓我戴上耳機，我不用看就能直接告訴你現在位於拉布拉多還是比斯開灣的海域。』而我就想，假如人類累積了三十年的經驗就能做到這個地步，何況是演化了一千萬年的動物呢？」

不過關於鯨魚聽力的尺度，還是有令人費解之處。鯨魚的叫聲確實可以傳遞到很遠的地方，但卻也很花時間；在海裡，音波一分鐘只能傳五十英里（約八十公里）遠，因此假設一隻鯨魚聽見另一隻鯨魚在一千五百英里（約二四一四公里）之外發出的叫聲，這隻鯨魚得在半小時以後才能聽見對方的歌聲，就像天文學家觀測到的星光其實是恆星在很久很久以前散發出的光芒一樣。假如某隻鯨魚想探測五百英里（約八百零四公里）之外那座山的位置，牠得等上十分鐘才能接收到自己叫聲的回音，這感覺起來似乎有點荒謬。[74]然而各位想想，藍鯨在水面上的心跳一分鐘約為三十下，潛入水下後卻會下降至一分鐘只跳三次。這麼一想，鯨魚生命中的時間尺度想來一定與人類相當不同吧。倘若斑胸草雀能夠在單一個音裡就聽見以毫秒為單位的美麗音頻，也許藍鯨分辨同樣潛藏在聲音中的祕密訊號的時間尺度則是分或秒。㉕若要想像鯨魚的生活樣貌，「你得發揮想像力，以完全不同的次元思考。」克拉克對我說道。他認為這兩種體驗的差異應該就像先用玩具望遠鏡注視夜空，再改用美國太空總署架設在太空的哈伯太空望遠鏡一覽星羅棋布的壯麗星辰。一想到鯨魚，他的世界彷彿就變大了，不管是空間還是時間的尺度，都更加遼闊。

㉕ 皮克斯的《海底總動員》（*Finding Nemo*）裡有個好笑的橋段，主角之一的多莉在試著對鯨魚說話時，把音量放大、語速放緩地說著本來要說的內容；和克拉克聊過以後，我想這一幕實在是意外地切合事實。

不過鯨魚的體形也不是一直都這麼巨大。鯨魚是從有蹄、像鹿一般的小型動物演化而來，花了大約五千萬年的時間才變成今天這個樣子。而這些古老的遠祖動物或許也只具備一般哺乳類動物的聽覺[75]，然而自從開始適應水中生活以後，其中一個族群——會濾食的鬚鯨類（分類名稱為鬚鯨小目Mysticeti）動物，包括藍鯨、長須鯨、大翅鯨——牠們的聽力都轉而開始專門接收低沉的次音波音頻。與此同時，這些動物的體型也慢慢變大，成為地球上有史以來最巨大的生物。這一連串的改變或許也彼此息息相關；鬚鯨類演化出了一種獨特的進食方式，才有辦法長成如此巨大的體型，這種進食方式也使得牠們能夠以微小的甲殼類動物——磷蝦為主食維生。[76]藍鯨會一邊張著牠巨大的嘴巴，一邊朝著巨大的磷蝦群加速前進，一口吞下體積和牠身體一樣龐大的海水㉖，就能在一次吞食攝取到近五十萬卡路里的熱量。不過這種進食方式也有其代價；磷蝦並不是平均分布在廣大的海洋各處，因此藍鯨若想維持牠巨大身體的熱量所需，就得長途跋涉地四處尋找磷蝦群。不過這個迫使牠們四處奔波、辛苦覓食的巨大身軀，也令牠們具備了這些征途需要的條件——也就是能夠發出並接收比其他動物更低沉、音量更大、傳得更遠的聲音。

當初在一九七一年時，羅傑・佩恩推測覓食中的鯨魚會運用這些聲音遠距與同類聯繫。假如牠們只會選擇在有食物時發出叫聲時呼朋引伴，肚子空空時則保持沉默，鯨魚們就會因為聽到同類的叫聲而聚集起來細細搜索海洋盆地各處的食物，然後聚集到其中一隻鯨魚找到的食物豐饒區覓食。佩恩認為，鯨群很可能是由分散在廣闊海域各處的個體所構成，牠們彼此之間以聲音聯繫。因此，看起來獨自悠遊在海底的鯨魚，很有可能其實是群體的一員。佩恩的伴侶凱蒂後來也發現，陸地上體型最巨大的動物，可能也是以這樣的方式運用次音波溝通。

一九八四年五月，與羅傑・佩恩攜手研究大翅鯨歌聲的十六年以後，凱蒂・佩恩在奧勒岡波特蘭市的華盛頓公園動物園裡遇見了幾隻亞洲象。[77]當時她正在尋找下一個研究對象，而大象這種動物既聰明又具社會性，似乎是很好的目標。凱蒂・佩恩觀察亞洲象時，她的身體時不時會感受到一股深沉的振動。「那種感覺就像雷聲，但實際上根本沒打雷。」[78]她後來在自己的回憶錄《大地寂雷：大象的聲音世界》（*Silent Thunder*）中寫道：「四周什麼巨響也沒有，只有振動，其他什麼也沒有。」這種感受令她回憶起了少年時期在教堂唱詩班的回憶，當時管風琴奏出的最低音令她的身體振動。佩恩於是想，大象會令她產生像當初管風琴引起的感受，也許是因為大象也發出了人類聽不見的低沉音頻。也許大象之間也會用次音波溝通，就像某些鯨魚一樣。

佩恩在十月份和兩位同事一起回到動物園，他們這次帶上了錄音設備。設備不分晝夜地運轉，持續記錄這些動物的行為。不過一直到感恩節前夕，佩恩才開始檢視錄製下來的檔案，而她一開始聽到的，就是一次特別具意義的事件。兩隻大象——象群的女族長蘿斯（Rosy），以及公象童加（Tunga）——隔著一道水泥牆面對面站著，此時佩恩又感受到了那股寂雷。當下，兩隻大象似乎都沒發出任何聲音；然而佩恩一將這兩隻大象與彼此碰面的錄音快轉，並且將音頻提高三個音階以後，她就聽見了像是牛哞叫的聲音。[79]蘿斯與童加跨越了彼此之間的水泥牆障礙，其實正在熱絡地交談著，周遭的人類卻一無所知。當晚，佩恩夢到了一群大象，象群的女族長對她說：「我們讓妳知道這個祕密，並不是想讓妳對其他人類大肆宣揚。」佩恩認為這句話並不代表大象希望她保密，那反而是一份邀請：「**我們讓你一窺其中奧祕，不是為了使你出名，而是為了令你有更了解我們的機會。**」

㉖審註：請想像一下，這些大型鬚鯨有辦法在六秒內吞下相當於六十個水塔的海水量，約六十公噸。

佩恩在一九八四年發表了她的研究成果，在肯亞安博賽利國家公園研究非洲象的喬伊斯·普爾（Joyce Poole）、辛西雅·莫斯（Cynthia Moss）都非常認同佩恩的研究成果。她們兩位都注意到，大象家族會成群結隊地一次往某個方向連續移動好幾週，在這期間象群中的每個個體有可能距離彼此好幾公里遠。然而到了傍晚，這些大象則會在同一時間到同一個水窪碰頭，其各自卻都來自不同的方向。即便是在空氣中，次音波也能傳遞相當遙遠的距離，因此倘若大象真是仰賴次音波溝通，這就能夠解釋為何牠們在橫跨草原的遙遠距離下依然能夠有同步的行為。普爾及莫斯邀請佩恩加入她們的研究團隊，佩恩點頭答應了，而就在一九八六年，這個研究團隊發現，非洲象運用次音波的方式就和牠們住在亞洲的同類一樣——在你想像得到的任何層面都相同。[80]牠們有用來在接觸彼此時辨識對方身份的低鳴聲，也有分開一陣子重新團聚用來打招呼的低鳴聲，公象發情時更是會發出鳴叫聲，而母象也會以不同的聲音做出回應，有可能在告訴公象「來吧」，當然也可能是在告知公象「我剛交配過」。在近距離之下，這種低鳴聲裡通常都有人耳可以聽見的音頻，然而其中也有些聲音只能靠研究團隊將錄音快轉或視覺化以後，人類才感受得到。[81]

這些次音波低鳴聲都得靠空氣傳播，因此與我們在上一章所提及由凱特琳·奧康奈爾至晚近才發現的表面波訊號並不完全相同。不過同樣的是，這兩種訊號人類都接收不到，而大象則能在遠距離下感知到兩者。大象低鳴聲低頻的部分大約介於十四至三十五赫茲之間——大約就和巨大鯨魚發出的音頻差不多。不過這種低鳴聲在空氣中傳遞的距離沒有在水中來得遠，而且依天氣狀況不同傳遞距離也會有差異。氣溫越低、空氣越清新、氣流越穩定，聲音就傳得越遠。在大中午的炎熱溫度下，大象的聽力範圍會下降。不過只要太陽下山過後幾個小時，這個範圍就會翻為十倍[82]，理論上，大象這時候能在好幾公里之外聽見另一隻大象的聲音。㉗「但我們確實不知道這些動物到底在多遠之外也還能聽見彼此的聲音，也不知道牠們用心側耳傾聽的到底是哪些聲音。」佩恩說道。「這是個好問題，但如今還沒人能給出解答。」

我們對鯨魚的了解也是局限於此。羅傑・佩恩、克里斯・克拉克以及其他人所提出關於鯨魚聽覺能力的各種理論，依然都還只是根據鯨魚行為的微小片段，並結合自身所學的一切知識所做出的推測。然而若想以世界上最大，或是有史以來最巨大卻已絕跡的動物為研究對象，難免會在採集資料上碰到困難，想要實際對牠們做實驗，更是難如登天。不過科學家研究的如果是鳥類則就另當別論了，實驗人員可以輕輕鬆鬆地將鳥兒養在籠子裡進行實驗，而鳥類的叫聲至今也早已經過科學界上百年的研究。然而還是直到二〇〇二年，羅伯特・杜林才發現有些種類的鳥類會捨棄人類能夠聽到的聲音特質，轉而將注意力放在鳥叫聲的時間精細結構上。假如連了解鳥類的環境界都如此困難了，也難怪科學家幾乎無法了解巨大的鯨魚從彼此的鳴叫聲中，到底聽見了什麼。那是牠們求偶時展現自我的叫聲嗎？還是在捍衛地盤？或者有可能是在告訴同類準備吃飯了？還是為了確認彼此身分在打招呼呢？至今沒人知道。就算你能找來一隻藍鯨，並且播放藍鯨叫聲的錄音給牠聽，你也根本無法預料牠會展現什麼行為。

至今沒人確知鬚鯨類種類的聽力範圍。要是想運用聽覺誘發電位檢查，研究人員就得播放錄音給實驗的動物聽，並且透過貼在動物頭皮上的電極蒐集牠們的大腦神經電波反應，可想而知，大海中優游自在的藍鯨並不適用於這種研究方式。研究人員確實一直在想辦法為擱淺或靠人工圈養的小型鯨豚做聽覺誘發電位檢查，然而以鬚鯨來說，牠們擱淺的機率不高，更別說是被人類關起來飼養了。因此，為了取代直接測量的研究方式，像達琳・凱騰（Darlene Ketten）這樣的科學家就想辦法以醫學儀器掃描分析這些小型鯨豚的耳朵，

㉗ 這是其他陸地生物也會面臨的體驗，因此鳴禽在清晨歌唱，而狼嚎總是在夜裡出現。夜幕降臨，同時也會擴大掠食者接收獵物叫聲的聽力範圍，這或許就是大象最常在接近傍晚時鳴叫的原因；在這個時間點，聲音傳遞得夠遠，而獅子也仍在酣睡。

希望藉此推估出巨型鯨魚的聽力。凱騰的研究結果明確顯示，鬚鯨科的大型鯨魚能夠聽見自己發出的次音波音頻[83]，然而其中緣由與運作機制到底為何，則又是另一回事了。

話雖如此，但佩恩與克拉克提出的理論依然有其不足之處。例如，藍鯨當中只有雄性藍鯨會以次音波歌唱，因此，倘若牠們真的是靠叫聲在海中巡航或彼此溝通，那雌性藍鯨該怎麼辦呢？除此之外，這項理論也有比例上的問題。二十赫茲的聲波波長為七十五公尺，這也就表示，此聲波兩個波峰之間的距離，已是體型最長的藍鯨或長須鯨體長的兩至三倍。因此這些與其他動物相較之下體型已無比巨大的動物，也會遇到和微小的奧米亞棕蠅相同的問題：牠們雙耳會聽到一模一樣的聲音，因此不太可能藉此追蹤聲源。[84]「說起來或許令人不可置信，但瞧瞧那些奧米亞棕蠅吧！」克拉克如此說道。「我這個人既不相信靈魂的存在，也不相信星座，但我絕對不會低估演化的力量。我曾在學術會議上提出這些他人口中荒唐的理論，而且我又根本無法提出確切證據，因此遭到大肆批評與撻伐，但我還是寧願繼續保持開放的心胸，而且我也會永遠努力以動物的角度看待世界。」

大象與鯨魚能夠發出低於人類聽力範圍的叫聲，而也有些物種的叫聲音頻是高於人類的聽力範圍。一八七七年的冬天，約瑟・賽德博杉（Joseph Sidebotham）住在法國門頓（Menton）的旅館裡，當時陽台傳來了像是金絲雀發出的聲音，不過他很快就發現，這其實是老鼠的叫聲。[85]他拿餅乾餵了這隻老鼠，而老鼠則是在壁爐邊唱了好幾小時的歌以做為回報，那曲調完全比得上任何鳥兒唱出的美麗吟哦。不過賽德博杉的兒子認為，老鼠歌聲的頻率應該非常高，超過人類耳朵能夠聽見的音頻範圍；賽德博杉則不認同，他在《自然》（*Nature*）期刊中提及：「我寧願相信那是老鼠在對我唱歌做為回報，這是極其罕見的寶貴事件。」

不過他確實錯了。經過了大約一世紀後，科學家發現不管是大鼠、小鼠或是其他各種囓齒類動物，確實會發出形形色色的「超音波」（ultrasound）叫聲。這些叫聲的頻率太高，人耳根本無法聽見。[86]囓齒類動物會在嬉戲或交配、感到壓力或覺得寒冷、發動攻擊或屈於弱勢時等各種情況發出超高頻的叫聲。離開巢穴的幼鼠也會發出「被孤立的」超高頻呼叫，藉此呼喚鼠媽媽出現。[87]人類如果搔老鼠的癢，牠們也會以超音波發出唧唧的叫聲，這就類似於人類的笑聲。[88]至於理查森地松鼠（學名為*Urocitellus richardsonii*）則會在察覺掠食者出現時（或是科學家反覆丟擲用來模擬掠食者的淺棕色紳士帽），發出超音波的警告叫聲。[89]雄鼠如果聞到雌鼠身上的賀爾蒙氣味，也會發出超音波歌聲，其中夾雜著獨特的音節與樂句，就像鳥兒在歌唱一樣。[90]受到情歌吸引的雌鼠這時會也開始應和，與牠選中的伴侶一起以超音波來個二重唱。[91]囓齒類動物是全世界科學研究當中最普遍也被研究得最深入的哺乳類動物，而且自十七世紀以來，牠們就一直是常見的科學實驗對象。然而長久以來，囓齒類動物卻一直都在人類毫無察覺的情況下與彼此對話、交換資訊，這一切就在牠們周遭熙來攘往的研究人員與技術人員都渾然不覺的情況下發生。

不管是**次音波**還是**超音波**，其定義都是以人類為中心的說法，超音波指的則是頻率超過兩萬赫茲（也就是人耳所能接收音頻的平均上限）的音波。[92]這種音波從文字上看起來似乎很特別——「超」音波呢——但其實只是因為人類聽不到這些聲音，我們才以為它特別。然而，大多數的哺乳類動物其實都能聽到這個範圍的聲音，至於人類的祖先，很有可能也是其中之一。連與人類親緣最為相近的黑猩猩，能夠聽見的音頻範圍也達三萬赫茲；狗能聽到四萬五千赫茲，貓則是八萬五千赫茲，老鼠能聽到十萬赫茲，至於瓶鼻海豚，牠們可聽見高達十五萬赫茲的音頻。[93]對以上這些動物來說，所謂的超音波就只是另一種聲音而已。許多科學家都認為，超音波是動物用來溝通的祕密管道，為的就是防止其他動物偷聽——這種論調我們在前幾章談到紫外光時也出現過；只因為人類聽不見這些聲音，我們就認為那是一種「隱藏版」、「祕密一般」的溝通方式，然而其實有許多物種顯然聽得見超音波。

芮琪・海夫納（Rickye Heffner）與亨利・海夫納（Henry Heffner）對於為何大多數哺乳類動物都聽得見超音波有不同的解釋[94]：幫助動物辨識聲音來源。許多哺乳類動物就像倉鴞一樣，都會比較兩耳接收到的聲音來判斷聲源。然而動物兩耳之間的距離若越短，牠們就得靠波長更短的高音頻聲音才能順利比較出聲音來源。一般來說，哺乳類動物的頭越小，聽力的音頻範圍也就越高。動物聽力世界的邊界，早已被聲音接觸到頭骨所展現出的物理特性所界定。[28]

高頻的聲音或許更容易定位，但也因此產生了限制：其音波能量散失的速度極快。此外，高頻聲音也很容易受到障礙物（如葉子、草、樹枝）阻擋而散射或反射。這些特性的存在也就表示，動物的超音波叫聲能傳遞的距離不遠，藍鯨的歌聲或許可以跨越廣闊的海洋，然而老鼠的唧唧叫聲卻可能只有左鄰右舍聽得見。[96]也因為有這種距離限制，所以雖然有那麼多動物能聽見超音波，真正用它來溝通的哺乳類動物——囓齒類動物、齒鯨類（分類名稱為齒鯨小目Odontoceti）的成員、小型蝙蝠、家貓以及其他少數幾種動物——在自然界中卻相對稀少。說實在的，超音波消失的速度實在太快了。（這也是那些聲稱靠超音波驅蟲的裝置根本沒用的原因：其有效範圍實在太狹窄，因此實際效用不大。）[97]

然而倘若動物發出聲音的情況本來就是不想要引來太多聽眾，傳遞範圍小當然就有其好處。幼鼠在孤立無援時發出的叫聲，能夠在不驚動遠處掠食者的情況下，呼喚在附近的親代。在這種情況下，超音波就真的是動物的祕密溝通管道了，但並非因為它的頻率落在其他動物的聽力範圍外，而是因為這種聲音只能在近距離之下傳遞。不過令人懊惱的是，超音波傳遞的範圍如此局限，令科學家更難以研究了：人類根本聽不見這些聲音。就算我們聽得見，也無法如此近距離地傾聽動物發出的超音波。嚙齒類動物非常仰賴超音波與同類社交，端看我們連確認這一點都花了這麼久的時間就知道，在我們舉目所及的各種動物之間，這種溝通形式很可能其實數見不鮮。

有些動物會做出尖叫的動作，卻沒發出任何聲音，而科學家通常都是藉由這種行為發現牠們其實在用超音波相互溝通。這也就是瑪麗莎・拉姆希爾（Marissa Ramsier）觀察菲律賓眼鏡猴（學名為 *Carlito syrichta*）——一種大小跟拳頭差不多，有著碩大眼睛而長得很像小精靈的靈長類動物——所發現的現象。[98]眼鏡猴會把嘴巴張得大大的，卻完全沒發出聲音，直到拉姆希爾把眼鏡猴擺到超音波感測器前，才聽見這些眼鏡猴到底說了什麼。她發現眼鏡猴的叫聲音頻可達七萬赫茲——遠高於除了蝙蝠與鯨豚以外的各種哺乳類動物能聽見的超音波範圍。牠們到底在說什麼呢？除了同類的聲音以外，牠們又能聽見什麼呢？

相形之下，蜂鳥則顯得更神祕了。正如拉姆希爾面對眼鏡猴所體驗到的現象，許多人也觀察到蜂鳥會張開鳥喙、鼓脹胸口，卻沒有發出任何啼聲。北美的藍喉寶石蜂鳥（學名為 *Lampornis clemenciae*）細膩的歌聲中，有部分人類能夠聽見音頻，但其中也有超過三萬赫茲的部分——這已屬於超音波的範圍。[99]這項發現實在令人吃驚，因為早在二〇〇四年，卡洛琳・皮特（Carolyn Pytte）就已提出這種鳥類的聽力範圍不超過七千赫茲的理論；這麼說來，藍喉寶石蜂鳥確實能夠聽見自己歌聲中的低音部分，然而其餘占多數的高音頻聲音卻在其聽力範圍之外。另外還有許多其他種類的蜂鳥，如：黑蜂鳥（學名為 *Florisuga fusca*）以及紫長尾蜂鳥（學名為 *Aglaiocercus coelestis*）也會發出超過大部分鳥類聽力範圍的超音波歌聲，而牠們歌聲中人類能聽

㉘生活在地面下動物則是此規則的例外。牠們的聽力範圍比起科學家觀察其頭部大小後所預估的數值來得低上許多，這或許是因為生活在地面下的牠們不需要定位聲源的功能，轉而善加利用介質傳遞振動的表面波。[95]

見的部分，則聽起來像蟋蟀的叫聲。[100]厄瓜多山蜂鳥（學名為 *Oreotrochilus Chimborazo*）則更是驚人，牠們甚至能夠以超音波唱出一整個樂句。鳥類的聽力範圍最高值大約都落在一萬赫茲以內，所以這些蜂鳥要不是擁有與其他鳥類都不一樣的特殊耳朵，就是根本聽不見自己的歌聲。㉙假如後者為真，那蜂鳥究竟為何要以如此高頻的音頻唱歌呢？聲音的性質能夠決定其聽眾，這麼說來，蜂鳥歌唱的曲調既然根本不屬於牠們環境界的一部分，究竟誰才是牠的聽眾呢？

或許昆蟲才是牠們真正的聽眾？雖然大部分的昆蟲根本聽不見，但其中也有許多物種的聽覺器官能夠接收超音波。在大約十六萬種的飛蛾與蝴蝶當中，就有超過一半的物種有這樣感應超音波的能力。[102]大蠟蛾（學名為 *Galleria mellonella*）甚至能夠聽見接近三十萬赫茲的聲音——比任何動物聽力範圍的最高上限還要高上不少。[103]至於蜂鳥不僅會吃昆蟲，也以花蜜為食，因此牠們發出自己聽不見的超音波音頻，也許是為了找出昆蟲的行蹤。

不過既然大部分的昆蟲根本聽不到，到底為何其中一大部分卻演化出超音波聽覺呢？蜂鳥是相對近代才演化出來的生物，因此身為古老物種的昆蟲擁有超音波聽覺顯然不是為了防備蜂鳥。大部分昆蟲都不會發出聲音，因此應該也不是為了聽見彼此。㉚所以最有可能的答案是，昆蟲演化出能夠接收超高音頻的耳朵，是為了防備牠們從六千五百萬年前就開始出現的頭號天敵——蝙蝠。[105]蝙蝠演化出製造與聽見超音波音頻的能力，牠們也結合了這兩種特質，形成所有動物擁有的感官能力中，最獨特不凡的一種。㉛

㉙ 某種動物根本無法聽見自己的叫聲，這看似是個荒謬的想法，但這世上至少有一種動物能再明確不過地證明這種現象確實存在——來自巴西的斯氏短頭蟾（pumpkin toadlet，學名為*Brachycephalus ephippium*）。這種橘色的迷你青蛙聽不到自己的叫聲，卻依然故我地鳴叫，這也許是因為牠們鼓脹鳴囊的樣子能夠吸引到配偶。[101]審註：該物種與部分近緣種的內耳構造未發育完全，無法感應高頻的聲音。

㉚ 有些蛾會運用超音波傳遞求偶訊號。[104]雄蛾會跟隨雌蛾散發出的費洛蒙，停在雌蛾身邊以後便開始振動翅膀，藉此對雌蛾發送超音波訊號。這種訊號的聲音非常細微，幾乎就像在說悄悄話一樣小聲。而這些飛蛾正如同其他以超音波溝通的動物一樣，牠們的超音波音頻落在特定範圍內，因此只有停在附近的潛在配偶會聽見，至於那些在頭頂盤旋、準備覓食的蝙蝠則不會發現。不過與其他動物的求偶訊號不同的是（無論是不是超音波），雄蛾以振翅發聲求偶的方式並不是吸引異性，而是要模仿蝙蝠的叫聲，促使雌蛾以為有危險靠近而僵住身子、停在原地不動，雄蛾就能更輕易得手。

㉛ 多年來，上百本書籍與科學論文都聲稱是蝙蝠回音定位的能力促使飛蛾與其他昆蟲的耳朵演化出接收超音波的能力；然而就在我寫作本書時，我（以及整個科學界）都發現這個說法其實錯了。飛蛾的耳朵演化幾乎都發生在蝙蝠超音波的演化時間序之前，時間差距提前了約兩千八百萬年至四千兩百萬年之間。[106]直到蝙蝠的演化趕上牠們之後，飛蛾才會再進一步演化出更高頻率的超音波訊號。因此感官生物學家傑西・巴伯（Jesse Barber）對我說：「正因為這項發現我才知道，我發表過論文當中，幾乎所有緒論的敘述都錯了。」

第九章 來自寂靜世界的回應——回音

我面前有一扇厚重的門，門上有窗，而我看見窗的另一邊有隻戴著手套的手握著一團棕色的毛球，這坨棕色毛球有著長長的耳朵和長得像吉娃娃一樣的深色臉孔。牠是名為拉鍊（Zipper）①的雌性美洲大棕蝠（學名為*Eptesicus fuscus*）——今年會有七隻蝙蝠在博伊西州立大學一起度過夏天，牠們全由傑西．巴伯（Jesse Barber）照顧，拉鍊就是其中之一。美洲大棕蝠的體色想當然耳是棕色，體重大概跟一隻老鼠差不多重，只比其他體型更嬌小的蝙蝠大一些。美國各地的房屋閣樓其實都有大棕蝠的蹤影，不過因為牠們是生性安靜的夜行性動物，所以人們很少親眼看到牠們的身影，更遑論是在像我這樣的近距離之下觀察大棕蝠。到了黃昏，牠們開始追捕飛蛾與其他在夜間飛行的昆蟲，而拉鍊的名字就是由牠高超的飛行技巧而來。至於牠的室友有些是以食物命名，如：拉麵（Ramen）、酸黃瓜（Pickles）、馬鈴薯（Tater），也有些是根據牠們的個性取名，如：以鬼馬小精靈主角命名的卡斯珀（Casper）生性友善，有隻蝙蝠則因為很多話而以《吉屋出租》（*Rent*）裡的班尼（Benny）命名。到了十月，他們即將野放這些蝙蝠，讓牠們回到大自然依習性冬眠，不過在那之前，牠們會在這裡度過愜意的夏日時光，吃著美味多汁的麵包蟲，在籠子裡溫暖地互相依偎，時不時也可以出來「放風」。巴伯告訴我：「我們會放牠們出來運動，那種感覺就像養了十六隻狗一樣。」

透過窗戶，我看見拉鍊張開嘴露出長得驚人的牙齒。不過牠並不是準備攻擊，而只是在了解周遭環境。牠嘴裡會傳出一連串短促的超音波脈衝（ultrasonic pulse），藉由回音，牠就能感知周圍物體的位置——這就是一種生物性的聲納系統。[1]世界上只有少數動物有這種能力，其中又只有兩類動物類群將其發揮到極致：齒鯨（如海豚、虎鯨、抹香鯨）以及蝙蝠。眼下，拉鍊的聲納系統告訴牠面前有一道堅實的障礙物，牠卻又能看見我站在門後的龐大身影（與一般認知不同的是，蝙蝠其實並不瞎）。這個狀況對牠來說應該有些困惑，不過說實在的，拉鍊的聲納系統並不是演化來偵測窗戶的存在，而是用來幫助牠們在夜色降臨、視力受限的情況下捕捉小昆蟲。白天時，像鳥類這樣有著敏銳視力的掠食者能夠發揮視覺長處獵捕昆蟲[2]；夜色降臨後，這些昆蟲就都成了蝙蝠的獵物。我們很少親眼看見蝙蝠，因此很容易就會誤以為牠們是生態界中的次級掠食者，只能在入夜後以鳥兒白天沒抓完的昆蟲為食。然而事實正好相反，在某些雨林的環境中，蝙蝠獵食的昆蟲量是鳥類的兩倍。[3]後來研究人員帶著拉鍊到旁邊的空房間活動身體，就在他把飛蛾放出來以後，我就理解這是為什麼了。

一片漆黑的房間裡設置有三臺紅外線攝影機，置身於其中的研究人員什麼也看不到，只能聽見翅膀拍動的聲音。至於在外面的我們——巴伯、他的學生茱麗葉・魯賓（Juliette Rubin）還有我——則能透過紅外線攝影機的螢幕看見房間裡的所有動靜。我們在螢幕上看到的就是拉鍊的身影，黑暗對牠來說絲毫不是阻礙，牠流暢地破空而出，一隻接著一隻成功地獵捕飛蛾。至於在外面觀察的魯賓和巴伯，則像運動迷一樣興奮地為場內的選手加油。

魯賓：「牠有抓到嗎？可惜，只有稍微碰到而已。」

---

①譯註：此處蝙蝠名稱的原文為Zipper，由後文提及的高超飛行技巧判斷，此名應取自zipper merge maneuver，意指車輛在兩條車道上匯流的行車方式就如同拉鍊的鍊齒完美吻合一樣流暢，因此將其名譯為拉鍊。

巴伯：「來了來了……哦哦哦哦哦。」

魯賓：「牠碰到第二次了。第三次。快了，牠快抓到了，這隻蝙蝠太厲害了。」

巴伯：「我覺得飛蛾也很了不得。」

魯賓：「哦，抓到了！我就知道！」

研究人員透過對講機問道：「牠抓到了嗎？」

魯賓：「抓到了，牠超猛的。」

巴伯則對我說：「牠得花點時間消化那隻蛾。」

魯賓：「牠吃了兩隻美洲長尾水青蛾（學名為*Actias luna*）、好幾隻大蠟蛾，再加上一些麵包蟲。根本就像無底洞一樣。」

（於是他們讓拉鍊好好休息一下，接著把罌粟——也就是另一隻蝙蝠——帶進來，然後放出下一隻飛蛾。）

魯賓：「好戲上場囉。哦，厲害。哇！我的天啊。牠真的有夠……天啊，你有**看到**牠剛剛加速的動作嗎？」

這時所有人（包括我）都叫出聲來：「哇——！」

紅外線攝影機的螢幕只有粗糙的黑白畫面，不過從巴伯的筆電裡，我看了好幾支他用更好的攝影機拍的影片。從慢動作與高解析度的畫面裡，我看到一隻紅毛尾蝠（學名為*Lasiurus borealis*）連續後空翻兩圈，用尾巴包住飛蛾然後丟進嘴裡；一隻葉鼻蝠（美洲葉鼻蝠科Phyllostomidae）逮住另一隻飛蛾，鱗粉噴得到處都是；還有一隻蒼白洞蝠（學名為*Antrozous pallidus*）像龍一樣向下朝蠍子俯衝。這些蝙蝠狩獵起來都得心應手——這真是令人心曠神怡的畫面。不過魯賓說：「很多人一聽到我的研究內容就說：『妳怎麼有辦法研究那種東西啊？』在我看來，蝙蝠實在太厲害，牠們捕捉昆蟲的身影太迷人了，所以我忘了其實對大多數的人來說，蝙蝠是種噁心的動物。」蝙蝠實在受到太多誤解，更常常被拿來當作邪惡的象徵，牠們棲息的海拔高度與作息都與我們相差太大，因此對人類來說是相當有距離感的動物。巴伯補充道：「其實還有許多關於蝙蝠生態的基本知識依然是人類未知的領域。目前所知的程度就如身處深海一般，我們對於蝙蝠聲納系統的了解，比對牠們生活裡任何一個層面所知的都還要多。」

但其實有很長一段時間，我們連蝙蝠身上有聲納系統都不知道。一七九〇年代，身為神父兼生物學家的義大利人拉扎羅．斯帕蘭扎尼（Lazzaro Spallanzani）發現，在對於人類飼養的貓頭鷹來說太暗的空間裡，蝙蝠依然能夠正常飛行。[4]後來藉由一連串殘忍的實驗，他驗證蝙蝠就算失去視力也不會迷失方向，但如果牠們失去聽力或被塞住嘴巴，就會撞到旁邊的物體。然而斯帕蘭扎尼始終沒有完全搞清楚這種令人好奇的現象到底從何而來，他只記錄下：「蝙蝠的聽覺比視覺來得有用。至少以測量距離來說，牠們的耳朵比眼睛有用。」在當時有許多人嘲弄斯帕蘭扎尼的論點，其中一位哲學家甚至譏諷道：「既然蝙蝠會用耳朵來看，那牠們是不是會用眼睛聽？」

直到超過一世紀以後，才有位年輕又聰明的大學生——唐諾．格里芬（這是蝙蝠聲納系統的發現者之一，於序章時有提到這位學者）推斷出這些觀察結果的意義。[5][6]②格里芬花費許多時間研究遷徙的蝙蝠，驚

② 超過一世紀以來，學者們都聲稱蝙蝠在夜間飛行時是運用翅膀感知氣流來辨別方位。一九一二年，海勒姆．馬克沁（Hiram Maxim）（就是他發明了全自動機關槍）提出了不同的見解，蝙蝠拍動翅膀時會產生低頻音波，而他認為蝙蝠能夠感覺到這種音波的反射。一直到一九二〇年，生理學家漢米爾頓．哈特里奇（Hamilton Hartridge）才推論出蝙蝠其實是靠聆聽高頻音波的回音來辨認方位，而這正是格里芬後來耳聞的理論。

嘆牠們能夠在黑暗的洞穴中自由飛行、穿梭，而且還不會撞上鐘乳石的神奇能力。當時他耳聞蝙蝠似乎可以聆聽高頻音波的回音，然而這項假設還未經過驗證。他還認識一位當地的物理學家，對方發明一種能夠用來感測超音波的儀器，可以藉由這項儀器將超音波轉換為人類可以聽見的音頻。因此就在一九三八年，格里芬帶著一籠小小的大棕蝠出現在這位物理學家的辦公室門口，就在他把蝙蝠放到超音波感測器前方時，「擴音器傳出一陣混雜又刺耳的雜音，令我們又驚又喜。」[7]格里芬在他的經典著作《暗中傾聽》（*Listening in the Dark*）裡如此寫道。

一年後，格里芬和他的同學羅伯特・加蘭博斯（Robert Galambos）終於確認蝙蝠在飛行時會發出同樣的超音波，牠們的耳朵也確實能感知這種頻率。[8]蝙蝠正是結合兩種能力，才能在黑暗中順利閃躲障礙物。假如蝙蝠的嘴巴與耳朵功能一切正常，牠們就能毫不費力地穿越重重障礙（例如天花板垂下許多細線，就像迷宮一樣）。然而倘若堵上蝙蝠的耳朵或嘴巴，牠們就會失去飛行的意願，就算飛起來也很快就會撞到牆壁、家具，甚至是格里芬或加蘭博斯的身體。蝙蝠顯然是藉由接收自己叫聲的回音來辨認方位，然而還是有許多人認為這個理論太過荒誕不經。格里芬回想道：「有位優秀的生理學家在學術會議上聽到我們的理論，震驚到跑來一邊搖著鮑伯（也就是加蘭博斯）的肩膀一邊說：『你們不會是認真的吧！』」但這真的是他們認真實驗得出的研究成果。[9]一九四四年，格里芬將蝙蝠這種令人讚嘆的能力命名為——回音定位（echolocation）。③

連格里芬自己剛開始都低估了回音定位的能力，他以為那只是蝙蝠用來感知障礙物的警示系統。不過他在一九五一年改變觀點，當時他坐在伊薩卡（Ithaca）的池塘邊，那是他第一次錄製野生蝙蝠回音定位的聲音。[10]格里芬將麥克風指向空中，接收到的超音波叫聲多到令他讚嘆，而且這些聲音與他在密閉空間聽見的超音波也十分不同。蝙蝠在開放空間飛行時發出的超音波脈衝為時更長也更模糊不清。相反地，牠們在朝向昆蟲俯衝時，原本穩定的超音波聲響put－put－put的聲音會加快，變成短促又嗡嗡作響的頓音。藉由朝向蝙蝠面前使用彈弓發射出小石子，格里芬也發現，只要蝙蝠每次追捕空中的目標時，都會一邊加快發出超音波的節奏。這項實驗結果也為他帶來令人震驚的事實，回音定位其實不僅僅是蝙蝠用來避免撞擊的工具，更是蝙蝠狩獵的利器。[11]格里芬也因此寫道：「科學家的想像力實在太貧乏，我們根本完全沒想到，甚至也絲毫沒有猜測過（這種）可能性。」[12]

為了研究野生蝙蝠，格里芬每次去實地研究時都得載著一整車工具——包括麥克風、三腳架、拋物面反射器、無線電、焊接了汽車消音器的發電機、汽油桶以及六十公尺左右的延長線。後來隨著科技逐漸進步，回音定位的研究也越來越先進。然而在一九三八年的時空背景下，格里芬當時使用的超音波感測器是世界上獨一無二的設備（格里芬和加蘭博斯曾經不小心使這個儀器故障了一陣子，令他們又急又慌）。八十年後，我前往巴爾的摩拜訪欣蒂・摩斯（Cindy Moss）先進的實驗室，我數了數，光是兩間蝙蝠飛行室的牆上就有二十一具超音波麥克風，同時還有紅外線攝影機負責拍攝蝙蝠飛行的畫面，筆電上則以清晰的聲譜圖顯示蝙蝠發出的超音波，精準到研究人員能直接靠聲譜圖辨識當下是哪一隻蝙蝠在飛。某隻蝙蝠的聲譜可能有更多停頓點，而另一隻發出的超音波則可能比較低沉——就像蝙蝠中的男中音一樣。

有了這些設備，人類雙耳過去聽不見，因此根本想不到其存在的蝙蝠回音定位能力，如今竟成為各種感官中最容易觀察的一種。摩斯對我說：「我們如今依然不知道蝙蝠聽見的到底是什麼聲音，而這正是我們研究問題的核心。」我也認為這種兩難就像湯瑪士・內格爾在〈當一隻蝙蝠，是什麼感覺？〉一文中所提到的

③ 荷蘭科學家斯萬・迪吉葛拉夫（見第六章，關於魚類側線系統的發現）也做了類似研究；但當時德國占領荷蘭，科學界間的國際交流也因戰爭而受阻，因此迪吉葛拉夫根本不知道格里芬與加蘭博斯在做什麼研究，也根本無法接觸到超音波感測器。

哲學議題一樣——我們實在難以想像其他動物的意識經驗。

「確實。」摩斯答道，然而她又嘴角帶笑地補充道：「「然而我與他的不同之處在於，他真心以為我們永遠也無法真正了解蝙蝠，而我則不然。」

世界上有超過一千四百種蝙蝠，所有蝙蝠都會飛，其中大部分有回音定位的能力。④回音定位與前幾章提到的各種感官能力都不同，這是一種必須將能量釋放到環境中的感官能力。眼睛看、鼻子聞、觸鬚擺動、手指壓觸，這些器官都是在接收本來就已存在於大自然中的刺激；然而回音定位正好相反，蝙蝠必須自己產生可以供感覺器官接收的刺激。蝙蝠倘若不發出叫聲，就不會有回音。就像專門研究蝙蝠的科學家詹姆斯・西蒙斯（James Simmons）所說的，回音定位其實是一種哄騙環境使它們自我吐露的能力。蝙蝠喊：「馬可，」大自然就會忍不住回答：「波羅。」蝙蝠朝著大自然說話，原本寂靜的世界便回應牠。

這麼看來，回音定位的基本運作機制其實非常簡單。[14]蝙蝠的叫聲會因為周圍的各種物體散射或反射，蝙蝠則會感覺回音並解讀其意義。然而要想好好發揮回音定位能力，蝙蝠得先克服許多挑戰。我數了數，至少有十項挑戰。

首先，距離就是一大問題。蝙蝠的叫聲得足夠大聲，才能傳到目標物上，再回傳至蝙蝠耳朵裡。然而聲音的能量在空氣傳播的過程中會快速散失，高頻率的聲音尤為如此，因此回音定位只能在近距離下發揮作用。一般而言，蝙蝠能夠從大約五點四至八點二公尺以外的距離發現小型蛾的存在，至於體型較大的蛾類，蝙蝠則可以在大約十至十一點八公尺以外的距離察覺牠們在哪。[15]

所有超過這個範圍外的物體，蝙蝠完全感覺不到[16]，除非是像建築物或樹木這種巨大的物體。而且，即便是在蝙蝠回音定位探測的範圍內，位於探測範圍邊緣的物體對蝙蝠來說也會顯得相當模糊。導致這種現象的原因，是因為蝙蝠叫聲的能量其實是以錐狀的型式傳遞，從牠們的頭部向外展開，就像手電筒的光束一樣。[17]這種方式令牠們的聲音能夠在漸漸消散之前傳得更遠。⑤

音量也能夠幫助蝙蝠克服這項挑戰。安娜瑪莉・蘇雷克（Annemarie Surlykke）發現美國大棕蝠的聲納音量可達一百三十八分貝——就跟警報器或噴射機引擎發出的音量差不多。[19]至於歐洲寬耳蝠（學名為*Barbastella barbastellus*）又被稱為會說悄悄話的蝙蝠，照名字看起來，牠們應該很安靜才對，然而牠們會發出高達一百一十分貝的叫聲，相當於鏈鋸或電動吹葉機運作時產生的音量。[20]蝙蝠發出的聲納已經差不多是陸地生物所能發出的最高音量了，這麼說來，好險蝙蝠叫聲的頻率超過了人類聽力範圍；假如我們聽得見超

---

④ 回音定位的起源如今仍是未解之謎，畢竟科學家至今連蝙蝠本身的物種起源都還不太清楚。[13]蝙蝠的骨頭一般來說都又小又精細，所以能夠留下來供後世研究的化石非常稀少。至於現代蝙蝠儘管種類多元，其生理結構的相似之處還是大於差異，科學家也因此難以分析出不同蝙蝠類群之間的親緣性。正因如此，科學界關於蝙蝠究竟何時開始發展出回音定位、當時牠們究竟是否已經具有飛行能力、回音定位一開始到底是用來避開障礙還是獵食、回音定位能力究竟演變了幾次等各種議題的討論情況依然非常激烈。以傳統分類來說，蝙蝠的家族樹有兩個主要分支—其一是體型較小、能夠回音定位的類群（稱為小翼手亞目）；另一支則是體型較大且不會回音定位的果蝠（其中一個物種除外，稱為大翼手亞目）。但我們現在已經知道這種分類方式並不準確，較晚近的蝙蝠演化樹納入了遺傳資訊做為分類依據，因此有許多體型稍小的蝙蝠（包括蹄鼻蝠〔蹄鼻蝠科 Rhinolophidae〕及偽吸血蝠〔偽吸血蝠科 Megadermatidae〕）都被重新歸類至囊括狐蝠的分支底下。這在研究蝙蝠的學術界來說可是大新聞。假如這項新發現正確無誤，就代表回音定位要不是所有原始蝙蝠共有的能力，只是狐蝠與果蝠類群該能力後來慢慢消失，就是蝙蝠其實是在兩個獨立事件中分頭演化出了這樣的能力。審註：依據上述的新分類，大翼手與小翼手亞目已不適用，目前以陰蝠亞目（Yinpterochiroptera，包含傳統的大翼手亞目+豬鼻蝠科+鼠尾蝠科+偽吸血蝠科+蹄鼻蝠科和舊世界葉鼻蝠科）與陽蝠亞目（Yangochiroptera，剩餘的小翼手亞目物種）為蝙蝠兩大分支。

⑤ 美洲大棕蝠其實製造出的是岔狀的聲納，有兩道不同方向的聲波——一個指向正前方，另一個則指向下方。[18]大棕蝠或許是運用指向前方的聲納來感測昆蟲與障礙物的存在，朝下方的則負責感知其飛行高度。這種模式令人不禁聯想到猛禽具備兩個中央窩的敏銳雙眼，一個中央窩負責觀察水平方向，另一個則用來追蹤獵物的蹤影。

音波，肯定會因為拉鍊的聲納音量震耳欲聾而退避三舍，唐諾・格里芬也很可能因為可怕的噪音而忍不住逃離伊薩卡的池塘邊。

不過蝙蝠其實聽得見自己的叫聲，這就是第二項挑戰的根本原因：牠們得避免被自己發出的叫聲影響。蝙蝠發出叫聲時中耳的肌肉會跟著收縮，因此牠們每次發出叫聲時聽力就會下降，並在需要聆聽回音的時候及時恢復。[21]更細膩的是，蝙蝠能夠一邊靠近目標，一邊調整聽力的敏感度，因此無論回音的音量有多大，牠們都能以相同且平穩的音量來接收回音。這種能力名為聽覺的增益控制（gain control），蝙蝠因此可以穩定地接收來自目標的回音訊號。[22]

第三項挑戰則是速度。蝙蝠每一次接收到的回音裡都只包含當下那個瞬間的訊息，而蝙蝠飛行的速度又實在很快，因此牠們必須隨時不斷更新每個瞬間的回音訊號，才能順利辨認快速靠近的障礙物或全速奔逃的獵物方位。約翰・雷克理夫（John Ratcliffe）發現蝙蝠能夠以每秒高達兩百次的速度收縮用來發聲的肌肉——是哺乳類動物當中肌肉收縮速度最快的。[23]⑥不過，蝙蝠用來發聲的肌肉並非隨時都會這樣高速收縮；蝙蝠在每一次狩獵衝向目標的最後緊要關頭，一定得要能夠精準感知獵物的每一次閃躲與俯衝，所以牠們才會以這樣的超高速肌肉來盡可能產生大量的超音波脈衝。該種超音波稱為最終鳴聲（terminal buzz），格里芬當初在伊薩卡的池塘邊聽見的就是這種聲音。蝙蝠正是運用最終鳴聲盡可能敏銳地感知獵物的存在，這種聲音也同時預示了昆蟲難逃死劫的命運。

快速產生超音波脈衝雖然能夠解決第三種挑戰，卻也同時產生了第四種挑戰。要想運用回音定位，蝙蝠得將自己發出的每個叫聲與回音正確配對。假如蝙蝠非常快速地發聲，就很有可能使叫聲和回音重疊在一起，如此一來就變得難以分別而無法解讀出有用的訊息。為了避免上述情況，大多數蝙蝠的叫聲都很短促—

大棕蝠的叫聲長度僅維持數毫秒。牠們也會在每一次發出超音波之間留下足夠的間隔，直到接收到上一次的回音以後，下一聲才傳遞出去。因此，大棕蝠與目標物體之間的空氣中，要嘛是超音波叫聲，要嘛是其回音，兩者不會同時出現。蝙蝠控制叫聲的能力絕佳，即便是在發出快速的最終鳴聲時，牠們的叫聲仍不會與回音混淆、重疊。

接收到回音以後，蝙蝠就要開始解讀訊息了，而第五項挑戰也是目前為止最難解決的一種。請各位想像以下情況：一隻大棕蝠正在以回音定位一隻飛蛾，牠首先聽見自己發出的超音波，經過一小段時間的延遲後，回音又傳回牠的耳裏，這個延遲的時間長度就能讓蝙蝠判斷出昆蟲與自己的距離。詹姆斯・西蒙斯與欣蒂・摩斯也發現，蝙蝠的神經系統十分敏銳，因此能夠偵測到僅僅延遲百萬分之一或二秒的回音，轉換為距離的話，竟然精準到小於一毫米。[24]藉由聲納系統，蝙蝠的聽力超越了人類的敏銳視力，在判斷距離的精準度上完勝人類。⑦

回音定位能夠為蝙蝠帶來的資訊並不僅限於距離而已。飛蛾的身體有著複雜的形狀，無論是牠們的頭、身體還是翅膀，反射出的回音都會有細微的時間差。更複雜的是，美洲大棕蝠在狩獵時發出的超音波音頻橫跨將近一至兩個八度音的範圍，這些音頻從飛蛾的不同身體部位反射出的回音又各自有非常細微的差別，而蝙蝠也就能從中解讀出不一樣的訊息。[25]低音頻的回音能顯示出大致的特徵；高音頻的回音則能補充各種精緻的細節。蝙蝠的聽覺系統就是強大到能夠分析這些資訊——每一次叫聲與回音之間的延遲時間差，還有**構**

---

⑥ 蝙蝠的聲納可以像手電筒的光束一般，每秒鐘可以開關數次，也因此這種超音波的脈衝訊號就會產生頻閃效果。牠們的大腦似乎會將這每一瞬間的訊號結合為連續、順暢的訊息，就像人類大腦在看電影將一幀幀快速接續閃現的畫面結合成流暢的影像一樣。

⑦ 這也是蝙蝠的叫聲如此短促的另一項理由：因為牠們透過時間差計算距離，越短促的叫聲就能令牠們越精準地估計距離。

成每一次回音的音頻組合——光靠這些訊息，蝙蝠就能在腦海中為面前的那隻飛蛾構築出更銳利也更豐富的聽覺圖像。蝙蝠能靠聲音辨識出昆蟲的位置，可能甚至連其大小、形狀、質地、面朝何方都感覺得出來。[26]

這一切在蝙蝠與飛蛾兩者皆靜止不動時，就已經夠困難了；但在真正的大自然中，這兩種動物通常都在空中持續移動，因此產生第六項挑戰：蝙蝠必須不斷調整其聲納系統。[27]剛開始尋找飛蛾蹤跡時，蝙蝠得在空中大範圍地搜尋目標。在這個階段，蝙蝠會盡可能使音波傳遞得越遠越好——因此會發出音量大、為時較久、沒那麼頻繁的聲納脈衝，此時聲音的能量都集中在比較狹窄的頻率範圍內。一旦蝙蝠聽見從目標身上傳回來的回音，並且開始接近獵物時，牠運用回音定位的策略就改變了。牠會擴寬叫聲的音頻範圍，得到更多關於目標的細節訊息，也能更精準估計出自己與獵物間的距離；除此之外，蝙蝠也會更頻繁地發出超音波，才能夠快速更新目標的確切位置。蝙蝠在這個階段也會縮短每次叫聲的長度來避免跟回音重疊。到了蝙蝠準備展開攻擊的最後階段，牠會發出最終鳴聲，盡可能快速蒐集關於目標的大量資訊；有些蝙蝠在這時候甚至還會增加聲納音束的範圍，擴大聽覺的敏感區間，牠們就更容易捕捉到想要從側邊逃走的飛蛾。

蝙蝠從剛開始搜尋目標到發出最終鳴聲的一系列狩獵行動，可能就發生在短短幾秒鐘之間。牠們一次又一次地調整叫聲的長度、次數、強度以及頻率，按照每一階段的不同策略，藉此來控制接收到的回音。這也就表示，我們能夠從蝙蝠發出聲音的方式判斷牠的意圖。假如蝙蝠發出較長的叫聲、音量又大，就代表牠在關注遠處的物體；如果牠們的叫聲變得輕柔又短促，我們就知道蝙蝠此時已瞄準近距離的目標。假如蝙蝠發出更快速的脈衝，就代表牠已全神貫注地盯著最終目標，準備出擊。透過即時量測蝙蝠的叫聲，科學家幾乎可以完整解讀出蝙蝠腦海裡的想法。

前述這項策略也同時能夠解決蝙蝠面對的第七種挑戰——繁雜凌亂的環境。蝙蝠能夠飛越地形崎嶇的洞穴、叢生的枝椏，甚至可以輕鬆破解以垂吊物構成的迷宮。[28]蝙蝠的聲納系統會因為混亂的空間而產生特別的困擾，假如牠們是運用視覺辨別物體，則不會有這種問題。[29]請各位想像一隻蝙蝠正飛向在相同距離之外的兩根樹枝，倘若透過視覺，兩根樹枝各自反射出的光線會落在蝙蝠視網膜的不同位置，牠就能輕易地區別兩者。眼睛固有的解剖型態產生了對空間的感知，然而耳朵卻無法這麼做。蝙蝠必須靠不同回音的時間差來**計算**物體在空間裡的位置，然而兩根與蝙蝠距離相等的樹枝，產生回音的時間差也會一樣。因此對蝙蝠來說，這兩根樹枝聽起來就會是同一個物體。

欣蒂・摩斯訓練美洲大棕蝠穿過網子孔洞時，也從中發現蝙蝠解決第七項挑戰的方式。摩斯發現蝙蝠會將其音束範圍的中央區域對準孔洞的邊緣，在急速穿過之前掃描這些孔洞。摩斯說：「這就跟我們用眼睛掃視房間中的各種物件一樣，蝙蝠則是靠導引牠們的聲納音束來達到同樣的效果。」她也發現，蝙蝠在做比較耗費精力的事情時（例如繞過障礙物或追蹤不規律移動的目標），會縮短叫聲的長度同時拓展音頻的範圍（製造寬頻訊號），以盡可能從回音感知更多訊息。[30]蝙蝠在這種情況下也常以組合的方式發出叫聲，摩斯稱其為聲納頻閃聲組（sonar strobe group），這時牠們會以buh-buh-buh-buh……buh-buh-buh-buh……buh-buh-buh-buh的組合方式發出超音波。[31]蝙蝠會將每一個叫聲組合視為獨立單位來解讀，結合其中每一次回音的細節以後，就能更準確地建構出周遭環境的聲音圖像。⑧

回音定位還有另一項主要運用視覺的動物不會遇到的問題——這已經是第八項挑戰了。許多動物都能運

⑧大棕蝠如果面對特別複雜的場景，就會在每個聲納頻閃聲組內改變個別叫聲的次數，每一組內叫聲的次數都會比前一次更多，牠們也就能藉此獲知更多周遭環境的細節資訊。許多種類的蝙蝠都有這種「跳頻」（frequency-hopping）的能力，像是短吻袋翼蝠（學名為*Cormura brevirostris*）就能夠發出漸漸升高的三連音，因此又被稱為Do-Re-Mi bat（意指能夠唱出音階的蝙蝠）。[32]

用視力從背景分辨出目標物體，除非該物體靠著刻意偽裝融入背景。然而，以蝙蝠的聲納系統來說，小小的物體只要背後有廣大的背景，就會自動產生偽裝的效果。假如有隻飛蛾從樹葉前飛過或正好停在葉片上，葉片反射出來的強烈回音訊號就會蓋過來自飛蛾身體的微弱回音。不同種類的蝙蝠則發展出各式各樣的方式來克服這個問題，南美大耳蝠（學名為 *Micronycteris microtis*）的策略是其中最令人印象深刻的一種。南美大耳蝠單靠聲納系統就能從葉片上成功捕捉蜻蜓與其他昆蟲，即便這些昆蟲在葉片上維持靜止不動的狀態也不例外——這是科學家長久以來都以為蝙蝠無法做到的事。不過英加・蓋佩爾（Inga Geipel）發現蝙蝠其實會刻意以銳利的角度接近獵物，藉以從背景辨別出正確目標；牠們會運用特定的角度發出超音波，使昆蟲身上反射的回音傳回蝙蝠耳裡，至於來自葉片的回音則會彈開消散。[33]為了增強這種效果，蝙蝠還會在昆蟲前方以頭朝著目標的姿態往上方或下方盤旋。剛開始蝙蝠可能只能聽見模糊不清的回音——這些就是來自獵物的細微線索。然而靠著上下盤旋的動作，蝙蝠就能從各個角度蒐集資訊，獵物的身影也隨之越來越清晰。蝙蝠靠著特別的策略把不可能變為可能，昆蟲也就大難臨頭了。

蝙蝠是時常成群結隊行動的動物，第九項挑戰就是在蝙蝠成群飛行時發生。一整群蝙蝠一起行動時，勢必得想辦法分辨自己和其他蝙蝠的回音。美洲大棕蝠會藉由改變叫聲的頻率，刻意區別自己與其他個體的叫聲，避免聲音重疊，[34]牠們也可能選擇與其他蝙蝠輪流發出叫聲，以免彼此的聲音互相干擾。⑨然而這種方式對墨西哥游離尾蝠（學名為 *Tadarida brasiliensis*）來說卻用處不大，因為牠們有數百萬計的個體一起飛行的習性。假如同時有兩千萬隻蝙蝠從洞穴湧出，牠們到底該如何在眾聲喧嘩之中分辨出自己的叫聲？一大群蝙蝠一起飛行、發出超音波，就像在雞尾酒會上人聲嘈雜，根本分不出來到底是誰在說話，因此研究人員將這種現象稱為「雞尾酒會難題」（cocktail party nightmare）[37]⑩，但現在我們還不清楚蝙蝠究竟如何克服這種問題。也許牠們會刻意調整叫聲，使回音在特定的時間內或以特定角度傳回耳裡；也或許這些蝙蝠乾脆就一起暫停使用回音定位能力，轉而依賴其他感官能力或憑記憶行動。墨西哥游離尾蝠很有可能能夠記住進出洞穴的路徑，因此牠們不需要仰賴回音就能夠依循正確的軌跡飛行；這或許也解釋了為何會一再發生人類為了安全而將洞穴口堵上，卻使得許多蝙蝠一頭撞死在洞口上的事件。[38]

上述的悲慘事件，則正是蝙蝠運用回音定位時得面對的第十項挑戰。光是要解決其他九項挑戰，就得耗費掉牠們大部分的精力了。回音定位本身就是種相當勞心費神的能力，蝙蝠又總是飛快地行動，所以大多數情況下，牠們根本沒有足夠的時間來徹底發揮聲納系統的完整作用。蝙蝠也時常因此犯下看起來根本不可能發生的低級錯誤。⑪蝙蝠能夠清楚分辨顆粒粗細僅有半毫米之差的兩種砂紙，卻也會魯莽地一頭撞上新安裝上的洞穴門。[40]牠們能夠靠形狀分辨出各種飛蟲，卻會把彈射到半空中的小石子誤認為目標。蝙蝠其實完全有能力避免犯下這些錯誤，牠們只是不夠專心而已，畢竟牠們有時候實在太依賴記憶與直覺了，人類有時候也是如此。人們特別容易在家附近發生車禍其中有一部分原因就是因為駕駛人在行經熟悉的路線時，容易因

---

⑨ 蝙蝠在與其他同類溝通時，通常會發出與聲納系統不一樣的叫聲。但即便如此，蝙蝠之間的溝通與回音定位還是沒有明確的劃分。有些蝙蝠能夠分辨熟悉的個體所發出的超音波，也因此會偷聽彼此發出的最終鳴聲。[35]墨西哥兔唇蝠（又稱大牛頭犬蝠，學名為*Noctilio leporinus*）也能夠調整自己的叫聲用來對同類傳達訊息：牠們會在快要撞上其他蝙蝠時在聲納脈衝的最後加上低沉鳴聲警示對方。[36]

⑩ 譯註：此處的cocktail party nightmare應延伸自「雞尾酒會效應」（cocktail party effect），雞尾酒會效應乃指人擁有選擇性聽力的神奇能力，我們可以選擇將注意力集中在一個人說話的聲音上專心聆聽，忽略背景中的其他對話或噪音。

⑪ 唐諾．格里芬在他的著作《暗中傾聽》當中花了一整節來談「蝙蝠笨手笨腳的表現」。[39]他在其中提及蝙蝠的各種強大能力，例如在細線構成的障礙之間自在穿梭，然而他也提到，只有那些「最機敏、最清醒」的蝙蝠才能辦到這一點。格里芬認為，在某些情況下，蝙蝠「其實頗為笨拙，有時候牠們會一頭撞上在其他情況下其實能輕而易舉避過的障礙物。現在我對這件事好像有點變得太敏感，只要有蝙蝠撞上東西被我聽到，我就會忍不住責備牠們。」

為鬆懈而忽略路況。不管是蝙蝠還是人類，都不僅會被感覺器官所蒐集的資訊左右，也會被大腦當下決定做出的行動而大幅影響。目前，我們對於蝙蝠的大腦以及其運作機制的了解依然不夠全面，以我們目前對回音定位的理解來看，內格爾的論點確實沒錯。「我們可能永遠也無法徹底了解身為一隻蝙蝠到底是什麼感覺。」不過，假如靠研究出來的各種證據與經驗判斷，當一隻蝙蝠可能就像這樣。

你是一隻飢餓的美洲大棕蝠，身處於一片黑暗之中。你可以輕輕鬆鬆地感覺到旁邊的樹木與其他巨大的障礙物，因此以蜿蜒曲折的飛行路線繞過各種阻礙，同時對著空中發出音量大、間隔長、範圍頻率狹窄的叫聲。你發出的超音波大部分都會隨著傳遞的距離漸漸消散，然而有時卻會傳來回音，告訴你一點鐘方向有個物體存在。那會是一隻飛蛾嗎？這時你先掉頭，再轉過身體，讓目標繼續待在你聲納音束的錐形範圍內。接著，你已經精準地知道目標距離自己有多遠了，然而這時目標形體依然有些模糊。隨著距離越來越近，你縮短了超音波的長度，不僅更快速地發出叫聲，也擴寬了音頻的範圍，而你感覺到的目標形體也越發清晰——那**真的**是一隻飛蛾，是一隻正準備飛走的巨大飛蛾。你朝飛蛾俯衝，喉嚨裡強大的肌肉正在竭盡所能地發出高速聲納脈衝，一次次捕捉飛蛾的清晰身影；不管是牠的頭、身體還是翅膀，直到你用尾巴將牠撈進嘴裡的那一刻，關於這隻飛蛾形體的所有細節都盡收於你的感官之中。而這一切就發生在你讀**這**個字……到**這**個字之間的這一轉瞬間。

這麼說來，也難怪蝙蝠這個類群會如此生機蓬勃了。除了南極以外的每一片大陸，都有牠們的蹤跡，而屬於哺乳類動物的物種當中，有五分之一都是蝙蝠。⑫有些蝙蝠以在半空中捕捉昆蟲維生，也有些蝙蝠則是會從樹上咬果子吃；有些蝙蝠會捕食青蛙，也有些蝙蝠專喝血液，還有些蝙蝠則會用是身體兩倍長的舌頭吸取花蜜。當然，也有專吃其他蝙蝠的物種存在，還有些蝙蝠則是靠著回音定位水面上的漣漪來捕捉魚類。除此之外，這世上也有些植物的葉子演化成特殊的盤狀，藉此反射聲納脈衝，而蝙蝠則能夠藉這些植物反射的強烈訊號來為植物授粉。⑬還有些蝙蝠用與我們所知完全不同的方式解決回音定位帶來的種種挑戰，也因而發展出了這世上最獨一無二的生物聲納系統。

大部分蝙蝠運用回音定位的方式都與美洲大棕蝠的原始版本十分相似；牠們會發出長度約為一至二十毫秒的短促超音波，中間則會插入間隔較長的空白區間，這些超音波橫跨的頻率範圍較大，因此以這種方式運用回音定位的蝙蝠被稱為調頻型蝙蝠（frequency-modulated bat），又稱為FM蝙蝠。除此之外，也有差不多一百六十種蝙蝠——如：蹄鼻蝠科（科名為Rhinolophidae）、葉鼻蝠科（科名為Hipposideridae）⑭、帕氏髯蝠（學名為*Pteronotus parnellii*）——是採取相當不同的方式發出超音波。[41]牠們的叫聲更長，其中有些種類的叫聲甚至長達幾十毫秒，而每次叫聲之間的間隔則較短。這些蝙蝠的叫聲頻率會維持在同一種特定音頻，不像調頻型蝙蝠有那麼廣泛的音頻範圍。這些蝙蝠也因此被稱為定頻型蝙蝠（constant-frequency bat），牠們會專注傾聽特定音頻的回音。

蝙蝠的聲納脈衝撞上了昆蟲正在拍打的翅膀，回音力道會因為翅膀上下擺動的動作而改變。不過就在某個時刻，翅膀的方向會剛好與傳來的音波互呈直角，這時就會產生特別大聲又格外尖銳的回音，直接彈回了

⑫ 審註：現生的哺乳類動物約有六千四百種。

⑬ 審註：不少美洲的植物與美洲葉鼻蝠科的成員皆有非常緊密的關係，可藉由花朵和葉片的反射回音訊號來吸引授粉者蝙蝠，例如血藤、夜蜜囊花和葫蘆樹。

⑭ 審註：台灣兩種葉鼻蝠之一的無尾葉鼻蝠（*Coelops* spp.），是葉鼻蝠科中的例外，這一屬的物種採調頻型的回音定位。

蝙蝠耳朵裡。這就是聽覺閃光（acoustic glint），也是洩露了附近昆蟲行蹤的致命證據。調頻型蝙蝠理論上來說能夠偵測到這些反射波，不過牠們很可能並不會真的這麼做。調頻型蝙蝠的聲納脈衝長度短，而且每次之間的間隔較長，因此牠們得極其幸運才能在準確無誤的時機將聲納脈衝射向昆蟲，並隨之順利接收到聽覺閃光。反之，定頻型蝙蝠的聲納脈衝長度較長，能夠涵蓋昆蟲翅膀拍動的整體動作，牠們也因此能夠接收到大量的聽覺閃光。也因為葉片與其他位於背景的物體不會以與昆蟲翅膀相同的節奏拍動，定頻型就能夠以聽覺閃光辨別正在撲翅的昆蟲與背景雜亂的枝葉。聽覺閃光之於聽覺的作用，想必就和光線之於視覺一樣不可或缺。

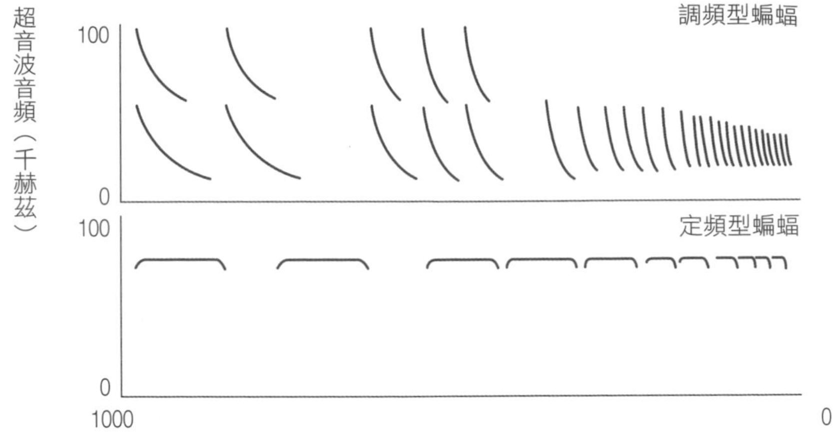

以上為兩大類回音定音方式的蝙蝠在接近昆蟲時發出的回音定位聲音頻譜圖。各位可以發現，調頻型蝙蝠的叫聲涵蓋音頻的範圍較廣，定頻型蝙蝠的叫聲則大致維持在同一個音頻。至於這兩類蝙蝠在接近獵物時，都會發出更短也更急促的叫聲。

漢斯－烏爾里希．施尼茨勒（Hans-Ulrich Schnitzler）自一九六〇年代開始研究定頻型蝙蝠，他發現這種蝙蝠能夠依據翅膀拍動的節奏來辨認昆蟲的種類。[42] 定頻型蝙蝠能夠藉此分辨出昆蟲是飛向還是飛離自己，也肯定能靠這種能力來辨識目標是死是活。因此定頻型蝙蝠與美洲大棕蝠不一樣，牠們不會白費力氣追蹤射到半空中的小石頭。⑮

定頻型蝙蝠的耳朵就和牠們的叫聲一樣獨特；例如大蹄鼻蝠（學名為*Rhinolophus ferrumequinum*）就會持續以大約八萬三千赫茲的頻率發出超音波[43]，而牠們身上專門用來接收這個音頻的聽覺神經細胞也是超出正常比例地多⑯，因此牠們的聽覺對於自己超音波的回音最為敏感。其他不同種類的蝙蝠也都各自具備獨有的超音波音頻[44]，就像每一種定頻型蝙蝠都從聽覺的世界裡切下了一小塊，宣稱那就是專屬於牠的領域一樣。不過這種能力也會帶來一項大問題——也就是只有定頻型蝙蝠需要面對的第十一種挑戰。

只要越接近聲源，聲音的音頻似乎就會跟著升高——各位只要想想救護車從你我身邊疾駛而過時警笛所發出的聲音就瞭解了，這個現象稱為都卜勒效應（Doppler effect）。這就表示了，隨著定頻型蝙蝠飛向昆蟲，牠聽見的回音音頻也會越來越高，最後可能就會超出蝙蝠最敏銳的聽覺範圍。然而施尼茨勒在一九六七年發現，定頻型蝙蝠能夠自行調適都卜勒效應帶來的影響。[45]隨著越來越靠近目標，蝙蝠會將叫聲的音頻降到比平常靜態時發出的叫聲還要低，因此，由於都卜勒效應而升高的回音就會隨之以正確的音頻傳進蝙蝠耳裡。定頻型蝙蝠也能夠一邊飛行，一邊同步調整叫聲的音頻，透過持續調整，就能確保從目標傳回來的回音維持在與理想頻率僅有百分之零點二誤差的範圍內。[46]這種驚人的運動控制（motor control）能力在動物世界裡可說是無人能敵。

⑮ 實際上，許多蝙蝠會混用定頻與調頻的超音波叫聲；像美洲大棕蝠這樣的調頻型蝙蝠在空中尋找目標時，就會選擇發出定頻型的脈衝，而定頻型蝙蝠則是會在脈衝的最後加上短促的頻率變化，藉此更清楚辨別自己與獵物間的距離。

⑯ 研究人員將牠們特別敏銳的這段頻寬稱為聽覺中央凹（acoustic fovea），名稱就來自視網膜上視覺最敏銳的中央凹。這個比喻雖然很不錯，但還是不夠精準。中央凹是視網膜上視覺最敏銳的區域，有著實體的存在，然而聽覺中央凹指的卻是蝙蝠能最準確聽見的音頻範圍，是抽象的資訊空間。具有聽覺中央窩應該更類似於一個人對於某種綠色調特別敏銳，因此走在街上時會格外注意到這些色調的視覺感受。

請各位想像你家裡有一臺音頻總是不準的鋼琴，彈出來的音都會比你本來真正想彈的音高了三度。假如你想彈出的音是中央C，就得按下中央C左邊A音的琴鍵。雖然麻煩，但你應該很快就能掌握其中訣竅——那現在再想像一下，假如這臺鋼琴的音頻失準不像我們剛剛說得那麼規律，你真正想彈出的音與相應的琴鍵位置之間的音階間距也一直變動；這下你就得反覆聆聽這臺走音鋼琴所發出的琴聲，才能夠判斷琴鍵與其所發出的音頻之間究竟相差多少，也才能夠一邊調整到底該按下哪個琴鍵才能彈出正確的音。上述就是定頻型蝙蝠所具備的能力——牠們能夠在一秒內正確無誤地做出這些調整，甚至還能夠同時瞄準好幾個目標。蹄鼻蝠就能夠同時分神注意數個與自身距離各不相同的障礙物，並且精準無誤地調整發出的超音波音頻來應對都卜勒效應的影響。[47][17]

對於夜行性昆蟲來說，蝙蝠帶來的威脅無處不在。牠們可能飛在半空中就會被美洲大棕蝠捕獲，要是飛進濃密的枝葉之間，大蹄鼻蝠依然找得到牠們的蹤跡。就算停在物體表面上靜止不動，依然躲不過南美大耳蝠的獵捕。[18]蝙蝠的聲納系統似乎是種能夠因應任何環境調整的無敵利器，然而這種能力雖然多變，卻也不是真的無堅不摧。蝙蝠雖然演化出了不可思議的感官能力，卻也得面對大自然所創造出來同樣奧妙的幻境。

傑西．巴伯的實驗室裡下著小雪，或者應該說，看起來像在下雪。研究團隊的成員把飛蛾帶進了拉鍊與其他蝙蝠正在運動的飛行空間裡，而這些飛蛾翅膀上白色的鱗粉在空中留下了一團雲霧。這種鱗粉無孔不滲，巴伯和茱麗葉．魯賓都對這些鱗粉嚴重過敏，因此不得不戴上口罩。他們說這就是鱗翅目昆蟲學家——也就是專門研究飛蛾與蝴蝶的昆蟲學家——身上常見的職業傷害；有些人把這種職業傷害稱為鱗粉肺（lep lung）。

除了刺激科學家的呼吸道以外，鱗粉的用途其實是用來保護飛蛾的身體[48]，它能夠吸收蝙蝠發出的超音波、減弱回音。鱗粉這般有如聽覺盔甲的構造，也僅是蛾類身上數種防禦蝙蝠的手段之一。[49]正如我們在前一章所見，所有飛蛾中有超過一半的種類擁有能夠聽見蝙蝠超音波的耳朵，這種聽覺構造也為牠們帶來強大優勢。蝙蝠需要發出超音波先傳到飛蛾身上，再等超音波反射回來才能辨別出獵物方位，然而飛蛾則只需要探測最一開始傳來的那道超音波（這時的超音波也比較強）就能知道危險來襲。所以蝙蝠雖能夠從大約八點二公尺以內的距離聽見小型飛蛾的行蹤，飛蛾卻能從大約十三點七至三十點一公尺之外的距離就察覺蝙蝠的存在[50]；許多飛蛾便會利用這一點，一聽見蝙蝠的超音波就開始閃躲、繞圈、俯衝。不過也有其他種類的飛蛾卻會反其道而行地回應蝙蝠的超音波。[51]

燈蛾亞科（Tiger moth，亞科名 Arctiinae）的種類非常多，有高達一萬一千種。牠們的側腹有著像鼓一樣的成對器官，藉由振動，這對器官會產生似乎能夠迷惑蝙蝠的超音波喀搭聲，令蝙蝠抓不到飛蛾。⑲這些超音波喀搭聲有時候感覺起來就像聽覺版的警戒色：許多燈蛾身上都布滿了難吃的化學物質，牠們也會發出喀搭聲來警告蝙蝠自己不是好吃的食物。[53]除此之外，這種喀搭聲也會干擾蝙蝠發出的超音波。二〇〇九年，

---

⑰ 藉由這種方式，定頻型蝙蝠將都卜勒效應可能帶來的問題轉化為優勢。調頻型蝙蝠得維持短促的叫聲來避免叫聲與回音重疊；然而定頻型蝙蝠卻能藉由音頻而不是時間差來分辨自己的叫聲與回音。多虧都卜勒效應，蝙蝠發出超音波傳回來的回音音頻通常會比原來的叫聲高，對於有著精準聽覺耳朵的牠們來說，這種差異更是明顯。這也是為什麼定頻型蝙蝠能夠拉長叫聲長度——這樣才足以藉此產生聽覺閃光，幫助牠們找出在複雜背景裡撲翅的獵物。

⑱ 審註：話雖如此，實際上，美洲地區沒有大蹄鼻蝠等蹄鼻蝠科物種的分布。

⑲ 一九六五年，桃樂絲・鄧寧（Dorothy Dunning）與肯尼斯・羅德（Kenneth Roeder）首次證實了這一點，他們發現燈蛾發出的超音波能夠阻礙小棕鼠耳蝠（學名為 *Myotis lucifugus*）捕捉獵物。[52]他們訓練蝙蝠捕捉被彈射到空中的麵包蟲——而這些蝙蝠也幾乎都能完美達成目標；然而一旦聽見燈蛾所發出超音波的錄音，蝙蝠失敗的機率竟大幅提升。

亞倫・柯寇蘭（Aaron Corcoran）和傑西・巴伯找到了明確證據，他們讓美洲大棕蝠嘗試捕捉葛氏燈蛾（學名為*Bertholdia trigona*）——這種美麗的燈蛾源自美國，體色有如正在燃燒的木柴。[54]葛氏燈蛾身上沒有用來防禦身體的化學物質，因此蝙蝠其實可以直接攻擊目標，將牠們生吞下肚；不過大棕蝠在接近發出了喀搭聲的葛氏燈蛾時，卻常常攻擊失誤，即便目標都被固定在原位、飛也飛不走也不例外。葛氏燈蛾發出的超音波喀搭聲會與蝙蝠的回音重疊，也因此干擾了蝙蝠估算距離的能力。[55]對蝙蝠來說，原本輪廓清晰且有著精準定位的目標突然變得一團霧濛濛，位置也變得混淆不清。⑳

另外也有其他種的飛蛾能夠以彷彿在心中念咒語、施法術的無聲方式干擾蝙蝠；巴伯及魯賓培育了美洲長尾水青蛾——那是種外觀獨樹一幟、手掌般大小的昆蟲，有著白色的身體、血紅色的腳、黃色的觸角、蘭姆綠的翅膀，而牠們的雙翅尾端則呈現長長的流線型。我一打開實驗室裡的櫃子，就看見了幾隻美洲長尾水青蛾靜靜地停在門上，而牠們空空如也的繭則四散在架子上。長大成熟後，美洲長尾水青蛾的生命非常短暫，而且也沒有口器，牠們只有約一週的壽命。到死去之前，「牠們就是反覆地交配與躲避蝙蝠。」巴伯如此說道。牠們身上沒有毒性化學物質，也無法發出干擾蝙蝠的超音波，甚至還因為沒有耳朵而聽不見蝙蝠靠近。然而，從牠們後翅延伸出來的長長尾狀構造會在飛行時拍打、轉動，因此能夠干擾蝙蝠的回音定位，使蝙蝠把攻擊目標放在牠們身上比較無關緊要的部位。平均而言，失去後翅尾狀構造的美洲長尾水青蛾被蝙蝠吃掉的機率比後翅完好無缺的個體高出九倍。[58]巴伯說：「我一開始發現這一點時，心想：『不可能吧。』回音定位這麼強大，不太可能單靠轉動薄薄的翅膀構造就能愚弄蝙蝠吧？但我們確實親眼見證這種現象一而再，再而三地發生。」

從巴伯的螢幕上我也親眼看見了。研究人員將一隻美洲長尾水青蛾放進飛行空間裡，拉鍊進而發動攻擊卻失手了。於是牠回頭再試一次，這次則是扯下美洲長尾水青蛾後翅尾端的一小部分，拉鍊把這塊不好吃的東西吐到地上，巴伯則看著我笑道：「我就說吧。」接著研究人員又抓出一隻美洲長尾水青蛾，這次這隻的後翅已去除尾狀構造，身體的其他部位則完好無缺。他們把這第二隻美洲長尾水青蛾放進飛行空間，這次拉鍊則幾乎是在轉眼間就成功捕獲目標，正是因為這隻美洲長尾水青蛾的尾狀構造已事先被移除掉了。㉑

一開始我看著美洲長尾水青蛾的尾狀構造就聯想到孔雀的尾羽，不過這又是人類視覺能力連帶產生的偏見。美洲長尾水青蛾主要是以嗅覺來尋找配偶，而且目前並無證據顯示其尾狀構造能吸引到異性個體；這種構造並不是生來取悅異性的眼睛，而是用來愚弄敵人的耳朵。

唐諾．格里芬曾將回音定位稱為「魔法泉源」[60]，它一旦被揭示於世人眼前，就會帶來無盡的驚喜發現。更深入了解蝙蝠的能力，就能讓大家看見這種生物的神奇之處，也就能擺脫其原本不討人喜歡的形象。我們也能隨之更了解哪些生物是牠們的獵物。除此之外，以格里芬的研究為基礎，我們也能像許多科學家一樣，探討其他透過回音探索世界的生物。

⑳ 天蛾科（Sphingidae）是另一個包含了約一千五百個種的飛蛾類群，其中當中大約一半的種類也能夠干擾蝙蝠的超音波。不過與燈蛾不同的是，天蛾是靠摩擦其生殖器來製造令蝙蝠困惑的超音波喀搭聲。[56] 天蛾科似乎是在三個不同的演化事件中發展出這種能力，透過生殖器不同部位的特化，三個類群分頭製造出能夠干擾蝙蝠的超音波，蝙蝠也隨之演化出了對抗飛蛾防禦能力的手段。至少其中有兩個種類——歐洲的寬耳蝠以及北美洲的湯森氏大耳蝠（學名為 *Corynorhinus townsendii*）——能夠發出非常細微的超音波叫聲，也因此能夠在不引起飛蛾注意的情況下偷偷接近，令目標措手不及而沒有足夠的時間閃躲或干擾其超音波。[57]

㉑ 現在科學家依然不清楚這些尾狀構造到底為何能發揮作用；該處產生的回音或許會與蛾身體的回音融合在一起，讓蝙蝠以為自己正在獵捕的是體型更大的獵物，因此會誤以為獵物當下的位置比實際上更靠近自己的嘴巴而攻擊到錯誤的位置。也或許尾狀構造的回音對蝙蝠來說聽起來就像另一個目標，或是更能引起蝙蝠的注意。無論其運作機制為何，總之這一招很有用。飛蛾在至少四個不同獨立事件下演化出長長的尾巴構造，甚至有些種類的尾狀構造可達到翅膀剩餘部分的兩倍長。[59]

蝙蝠與海豚大概是哺乳類動物當中最南轅北轍的兩個類群了。蝙蝠的前腳長成了翅膀，而海豚則是演化為扁平的鰭肢；蝙蝠的身體細瘦纖巧，海豚則有著圓潤的流線外型；蝙蝠在空中飛翔，海豚則在海中遨遊。然而這兩類動物卻都是靠著回音定位能力在通常是一片漆黑的立體三維空間內移動、覓食。[61]除此之外，科學家其實也是以差不多的方式發現這兩種動物身上的奧祕，科學家一開始先注意到海豚竟然在黑暗中（甚至是被蒙上雙眼的情況下）也能閃避障礙，後來又發現牠們能發出、聽見超音波喀搭聲。㉒也多虧格里芬與其他科學家的研究，大家已經知道回音定位的存在，也因此更容易解讀這些觀察結果。二十年前被視為不可思議的回音定位能力測試，如今，研究海豚的科學家卻已經能夠直接測試了。

儘管有著科學進步的優勢，但畢竟海豚不是容易用來做實驗的生物，因此關於海豚聲納系統的研究腳步依然緩慢。光是海豚碩大的體型就已是一項挑戰，就算是最小的海豚，也仍是最大型蝙蝠之體型的四十倍大。因此不像研究蝙蝠只要有個小房間就好，科學家得要有巨大的水族缸才能容納得下海豚。除此之外，也因為海豚的智力很高，牠們相較之下則更難以訓練、比蝙蝠更有自己的主見。例如剛剛提到的瓶鼻海豚——凱西（Kathy），牠是早期鯨豚回音定位研究的實驗對象；凱西願意在眼睛上戴乳膠吸盤，但卻堅決不肯穿戴會蓋住牠下巴與前額的隔音面罩。除此之外，蝙蝠是能夠在建築物裡、樹林間輕易找到的動物，至於海豚則生活在人類只能探索到非常表面的大洋裡。所以，大部分研究海豚的科學家都只能以水族館或軍事機構飼養的個體為研究對象。[64]

美國海軍在一九六〇年代開始訓練海豚，用來搜救失蹤的潛水員、尋找沉沒的儀器設備、探測埋在海底的水雷。一九七〇年代，美國海軍更是投注大量資源在回音定位研究上，然而研究目的並不是為了了解海豚感知世界的方式，而是想藉由鑽研海豚超凡的能力，進一步以逆向工程提升軍方聲納系統的效能。位於夏威夷卡內奧赫灣（Kāne'ohe Bay）的實驗工作站便以心理學家保羅・納克提戈（Paul Nachtigall）與電子工程師威特洛・奧（Whitlow Au）為首，進行許多重要研究。[65]「海豚對我來說就像黑盒子一樣，我想了解的正是這些黑盒子裡的各種參數。」奧如此對我說道。「我的孩子以前會說很想抱抱這些海豚，但我告訴他們，這些海豚只是科學家的實驗對象而已，孩子們聽到我這麼說都很難過。」（於是我問他，與這些海豚共事幾十年，他是否依然只把這些動物當成研究對象。他頓了頓才回答：「現在牠們對我來說是比較複雜的實驗對象。」）

在卡內奧赫灣，瓶鼻海豚赫普納（Heptuna）、斯萬（Sven）、愛惠可（Ehiku）、愛卡西（Ekahi）能夠在巨大的開放水域游泳，而奧與同事們也是在這裡發現海豚的聲納系統之奧妙，大大超越了所有人的猜想。[66]海豚能夠透過回音定位辨識不同形狀、大小、材質的物件，牠們甚至能夠分辨出圓柱體裡裝滿的到底是水、酒精還是甘油，就算是要單從一次聲納脈衝就辨認出遠處的目標，也難不倒牠們。[67]瓶鼻海豚能夠確實找出埋在海底沉積物下好幾公尺的物體，也能夠分辨出物體的材質是銅還是鋼——這些無比強大的能力至今沒有任何人造機械聲納系統能比得上。奧則表示，直到目前為止，「海軍還是只能靠海豚的聲納系統來探測埋藏在港灣底的水雷。」

瓶鼻海豚屬於齒鯨類（odontocete）㉓的一種，鼠海豚㉔、白鯨、一角鯨、抹香鯨、虎鯨也都算是齒鯨，牠

㉒ 一九五〇年代，亞瑟・麥可布萊德（Arthur McBride）尋思海豚、鼠海豚（porpoise，科名為Phocoenidae）以及其他齒鯨科的生物是否擁有相同的能力。觀察鼠海豚在黑暗之中躲避漁網的舉動後，他聯想到蝙蝠。[62]於是在一九五九年，肯・諾里斯（Ken Norris）做了一項格外具啟發性的研究，他訓練名為凱西的瓶鼻海豚（*Tursiops truncatus*），讓牠習慣在眼睛上戴著乳膠吸盤。[63]在缺乏視力協助的情況下，凱西依然能夠快速發射喀搭聲，並藉此找到漂浮著的魚肉塊，也能夠像蝙蝠飛過懸掛的細繩一樣游過在水中垂直擺放的水管。要說這兩種動物之間有什麼不同，大概就是凱西甚至比蝙蝠還要靈巧了。格里芬研究的蝙蝠在飛過懸掛的細繩時，翅膀尖端還是常常會碰到繩子，然而凱西在兩個月的測試期間，只有一次碰到水管——而這似乎還是牠故意為之。

們也都會回音定位，能力與大家所熟悉的瓶鼻海豚不相上下。一九八七年，納克提戈的研究團隊開始研究偽虎鯨（學名為 *Pseudorca crassidens*）——牠們是體長約五點五公尺，有著黑色皮膚的海豚，不僅聰明，還具有社會性。他們研究的偽虎鯨奇納（Kina）能夠用聲納系統分辨出兩根在人類的眼睛裡看起來一模一樣的空心金屬圓柱，而實際上，這兩根空心金屬圓柱大約只有相當於一根髮絲的厚度差異。[68]在一次令人印象深刻的實驗中，研究團隊用兩根按同樣規格製造的圓柱體測試奇納，令大家百思不得其解的是，奇納不斷向人類表示這是兩個不一樣的物體；直到研究團隊重新測量這兩個圓柱體的規格才發現，其中一根圓柱體有一側窄了一點點，因此兩端的寬度相差了零點六毫米。納克提戈回憶道：「這實在太驚人了。我們當初訂做一模一樣的兩根圓柱體，專業技師說這兩者完全相同，然而奇納卻表示：『不，他們根本不一樣。』而牠的判斷完全沒錯。」

海豚也能夠先以回音定位找到被藏起來的物體，再以視覺辨認出相同的物體——即便該物體的影像是顯示在電視螢幕上也不影響牠們的判斷力。[69]這確實是相當強大的能力，但我希望大家停下來想想，這種能力到底會運用到哪些條件。海豚不僅僅能夠知道物體的位置，更能夠在腦海中建構出此物體的心智表徵，然後再轉換為其他形式，讓其他感官運用這份資訊。而對海豚來說，這一切資訊其實都源自於**聲音**——這種刺激的本質並無法傳遞豐富的三維空間資訊。假如你聽見演奏薩克斯風的聲音，可能有辦法分辨出是什麼樂器發出樂音，也能判斷音樂源自何方，然而若想單靠聲音就判斷出樂器確切的形體，那可真是癡人說夢。不過我們若是能觸摸到薩克斯風本體，就能判斷出它的外型。回音定位正是能做到這一點，因此回音定位常被稱為「用聲音觀察世界」的能力，不過各位如果用「以聲音觸碰世界」的觀點來看，可能會更容易理解。這種感覺就像海豚在用看不見的雙手不斷觸碰、撫摸四周的各種事物一樣。

不過我實在很難習慣用這種觀點看待聲音。我聽得見從窗外傳來的狗吠聲、椋鳥的鳴唱、高掛枝頭的蟬鳴，這些動物都在運用聲音來傳遞訊息給自己的聽眾。不過在空氣與水裡，其實也充滿動物用來傳遞訊息給**自己**的聲音——這些聲音出現的目的並不是為了溝通，而是探索世界。動物的各種感官除了溝通以外，確實**也能用來**認識周遭，然而回音定位卻是本來就為探索而生的能力。像海豚這樣好奇的動物在運用這種能力來探索環境時，更顯示出回音定位能力的特質。「海豚不是隨時隨地都在回音定位，但只要你把陌生的物體放在牠們的超音波範圍內，牠們就會盡己所能地想辦法用超音波搞清楚那到底是什麼東西。」從一九九〇年代開始在歐胡島（Oahu）研究海豚的布萊恩・布倫斯塔特（Brian Branstetter）如此對我說道。「我每次跟牠們一起游泳，都能聽見、感覺到牠們發出的喀噠聲，這時我就知道：牠們正在探索我！」

關於海豚聲納的許多特點都與我們直覺以為的大相逕庭，連牠們發出超音波的方式也是如此奇妙。海豚的頭頂上有著噴氣孔，就相當於人類的鼻孔。[70]而在噴氣孔正下方的鼻腔內，則有著兩對名為聲唇（phonic lip，又稱為猴唇）的瓣狀構造。海豚發出回音定位音波的方式就是靠壓迫空氣經過聲唇，促使空氣產生振動，接著聲音就會往前傳遞並聚集在充滿脂肪的器官——額隆（melon），也就是海豚額頭上凸起的部位。編

㉓ 關於各種名詞的小提示：海豚、鯨魚以及其各種近親遠親都屬於鯨豚類（cetacean），一般將其總稱為鯨類。而鯨類又分為兩大支系：鬚鯨類（baleen whale或mysticetes）與齒鯨類（toothed whale或odontocete）。瓶鼻海豚屬於齒鯨的一員，而虎鯨、領航鯨也都屬於海豚科。至於海豚與鼠海豚則是齒鯨類底下，分屬不同的科別，不過這兩個名稱有時會交互使用。某些早期的回音定位研究中把瓶鼻海豚（bottlenose dolphin）稱為「瓶鼻鼠海豚」（bottlenose porpoises）。因此我要再次重申，海豚是一類廣泛定義的鯨，而虎鯨則是一種海豚，至於鼠海豚則非海豚，除非是在剛剛提到的那些論文中，那就真的是指瓶鼻海豚了。

㉔ 審註：該科一共有七個種類。

蝠是從喉嚨發出超音波，經由嘴巴與鼻子以後再傳遞到空氣中；而海豚用來回音定位的喀噠聲則是從鼻腔產生，透過額頭傳遞到水中。

抹香鯨——世界上最大的齒鯨——就更奇怪了。[71] 在牠們巨大的身軀下（可達十五點八公尺）㉕，顯眼的長桶狀鼻腔構造竟然能占其體長的三分之一，而牠們的聲唇位於這個部位的最前端。聲唇振動時，產生的聲音大部分會透過抹香鯨的頭部先向後傳遞，經過了充滿脂肪的鯨蠟器官（spermaceti）（也就是過去捕鯨人的目標），再經頭部後方頂部的氣囊反彈，往前傳遞至另一個位於鼻腔腹側、充滿脂肪的器官——分節腔（junk，對捕鯨人來說毫無價值的部位）㉖。經過了這段詭異的傳遞路徑以後，抹香鯨發出的聲音音量在動物世界無人能及，高達兩百三十六分貝，其震耳欲聾的程度基本上就跟爆炸聲差不多了。[72] 科學家為了錄下抹香鯨發出的喀噠聲而在水裡設置了水下麥克風，經過麥克風收音產生的音效簡直就像有炸彈在水中爆炸了一樣。而抹香鯨用來回音定位的聲音也極度集中，形成的超音波音束的寬度僅有四度。假如瓶鼻海豚射出的聲納能夠像手電筒一樣探照深海，抹香鯨發射的大概就像雷射光了吧。㉗

除了發出超音波的途徑超乎想像的抹香鯨以外，齒鯨們也以相當奇妙的方式接收回音。[73] 一九六〇年代，肯·諾里斯在墨西哥的海灘上發現一具海豚骨骸，他發現其下顎的骨頭薄到幾乎都呈半透明狀。而這段中空的下顎骨骼裡面則充滿和額隆裡一樣的脂肪。但無論海豚有多餓，牠們的身體都不會燃燒這些「用於聽覺的脂肪」。這種脂肪的用途是將聲音傳進海豚的內耳，因此海豚們是種用鼻子發出超音波、再用下巴接收聲音的動物。

除了這些怪異之處以外，齒鯨運用回音定位的方式其實與蝙蝠差不多。若需要更多訊息，牠們就會加快發出超音波喀噠聲的節奏（就像蝙蝠的最終鳴聲）或是發出成組的叫聲（就像前文提及的頻閃聲組）。[74] 牠們同時也能調整聽力的敏感度，藉此減弱傳進自己耳裡的巨大回音鳴響，以穩定的音量接收訊號。[75]不過齒鯨確實也會以蝙蝠做不到的方式運用聲納系統；聲音在水中與在空氣中的傳遞方式不同，聲音在水裡傳得更快也更遠，因此海豚運用聲納的範圍遠遠超越蝙蝠。㉘在過去的一項實驗中，奧發現海豚被罩上眼睛以後依然能夠感知到遠在約一百公尺以外的鋼球，這個距離遠到連研究團隊都得用望遠鏡才能確認目標擺放的位置。[76]然而海豚卻能靠回音定位能力探測到目標的存在——而且科學家後來才發現，海豚其實是在非常困難的情境下做到這一點。當時還沒人知道卡內奧赫灣裡充滿槍蝦（科名為槍蝦科 Alpheidae），這種動物碩大的螯會在水中發出巨響。因此，海豚在海中身處的情境彷彿是在如同搖滾演唱會一般嘈雜的環境下，運用聲音探測大約在一個足球場的距離之外，只有網球大小的目標。後來的科學研究則發現，海豚能用回音定位感知超過六百八十六公尺以外的目標。[77]

聲音與物體在水中互動的方式也與在空氣中相當不同。[78]一般來說，聲波在遇到介質密度大幅改變時就會產生反射。因此在空氣中，聲波會從堅硬的物體表面彈開，然而在水裡，聲波卻能穿透動物的血肉（其介質密度近似於海水），直到碰到動物體內如骨骼或氣囊等結構才會彈開。因此蝙蝠只能感覺出目標的輪廓與外表的質地，海豚卻能直接感覺目標的**內在**。假如海豚對你回音定位，牠能夠清楚感知到你的肺臟與骨架，因

㉕審註：該體型為性成熟雄鯨的數據，老雄鯨不乏超過二十公尺的紀錄。
㉖審註：該部位由於結締組織深入脂肪，將脂肪隔成一節一節的，利用價值較低，因此捕鯨人以垃圾（junk）稱之。
㉗為何抹香鯨的超音波音量大到那種地步呢？抹香鯨游泳的最高速度可達約每小時十四點五公里，體重也高達四十噸，若想停下勢必得花點時間，因此牠們在下潛追逐獵物時，勢必得詳加探測自己與海床的距離來提早煞車、避免碰撞。除此之外，也可能是因為抹香鯨的主食是魷魚，牠們柔軟的身體比一般動物堅實的身體來得難以用聲納探測。
㉘也因為這樣，海豚的聲納脈衝一般而言都比蝙蝠更短促、更大聲也更集中。瓶鼻海豚發出的超音波喀噠聲所蘊含的能量可達美洲大棕蝠喀搭聲的四萬倍。

此也能夠發現老兵體內的炸彈碎片以及孕婦肚子裡的胚胎。[79]以魚類為主食的牠們也能夠感受到魚身體裡用來控制浮力的魚鰾，也能藉此瞄準獵物。[80][29]我們幾乎能夠確定，海豚確實能夠根據魚鰾的形狀辨識出魚種，也能夠察覺魚體內是否有奇怪的東西（例如金屬魚鉤）。夏威夷的偽虎鯨就常常從人類的延繩釣的漁線魚鉤裡搶下鮪魚；專門研究偽虎鯨的歐德・帕希尼（Aude Pacini）說：「牠們確實知道這些魚體內有魚鉤。牠們能『看見』人類非得用X光或磁振造影才能發現的事物。」

這種穿透性的感知能力實在非比尋常，因此科學家也才剛開始了解其意義。例如屬於齒鯨類的喙鯨（beaked whale，科名為喙鯨科 Ziphiidae），外表看起來貌似海豚，然而牠們的頭骨上卻有著奇怪的尖頂狀、脊狀、塊狀凸起物，且大多出現在雄性個體身上。帕瓦爾・戈登（Pavel Gol'din）則表示，這種頭骨結構或許就近似於鹿角——也就是用來吸引配偶的裝飾性結構。[82]然而動物身上這種裝飾性的部位通常會突出身體，盡可能越醒目、越亮眼越好，然而對於彷彿是活體醫學影像儀器的鯨豚類來說則無須如此。喙鯨因為擁有穿透性的回音定位系統，牠們可以把這種鹿角般的結構保留在體內，一樣能吸引到配偶，完全不需要為了這種裝飾性結構破壞自己身體平滑的流線型輪廓。

不過因為喙鯨實在是不常見的動物，因此科學家至今難以驗證這項論點。從來沒人圈養過喙鯨，而且牠們每浮上水面換氣一次就能潛入水下好幾個小時，因此許多種類的喙鯨都相當罕見。然而人類雖然不常見到喙鯨，科學家卻也因為牠們解開了齒鯨聲納系統的一大謎團：齒鯨究竟如何在大自然中運用聲納系統？[83]牠們肯定不在意實驗中位於遠處的鋼球，也絕對不在乎銅製圓柱體的寬度——那牠們到底拿聲納系統來做什麼呢？牠們究竟如何運用聲納系統來辨別方位、狩獵、解決問題呢？抹香鯨會對著海床回音定位真的是為了避免下潛時撞到海底嗎？白鯨與一角鯨是否運用回音定位在冰凍的北極海之間尋找未結冰的海面，好浮上水面呼吸？海豚在游向沙丁魚群時，到底是瞄準其中一隻，還是感覺到一整群沙丁魚呢？牠們又是否發展出類似定頻型蝙蝠感知昆蟲翅膀拍動的特殊能力？

要想找到答案，其中一種方式就是運用聲學標記（acoustic tag）——也就是裝了吸盤的水下麥克風。[84]科學家能夠趁齒鯨們浮上水面換氣時，悄悄地乘小船到附近，用長桿將聲學標記吸到牠們的軀幹上。等到齒鯨重新潛入大海以後，這個裝置就會開始記錄牠們發出的超音波與接收到的回音，就像是為這些鯨豚做了詳細的潛水紀錄一樣——任何牠們聽見和**嘗試**要聽見的細節都不放過。自二〇〇三年開始，一組研究團隊在加那利群島（Canary Island）附近為柏氏中喙鯨（學名為*Mesoplodon densirostris*）㉚做聲學標記。[85]牠們剛潛入水中時非常安靜，也許是為了避免引來正在側耳傾聽的天敵（如虎鯨）。直到下潛至四百公尺左右，牠們才會開始發出超音波，而牠們一旦開始發出喀噠聲，通常就能夠在幾分鐘內找到食物。黑暗的深海之中充滿各式各樣的魚類、甲殼類動物以及魷魚，因此柏氏中喙鯨有本錢挑食。牠們的超音波可能會在深海中觸碰到上千隻生物，但牠們只會選擇獵捕其中的一部分，也就是像奧與納克提戈在實驗中觀察的一樣，牠們會以回音定位的辨別能力，精挑細選出最棒的食物。而牠們捕食的效率之高，每天竟然只需要花四小時覓食就足夠維持牠們巨大身軀的正常運作。

柏氏中喙鯨能夠以這種方式覓食，完全就是因為聲納系統在水中的涵蓋範圍極廣；蝙蝠飛在半空中時，若有昆蟲大小的目標飛進牠們的聲納波幅範圍，蝙蝠只有不到一秒的時間來決定如何應對，然而在水中悠遊

㉙ 大多數的魚類都無法聽見超高頻的聲波，不過還是有例外存在。美洲西鯡（學名為*Alosa sapidissima*）、大鱗油鯡（學名為*Brevoortia patronus*）以及其他少數魚種就演化出能聽見海豚聲納的耳朵，就像有些蛾演化出能聽見蝙蝠聲納的耳朵一樣。[81]

㉚ 審註：該種喙鯨的頭骨密度高，因此與相同大小的頭骨相比來得重許多，這也是種小名得名的緣由。

的齒鯨卻有將近十秒左右的時間可以考慮如何採取行動。蝙蝠隨時都得做出反應，而鯨豚卻可以預先**計畫**。我在序言中提過，馬爾坎．麥可依佛認為動物從海洋移往陸地生活後，更廣闊的視野也為牠們帶來更複雜的心智與計畫能力。我在想，這項理論或許也能套用在回音定位的演化上。

在水中運用生物聲納系統，不僅讓齒鯨有機會思考、計畫，更讓牠們能夠彼此協調、合作。長吻飛旋海豚（學名為*Stenella longirostris*）這種體型嬌小且身手靈活的海豚一到夜幕低垂時分，就會集結成群，高達二十八隻的飛旋海豚會靠著團隊合作追捕獵物。凱莉．貝努瓦－博德（Kelly Benoit-Bird）與威特洛．奧發現，飛旋海豚的獵捕過程分為好幾個階段。[86]首先牠們彼此之間會維持著疏鬆的間距，排成一排以後便開始四處巡視，一旦發現魚群或魷魚，牠們就會拉近彼此間的距離，追趕獵物集中到一處。這時獵物們都擠在一起，而飛旋海豚會圍成圈來防止任何獵物逃脫。接著，剛好圓圈兩端、彼此相對的飛旋海豚就會一對對輪流衝進滿是獵物的圈子裡，捕捉其中的魚類或魷魚。在這個獵捕過程中，飛旋海豚能夠持續相互合作，完美維持狩獵的隊形，彼此同時行動，而牠們在改變隊形的時候會格外頻繁地發出喀噠聲。牠們是在對彼此下指令嗎？還是在靠回音定位追蹤隊友的位置？牠們能夠運用彼此的回音來延伸自己的感知範圍嗎？無論如何，飛旋海豚都能聰明地運用團隊合作狩獵，而這都多虧生物聲納系統的存在——靠著這種方式，牠們能將回音定位範圍延伸到比只有單一隻海豚更遠的距離。這些飛旋海豚在大海中或許相距超過四十公尺，然而透過聲音，牠們就能夠緊密連結，以彷彿與隊友合而為一的方式一起行動。

丹尼爾．基什（Daniel Kish）就很羨慕牠們。他說：「在水中運用聲納真的很作弊，那真的是極大的優勢。空氣雖然不像水一樣，是那麼適合音波探測的環境，但依然管用。」基什不是研究蝙蝠或海豚的科學家，也沒有鑽研過動物的回音定位，但一定非常了解這一點。

因為他本人就會回音定位。

我試著彈動舌頭，發出的聲音聽起來卻是濕濕悶悶的，就像把石頭丟進池塘裡發出的聲音。然而丹尼爾·基什的彈舌聲則聽起來更加尖銳、清脆，同時也比我的彈舌聲**大聲許多**。[87]這種聲音聽起來就像有人在彈手指，也很容易引起注意，而這正是基什幾乎一輩子都在練習發出的聲音。

基什出生於一九六六年，因為天生的惡性眼癌，他在七個月大時就切除了右眼，十三個月大時則又切除了左眼。失去僅剩的眼睛後沒多久，他開始發出噠噠的彈舌聲。當時才兩歲大的基什時常自己爬出嬰兒床探索家裡的環境；有天晚上他甚至爬出臥室的窗戶，從窗戶掉到花圃以後，他繼續一邊彈舌一邊在後院搖搖晃晃地走著。他記得當時自己感覺到聽起來像是一片透明的鐵絲柵欄網，還有旁邊大大的房子。他也記得自己爬過鐵絲柵欄網以及各式各樣的障礙物，直到鄰居報警，最後才終於由警察把他帶回家。過了許久之後，基什才知道什麼是回音定位，也才知道自己幾乎是從會走路起就開始運用這種能力了。

基什如今已五十幾歲，而他依然是靠噠噠彈舌聲的回音來探索世界。[88]我前往加州的長灘，在基什獨自居住的自宅與他碰面。他對自己家裡一切事物的位置瞭若指掌，因此根本不需要用到回音定位。不過我們後來出門散步，這時彈舌聲就派上用場了。基什步履輕快又散發著自信，他手裡拿著導盲杖感覺地面上的障礙物，同時用回音定位感知周遭的其餘一切。我們一路走在附近住宅區的街道上，他可以精準描述出行經的所有事物；不僅能分辨出每間房子的占地範圍，還能告訴我房子門廊與灌木叢的位置分別在哪，他也知道路上哪裡停著車子。走著走著，某戶人家院子裡大樹的樹枝橫亙到人行道的半空中，我當下很自然地想出聲警告基什，然而他根本用不著我提醒。他毫不費力地就閃過那根樹枝，而他也對我說：「假如我不用回音定位，絕對會一頭撞上去。」

除了蝙蝠與齒鯨之外，還有許多動物會以比較簡單的方式運用回音定位。有多種小型哺乳類動物會運用超音波發出喀噠聲感知周遭，其中就包括數種鼩鼱[31]、加勒比海地區的溝齒鼩（屬名為Solenodon）[32]（體型有如小貓，長相和鼩鼱很像）以及馬達加斯加的馬島蝟（看起來就像刺蝟）[33]。[89]也有某些本應不會回音定位的果蝠能夠以翅膀發出喀噠的聲音，藉此產生回音來區分不同物體的質地。[90][34]油鴟（學名為*Steatornis caripensis*）是南美洲特有的鳥類，以水果為食，牠們也會發出喀噠聲，很可能就是藉此找到自己棲息的洞穴。[91]金絲燕（屬名為*Aerodramus*）是一種會捕食昆蟲的小型鳥類，牠們也會用喀噠聲找到自己的棲身之所。[92]至於從基什和其他也運用彈舌聲探索世界的人看來，人類確實也能夠以回音定位感知世界。[93][35][36]

人類的回音定位確實不像蝙蝠與海豚那麼精巧高超，但基什認為這些動物開始練習這套技術可是比人類早上百萬年；而且基什也擁有蝙蝠拉鍊、偽虎鯨奇納不具備的能力——語言。基什能夠以語言描述體驗，這麼一來就能夠解決內格爾提出的哲學困境：我們或許永遠也無法了解身為一隻蝙蝠的感受，但基什卻真的可以告訴我們他的感覺。如今的基什雖然完全沒有尚保有視力時的記憶，但他卻還是會以許多和視覺有關的詞彙描述與視覺無關的感覺體驗。假如一塊玻璃或一面石牆傳回來的是尖銳的回音，他就會說感覺起來很「亮」；若是面對枝葉或岩石就會傳來粗糙的回音，他則說那感覺很「暗」。只要基什一彈舌就會產生一連串的「光線」，就像在黑暗中一次次擦亮火柴，這每一根被擦亮的火柴都能短暫地照亮他周圍的空間。基什說：「這世界上有七十五億的視全人，他們以視覺體驗描述世界的方式也慢慢潛移默化到我身上。」他不知道看得見是什麼感覺，我也無法完全體會運用聲納探索世界的感受，因此在我們倆之間依然有用語言描述也無法橫跨的隔閡。我們都在猜測彼此的環境界到底是什麼樣子，試著運用各式各樣詞彙互相分享對彼此來說都是全然陌生的感覺。許多虛擬人物在回音定位時——例如《降世神通：最後的氣宗》（*Avatar: The Last Airbender*）裡的北方拓芙（Toph Beifong）或是漫威的漫畫人物夜魔俠（Daredevil）㊲——這些人物的能力在畫面中通常被描繪成黑色地面上出現以白色線條呈現的同心圓圖案，而這些線條還會勾勒出物體的邊緣。這種描繪形象有一部分確實抓到回音定位的精髓：基什確實能夠感知到周遭的立體環境。不過也因為基什無法發出像蝙蝠那樣的超音波叫聲，他的聲納系統對於環境的解析度也就沒那麼高；因此他感受到的角度不會像蝙蝠的感受那麼俐落分明，他能感覺到的大多是物體的密度與質地，而不是清晰的輪廓。而這種回音定位感知到的特質，對基什來說就像是：「回音定位世界裡的色彩。」我一開始想像基什的感官世界時，感覺像是有

㉛ 審註：如北美短尾鼩 *Blarina brevicauda*、北美水鼩 *Sorex palustris* 等。

㉜ 審註：現存共兩種，牠們也是極少數具備毒液且可透過溝齒注毒的哺乳動物。

㉝ 審註：屬於非洲獸總目底下的非洲蝟目（Afrosoricida），該目底下除了馬島蝟（馬島蝟亞目 Tenrecomorpha）之外，還有第七章介紹過的金鼴。但金鼴目前沒有物種具備回音定位的能力。

㉞ 審註：如長舌果蝠屬 *Eonycteris* 和犬蝠屬 *Cynopterus* 物種。

㉟ 審註：不被認為具備回音定位能力的狐蝠科 Pteropodidae 物種裡，除了上述以翅膀發出喀噠聲的物種之外。尚有能以舌頭發出喀噠聲，具備成熟回音定位能力的果蝠屬（*Rousettus* spp.）物種，如埃及果蝠。哺乳動物中，二〇二一年的研究指出，另外還有屬於囓齒目的豬尾鼠屬（*Typhlomys* spp.）物種，具備回音定位的能力。

㊱ 格里芬曾推測貓頭鷹或許也會回音定位——但其實不然。自從在海豚身上發現回音定位的能力以後，有些科學家就開始懷疑海豹也有這種能力——再一次地，其實不然。海豹究竟為什麼不會回音定位？[94] 牠們水陸兩棲的生活型態或許就是其中一個原因。海豚是完全的海生動物，然而海豹及海獅則也會在陸地上活動，要想發展出能同時在水下和陸上使用的聲納系統實在太過困難。與其使用聲納系統回音定位，海豹反而更常使用雙眼與雙耳感知，當然，海豹更加仰賴我們在第六章提過的異常靈敏鬍鬚。值得注意的是，目前所知所有具備回音定位能力的動物都是溫血動物，而種類極多的無脊椎動物則無一擁有這項能力；其背後是否有特別的原因？還是只是科學家不夠努力，還沒找出其中的例外？

㊲ 拓芙的能力比較類似角蟬的地震波，而夜魔俠則是不必發出聲音就能運用「雷達感應」，所以這兩者的能力其實都不是真正的回音定位。至於基什和其他擁有相同回音定位能力的人常被稱為「現實世界的蝙蝠俠」，相較之下這個稱號確實適合得多，因為蝙蝠真的會回音定位，但老實說，蝙蝠俠本人根本不會回音定位，所以又有點怪怪的……

一幅繪製雕像的水彩畫，隨著他每一次彈舌慢慢出現在他的意識裡。物體就像是一團外型輪廓不是非常清晰的團塊，「色調」則顯示出不同的質地與物質密度。[38]基什告訴我，路上的樹用回音定位聽起來就像一根直立的棍子上插著一團又大又軟的東西；木柵欄聽起來則是比熟鐵製的格柵柔軟，不過這兩者聽起來又都比金屬網柵欄來的堅硬。走到他家那條街上，一聽見有一股清脆的聲音夾在兩道較為模糊的聲音之間，他腦中就會出現一道實木門兩旁有著灌木叢的景象，這時也就知道自己到家了。不過有時候某些出乎意料之外的材質組合確實也會令他感到困惑；例如我們經過一臺車，它的車輪停在水泥鋪面的車道上，汽車底盤下面仍是未鋪設完成的草皮。基什經過這裡時停下腳步，問我是不是有人把車停在草地上。

對基什來說，回音定位給了他自由。他能夠在城市間漫遊、騎腳踏車、一個人健行，而且他也不是唯一這麼做的人。至少從一七四九年起，就有口耳相傳當時有盲人能在無人協助的情況下自行走過人潮洶湧的大街，或是（在那之後幾世紀）騎著腳踏車閃躲障礙並且在擁擠的溜冰場溜冰。[95]在出現回音定位定義的概念以前，人類已經開始運用這項能力好幾百年了，只是過去這種能力另外被稱為「顏面視覺」（facial vision）或是「障礙物感」（obstacle sense）而已。就像對蝙蝠的研究一樣，研究人員也認為使用回音定位的人應該能夠感知氣流吹過皮膚所產生的細微變化，然而這些人本身卻幾乎都不太清楚自己的神奇感官能力究竟從何而來。[39]

麥可．蘇帕（Michael Supa）就是一個例子。他是心理學系的學生，因為自小失明，每天都得靠自己探測與物體間的距離來應付日常生活，但他還是解釋不出自己到底是如何辦到的。因為自己常常靠彈指與敲鞋跟來辨認方向，因此他認為這項能力或許與聽覺有關。就在一九四〇年代，他嘗試驗證自己的猜想；他找了幾位學生到大禮堂進行實驗——其中一位也是盲人，另外兩位則是蒙上眼睛的視全人——所有人一起測試能否靠聽力探測出巨大木纖維擋板的存在。[96]實驗結果發現，如果是穿著鞋子走在硬木質地板上，他們的辨識表現最好；如果是穿著襪子走在地毯上次之；然而要是把耳朵塞上，則根本行不通。在另一項更有趣的實驗中，蘇帕請蒙眼的受試者手持麥克風走向擋板；至於蘇帕則坐在旁邊有良好隔音的房間裡，透過耳機聆聽蒙眼受試者手上麥克風接收到的聲音。蘇帕能夠藉此聽出來擋板的位置，也能指示受試者走到哪兒就該停下。

巧的是，蘇帕做這些實驗的時間差不多就和格里芬與加蘭博斯研究蝙蝠的時間差不多。蘇帕在一九四四年初發表研究成果時引用這兩位科學家的蝙蝠研究[97]；到了年底，格里芬想出回音定位這個名稱，也提到蝙蝠與**盲人**都有這種能力。然而蝙蝠的聲納系統確實一下躍然於眾人眼前，變成廣為人知的科學知識，但是對人類回音定位能力的了解卻依然小眾。基什說他時至今日甚至還是會遇到某些「根本不知道人類也能回音定位」的回音定位專家。他也感嘆：「人類的生物聲納系統通常被視為太過粗糙而沒有研究價值。」然而我也猜測，這其實還是因為盲人身上背負著許多污名的關係。我們用「視而不見」來說一個人對某些事毫無知覺、漠不關心；一個人如果忽略某些事，我們就會說他有「盲點」；然後我們也會用「沒有創見」來指人欠缺創意。這些與視覺息息相關的各種用詞正是把人類的視力與意識畫上等號。這麼說來，沒有視力真的就是缺乏意識嗎？說真的，盲人其實才是真正對周遭世界有深刻體察的族群。㊵

基什能運用回音定位做到許多其他視全人無法辦到的事，例如感知本要轉過身、彎過牆角、穿過牆才能看見的物體。不過確實也有些只要運用雙眼就能輕易辦到的事情，卻很難藉由聲納系統完成；背景如果有大

㊳ 在Netflix的《夜魔俠》影集中，主角夜魔俠的雷達感應表現方式與漫畫中描述的不太一樣。他說那種感覺就像「充滿火的世界」，在溫度較低的背景下，人的身影就像一團火光。對我來說，這種描述好像更接近人類回音定位時會感受到的質地。

㊴ 基什告訴我，他花了很長一段時間才搞清楚自己運用彈舌聲的原理。他原本就只是單純覺得這一招有用而已。

型物件造成回音，就會遮蓋掉位在背景前面較小物體產生的回音，就像蝙蝠難以辨識出停在葉片上的昆蟲那樣。所以基什和其他也運用這種能力的人一樣，都不擅長以回音定位找出擺在桌面上的物體，然而卻常常有人要求他們嘗試用回音定位分辨放在桌面上的各種物件，這實在惱人。基什說：「你得從桌子這個大面積的目標中分辨出一盒面紙、一臺釘書機或其他各種雜物；就像要求視全人從白紙讀出用白色油墨印刷的字一樣。」同樣的，假如有人站在牆面前方，基什若沒有從正確的角度彈舌回音定位，有時候就會不小心直接撞上去。對他來說，向上傾斜的斜面比向下傾斜來得容易分辨，角度尖銳的物品則比圓滑的弧面來得好辨別，堅硬的物體與柔軟的質地相較之下，也更易於判斷。有一次在德國上電視節目的經驗令基什印象深刻，他發現自己的回音定位無法分辨出香檳酒瓶與絨毛玩具。香檳酒的瓶身會朝瓶口逐漸收窄，這種圓滑的瓶身形狀會將他的彈舌聲反射到太多不同方向，絨毛玩具則是會直接吸收彈舌聲，兩者都無法反射足夠的回音能量，基什因此難以清楚辨識這兩種物體的形狀或質地。基什說：「所以我的大腦就直接以為酒瓶和絨毛玩具是一樣的東西，我真的分不出來。」

不過在現實生活中，這種現象對基什來說其實也不成問題，因為他除了回音定位以外，生活中幾乎都還是會搭配運用其他感官。在家裡移動時，他已清清楚楚記得每件物體的位置，可以靠記憶辨識；走在家附近，他也對周邊街道相當熟悉，況且他還會運用其他被動接收外界刺激的感官能力如聽覺或觸覺。走在街上，他能在運用回音定位感覺確切位置前，先聆聽車輛接近的聲音；站在人行道上，他雖然無法用回音定位分辨人行道與馬路的交界，卻可以輕易地運用導盲杖做到這一點。多年前，在他還年輕、大膽得多的年紀，他和其他同樣身為盲人的好朋友有段時間會一起去騎越野單車。由一位視全人朋友在前面負責帶路，其餘的人則跟在後面；他們會將束帶綁在腳踏車尾，他們就能藉由束帶的塑膠材質與腳踏車的金屬部件互相摩擦產生的聲音來聽音辨位，跟隨前一位騎士的去向。他們也會刻意選擇低避震效果的車款，才能夠更清楚感受地形。基什說：「伴隨著無盡的彈舌聲，我們就這麼上路了。」

基什在二〇〇〇年創辦名為盲人無障礙組織（World Access for the Blind）的非營利團體，目標為教導更多盲人使用回音定位；他和其他同樣身為盲人的回音定位指導員已經訓練了來自數十個國家的上千位學員。目前為止，會運用回音定位的盲人依然不多，也確實有些盲人認為用來回音定位的彈舌舉動不禮貌、違背傳統，或甚至覺得這項技巧太難只有少數人能學會，因而反對運用這項能力。然而基什不認同這種思維，他認為，如果能夠讓更多具備回音定位能力的盲人教導其他盲人，這項能力就會越來越普遍。基什本身就是美國第一位全盲的定向行動訓練師（orientation and mobility specialist）——也就是幫助盲人建立移動能力的專業人士。基什坦承：「要我們教導其他盲人怎麼當盲人，這件事本身確實就有相當大的阻力，因為這種做法其實帶有一點在盲人身上強加監護主義（custodialism）的意味。」然而，他也表示，許多盲童自然而然就會運用聲音來探索世界；即便不是彈舌，他們也可能會選擇彈手指或跺腳來運用回音定位，不過許多家長可能會認為這種行為很怪異、不符合社會規範，因此在這些孩子發展出精妙的聲納感官前，就扼殺了他們回音定位能

㊵ 基什說，大部分的盲人都至少會運用一種原始的回音定位技巧；有這樣的能力，他們才能避免撞到牆，也能靠自己在路上行走。對他來說，這種能力就像只有「單色視覺」一樣——對於周遭世界只有基礎認知。而且即便是視全人，也能快速學會這種能力。而真正精通此道的回音定位高手，則能夠從更遠的距離之外花更少的力氣辨識出更多細節。我們的聽覺正如同其他感官一樣，都能夠從各種雜訊之間抓取真正需要的訊息——例如隱藏在背景音裡的說話聲、聽見有人在雞尾酒派對上叫自己的名字、對街響起的警鈴聲。在這個過程中，我們會自動降低周遭的環境音與回音。基什說：「然而在運用回音定位時，我們幾乎得用完全相反的方式過濾聲音，因為環境音與回音——這些一般會被大家當作背景音的雜音——其實才是我們真正要用來分辨環境的資訊。」對他來說，重要的訊息其實都藏在對一般人來說屬於噪音的聲音裡；這也就是為何人類得花這麼多心力練習才能學會回音定位。

力成長茁壯的可能性。基什的雙親就從未抑制他發展這項能力，他們任由他彈舌、同意他買腳踏車。他說：「他們把身為盲人視為我與生俱來的一種特質，因此完全支持我靠自己的力量自由移動、探索、學習如何與環境互動。」這份自由最終則改變了他的大腦。

自二〇〇九年開始，神經科學家洛爾・塞勒（Lore Thaler）和基什合作研究。[98] 賽勒運用大腦成像發現，基什和其他運用回音定位的受試者聽見回音時，部分視覺皮質——也就是大腦中平常用來處理視力的區域——就會產生強烈活動。然而，身為視全人的受試者聽見同樣的聲音刺激時，這個腦區卻不會產生活動。不過這也不代表基什「看見」了回音，而是表示他能將來自回音的資訊進行組織，並架構出周遭環境的空間意象——這是視覺天生就具備的功能。就算沒有來自視覺的資訊，大腦依然能將本來用做視覺皮質的腦區改為用來處理回音訊號，並同樣在大腦中形成空間對應（spatial mapping）的能力。[99][41] 因此基什不僅能聽出物體與自己的相對位置，也能感知空間中各個物體之間的相對位置；這些就是他能靠自己去健行、騎腳踏車的核心能力，而記憶力、導盲杖以及其他感官雖然也能提供他各種資訊，但他還是得搭配上彈舌回音定位才能將這些資訊對應到空間裡的正確位置。[100] 因此塞勒告訴我：「他理解空間的能力會比大部分從很小的時候就失去視力的盲人來得好。」而這份優異的能力則來自於基什一輩子的練習與積極探索。

前面我們探討了海豚的回音定位，而我也說可以把牠們的這種能力稱為「以聲音觸碰世界」，這和基什對於回音定位抱持的想法大致相同。他說：「我感覺它就是觸覺的延伸。」就像蝙蝠一樣，為了達到目的和探索，基什靠自己的力量讓世界盡情展現自我的面貌。其實從某種層面上而言，所有感官能力都能做到這一點。猛禽能用雙眼環視周遭、蛇能吐信蒐集氣味分子、星鼻鼴鼠能用星鼻觸碰巢穴的牆壁、老鼠則能擺動鬍鬚、松黑木吉丁蟲拍動翅膀就能感受紅外線熱源。然而運用回音定位的蝙蝠、海豚與人類從本質上而言，卻是**隨時隨地都在**探索。到目前為止在我們所有提及的感覺當中，回音定位是唯一永遠都處於啟動狀態的感官。

不過其實還有另一種感官也是如此。

㊶有些人可能會質疑，那「視覺皮質」這個名稱是否不夠精準，還是應該稱為「通常但不總是連接雙眼的空間對應皮質」。

第十章 活體電池——電場

艾瑞克．佛騰（Eric Fortune）的實驗室位於紐澤西紐瓦克（Newark），我現在就在這兒看著水族箱裡那隻電鯰（電鯰科 *Malapteruridae*），在許多能夠產生電的魚類中，牠是其中的一員。電鯰有著粗壯的身形、鐵鏽般褐色的外表，看起來就像一顆長了魚鰭的地瓜，因此佛騰叫牠胖胖（Blubby）。佛騰向我擔保，胖胖電人雖然會痛，但絕對不會像用舌頭舔電池那麼嚴重，他說：「假如你想試試看被胖胖電的感覺也沒問題。」儘管擔心他這麼說只是為了捉弄我這個來訪記者，我還是乖乖把手伸進水族箱；胖胖毫不退縮，我卻立刻把手縮回來。牠釋放的電流使我的肌肉收縮，反射地將手臂抽出水面，結果水花都濺到我的筆記本上。接下來一個小時左右的時間，我的手指頭都在隱隱作痛。佛騰說：「剛剛那樣差不多是九十伏特，我真的很開心你勇於嘗試。」

大約有三百五十種魚能夠產生電，而人類早在知道電究竟是什麼東西之前，就已經知道這些魚類的能耐了。[1] 大約在五千年前，埃及人會把胖胖的祖先刻在墓碑上[2]；而希臘人、羅馬人則以文字記錄電鰭（torpedo ray，分類上屬電鰭目 Torpediniformes）「使人麻痺」的能力——這種奇怪的能力不僅能殺死小型魚類，也會透過魚叉使人類手臂發麻，還可以治療從頭痛到痔瘡等各式各樣的毛病。① 直到十七、十八世紀左右，隨著科學家定義出電的物理性質，我們才知道原來發電魚（electric fish）② 釋放出的能量其實就是電。

從此，關於發電魚的研究就變得與關於電的研究密不可分。這類動物正是人類設計電池的靈感來源，也促使科學家發現其實所有動物身上的肌肉與神經都有極微弱的電流通過。而發電魚正是因為調整肌肉與神經的功能，使其成為特殊的發電器官，才演化出發電這種獨一無二的能力；組成這些器官的細胞名為發電細胞（electrocyte），其外觀就像把鬆餅一片片疊起來以後再側放一樣。這些魚類會以發電細胞控制帶電粒子（即離子）的流動，藉此可使細胞內外產生微小電壓。當這些細胞排列起，並且同時被激發時，就能結合產生出強烈的電壓。

至於在所有能夠產生電的魚類當中，沒有哪一種能比得過電鰻（學名為*Electrophorus electricus*，從學名可見其與產電的密切關係）。[4] 電鰻體長約兩公尺，其發電器官整體加起來就占據了牠們身體的大部分，其中則包含了一百疊像鬆餅一樣堆疊的發電器官，每疊則含有約五千至一萬個發電細胞。在三種電鰻當中，電力最強的一種可發出高達八百六十伏特的電流——電力強到足以麻痺一匹馬。③ 這些電鰻不僅能運用發電的殘酷能力，牠們的手段更是陰險狡詐；捕捉小型魚類與無脊椎動物時，牠們會發出使獵物肌肉不自主抽動的電流，迫使獵物暴露行蹤，接著牠們會發出更強的電流使獵物的肌肉麻痺而動彈不得。電鰻的發電器官不僅能用來當作控制其他動物的遙控器，更是能夠制服獵物的電擊槍，牠們也因為這種發電能力而能夠從遠處控制

① 希臘人將電鱝稱為nárkē，而這個字正是麻醉劑（narcotic）一詞的來源。發電魚的歷史以及其對科學的貢獻實在令人讚嘆，本書篇幅所能涵蓋的範圍僅為九牛一毛。若各位想對此有更深入、全面的了解，推薦大家閱讀史丹利．芬格（Stanley Finger）與馬可．皮可利諾（Marco Piccolino）合著的《發電魚歷史大驚奇》（*The Shocking History of Electric Fishes*）一書。[3]

② 譯註：泛指任何能夠產生電場的魚類，包含了軟骨魚與硬骨魚的數個不同分類群。

③ 這可不是誇飾。一八〇〇年代，南美洲查馬（Chayma）部落的漁夫幫自然科學家亞歷山大．馮．洪堡德（Alexander von Humboldt）捕捉電鰻，他們將三十匹馬與驢子趕進有魚的池子裡，許多電鰻便從水中跳起來電擊馬匹。一陣混亂趨於平靜後，漁夫就能輕易地將已經因發電而筋疲力竭的電鰻抓起來。而在這過程當中，有兩匹馬被活活電死。[5] 審註：能產生八百六十伏特的種類名為伏打氏電鰻（*Electrophorus volta*）。

其他動物的身體。④

不過其實大部分的發電魚都很無害，牠們釋放出的電流微弱到人類幾乎感受不到其存在[7]；因此這些發電魚便被稱為弱電魚（weakly electric fish）。弱電魚又分為兩大類——分布於非洲屬於骨舌魚目（Osteoglossiformes）的象鼻魚（象鼻魚科 Mormyridae，約有兩百種），以及分布於南美洲屬於電鰻目（Gymnotiformes）的南美飛刀魚（統稱為 South American knifefish，包含了五個科別的動物）。（而電鰻本身則屬於南美飛刀魚的一員——牠們是這當中唯一會發出強烈電流的種類。）⑤弱電魚是令十九世紀的科學家，包括查爾斯·達爾文，都百思不得其解的魚類。達爾文的推論沒錯，電鰻與電鱝身上強大的發電器官原本都只是一般的肌肉，歷經發出微弱電流的過渡階段以後才一路演化而來。因此，要是這些弱電魚身上產出的微弱電流根本沒有特殊的用途，那牠們當初就不會演化出發電器官了。然而，這些電流卻是如此微弱，根本無法攻擊敵人，也沒辦法自我防禦，到底還能有什麼用途呢？達爾文在他於一八五九年出版的偉大著作《物種源始》中寫道：「我們實在無法想像這些神奇的器官究竟是如何產生。不過既然我們連用途都不了解，想不出其起源也就不那麼令人意外了。」[8]

現在達爾文終於可以安心了。經過了一百六十年的研究，科學家終於知道南美飛刀魚與非洲象鼻魚的電場都是用來感知周遭環境，甚至還能藉此與彼此溝通。電之於牠們，就如同回音之於蝙蝠、氣味之於狗、光線之於人類的存在——也就是牠們環境界的核心。

馬爾坎·麥可依佛要我專心聽，接著他將電極伸進一個小水族缸裡，這個裝置在水中感測到每秒振盪九百次的電場，同時將其轉換為聲音，因此旁邊的喇叭響起令人心醉、大約比中央C高兩個八度的女高音聲調。這時我們聽見的正是水族缸裡靜靜待著的黑魔鬼（學名為 *Apteronotus albifrons*，較正式的中名為線翎電鰻）所產生的電場。⑥

黑魔鬼的身體跟我的手差不多長，體色黑漆漆的像黑巧克力一樣，而牠有著如刀刃一般的身形，頭部較寬，朝尾部一路變窄然後有著尖尖的尾巴。牠們身體下面有著像緞帶一樣的魚鰭不斷擺動，黑魔鬼也就因此能以令人難以置信的靈活姿態朝四面八方游動。一開始，這隻黑魔鬼在魚缸底部的圓柱體中央繞圈。牠突然如飛箭一般衝出來，然後用同樣靈巧的姿態游回去，牠上上下下地來回，又蜿蜒著身子倒退，就在快要撞到後面的水族缸壁時，牠的身子又以尾部朝上的姿態畫出一個弧度，沿著缸壁朝上游動。麥可依佛這時說道：「漢斯・里斯曼（Hans Lissmann）正是因為眼前的這個畫面而想通了一切。」

漢斯・里斯曼是烏克蘭的動物學家，師承提出環境界概念的雅各布・馮・魏克斯庫爾。[9] 歷經兩次世界大戰的里斯曼最終到了英國，而就在某次造訪倫敦動物園的機遇下，他觀察到裸臀魚（學名為 *Gymnarchus niloticus*）擁有在水中倒著游依然能巧妙避開障礙物的能力。[10] 而一旁展示的電鰻也以同樣的姿態在水中悠游，因此他不禁想，這兩種魚是不是其實都會以某種方式運用電流感知身邊的物體。不久後，剛好有位朋友送他一隻裸臀魚做為結婚禮物，他也因此有機會驗證這項假設。⑦

一九五一年，里斯曼運用電極確認裸臀魚會以尾部的發電器官持續產生電場。[11] 他發現如果某項物體的導

④ 雖然人類知道電鰻這種動物已有好幾世紀，但是直到近代，科學家才開始發現關於牠們的許多知識。肯・卡塔尼亞熱愛星鼻鼴鼠、蚯蚓、鱷魚等生物，就是他發現電鰻能夠遠端遙控獵物。而由卡洛斯・大衛・德・山塔納（Carlos David de Santana）所引領的研究團隊則發現，這些看起來長得都一樣的電鰻其實分為三個不同種類，其中一種產生的電流之強前所未見。[6]

⑤ 審註：這兩大類的前者其實還包含了同樣屬於骨舌魚目的裸臀魚，學名為 *Gymnarchus niloticus*，又被稱為尼羅河油壓剪。

⑥ 麥可依佛曾以十二隻不同種的發電魚組成一套樂器。他將這十二隻發出電場頻率不一的發電魚分別養在獨立的水族箱裡，並且由水中的電極將電場轉換為不同音頻。站在混音器前的人則能夠調整每個水族箱的音量大小，藉此譜出電流構成的交響曲。麥可依佛說：「我實在受夠了大家不懂欣賞發電魚的好，我想讓大家知道，牠們其實是能夠令人感受到美的神奇動物。」

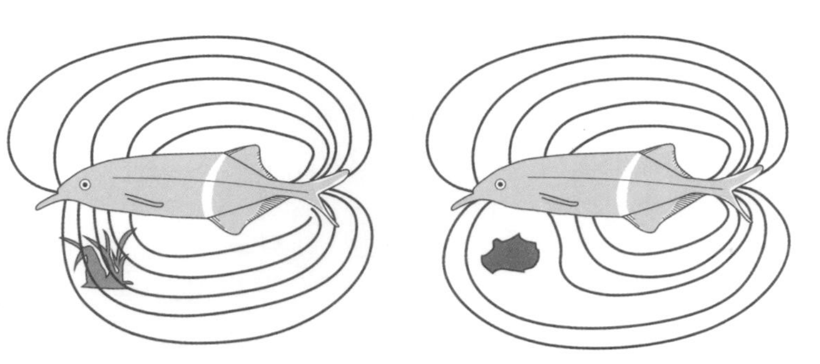

象鼻魚會在自身周圍產生電場，而周圍的導體與絕緣體則會扭曲其電場。

電性比水高或比水低，都會使電場變形，而裸臀魚便能藉由電場的變化來感知物體存在。[12] 里斯曼與同事肯·麥勤（Ken Machin）決定測試飛刀魚的能耐，成果令他們大為驚嘆；經過訓練後，飛刀魚能夠分辨兩個一模一樣的陶罐裡哪個放著絕緣的玻璃棒、哪個空無一物，牠們甚至還能夠辨別只有純度上有差異的水。這麼看來，牠們顯然擁有人類所不具備的電感應能力。於是里斯曼與麥勤在一九五八年發表這項研究成果[13]，就在十四年前（一九四四），唐諾·格里芬提出回音定位一詞來定義蝙蝠的聲納系統，這是數十年間科學家第二次正式發現生物古怪的全新感官能力。因此，發電魚這種同樣奇怪的能力便被稱為主動感電定位（active electrolocation）。為什麼感電定位前面還加了「主動」二字呢？我們等一下就知道了。

這些魚尾部的發電器官就像小小的電池一樣，一旦開啟，就會產生包覆全身的電場，而電流便會藉由水從發電器官的尾端傳至魚體頭端。一旦接近導體（例如動物，動物的身體細胞本質上來說就像鹽水袋一樣）就會增強電流；至於碰到絕緣體（例如石頭）則會使電流減弱。這些電流變化會影響發電魚各部位皮膚的電壓，牠們也就能運用名為電感受器（electroreceptor）的感覺細胞發現這些差異。[14] 黑魔鬼身上遍布著一萬四千個電感受器，牠們能夠運用這些感覺細胞辨別周遭物體的位置、大小、形狀、距離。[15] 正如同人類會靠著光線照射視網膜來看見世界一樣，發電魚則仰賴在其皮膚上跳動的電壓變化構築出周遭的電訊號圖像。導體在這幅圖像中閃閃發光，絕緣體則會產生電場上的陰影。

不管是**圖像**（image）還是**陰影**（shadow），這些與視覺有關的詞彙都能幫助我們描述像電場這樣奇特又陌生的感官能力。然而感電定位還是與視覺相當不同。具備感電定位能力的魚，會感知到周遭物體身上許多其他生物根本無感的物理特性，卻會忽略似乎應該顯而易見[8]的特質。艾瑞克．佛騰在野外捕捉發電魚時，就算直接用手電筒照射這些魚，牠們也不知不覺。然而他說，將漁網放進水裡時「只要上面有任何金屬材質，就根本不可能抓到牠們」。對發電魚來說，金屬這種導體與真正的光線相比，是更難以忽視的閃耀存在。

除此之外，牠們也對鹽的濃度相當敏感。亞馬遜盆地裡棲息著許多南美飛刀，當地大雨頻繁，水中的離子也因此被沖淡；對南美飛刀來說，棲息的水體裡的鹽分降低，水中其他動物的身體因此成了充滿鹽分的導體，也因此更容易於被牠們以感電能力定位；不過在離子含量相對較高的北美洲淡水水體中，其他水中動物的身影對牠們的電覺來說，就會與背景融為一體。麥可依佛的實驗室位於美國伊利諾州的艾凡斯頓（Evanston），假如他把實驗室裡養的黑魔鬼野放到當地的河流中，牠們大概會因為難以找到食物而餓死。也正因為這樣的特性，他用來飼養黑魔鬼的水都是仿照其自然環境的離子濃度配製，配製方式是在發電魚研究學者之間代代相傳的祕方。[9]這些黑魔鬼雖然離亞馬遜很遠，但這種配方的水至少能讓牠們覺得好像還在家

⑦ 容易令人混淆的是，里斯曼研究的發電魚種類是裸臀魚，牠們雖然名為African knifefish（直譯為非洲飛刀），但其實與象鼻魚的親緣更近（與全都源自南美洲的南美飛刀相比）。至於黑魔鬼（black ghost knifefish）則確實是南美飛刀，牠們體色黝黑且神出鬼沒。

⑧ 譯註：此處作者的原文以blindingly obvious表達顯而易見的意思，blind意指看不見（且為與視覺相關的詞彙），卻被用來形容極為明顯（看得見）的狀態。

鄉一樣。⑩

主動感電定位和回音定位一樣，都是必須持續耗費精力才能維持的感覺。其他感官能力如：用鼻子聞、用眼睛看、用手摸，動物可以自由決定是否運用這些感覺，而相應的感覺器官也能被動地接收外界刺激。然而蝙蝠的回音定位與發電魚的感電定位可不會靜靜等待，這兩種感覺都會主動製造其能夠接收的刺激來源，不過兩者之間依然有關鍵區別：**電場不會傳遞**。幾乎所有其他感覺都仰賴會在介質中傳遞的刺激源，例如氣味分子飄散、聲波傳遞、表面波振動，連光也得從光源傳遞給接收者才能被看見。然而無論何時何地，南美飛刀只要一啟動發電器官，電場就會立刻出現在牠周遭。除此之外，牠們也不像蝙蝠那樣還得等回音傳回耳裡，感電定位是能夠當下立刻反應的感官能力。

除了當下立刻反應以外，感電定位也是涵蓋全方位的感官。[17] 發電魚的電場囊括了其周圍的所有方向，因此牠們的感知範圍亦是如此。這也就是為何當時我看見的黑魔鬼，以及漢斯．里斯曼觀察到的裸臀魚能夠順利閃避背後的障礙物。就曾有影片記錄下這些發電魚一口氣倒退著游泳好幾公尺的畫面。「想像你要倒退著走上五公尺——這根本辦不到，」佛騰如此對我說道。「但發電魚就可以。」

然而要擁有這種環繞四面八方的全方位感官，也不是沒有代價。電場的能量消散得很快，因此感電定位只能在近距離下發揮作用。黑魔鬼吃的是只有幾毫米長的水蚤，而只有在這些體型微小的獵物距離牠們僅有二點五公分左右時，黑魔鬼才感覺得到牠們的存在。一旦超過這個距離，黑魔鬼就無法察覺水蚤的位置，甚至連更大的物體也感覺不出來。麥可依佛說：「我想這種魚的感覺應該就像一輩子都活在濃霧裡吧。」黑魔鬼確實能夠產生更強的電場來拓展其感覺的範圍，畢竟牠們每天晚上覓食時也確實會增強電場；然而牠們就算付出更多努力，效果也有限。想要使其電場範圍加倍，黑魔鬼就得付出八倍的精力[18]——而光是製造出身體周圍的電場，就已經耗費掉黑魔鬼全身所有熱量的四分之一了。⑪

也因為這些限制的存在，牠們才必須如此靈活。牠們感官的範圍如此局限，勢必得有對於感知到的事物迅速反應的能力。一旦感覺到障礙物存在，牠們就要立刻煞車或轉向才能避免撞上。在發現食物的當下，牠們也很可能早就游超過目標的位置，因此得回頭捕捉獵物。麥可依佛就給我看了黑魔鬼覓食的影片：一開始，影片裡的黑魔鬼游著游著就超過了水蚤的位置，但牠卻立刻倒退，直到頭的位置足夠接近獵物才一口咬住水蚤。假如牠選擇迴轉而不是倒退，水蚤就會脫離牠的電場範圍而消失無蹤，因此牠選擇直接倒車，讓獵物一直維持在感知範圍內。這也是另一個動物身體結構與其感覺系統密切相關的例子，黑魔鬼要是沒有包圍著全身四周的電場，牠靈活的身體也派不上用場。倘若牠的身體不夠靈活，牠的電覺也就發揮不了作用了。

感電定位能力有著涵蓋全方位的性質，這也就表示在我們目前為止提及的所有感覺當中，它是與觸覺最相近的一種。[20] 麥可依佛說：「人類的全身上下都有觸覺能力，而我們卻覺得這理所當然。現在想像這種觸覺能夠往你的身體外面延伸一些，我猜這大概就是擁有感電定位能力的感受了。不過誰知道發電魚到底是什麼感覺呢？」布魯斯・卡爾森（Bruce Carlson）也是研究發電魚的科學家，他猜想電場對於發電魚來說，應該

---

⑨ 這份配方被學界稱為馬勒祕方，以該領域的研究先驅里奧內德・馬勒（Leonard Maler）為名。

⑩ 某些種類的發電魚似乎演化出在某個小範圍的鹽度下才能發揮最佳效果的電覺。卡爾・霍普金斯（Carl Hopkins）在二〇〇九年就寫道：「有趣的是，這些發電魚或許會在試著拓殖游入河流裡的時候，因為水的導電度不同而被無形的障礙阻擋。」[16]

⑪ 當然，發電魚也還是能運用其他感官，當中也確實包含像視覺這樣能涵蓋遠距離的感官能力。象鼻魚的眼睛似乎能感知到大型物體在遠距離外快速移動的景象，理論上來說，這應該能夠幫助牠們在敵人進入其電場範圍之前及時閃避。[19] 然而，大多數發電魚都住在混濁的水體裡，在那樣的環境裡，涵蓋大範圍的視力根本派不上用場；而且居住在野外的南美飛刀們，眼睛裡大多都有寄生蟲，不過牠們依然活得好好的——雖然噁心，但這確實證明牠們不太需要視力也能存活。

就是在皮膚上產生的不同壓力吧。至於導體與絕緣體感覺起來應該大不相同，就像我們觸摸不同物體時可能會感覺冷或熱、粗糙或平滑一樣。他說：「在我的想像裡，如果我游過金屬球旁邊，應該會感覺到像冰塊在身側滾動的細微冰涼觸感。」當然這也只是他的推測，不過發電魚倒是真的會在物體附近來回游動，好像在遠處觸摸物體一樣，也就像是人類在用指尖感覺物體的觸感。發電魚也會用身體環繞陌生的物體，藉此感知其形體，就像我們發現不尋常的東西，會用手抓著它好好感覺一樣。[21]丹尼爾・基什說回音定位對他來說就像觸覺一樣。他運用聲音來延伸觸覺，藉此探索周遭世界。而發電魚正是用同樣的方式運用電場。⑫

假如各位覺得這些內容聽起來異常熟悉，請回想前面我提過魚在游泳時，水流會在牠們身體周圍形成流場。至於在魚體附近的物體會干擾其身體周圍的流場，牠們也能因此以側線系統感知，進而察覺物體的存在。斯萬・迪吉葛拉夫說這是一種「遠距離的觸碰」，發電魚的感電定位也正是如此，只是把水流換成電流而已。這兩者之間會如此相似也絕不僅是單純的巧合而已。感電定位的感知能力其實正是**從側線系統演化而來**[23]，電感受器和側線皆是源自同樣的胚胎組織，而這兩種感覺器官裡也都有同樣的毛細胞（你的內耳裡也有這樣的毛細胞）。[24]⑬因此，感電定位感覺真的就是另一種觸覺，只是把感受水流的能力換成感知電場而已。⑭

不過既然已經有側線的存在，又為何會演化出感電定位能力呢？這很可能是因為與接收其他任何刺激源的感覺相比，電場都顯得更加可靠。電場不會因為水流而受到擾動，因此發電魚能夠生活在流速很快的河流中，在那樣的水域裡，急流與漩渦都會使側線難以發揮作用。除此之外，就算水裡黑暗無光或水質混濁，電場依然能發揮作用，因此發電魚在混濁的水體或昏暗的夜色下也能自在活動。更甚者，電場不像光線與氣味會被物體遮擋，因此發電魚的電感覺能夠穿透堅硬的物體感知到裡面蘊藏的各種寶藏。[25]說實在的，要躲過這種動物的感知實在困難，牠們不僅對各種事物的導電度相當敏銳（也就是物體傳導電流的能力），就連電容量（也就是物體儲存電荷的能力）牠們也能精準感知。[26]而在大自然裡，就像麥可依佛說的：「電容量就是生命存在的象徵。」獵物可能會一動也不動、嘗試躲藏、保持安靜來試圖騙過仰賴視覺與聽覺的掠食者，然而這些花招全都躲不過感電定位的探測。對於發電魚來說，活體身上的電容量彰顯了牠們的存在，在其他無機體的映襯下變得再明顯不過，而其他發電魚的身影正是這之中最醒目的焦點。

就在九一一恐怖攻擊後不久，艾瑞克．佛騰接到他大學院長的電話。佛騰有位同事是美國空軍後備軍人，如今已受徵召準備前往厄瓜多服役，因此他的職位就這麼空了出來。假如佛騰願意，立刻就可以遞補上這位同事的職位——他也確實這麼做了。

佛騰就這麼到了亞馬遜雨林深處的一間小屋裡，他在那裡觀察一座牛軛湖⑮。有天夜色降臨，蝙蝠開始在湖面上探測昆蟲的行蹤，大型蜘蛛也開始捕捉獵物，佛騰則走到湖邊的突堤上，將電極接上擴音器伸進湖裡。他當下就聽到了熟悉的聲音——琥珀玻璃飛刀（屬名為*Eigenmannia*，埃氏電鰻屬）發出的獨特嗡嗡聲。這種電鰻是最廣受研究的發電魚，佛騰自己以前也研究過牠們，然而他只在研究室裡聽過幾十隻琥珀玻璃飛

⑫ 安傑．卡普提（Angel Caputi）則認為對發電魚來說，感電定位應該是把側線與本體感覺——本體感覺就是動物對自己身體部位位置的感知——合而為一的一種觸覺。[22]

⑬ 像毛細胞這種基礎感受器竟然同時被用來感知聲音、水流與電場，真是太神奇了。

⑭ 這點看似牽強，但其實並不誇張。側線上的神經丘感受器本身就能感覺到電，只是敏感度比發電魚的電感受器少上千百倍之多。

⑮ 譯註：由於河流變遷或改道，原本為曲形的河道截彎取直後留下的舊河道所形成的湖泊。

刀發出的聲音。站在那兒，他覺得自己大概聽見上百隻琥珀玻璃飛刀發出的聲音。雖然看不見，但他知道自己腳下有著以電場構築出的豐富世界。佛騰對我說：「我現在只要一閉上眼，就彷彿能置身於那一刻。那真的是我體驗過最令人心醉的感受，真可惜我不在那兒。」

幾十年來，科學家都在實驗室裡研究發電魚。要記錄、調整、回放發電魚產生的電都非常容易，因此發電魚的研究成了許多神經科學與動物行為學的基礎。[27]例如：研究人員可以釋放出模仿物體在發電魚身邊移動時的電訊號，並藉此觀察牠們的反應。從一九六〇年代起科學家就開始進行這些實驗，為發電魚製造出了各式各樣的虛擬世界。然而因為要在野外研究發電魚實在太過困難，如今這種動物棲息環境的真實面貌卻依然還是未知的領域。[28]不管是非洲的象鼻魚還是南美洲的飛刀，都生活在雨林深處的混濁河流之中，而且藏身在錯綜複雜的水中植物之間。在某些地區，牠們其實是當地最常見的魚類。但除非像佛騰一樣把電極伸進水裡，再把牠們的電場轉換為人類能聽見的聲音，否則實在難以發現牠們的存在，更不可能感受牠們以電場交織出的樂章。

這些科學研究用的電極也隨著時間越來越進步[29]，從原本只是在當地商店就能買到的粗略裝置⑯，進展到研發出能夠分辨出發電魚群中每隻個體位置的複雜設備。也因為這些器具的存在，科學家才能夠發現發電魚不僅會運用電場感知環境，那更是牠們的溝通方式。牠們運用電場求偶、劃地盤、爭鬥。牠們想要用電場達成的目的，其實就和用體色或歌聲來傳達訊息的動物一樣。[30]

電場是相當理想的溝通管道，因為它不會像聲音那樣容易受到干擾，不會被障礙物吸收，也不會產生回音，甚至也不會傳遞。反之，發電魚產生的電場會立刻出現在牠本身與接收訊息的對象之間。⑰也因為這種能立即接收到訊號的特質，發電魚發出的電訊號不會被破壞，接收方也能夠解讀電流中蘊含的細膩訊息。在聽覺的章節中，我們知道了斑胸草雀會細心聆聽對方歌聲中的時間精細結構——也就是每千分之一秒之間的音節變化；而發電魚也能以同樣細膩的方式感知另一隻發電魚釋放的電流，牠們敏銳到能夠感知百萬分之一秒之間的差異，甚至還能將想傳達的訊息附加在簡單的訊號裡。

某些種類的發電魚會開開關關牠們的電場，產生如鼓聲般擁有重覆節拍的強烈脈衝；這些脈衝的形狀——也就是每一次脈衝的長度與電壓變化——蘊含了這隻動物的種類、性別、狀態等訊息，有時候甚至還能用來表明個體身分。[31]每一隻個體會在短時間內反覆產生相同的脈衝，布魯斯·卡爾森說：「我喜歡把這種脈衝想像成人類的嗓音。」相反地，脈衝的節拍也會有相當迥異的差別；假如脈衝的形狀能揭露發電魚的身分，脈衝的**節拍**則就蘊含了不同的意義與功能。某一種節拍對發電魚來說也許就像鳥兒求偶的歌聲一樣令人著迷，另一種節拍則可能像咆嘯聲一樣充滿威脅性。[32]

至於其他像黑魔鬼和琥珀玻璃飛刀等種類的發電魚則會快速、連續地產生脈衝，使其融合為一道連續的電波，就像小提琴拉出了一聲無止盡的樂音一樣。這些電波的頻率依種類不同也各有差異（有時候連不同性別的頻率也不一樣），發電魚也會以令人難以置信的精準度控制發出電波的節奏。神經科學家泰德·布洛克（Ted Bullock）就發現，黑魔鬼的電場頻率通常為每千分之一秒振盪一次，而其產生的時間誤差僅僅為0.00000014秒[33]；牠們就像大自然之中最精準的時鐘，精準到連布洛克使用的儀器都幾乎難以檢測出其時間誤差。[⑱]這種發電魚能夠謹慎控制地釋放訊號，使頻率產生極其細微的不同，藉此向其他發電魚傳遞訊息。[35]

---

⑯ 佛騰說：「RadioShack電器行倒閉對我們這個圈子來說實在是一大憾事。」

⑰ 牠們不太會被周遭的噪音干擾，不過依然有例外——遠處的雷雨會產生電磁波，能夠傳到幾千公里遠以外的地方；而科學家使用的電極能夠探測到雷雨產生的電磁波，那麼發電魚也很有可能感覺得到其存在。

牠們會精準微調地增加電場的頻率，藉此產生「啁啾」（chirp）的訊號。[36][⑲]該訊號便是「當在具有侵略性的場面下，發出又短促又突然的電場；而如果是在求偶，這種電場頻率則會有著柔軟卻又刺耳的特質。」瑪麗・哈格多恩（Mary Hagedorn）與華特・海利根柏格（Walter Heiligenberg）如此描述道。[⑳]

這樣的發電訊息傳不遠，然而與感電定位相比，電通訊的範圍限制沒那麼多。當發電魚進行感電定位時，牠們可以藉由製造出較強的電場來擴展感應的有效範圍，當然，這必須損耗較多的能量。而當「聆聽」另外一隻發電魚的電訊號時，其實根本不必製造任何的電場，此時，只需有更加敏感的電感受器便已足夠。所幸，更加敏感的電感受器不難演化出來。因此，一隻發電魚或許只能感知到身體周遭二點五公分範圍的獵物；但卻可以偵測到距離半公尺（或更遠）的其他發電魚訊號。還記得麥可依佛想像發電魚的感知世界嗎，牠們的同類應該就會在那一輩子的濃霧中曙光乍現。

透過電場訊號來通訊，對其中一群名為A演化支的長頜魚亞科（Mormyrinae）魚類來說特別重要。[㉑]A演化支的象鼻魚也將這種溝通技巧發展到了極致。所有象鼻魚身上都具備名為塊根器（knollenorgan）[㉒]的電感受器，這種器官不僅獨特，敏銳度更是超群。象鼻於並非使用塊根器來感電定位，而是用來偵測其他象鼻魚產生的電子訊號。A演化支更是進一步發展其塊根器，使其能夠探測到極其細微的電子訊號，細微到其餘的象鼻魚種類無法覺察。[38]身為科學家的布魯斯・卡爾森正是發現其中奧妙的大功臣，他說假如A演化支能感測到的電子訊號充滿豐富斑斕的色彩，那麼其餘象鼻魚能感受到的就彷彿只是一片單一色彩。

卡爾森也推測，這種魚身上會產生如此演變其實是源自於牠們的社交生活型態。[39]塊根器沒那麼精密的象鼻魚都是成群結隊地在開放水域生活，因此牠們只要知道其他魚有沒有在身邊、自己在哪裡的大略資訊就好。然而A演化支的象鼻魚卻大多會占據地盤，獨自幽居在黑暗的河底。卡爾森因此說：「假如牠們感知到其他魚類出現，勢必會想搞清楚對方的位置與身分。」對方是競爭對手？是配偶？還是另一種牠根本不在乎的其他魚類？這種必須知道其他魚類身分的需求改變了牠們的感電能力；此外，也至少在牠們演化的過程中產生了兩項重要影響。

其一，A演化支是物種多樣性非常高的類群。牠們能夠感知到彼此電子訊號間的細微差異，因此發展出了擇偶上的細微偏好。而這些偏好很快地就會將單一族群一分為二，在電子訊號上偏好匹配的個體才會選擇對方交配，最終成為截然不同的物種。這個過程就是性擇（sexual selection），這種現象在A演化支裡更是發揮得淋漓盡致，牠們電子訊號產生多樣化的速度比其他象鼻魚快上了十倍，產生新物種的速度也比其他動物快上三至五倍。時至今日，這世界上至少有一百七十五種的象鼻魚屬於A演化支，而其他象鼻魚加總起來也才不過三十出頭個物種。因為有著如此精準發達的電感受器，牠們才演化出了各式各樣的型態。

其二，A演化支的象鼻魚還演化出更為複雜的大腦，或許一部分是為了要能夠處理比其他象鼻魚更為強大的塊根器偵測能力。彼氏錐頜象鼻魚（又名Ubangi elephant fish，學名為*Gnathonemus petersii*）的大腦約占其體重的百分之三，並且會消耗其體內百分之六十的氧氣。[40] ㉓「擁有這樣的大腦，你可能會想像這些魚類有

---

⑱ 霍華德．休斯（Howard Hughes）在其著作《感官異聞》（*Sensory Exotica*）當中提到，假如你用黑魔鬼的電場來校準時鐘，這時鐘每年只會累積出一小時的誤差。[34]

⑲ 譯註：乃指頻率隨時間而增加或減少的訊號，因這種訊號聽起來像鳥類叫聲而得名。

⑳ 假如兩隻琥珀玻璃飛刀碰上彼此，又發出頻率相近的電場訊號，牠們就會改變自己的訊號，使其與對方不同。這種現象名為避免干擾反應（jamming avoidance response），是所有脊椎動物間的行為當中被研究得最為透徹的一種。[37]

㉑ 審註：象鼻魚科一共有兩個亞科：岩頭長頜魚亞科和長頜魚亞科。在長頜魚亞科當中，除了鼠長頜魚屬（*Myomyrus*）之外的十九個屬，皆為A演化支的物種。

㉒ 譯註：該構造由德國解剖學家於一九二一年首次描述，由其塊根般的形狀取名。Knolle為德文中「塊根」的意思。

辦法蓋出城堡或譜出優美的交響樂。」專門研究彼氏錐頜象鼻魚的內特・沙特沃爾（Nate Sawtell）這麼說道。「雖然我沒看過牠們做出這些舉動，但只要細細觀察，你一定會發現牠們跟金魚相當不同。牠們機靈又聰明。」

他帶我到位於紐約的實驗室，讓我觀察一整群的彼氏錐頜象鼻魚，親眼見證他的說法。這些魚兒棕色的身體又長、又扁，牠們的尾巴分岔，臉上有個名為頜器（schnauzenorgan，源於德文Schnauze，口鼻部之意）的突出構造，這種外型正是牠們被稱為象鼻魚的原因；不過那個突出的部位其實不是鼻子，而是下巴——因此牠們比較像法老王，而不是皮諾丘。我看過的其他發電魚都是一副悠然自在、輕飄飄的樣子，不過牠們卻表現得狂亂又焦躁。[24] 牠們**探查**沙特沃爾伸進水裡的電極，也用長下巴探索水族缸底部鋪的沙子，而牠們用來感知的長下巴則充滿多得驚人的電感受器。有時候兩隻錐頜象鼻魚還一前一後地排列，這樣前一隻魚尾部的發電器官就會剛好位於後者頜器上大量的電感受器旁邊。這時牠們就會瘋狂釋出訊號，就像兩個人同時對著彼此的耳朵喊叫一樣。牠們也彼此追逐，看起來就像在嬉鬧一般。[25]

看著這些魚，我不禁思考由電子訊號主導的社交生活到底會是什麼模樣。這些魚兒無法躲過其他同類的感知。牠們在放電感知環境的同時，也無可避免地向周遭其他發電魚洩漏自己的存在與身分。一條充滿發電魚的河，大概就像每個人都**一直在說話**的雞尾酒派對一樣吧，就連嘴裡充滿食物也無法停歇。

不過最令我感到困惑的還是這件事：發電魚同時用來為自己導航、與同類溝通，而牠們用來傳遞訊號給其他同類的電場與用來感電定位的電場都一樣，這也就表示，牠們在改變電場以傳遞訊息的同時，勢必也會改變當下導航或覓食的能力。舉例來說好了，打架打輸的發電魚通常會暫時停止釋放電脈衝，以示屈服——但這同時也就暫時關閉了牠對周遭的感知。換言之，溝通的過程會改變牠們對環境的感知。我們聽見鳥兒歌唱，或許無法完全聽出其中表達的意義，但確實可以聽見這隻鳥兒唱了**某些內容**。不過要是聆聽一隻發電魚對附近其他同類發出的電覺訊號，這時牠到底是在傳遞訊息，還是在試圖探查對方的位置？還是兩者皆是呢？電場到底是用在導航還是溝通，對發電魚來說真的有差嗎？

沙特沃爾說：「我們對發電魚生活的其他層面知之甚少，至於在認知層面，人類對牠們的了解大概就跟對家裡寵物貓狗的理解差不多。」在經過幾十年的研究後，科學家對於發電魚神經系統的了解已經比對這世上大多數動物來得多；他們能詳細描繪出驅動發電魚的電感受器的神經迴路，不過電覺似乎還是一種超凡的特殊能力。即便這種感覺能力如此特別，它卻意外地普遍存在。

一六七八年，義大利有位醫生史蒂芬諾・勞倫齊尼（Stefano Lorenzini）注意到電鱝的臉上布滿了上千個小孔，而每一個小孔底下都有一條充滿膠狀物的管道。其他如魟魚等親緣關係相近的軟骨魚類，也有類似的小孔與管狀構造，甚至連鯊魚也有。這種結構就是後來廣為人知的勞倫氏壺腹（ampullae of Lorenzini），不過

㉓ 相較之下，人類的大腦約占體重的百分之二至二點五，會消耗百分之二十的氧氣。不過我們不能直接比較不同大小的動物身上大腦占身體比重的差距，更別說溫血與冷血動物的身體構造更是不同；除此之外，動物的智力也不能單靠大腦的大小來衡量，但我的重點還是：這種象鼻魚的大腦超乎尋常地大。

㉔ 卡爾森發現有一種象鼻魚——鰻形擬長頜魚（Cornish jack，學名為 *Mormyrops anguilloides*）——會成群結隊地打獵。[41] 他說：「我們在實驗室裡要是把兩隻鰻形擬長頜魚放在同一個水族缸裡，最後一定至少有一方會死，老實說，常常是兩敗俱傷地雙雙死去。」這種魚在同一個魚缸裡會不斷打鬥，直到失去生命為止。不過在馬拉維湖（Lake Malawi）（少數水質清澈到發電魚能夠看清楚彼此的棲息地），這些魚每天晚上都會與同一群夥伴集結起來追捕小魚。牠們通常會在團聚時發出大量電脈衝，這很有可能就是牠們打招呼的方式——牠們也因此能夠維持魚群成群的狀態。[42]

㉕ 布魯斯・卡爾森告訴我，他曾看過大隻的象鼻魚用水族缸裡的管子嬉鬧。他說：「牠們會游進管子裡，把管子抬到水面以後試著在水面平衡管子，直到管子失去平衡倒了，牠們就會再試一次。」

勞倫齊尼和當代的其他科學家都不知道這種構造到底有何用途。經過了幾世紀的時間，線索終於慢慢浮現。隨著科技進步，越來越厲害的顯微鏡終於讓科學家發現這些管狀構造的底端有著壺腹，並且還連接到一條神經——各位可以把這種構造想像成中國南瓜底部垂著一條線的樣子。想來這必定是某種感覺器官，但到底是用來感覺什麼呢？一九六〇年，生物學家R・W・莫瑞（R. W. Murray）終於發現壺腹會對電場有反應。[43]再過了幾年，斯萬・迪吉葛拉夫和學生亞金諾斯・卡爾明金（Adrianus Kalmijn）則驗證了這項推論。[44]他們發現鯊魚碰到電場時會反射性地眨眼，但如果牠們身上勞倫氏壺腹的神經被切斷，就變得不會有這種反射現象。這些南瓜形狀的構造其實就是電感受器。㉖

然而這個答案卻為原本已存在了三個世紀之久的謎團帶來更多疑問。一九六〇年代，漢斯・里斯曼早已發現弱電魚能夠靠自身電場的感知能力辨識方向。然而，（除了電鰻以外）由於鯊魚與魟魚都不會發電，所以不太可能有感電定位的能力，那這些動物又為什麼會有電感受器呢？

結果發現，原來**所有**生命體只要在水底下就都會產生電場。[46]各位應該還記得吧，我們前面提過，動物的細胞就像鹽水袋一樣，而這些鹽水袋裡的鹽濃度與周圍水體的鹽濃度不同，細胞膜內外的鹽分濃度差異便會產生電壓。因此帶電的離子只要穿過細胞膜，就會產生電流。這其實就是電池的基本原理——帶電粒子在兩個被屏障隔開的鹽溶液之間移動，因而產生電流。這麼說來，每隻活生生的動物其實都是活體電池，單單只是存在於這個世界上，就會自動產生生物電場（bioelectric field）。這些生物電場產生的電流比最微弱的弱電魚還少上千倍[47]，同時也會因為皮膚及外殼的隔絕而衰退。然而，某些暴露在外的身體組織如：嘴巴、鰓、肛門以及（對鯊魚來說很重要的）傷口，其電場強度就足以被其他生物探測到。鯊魚與魟魚或許無法僅靠其他感官來覓食㉗，但牠們絕對能靠著這些生物電場來逮到獵物。

卡爾明金在一九七一年證明了這一點。[48] 他發現小斑貓鯊（學名為 *Scyliorhinus canicular*）總是能找到美味的比目魚，即便這些魚藏身在沙子底下，或甚至是被以洋菜做成的膠狀物包圍（目的是隔絕氣味與機械性刺激），牠們依然不會錯過美味的比目魚大餐；只有在以絕緣的塑膠布蓋住比目魚時，牠們才會錯失目標。卡爾明金也乾脆直接在沙子下用電擊模擬比目魚發出的微弱電場，他記錄下了小斑貓鯊的反應，牠們竟然也會「堅持在電場來源處不斷挖掘，而且牠們每次經過電擊所在位置都會有相同的反應。」野生鯊魚也會攻擊埋在沙子下的電極[49]，甚至有些鯊魚才剛出生就已展現出這種行為模式了。[50]

鯊魚的這種感電能力被稱為被動感電定位（passive electroreception），與我們到目前為止提過的感電能力都不同。[51] 鯊魚和魟魚不會主動產生電場來定位周遭物體，而是被動探測其他動物的電場——其主要目標是可供捕食的獵物。㉘ 牠們被動感電定位的能力真的超乎尋常，可能比其他動物都要來得厲害。㉙ 史蒂芬・梶浦（Stephen Kajiura）發現，小型的雙髻鯊（科名為雙髻鯊科 Sphyrnidae）能夠在水中一公分的距離下探測到僅

㉖ 至於勞倫氏壺腹裡的膠狀物質具有極高的導電性。[45] 其作用就像電纜線一樣，把附近水域裡的電場傳遞到壺腹的底部，那兒有一整層感覺細胞負責探測傳來的訊號。接下來，這些細胞就會比較傳來的電場訊號與動物本身電場訊號的差異，結合了上千個壺腹得到的資訊，鯊魚就能感知到周圍的電場變化。

㉗ 有人說鯊魚和魟魚會探測肌肉動作時產生的電場，不過雖然肌肉動作確實會產生電場，卻通常低於電感受器能夠探測的範圍。

㉘ 不過這也並非毫無例外，有些魟魚會用電場尋找埋在沙子下的配偶，[52] 也有些鯊魚的胚胎會在感受到掠食者的電場時保持靜止不動，藉此躲避敵人[53]——這種能力讓我想起凱倫・瓦肯汀研究的樹蛙。審註：點紋狗鯊（*Chiloscyllium punctatum*）仍在卵鞘裡時就能感電，其靜止不動的程度是連鰓裂都完全停止擺動，大幅降低釋出的電訊號。

㉙ 嚴格來說，只要電流的強度夠大，甚至連人類都能產生電感應，我們只是沒有演化出專門用來接收電場訊號的感覺器官而已。因此強烈的電流會直接刺激人類的神經，產生麻麻刺刺、疼痛、抽痛的感覺。即便有這些感覺，我們依然只能感受到每公分僅0.1至1伏特的電壓，而鯊魚的電感應則比我們敏銳了大約十億倍，接收電場訊號也不會令牠們產生不舒服的感受。

僅一奈伏特（nanovolt）——也就是十億分之一伏特的電場。㉚然而，鯊魚的被動感電能力卻只有在近距離之下才能夠發揮效用。[54]牠們無法感知大海另一端海底下埋藏著的魚類（或電極），甚至連目標只是位於水池的另一端也沒辦法；對鯊魚來說，被動感電的範圍只有大約一條手臂的距離而已。獵物若是在幾公里以外，鯊魚就得先靠嗅覺聞出目標的方位。[55]㉛隨著離目標越來越近，就換視覺上場了；再更近一點，鯊魚的側線系統也加入戰局；然而直到真的準備發動攻擊的那一刻，鯊魚的電感應才會啟動，開始精準定位獵物的位置、一擊而中。這也就是為什麼鯊魚的勞倫氏壺腹通常都集中在嘴巴周圍而已。[56]㉜

被動感電定位對於尋找躲起來的獵物格外有用，畢竟動物根本無法關閉自己與生俱來的電場。㉝然而假如鯊魚除了感電定位以外無法仰賴任何其他感覺——假設獵物就像卡爾明金的實驗一樣埋藏在沙子底下——鯊魚就得游近獵物，直到其勞倫氏壺腹足夠靠近目標了，才能感知到獵物的存在。不過也有些種類演化出了更大的頭部，因此得以加速偵測的過程。雙髻鯊沒有突出的口鼻部，而是演化出了又寬、又扁，長得像汽車擾流板的頭部。[58]雙髻鯊扁平狀的頭部底下充滿了勞倫氏壺腹的構造，因此牠們會像人類使用金屬探測器一樣在海床上四處擺動頭部地以頭部搜尋目標，試圖找出埋在底下的珍饈。牠們被動感電的敏感度與其他鯊魚不相上下，但其頭部形狀卻能讓牠們在同樣的時間內探索更廣的範圍。

鋸鰩（科名為鋸鰩科 Pristidae）也是如此。牠們其實也是一類魟魚，只是身形長得比較像鯊魚而已，牠們的頭長得貌似中古時代的武器，口鼻部則是又長又扁的劍狀，兩邊還有一根一根的牙狀鋸齒。這根「鋸子」大約可占牠們體長的三分之一，其上下都布滿了壺腹構造。也因為有這種身體結構，鋸鰩的感電能力就能夠大幅延伸至頭部前方——而這點在混濁的水域能夠發揮極大作用。[59]專門研究鋸鰩的學者芭芭拉・胡林傑（Barbara Wueringer）說：「我們在連船的螺旋槳都看不清楚的混濁水域裡發現了牠們。」她也察覺，鋸鰩的鋸子不僅是電感受器，更是武器[60]；一旦有魚從鋸鰩下方游過，牠就會狠狠一劈，用口鼻部兩側的鋸齒對獵物又刺、又打、又削，就在受傷的魚兒往下沉以後，鋸鰩就會以鋸子下方的電感受器感知獵物的位置並精準地將其吞下肚。胡林傑也因此說：「我每次看到牠們就忍不住心想：『這到底是什麼東西啊。』」㉞

感知電場並不是鯊魚和魟魚獨有的能力。[62]以脊椎動物來說，大約有高達六分之一的物種擁有這種能力。[63]這些物種當中也包含了八目鰻（七鰓鰻亞綱 Hyperoartia），牠們有著能夠隨意彎折的身軀，口吻部長滿了利齒的吸盤而沒有上下顎。此外，還包含了古老的魚類——腔棘魚（腔棘魚目 Coelacanthiformes）㉟，直到一九三〇年代發現腔棘魚的活體以前，大家都以為牠們絕種了。其他有感電能力的古老魚類還包括匙吻鱘（科名為匙吻鱘科 Polyodontidae），牠們有長長的吻部，上面也布滿大量電感受器，因此牠們運用這個吻部尋找獵

㉚ 有人說，要是想用一般的三號電池創造出只有一奈伏特的超微弱電場，就得將電池兩端接上橫跨大西洋兩側的兩個電極。不過這個畫面想像起來雖然有趣，但其實根本不能用這種尺度比喻。事實上，鯊魚感應的電場要比電池還要微弱得多，更別說電場還會隨著距離拉長而減弱，這也是為什麼鯊魚的感電能力只能在近距離下發揮效用。

㉛ 審註：鯊魚的嗅覺奇佳無比，牠們對特定胺基酸的氣味特別敏感，甚至被暱稱為會游泳的大鼻子；會游泳的大舌頭則是第一章提到的鯰魚。

㉜ 這也是鯊魚感受到電場會反射性眨眼的原因（正如迪吉葛拉夫與卡爾明金的觀察）：鯊魚攻擊時會往目標撲去，因此牠會反射性地保護自己的眼睛而眨眼，以免受到水流衝擊。

㉝ 不過動物確實可以減弱身體產生的電場。當魷魚看見類似鯊魚的身影接近時，就會保持靜止不動、屏氣、蓋住鰓室。[57]克莉絲汀・貝卓（Christine Bedore）發現魷魚可以靠這些行為將其電場的電壓降低百分之九十，被咬中的機率也會減半。不過魷魚在面對螃蟹的攻擊時則不會產生這些行為，因為螃蟹感受不到電場的存在。

㉞ 胡林傑成立名為澳洲鯊魚與魟魚協會（Sharks and Rays Australia）的組織，旨在保育鋸鰩以及與其親緣相近的各種動物。[61]鋸鰩身上那巨大的鋸子雖然是牠運用被動感電的最大利器，卻也使牠們成為獵人喜愛的戰利品，更是相當容易被魚網捕捉。目前世界上僅存五種鋸鰩都已瀕臨絕種，其中三種更是嚴重瀕危的動物。

㉟ 審註：現生僅存兩個物種，為矛尾魚屬 *Latimeria* 的成員。

物的方式與鋸鰩相去不遠。南美飛刀與非洲的象鼻魚則能夠感受到其他動物與「自己」的電場；還有上千種的鯰魚（鯰形目 Siluriformes），牠們也是擁有感電能力的魚類，其中更有許多種類會獵捕其他發電魚。除此之外，還有某些兩棲類動物如：蠑螈（統稱為 salamander，有尾目 Urodela），以及長得像蚯蚓的蚓螈（統稱為 caecilian，蚓螈目 Gymnophiona）也擁有這種感知能力。㊱

甚至連某些哺乳類動物也有感電能力。㊲至少有一種海豚——南美洲的圭亞那海豚（學名為 *Sotalia guianensis*）——就擁有這種特殊的能力[64]，但牠們卻只有八至十四個電感受器。海豚既然都已經有回音定位能力了，我們實在很難想像這麼少的電感受器對牠們來說到底有什麼用處。同樣地，我們也不清楚針鼴（科名為針鼴科 Tachyglossidae，現生兩屬共四種）——這是種跟刺蝟很像，而且會產卵的澳洲哺乳類動物——吻部尖端的電感受器究竟有何用途[65]，或許牠們能夠在濕潤的土壤中感覺到微小的昆蟲移動吧。至於牠們的近親鴨嘴獸（學名為 *Ornithorhynchus anatinus*），則會潛入水中，像雙髻鯊一樣忙碌地左右擺動像鴨子嘴巴一樣的嘴喙，藉此尋找食物，這或許就是牠們嘴喙上擁有超過五萬個電感受器的原因。[66]在水中，鴨嘴獸的眼睛、耳朵㊳、鼻孔通通都關上了，只能全然依賴觸覺與感電能力來指引方向。

這許許多多具有電感受器的生物讓我們了解三件事[67]：第一，感電能力是一種古老的感知能力，電感受器更是在久遠以前由側線系統演化而來，現存脊椎動物的共同祖先或許其實都能感知電場的存在。現代人不具備感電能力，然而倘若往回追溯六億年的時間，幾乎可以肯定你我的祖先都具有感電能力。第二，各種脊椎動物在演化的過程中，分別在至少四次不同的事件裡失去了感電能力，這也是為何盲鰻（盲鰻亞綱 Myxini）、青蛙（無尾目 Anura）、爬蟲類、鳥類和幾乎所有的哺乳類動物，以及大部分的條鰭魚類（條鰭魚總綱 Actinopterygii）都沒有電覺。㊴第三，許多脊椎動物（包括針鼴、圭亞那海豚、發電魚）的感電能力都曾經消失過，只是牠們後來又再次演化出了這種老祖先原本就具備的能力。㊵南美的飛刀與非洲的象鼻魚則是其中的特殊案例[68]；這兩種魚類分別棲息在地球的兩端，卻各自獨立地先後演化出三種電感受器：第一種能被動感知其他魚類的電場，第二種則能主動感覺到動物本身產生的電場，而第三種則是能探測到其他發電魚產生的電場。㊶這段演化歷史是趨同演化（convergent evolution）的絕佳例子，兩種相異的生物體演化出極相似的生命樣態，就像在派對上撞衫一樣。

感電能力曲折複雜的演化歷程，其實也暗示了電感受器必然有著其特殊之處。電其實就是大腦的語言，而正如我們所見，動物得發展出各種神奇花招將光線、聲音、氣味與其他刺激轉化為電子訊號。至於電感受器則是把接收到的電子訊號再翻譯成大腦能夠理解的電子訊號，所有驅動我們思維的力量，正是靠這些電子訊號傳送而來。也許，演化出電感受器可能沒那麼困難，所以這種感覺器官才會反反覆覆地在脊椎動物的演

㊱ 審註：除了上述類群，目前認為與腔棘魚同屬肉鰭魚類的肺魚，以及和匙吻鱘同屬古老條鰭魚分支的鱘魚和恐龍魚（又稱多鰭魚），皆具備感電能力。

㊲ 有篇論文提出星鼻鼴鼠也有感電能力，不過當初肯．卡塔尼亞剛開始研究這種生物時就已查證過這一點，他並未找到星鼻鼴鼠具備被動感電能力的證據。

㊳ 審註：針鼴和鴨嘴獸屬於單孔目，在演化上是哺乳動物非常早期的分支，皆是缺乏外耳殼的哺乳動物。

㊴ 目前還沒有人知道，既然被動感電能力對於在水中尋找躲藏的獵物如此有用，為何還是有那麼多生物都失去了感電能力。布魯斯．卡爾森說到目前為止還沒聽到令他信服的假說，因此他說：「這還是個謎。」

㊵ 這些動物後來都各自產生了獨特的電感受器（不過只有在鯊魚和魟魚身上的電感受器才叫做勞倫氏壺腹）。儘管電感受器的型態如此多元，這些感覺器官的基本架構仍大致相同。幾乎所有的電感受器結構都是動物體表長出個孔洞，並且連接到充滿膠狀物質的腔室，而其底部則有感覺細胞。很多動物身上的電感受器結構都是自側線演化而來，不過圭亞那海豚的電感受器卻是從牠們本應長出觸鬚的毛孔變化而來。不過現在這些毛孔裡並沒有長出毛髮，而是充滿了具導電性的膠狀物質。

㊶ 這些演化事件也大致都發生在差不多的時間點。[69]文中所述的兩類魚類都是在一億一千萬至一億兩千萬年前演化出被動電感受器，而在過了一千五百萬至兩千萬年左右才演化出主動電感受器。

化歷程中出現又消失、消失又出現。

不過電感受器確實存在一大限制：它只有在具導電性的介質當中才能運作。水當然是其中一種能夠導電的介質，所以，到目前為止我們所有提到具有感電能力的生物幾乎都是水中生物這一點，也就不那麼意外了。㊷至於空氣則是無法導電的絕緣體，其電阻率比水高出了兩百億倍。[70]正因這個理由，科學家長久以來都認為電覺根本無法在陸地上發揮作用。

然而丹尼爾・羅伯特後來卻做了一項關於蜜蜂的絕妙驚人實驗。

日復一日，每天世界各地大概總共會發生四萬場雷雨，而這些雷雨集合起來，就會使地球的大氣層變得像一組巨大的電路。閃電一擊中陸地，電荷就會向上移動，而高層大氣也就會因此充滿正電荷，地球表面則布滿負電荷。這就是大氣電位梯度（atmospheric potential gradient）——也就是天空到大地之間所形成的巨大電場。[71]在穩定、晴朗的天氣下，大氣電位梯度每公尺可達一百伏特。每次我寫到這一點，就一定會有人質疑其正確性，但我保證我絕對沒寫錯。你只要走出家門，碰到的大氣中每公尺真的存在至少一百伏特的電位梯度。

這涵蓋全球的巨大電場裡充滿了生命，而它產生的影響也無所不在。例如連接著土壤的花朵裡就充滿了水分，而因為土壤裡帶的是負電荷，所以自土壤生長出來的花朵也就帶負電荷。至於在空中飛翔的蜜蜂身上則帶著正電荷，這可能是因為牠們身體表面的電子會因與塵土或與其他小粒子撞擊而剝落，因此在飛行時就會不斷累積正電荷。這麼一來，帶正電的蜜蜂飛到帶負電的花朵上以後激起的不是火花，而是花粉。因為異性電相吸的道理，花粉顆粒會從花朵自動吸附到蜜蜂身上，有時候甚至是在蜜蜂降落到花朵之前，花粉就已經被蜜蜂的身體吸走了。[72]早在幾十年前，就已經有人發現並提出此現象了。丹尼爾·羅伯特讀到相關資料時卻認為，蜜蜂與花朵之間那個以電子構築出來的世界，一定還有更多奧祕。（我們在聽覺那一章已讀過羅伯特關於奧米亞棕蠅的研究。）

儘管花朵本體充滿負電荷，它生長環境的空氣裡卻充滿正電荷，因此花朵周圍的電場會更凸顯出它們的存在，這種現象在物體的尖端或尖角則會格外明顯，例如葉子的尖端、花瓣的邊緣、花的柱頭與花藥。根據每種花不同的形狀與大小，其周圍都會圍繞著型態獨一無二的電場。當初羅伯特細細思考關於這些電場的一切，他回想道：「那時候我突然驚覺：蜜蜂會知道花朵的電場存在嗎？」「牠們還真的知道！」

二〇一三年，羅伯特與同事設計出能夠由他們控制電場的「電子花」，藉此測試歐洲熊蜂（學名為*Bombus terrestris*）是否知道電場的存在。[73]他們在帶有電荷的電子花上以香甜的花蜜作餌，未帶電荷的電子花上則有帶苦味的液體。這兩朵電子花除了苦與甜的差異以外從外觀看起來一模一樣，然而蜜蜂卻很快就能夠只靠電荷就分辨出兩朵花的不同。牠們甚至能夠分辨出電場形狀不一的電子花——其中一朵電子花的花瓣上電壓分布平均，而另一朵的電場形狀則像靶心一樣。㊸當然了，這些電子花的電場型態都是出自實驗人員之手，但大自然中的花朵確實也存在類似現象。羅伯特的研究團隊嘗試將此現象視覺化，因此他們在毛地黃（foxglove）、矮牽牛（petunia）、非洲菊（gerbera）這三種花上面噴灑帶電荷、有顏色的粉末。這些粉末聚集在花瓣邊緣，凸顯出本來應該無法為肉眼所見的樣式。除了我們能夠看見的明亮色彩以外（還有我們看不見的紫外光），花朵也被人類無法看見、由電子所形成的光暈包圍著。然而，熊蜂卻能感知到這一切。「我們

㊷ 針鼴是其中的例外，不過牠們也很可能是靠著將電感受器伸到濕潤的土壤裡運用其中水分當作介質來發揮感電能力。

㊸ 如果花朵的顏色相同，有電荷的提示會使熊蜂分辨的速度更快。[74]

看到這個實驗結果，實在是又驚又喜。」羅伯特如此對我說道。[44]

熊蜂沒有勞倫氏壺腹，牠們的電感受器其實是身上那些看起來毛茸茸的細毛。[75] 這些細毛對於氣流非常敏感，空氣流動就會對細毛產生擾動，進而受到刺激而產生神經訊號。然而除此之外，花朵周圍的電場也有足以擾動這些細毛的力量。熊蜂雖然是與發電魚或鯊魚相當不同的生物，但牠們似乎也能延伸某種觸覺來探測電場，牠們也絕對不是唯一具備這種能力的陸生動物。正如我們在第六章所見，許多昆蟲、蜘蛛以及其他節肢動物身上都滿布有著敏感觸覺的細毛；假如這些毛也會受到電場擾動（羅伯特正是如此推測），那麼感電能力在陸地動物之間的普遍程度或許比水中生物還要廣泛。

單單是空氣中可能廣泛存在感電能力交流的這一點，就具有驚人的意義。[76] 各位只要想想授粉作用就好了：花朵演化出各種形狀，會不會是適應於能夠產生特別吸引授粉動物的電場型態？大家都知道，蜜蜂會靠舞姿變化來告訴同伴哪裡有食物，而牠們也能感知到其他蜜蜂跳舞時所產生的電場變化，那麼牠們跳舞時所產生的電場，除了傳遞食物來源位置以外，是否還有更深層的意義呢？蜜蜂只要降落在花朵上，就會暫時改變花朵的電場，這麼一來，是否就能夠讓接下來飛到這朵花上的其他同伴知道這朵剛被拜訪過，可能剩沒多少花蜜可採了？既然如此，那麼花朵是否會想辦法快速恢復電場原來的型態，好騙過蜜蜂，讓牠們以為花朵裡還有花蜜呢？下雨、起霧的天氣裡，大氣電位梯度可達晴朗天氣的十倍之強，在這種天候之下，花朵的電場感覺起來是否有所不同？羅伯特說：「人類確實感覺不到差異，那牠們呢？」

至於其他節肢動物呢？植物各部位的末梢處最容易干擾周邊的大氣電場。不過許多棲息在植物上的昆蟲身上也有尖刺、細毛，以及各種奇形怪狀的突起。這上面是否有像觸角一般的構造，能夠用來偵測敵人靠近時所產生的電荷？這些構造是否可能類似於長尾水青蛾那長長的翅尾延伸——因此可以用來引誘、混淆掠食者敏感的電覺感知？也許這都只是錯誤的臆測，然而要是其中有幾項推測正好就是事實呢？隨著前幾章的內容，我們早已揭示了昆蟲世界是多麼地豐富多元，遠遠超出人類的想像。其中充滿了微妙的氣流變化、振動產生的訊號，以及各式各樣人類無法察覺的刺激。現在我們不得不好好思考，也許電場也是其中一項重要元素。就在羅伯特進行熊蜂實驗的五年以後，他就發現了另一種令大家都認識的節肢動物也同樣擁有感電能力的十足證據；他發現，蜘蛛能夠感應並駕馭地球的電場。

許多蜘蛛都會以「空飄」（ballooning）的方式遷徙。牠們會踮起腳尖，將腹部朝天空抬高再噴出蜘蛛絲，接著就能夠起飛了。牠們能以此方式在空中飄向遠方，大部分的人都認為，那是因為蜘蛛絲順著風勢將蜘蛛拉到了空中，然而，就算在平靜無風的天氣，蜘蛛依然能夠以空飄遷徙至遠方。㊺二〇一八年，羅伯特的同事艾瑞卡．莫雷（Erica Morley）為這種現象發現了更合理的解釋。[77]蜘蛛絲在離開蜘蛛的身體同時會累積負電荷，也因此會與牠們所棲息植物上的負電荷相斥；這股力量看似微小，但卻足以將蜘蛛推向空中。也因為植物尖端和邊緣的電場力量最強，位於該處的蜘蛛就能夠確保有足夠的力量使牠們飄向空中。莫雷在實驗室中，以紙箱裁成的條狀物取代草葉，然後她模仿大自然中會產生的電場，接著讓蜘蛛暴露在此環境當

㊹ 雖然已有其他科學家發現蟑螂、蒼蠅及其他昆蟲都能感知電場，但他們過去所做的實驗中，運用的電場通常都比自然界實際存在的電場來得強。這麼一來實驗就失去重要的意義：只要電場夠強，連人類都能感知到其存在，因為我們的毛髮就會因為電子而立起來。羅伯特的研究會如此重要，就是因為熊蜂能感知到在生物界合理存在強度的電場，而且這些資訊也確實能夠影響牠們的行為，如選擇在哪裡喝水，以及感知到花朵上靶心形狀的細微線索。

㊺ 關於蜘蛛靠風力空飄的理論還有另一項不合理之處：大多數蜘蛛都不會從腹部射出蜘蛛絲，蜘蛛絲得靠拉扯的力量才能夠從蜘蛛身體裡被拉出來。一般來說，蜘蛛都是用腳來拉出體內的蜘蛛絲，也會先將蜘蛛絲沾黏在某個物體的表面以後才會將蜘蛛絲拉出來。不過靠著空飄移動的蜘蛛根本不會做出以上行為，而且微風也不太可能具備足夠力量從蜘蛛體內拉出蜘蛛絲，不過如果是靠靜電力的話就能夠辦到。

中。一旦電場擾動了蜘蛛腳上的細毛，蜘蛛就會做出獨特的踮腳姿勢，準備放出蜘蛛絲。如此一來，即便周圍根本連一絲微風都沒有，牠們依然能夠順利起飛。莫雷告訴我：「我親眼看著牠們往空中飄，而我一旦將電場開開關關，牠們也會跟著上上下下地飄動。」

透過這些實驗，莫雷證實了很久很久以前就存在的假說。一八二八年，有另一位科學家認為蜘蛛能夠乘著靜電的力量飄動[78]，但這套說法卻被另一位支持風力使蜘蛛空飄論點的科學家駁斥（而且還為此寫了一封又臭又長的信）。最後，支持風力的科學家占了上風，因此靜電的這套說法就被忽略了兩世紀之久。[79]羅伯特說：「畢竟人類感覺得到風的存在，卻很難感受到電的力量。」

時至今日，電感覺依然是一門難以研究的學問，這正是羅伯特潛心鑽研的目標。研究熊蜂與蜘蛛，徹底改變了他對於昆蟲與蜘蛛世界的看法。他在自家的花園裡發現，瓢蟲的幼蟲會因為他拿帶電的壓克力棒靠近而掉落到地面。這些幼蟲背上有著一叢叢細毛，羅伯特想知道，牠們是不是能夠感受到敵人身上的電荷靠近。這正是他現在著手研究的目標——而他用不同眼光看待自家後花園的方式，讓我想起了雷克斯・柯克羅夫特蒐集各種新的振動樂音的樣子。不過，相較之下，柯克羅夫特能夠輕輕鬆鬆地將振動轉換為人類能夠聽見的聲音，羅伯特卻無法將電場如法炮製。這世界上還沒有能拍出電場的相機，甚至連用來描述電場的詞彙都相當貧乏。**電流**、**電壓**、**電位差**聽起來就不像**甜**、**紅色**、**柔軟**等性質這麼吸引人。他說：「對我來說，（以昆蟲的角度）換位思考，想像牠們的生活實在太過困難。」

感電能力對於羅伯特的想像力來說或許真的是一大挑戰，但至少他知道這世上有些昆蟲確實具備這種感覺，因此他能夠推測其他昆蟲究竟是如何運用這種感官，並且據此設計出能夠驗證其假說的實驗。而且他知道昆蟲身上的哪些結構可能就是電感受器，也能了解其運作方式。這些都是對感電能力的重要認識，而我們也不該等閒視之。畢竟，這世界上的各種動物還有別種感官能力，研究它們的科學家可就沒那麼幸運了。

第十一章 心中自有方向——磁場

太陽西沉，我和艾瑞克．瓦蘭特駛進可西歐斯可國家公園（Kosciuszko National Park）——位於澳洲大雪山（Snowy Mountains）區域內的自然保護區，此時來這兒健行和觀光的旅人全都離開了。隨著夜幕低垂，袋鼠和袋熊開始出沒，但牠們並不是我們這次的目標，我們想找的是一種更小的動物。我們一路行駛到海拔一千六百公尺處的某個僻靜地點，停好車後，我握著一杯熱茶暖手，而瓦蘭特這時則在兩棵樹之間直直掛起一條反光白布，並且在下方以巨大的燈照射，瓦蘭特將這盞燈稱為索倫之眼（Eye of Sauron）。①另外也在白布下面兩個角掛著兩盞比較小的燈，這兩盞小燈照射出的是校準過的紫外光，專門用來吸引昆蟲。我們頭頂上不斷傳來蝙蝠以回音定位狩獵所發出的叫聲，因此可想而知這附近有許多昆蟲。很快地，我們聽見一隻大型昆蟲撞上白布的悶響，隨著昆蟲掉到草地上，瓦蘭特也興奮地蹲下身子將牠撈起來。他手裡拿著塑膠罐，一邊對著我說：「沒錯，這絕對就是博貢夜蛾（學名為*Agrotis infusa*）」。塑膠罐裡是一隻二點五公分左右的飛蛾，牠有著顏色黯淡、像樹皮一樣的翅膀。從外表上來看，實在很難了解瓦蘭特為什麼對這種飛蛾如此心醉。

「牠們看起來實在不太像你說的那樣。」我說道。

瓦蘭特笑著回答我：「對啊，平凡的外表確實掩蓋了牠們的驚人之處。」

彷彿是在暗示著瓦蘭特口中所說的驚人之處，塑膠罐裡的飛蛾劇烈撲騰；大部分的昆蟲被人類捕捉到後都會保持靜止不動，但這隻飛蛾身上卻似乎有著某種狂亂的力量，牠好像急著要去哪兒一樣。瓦蘭特說：

「牠們真的急躁到不行，不過那是因為牠們有急著前往的目的地。」

每年春天都會有數十億隻博貢夜蛾從澳洲東南部的乾燥平原地區破繭而出，牠們知道炎熱的夏季即將到來，因此急著飛往較為涼爽的氣候區。[1] 這些博貢夜蛾儘管才剛剛破繭而出，根本沒有飛行過，更別說是遷徙了，牠們卻清楚知道自己該往哪裡去。牠們會飛越超過九百六十五公里的距離，一路抵達某幾個特定的高山洞穴裡。在這些洞穴的牆壁上，每平方公尺可能就停了一萬七千隻博貢夜蛾，牠們的翅膀互相層層疊疊，看起來就像魚鱗一樣。牠們會在洞穴安全又涼爽的環境下以休眠狀態度過夏天，靜靜等到秋天到來，再遷徙回到澳洲東南部。瓦蘭特告訴我，有幾次他也是像這樣到了夜晚在野外用索倫之眼蒐集博貢夜蛾，「我簡直就要被上千隻博貢夜蛾淹沒了。」

這世上唯一和博貢夜蛾一樣會長途遷徙到特定目的地的昆蟲，就只有北美洲的帝王斑蝶（學名為*Danaus plexippus*）。帝王斑蝶是在白天遷徙，靠著太陽的位置指引方向，然而博貢夜蛾卻只在夜間出沒，牠們究竟怎麼知道該往哪裡飛呢？瓦蘭特從小在大雪山長大，也是從那時就開始深深著迷於當地的昆蟲生態，他一直想找出這種現象的答案。起初，他猜想博貢夜蛾也許是運用敏銳的視力觀察星辰來辨別方位。這點確實也沒錯，但就在觀察捕捉到的博貢夜蛾的第一晚，他就發現這些飛蛾即便看不到天空，也能夠飛往正確方向。於是瓦蘭特才恍然大悟，博貢夜蛾想必能夠感知地球磁場。[2]

地球的核心是一顆堅硬的巨大鐵球，外層包覆著熔化而呈液態的鐵和鎳。這些液態的金屬不斷翻騰、攪動，使整個地球形成一個巨大的條狀磁鐵。教科書中所描繪的地球磁場是這樣：從南極附近出現的磁力線會

① 譯註：奇幻小說家托爾金的作品《魔戒》（*The Lord of the Rings*）中的主要反派角色。

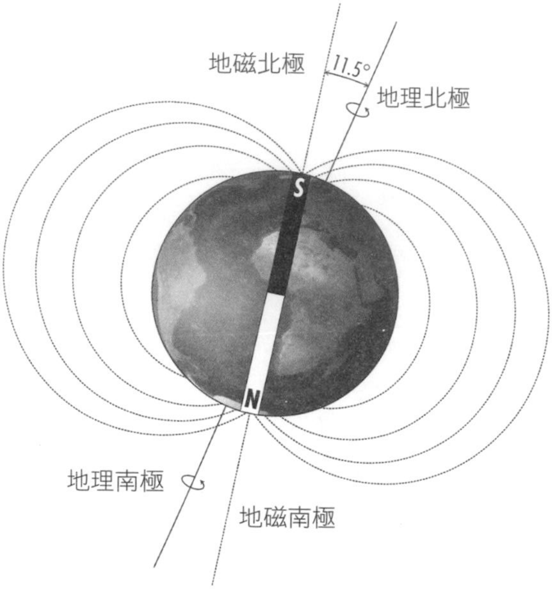

繞著地球表面，形成一個圓弧狀，然後再進入北極周邊。這種地磁持續存在，不會隨著時間或季節改變，更不會受天氣或障礙物的遮擋所影響。因此，地磁永遠都能為旅人指引正確方向，而這正是人類超過一千年以來持續使用的指南針所依據的原理。自然界中，例如海龜、龍蝦、鳴禽等等許多動物，在這幾百萬年以來也是仰賴地磁指引方向，而且完全出於本能。

這種感覺地磁場的能力就是磁感（magnetoreception）[3]，動物因此能夠在星辰被雲遮擋而一片漆黑，巨大的地標因濃厚的雲霧而辨識不清，天空與海洋都沒有氣味指引的情況下，依然往正確方向前進。瓦蘭特也終於知道，他如此喜愛的博貢夜蛾原來是一種靠磁感辨識方向的動物。各位可能以為他一定對於能研究如此奇妙的感官能力而欣喜若狂，那你就猜錯了；他開玩笑道：「當我發現磁感對於博貢夜蛾的生態來說至關重要的瞬間，我心裡想著的是：『糟了。』」

磁感研究學界一直以來都充滿激烈爭論與相互較勁，還有各種令人困惑的謬論，而大家也不會否認，磁感本身就是一門極為難以研究與理解的學問。確實，在所有感覺研究的領域中都依然存在未知，然而以視覺、嗅覺或甚至電覺而言，這些領域的研究學者至少大致知道他們所研究的感覺究竟如何運作、哪些是感覺器官。然而，對於磁感來說，卻完全不是如此。即便在幾十年前科學家就已確認磁感的存在，但它至今仍然是人類所知最少的一種感覺。

地球磁場包圍著整個地球，為橫跨於大陸之間的遷徙動物指引方向。然而，再壯闊的旅程在真正展開之前，都需要準備的階段。正因如此，人類才發現磁感的存在。

鳥類遷徙的季節一到，牠們就會變得焦躁難耐。即便被關在籠子、鳥舍裡，這些鳥兒依然會上竄下跳、四處撲騰。這些發狂似的行為被稱為Zugunruhe——這個德文詞彙意指「遷移性焦躁」。在這個時期，鳥類知道該遷徙的時間到了，牠們也滿心渴望踏上旅程。德國鳥類學家費德里希·梅克爾（Friedrich Merkel）也在一九五〇年代發現，鳥類確實知道自己該往哪裡去。梅克爾和學生韓斯·弗莫（Hans Fromme）以及沃夫岡·維爾茨克（Wolfgang Wiltschko）在秋天捕捉了歐亞鴝（學名為*Erithacus rubecula*），發現牠們的遷移性焦躁並不是隨機發生的現象。[4][②]到了晚上，牠們就會不斷朝著西南方跳——假如沒有籠子的存在，那正好就是飛往充滿陽光的西班牙的方向。在能夠看見夜空的戶外，牠們就會逕直往西南方飛去，而在有門窗遮掩、無法看見星體的室內空間裡，牠們卻也會朝同樣的方向竄跳撲騰。這種現象就和半個世紀以後瓦蘭特在博賈夜蛾身上看到的行為模式一樣。一九五〇年代，梅克爾的研究團隊根據此結果推斷：鳥類一定是運用其他線索找出遷徙的方向，而地磁正是其中一種可能性。

磁感並不是一套新學說。早在一八五九年，動物學家亞歷山大·馮·米登朵夫（Alexander von

② 歐亞鴝（一種小型的鶲科物種）英文名字的robin和身處美洲的同樣帶有robin名字的鳥，是完全截然不同的鳥類。American robin指的是旅鶇（學名為*Turdus migratorius*，中型的鶇科物種），由於牠們和European robin一樣皆有胸口紅色的特徵，因此旅鶇的英文名字便取自歐亞鴝名字裡的robin。

Middendorff）就提出，「鳥類就像天空中的水手一樣」，牠們可能「擁有與生俱來的磁感。」[5] 然而過了一世紀左右，不管是米登朵夫自己還是其他任何人，都沒找到能夠證實這項不尋常推測的實證；也因為缺乏確切證據，就連對於不尋常的動物感知能力早就習以為常的唐諾．格里芬也對這項論調抱持懷疑態度。[6] 就在格里芬提出回音定位一詞的一九四四年，他也在文章中提到磁感是一種「存在可能性極低」的感覺。因為沒有其他更好的理由能夠解釋鳥類為何知道該往何方遷徙，大家才會考量磁感存在的可能性。磁感這門學說似乎是因為沒有更好的論點才沒有就此消失，它被視為一種因為缺乏其他證據而只好遷就的假設。

然而梅克爾與維爾茨克卻找出了證據。[7]③首先，他們把歐亞鴝放在一個每一面牆上都有棲枝的八角形空間裡，記錄歐亞鴝跳躍的方向。每次鳥兒跳到棲枝上，牠的重量就會啟動開關，在紙帶上留下鳥兒往該處移動的紀錄。在這之後，研究團隊又採用更簡單卻更有效的研究方式：他們將鳥放進底部放置印臺的漏斗狀空間中，鳥為了跑出這個空間，就會在漏斗內緣包覆的紙張上留下腳印，而研究人員則會統計鳥在各個方向留下的腳印數量。④這些單調乏味的實驗雖然都只能在每年鳥類開始出現遷移性焦躁的短暫時間內進行，卻為歐亞鴝真的會在秋天往西南方遷徙的現象提供大量明確證據。為了確認鳥類真的是仰賴磁感尋找方向，維爾茨克便翻轉了鳥類身邊的磁場來驗證這個觀點。他在一九六〇年代進行實驗，將鳥籠放在亥姆霍茲線圈（Helmholtz coil）中間——這種裝置能夠在兩個線圈之間產生磁場。維爾茨克運用亥姆霍茲線圈翻轉歐亞鴝身邊本來既有的磁場方向，而牠也隨之改變跳躍的方向。看來，歐亞鴝天生就內建了生物指南針。

即便如此，還是有許多人對這些實驗持懷疑態度，這也不難理解，畢竟地球磁場的量值極微弱⑤，連動物體內的分子輕微晃動一下產生的能量，都比地球磁場強上**兩千億倍**。[9]這世上竟然有動物能夠感知微弱到如此地步的刺激，這實在令人難以置信。然而，從事實上看來，歐亞鴝確實做得到。⑥而牠們也不是唯一具備這種能力的動物；包括維爾茨克和他太太羅茲維塔（Roswitha）的眾多科學家都反覆在其他數種鳥類身上進行這項實驗，園林鶯（學名為*Sylvia borin*）、靛藍彩鵐（學名為*Passerina cyanea*）、灰白喉林鶯（學名為*Sylvia communis*）、黑頂林鶯（學名為*Sylvia atricapilla*）、戴菊（學名為*Regulus regulus*）、灰胸繡眼（學名為*Zosterops lateralis*）都被囊括於其中。[10] 這麼看來，米登朵夫想像中那種「與生俱來的磁感」不僅存在，還很常見。

自從梅克爾以歐亞鴝的實驗邁出開創性的研究腳步後，科學家開始在動物世界中找到更多關於磁感的證據。[11] 與我們到目前為止探討的幾乎所有感覺都不同的是，磁覺並不是用來溝通的感官能力。並且，動物本身亦不會產生磁場，牠們唯一能夠感知的磁場也只有地球磁場而已。另外，不管距離遠近，動物都會以磁感導航。美洲大棕蝠為了捕捉昆蟲忙了一整晚以後，就會感知地磁找到回家的方向[12]；稻氏鸚天竺鯛（學名為*Ostorhinchus doederleini*）的仔魚在開放的海域中度過一段時間後，則會運用這種內建的指南針游回當初出生的珊瑚礁[13]；中東盲鼴形鼠（學名為*Spalax ehrenbergi*）則以此磁感能力在黑暗的地下通道中暢行無阻[14]；至於博貢夜蛾則正如瓦蘭特所發現，會運用牠們與生俱來的方向感跨澳飛行。[15]

---

③ 差不多在同一時間，其他科學家發現像三角渦蟲（屬名為*Dugesia*）和織紋螺（屬名為*Nassarius*）這些身體構造簡單的動物也能夠感應到磁場。[8]

④ 這個實驗裝置名為艾姆蘭漏斗（Emlen funnel），得名自其發想者史提夫．艾姆蘭（Steve Emlen）。這種便宜又好用的實驗裝置為鳥類遷徙研究帶來重大突破；時至今日，科學家依然會使用這種研究裝置，只是把印臺和紙張換成修正帶材質的紙張或會隨著溫度而變色的感熱紙。

⑤ 審註：物理上使用特士拉（tesla）做為單位，表示每單位面積的磁通量。

⑥ 在實驗室裡，歐亞鴝能夠感知到僅相差五度的磁場方位變動，假如是在令牠們自在得多的野外環境，或許還能夠更加精確也說不定。

許多科學家則是稍微改變維爾茨克的實驗方式，測試以上提及的多數動物究竟是否真能感應地磁。他們將動物放在特定空間內，並且改變其周圍的磁場，觀察動物是否會往不同方向移動。我們確實能對像歐亞鴝或博貢夜蛾這些體型較小的動物進行這種實驗，「但要在鯨魚身上複製該實驗就不可能了，然而，牠們卻有著這世上最不可思議的遷徙行為，有些鯨魚幾乎甚至會從赤道一路移動到極區，年復一年、而且極其精準地游到同一個地點。」生物物理學家傑西・格蘭傑（Jesse Granger）如此表示。因此，實在很難不認為鯨魚應該也具備磁感。

為了驗證這項假設是否正確，格蘭傑開始觀察太陽。[16] 太陽每隔一段時間就會像鬧脾氣一般地產生太陽風暴（solar storm），產生出許多輻射線以及會影響地球磁場的帶電粒子。因此，太陽風暴有可能會影響憑藉發達磁感在大海中辨識方向的鯨魚。這種導航能力只要在鯨魚游到靠近海岸時稍稍出一點錯，就很有可能令牠們擱淺。為了驗證這一點，格蘭傑花了三十三年的時間蒐集、整理這段時間以來，健康、未受傷卻莫名其妙擱淺的灰鯨（學名為 *Eschrichtius robustus*）資料。她將這些鯨魚擱淺發生的時間與天文學家露西安妮・瓦克維奇（Lucianne Walkowicz）所蒐集的太陽活動資料進行比對。據此，驚人的現象終於浮現了：在太陽風暴最劇烈的日子裡，灰鯨擱淺的機率比平常多上四倍。⑦

雖然這兩者之間的關聯不一定就能證明鯨魚是運用磁感辨認方位，卻強烈暗示這種可能性。除此之外，此現象也讓大家意識到磁感實在是令人讚嘆的感知能力。包圍著行星那一層液態金屬的力量與暴躁恆星傾瀉而出的力量相互撞擊，其產生的效應竟能驅動一種感覺，左右了遷徙中的動物該往何處，並決定了該生命究竟能找到出路還是踏進死胡同的命運。

這世上像海龜那樣得歷經凶險又漫長遷徙過程的動物並不多；海龜寶寶從埋在沙灘裡的海龜卵破殼而

出，牠們得在蟹鉗與鳥喙的夾擊之間衝鋒陷陣，笨手笨腳地一步步爬向海洋。[18]一入海，牠們還得趕緊逃離海岸邊的淺灘，在那裡很容易被天空中的海鳥一把抓起，同時還有肉食性的魚類等著將牠們一口吞下。為了保命，牠們得盡快游到廣闊的大海裡。對於在佛羅里達州孵化的海龜而言，這代表牠們得奮力在水中前進，直到碰到北大西洋環流為止——那是位於北美洲與歐洲陸塊之間的順時鐘洋流。初生的海龜會在北大西洋環流待上大約五到十年的時間，躲在成堆漂浮的海藻之間一點一滴慢慢長大。等到牠們隨著環流（緩慢地）繞大西洋一圈回到北美洲以後，海龜就能長到除了大型鯊魚以外誰也不怕的巨大體型了。⑧

直到一九九〇年代，依然沒人知道剛出生又從沒進入過大海的海龜究竟為何能完成如此漫漫長征——科學界對海龜遷徙的了解之少，連已逝的兩棲爬行類學家阿奇·卡爾（Archie Carr）都曾感嘆道：「這是科學之恥。」[19]剛開始，肯·勞曼（Ken Lohmann）實在不懂科學界的大家到底在緊張什麼。當時他才剛拿到博士學位，有著初生之犢不畏虎的心態，他心想，這問題的答案明明就再明顯不過：海龜一定是運用像指南針一樣的方式辨別方位。他只要調整前文提過的經典歐亞鴝實驗，打造出適合的磁極線圈以後把海龜寶寶放在其中，就能輕而易舉地找出答案。當時他抱著預期只要花費兩年的心情投身這項研究計畫，他說：「當初我還在煩惱，假如真的找到答案，那第二年要研究什麼？然而三十年卻一轉眼就過去了。」當初的他並不知道，海龜的體內其實有兩種指南針。

正如勞曼所預期，他確實在一九九一年發現海龜體內真的有種像指南針一樣的能力存在，然而牠們的另一種磁感卻更令人驚奇。[20]牠們能夠以兩種地球磁場性質的組合來辨認方位——其一是**磁傾角**（inclination），

⑦ 歐亞鴝也會因為模擬太陽風暴的人造磁場而偏離原本的飛行路線。[17]

⑧ 據估計，一萬隻海龜寶寶之中只有一隻能成功完成這趟旅程。

也就是地磁與地球表面所形成的夾角。在赤道的位置，地磁與地球表面平行，到了南北磁極，地磁則與地球表面呈垂直。再來就是**磁強度**（intensity）——也就是磁場的強度差異。不管是磁傾角還是磁強度，都會隨著地球上的不同位置而改變，而海洋中任何一點也幾乎都有著獨一無二的磁傾角與磁強度組合。這兩種地磁性質就能像經緯度一樣發揮如二維座標般的作用，也因此構築出海洋地圖。勞曼發現，海龜能夠讀懂這份地圖。

一九九〇年代中期，勞曼和太太凱瑟琳（Catherine）讓赤蠵龜（學名為*Caretta caretta*）寶寶在實驗室裡頭展開如同在大西洋中跟隨磁極遷徙的旅程。[21]他們讓這些赤蠵龜寶寶體驗這趟長征，在實驗室的圓形水槽裡製造出來自大海不同位置所具有的不同磁傾角與磁強度的組合。神奇的是，這些赤蠵龜寶寶每一次都知道下一步該往哪裡游，有如真實遷徙的情況，讓自己持續跟隨北大西洋環流移動。若要做到這一點，海龜體內勢必得要有能夠指引該往何處去的指南針，大腦裡也得有可以告訴牠們目前所在位置的地圖才對。牠們必須具備這兩種感知能力，才能在正確的地方轉往正確的方向前進。⑨

海龜擁有這種與生俱來的能力，實在令人讚嘆。[23]勞曼抓來的都是剛孵化的海龜，他只會留牠們一晚而且也只測試一次。這些海龜寶寶才剛孵化，因此不可能向彼此學習如何辨識地磁訊號，牠們甚至根本從來沒去過大海，所以這些海龜具備的地磁地圖想來一定是刻印在基因裡的配備。勞曼認為，海龜不太可能一出生就在大腦裡儲存整個大西洋的地磁地圖，藉此交叉比對其感受到的地磁訊號；反之，這些海龜可能是仰賴在某些磁傾角與磁強度的組合（就像路標一樣）出現時所產生的本能反應。**地磁感覺起來像A組合的時候，就往東方轉；假如感覺起來像B組合，就往南邊去。**勞曼說：「海龜不必知道自己當下到底身在何方，牠們不需要太多資訊就能完成這場錯綜複雜的海洋長征。不過當然了，我們確實也無法知道在這個過程中，海龜腦子裡究竟想了什麼。」

成功存活撐過這場北大西洋長征的赤蠵龜最後會抵達佛羅里達，並且留下來在那裡生活。[24] 隨著年紀增長，牠們具備更多關於大海的資訊，大腦裡的地磁地圖資料也越發豐富。假如勞曼捕捉那些年紀比較大的海龜，並將牠們暴露在佛羅里達海岸各個位置的不同地磁之下，牠們總是能夠游向通往自己家園的方位。這時候牠們仰賴的已不只是剛出生時刻印在基因裡的少數幾個路標了，牠們腦中似乎自有一張屬於大海的地球磁場圖譜，其中的資訊比牠們小時候豐富得多。

不過這種以地球磁場構築出來的地圖也有缺陷：在任何一個位置，海龜都能立刻感知到其**置身之處**的地磁場是如何組成，然而牠們卻無法知曉**彼方**的地磁是長什麼模樣。牠們得移動到該處，才能感知到不同位置的地磁。而因為在近距離之內獲得的地磁資訊通常不太準確，所以這個靠著移動才能取得更多地磁訊息的感知過程通常很漫長。這麼說好了，你可以運用磁感從歐洲導航到非洲，卻無法用同一套方式指引自己從家裡的浴室走到臥室。正因為如此，科學家認為大部分物種擁有這種靠地球磁場指引方向的能力，都是為了要長途遷徙。⑩

有些鳴禽也會在遷徙的路線中以地磁為路標辨識方向，就像海龜寶寶一樣。每年冬天，歐歌鶇（學名為

⑨ 過去的八千三百萬年來，地磁曾翻轉過了一百八十三次。地磁北極變為地磁南極，地磁南極則變成地磁北極。這種翻轉現象可能會在幾千年間慢慢發生，因此不太可能使海龜偏離航道。不過每一種海龜在其演化的歷程中，勢必都經歷過好幾次的地磁極翻轉——而牠們體內具備的地磁地圖也必須隨之適應。[22]

⑩ 即便是非常簡單的動物也能運用地磁場地圖。眼斑龍蝦（學名為 *Panulirus argus*）棲息在珊瑚礁之間，但牠們會游到很遠的地方尋找食物。只要牠們沒有在半途被捕撈成為人類的佳餚，通常都能夠準確無誤地回到自己的巢穴。勞曼為了驗證這一點，在佛羅里達礁島群（Florida Keys）抓了一些龍蝦，將牠們載到三十七公里以外的地方，一路上盡其所能地用各式各樣的方法使他們昏頭轉向。他蓋住牠們的眼睛並且放進不透光的塑膠容器裡，或把磁鐵掛在這些龍蝦頭上晃呀晃地，甚至還毫無規律地亂開車一通。然而他一將這些龍蝦放回大海，牠們竟毅然決然地朝家的方向走去。[25]

Luscinia luscinia）都得從歐洲出發，飛越廣闊無垠的撒哈拉沙漠以後才能抵達南非。[26]而牠們一旦在埃及北部感受到當地的地磁以後，就會開始儲存更多脂肪，以應付接下來要跨越沙漠的艱鉅旅程。其他有遷徙行為的鳴禽，也會在被強風吹離航道——或是被好奇的科學家刻意引導到錯誤的路線時，運用這種地磁地圖來調整飛行方向。例如，蘆葦鶯（學名為*Acrocephalus scirpaceus*）一般會在春天飛往東北方，然而尼基塔．切爾涅佐夫（Nikita Chernetsov）卻帶著一些蘆葦鶯往距離牠們原遷徙方向偏東幾百公里的方位移動，然而一回到天空中，這些蘆葦鶯卻能夠立刻改往西北方飛行。[27]

包括鮭魚、海龜、大西洋鸌（學名為*Puffinus puffinus*，一種海鳥）等許多動物，腦中都深深烙印屬於其出生地的地磁標記。這種記憶之深，令牠們即便是長大成熟了，依然找得到自己出生的地方。[28]海龜就是用這種能力回到其出生的那片海灘產卵，而牠們導航的準確度實在不可思議。[29]在阿森松島（Ascension Island）出生的綠蠵龜（學名為*Chelonia mydas*）會游向巴西討生活，等到產卵季再回到原生地產下後代。就算牠們經歷這將近兩千公里的旅程，依然能準確無誤地找到位於大西洋正中間那個小小的島嶼。[30]這種回到出生地產卵（natal homing）的本能極其強烈，即便是棲息地附近就有完美的產卵地點，牠們依然會長途跋涉幾百公里以上的距離回到出生的那片海灘。⑪這也許是因為好的產卵地點實在太難找，得要容易上岸、沙子的顆粒要夠大才能透氧、水溫也要對（畢竟小海龜的性別是依據溫度高低來決定）。勞曼說：「海龜可能會想：『在這世界上我所知道唯一符合這些條件的地點，就是我出生的地方了吧。』」而海龜與生俱來的地磁地圖則讓牠們在廣闊的大海中生活了好幾年以後，依然能重新回到那個「不會出錯」的產卵地點。

本應兩年完成的研究計畫在過了十幾年以後，依然是勞曼研究的主題。⑫他確實深入了解了海龜在大海中導航的能力，但依然有太多未知。海龜要多久才能學會新的地磁座標？牠們的大腦會如何呈現磁傾角與磁強度？牠們（以及其他動物）究竟是如何感知地磁？我問勞曼，對於最後這一個令人傷腦筋的謎團，他到底有沒有什麼推論？他熱切地笑著對我說：「推論太多，證據太少。我有信心科學界總有一天能夠解開這個謎團，不過我有沒有辦法活到那一天到來，就不曉得了。」

感覺器官通常不難找，畢竟動物的感覺來自受到外界刺激的感覺器官。這些刺激又通常由動物的身體組織承接並產生擾動，因此感覺器官大多數會直接暴露在外界環境下，或是連接著瞳孔或鼻孔等朝外的開孔構造。這些身體上的孔洞令科學家有跡可循，因此在搞清楚各種感覺器官到底是感知哪些刺激的許久之前，科學家就找出了響尾蛇的窩器、鯊魚的勞倫氏壺腹、魚的側線等等。然而，研究磁感的科學家卻沒有這些線索可以依循。磁場能夠毫不受阻礙地穿過生物組織，因此用來探測磁場的細胞——磁感受器（magnetoreceptor）——就有可能出現在動物身體的任何位置。磁感受器不需要像瞳孔或窩器那樣具備朝外的開口，也不需要像水晶體或耳珠這樣用來集中刺激的構造。磁感受器可能在頭上、腳趾上，或是從頭到腳之間的任何位置。它可能深埋在動物的體內，也可能分散在身體的各處，而非集中在感覺器官上，磁感受器也可能看起來和其周邊的組織沒什麼兩樣。試著找到磁感受器，可能就跟桑克．強森說的一樣，有如「大海撈針。」[32]

⑪ 每一年，地球磁場都會有極微小的變化，也因此會影響海龜出生地的地磁標記。[31] 勞曼發現，在海灘的地磁標記因變化而互相交疊的那一年，海龜就會聚在一起築巢產卵；而要是那一年的地磁標記分散開來，海龜產卵的位置也會隨之分開。不過這種極其細微的地磁變化並不足以導致海龜大幅偏離航道。

⑫ 勞曼的實驗室位於北卡羅來納州的羅利（Raleigh），我造訪時他正在照顧十六隻赤蠵龜寶寶，他們在九月將這些赤蠵龜寶寶帶回實驗室，並且將在隔年六月野放。每一年來到這間實驗室的每一批海龜都會以不同主題命名，今年的命名主題是義大利麵：千層麵（Lasagne）、吸管麵（Ziti）、蝴蝶結麵（Bowtie）以及——我的最愛——義大利餃（Turtellini）（義大利餃的原文為tortellini，這隻海龜則叫做Turtellini），都在水族缸裡優游自在。

在我寫作的當下，磁感依然是科學家唯一不知道到底由何種器官或構造帶來的感覺。[33]瓦蘭特告訴我，磁感受器簡直就像「感官生物學界的聖杯。找到磁感受器，搞不好就會得諾貝爾獎。」科學家蒐集了大量各式各樣關於磁感受器到底是什麼、到底在哪的重要線索，不過其中當然也包含了許多錯誤資訊。然而，也因為科學家根本無法確定到底什麼才是磁感受器，也不知道這些感受器到底在動物身體何處，要知道它究竟如何作用也就難上加難。不過目前科學界有三種可能性較高的理論。

第一種理論與磁鐵礦（magnetite）有關（也就是具磁性的鐵礦）。[34]一九七〇年代，科學家發現有些細菌會在自身細胞裡長出鏈狀的磁鐵礦晶體，因此會變得像活體指南針一樣。[35]一旦這些細菌被晃動，就會朝南或朝北移動，因此從理論上而言，動物應該也能藉由磁鐵礦來形成磁感才對。各位可以把它想像成連接在感覺細胞上的磁鐵礦指針，一旦動物轉向，這根指針也會連帶著被拉動，細胞則會感覺到這股張力而觸發神經訊號；這麼一來，細胞就能將抽象的磁場轉換為更有形的刺激源——實際產生的拉力。瓦蘭特對我說：「我覺得這套理論非常合理，不過這些細胞到底在哪裡依然眾說紛紜。」科學界除了有一些令人沮喪的錯誤推論外，目前還沒有人能找出正確答案。⑬

磁感受器究竟如何發揮作用的第二項理論，與電磁感應（electromagnetic induction）有關，這套說法大致是適用於鯊魚和魟魚身上。鯊魚游泳時，身體會在周圍水裡產生微弱電流，而隨著鯊魚身體與地球磁場之間的夾角變化，電流的強度也跟著改變。[40]鯊魚會藉由我們上一章提到的電感受器感知這些細微變化，因此或許就能藉此決定該游往何方。我要再次重申，事實到底是什麼至今沒人知曉，但這是合理的推論：鯊魚的電覺有可能同時也是磁感。

不過電磁感應的說法卻時常遭到忽視，因為鳥類不像鯊魚和魟魚一樣是生活在充滿導電介質（也就是水）

的環境裡，實在難以想像鳥類到底要如何運用電磁感應來感覺地磁。不過電磁感應確實有可能發生。一八八二年，法國動物學家卡密爾・維蓋爾（Camille Viguier）就曾提出相關推論，這個時間點其實是發生在磁感獲得科學實證的許久之前。[41]他發現鳥類的內耳裡有三個充滿導電液體的通道，理論上來說，鳥類飛翔的同時，地磁可能真的會在這些液體之間產生鳥類可以感知到的電壓變化。在將近一百三十年之後，大衛・基亞斯（David Keays）也證實了這項推測。[42]除此之外，他還發現鳥類內耳裡有鯊魚用來感覺磁場的那種蛋白質。基亞斯對我說：「我認為電磁感應是非常合理的運作機制，鳥類可能真的是藉此感覺磁場，我們目前正在進一步驗證這項理論。」⑭

關於磁感的第三種理論是這當中最為複雜，但進展腳步也最快、最強烈的一種。其運作機制牽涉到被稱為**自由基對**（radical pair）的兩個分子，其化學反應會受磁場影響[44]；若想深入了解其中原理，各位得先鑽研神祕的量子力學才行。為了大致理解，各位只要想像這兩個分子在翩翩起舞就好。光線會引發分子開始舞動，因此這兩個分子就會產生彼此拉扯的力量。一旦自由基對進入上述的興奮狀態，磁場就會開始改變兩個分子舞動的速度並使最後階段產生出差異，這對舞伴最後的相對位置便能記錄下影響舞步的不同磁場。透過

⑬幾十年來，許多科學家都很肯定自己在鴿子和其他鳥類的喙找到了充滿磁鐵礦的神經細胞。[36]大衛・基亞斯開始研究磁感時，他就是打算研究這些細胞。他告訴我，儘管他已經「想盡一切辦法」，卻依然找不到這種細胞。基亞斯在二〇一二年發表了研究結果，彷彿在科學界投下了震撼彈。[37]他發現其他人找到的所謂磁鐵礦神經細胞，其實根本就不是神經細胞，而是巨噬細胞（macrophage，一種白血球）。雖然巨噬細胞確實含有鐵，但它並不是以磁鐵礦的形式存在。同年，另外一個科學研究團隊也有了研究成果，他們研擬出能夠確切找到磁鐵礦感受器的方法。[38]他們透過顯微鏡發現鱒魚的鼻子上有一些細胞會隨著磁場翻轉而發生旋轉。所以，這些會旋轉的細胞一定具有磁性，也似乎含有磁鐵礦。不過基亞斯也推翻了這項成果。[39]他發現那些所謂旋轉的細胞其實只是卡在鱒魚鼻子表面的鐵質，那根本不是磁感受器，只是污漬而已。

⑭除此之外值得一提的是，吳樂清（Le-Qing Wu，音譯）和大衛・迪克曼（David Dickman）在二〇一一年發現鴿子的大腦裡有著會因磁場而產生活動的神經細胞，而且這些細胞與牠們的內耳相連。[43]

兩個分子的舞動，自由基對將難以探測的磁場刺激轉變為研究起來容易得多的化學刺激。⑮

一九七〇年代，化學家幾乎都是在試管內進行自由基對反應的研究。然而就在一九七八年，德國化學家克勞斯・舒騰（Klaus Schulten）則提出，鳥類的細胞裡可能也有這種晦澀難解的現象，而這就能夠解釋為何牠們能像指南針一樣可透過磁場判斷方向。他將此推論投稿到知名的《科學》（*Science*）期刊，卻收到了令他難忘的退稿評語：**沒把這套理論丟到垃圾桶裡反而還投稿來，可真是勇敢。**[45] 然而，他卻沒有因此退卻，再接再厲地發表了這篇論文。[46] 可惜的是，他當初成功投稿的是一份沒沒無聞的德國學術期刊，而且寫作方式對完全不精通量子力學的一般生物學家來說根本看不懂——也就是說，幾乎所有生物學家都不可能看得懂他的研究。如今回頭來看，舒騰的思維實在超越身處的時代太多了，而他對於自由基對的看法，還只是他提出的幾項突破性理論的頭一個而已。⑯

另一項重要理論，則是出自舒騰在某次講座上發表理論時所產生。當時，參加講座的諾貝爾獎得主問他：**如果自由基對會因光線而啟動反應，鳥類體內的光線從又該何而來？**舒騰這時才想到，倘若動物是由於自由基對因而具備磁感，那需要靠光線啟動反應的自由基，就不可能是在動物體內。反之，這些自由基對可能就在最適合用來蒐集光線的器官裡。因此他認為，鳴禽身上的指南針其實就在牠們雙眼裡。這項理論就這麼被擱置了一段時間，直到一九九八年，舒騰讀到了一項全新發現；有一種名為**隱色素**（cryptochrome）的分子，過去科學家一直以為只有大腦裡有這種分子，然而，當時卻發現原來眼睛裡也有它的存在。「我驚訝得都從椅子上跳起來了。」舒騰對我說道。他靈光一現，想起隱色素與黃素（flavin）也能夠形成自由基對。而這就是當初自由基對理論所欠缺的最後一塊拼圖——一種能夠如他所想，與另一種分子成對舞動的分子，同時也出現在正確的位置（也就是眼睛裡）。

二〇〇〇年，舒騰和學生索斯登・瑞茨（Thorsten Ritz）發表了一篇論文，提出鳴禽身上如指南針一般的磁感能力，都是來自其眼中的隱色素。[47]這項研究成果在科學界產生了重大的影響。多虧了瑞茨，生物學家們終於看得懂這次的論文了。此一論文也讓生物學家終於有了可以實際操刀的目標——一種真實存在、能夠著手研究的分子。隨著一次又一次的實驗，科學家終於證實了舒騰的好幾項理論。例如維爾茨克夫婦就發現鳴禽身上的指南針確實得靠光線才能發揮作用——尤其是藍光與綠光。⑰

亨利克・穆里森（Henrik Mouritsen）是丹麥人，他本來只是熱愛賞鳥，後來卻成了生物學家，如今更是引領磁感研究的一大要角。他也驗證了光線對於鳥類磁感的必要性。⑱他將歐亞鴝與園林鶯放在只有月光照射的房間裡，並且用紅外線鏡頭拍攝房間內的畫面；就在鳥兒開始出現遷移性焦躁時，穆里森便觀察牠們的大腦，檢視是否有哪些腦區特別活躍。而他還真的找到了——位於鳥類大腦最前方，名為叢集N（cluster N）

---

⑮ 更詳細冗長的解釋在此。光線照射到兩個即將成為自由基對的分子上，其中一個分子會將一個電子分給另一個分子，因此這兩個分子都各自帶有一個不成對的電子。帶有不成對電子的分子就是自由基，而這就形成了成對的自由基對。電子具有一種名為「自旋」（spin）的性質，其實際內容還是讓投身於量子力學的人負責了解就好。對生物學家來說重要的是，電子自旋會往上也會往下，而自由基對會以相同或相反的方向自旋，這兩種狀態會在一秒鐘之內反覆轉變幾百萬次，而磁場能夠改變電子自旋方向轉變的頻率。因此不同的磁場會使自由基對自旋到最後產生的狀態各異，也因此會影響這對分子間的化學反應有多活躍。

⑯ 我在二〇一〇年訪問過舒騰，當時我根本還沒有寫作本書的打算。他在二〇一六年辭世。

⑰ 這兩種光波長的能量剛剛好能將隱色素與黃素變成自由基對。若是在單單只有紅光的環境裡，鳥類的指南針就派不上用場了。

⑱ 穆里森從十歲開始賞鳥，這一輩子已經看過四千種以上的鳥類。他原本只想當個中學教師，這樣就能利用寒暑假花更多時間賞鳥旅遊了。即便他後來成了一位生物學教授，「我一旦有時間出遊，還是和以前一樣把假期用來賞鳥。」他如此說道。「而那正是我在Covid-19期間最懷念的事，當時大家哪也不能去。」他研究的鳥類是能夠在各大洲之間飛越來去的動物，而他卻因疫情而被困在家裡哪也不能去，他大概只要一想到這件事就會覺得諷刺吧。

的腦區。[48]這個腦區只有遷徙性的鳴禽（非遷徙性的鳴禽則無此現象）在夜間遷徙（白天則無此現象，而這些鳥類也不會在白天遷徙）並運用體內的指南針尋覓方向時才會產生活動。叢集N似乎正是鳥類大腦中處理磁感的中樞，除此之外，顯然也是大腦的**視覺中心**之一。叢集N會從鳥類的視網膜取得資訊，並只會在鳥類張開眼睛且四周有光源時才會活動。[49]⑲穆里森對於自由基對靠光線啟動的理論表示：「我認為這是證明此現象存在的有力證據之一。」

總結起來，這些證據通通指向了一項令人震驚的結論：鳴禽也許能夠**看見**地球磁場。在牠們眼中，擁有地磁感應能力也許就像在一般的視野上多出了一層細微的判別條件。穆里森則說：「這是最有可能的推論了，但我們沒辦法問出鳥類真實的感受，所以無法確知這種說法到底對不對。」也許對於正在飛行的歐亞鴝來說，北方其實有個一直發光的亮點。也許，牠們會在地景之間看見不一樣的色階變化。「我們描繪出了各種可能性。即便這些推測可能通通都是錯的，但對於我們想像鳥類到底看見了什麼，依然很有幫助。」

即便目前看來自由基對理論為真的可能性最大⑳，這三種假說——磁鐵礦、電磁感應、自由基對——可能其實都沒錯。基亞斯說：「我認為這種現象顯然不會只牽涉到一種運作機制。」然而卻有許多科學家各自分出派系，擁戴不同理論，好像鳥類能夠辨別地磁一定只有一種成因一樣。這些科學家彷彿嫌磁覺研究還不夠困難似地開始惡性競爭，甚至有場學術研討會還演變成人盡皆知的鬧劇，在這種場合上，一堆成年人討論到後來竟然忍不住站起來對著彼此大吼大叫。「每個人都想成為找到磁感受器的第一人，這也導致了大家產生競爭意識，無法好好相處。」瓦蘭特對我解釋道。

除此之外，這也使科學家變草率了。

本書提及過許多科學家因為提出各種關於動物感覺的推論而被嘲笑或駁斥，然而，最終還是證明了他們的理論沒錯。不過，反過來的現象也同樣數見不鮮，搞不好還更多呢——許多科學家提出的假設原本被以為正確無誤，後來卻遭到推翻——磁感研究學界正好就充斥著這種現象。

一九九七年有項研究宣稱蜜蜂能夠感應磁場。[52]㉑二十年後，卻有另一組研究人員發現當年的研究其實犯了非常嚴重的統計錯誤，根本可以說他們先前研究的，其實是隨機產生的數字而不是蜜蜂。[53]一九九九年，有一組美國科學研究團隊發現，帝王斑蝶也有指南針一般的感知能力[54]；然而他們後來又撤下了這篇論文，因為作者們發現，當初帝王斑蝶感覺到的其實是研究人員衣服的反光，並藉此來指引方向。到了二〇〇二年，維爾茨克夫婦發表了一篇直到現代依然可稱為經典的論文，他們提出歐亞鴝不僅體內有指南針，而且這個內建指南針還只存在於牠們的右眼。假如只能使用左眼，歐亞鴝就無法辨識方向了。[55]十年後，亨利克・

---

⑲ 歐亞鴝是夜間遷徙的鳥類，這對牠們得仰賴光線才能啟動的指南針來說實在奇怪。不過即便是在晚上，大自然中總還是多少有一點光源存在。科學家靠理論計算出，即便是在多雲且沒有月光的夜晚，環境中的光線仍足以啟動歐亞鴝身體裡的指南針。

⑳ 即便自由基對理論是其中唯一正確的推論，該理論仍存在許多未解之謎。鳥類其實具有多種隱色素，到底是其中的哪一種帶來磁感呢？（後來是其中一種名為Cry4的隱色素脫穎而出，成為最有可能的角逐者；歐亞鴝在遷徙的季節會大量產生Cry4，其視網膜裡錐狀細胞當中的Cry4尤其多。[50]）至於自由基對自旋到最後的樣態，究竟是如何轉換為神經訊號呢？鳥類究竟如何分辨磁場訊號與一般的視覺畫面？而正如穆里森所發現，為何鳥類的磁感會被某些電子儀器或廣播所產生極其微弱的無線電場（radiofrequency field）影響？[51]無線電場當中並沒有對鳥類有用的資訊，而且直到上一個世紀才因為人類活動而廣泛存在。因此鳥類根本不可能演化出感知無線電場的能力——那牠們又為什麼會受其影響？物理學家彼得・霍爾（Peter Hore）表示：「我們一定漏了什麼線索，而這正是鳥類比我們所想的還來得更加敏銳的關鍵所在。不過這也就表示，科學界目前提出的理論皆還不完整，我們也尚未想出可靠的實驗研究方法。」然而他和穆里森都依然在不斷嘗試。目前，他們已展開了一項遠大的計畫，霍爾跟我詳述了其中各種細節，在這裡暫且略過不提。

㉑ 撇開這研究中有瑕疵的實驗方式不談，其實真的有其他可信證據顯示蜜蜂能感應磁場。

穆里森與同事透過了一套非常縝密的實驗才發現，歐亞鴝其實雙眼都具有磁感的能力。[56]二〇一五年，據稱有組美國研究團隊在線蟲體內發現了磁感受器[57]，又有另一組中國團隊聲稱在果蠅身體裡也發現了這種構造。然而，其他研究人員卻都無法複製並再現這兩項實驗的結果[58]，而且，該項果蠅實驗也被認為與「基本物理現象」相悖。

就某種程度上來說，這就是科學的真諦。科學家互相重複彼此的實驗以驗證他的研究結果，支持可再現的研究論述，推翻不可再現的實驗結果。然而，在磁感這門科學當中，那種提出當下轟動學界、後來卻被推翻的理論實在超乎尋常地多。許多科學家認為理當要擁有磁感的動物，實際上卻好像不具備這種感覺。㉒「我們花了很多時間追蹤其他科學家的論調，並且耐心驗證。但其中真的有太多謬誤了。」基亞斯難掩疲憊地說道。科學研究會不斷自我修正，然而以磁感的領域而言，需要修正的內容實在比其他領域都要來得多。許多關於這項感覺的理論根本大錯特錯。透過本書，各位也已經了解要真正理解其他動物的環境界有多難，不僅是因為動物本身有其遺傳而來的主觀認知，人類也因為感官的局限而無法跳脫想像力的框架。不過除此之外，還有更基本的障礙阻擋我們好好了解其他動物的環境界：在研究動物感官的過程裡，人類太容易被誤導了。

至於動物行為的研究，也會因為人類本身的行為而大受影響。人類通常只會看見自己想看到的：那個位置的鳥腳印真的比西南方角落的腳印密集嗎？還是只是因為科學家期待著鳥兒往西南方走，便如此詮釋實驗結果呢？㉓科學家其實就像一般人一樣，也很容易受到誤導，然而科學家確實有各式各樣的方式來防止個人偏見去影響到實驗結果。舉例來說，科學家可以使用「盲法試驗」，將實驗中最關鍵的資訊保密到實驗結束前的最後一刻，即便是實驗人員也不知道這些重要的資訊。這本應是所有科學實驗的標準程序，不過，在科學界的實際執行上卻有些人忽略了這一點。

更糟糕的是，尋找捉摸不定的磁感這件事上竟彷彿變成了一項競賽。大家都認為最先找到磁感實證的人就能贏得無上榮耀與獎項，促使各種急就章的實驗以及大膽斷言紛紛出籠，科學研究突然好像變得不再需要謹慎小心、重視研究方法了。研究人員可能只會對少數幾隻動物進行實驗，就把可能只是意外的數據當成研究成果。科學家也可能在實驗進行的當下逕自修改實驗計畫，好找出引人矚目的結果——這就是操弄P值（p-hacking）。[61]㉔科學家可能會只截取最佳的研究結果資料，而省略了那些與預期不相符的實驗結果。

然而，即便科學家什麼都做好、做對，也依然可能在研究的過程中因為磁場難以被人類察覺的特性而歷經重重困難。專精視覺或聽覺的科學家在研究的過程中，儀器若意外產生刺眼的閃光或刺耳的噪音，他們都可以立即發現。然而以磁感的研究而言，「就算你在過程中幹了什麼蠢事，也根本不可能察覺。」穆里森如此

㉒關於人類有沒有磁感這一點也是備受爭議。一九八〇年代，英國動物學家羅賓·貝克（Robin Baker）載著蒙住雙眼的大學生駛過曲折蜿蜒的路線，再請他們指出回家的方向。這些學生指出正確方位的機率比預期來得大，但如果他們在頭上戴了磁鐵，就沒有這種現象了。於是貝克將此實驗結果發表在全球最頂尖的《科學》期刊上。[59]雖然他反覆實驗得出了相同的結果，但其他科學家卻無法再現之。「既然要發現磁感的存在是如此困難，我們也因此不得不開始思考，這種感覺對生態來說到底有何重要性。」有科學家如此寫道。近來，對於貝克的研究多有評論的地球物理學家喬瑟夫·科什文克（Joseph Kirschvink）則發現，實驗受試者的大腦有某些腦波會因為人造磁場翻轉而產生改變。[60]科什文克也因此將此現象視為人類擁有磁感的證據。然而，採信的人並不多。基亞斯說：「我只能代表我個人的想法，但我真的感覺不到磁場的存在。iPhone裡的指南針app大概是我唯一擁有的磁感了。」科什文克則認為，人類只是沒有意識到磁場的存在而已。但他還是得證明這所謂的「意識到磁場存在」到底對人類來說有何實際作用，要不然，磁不磁場的，那又怎樣呢？假如我們無法察覺磁場，磁場對於人類來說也沒有任何用途，我們到底又幹嘛要具備這種感覺？

㉓說得更精確一些，一九五〇年代到一九六〇年代的鳴禽實驗，確認了這些鳥類具備磁感的指南針，這是真實無誤的實驗結果。許多實驗室也複製了這些研究方式，並在許多種類的鳴禽上反覆驗證了此一現象。

㉔審註：P值是統計上用來顯示實驗組與對照組之間差異顯不顯著的指標。

對我說道。除非一直以最高級、最精密的儀器測定，否則科學家很可能根本連自己在實驗中不經意地操作，導致動物暴露在不規則或不尋常的地磁下也全然不曉得。運用從一般店家就買得到的儀器，便能一窺發電魚或角蟬的環境界；但在磁感的領域裡，「便宜的儀器根本派不上用場，要好好測量磁場真的是非常花錢的一件事。」穆里森說道。

除此之外，磁場還是一種非常違反人類直覺的感覺。就像跳梁小丑（Insane Clown Posse）的歌詞：「他媽的磁鐵到底是什麼鬼？」（Fuckin' magnets, how do they work?）一樣。除此之外，磁場也像瓦蘭特描述的一樣：「連想要了解磁場帶來的影響都夠難了，更遑論還要試著了解動物到底怎麼感知磁場。」若談論回音定位或被動感電這些奇怪的感覺能力，至少都還能拿其他像是聽覺或觸覺這樣大家熟悉的感覺去類比。但我實在不知道怎麼去想像赤蠵龜的環境界。

我在猜想，這是不是就是自由基對假說獲得如此多響應的部分原因。雖然假說的內容複雜，但卻能將無形的磁感轉換為視覺現象，而視覺正是人類早已了解的感覺。同樣地，我們會以指南針比擬動物對於磁場的感覺，是因為我們才能藉此以更熟悉的方式理解抽象的磁學世界。不過指南針的比喻其實很容易誤導大眾。指南針精準又可靠，其中的指針更是永遠地指向南北方、從不動搖。然而桑克・強森、肯・勞曼、艾瑞克・瓦蘭特卻推測，生物體內建的指南針或許其實充滿了雜訊。[62]也就是說，畢竟地球磁場是如此微弱的力量，動物要想立刻精準判讀地磁，其實不太可能。動物可能得以磁感受器接收較長時間的磁場訊號，再歸納、平均這些訊號以判讀方位。這樣的性質限制了磁感，使其成為一種緩慢、效率低落又充滿矛盾的感覺。磁感能夠探測這世上最無所不在也最可靠的刺激——地球磁場——然而探測的方式卻因其先天限制而如此不可靠。這或許就是為何磁感的實驗成果都難以再現。瓦蘭特說：「即便把同一項很棒的實驗反覆操作，還是很難得

到一致的結果。」㉕

假設某種動物需要五分鐘，才能從體內亂轉的指南針蒐集到足夠資訊來決定正確方向，那麼想藉由將動物暴露在磁場之下，並於一分鐘之後記錄實驗動物的反應，實在很難得出有意義的數據。我選擇以五分鐘這麼短的時間範圍來向各位說明確實有點武斷，但我的重點是，沒有人知道動物到底需要多少時間來蒐集磁場資訊才能正確判讀方向。我們很熟悉像視覺或聽覺這樣幾乎能馬上帶來資訊的感官能力，磁感很可能不是這樣運作，然而我們卻又不知道它到底要花多少時間。不知道這一點，又或者根本不曉得這一點的重要性，其實真的很難設計出優良的實驗。正如我在序言中所提到，科學家會蒐集到什麼資料，其實與他提出的疑問息息相關，而科學家提問的方向，又會受其想像力影響、因個人的感官而受限。人類的環境界限縮了我們了解其他生物環境界的能力。

磁感有著充滿雜訊又混亂的特性，這可能就是動物從不會**只**仰賴磁感的原因。反之，動物似乎是把磁感當作備用的感覺能力，在像視覺等各種更可靠的感覺無法發揮作用時，磁感才會派上用場。[63]基亞斯說：「假如你是一隻正在遷徙的動物，磁感可能是你所有感覺當中最不重要的一種，只有在你真的徹底迷路時才會用到它。」假如沒有磁場提供的線索，博貢夜蛾依然能抬頭觀察夜空中的星辰位置來導航。剛孵化的海龜一進到水裡，也不會馬上運用磁場，而是得先靠海浪的指引游到外海。

動物從來不會完全只仰賴一種感覺。瓦蘭特對我說：「動物會盡己所能接收所有能夠得手的資訊，以各式各樣的方式混合運用各種感官。」

㉕ 科學家大約是在同一時期發現了回音定位與電覺，然而這兩種領域都不像磁感領域那樣充斥著不可複製的實驗流程以及充滿爭議的研究結果。

［第十二章］同時打開每一扇窗——統合感覺

我試著催眠自己一點都不癢，只不過是有幾萬隻蚊子圍繞著我而已。這些蚊子都是埃及斑蚊（*Aedes aegypti*），而牠們正是散布茲卡病毒、登革熱與黃熱病的元凶。令人感激涕零的是，我雖然身處狹小密閉的房間，但這些蚊子其實都被關在有著精細網紗的白色籠子裡。神經科學家柯蒂卡．溫卡拉達曼（Krithika Venkataraman）將一個籠子從架子上拿下來，一邊將其放到旁邊的桌上，一邊跟我講解蚊子追蹤目標的方式。跟她聊了幾分鐘以後，我低頭看向桌上的籠子，不禁注意到恐怖的景象，籠子裡幾乎所有的蚊子都停在靠近我們這一側的網子上。牠們把用來吸血的口器戳出精細的網格，看起來就像一片以黑毛構成的田野不斷起伏。這時我覺得身體更癢了。溫卡拉達曼告訴我，蚊子會受人類呼出的二氧化碳以及皮膚釋出的氣味吸引。[1]也就是說，蚊子聞得到人類的存在。為了展示這一點給我看，她拿起另一個籠子，讓我在籠子其中一邊呼氣；短短幾分鐘，幾乎所有蚊子都跑到我這一側來伸出口器。

溫卡拉達曼所在的實驗室由雷絲利．沃蕭主導，她花了多年時間研究如何干擾埃及斑蚊的嗅覺，以保護人類免受叮咬。剛開始她試著使似乎是蚊子嗅覺能力來源的 *orco* 基因失去效用，畢竟就在沃蕭樓下的實驗室工作的丹尼爾．克隆努爾，就成功用這一招干擾畢氏粗角蟻的嗅覺。然而，沃蕭嘗試在蚊子身上如法炮製，卻失敗了。[2]沒了 *orco* 基因，蚊子確實會忽略人類的身體氣味，然而卻依舊會受到二氧化碳的吸引。於是沃蕭的團隊改變作法，試著令蚊子產生基因突變，使其再也聞不到二氧化碳。[3]但這招依然沒用：蚊子依然能輕易找到人類的所在位置。沃蕭不諱言道：「結果真的有點令人沮喪。」

人類無法單靠一招就擺平蚊子，是因為蚊子並非只仰賴一種感覺，而是以複雜的方式交互運用多種感官。蚊子確實會受溫血動物的一身熱血吸引，但這個前提是要先讓牠們聞到二氧化碳的氣味。沃蕭的學生莫莉．劉（Molly Liu）將蚊子放在密閉空間裡，接著慢慢加熱其中一道牆，等到牆壁升溫至人體體溫時，蚊子卻通通都飛走了；然而，倘若莫莉．劉先在該空間裡噴二氧化碳，蚊子就會前仆後繼地擠到那道牆上。[4]在沒有二氧化碳的情況下，熱代表的就是危險，因此令蚊子反感；反之，假如該處同時有二氧化碳的存在，這股熱就成了大餐出現的信號。①沃蕭依然不放棄，她相信自己一定能找到保護人類免受蚊子侵擾的方法，不過她得想辦法同時阻擋蚊子的多項感官才行——包括嗅覺、視覺、熱覺、味覺等感覺。她感嘆道：「不管在什麼情況下，埃及斑蚊總是有備案。」②

蚊子的感官已經經歷過數千年來演化的淬煉。埃及斑蚊源自於非洲撒哈拉以南地區，棲息在森林裡，以各種動物的血液維生。然而，就在幾千年前，其中一支支系的埃及斑蚊嚐到人類血液的滋味，當時也正好是人類開始群聚定居、人口增長的時期。[6]因此，埃及斑蚊便被吸引到這些人口聚集的地區，轉而成為偏好城鎮而非定居森林的都市動物，同時牠們的整個環境界也轉變為圍繞著人體散發出的各種線索打轉。如今埃及

① 人類的感覺也有同樣的現象。假如我們給一個人看了髒襪子的照片，再讓他聞異戊酸（isovaleric acid）的氣味，會令這個人感到噁心；然而要是同樣的氣味搭配上埃普瓦斯起司（Époisses cheese）的照片，則會令他食指大動。

② 這大概就是敵避胺的效用。[5]一九四四年由美國農業部（U.S. Department of Agriculture）研發出的敵避胺是歷史悠久的防蚊物質。這種物質一開始是用來保護在熱帶國家服役的士兵，後來則受到大眾的廣泛使用。這種成分確實有效——但卻沒人知道確切原因。沃蕭原本猜測，也許是因為敵避胺會堵住蚊子的 *orco*，使其無法發揮作用，但她現在認為敵避胺應該是以更複雜的方式干擾蚊子的嗅覺（和味覺）。假如她能夠複製這種效用，就能期待研發出比敵避胺更有效、更持久、對嬰幼兒來說也更安全的驅蚊物質。

斑蚊已成為全世界最擅長獵捕人類的動物，而且牠們也只叮咬人類；這也是為什麼像溫卡拉達曼這樣的科學家會直接把手臂伸進籠子裡，靠自己的熱血餵飽實驗用的蚊子。她對我說：「每次大概要花十分鐘左右。我現在還沒有負責定期餵牠們，所以還是會對蚊子叮咬有反應。不過說真的，只要不抓就沒事了。」但我實在很難想像要怎麼忍住不抓。

各位也可以反過來想像看看，身為一隻蚊子究竟是什麼感覺。在熱帶氣候裡氣味交雜的空氣中飛行，你的觸角掠過各種氣味，最後終於感受到一團二氧化碳。受到這種誘人物質的吸引，你朝二氧化碳的來源飛去，蜿蜒著尋找氣味的蹤跡。一旦感受到二氧化碳的存在，便直直地朝目標飛去。這時你看見一團黑黑的身影，於是飛過去仔細觀察。一靠近你便飛進一團以乳酸、氨和甲基庚烯酮（sulcatone）構成的氣味裡——那就是人類皮膚所散發出的物質分子。最後，你終於遇上了決定性的條件：一陣誘人的熱度。於是你降落，腳下也傳來鹽類、脂質等等各種豐富的味道。你身上的多種感官相互合作，也因此一次又一次成功找到美味的人體並安然降落，你瞄準了一條血管，伸出口器開始暢飲溫熱的血液。

我們在序言提過，提出環境界概念的先驅雅各布．馮．魏克斯庫爾曾將動物的身體比做一幢房屋，屋內則有許多扇面朝戶外花園的感官之窗。前面連續十一個章節，我們一扇又一扇地透過這些感官之窗朝外眺望，深入了解每一種感官的獨特之處。許多感官生物學家也正是如此，將整個學術生涯投注在一種感官上潛心研究。然而，動物卻不是如此。就像埃及斑蚊，牠們會同時結合、交叉比對各種感官帶來的豐富訊息，因此我們也應該跟隨動物運用感官的方式，才能夠真正了解牠們的環境界。要想更貼近動物的感官世界，就得在這趟感官的發現之旅以整合的眼光看待魏克斯庫爾將動物比喻為房屋的說法。在這幢大宅中，我們得觀察動物究竟是如何將來自外在環境與源於體內的各種感官訊息相互結合，也得**同時**透過每一扇窗向外瞧，才能真正發現動物究竟是如何統合體內的各種感覺、感受世界。

每一種感覺都有各自的優缺點，每一種外界刺激也都各有能派上用場與無用武之地的場合。這也就是為什麼動物的神經系統會盡可能接收各種類型的訊息，好能運用各種感官的能力互相截長補短。這世上，沒有哪一種動物是單靠一種感覺就能安然立身於世，即便有些動物是極善於感知某一種感覺的霸主，牠們依然具備許多其他感覺可以臨機應變地活用。

例如狗就是嗅覺界的王者，但別忘了，牠們還有大大的耳朵。貓頭鷹擁有絕佳聽力，但你絕不會忽略牠們巨大的雙眼。蠅虎仰賴其碩大眼睛帶來的敏銳視力，然而牠們也同樣能夠善加運用遍布全身的細毛，感知腳下傳來的表面振動和在空氣中傳遞的聲音。[7]海豹會用鬍鬚追蹤魚類在水中留下的尾波，然而牠們的雙眼與雙耳也是狩獵的利器。星鼻鼴鼠運用觸覺在地下通道裡尋覓食物，然而牠們卻也能夠在水下利用星鼻吹出泡泡，再吸回泡泡中的氣體，藉此感知獵物的氣味。[8]氣味對螞蟻的生活有著無可取代的影響力，然而聲音的重要性也不遑多讓，某些寄生動物竟能夠靠著模仿蟻后發出的聲音，一路順利溜進蟻巢裡。[9]③除此之外，鯊魚也能夠聞到遠方傳來的食物氣味，不過在目標接近以後，就輪到視覺與側線派上用場，到了準備全力一擊的最後一刻，則是發揮電覺的時刻。[10]彼氏錐頜象鼻魚的身體會產生電場，藉此感知靠近其身體的小型物體，而牠們的眼睛則負責隨時察覺是否有巨大且快速移動的物體靠近（例如掠食者的身影），涵蓋的範圍比電覺更廣。[11]鳴禽與博貢夜蛾靠著地球磁場指引方向，然而對於遷徙行為來說，觀察天上星辰的位置也有無

③ 審註：第一章有提及，住在蟻窩內受紅蟻工蟻照顧的大藍灰蝶幼蟲。此處，模仿聲音的同樣是同一屬的螞蟻與蝴蝶，宿主是 *Myrmica schencki*，寄生蝶是 *Maculinea rebeli*。

可取代的重要性。[12]丹尼爾．基什在住家附近走動時不僅會回音定位，也仰賴手中的導盲杖協助他探索周遭環境。

各種感覺除了彼此互補以外，也會互相結合。甚至有些人身上會產生聯覺（synesthesia），也就是不同的感覺似乎彼此渲染的現象。有些人的聯覺是聲音具備不同質地與顏色，也有些人覺得各種字詞有著不一樣的味道。[13]這種感官之間界線模糊不清的現象對人類來說或許特殊，就其他生物而言，可能是再正常不過的狀態。例如鴨嘴獸像鴨嘴一樣的嘴喙上面就有部分能夠感知電場的感受器，也有對應到觸覺的感受器。然而在鴨嘴獸的大腦裡，用來接收電場訊號的神經細胞也能夠接收觸覺訊號。[14]對牠們來說，這或許就是一種電觸覺。鴨嘴獸潛入水裡尋找食物，或許能夠先感知到螯蝦身上散發出的電場，再進而察覺牠們身體擾動水體所產生的水流。有些科學家進一步認為，鴨嘴獸會運用這兩類型訊號之間的時間差來判斷螯蝦距離自己多遠，就像我們靠閃電和打雷之間的間隔來估算暴風雨在多遠一樣。

蚊子則似乎具有同時感受溫度與化學物質的神經細胞。我問雷絲利．沃蕭這是否表示蚊子能夠嚐到體溫的味道，她聳聳肩表示：「確實，感覺這個世界最簡單的方式就是讓各種感覺分開來接收刺激——屬於味覺、嗅覺、視覺的神經細胞都各自獨立運作，這樣一切都簡單明瞭。不過，隨著我們研究得越深入，就觀察到越多有趣的現象，單一種細胞其實能夠同時發揮許多種功能。」例如螞蟻和其他許多昆蟲的觸角，就同時是嗅覺與觸覺器官。在螞蟻的大腦當中，「兩者或許合而為一成了一種感覺。」昆蟲學家威廉．莫頓．惠勒（William Morton Wheeler）在一九一〇年如此寫道。[15]他認為，這就像人類的指尖上有著精巧的鼻子一樣，「假如我們四處走動，一邊揮舞著雙手觸碰四周的物體，世界感覺起來就像是由不同形狀的氣味所構成，我們可能會說某些氣味是圓球狀、三角形、有著尖角等等的各種形狀。因此我們的認知處理過程將會大幅決定於化學物質的組成，就像人類現在主要仰賴視覺（例如顏色）構築出周遭世界一樣。」

除此之外，各種感覺即便沒有互相交融，也一定會有所交集。就像我們在第九章看到的一樣，海豚能夠先運用回音定位感知藏起來的物體，然後再以視覺辨識出有著同樣形體的東西，也就是以其中一種感覺在大腦中建立屬於物體本身的心智表徵以後，再轉而供其他感覺運用。這就是跨感官物體辨識（cross-modal object recognition）的能力，而且並不是只有像海豚和人類這樣大腦特別大的物種才有這種能力。學會以視覺辨識十字形與球體的發電魚，同時也能夠運用電覺區別兩者（反之亦然）[16]，甚至是熊蜂也能夠在學會以視覺分辨某些物體以後，使用觸覺來成功辨識其中差異。[17]

另外也有些感覺是屬於用來往內觀察的感官能力，讓動物了解自己身體的狀態；例如本體感覺（proprioception，也就是感覺自己身體位置與動作的能力）[18]，還有平衡感。④沒什麼人認真討論動物的內部感覺，連亞里斯多德都將這些感覺置於他所提出的五感之外，我在這趟大自然環境界的發現之旅當中，也幾乎沒有提到這些感覺。但這絕不代表那些感覺不重要，就是因為內部感覺太重要了，我們才會對它習以為常、視之為理所當然的存在。人可以沒有視覺或聽覺，然而內部感覺對我們來說卻是不可或缺的重要能力。內部感覺能夠讓動物知道自己的狀態，也才因此能搞懂外界的一切動靜。魏克斯庫爾將動物的身體比喻為一幢房屋，然而動物的身體有著房屋絕對沒有的特質，也因為這種特質，動物的內部感覺格外重要。

動物之所以為動物，就是因為牠們會動。

④這世界上有上百萬人沒有視覺、嗅覺或聽覺卻依然能夠好好生活，相較之下，失去本體感覺則嚴重得多。一九七一年，十九歲的屠宰戶伊恩．瓦特曼（Ian Waterman）因感染而導致自體免疫攻擊，自此失去本體感覺。[19]他的肢體失去感覺，因此也無法協調地做出各種動作。他雖然沒有癱瘓，卻無法自行站立或走動。假如看不見自己的身體，他就不知道當下自己身體的各部位到底在什麼位置。經過十七個月的密集訓練以後，瓦特曼才學會如何運用視覺控制肢體。

動物在移動時，感覺器官會產生兩種資訊。[20]一種是**外界傳入**（exafference），也就是世界上各種物體產生的訊號；另一種則是**自體傳入**（reafference），指動物本身的動作而產生的訊號。對我來說這兩個詞實在有點難記，假如各位也這麼覺得，也許可以把它們想成由他者產生（other-produced）和由自體產生（self-produced）就好。坐在書桌前，我看見窗外的樹枝在風中搖晃，這就是外界傳入（由他者產生）的感覺訊號；然而為了看見那些樹枝，我就得往左看，這時因為我的身體突然移動，於是光線便以特定方式照射我的視網膜，這就是自體傳入（由自體產生）的感覺訊號。每一種動物擁有的每一種感官，都得區辨這兩種訊號才能妥善運作。然而問題來了：對感覺器官來說，這兩種訊號其實**都一樣**。

身體構造單純的蚯蚓在土壤中挖掘前進時，頭上的觸覺感受器就會感知到頭頂傳來的壓力。[21]然而，你若戳戳這隻蚯蚓的頭，同樣的觸覺感受器也會感知到同一種壓力。那蚯蚓到底如何分辨頭頂傳來的感覺，究竟是來自於自己的行動（自體傳入）還是源自其他物體或生命（外界傳入）？蚯蚓要怎麼知道到底是自己碰到某種東西，還是有什麼東西在碰觸牠？同樣的道理，假如一隻魚的側線感知到水流，那到底是因為有某種物體靠近而產生的水流，還是是這隻魚本身產生的動靜？假如你看見某些事物在動，那到底是因為對方在移動，還是你自己的眼睛轉動了？如果動物無法分辨感覺訊號到底來自他者還是自我，牠的環境界就會變成令人難以理解的一團混亂。

各種不同生物都以同樣的方式解決這項非常根本的問題。⑤一旦動物決定移動，其神經系統就會發出動作指令——也就是一連串對身體肌肉下達指令的神經訊號，告訴肌肉該怎麼做。就在神經訊號傳遞至肌肉的過程中，該訊號會複製出一個複本並傳至感覺系統。感覺系統便會模擬出該動作指令會產生的下游反應。而在肌肉真的依據動作指令移動時，感覺系統早已預測出該動作應該會產生哪種自體傳入的訊號，動物便能藉此比較預測與現實之間的差異，進而分辨哪個訊號來自外界，並據此作出適當的反應。⑥這一切都在動物不知不覺中發生，雖然這個方式並非本能的直覺反應，卻是動物能夠感覺這個世界的關鍵。動物各種感官所感知到的資訊，都是由自體產生（自體傳入）和由他者產生（外界傳入）的訊號混雜而成。也正是因為有神經系統不斷模擬前者，動物才能夠分辨兩者差異。

幾世紀以來，哲學家與各領域的學者都在探討此一現象。[23]一六一三年，比利時物理學家佛朗斯瓦·達吉隆（François d'Aguilon）將此現象稱為「靈魂感知眼睛移動的內在能力。」一八一一年，德國物理學家約翰·喬治·史坦柏契（Johann Georg Steinbuch）則寫下關於「Bewegideen」的著作——也就是指「控制行動與各種感官訊號互動的大腦訊號」（motion idea）。一八五四年，另一位德國物理學家，赫爾曼·馮·亥姆霍茲（Hermann von Helmholtz）則將Bewegideen改稱為Willensanstrengung，由字面上來看就是指意志的力量（Willensanstrengung）。一九五〇年，經複製的動作指令則被稱為**感知副本**（efference copies）或——這是其中我最喜歡的名稱——**感知回饋**（corollary discharges，直譯是推論抵銷的意思）。[24]⑦這些詞彙之間都有著細

---

⑤ 嚴格來說，其實只有會移動的動物才會遇到這種問題。假如你完全動彈不得，大概就能夠肯定來自感覺器官的所有訊號都是源自外界世界的變動，而非自身的動作。然而這世界上沒有任何動物真的完全靜止不動，即便是沒有神經系統、永遠靜靜待在岩石上的海綿，也會藉由「打噴嚏」一般的動作來排出體內的廢物。[22]

⑥ 老實說這套運作方式實在令人讚嘆。請各位朝左看，這時你的大腦傳出簡單的訊號，指示你眼球周圍的肌肉收縮。接下來你的神經系統該如何運用這個訊號來預測周圍的景色接下來會出現什麼變化呢？我們知道神經系統確實能夠做出預測，然而科學家還是不了解其中的運作細節。專門研究發電魚的沙特沃爾說：「到底要怎麼把動作指令變成一個感覺系統也能夠使用的訊號？這就是關鍵所在。」

⑦ 關於這些詞彙的完整歷史沿革以及其背後的思維脈絡，請參見奧圖－約歐希姆·格魯瑟（Otto-Joachim Grüsser）精采的論文。[25]

微差異，然而基本概念卻都一樣。無論何時何地，動物只要移動，其心智就會不知不覺複製動物的行動，並將該複製版本用來預測行動應該產生的感覺。隨著每一次動作，動物的各種感官就能交互運作地、並提前預測接下來會發生什麼事，並據此事先做好準備。

象鼻魚以感知回饋來協調電覺的運作，因此科學家藉由象鼻魚做了許多相關研究。[26] 正如我們在第十章所見，象鼻魚擁有三種電感受器；其一是負責感知象鼻魚本身發出的電脈衝，其二則是察覺**其他**象鼻魚傳出的溝通訊號，其三則能夠察覺包含獵物等其他動物所發出的微弱電場。⑧⑨ 第二及第三種感受器只有在象鼻魚忽略自體產生的電脈衝時才能夠發揮效用，而牠們正是透過感知回饋來做到這一點。只要體內的發電器官一啟動，象鼻魚就會開始產生感知回饋，讓一部分的大腦準備好接收來自第二及第三種感受器傳來的訊號，並忽略第一種自身產生的電脈衝。這樣一來，象鼻魚就能分辨哪些是獵物被動產生的訊號，哪些又是其他發電魚主動發出以進行溝通的訊號，也能與自己身體主動發出的訊號做出區別。

以這一點來看，發電魚確實是相當獨特的生物，然而布魯斯・卡爾森卻告訴我「幾乎所有動物的身體都或多或少具有這種機制」。感知回饋的現象也解釋了人為何無法搔癢你自己：人體會自動預測手指在身上移動時會產生的感覺，也因此消除了本來被搔癢時會產生的癢的感受。同樣的，即便人類的視線其實一直都在四處跳動，我們卻依然能擁有穩定的視覺畫面。⑩ 這也是蟋蟀能一邊歌唱、卻也能阻止感受器受自己歌聲影響的背後原因。[27] 因此，魚類也能不受自己游泳的水流影響，依然可以清楚感知到其他魚類造成的水流變化。感知回饋也正是蚯蚓在感受到頭上來自土壤的壓力時，卻依然不閃不躲、繼續往前爬行的關鍵。⑪

這種能力對動物的影響實在太過重大深遠，以至於感覺起來變得不像只是某種能力而已了。而感知回饋也是人類能夠感知到自己身體存在、感覺自己與世界的互動關係，並且還能夠分辨這兩類狀態的根本原因。

然而這種能力並不是理所當然的存在，能夠分辨自我與他者也並不是必然會發生，那其實是神經系統必須隨時花費精力處理的困難問題。「這其實就是所謂的感情⑫（sentience）。」神經科學家麥可・漢卓克斯（Michael Hendricks）對我說道。「而這也或許是**為什麼感情存在的原因**：這是一個用來分類感知經驗的過程，分成來自自身，以及來自他者。」

這個分類的過程並不需要意識的參與，也不需要高級的心智能力。漢卓克斯補充道：「這不是什麼演化到後來才錦上添花的花俏能力。」從只有幾百個神經細胞到擁有幾百億個神經細胞的神經系統，通通都具備這種能力。這正是動物存在的基本條件，而且單純源自於動物最簡單的感覺與動作。如果無法搞清楚什麼是自我，動物根本無法了解周遭的一切。這也就代表了動物的環境界不僅僅是由牠們的感覺器官處理下的產物，而是所有神經系統一起行動所造就的結果。假如只有感覺器官的存在，動物根本無法釐清接收到的各種刺激。綜觀本書，我們按篇章以分別看待的角度深入了解各式各樣的感覺，然而若要真正徹底理解動物的感

---

⑧ 審註：該處三種電感受器，分別為：第一是主動感電定位，第二是透過塊根器偵測同伴的電訊號，第三則是如鯊魚等許多動物般透過壺腹型器官偵測的被動感電。

⑨ 就像大多數其他感覺器官一樣，對於壺腹型的感受器與塊根器來說，自體傳入的感覺訊號是雜訊，外界傳入的訊號才是重點。不過，對於用來探測魚類自身所發出訊號的結節型電感受器（tuberous receptor，審註：即用來接收電訊號的「回音」用以主動感電定位的接受器）來說則是反過來：自體傳入的訊號是重點，外界傳入的訊號才是需要過濾的雜訊。

⑩ 其他感覺也有感知回饋。大腦中用來控制橫隔膜動作的腦區會傳送訊號到嗅球——即大腦中的嗅覺中樞。嗅球會依據當下是在吸氣還是呼氣來以不同的方式處理收到的訊號。

⑪ 某些科學家認為，思覺失調症（schizophrenia）其實就是感知回饋失調造成的病症。[28] 有思覺失調症狀的人會產生各種幻覺，可能就是因為他們無法分辨來自體內或外界的各種感覺訊號。無法分辨自我與他者的現象，或許也就是思覺失調症患者各種奇怪行為表現的根源（例如能夠搔自己的癢）。也許這世界上亦有罹患思覺失調症的象鼻魚，無法分辨出自己與其他個體發出的電脈衝？卡爾森回答道：「很有可能。我猜牠們應該會表現出超級出人意表、顛覆我們認知的行為。」

⑫ 譯註：這裡的感情意指能夠感知、感受、主觀地體驗的能力。

覺，就得將每一種感官能力視為整體感覺的一部分。

二〇一九年六月，在世界科學節（World Science Festival）一場關於動物智力的座談會上，心理學家法蘭克．葛拉索（Frank Grasso）帶著一隻名為瓜莉雅（Qualia）的雙斑章魚（學名為*Octopus bimaculoides*）走上講臺。接著葛拉索將一個裝有螃蟹並且旋緊黑色蓋子的罐子放在瓜利雅面前；他希望瓜莉雅能轉開蓋子，把螃蟹抓出來——這是許多章魚都會的小把戲，也是大家認為章魚非常聰明的依據。瓜莉雅以前確實會乖乖轉開過許多罐子，不過葛拉索這次事先有提醒觀眾，瓜莉雅可能會「自己待在角落耍小脾氣。」果不其然，瓜莉雅確實這麼做。在我一個月後造訪葛拉索位於紐約的實驗室時，瓜莉雅依然躲在角落鬧脾氣。

以前只要一有陌生人踏進實驗室，瓜莉雅就會游到水族缸前面，不過牠現在老了，所以只願意窩在角落。拉（Ra）則是另一隻雙斑章魚，牠現在取代瓜莉雅成了整個實驗室的目光焦點。拉很有活力地在水族箱裡四處滑動，腕足上的吸盤吸住水族缸壁。葛拉索的兩位學生丟了個裝著螃蟹的罐子到水族缸裡，拉快速往下沉，用腕足包覆著蓋子，這時牠的皮膚顏色轉深……但什麼事也沒發生。牠似乎對罐子失去興趣。後來，牠又伸出一根腕足碰了碰罐子，但馬上又縮了回去。罐子沒被打開，裡面的螃蟹也安然無恙。葛拉索告訴我：「有一陣子這兩隻章魚都很熱衷於打開瓶瓶罐罐。」但牠們現在不這麼做了。牠們能夠準確無誤地抓到放在外面自由行動的螃蟹，要抓出關在瓶子裡的螃蟹更是易如反掌，但牠們就是不那麼做。葛拉索不禁想，章魚到底看不看得見瓶子裡的螃蟹？「很有可能我們看到章魚打開各種瓶罐的行為，其實只是因為牠們對陌生物品感到好奇。」他對我說道，「也可能牠們其實無法看穿圓形的玻璃罐，根本不知道裡面有螃蟹。」

為了搞清楚章魚為什麼願意旋開瓶罐，又為什麼變得不願意這麼做，我們得先了解章魚的環境界。首先，我們可以先從逐一探索章魚的雙眼、吸盤以及感覺器官開始。但我們接下來勢必得深入了解章魚的整個神經系統究竟是如何運作，到底怎麼控制牠們那副有著無限彈性的身軀，而章魚的大腦和身體又究竟是如何結合起來，創造出不只一個，而很有可能是兩個不同的環境界。

章魚的中樞神經系統包含大約五億個神經細胞——這個驚人的數量使其他無脊椎動物相形見絀，並且與小型哺乳類動物擁有的神經細胞數量並駕齊驅。[29]⑬然而其中只有三分之一的神經細胞位於章魚的頭部，並且集中在中央腦（central brain）以及鄰近的視葉（optic lobe），負責接收來自雙眼的資訊。至於剩下的三億兩千萬個神經細胞通通都位在牠們的腕足上。章魚的每個腕足「都有龐大且相對完整的神經系統，然而腕足與腕足之間卻幾乎完全不會互相溝通，」羅賓．克魯克寫道。「章魚有著九個分開的腦袋，而且各有各的主見。」[30]⑭

就連章魚每隻腕足上的三百個吸盤也是獨立的存在。牠們的吸盤一旦碰到某個物體，就會改變形狀以完整包覆該物體並產生吸力。此時，吸盤邊緣的一萬個機械性受體與化學受體，也會同時感覺該物體帶來的觸覺與味覺感受。[31]對人類的舌頭來說，口味與口感是兩種不同的特質，然而就章魚吸盤的神經連結來看，牠們或許不是如此。葛拉索告訴我，章魚的味覺和觸覺「很可能其實密不可分」，就像人類感受到的聯覺一

⑬以人類而言，大腦與脊髓的一切通通囊括在中樞神經系統裡，周圍神經系統則涵蓋了我們四肢、各個器官以及身體其他部位。然而就章魚而言，這種區別就不適用了。即便牠們的腕神經節細胞（brachial ganglion）以及吸盤神經節細胞（sucker ganglion）皆位於身體周邊的腕足上，依然屬於中樞神經系統的一部分。

⑭審註：除了中央腦區會有軸神經與八隻腕足相連，今年的研究也發現，腕足之間會有非常有趣的方式相連：每根腕足的左右側各有一條肌肉內神經，會與間隔兩足之外的腕足相連。例如，八根腕足裡，第4根會與1和7相連；第7根會與4和2相連。

樣。根據其感受到的口味或口感，章魚的吸盤就會決定是要繼續吸著某個物體或是快點放開。光是吸盤本身就能做出這些決定，這都是因為章魚的吸盤上有著各自的迷你腦——也就是一團專門負責為吸盤做決定的神經細胞，名為吸盤神經節細胞。只要看看脫離了章魚本體的腕足（通常會吸附在其他魚類的身側，卻絕對不會吸在同一隻章魚的其他腕足上），就能看出這些吸盤是多麼獨立存在的構造。[32]

每一個吸盤神經節細胞都與位於腕足中央的另一團神經——腕神經節細胞連接在一起；而所有的腕神經節細胞則都會沿著整條腕足互相連接。各位可以把它想像成裝飾用的彩色小燈條，每個吸盤神經節細胞都是一個燈泡。這些吸盤神經節細胞之間並不會互相溝通，但腕神經節細胞卻會相互傳遞訊息。⑮因此，腕神經節細胞能夠協調每個吸盤的動作，讓整條腕足有條有理地行動，同時也能在不需要中央腦中樞參與的情況下完成許多事。單靠腕足上的構造，就足以應付伸出腕足、抓取及拉近物體的各種行為。例如神經生物學家本雅明・赫奇納（Binyamin Hochner）發現，章魚的腕足碰到物體以後，就會有兩波神經訊號分別自腕足與物體的接觸點以及腕足的基部傳出；而章魚的腕足便會在這兩波神經訊號相遇的位置彎折，形成手肘的樣子，腕足便能將物體抓起來放進嘴裡。[34]葛拉索對我感嘆：「牠們的腕足裡實在埋藏太多訊息與行為了。」⑯

中央腦區**確實能夠**控制章魚的腕足，但它管得不多。這位大老闆不會鉅細彌遺地掌控每根腕足的行為，而是只在必要時的場合才會協調。單一隻腕足，就能夠靠著它味覺、觸覺互相結合的感覺能力，在不透明的迷宮裡找出正確的路線，而且還不需要其他身體部位的訊號協助。不過赫奇納的同事塔瑪・葛尼克（Tamar Gutnick）則發現，章魚如果面對光靠腕足無法處理的問題，其實也有其他方法能夠解決。[35]她打造了一個透明的迷宮，將能夠走出迷宮的正確路線設計成非得離開水中不可，使腕足無法偵測水裡的化學物質線索。即便如此，章魚依然能夠靠雙眼導引腕足前進，成功走出迷宮。不過章魚也不是馬上就能辨到。牠們得先花點時間練習、學習，而且實驗顯示，有七分之一的章魚完全走不出迷宮。

雷提西亞．祖羅（Letizia Zullo）是赫奇納團隊的另一位成員，她透過章魚中央腦組織的方式，發現了更多關於腕足極高自主性的證據。[36]人類的大腦有著涵蓋全身範圍、對應個別部位的大略地圖，身體不同部位（例如每一隻手指）所產生的各種觸感，其實都由不同的神經細胞團負責。同理，大腦中各個腦區也負責驅動特定的動作：刺激正確的腦區，你可能就會舉起手臂，或是伸出手。然而祖羅卻發現，章魚中央腦似乎沒有這樣的全身地圖。無論他怎麼刺激大腦的特定位置，想單獨讓一根腕足伸出去，其他腕足都還是會一起動作。章魚感覺得到自己第一根腕足上的第二十個吸盤碰到了一隻螃蟹嗎？就像我知道自己的右手中指剛剛按下了鍵盤上的Y鍵那樣。也許，章魚根本不知道！章魚很可能只會知道第一根腕足發現了食物，剩下的細節就交給腕足自己處理。這麼說來，章魚到底知不知道自己的腕足位置在哪，就像人類不用真的看見自己的身體，大腦也能浮現身體目前狀態的樣子？章魚很可能連這點也做不到！牠們的腕足想必還是有本體感覺的感受器，這樣才能夠協調各種動作，但這所謂的協調，也很有可能都是靠著腕足本身來運作而已。馬丁．魏爾斯是近代章魚研究的先驅，他也被這個論點說服了：章魚其實不知道自己每隻腕足的位置，中央腦中也沒有自身形體的內在圖像。

或許這樣正好。畢竟人類的骨骼與關節大大限縮了動作範圍，因此對於人類大腦來說，控制人體相對簡單。就像我們要是想拿起馬克杯，說實在的，能運用的方式並不多。但正如哲學家彼得．戈佛雷史密斯

⑮ 每個吸盤神經節細胞與其相對應的腕神經節細胞之間都有大約一萬個神經細胞。[33]這大約等於一整隻水蛭以及海蛞蝓所有的神經細胞數量了。章魚光單一隻腕足上的神經細胞數量就和一隻龍蝦一樣多。

⑯ 一九五〇及一九六〇年代，馬丁．魏爾斯（Martin Wells）移除了數隻章魚大部分的中央腦，並且發現這些「去大腦」（decerebrate）的章魚依然能用腕足上的吸盤操控物體、打開貝殼、把食物放進自己嘴裡。

（Peter Godfrey-Smith）於其著作《章魚，心智，演化：探尋大海及意識的起源》（*Other Minds*）中所述，章魚有著「充滿無限可能的身軀。」[37] 除了堅硬的嘴喙以外，章魚身體的其他部分都十分柔軟、具延展性、能隨意變形。牠們的皮膚也能在眨眼間改變顏色與質地；牠們的腕足則能在任何一處延伸、收縮、彎折、旋轉，即便只是簡單的動作，牠們也幾乎有無限種表現方式。即便具備著巨大的腦袋，不過要容納得下這無數種可能也太困難了。後來科學家發現，對章魚來說一點都不重要，章魚的大腦根本不必記住所有可能性。大部分的情況下，章魚都會讓腕足各自為政，只要時不時地指點一下方向就好。⑰

這樣看來，章魚很可能其實擁有**兩個**不同的環境界。[39] 腕足的環境界充滿了味覺與觸覺，頭部則幾乎全仰賴視覺。至於章魚的頭與腕足之間無疑還是多少有一些連結，不過葛拉索認為，關於章魚頭部與腕足之間的訊息交流或許被簡化了。假如將魏克斯庫爾那套動物身體是房屋，感官則是一扇扇窗戶的比喻用到章魚身上，章魚的環境界其實可以算是兩棟半獨立式的房屋，中間有一扇小小的門負責連接這兩棟建築風格完全不同的房子。先別管內格爾苦思的疑問了（當一隻蝙蝠是什麼感覺？）。我們又怎麼可能知道身為章魚到底是什麼感受呢？章魚不尋常的感官能力就已經夠挑戰人類的想像力了，更別說還要思考牠們結合這些感覺並實際發揮效用的方式了。章魚以神奇的感知能力為織線，用突破想像力極限的技巧交織這些原料，成就了我們全然陌生的錦繡世界。

諷刺的是，人類的感覺其實也建構出了一種幻境，令我們更難以理解各種感覺究竟如何運作。看著瓜莉雅和拉，我對於在雙眼裡作用的光受體毫無知覺，就只是用雙眼看見了牠們而已。碰觸到水族缸壁的當下，我不會感覺到手指上的機械性受體對壓力作出反應，就只是感覺到了水族箱的存在。我們在這世界上的各種體驗，好像都和產生這些體驗感覺器官有所脫離，因此我們很容易以為各種感覺是實體世界之外，單純由動物心智構築出來的現象。這也說明了，人類社會的各種故事及傳說裡，為何會有各種能夠將人類意識轉移至動物身體裡的角色——例如北歐神話中的奧丁（Odin），或是曾紅極一時的《權力遊戲》（*Game of Thrones*）裡的布蘭（Bran）。這種人類切切實實「置身於其他動物的感官世界」的能力，似乎就是了解動物環境界最終極的形式了；然而這其實從根本上就誤解了探索其他動物環境界的概念。動物的感官世界是其身上各種感覺器官探測外界的各種刺激後，隨之產生的大量電子訊號交織而成的結果；完全是屬於動物身體的一部分，因此無法獨立於牠們的身體之外繼續運作。各位不可能直接想像把人類的意識放進蝙蝠或章魚的體內，因為這根本**行不通**。

瓜莉雅和拉開始動作，努力打開裝了螃蟹的罐子，牠們看起來好像是打算解決問題來達成某項目標；但牠們的中央腦真的有參與其中嗎？還是只是腕足自己想要探索陌生的物體而已？假如後者為真，那章魚的行為是否就不像過去我們所以為的，是高智力的產物？又或者我們正好可以從章魚腕足所展現出的自主性與好奇心，發現章魚的智力有多高？（章魚的腕足會有好奇心嗎？）瓜莉雅與拉不願意再轉開罐子，是牠們覺得無聊了，還是牠們的腕足覺得無聊？（章魚的腕足會覺得無聊嗎？）章魚身體的兩個環境界之間又是否有某些衝突存在——牠們雙眼所見以及腕足用觸覺結合味覺感知到的感受，是否會有矛盾？

要回答這些問題實在太難，然而若我們將章魚的身體各部位分開檢視，雖然依舊困難，卻也不是不可能解開這些疑問。然而，不管是吸盤還是雙眼的運作模式，我們都無法單靠其中一項就了解動物的整體感受。

⑰ 戈佛雷史密斯有個絕妙的比喻，他認為大腦中樞就像樂團指揮，而腕足就像「喜歡即興演奏的爵士樂手，不接受太多指導。」[38]

我們也很容易因為沒有全盤了解章魚的神經系統架構，而錯誤解讀章魚動作的意義。內格爾想要了解的是，如何設身處地地想像出其他動物在世界上的意識經驗，而這正是最困難的地方：我們得徹底了解關於動物的一切，才有可能知道身為那種動物的感受。我們得完全了解這種動物的所有感官、整個神經系統以及其餘的身體部位。不僅要認識其需求，還要了解其環境、過去的演化歷程與當下的生態條件。我們必須懷抱著謙遜的態度進行研究，也要認知到人類本身的直覺實在非常容易在這個過程中產生誤導。但無論如何，我們還是應該抱持著希望繼續前進，因為即便只是一點點的進展，都有可能揭開過去人類完全不了解的珍貴奧祕。我們也必須加快探索的腳步，因為剩下的時間實在不多了。

〔第十三章〕

拯救寂靜，保留黑暗——瀕危的感覺景觀

懷俄明州（Wyoming）的大提頓國家公園（Grand Teton National Park）面積達三十一萬英畝，其中最大的人造建設就是柯爾特灣（Colter Bay）村落的停車場了。巨大停車場外圍的樹林間，有一棟散發著惡臭的污水處理廠，傑西．巴伯把這裡稱為臭屎坑（Shiterator）。金屬製的雨棚下有個小小的裂縫，巴伯用手電筒照亮了一隻靜靜棲息在那裡面的北美小棕蝠（*Myotis lucifugus*）。[①]這隻蝙蝠的背上有著米粒大小的白色裝置。巴伯說：「那是無線電發報器。」他會事先將無線電發報器安裝在蝙蝠背上，藉以追蹤這些小動物的行蹤。他今天晚上就是想再來多為幾隻蝙蝠裝設無線電發報器。

我聽見許多蝙蝠的叫聲從臭屎坑傳出。夕陽西下，該是蝙蝠準備出來活動的時間了。牠們剛飛出日棲所的時候會比較仰賴記憶而非回音定位能力，因此根本沒注意到巴伯在兩棵樹之間張起的霧網。[②]果然，有幾隻蝙蝠被網子纏住了，巴伯趕緊上前幫牠們解開網子，而他的學生杭特．柯爾（Hunter Cole）和艾比．克雷林（Abby Krahling）則小心翼翼地檢視每一隻蝙蝠，確認其健康狀態，並確保蝙蝠的體重足夠背負無線電發報器。[③]其中一隻蝙蝠張開了大嘴，空氣間馬上充滿了我們聽不見的聲納脈衝。柯爾將一坨醫療用黏著劑點

①審註：該物種為鼠耳蝠屬，與北美大棕蝠的棕蝠屬不同。
②審註：動物學家用來捕捉鳥類和蝙蝠時所使用的被動性捕捉裝置。
③審註：一般而言，都至少要小於動物體重的5％才行。小棕蝠的體重僅約10公克，因此使用的發報器重量不能超過0.5公克。

在蝙蝠的肩胛之間，然後黏上了小小的發報器等黏著劑乾透。巴伯又說：「幫蝙蝠裝無線電發報器其實有點像在做美術作品。」幾分鐘後，柯爾將蝙蝠放回附近的樹幹上。蝙蝠慢慢往上爬以後便振翅飛去，帶著要價一百七十五美元的無線電設備消失在樹林之間。

隨著時間流逝，夜色也越來越濃；靠回音定位辨認方向的蝙蝠卻一點也不在意，有著敏銳聽覺的貓頭鷹也仍渾然不覺地在我們頭上飛翔，不受黑暗影響的當然還有蚊子，牠依循著二氧化碳的氣味透過衣服狠狠叮了我一口。然而巴伯和他的學生卻只能靠頭燈照明才能繼續手上的工作，但頭燈的燈光卻吸引來了一群又一群的昆蟲。這正是巴伯人在這兒的原因。這世界上有越來越多心繫著自然環境的感官生物學家，正為人類造成的光害感到擔憂，擔心這些人造光源會危及許多物種的生活，而巴伯正是其中之一。即便是在國家公園的正中央，依然會有燈光干擾原本的黑暗環境。各式各樣的光線從車輛的頭燈、遊客中心的螢光燈、停車場周圍的路燈噴湧而出。巴伯說：「整個停車場被搞得像大賣場一樣燈火通明，從這裡就可以看出根本沒人考慮過這對野生動物造成的影響。」

經過了幾世紀的努力鑽研，大家終於更了解其他物種的感官世界了。但人類卻在短短的時間裡，就顛覆了動物的感官世界。我們現在身處於人類世（Anthropocene）——也就是人類的所做所為對世界具有決定性影響力的地質年代。人類導致了氣候變遷，更因為釋放出巨量的溫室氣體而使大海酸化。我們改變了野生動物在不同大陸之間的分布，使當地物種被外來入侵種排擠。④而且，也正是人類引發了某些科學家所說的「生物滅絕」（biological annihilation），其嚴重程度與過去歷史上的五次大滅絕可說是並駕齊驅。[1]在這一件件、一樁樁令人沮喪的生態毀滅罪行之中，我們本應最容易發現，卻最常被人類忽略的就是——感官危害（sensory pollution）。人類不僅沒有站在其他動物環境界的角度為其設身處地著想，還逼迫這些動物順應人類的環境界生存，讓牠們被人為的各種環境刺激層層包圍。[2]因為人類，夜晚充滿了燈光、寂靜充斥著噪音、土壤和水裡都是不尋常的物質分子。我們使動物再也無法集中專注地運用必要的感覺，更是用其他刺激淹沒了牠們仰賴生存的各種感官線索，並且誘使動物們踏入各種感官的陷阱裡（例如飛蛾撲火）。

許多飛行昆蟲就這麼掉進路燈的死亡陷阱裡，牠們誤以為路燈是星光，因此不斷地在燈下盤旋直到體力枯竭。有些蝙蝠卻會因此而得益，順勢捕食這些找不到路的蟲子。然而其他移動速度較慢的蝙蝠（例如被巴伯標記的北美小棕蝠）則會對燈光敬而遠之，因為燈光有可能使牠們更容易被貓頭鷹獵捕。[3]燈光改變了牠們身邊的動物群集，牠們因此與某些物種更為靠近，也與某些物種開始疏離，這些帶來的後果皆是難以預料的。避光性的蝙蝠會不會因為棲息地縮小、獵物被吸引走而受害？趨光性的蝙蝠又是否可能只是暫時得益，最終還是得面對當地昆蟲數量遽減的命運？為了找出這些問題的答案，巴伯說服了美國國家公園管理局（National Park Service）允許他進行一項特別的實驗。

二〇一九年，他把柯爾特灣停車場的三十二座路燈都換上能改變燈光顏色的特殊燈泡。這種燈泡能在白光與紅光之間切換，根據以往研究顯示，白光會劇烈影響昆蟲與蝙蝠的行為；紅光則不太會造成影響。⑤巴伯的研究團隊每三天會換一次燈光顏色；他們會在路燈下掛著漏斗狀的陷阱以捕捉靠近的昆蟲，而無線電接收器則會接收蝙蝠身上裝置所發出的訊號。這些資料就能夠顯示出一般白光對當地動物造成的影響，並且驗

④ 審註：已逝的生物多樣性之父的E. O. 威爾森曾提出HIPPO的觀念，直指造成多樣性資源損失的五大嚴重人為影響，第一是棲息地的破壞、第二即為外來入侵種。入侵種不只會透過競爭、直接捕食來重創原生生態系，亦會帶來流行疾病影響原生生物種。褐鼠、家兔、山羊、野豬、以及家犬、家貓皆是全球性影響較為深遠的種類。

⑤ 由卡米爾・斯波爾斯特拉（Kamiel Spoelstra）所帶領的荷蘭研究團隊在二〇一七年發現此一現象。[4]也因為此一發現，荷蘭新科普（Nieuwkoop）城鎮上一個位於自然保留區旁邊的社區，就將路燈的燈泡換成對蝙蝠較為友善的紅色LED燈。

證紅光究竟是否真能使夜空回復自然的樣貌。

柯爾小小示範一下如何把燈光切換為紅光給我看。剛開始整個停車場一片紅，看起來就像令人不安的地獄風景，好像我們一腳踏進了什麼恐怖電影裡一樣。但後來隨著雙眼漸漸適應，紅光的色調感覺起來就不那麼誇張了，甚至還令人感到舒適。令人驚訝的是，我們還是看得很清楚。不管是車子還是周圍的樹枝、樹葉，依然一清二楚。我抬頭往上看，不禁注意到聚集在路燈下的昆蟲變少了。眼光再往上移動，就發現閃閃發亮的銀河橫掛在空中。這幅景象實在美得令人心痛，住在北半球的我從來沒看過這麼清晰明亮的銀河。

二〇〇一年，天文學家皮耶安東尼奧・辛加諾（Pierantonio Cinzano）和同事合作創造出了首張全球光害地圖，[5]他們計算出全球約有三分之二的人口居住在光害地區，當地就算入夜了，也比大自然中的黑暗程度還要亮了百分之十以上。大約有百分之四十的居住環境如同永遠都有月光照耀，而有約百分之二十五的人則是一直沐浴在比滿月還要亮的人造燈源下。研究人員寫道：「對這些人來說，夜晚從沒真正到來過。」二〇一六年，此研究團隊再度更新這張光害地圖，他們發現情況更糟了。[6]如今已有百分之八十三的人——這當中包含了超過百分之九十九的美國人與歐洲人——居住在飽受光害的夜空下。每一年，全球就會多百分之二的地區被人造光線籠罩，而其亮度也以每年百分之二的幅度增加。[7]如今已有一層厚厚的光霧籠罩了地球表面的四分之一，在許多地方這些光線甚至強到地面上的人根本就看不見星星。世界上已經有超過三分之一的人口（且幾乎占北美洲人口的百分之八十）都已經看不見銀河了。專門研究視覺的科學家桑克・強森曾如此寫道：「這些光線旅行了幾十億年的時間從遙遠的星系來到地球，卻在這最後十億分之一秒的時間被附近購物中心的燈光掩蓋，這實在令我沮喪不已。」[8]

在柯爾特灣這裡，柯爾再次將路燈切換回白光，過亮的燈光突然令我感覺到無比刺眼、不適，夜空中的銀河變淡，周圍的世界也變得更狹小了。感官危害會使生命之間的連結斷裂：我們因此失去了與宇宙的連結，動物用來與周遭世界、與彼此之間聯繫的各種感官刺激也被掩蓋。在人類使這個世界更加明亮、喧鬧的過程中，我們也令世界變得更為破碎。在夷平雨林、使珊瑚礁白化的同時，我們也同樣危害了原本充滿自然感官刺激的環境；我們人類得從現在這一刻起就開始行動，盡己所能拯救寂靜、保留黑暗。

每一年的九月十一日，紐約市的夜空便會矗立著兩道搶眼的藍色光柱；這是「悼念之光」（Tribute in Light），這一年一度的活動會以燈光藝術紀念二〇〇一年的恐怖攻擊，兩道照耀著夜空的光芒便代表了在恐怖攻擊倒塌的紐約世界貿易中心（Twin Towers）。兩道燈柱都有著四十四個七千瓦的氙氣燈泡，因此遠在九十六公里左右之外都能看見這兩道光芒；從近處則能看見一個個小斑點在光柱中像小雪花一樣輕柔地飄動。這些斑點，正是上千隻的鳥兒。

這一年一度紀念儀式的舉行時間，很不幸地正好與鳥類秋季遷徙的期間重疊，因此同時會有數十億隻小型鳴禽準備長途跋涉飛越北美洲。牠們在夜色下往目標方向前進，而成群的鳥兒數量之巨大，甚至連在雷達上都看得到。藉由分析雷達顯示出的影像，班傑明．凡．多倫（Benjamin van Doren）發現悼念之光照耀夜空的七個夜晚之間，會造成大約一百一十萬隻鳥類滯留。[9]這兩道光柱的光線之強，甚至在好幾公里以外的高空都還看得見，經過的鳥兒也會受到這些光線的吸引。森鶯科（Parulidae）鳥類與其他小型鳴禽因此便會聚集在光柱裡，其密集程度是一般鳥群的一百五十倍之多。這些鳥兒會不斷地慢慢盤旋，就像被困在無形的牢籠裡無法逃脫。牠們頻繁而強烈地鳴叫著，時不時也會有鳥兒撞上附近的大樓。

動物遷徙的過程十分艱辛，這些體型嬌小的鳥類也會在此過程中被逼到身體極限。即便只是多繞一個晚上的路，都有可能過早消耗掉牠們的體力，因此而死在遷徙的半路上。為此，一旦有超過一千隻鳥兒被困在悼念之光的光柱裡，該設施就得關閉燈光二十分鐘，讓鳥兒重新回到正確的航道。然而這也只是許多干擾光源的其中之一而已，再者，即便悼念之光的強烈光線會直射夜空，它一年也就發光那麼一段時間而已。其餘時間，則有各種運動場地、觀光景點、石油鑽井平臺、辦公大樓的燈光傾瀉而出。這些光線不僅會蓋過黑暗，也吸引了遷徙的鳥類。一八八六年，就在愛迪生開始大量製造電燈泡以後沒多久，就有將近一千隻鳥類因為撞上伊利諾州第開特（Decatur）一座發光的高塔而死。[10] 超過一世紀以後，環境科學家特拉維斯．隆戈爾（Travis Longcore）和同事計算出，美國與加拿大加起來，每年有將近七百萬隻鳥類因飛進電信塔而死亡。[11]⑥ 這些電信塔發出的紅光本意是為了警示飛行員，然而卻也會打亂在夜間飛行鳥類的方向感，導致牠們飛向電線或撞上彼此。其實，只要把持續發亮的紅光換成閃光，就可以大幅降低這種悲劇的發生。[12]

隆戈爾說：「我們太容易忘記人類跟其他物種感知世界的方式其實完全不同，而也正因如此，我們便會忽略自己造成的影響有多巨大。」人類是視覺動物，然而我們雖擁有極高的視覺解析度，卻也犧牲了對光線的敏感度。人類與大部分的哺乳類動物不同，一到夜晚，我們的視覺就派不上用場，而人類的文化也反映出了我們環境界為晝行性的特性。亮光在人類文化中代表的是安全、進步、知識、希望與良善；而黑暗則被視為危險、蕭條、無知、絕望與邪惡的化身。從營火到電腦螢幕，人類其實一直都在渴求更多的光線。⑦ 要把光源想成一種傷害環境的事物，對人類來說實在是相當違反常理，然而當光線出現在不該出現的時間與地點，確實就會對大自然產生危害。

儘管人類造成許多地球環境的變化，但卻有不少變化在除去人類後仍會發生。近代出現的氣候變遷，無疑是人類造成的結果，不過地球氣候在天然的情況下其實也會改變，只是變化的速度相當緩慢。然而，在夜晚依然熠熠閃耀的人造光源，卻是人類世所帶來獨一無二的環境危害。光與暗在每一天、每一種季節產生的自然節律，長久以來都維持著穩定的節奏——這持續了四十億年時間的狀態，卻在十九世紀開始動搖。[13]因為光害影響了科學家對星體的觀察，於是天文學家與物理學家變成為首批開始討論光害的先驅。隆戈爾告訴我，生物學家則是一直到二〇〇〇年才開始認真看待這項問題。⑧一部分是因為身為人類的生物學家本身就是晝行性動物[14]，每到夜晚，生物學家都已進入夢鄉，因此察覺不到周遭環境在深夜產生的重大改變。然而隆戈爾也說：「假如你真正張開雙眼仔細觀察，就會發現問題早已擺在眼前。」

海龜孵化爬出巢穴後，會從沙丘植被的陰影緩慢地踽踽前行，往明亮的海平面移動。[15]然而不管是路燈還是海灘度假村的燈火，都有可能導致牠們前往錯誤的方向，也因此就成了掠食者輕鬆到手的獵物或成為車下的小小亡魂。這些小海龜可能不小心走進正在進行比賽的棒球場，更令人驚駭的是，牠們甚至可能爬進人類離開沙灘後卻沒有完全熄滅的營火堆裡。曾經就有海灘管理者在一盞水銀燈下發現上百隻初生海龜的屍體層層堆疊。

除此之外，人造光源也可能導致某些趨光性的昆蟲掉入死亡陷阱，因此使這些昆蟲在全球的數量急劇減

---

⑥正如我們在前文所見，遷徙性鳥類有各式各樣的感覺為牠們領航。鳥類似乎是因為所有感覺同時都被干擾才會撞上電信塔——糟糕的天候狀況使牠們看不清楚地標，紅光則擾亂了牠們體內的指南針。

⑦在光害研究當中，科學家習慣以縮寫 ALAN 來代表夜間人造光源（artificial light at night）；不過這樣一來也就代表許多論文讀起來就好像是在責備一個叫艾倫（Alan）的傢伙一樣，彷彿是這傢伙一手造成各種光害災難似的。「夜間人造光源可能會影響各式各樣主要在夜晚活動的夜行性動物。」一位科學家如此說道。也有另外一位科學家表示：「就算是沒那麼強烈的夜間人造光源，對於生態的影響也不容小覷。」

⑧其實很早就開始有鳥類衝向燈火通明的大樓以及剛孵化的海龜游向五光十色的城市的例子。然而隆戈爾說，這原本是一項只有少數學者關心的議題，直到二〇〇二年的某次國際會議，光害才成為科學家持續討論的研究領域。

少。[16]光是一盞路燈，就能夠吸引將近二十三公尺以外的飛蛾靠近，而一整條燈火通明的道路，則很有可能成為以燈光囚禁飛蛾的牢籠。[17]因為路燈蜂擁而至的大量昆蟲，很可能會因此被天敵捕食，或是在日出時分力竭而亡。至於那些衝向車燈的昆蟲，更是可能在一瞬間就失去性命。倘若不斷有昆蟲因此死去，很可能就會影響整個生態系統，並如漣漪一般牽動長遠的變化。二〇一四年，生態學家依瓦・諾普（Eva Knop）進行了一項實驗，其中一個環節是由她在瑞士的七片草地上裝設路燈。[18]每當太陽西下，她就會戴上夜視鏡觀察這些草地，仔細審視那裡的花朵，尋找飛蛾及其他授粉昆蟲的身影。諾普比較了這些裝設路燈的草地與維持黑暗的環境，她發現受到光照的花朵獲得授粉昆蟲造訪的機率相較之下少了百分之六十二，甚至有其中一株植物即便白天確實有蜜蜂與蝴蝶停留，長出的果實還是少了百分之十三。

然而人造光源除了光線本身會對自然造成影響之外，光的性質也是其中關鍵。有些昆蟲的幼蟲會在水中生活（如蜉蝣和蜻蜓），成蟲卻可能因為積水的路面、窗戶及車頂反射出來的水平偏振光，而將卵產在這些牠們誤以為是水體的地方，導致幼蟲無法生存。[19]至於對人類來說，我們的視力速度不夠快，所以難以察覺燈泡的光源其實在不斷快速地閃動，但我們卻還是可能因此而有頭痛或其他神經問題的症狀。[20]這麼說來，對於那些視覺能力能夠察覺光線快速變化的昆蟲及小型鳥類來說，燈泡又會造成哪些問題呢？

除此之外，光線的顏色也有很大的影響力。紅光會干擾鳥類遷徙，但對蝙蝠和昆蟲來說卻比較友善⑨；黃光對昆蟲和海龜來說沒有負面影響，卻會擾亂蠑螈。隆戈爾說，沒有哪一種光的波長是真正完美無缺，但藍光和白光是對於生態危害最嚴重的光線。藍光會擾亂生理時鐘，並且對昆蟲來說有著強烈的吸引力。除此之外，藍光也非常容易產生散射，也因此使光害更為擴大。然而藍光卻是便宜又有效率的光線來源。新一代的節能白光LED燈就含有大量的藍光，假如全世界都把傳統的橘黃色鈉燈換成這種燈泡，全球光害將增加至二至三倍。[21]隆戈爾也因此表示：「我們可以刻意關上光源，做出更好的選擇。除此之外，我們也不該在夜晚使用全光譜的燈光，避免使周遭的一切生命以為白日永無止盡。」

與隆戈爾在他位於洛杉磯的辦公室討論結束後，我搭了紅眼班機回家。飛機起飛時我望向窗外，看著燈火通明的城市景象。滿城熠熠燈火依然能激起人類心中那股最原始的敬畏感受，就像望著滿天星辰或月光灑落海面時會有的那種心情一樣。對人類來說，光明就象徵著知識。燈泡的圖案象徵想出了好點子，靈光一現、發光發熱則用來形容人發揮聰明才智的表現，歷史也描述人類從黑暗時代⑩走入光明。隨著洛杉磯的景色漸漸從我座位旁的窗戶淡出，我心中那股熟悉的敬畏之情此時卻染上了一絲不安。光害如今已不再只是專屬於城市的問題了；光線不斷傳遞、擴張，甚至入侵了過去一直遠離人類影響的各種自然保留區。洛杉磯城市裡產生的光線，傳到了遠在約三百二十二公里之外，美國本土最大的國家公園——死亡谷（Death Valley National Park）。如今，實在越來越難見到真正的黑暗了。

真正的寂靜，也越來越難得。

四月裡一個晴朗的早晨，我在科羅拉多州波爾德（Boulder）一座海拔約一千八百二十八公尺的崎嶇小山健行。山上的世界感覺特別寬廣，在那裡我不僅可以一覽環繞四周的針葉樹林，山裡也實在是安靜到了極致。遠離城鎮的喧囂後，各種細微聲音透了出來，也終於能夠傳到更遠的地方。半山腰上，一隻花栗鼠在樹叢中發出沙沙的聲音，蚱蜢則在飛行時一邊摩擦翅膀；啄木鳥用牠的喙敲擊著附近的樹幹。這裡風聲呼嘯。

⑨ 巴伯在大提頓國家公園所使用的紅光照射範圍不夠高，因此不會導致遷徙的鳥類滯留徘徊。

⑩ 譯註：中世紀前期，即為從西羅馬帝國滅亡至文藝復興開始之間的時期。

坐在這裡越久，我似乎就聽見了越多的聲音。

這時有兩個人出現打破了這份寂靜。我看不見他們的身影，但我確定他們就在底下山徑的某處，說話的音量更彷彿打算讓整個科羅拉多州都聽見他們嚷嚷。在更遠的地方，則傳來了樹林另一端的高速公路上車子呼嘯而過的聲音。屬於丹佛城市的各種聲音在遠處嗡嗡作響，彷彿像背景音效一般被擋在我的聽力範圍之外。我也注意到了頭上有飛機飛過發出的引擎運轉聲。在健行結束後與我碰面的柯特．費茲特普（Kurt Fristrup）這時對我說：「我從一九六〇年代中期開始背包旅行，當時飛機的數量就已經比過去增加了六、七倍。」他又說道：「每次有朋友來訪，我都會在健行結束時問他們剛剛有沒有聽見飛機的聲音，而大家都回答印象中大概有一兩架飛過。這時我就會告訴他們，其實剛剛有二十三臺噴射機及兩架直升機飛過上空。」

費茲特普任職於美國國家公園管理局的自然聲音與夜空保護部（Natural Sounds and Night Skies Division），這個部門致力於保護美國的自然聲景（soundscape）（以及其他各種自然事物）。但想要保護自然聲景的前提，便是得先找出自然聲景的所在。然而，聲音卻不像光線那樣可以直接以人造衛星觀測。[22]因此費茲特普和同事花了數年時間在美國各地約五百個不同地點裝設錄音設備，錄下了將近一百五十萬小時的環境音檔。他們發現，人類活動形成的背景噪音在百分之六十三的保護區都增加了一倍，而其中百分之二十一的區域的人造噪音更是已增加了十倍之多。在這些噪音增加了十倍的空間裡，「過去你距離三十公尺左右就能夠聽見的聲音，現在得要拉近距離到三公尺左右才聽得見了。」國家公園管理局的瑞秋．巴克斯頓（Rachel Buxton）如此對我說道。來自飛機與道路的噪音正是最大的罪魁禍首，其他像是開採石油或天然氣、採礦、林業等工業發展也是幫凶。即便是受到最嚴密保護的自然保留區，也不免深陷於噪音的圍攻而難以脫身。[23]

城鎮裡、都市中，噪音的問題更加嚴重，而且美國也絕不是唯一面臨這種困境的國家；歐洲有大約三分之二人口的生活環境中，永遠充斥著和雨聲相當嘈雜的噪音。[24]這種環境對於許多仰賴鳴叫與歌聲溝通的動物造成了生存威脅。二〇〇三年，漢斯・斯拉貝柯恩（Hans Slabbekoorn）和瑪格麗特・皮特（Margriet Peet）發現，住在荷蘭萊登（Leiden）特別嘈雜的區域的大山雀（學名為*Parus major*）會以音頻更高的聲音歌唱，以免自己的鳴叫聲被都市所發出的低頻噪音蓋過。[25]一年後，漢瑞克・布倫姆（Henrik Brumm）則發現，德國柏林的夜鶯（學名為*Luscinia megarhynchos*）不得不提高音量鳴唱，才能夠抵禦城鎮的喧囂。[26]這些研究結果很有影響力，也因此激起了一股針對噪音污染的研究浪潮[27]；科學家也因此發現，都市與工業產生的噪音會改變鳥類歌唱的時機，還降低了鳥類歌聲的複雜與多元性，也因此導致牠們難以覓得配偶。即便是對於住在都市的鳥類來說，噪音依然充滿了破壞力。

噪音不僅會淹沒動物刻意發出的聲音，也會掩蓋大自然中「各種不經意產生的聲音在各種動物族群之間形成的連結。」費茲特普如此對我感嘆道。而他所說的，就是那些讓貓頭鷹判斷獵物位置的輕柔沙沙聲，或是使老鼠警覺危險迫近，細微的翅膀拍動聲。費茲特普也說：「這些聲音正是聲景當中最脆弱、最容易受到侵擾的部分，這正是人類形成的噪音所造成的破壞。」衡量聲音大小的單位是分貝，輕柔的耳語聲通常大約為三十分貝，一般人的對話聲則可達六十分貝左右，至於搖滾演唱會的音量則高達一百一十分貝。這些人類活動產生的聲音每提升三分貝，就會導致大自然各種聲響可聽見的範圍足足減半。[28]各種噪音限縮了動物的感官世界。雖然有些像大山雀與夜鶯這樣的物種會盡己所能地去調適行為，但也不少物種乾脆選擇轉身離去。

二〇一二年，傑西・巴伯、海蒂・維爾（Heidi Ware）、克里斯多佛・麥克盧爾（Christopher McClure）在愛達荷州一處鳥兒遷徙時會暫時停留的山脊上，裝設了綿延八百公尺左右的揚聲器，反覆播放車輛行駛的錄音，藉此營造出該處有道路經過的假象。[29]單單因為有這些車聲的存在，就導致了應該在此處停留的候鳥，有三分之一的個體選擇敬而遠之。至於那些依然選擇停留的鳥兒當中，有許多為這份堅持付出了代價。輪胎摩擦道路的聲音與喇叭聲蓋過了掠食者發出的聲音，這些鳥兒也因此得花費更多的時間警覺是否有危險靠近，導致必須犧牲覓食的時間。吃得少，體重增加的幅度跟著下降，這些鳥兒只能挺著比較虛弱的身體，繼續牠們長途跋涉的考驗。這項實驗無疑證明了野生動物確實會遠離存在噪音的區域，就算單單只有噪音，沒有車輛行駛的景象或車子排出的廢氣，也足以使動物遠離該處。另外，也有上百項研究得出了相似的結論。⑪假如環境裡充斥著噪音，黑尾草原犬鼠（學名為*Cynomys ludovicianus*）就會選擇花更多時間躲在地底下[31]，貓頭鷹如長耳鴞及短耳鴞（學名分別為*Asio otus*、*Asio flammeus*）的攻擊就會出錯[32]，以寄生為生存手段的奧米亞棕蠅也更難找到蟋蟀宿主[33]，艾草松雞（學名為*Centrocercus urophasianus*）則更容易因此棄巢而去（至於那些選擇留下的個體，同樣地得承受更多的壓力）[34]。

聲音的傳遞無遠弗屆，不受時間所限又能夠穿透堅硬的障礙物。正是這樣的特質，使聲音成了動物們的絕佳感官刺激，同時卻也成為相當難以抗衡的污染來源。一般我們說到污染，腦中通常都會浮現化學物質從煙囪裡源源不絕冒出、各種浮渣在河面上飄浮等等能以肉眼看見的畫面，也因此證明了具體的環境危害；然而，噪音卻能使看起來依然如詩如畫的大自然變成不再宜居的環境。噪音正是一雙無形的手，將各式各樣的動物推離原來的棲息地。⑫然而這些動物又能跑去哪裡呢？畢竟美國本土就有超過百分之八十三的土地，其方圓一公里以內皆有道路的存在。[36]

如今，甚至連在大海裡也沒有徹底的寧靜。[37]即便雅克·庫斯托（Jacques Cousteau）曾以「寂靜的世界」來描述海洋，但其實大海一點也不安靜。自然海域中充斥著海浪聲與風聲，海底熱泉冒出泡泡、海中浮冰崩裂的聲音更是不絕於耳，而這些聲音在水中與在空氣中相比，傳得更遠也更快。至於海洋中的動物，如鯨魚、蟾魚、鱈魚、髯海豹，都會發出各種特別的聲音。上千隻槍蝦以牠們巨大的螯製造出巨響，嚇壞了游經的魚群，更使珊瑚礁之間充斥著彷彿油煎培根一般滋滋作響，又像是把玉米脆片倒進牛奶裡的清脆聲響。然而這些自然聲景卻因為人類以漁網、魚鉤、魚叉大肆捕撈海洋生物而蕩然無存。至於其他源於大自然的聲響，也都被人類製造出的聲音掩蓋過去：漁網在海床上拖動的聲音、用來探勘石油及天然氣的震波響聲、軍用聲納系統的噪音，以及上述各式各樣噪音背後無所不在的背景音——船隻運作的聲音。⑬「想想你的鞋子是哪裡製造的吧。」海洋哺乳類動物專家約翰．希爾德布蘭德和我在他辦公室裡討論時如此說道。我低頭一看，果不其然，中國製造。船隻載著這些鞋子橫跨太平洋，產生了朝四面八方傳遞的聲波。第二次世界大戰之後至二〇〇八年之間，在全球各大洋間來往的船隻數量成長為三倍以上，以更快的速度裝載運送了多於過去十倍以上的貨品。[40]在這種種變化之下，海洋中的低頻噪音與原始海洋相比增加了三十二倍；希爾德布蘭德推斷在船隻出現後，海中的聲音已增加約十五分貝，而在這些人類活動的影響下，海洋中的噪音又上升了

⑪ 在其中一項實驗中，不管周圍環繞的是城市噪音還是AC/DC樂團的樂音，瓢蟲吃下的蚜蟲數量都相對較少，也因此反駁了AC/DC樂團所聲稱「搖滾樂不是噪音」的說法。[30]

⑫ 二〇一七年夏天，生態學家賈斯汀．蘇拉奇（Justin Suraci）修改了巴伯的實驗，他在聖塔克魯茲山脈（Santa Cruz Mountain）裝設了揚聲器播放人類說話的聲音。[35]不管播放的是蘇拉奇讀詩歌，還是拉什．林博（Rush Limbaugh）在滔滔不絕的聲音，都會使美洲獅、短尾貓（美國猞猁）等大自然中的掠食者自動遠離聲源。這並非我們一般所認知的噪音污染，不過這種現象也顯示出人類正是令動物畏懼的超級掠食者（superpredator），光是聲音就能嚇跑其他同樣身為掠食者的動物。

⑬ 喙鯨每每暴露在海軍聲納系統作業下，就曾多次集體擱淺，也因此催生了一次又一次的研究與訴訟。喬舒亞．霍維茲（Joshua Horwitz）的著作《鯨魚之戰》（*War of the Whales*）詳實精闢地描述了軍用聲納系統與鯨魚擱淺之間的關聯，以及隨之引發的各項訴訟。[38]約翰．希爾德布蘭德（John Hildebrand）則說：「喙鯨真的會因為聲納而擱淺，這一點毫無疑問。然而其背後原因卻依然成謎。」聲納系統到底是對鯨魚造成了實際的生理傷害，還是使牠們暈頭轉向搞不清楚游泳的路徑，這點依然不為人知；然而無論如何，我們知道的是，聲納確實會影響牠們。[39]

十五分貝。大型鯨魚的壽命可超過一世紀，因此牠們很可能是這地球上少數親身體驗海中噪音節節升高過程的動物。而如今，牠們在海底能聽見聲響的範圍，已縮減為過去的十分之一以上。[41] 船隻在夜晚駛過，大翅鯨會停止歌唱、虎鯨便暫停覓食、北大西洋露脊鯨（學名為 *Eubalaena glacialis*）更是感受到無比的壓力。[42] 螃蟹停止進食、魷魚改變體色、雀鯛也變得更容易被捕獲。[43] 希爾德布蘭德說：「假如我要求員工在噪音升高三十分貝的辦公室工作，美國職業安全衛生署（OSHA）便會立刻介入，要求我的員工戴上耳塞。然而人類的各種活動就彷彿在海洋哺乳類動物身上進行一場完全不被允許在人類身上操作的實驗一樣，令海洋生物暴露在大量的噪音下。」[44]

本書前十二章裡種種關於動物感官世界的內容，便是人類幾世紀以來努力探索、得來不易的知識。然而，在累積這些知識的時光流逝之下，我們卻也使動物的感官世界產生了劇烈改變。人類前所未有地接近理解其他動物感覺的那一步，卻也令牠們的處境前所未有地艱難。

過去伴隨各種動物度過幾百萬年光陰的各種感覺，如今都成了生活在這世界上的負擔。於自然界中根本不存在的平滑垂直面，會反射出像是在開放空間形成的回音，這或許就是蝙蝠時常撞上窗戶的原因。[45] 二甲硫醚是形成海藻氣味的化學物質，曾經做為海鳥找尋食物藏身之處的可靠線索，如今這種氣味卻會誤導海鳥，指引海鳥在人類倒進海洋的上百萬噸塑膠廢棄物裡覓食。據估計，如今有百分之九十的海鳥一生中遲早都會吞下塑膠製品，這或許就是肇因。[46] 海牛遍布全身的體毛能夠感知物體在水中移動所產生的水流，卻不足以確保牠們躲避在水面上高速行駛的快艇，在佛羅里達州不幸死去的海牛裡就有四分之一是死於船隻撞擊。[47] 河水的氣味能導引鮭魚回到出生的河流，然而若是水中有殺蟲劑的存在，便會削弱鮭魚的嗅覺。[48] 鯊魚能夠利用海底微弱的電場找出埋藏在海底的獵物，卻也會令牠們誤觸高壓電纜。[49]

有些動物確實能夠忍受人類現代科技所帶來的景象與聲音，甚至也有些物種在這樣的環境下欣欣向榮。部分生活在都市的飛蛾演化出不那麼受燈光吸引的特質[50]，至於習慣城市生活的蜘蛛則反其道而行，選擇在路燈下方織起蛛網，捕捉受燈光吸引而來的昆蟲飽餐一頓。[51]在巴拿馬的城鎮上，以青蛙為食的蝙蝠會遠離夜晚的燈光，雄性屯加拉泡蟾也因此能不畏吸引掠食者的風險，在歌聲中加入更多性感的咕咕聲。[52]不管是在一個世代內就能改變行為模式，還是得跨越好幾個不同世代才發展出新的生存模式，動物確實能夠順應環境而演化。

然而也不是所有動物都能順利適應。有些物種的生命步調較為緩慢，每一世代的壽命也比較長，演化的速度也就很難跟上光害與噪音污染。畢竟，這些污染幾乎是每幾十年就翻倍惡化。有些動物的棲息空間逐日限縮，就快被逼到絕境，但牠們根本也無法斷然地說走就走。而仰賴特殊感官能力生存的動物，更是無法隨隨便便就翻轉自己的整個環境境界。在面對各種危害感官能力的環境條件時，動物得要做的不僅僅只是改變習慣那麼簡單而已。「我覺得大家還是不太了解，假如你本來就聽不到某種聲音，根本不可能突然之間就發展出能夠接收到那種聲音的能力。」柯林頓・法蘭西斯（Clinton Francis）如此說道。「假如你的感覺器官就是**無法接收某種訊號**，也就根本不可能習慣它的存在。」

人類造成的影響並不總是充滿破壞性，卻通常有著均質化的力量。人類活動對於動物感覺造成的侵擾，會使那些感官特別敏銳、無法忍受干擾的物種退出生命的舞臺，也因此這世界上就會只剩下多樣性越來越少、日趨單一的動物群集。動物的各種感覺構築出了形形色色的感覺景觀，也因此這世界上存在著包羅萬象的動物環境界，然而人類卻使這些感覺景觀愈趨扁平。例如，在東非的維多利亞湖（Lake Victoria），過去那裡曾有著超過五百種的慈鯛（科名慈鯛科Cichlidae）種類，牠們幾乎都是獨一無二、只生存於維多利亞湖的特有種。這驚人的物種多樣性有一部分是來自於光線變化。在維多利亞湖的深處，通常只存在著黃光或橘光；而較淺的地方則是充滿了藍色的光線。這種光環境差異影響了湖中慈鯛的眼睛與視覺，進而改變了牠們擇偶的偏好。[53]演化生物學家歐勒・西胡森（Ole Seehausen）發現，棲息在維多利亞湖深處的母慈鯛，偏好體色較紅的公慈鯛，而棲息在淺處的母慈鯛則比較喜歡體色較藍的公魚。這種擇偶的偏好差異便因此成為族群間的區隔屏障，使慈鯛發展出了擁有各種體色的物種型態。正是光線的變化使慈鯛的視覺、體色、物種都變得更加多樣。然而，就在過去一世紀以來，來自農場、礦場、污水處理廠的廢水使維多利亞湖的水質變得過於營養，也因此使湖水中的藻類急速生長，如烏雲一般遮蓋了整個湖面。於是在某些區域，過去的光線變化已不復存，慈鯛對於體色與視覺上的偏好也根本派不上用場，過去蓬勃發展的種類數量也急劇下跌。因為熄滅了湖中的光線變化，人類也同時抹滅了感官能力驅動物種演化的種化現象[54]，也因此導致西胡森所謂的「最快速、最前所未見的大規模物種滅絕。」⑭

不過或許有些人會忍不住質疑，一座湖中如此類似的魚種就算少了一些，又有什麼大不了。某片林地中若只有二十一種鳥，而不是三十二種，這又有什麼好難過的呢？二〇二〇年，科普作家馬雅・卡普爾（Maya Kapoor）在一篇關於普氏真鮰（學名為*Ictalurus pricei*）的文章中探討了這項議題[56]，普氏真鮰是種來自美國西部的瀕危物種，然而牠們卻與極為常見的斑真鮰（學名為*Ictalurus punctatus*）十分相似。「於是我想，這種魚既然與這世上數一數二普遍另一種魚十分相似，那失去這個物種真的有什麼大不了嗎？」卡普爾在文章中寫道。「然而，我後來才明白……這種認為兩個物種可以互相取代的思維，其實恰恰好展現了我對於牠們的理解有多貧乏，也並不代表這兩種物種之間真的沒什麼差異。」卡普爾獲得的啟示，不僅正好可以用在慈鯛身上，也能擴及到所有親緣相近卻擁有截然不同感官能力的動物群體。隨著物種絕跡，牠們的環境界也隨之消失。而每一種生物的滅絕，就使人類又失去一種理解世界的途徑。人類自身感官的局限導致我們對於這份失去不知不覺，卻無法避免我們面對隨之而來的後果。

在新墨西哥的林地中，柯林頓．法蘭西斯與凱薩琳．歐特佳（Catherine Ortega）發現伍德氏灌叢鴉（學名為 *Aphelocoma woodhouseii*）會刻意遠離使用壓縮機開採天然氣時所產生的噪音。[57]伍德氏灌叢鴉會為矮松（屬名為 *Pinus*）播種，光是一隻伍德氏灌叢鴉每年就能散播約三千至四千顆矮松種子；在那些依然寂靜無聲的森林裡，對森林來說不可或缺的伍德氏灌叢鴉依然生生不息，在這些區域，矮松種子成功播種的數量比伍德氏灌叢鴉因噪音而遠離的區域要多上了四倍。而矮松則是伍德氏灌叢鴉所身處生態環境裡的基本構成要素——單一個物種便能為其他上百種生物提供了食物與棲所，美國的印第安原住民亦是這個生態系統的一部分。因此假如真的失去了四分之三的矮松，後果將不堪設想。更糟糕的是，矮松的生長速度非常緩慢，法蘭西斯也因此表示：「噪音可能會對整個生態系統造成百年以上的長遠影響。」

越了解各種感覺，我們就越能察覺人類到底是怎麼糟蹋整個大自然，但同時，也能讓我們找出拯救自然環境的方式。二〇一六年，海洋生物學家提姆．戈登（Tim Gordon）前往澳洲大堡礁進行博士論文研究[58]；他本應在五彩繽紛的珊瑚礁之間悠遊好幾個月，然而他說：「我卻驚恐萬分地發現自己本來想要研究的自然景觀已蕩然無存。」熱浪導致珊瑚蟲排出為其提供營養、形成珊瑚美麗色彩的共生藻類；少了這些共生藻，珊

⑭ 維多利亞湖的慈鯛數量減少也與過度捕撈和外來入侵種尼羅尖吻鱸（學名為 *Lates niloticus*）的數量激增有關。[55]不過即便尖吻鱸數量減少且慈鯛的數量回升，在被大量藻類遮蔽的湖水中，慈鯛的物種多樣性也已不如以往。不過我也要提醒各位，光線其實只是維多利亞湖的慈鯛種類如此多樣的其中一項影響因素而已。

瑚蟲難耐飢餓，因此產生有史以來最嚴重的白化現象，在這之後也相繼發生了數次珊瑚白化的事件。戈登在珊瑚的殘骸之間浮潛，他發現珊瑚礁不僅變白，更是變得一片死寂。槍蝦發出的爆裂聲消失了，鸚哥魚（為鸚哥魚亞科Scarinae物種的統稱）也不再因為囓咬珊瑚礁而製造出嘎嘰嘎嘰的咀嚼聲。過去，這些聲音為出生頭幾個月、在外海飄洋的仔魚指引家園方向，好讓牠們順利回到珊瑚礁。寂靜無聲的珊瑚礁失去吸引生物靠近的魅力。戈登同時也擔心，假如魚群遠離這些失去魅力的珊瑚礁，通常會成為魚群食物的其他海藻也就會在白化的珊瑚上大肆生長，導致珊瑚無法再次恢復生機。他說就在二〇一七年，「我們回到大堡礁，同時也開始思考：是否能夠從源頭翻轉珊瑚礁的命運呢？」

於是戈登和同事在一片片破碎的珊瑚礁之間設置擴音器，持續播放健康珊瑚礁會有的聲音，而研究團隊則每幾天就潛入水中觀察動物的反應。戈登說：「記得就在第三十天，我和潛水的夥伴在珊瑚礁附近徘徊、觀察後忍不住說：『這其中真的有規律存在，對吧？』」四十天後，他觀察統計數據，發現聲音變得更加豐富的珊瑚礁與死寂的環境相比，聚集了兩倍的幼魚，而且物種數量也多了百分之五十。這些動物不僅被聲音吸引而來，更願意留下來形成一個群集。戈登表示：「這是個很可愛的實驗。我們發現保育人士可以『透過他們亟欲保護的動物，以其感官的角度來看待世界』，藉此找出保育動物的方法。」⑮

然而以現實層面而言，這都只是小規模的保育方式：水中擴音器非常昂貴，珊瑚礁的面積則非常巨大。假如無法真正減少碳排放並阻止氣候變遷，不管發出的聲音有多吸引人，珊瑚礁面對的未來也不樂觀。無論如何，大堡礁如今已經有一半的珊瑚死亡，急需各種可能的幫助。而重新建立其自然聲音景觀，或許還能給珊瑚一線生機，讓拯救珊瑚生態的行動變得不那麼艱鉅。

不過戈登的實驗要成功，前提是要研究團隊依然能找到健康、尚未白化的珊瑚礁來錄製聲音才行。這些自然界的感覺景觀如今依然存在，因此我們還有時間奮力一搏，在最後一片珊瑚礁成為人類的回憶以前，盡可能保育、修復珊瑚礁生態。其實在大多數的保育方針裡，與其試圖增加、再現這些因人類活動而消失的感官刺激，倒不如更直接地去移除那些人類加諸於自然界的東西就好——這是當前大多數的污染物都尚未清除時的奢望。放射性廢料得花上千年才可能分解；用來消滅害蟲的殺蟲劑，如雙對氯苯基三氯乙烷（DDT），這種化學物質會留存許久，即便在排放至大自然一段時間後，依然會滲入動物的身體裡。即使人類從明天開始就停止製造塑膠，各種塑膠廢棄物依然會留在海洋裡長達幾百年之久。然而只要把燈關上，就能減緩光害。只要將引擎熄火、使螺旋槳停止轉動，噪音污染也立刻隨之消失。感官危害是人類相對來說能夠輕易減緩的生態問題——也是少數能夠立刻、有效地處理的全球議題。而就在二〇二〇年的春天，全世界確實不知不覺地降低了對大自然的感官危害。

COVID-19的疫情肆虐全球，各種公共空間紛紛關閉。不僅航班停擺，車輛和船隻也不如過去熙來攘往。大約有四十五億人口——幾乎是全球人口的五分之三——都受政府強制或鼓勵留在家中不要出門。正因如此，許多地方與以往相比，變得黑暗、寂靜許多。少了許多飛機、車輛在天空中、地面上移動，德國柏林的夜空亮度減為過去的一半。[60]全球各地的地動噪訊（seismic noise）也有好幾個月的時間比過去降低了一半——是有史以來地動噪訊降低最久的一次。[61]阿拉斯加的冰川灣（Glacier Bay）是大翅鯨的家園，那兒的環

⑮ 反過來說，保育行動假如忽略了各種動物的環境界差異，也可能造成負面效應。有些保育人士會用鐵絲籠罩住海龜巢穴，希望藉此保護海龜免受浣熊和狐狸的侵擾。然而這些金屬籠具有可能干擾海龜巢穴周邊的磁場，導致剛孵化的海龜實實無法感知並記住出生地的磁場。[59]

境音量在這段時間只剩前一年的一半[62]，這種現象在各大城市如加州、紐約市、佛羅里達州與德州皆然。⑯過去被掩蓋的聲音突然變得無比清晰，全世界的城市居民在這段期間突然注意到鳥類的歌聲。法蘭西斯則說：「大家突然發現，自己身邊其實存在著各式各樣的動物，只是過去根本感覺不到而已。如今人們在自家後院所能體驗到的感官世界，比疫情前豐富得多了。」⑰

從各種方面來說，疫情其實揭露了人類社會一直容忍的各種問題，也讓我們知道，其實人類已經做好改變現況的準備。疫情讓我們發現，倘若我們真心想扭轉對於感官造成的危害，**一定做得到**。全世界都隔離在家不出門，確實造成經濟衰退，然而我們其實不必付出這樣的代價，也同樣能減緩對動物感官的危害。就在二〇〇七年的夏天，柯特・費茲特普與同事在加州的穆爾伍茲國家紀念森林（Muir Woods National Monument）做了一項簡單的實驗。[64]他們隨機在園區內最熱鬧的區域掛上降低音量的標示，並且請遊客將手機調為靜音並降低交談音量。這些簡單的舉措並無強制力，但依然使園區內的噪音降低三分貝，等同於少了一千兩百位遊客的音量。

然而個人作出的改變，依然無法彌補整個社會對於感官危害的忽視。若真想大幅降低對於感官的危害，我們就需要更大規模的行動。[65]建築或道路無需照明時，可以選擇將燈光調暗或關上，也可以盡可能遮蔽燈光，避免光線直射天空。我們也能將ＬＥＤ燈泡的燈光由藍光或白光改為紅光，或是以能夠吸收車輛行駛噪音的多孔隙材質為鋪面，使道路變得更為安靜。還可以設置能夠吸收聲音的屏障，例如在陸地上設置土石護堤，在水中則運用泡泡網（bubble net），藉此減緩交通或工業噪音。同時，我們也可以將車輛疏導遠離重要的自然環境，或是強制用路人減緩車速。二〇〇七年，光是在地中海來往的商船降低百分之十二的航行速度，製造出的噪音就減少為過去的一半。而船隻也可以設計、配備更為安靜的船身與螺旋槳，這些其實都是軍方早就用來隱匿船隻行蹤的技術（而且也能夠使商用船更省油）。許多派得上用場的科技早已存在，只是尚且缺乏經濟誘因，使這些技術能以更便宜的價格取得、為更多人所用而已。我們確實可以設立規範，控制各類型工業對感官所造成的危害，然而整個社會還是缺乏為此行動起來的動力。戈登對我說：「塑膠污染物會使美麗的海洋變醜，所以能夠引起大眾的重視，然而人類根本感覺不到海洋中的噪音污染存在，因此無法引起不平之鳴。」

人類視各種不尋常的現象為稀鬆平常，也接受種種其實不該接受的狀態。別忘了，這世界上有超過百分之八十的人住在飽受光害的夜空下，有三分之二的歐洲人長久深陷於和雨聲相當的噪音污染之中。因此有許多人其實根本沒感受過什麼是真正的黑暗與寂靜；也因為根本沒體驗過那種感受，才導致光害與噪音污染的惡性循環。在我們玷污感官環境的同時，也變得對於這一切習以為常；使得動物逃離人類生活環境的同時，我們也誤以為身邊沒有其他動物存在的環境就是常態。感官危害的問題節節攀升，我們處理這些困境的意願卻沒有隨之提升。人類根本無法意識到這些問題的存在，又究竟該如何著手解決呢？

一九九五年，環境歷史學家威廉・克羅農（William Cronon）在文章中寫道：「該是時候重新省思大自然的意義了。」[66]在這篇言之鑿鑿的文章中，他提出對大自然此一概念的論辯。尤其是在美國，大自然已被誤解為宏偉壯觀的同義詞。十八世界的思想家相信，壯闊的地景能夠使人類體會生命的渺小，並且才有機會一窺

⑯ 行為生態學家伊莉莎白・德瑞貝里（Elizabeth Derryberry）發現灣區（Bay Area）的白冠帶鵐（學名為 *Zonotrichia leucophrys*）在二〇二〇年春天鳴叫的音量比過去降低了三分之一，這也是因為與之抗衡的都市噪音降低了。[63]

⑰ 在許多近代的重大人禍之後，也同樣出現噪音污染減緩的現象。二〇〇八年金融危機以後，加州外海的海洋噪音降低了，而在二〇〇一年的九一一恐怖攻擊結束後，加拿大芬迪灣（Bay of Fundy）水面下的噪音同樣減低不少。後者似乎減緩了北大西洋露脊鯨的壓力。

何謂神性。「山峰、峽谷、瀑布、雷雨雲、彩虹、夕陽之中皆有神靈，」克羅農寫道。「只要想想美國人第一批選擇設立國家公園的地點——黃石、優勝美地、大峽谷、雷尼爾山、錫安——就會發現這些地點的景觀都符合前面提到的類別。至於那些比較平凡、普通的景觀似乎就沒那麼有保護的必要。舉例來說，美國直到一九四〇年代，才出現第一座以沼澤景觀為主題的大沼澤地國家公園（Everglades National Park），時至今日，卻依然沒有以草原為核心景觀的國家公園。」

人們習慣把大自然與脫俗的壯麗景色畫上等號，將其視為只有那些有餘裕旅行、探索世界的人才能抵達的遙遠存在。這種印象使世人與大自然產生距離，令我們忘記自己也是生活於其中的一分子。「過分憧憬那些遙遠的荒野，甚至視之為理想的思維，通常也就會忽略了自己實際生存的環境。然而無論是好是壞，那都是你我置身於其中、稱之為家園的地方。」克羅農如此寫道。

我百分之百同意克羅農的看法。大自然的壯麗，不該僅限於峽谷或山峰構築出的景觀。在對於大自然的各種感受之中，也能找到這些美麗——也就是那些落在我們的環境界之外，卻有其他動物能夠感覺到的一切事物。要想透過其他感覺來感知世界，就要在熟悉的事物裡看見燦爛，在日常瑣事中看見神性。你我的後花園裡，就存在著這種美好。蜜蜂在那兒感知花朵的電場、葉蟬則透過植物莖葉傳遞振動波構成的樂章、鳥兒的眼裡蘊藏著看得見紫外光紅、紫外光綠的色覺。就在寫作本書的同時，因為疫情而隔離在家的我，也發現了這些美好。我不時看著擁有四色視覺的椋鳥停在窗外的枝頭上，有時則陪家裡的狗狗泰波玩嗅聞遊戲。大自然並不在遙遠的彼方，祂就是你我身邊的一切，當下的我們就置身於大自然之中。而我們不僅可以想像、享受屬於自然的一切，更該好好保護這片美好。

一九三四年，就在研究蜱、狗、寒鴉（jackdaw）和胡蜂以後，雅各布・馮・魏克斯庫爾又撰寫了關於天文學家環境界的文章。[67]他認為天文學家就像擁有著超凡眼光的獨特生物，「透過巨大的光學設備，他們的眼光能夠穿透外太空，望見無比遙遠的那顆星體。對他們（的環境界）來說，太陽和行星都在以莊嚴的節奏旋轉著。」天文學的各種儀器，能夠捕捉動物無法在自然環境中感知到的刺激——X光、無線電波，以及墜入黑洞時產生的重力波。這些儀器能夠拓展人類的環境界，以人類為起點，進而延伸至整個宇宙。

生物學家使用的儀器沒有那麼宏大的探勘規模，然而在其中卻也能看見不遜於天文儀器帶來的壯闊景泉。伊莉莎白・傑考伯運用眼底檢察鏡追蹤蠅虎視線移動的軌跡；阿穆特・凱爾博使用夜視鏡觀察紅天蛾在黑暗中啜飲花蜜的景象；帕洛瑪・貢薩洛斯—貝里多透過高速攝影機檢測埃及穢蠅的視覺速度有多快；肯・卡塔尼亞則同樣以高速攝影機研究星鼻鼴鼠運用觸覺覓食的行為；柯特・施文克藉由雷射光與粉塵描繪出蛇擺動蛇信時產生的軌跡；唐諾・格里芬則運用超音波感測器發現蝙蝠的聲納系統；藉由雷射振動儀與夾式麥克風，雷克斯・柯克羅夫特聽見葉蟬發出的振動聲；海軍的水下聲波監聽系統則讓克里斯・克拉克確定藍鯨叫聲究竟能傳多遠；艾瑞克・佛騰和其他研究發電魚的科學家則運用簡單的電極傾聽南美的飛刀魚與非洲的象鼻魚產生的電脈衝。運用各式各樣的麥克風、攝影機、揚聲器、人造衛星、錄音設備，甚至簡單地在鳥籠底部鋪設白紙與印臺，我們就能深入探索各種生物的感官世界。人類運用科技使無形的一切躍然於眼前，也藉此聽見了你我過去聽不見的聲音。

能夠探究其他動物的環境界，就是人類最棒的感官能力。請各位回想我在本書一開頭提到的那個假想空間，裡頭有大象、響尾蛇等各種動物。在這座想像出的動物園裡也有人類的存在——瑞貝卡——她具備的感覺器官無法感知紫外光、磁場，也無法回音定位，更沒有紅外線感知能力。然而她卻是這些動物之中，唯一能夠了解（或在乎）其他動物感覺的獨特存在。

博貢夜蛾永遠也無法了解斑胸草雀的歌聲裡到底藏了什麼訊息，而斑胸草雀也無法感受到黑魔鬼周圍的電場，這些魚兒無法透過螳螂蝦的眼睛觀察世界，螳螂蝦則不像狗兒以嗅覺認識環境，至於狗則永遠無法理解當一隻蝙蝠是什麼感覺。身為人類，我們也永遠無法徹底理解各種動物的感受，然而我們卻是唯一願意深入研究其他動物感官、嘗試貼近牠們感覺的物種。我們或許無法了解身為一隻章魚到底是什麼感覺，但我們至少知道這世上有章魚的存在，也曉得牠們對於這個世界的體驗不同於你我。透過耐心觀察與運用各種最新科技，搭配各種科學研究方法，再加上不可或缺的好奇心與想像力，人類才得以嘗試涉足各種動物的感官世界。正是因為擁有這種認識其他動物感官與否的選擇，我們才更該嘗試了解其他物種。這不僅是人類與生俱來的天賦，更是我們最該好好珍惜、來自生命的禮物。

謝詞

二〇一八年邁入尾聲，我和太太麗茲．尼莉坐在倫敦的咖啡館裡，我對她說，我很想寫第二本書，但實在不知道該寫什麼主題才好。麗茲耐心地聽我說完，溫和地建議我寫本關於動物如何感覺世界的書。我們夫妻間常常這樣為彼此建言。

我們同樣熱愛大自然，這本書的構想便源自於此。這份熱情在我們兩個的職業生涯中也無所不在：麗茲開始攻讀海洋生物學的博士學位，研究珊瑚礁魚類的視覺系統，我則專事感官生物學寫作超過十年。這些職涯選擇同時反映了我們到底重視什麼，也就是為那些常受到忽略或無法發聲的存在講述生命故事。我衷心感謝麗茲，她不僅啟發我寫作本書，並陪伴我完成這趟旅程，更是因為有她，我才能真正了解寫作本書真正的價值與意義。麗茲總是那麼快樂、好奇又善解人意，有幸認識她的人都能從她身上感受到這些美好特質。和麗茲相處總能受到啟發，以全新的方式了解這個世界，以及這世上的種種生命——各位親愛的讀者，這正是我希望本書帶給你的感受。

從概念的雛形一路到完成本書，我想對各位致上最深的謝意：感謝我的英國經紀人，也是我的好朋友——威爾．法蘭西斯（Will Francis），最初是你看見了這本書的潛力，並一路伴我走過寫作的歷程。感謝我的美國經紀人PJ．馬克（PJ Mark）。感謝我的美國發行人希拉蕊．瑞蒙（Hilary Redmon），你是我最強大的智囊，衷心感謝妳用心編輯本書初稿。感謝我的英國發行人史都華．威廉斯（Stuart Williams），謝謝你為我指出本書初稿的各種問題、疏漏並提供建議。以上四位也參與了我第一本書《我擁群像》的寫作歷程，能夠再次與你們合作，讓我感受到如同回到家一般的溫暖。

莎拉・拉斯可（Sarah Laskow）與羅斯・安德森（Ross Andersen）是我在《大西洋》（*The Atlantic*）雜誌的編輯，衷心感謝你們過去一年來如此用心指導我如何寫作。兩位雖然沒有直接參與我撰寫本書的過程，但你們對於我文字的影響卻是無比深遠。除此之外，還有羅伯特・布雷諾（Robert Brenner）、米罕・克里斯特（Meehan Crist）、湯姆・康里夫（Tom Cunliffe）、蘿斯・艾佛列斯（Rose Eveleth）、娜塔麗・歐蒙森（Natalie Omundsen）、莎拉・雷米（Sarah Ramey）、瑞貝卡・斯克魯特（Rebecca Skloot）、貝克・史密斯（Beck Smith）、麥迪・索菲亞（Maddie Sofia）、馬麗安・札林哈拉姆（Maryam Zaringhalam），在這艱困的一年，我暫時將注意力從有趣的動物感官世界轉移至充滿艱辛與悲傷的COVID-19疫情議題，感謝有你們，我才仍能維持溫飽。

寫作本書的過程中，我和多不勝數的科學家進行討論，礙於篇幅，我無法逐一列出各位的名字，但深深感激你們慷慨付出時間與我對談的心意同樣誠摯。傑西・巴伯、布魯斯・卡爾森、雷克斯・柯克羅夫特、羅賓・克魯克、西瑟・艾森（Heather Eisthen）、肯・勞曼、珂琳・瑞奇摩斯、凱西・史塔德、艾瑞克・瓦蘭特，感謝你們為本書內容提供了重要意見，並且和我一起深入探討。威特洛・奧、戈登・鮑爾、亞卓安娜・布里斯科、阿斯特拉・布萊恩、汝朗・克拉克、湯姆・克羅寧、茉莉・康明斯、艾蓮娜・瓜切瓦、法蘭克・葛拉索、亞歷山德拉・霍羅威茲、馬丁・豪、伊莉莎白・傑考伯、桑克・強森、蘇珊・阿瑪多・坎恩、丹尼爾・基什、丹尼爾・克隆努爾、特拉維斯・隆戈爾、馬爾坎・麥可依佛、賈斯汀・馬修、貝絲・莫泰爾、欣蒂・摩斯、保羅・納克提戈、丹–艾瑞克・尼爾松、湯瑪斯・帕克、丹尼爾・羅伯特、尼可拉斯・羅伯茲、麥可・萊恩、內特・沙特沃爾、柯特・施文克、吉姆・西蒙斯、黛芬・索爾斯、艾咪・史翠茲、雷絲利・沃蕭、凱倫・瓦肯汀、喬治・威特彌爾，還有上面提到的好幾位科學家，感謝你們讓我參觀實驗室、帶我認識你們研究的動物、了解你們的生命故事。特別感謝馬修・科布（Matthew Cobb）從一開始就大力鼓勵我，還提供了對我大有助益的投影片。感謝凱薩琳・威廉斯在寫作本書的初期陪伴我構思疼痛章節的雛形。感謝麥可・漢卓克斯在我寫作統合感覺章節時對我的大力幫助。感謝愛倫諾・凱福斯根據其對於動物視覺敏銳度的研究提出了視覺敏銳度的數據標準；感謝布萊恩・布倫斯塔特、肯・卡塔尼亞、柯特・費茲特普、阿曼達・梅林、內特・莫豪斯、歐德・帕希尼，與我進行對寫作本書大有助益的深入討論。

除此之外，我還要大大感謝艾許莉・舒（Ashley Shew），她對於科技為身心障礙帶來的可能性有許多發人深省的見解，有她細心且敏銳地為我審視本書初稿，我才能夠在深入探討各種感覺的同時，避免寫下對於身心障礙隱含偏見的文字與概念。（假如有任何遺漏之處，絕對是我個人的失誤。）

我很榮幸在這趟旅程中，認識了狗狗芬恩、響尾蛇瑪格麗特、港灣海豹新芽、海牛休與巴菲特、北美大棕蝠拉鍊、電鯰胖胖、章魚瓜莉雅與拉以及攻擊我手指的無名史氏指蝦蛄。最後，我還要感謝莫羅、艾勒斯、亞典娜、露比、米吉、依瑟拉、賓果、涅莉、班涅特、瑪歌、卡內拉、多莉、提姆、珍奈特、克萊倫斯、薩可、威士忌、加勒比、柏西、特斯拉、克羅斯比、賓、熊熊、巴迪、米奇以及我最親愛的泰波，是你們教會我如何以同理心對待動物、怎麼和動物一起生活、為動物設身處地。我想我應該還是遺漏了許多乖狗狗（和貓咪）的名字，我很抱歉，但我對你們的真心感謝絕對不減一絲一毫。幸好你們不看書，真是好險。

第十三章　拯救寂靜，保留黑暗——瀕危的感覺景觀

1. The sixth extinction of wildlife is documented in Kolbert (2014); Ceballos, Ehrlich, and Dirzo (2017).
2. Sensory pollution is reviewed in Swaddle et al. (2015); Dominoni et al. (2020).
3. Spoelstra et al., 2017.
4. D'Estries, 2019.
5. Cinzano, Falchi, and Elvidge, 2001.
6. Falchi et al., 2016.
7. Kyba et al., 2017.
8. Johnsen, 2012, p. 57.
9. Van Doren et al., 2017.
10. Longcore and Rich, 2016.
11. Longcore et al., 2012.
12. Gehring, Kerlinger, and Manville, 2009.
13. Light pollution and its effects on wildlife are reviewed in Sanders et al. (2021).
14. Gaston, 2019.
15. Witherington and Martin, 2003.
16. Owens et al., 2020.
17. Degen et al., 2016.
18. Knop et al., 2017.
19. Horváth et al., 2009.
20. Inger et al., 2014.
21. Falchi et al., 2016; Longcore, 2018.
22. Buxton et al., 2017.
23. Noise pollution and its effects are reviewed in Barber, Crooks, and Fristrup (2010); Shannon et al. (2016).
24. Swaddle et al., 2015.
25. Slabbekoorn and Peet, 2003.
26. Brumm, 2004.
27. Leonard and Horn, 2008; Gross, Pasinelli, and Kunc, 2010; Montague, Danek-Gontard, and Kunc, 2013; Gil et al., 2015.
28. Francis et al., 2017.
29. Ware et al., 2015.
30. Barton et al., 2018.
31. Shannon et al., 2014.
32. Senzaki et al., 2016.
33. Phillips et al., 2019.
34. Blickley et al., 2012.
35. Suraci et al., 2019.
36. Riitters and Wickham, 2003.
37. Natural and anthropogenic noises in the ocean are reviewed in Duarte et al. (2021).
38. Horwitz, 2015.
39. DeRuiter et al., 2013; Miller, Kvadsheim, et al., 2015.
40. Frisk, 2012.
41. Payne and Webb, 1971.
42. Rolland et al., 2012; Erbe, Dunlop, and Dolman, 2018; Tsujii et al., 2018; Erbe et al., 2019.
43. Kunc et al., 2014; Simpson et al., 2016; Murchy et al., 2019.
44. For more on shipping noise, see Hildebrand (2005); Malakoff (2010).
45. Greif et al., 2017.
46. Wilcox, Van Sebille, and Hardesty, 2015; Savoca et al., 2016.
47. Rycyk et al., 2018.
48. Tierney et al., 2008.
49. Gill et al., 2014.
50. Altermatt and Ebert, 2016.
51. Czaczkes et al., 2018.
52. Halfwerk et al., 2019.
53. Seehausen et al., 2008.
54. Seehausen, van Alphen, and Witte, 1997.
55. Witte et al., 2013.
56. Kapoor, 2020.
57. Francis et al., 2012.
58. Gordon et al., 2018, 2019.
59. Irwin, Horner, and Lohmann, 2004.
60. Jechow and Hölker, 2020.
61. Lecocq et al., 2020.
62. Calma, 2020; Smith et al., 2020.
63. Derryberry et al., 2020.
64. Stack et al., 2011.
65. Ways of reducing sensory pollution are reviewed in Longcore and Rich (2016); Duarte et al. (2021).
66. Cronon, 1996.
67. Uexküll, 2010, p. 133.

31. Brothers and Lohmann, 2018.
32. Johnsen, 2017.
33. Nordmann, Hochstoeger, and Keays, 2017.
34. Wiltschko and Wiltschko, 2013; Shaw et al., 2015.
35. Blakemore, 1975.
36. Fleissner et al., 2003, 2007.
37. Treiber et al., 2012.
38. Eder et al., 2012.
39. Edelman et al., 2015.
40. Paulin, 1995.
41. Viguier, 1882.
42. Nimpf et al., 2019.
43. Wu and Dickman, 2012.
44. A good review of the radical pair hypothesis is Hore and Mouritsen (2016).
45. Schulten, personal communication, 2010.
46. Schulten, Swenberg, and Weller, 1978.
47. Ritz, Adem, and Schulten, 2000.
48. Mouritsen et al., 2005.
49. Heyers et al., 2007; Zapka et al., 2009.
50. Einwich et al., 2020; Hochstoeger et al., 2020.
51. Engels et al., 2014.
52. Kirschvink et al., 1997.
53. Baltzley and Nabity, 2018.
54. Etheredge et al., 1999.
55. Wiltschko et al., 2002.
56. Hein et al., 2011; Engels et al., 2012.
57. Vidal-Gadea et al., 2015; Qin et al., 2016.
58. Meister, 2016; Winklhofer and Mouritsen, 2016; Friis, Sjulstok, and Solov'yov, 2017; Landler et al., 2018.
59. Baker, 1980.
60. Wang et al., 2019.
61. A review of the many issues with irreproducible science is Aschwanden (2015).
62. Johnsen, Lohmann, and Warrant, 2020.
63. Magnetoreception and other means of animal navigation are reviewed in Mouritsen (2018).

第十二章　同時打開每一扇窗——統合感覺

1. The sensory cues that mosquitoes use to find their hosts are reviewed in Wolff and Riffell (2018).
2. DeGennaro et al., 2013.
3. McMeniman et al., 2014.
4. Liu and Vosshall, 2019.
5. Dennis, Goldman, and Vosshall, 2019.
6. McBride et al., 2014; McBride, 2016.
7. Shamble et al., 2016.
8. Catania, 2006.
9. Barbero et al., 2009.
10. Gardiner et al., 2014.
11. von der Emde and Ruhl, 2016.
12. Dreyer et al., 2018; Mouritsen, 2018.
13. Ward, 2013.
14. Pettigrew, Manger, and Fine, 1998.
15. Wheeler, 1910, p. 510.
16. Schumacher et al., 2016.
17. Solvi, Gutierrez Al-Khudhairy, and Chittka, 2020.
18. Proprioception is reviewed in Tuthill and Azim (2018).
19. Cole, 2016.
20. The concepts of exafference, reafference, and corollary discharges are reviewed in Cullen (2004); Crapse and Sommer (2008).
21. Merker, 2005.
22. Ludeman et al., 2014.
23. For a full history of this idea, see Grüsser (1994).
24. von Holst and Mittelstaedt, 1950; Sperry, 1950.
25. Grüsser, 1994.
26. Corollary discharges in electric fish are reviewed in Sawtell (2017); Fukutomi and Carlson (2020).
27. Poulet and Hedwig, 2003.
28. Pynn and DeSouza, 2013.
29. The neurobiology of the octopus is reviewed in Grasso (2014); Levy and Hochner (2017).
30. Crook and Walters, 2014.
31. Graziadei and Gagne, 1976.
32. Nesher et al., 2014.
33. Grasso, 2014.
34. Sumbre et al., 2006.
35. Gutnick et al., 2011.
36. Zullo et al., 2009; Hochner, 2013.
37. Godfrey-Smith, 2016, p. 48.
38. Godfrey-Smith, 2016, p. 105.
39. Grasso, 2014.

32. Hopkins and Bass, 1981.
33. Bullock, Behrend, and Heiligenberg, 1975.
34. Sensory Exotica (Hughes, 2001.
35. Bullock, 1969.
36. Hagedorn and Heiligenberg, 1985.
37. Bullock, Behrend, and Heiligenberg, 1975.
38. Carlson and Arnegard, 2011; Vélez, Ryoo, and Carlson, 2018.
39. Baker, Huck, and Carlson, 2015.
40. Nilsson, 1996; Sukhum et al., 2016.
41. Arnegard and Carlson, 2005.
42. Amey-Özel et al., 2015.
43. Murray, 1960.
44. Dijkgraaf and Kalmijn, 1962.
45. Josberger et al., 2016.
46. Kalmijn, 1974.
47. Kalmijn, 1974; Bedore and Kajiura, 2013.
48. Kalmijn, 1971.
49. Kalmijn, 1982.
50. Kajiura, 2003.
51. For reviews on passive electroreception, see Hopkins (2005, 2009).
52. Tricas, Michael, and Sisneros, 1995.
53. Kempster, Hart, and Collin, 2013.
54. Kajiura and Holland, 2002.
55. Gardiner et al., 2014.
56. Dijkgraaf and Kalmijn, 1962.
57. Bedore, Kajiura, and Johnsen, 2015.
58. Kajiura, 2001.
59. Wueringer, Squire, et al., 2012a.
60. Wueringer, Squire, et al., 2012b.
61. Wueringer, 2012.
62. Electroreception is reviewed in Collin (2019); Crampton (2019).
63. Albert and Crampton, 2006.
64. Czech-Damal et al., 2012.
65. Gregory et al., 1989.
66. Pettigrew, Manger, and Fine, 1998; Proske and Gregory, 2003.
67. Baker, Modrell, and Gillis, 2013.
68. Lavoué et al., 2012.
69. Lavoué et al., 2012.
70. Czech-Damal et al., 2013.
71. Feynman, 1964.
72. Corbet, Beament, and Eisikowitch, 1982; Vaknin et al., 2000.
73. Clarke et al., 2013.
74. Clarke et al., 2013.
75. Sutton et al., 2016.
76. Aerial electroreception is reviewed in Clarke, Morley, and Robert (2017).
77. Morley and Robert, 2018.
78. Blackwall, 1830.
79. It was resurrected in Gorham (2013).

第十一章 心中自有方向——磁場

1. Warrant et al., 2016.
2. Dreyer et al., 2018.
3. For reviews of magnetoreception, see Johnsen and Lohmann (2005); Mouritsen (2018).
4. Merkel and Fromme, 1958; Pollack, 2012.
5. Middendorff, 1855.
6. Griffin, 1944b.
7. Wiltschko and Merkel, 1965; Wiltschko, 1968.
8. Brown, 1962; Brown, Webb, and Barnwell, 1964.
9. Johnsen and Lohmann, 2005.
10. Wiltschko and Wiltschko, 2019.
11. Lohmann et al., 1995; Deutschlander, Borland, and Phil- lips, 1999; Sumner-Rooney et al., 2014; Scanlan et al., 2018.
12. Holland et al., 2006.
13. Bottesch et al., 2016.
14. Kimchi, Etienne, and Terkel, 2004.
15. Dreyer et al., 2018.
16. Granger et al., 2020.
17. Bianco, Ilieva, and Åkesson, 2019.
18. A review of sea turtle migrations is Lohmann and Lohmann (2019).
19. Carr, 1995.
20. Lohmann, 1991.
21. Lohmann and Lohmann, 1994, 1996.
22. Lohmann, Putman, and Lohmann, 2008.
23. Lohmann et al., 2001.
24. Lohmann et al., 2004.
25. Boles and Lohmann, 2003.
26. Fransson et al., 2001.
27. Chernetsov, Kishkinev, and Mouritsen, 2008.
28. Putman et al., 2013; Wynn et al., 2020.
29. Lohmann, Putman, and Lohmann, 2008.
30. Mortimer and Portier, 1989.

60. Griffin, 2001.
61. Echolocation in whales and bats is compared in Au and Simmons (2007); Surlykke et al. (2014).
62. Schevill and McBride, 1956.
63. Norris et al., 1961.
64. Dolphin echolocation research is reviewed in Au (2011); Nachtigall (2016).
65. Whitlow Au's seminal work on dolphin sonar is Au (1993).
66. Au, 1993.
67. Au and Turl, 1983.
68. Brill et al., 1992.
69. Pack and Herman, 1995; Harley, Roitblat, and Nachtigall, 1996.
70. Cranford, Amundin, and Norris, 1996.
71. Madsen et al., 2002.
72. Møhl et al., 2003.
73. Mooney, Yamato, and Branstetter, 2012.
74. Finneran, 2013.
75. Nachtigall and Supin, 2008.
76. Au, 1993.
77. Ivanov, 2004; Finneran, 2013.
78. Madsen and Surlykke, 2014.
79. Au, 1996.
80. Au et al., 2009.
81. Popper et al., 2004.
82. Gol'din, 2014.
83. Tyack, 1997; Tyack and Clark, 2000.
84. Johnson, Aguilar de Soto, and Madsen, 2009.
85. Johnson et al., 2004; Arranz et al., 2011; Madsen et al., 2013.
86. Benoit-Bird and Au, 2009a, 2009b.
87. Thaler et al., 2017.
88. Kish, 2015.
89. Gould, 1965; Eisenberg and Gould, 1966; Siemers et al., 2009.
90. Boonman, Bumrungsri, and Yovel, 2014.
91. Brinkløv and Warrant, 2017; Brinkløv, Elemans, and Ratcliffe, 2017.
92. Brinkløv, Fenton, and Ratcliffe, 2013.
93. Thaler and Goodale, 2016.
94. Schusterman et al., 2000.
95. Diderot, 1749; Supa, Cotzin, and Dallenbach, 1944; Kish, 1995.
96. Supa, Cotzin, and Dallenbach, 1944.
97. Griffin, 1944a.
98. Thaler, Arnott, and Goodale, 2011.
99. Norman and Thaler, 2019.
100. Thaler et al., 2020.

第十章　活體電池

1. For primers on electric fish, see Hopkins (2009); Carlson et al. (2019).
2. For a history of electric fish, see Wu (1984); Zupanc and Bullock (2005); Carlson and Sisneros (2019).
3. Finger and Piccolino, 2011.
4. Catania, 2019.
5. Catania, 2016.
6. de Santana et al., 2019.
7. Hopkins, 2009.
8. Darwin, 1958, p. 178.
9. Lissmann's eventful life is detailed in Alexander (1996).
10. Turkel, 2013.
11. Lissmann, 1951.
12. Lissmann, 1958.
13. Lissmann and Machin, 1958.
14. Good reviews on active electrolocation include Lewis (2014); Caputi (2017).
15. von der Emde, 1990, 1999; von der Emde et al., 1998; Sny- der et al., 2007.
16. Hopkins, 2009.
17. Snyder et al., 2007.
18. Salazar, Krahe, and Lewis, 2013.
19. von der Emde and Ruhl, 2016.
20. Caputi et al., 2013.
21. Caputi, Aguilera, and Pereira, 2011.
22. Caputi et al., 2013.
23. Baker, 2019.
24. Modrell et al., 2011; Baker, Modrell, and Gillis, 2013.
25. Lewis, 2014.
26. von der Emde, 1990.
27. Carlson and Sisneros, 2019.
28. For some of the challenges of field research, see Hagedorn (2004).
29. Henninger et al., 2018; Madhav et al., 2018.
30. For more on electrocommunication, see Zupanc and Bullock (2005); Baker and Carlson (2019).
31. Hopkins, 1981; McGregor and Westby, 1992; Carlson, 2002.

Reynolds et al., 2010.
94. Heffner and Heffner, 2018.
95. Heffner and Heffner, 2018.
96. Arch and Narins, 2008.
97. Aflitto and DeGomez, 2014.
98. Ramsier et al., 2012.
99. Pytte, Ficken, and Moiseff, 2004.
100. Olson et al., 2018.
101. Goutte et al., 2017.
102. The battle between insects and bats is reviewed in Conner and Corcoran (2012).
103. Moir, Jackson, and Windmill, 2013.
104. Nakano et al., 2009, 2010.
105. Kawahara et al., 2019.
106. Kawahara et al., 2019.

第九章　來自寂靜世界的回應——回音

1. Echolocation is thoroughly reviewed in Surlykke et al. (2014).
2. Boonman et al., 2013.
3. Kalka, Smith, and Kalko, 2008.
4. The history of echolocation research is reviewed in Griffin (1974); Grinnell, Gould, and Fenton (2016).
5. Donald Griffin's classic work on echolocation and his research is Griffin (1974).
6. Griffin, 1974.
7. Griffin, 1974, p. 67.
8. Griffin and Galambos, 1941; Galambos and Griffin, 1942.
9. Griffin, 1944a.
10. Griffin, 1953.
11. Griffin, Webster, and Michael, 1960.
12. Griffin, 2001.
13. Jones and Teeling, 2006.
14. Schnitzler and Kalko, 2001; Fenton et al., 2016; Moss, 2018.
15. Surlykke and Kalko, 2008.
16. Holderied and von Helversen, 2003.
17. Jakobsen, Ratcliffe, and Surlykke, 2013.
18. Ghose, Moss, and Horiuchi, 2007.
19. Hulgard et al., 2016.
20. Brinkløv, Kalko, and Surlykke, 2009.
21. Henson, 1965; Suga and Schlegel, 1972.
22. Kick and Simmons, 1984.
23. Elemans et al., 2011; Ratcliffe et al., 2013.
24. Simmons, Ferragamo, and Moss, 1998.
25. Simmons and Stein, 1980; Moss and Schnitzler, 1995.
26. Zagaeski and Moss, 1994.
27. Moss and Surlykke, 2010; Moss, Chiu, and Surlykke, 2011.
28. Grinnell and Griffin, 1958.
29. Surlykke, Simmons, and Moss, 2016.
30. Chiu, Xian, and Moss, 2009.
31. Moss et al., 2006; Kothari et al., 2014.
32. Jung, Kalko, and von Helversen, 2007.
33. Geipel, Jung, and Kalko, 2013; Geipel et al., 2019.
34. Chiu and Moss, 2008; Chiu, Xian, and Moss, 2008.
35. Yovel et al., 2009.
36. Suthers, 1967.
37. Ulanovsky and Moss, 2008; Corcoran and Moss, 2017.
38. Griffin, 1974.
39. Griffin, 1974, p. 160.
40. Zagaeski and Moss, 1994.
41. Schnitzler and Denzinger, 2011; Fenton, Faure, and Ratcliffe, 2012.
42. Kober and Schnitzler, 1990; von der Emde and Schnitzler, 1990; Koselj, Schnitzler, and Siemers, 2011.
43. Schuller and Pollak, 1979; Schnitzler and Denzinger, 2011.
44. Grinnell, 1966; Schuller and Pollak, 1979.
45. Schnitzler, 1967.
46. Schnitzler, 1973.
47. Hiryu et al., 2005.
48. Ntelezos, Guarato, and Windmill, 2016; Neil et al., 2020.
49. Conner and Corcoran, 2012.
50. Surlykke and Kalko, 2008.
51. Dunning and Roeder, 1965.
52. Dunning and Roeder, 1965.
53. Barber and Conner, 2007.
54. Corcoran, Barber, and Conner, 2009.
55. Corcoran et al., 2011.
56. Barber and Kawahara, 2013.
57. Goerlitz et al., 2010; ter Hofstede and Ratcliffe, 2016.
58. Barber et al., 2015.
59. Rubin et al., 2018.

11. Konishi, 2012.
12. Webster and Webster, 1980.
13. Webster, 1962; Stangl et al., 2005.
14. Webster and Webster, 1971.
15. Insect ears are reviewed in Fullard and Yack (1993); Göp- fert and Hennig (2016).
16. Göpfert and Hennig, 2016.
17. Robert, Mhatre, and McDonagh, 2010.
18. Göpfert, Surlykke, and Wasserthal, 2002; Montealegre-Z et al., 2012.
19. Menda et al., 2019.
20. Taylor and Yack, 2019.
21. Yager and Hoy, 1986; Van Staaden et al., 2003.
22. Pye, 2004.
23. Fullard and Yack, 1993.
24. Strauß and Stumpner, 2015.
25. Lane, Lucas, and Yack, 2008.
26. Fournier et al., 2013.
27. Gu et al., 2012.
28. Robert, Amoroso, and Hoy, 1992.
29. Mason, Oshinsky, and Hoy, 2001; Müller and Robert, 2002.
30. Miles, Robert, and Hoy, 1995.
31. Webb, 1996.
32. Webb, 1996.
33. Zuk, Rotenberry, and Tinghitella, 2006; Schneider et al., 2018.
34. Ryan, 1980.
35. Ryan, 1980.
36. Ryan et al., 1990.
37. Ryan and Rand, 1993.
38. Ryan and Rand, 1993.
39. Ryan and Rand, 1993.
40. His account of his work on túngara frogs is Ryan (2018).
41. Basolo, 1990.
42. Tuttle and Ryan, 1981.
43. Page and Ryan, 2008.
44. Bernal, Rand, and Ryan, 2006.
45. Bird hearing is reviewed in Dooling and Prior (2017).
46. Birkhead, 2013.
47. Konishi, 1969.
48. Dooling, Lohr, and Dent, 2000.
49. Dooling et al., 2002.
50. Vernaleo and Dooling, 2011.
51. Lawson et al., 2018.
52. Dooling and Prior, 2017.
53. Fishbein et al., 2020.
54. Prior et al., 2018.
55. Lucas et al., 2002.
56. Henry et al., 2011.
57. Lucas et al., 2007.
58. Lucas et al., 2007.
59. Noirot et al., 2009.
60. Gall, Salameh, and Lucas, 2013.
61. Caras, 2013.
62. Sisneros, 2009.
63. Gall and Wilczynski, 2015.
64. Kwon, 2019.
65. Payne and McVay, 1971.
66. Payne and Webb, 1971.
67. Schevill, Watkins, and Backus, 1964.
68. Narins, Stoeger, and O'Connell-Rodwell, 2016.
69. Payne and Webb, 1971.
70. Clark and Gagnon, 2004.
71. Costa, 1993.
72. Kuna and Nábělek, 2021.
73. Tyack and Clark, 2000.
74. Goldbogen et al., 2019.
75. Mourlam and Orliac, 2017.
76. Shadwick, Potvin, and Goldbogen, 2019.
77. Her account of her own elephant research is Payne (1999).
78. Payne, 1999, p. 20.
79. Payne, Langbauer, and Thomas, 1986.
80. Poole et al., 1988.
81. Poole et al., 1988.
82. Garstang et al., 1995.
83. Ketten, 1997.
84. Miles, Robert, and Hoy, 1995.
85. Sidebotham, 1877.
86. Noirot, 1966; Zippelius, 1974; Sales, 2010.
87. Sewell, 1970.
88. Panksepp and Burgdorf, 2000.
89. Wilson and Hare, 2004.
90. Holy and Guo, 2005.
91. Neunuebel et al., 2015.
92. A review of ultrasonic communication is Arch and Narins (2008).
93. Heffner, 1983; Heffner and Heffner, 1985, 2018; Kojima, 1990; Ridgway and Au, 2009;

3. Warkentin, 2005; Caldwell, McDaniel, and Warkentin, 2010.
4. A review of environmentally cued hatching in embryos is Warkentin (2011).
5. Jung et al., 2019.
6. Jung et al., 2019.
7. Caldwell, McDaniel, and Warkentin, 2010.
8. Takeshita and Murai, 2016.
9. Hager and Kirchner, 2013.
10. Han and Jablonski, 2010.
11. Hill, 2009; Hill and Wessel, 2016; Mortimer, 2017.
12. Hill, 2014.
13. A seminal text by Peggy Hill about vibrational communication is Hill (2008). The quote appears on page 2.
14. Insect vibrational communication is reviewed in Cocroft and Rodríguez (2005); Cocroft (2011).
15. Cokl and Virant-Doberlet, 2003.
16. It can be found at treehoppers.insectmuseum.org.
17. Cocroft and Rodríguez, 2005.
18. Cocroft, 1999.
19. Hamel and Cocroft, 2012.
20. Legendre, Marting, and Cocroft, 2012.
21. Eriksson et al., 2012; Polajnar et al., 2015.
22. Yadav, 2017.
23. Hager and Krausa, 2019.
24. Ossiannilsson, 1949.
25. Brownell's account of his sand scorpion work is Brownell (1984).
26. Brownell and Farley, 1979c.
27. Brownell and Farley, 1979a.
28. Brownell and Farley, 1979b.
29. Woith et al., 2018.
30. Fertin and Casas, 2007; Martinez et al., 2020.
31. Mencinger-Vračko and Devetak, 2008.
32. Catania, 2008; Mitra et al., 2009.
33. Darwin, 1890.
34. Mason, 2003.
35. Lewis et al., 2006.
36. Narins and Lewis, 1984; Mason and Narins, 2002.
37. Mason, 2003.
38. Hill, 2008, p. 120.
39. O'Connell's account of her own elephant work is O'Connell (2008).
40. O'Connell-Rodwell, Hart, and Arnason, 2001.
41. O'Connell-Rodwell et al., 2006.
42. O'Connell, 2008, p. 180.
43. O'Connell-Rodwell et al., 2007.
44. O'Connell, Arnason, and Hart, 1997; Günther, O'Connell-Rodwell, and Klemperer, 2004.
45. Smith et al., 2018.
46. Phippen, 2016.
47. Standing Bear, 2006, p. 192.
48. An excellent book on spider silk and its evolution is Bru- netta and Craig (2012).
49. Agnarsson, Kuntner, and Blackledge, 2010.
50. Blackledge, Kuntner, and Agnarsson, 2011.
51. Masters, 1984.
52. Landolfa and Barth, 1996.
53. Robinson and Mirick, 1971; Suter, 1978.
54. Klärner and Barth, 1982.
55. Vollrath, 1979a, 1979b.
56. Wignall and Taylor, 2011.
57. Wilcox, Jackson, and Gentile, 1996.
58. Barth, 2002, p. 19.
59. Mortimer et al., 2014.
60. Mortimer et al., 2016.
61. Watanabe, 1999, 2000.
62. Nakata, 2010, 2013.
63. A great review of spiderwebs as examples of extended cognition is Japyassú and Laland (2017).
64. Mhatre, Sivalinghem, and Mason, 2018.

第八章　用心傾聽——聲音

1. Payne's account of his own work on barn owls is Payne (1971).
2. Payne, 1971.
3. Dusenbery, 1992.
4. Konishi, 1973, 2012.
5. Krumm et al., 2017.
6. Knudsen, Blasdel, and Konishi, 1979.
7. Payne, 1971.
8. Carr and Christensen-Dalsgaard, 2015, 2016.
9. An old but good review of animal hearing is Stebbins (1983). The quote is from page 1.
10. Weger and Wagner, 2016; Clark, LePiane, and Liu, 2020.

21. Catania and Kaas, 1997b.
22. Catania, 1995a.
23. Catania and Kaas, 1997a.
24. Catania and Remple, 2004, 2005.
25. Gentle and Breward, 1986.
26. Schneider et al., 2014, 2017.
27. Birkhead, 2013, p. 78.
28. Schneider et al., 2019.
29. Piersma et al., 1995.
30. Piersma et al., 1998.
31. Cunningham, Castro, and Alley, 2007; Cunningham et al., 2010.
32. Gal et al., 2014.
33. Cohen et al., 2020.
34. Hardy and Hale, 2020.
35. Seneviratne and Jones, 2008.
36. Seneviratne and Jones, 2008.
37. Cunningham, Alley, and Castro, 2011.
38. Persons and Currie, 2015.
39. Prescott and Dürr, 2015.
40. A review of mammalian vibrissae is Prescott, Mitchinson, and Grant (2011).
41. Bush, Solla, and Hartmann, 2016.
42. Grant, Breakell, and Prescott, 2018.
43. Grant, Sperber, and Prescott, 2012.
44. Arkley et al., 2014.
45. Mitchinson et al., 2011.
46. Mitchinson et al., 2011.
47. Marshall, Clark, and Reep, 1998.
48. The vibrissae of manatees are reviewed in Reep and Sarko (2009); Bauer, Reep, and Marshall (2018).
49. Marshall et al., 1998.
50. Bauer et al., 2012.
51. Crish, Crish, and Comer, 2015; Sarko, Rice, and Reep, 2015.
52. Reep, Marshall, and Stoll, 2002.
53. Gaspard et al., 2017.
54. Hanke and Dehnhardt, 2015.
55. Murphy, Reichmuth, and Mann, 2015.
56. Dehnhardt, Mauck, and Hyvärinen, 1998.
57. Dehnhardt et al., 2001.
58. Hanke et al., 2010.
59. Wieskotten et al., 2010.
60. Wieskotten et al., 2011.
61. Niesterok et al., 2017.
62. A review of the lateral line is Montgomery, Bleckmann, and Coombs(2013).
63. Dijkgraaf, 1989.
64. Dijkgraaf, 1989.
65. Hofer, 1908.
66. Dijkgraaf, 1963.
67. Dijkgraaf, 1963.
68. Webb, 2013; Mogdans, 2019.
69. Partridge and Pitcher, 1980.
70. Pitcher, Partridge, and Wardle, 1976.
71. Webb, 2013.
72. Mogdans, 2019.
73. Montgomery and Saunders, 1985.
74. Yoshizawa et al., 2014; Lloyd et al., 2018.
75. Patton, Windsor, and Coombs, 2010.
76. Haspel et al., 2012.
77. Haspel et al., 2012.
78. Soares, 2002.
79. Soares, 2002.
80. Leitch and Catania, 2012.
81. Crowe-Riddell, Williams, et al., 2019.
82. Ibrahim et al., 2014.
83. Carr et al., 2017.
84. Kane, Van Beveren, and Dakin, 2018.
85. Kane, Van Beveren, and Dakin, 2018.
86. Necker, 1985; Clark and de Cruz, 1989.
87. Brown and Fedde, 1993.
88. Sterbing-D'Angelo et al., 2017.
89. Sterbing-D'Angelo and Moss, 2014.
90. Barth's account of his work with the tiger wandering spider is Barth (2002).
91. Barth, 2015.
92. Seyfarth, 2002.
93. Barth and Höller, 1999.
94. Klopsch, Kuhlmann, and Barth, 2012, 2013.
95. Casas and Dangles, 2010.
96. Dangles, Casas, and Coolen, 2006; Casas and Steinmann, 2014.
97. Di Silvestro, 2012.
98. Shimozawa, Murakami, and Kumagai, 2003.
99. Tautz and Markl, 1978.
100. Tautz and Rostás, 2008.

第七章　地表的漣漪——表面振動

1. Warkentin, 1995.
2. Cohen, Seid, and Warkentin, 2016.

5. Matos-Cruz et al., 2017.
6. The temperature ranges that animals tolerate are reviewed in McKemy (2007); Sengupta and Garrity (2013).
7. Matos-Cruz et al., 2017; Hoffstaetter, Bagriantsev, and Gracheva,2018.
8. Hoffstaetter, Bagriantsev, and Gracheva, 2018.
9. Gracheva and Bagriantsev, 2015.
10. Matos-Cruz et al., 2017.
11. Key et al., 2018.
12. Hoffstaetter, Bagriantsev, and Gracheva, 2018.
13. Laursen et al., 2016.
14. Gehring and Wehner, 1995; Ravaux et al., 2013.
15. Hartzell et al., 2011.
16. Corfas and Vosshall, 2015.
17. Heinrich, 1993.
18. Simões et al., 2021.
19. Wurtsbaugh and Neverman, 1988; Thums et al., 2013.
20. Bates et al., 2010.
21. Tsai et al., 2020.
22. Du et al., 2011.
23. Schmitz and Bousack, 2012.
24. Linsley, 1943.
25. Linsley and Hurd, 1957.
26. Schmitz, Schmitz, and Schneider, 2016.
27. Schütz et al., 1999.
28. Dusenbery, 1992; Schmitz, Schmitz, and Schneider, 2016.
29. Schmitz and Bleckmann, 1998.
30. Schmitz and Bousack, 2012.
31. Schneider, Schmitz, and Schmitz, 2015.
32. Schmitz, Schmitz, and Schneider, 2016.
33. Bisoffi et al., 2013.
34. Bryant and Hallem, 2018; Bryant et al., 2018.
35. Windsor, 1998; Forbes et al., 2018.
36. Lazzari, 2009; Chappuis et al., 2013; Corfas and Vosshall, 2015.
37. Kürten and Schmidt, 1982.
38. Gracheva et al., 2011.
39. Carr and Salgado, 2019.
40. Goris, 2011.
41. Gracheva et al., 2010.
42. Ros, 1935.
43. Noble and Schmidt, 1937.
44. Kardong and Mackessy, 1991.
45. Bullock and Diecke, 1956.
46. Ebert and Westhoff, 2006.
47. Hartline, Kass, and Loop, 1978; Newman and Hartline, 1982.
48. Goris, 2011.
49. Rundus et al., 2007.
50. Bakken and Krochmal, 2007.
51. Schraft, Bakken, and Clark, 2019.
52. Shine et al., 2002.
53. Chen et al., 2012.
54. Goris, 2011.
55. Bleicher et al., 2018; Embar et al., 2018.
56. Schraft and Clark, 2019.
57. Schraft, Goodman, and Clark, 2018.
58. Cadena et al., 2013.
59. Bakken et al., 2018.
60. Gläser and Kröger, 2017; Kröger and Goiricelaya, 2017.
61. Bálint et al., 2020.

第六章　粗糙的感覺——接觸與流動

1. Monterey Bay Aquarium, 2016.
2. Kuhn et al., 2010.
3. Costa and Kooyman, 2011.
4. Yeates, Williams, and Fink, 2007.
5. Radinsky, 1968.
6. Wilson and Moore, 2015.
7. Strobel et al., 2018.
8. Strobel et al., 2018.
9. Thometz et al., 2016.
10. A review of touch is Prescott and Dürr (2015).
11. The various kinds of touch sensors are reviewed in Zimmerman, Bai, and Ginty (2014); Moayedi, Nakatani, and Lumpkin (2015).
12. Walsh, Bautista, and Lumpkin, 2015.
13. Carpenter et al., 2018.
14. Skedung et al., 2013.
15. Prescott, Diamond, and Wing, 2011.
16. Skedung et al., 2013.
17. Catania's account of his work with the star-nosed mole is Catania (2011).
18. Catania, 1995b.
19. Catania, Northcutt, and Kaas, 1999.
20. Catania et al., 1993.

70. Land et al., 1990.
71. Marshall et al., 2019b.
72. Temple et al., 2012.
73. Chiou et al., 2008.
74. Daly et al., 2016.
75. Gagnon et al., 2015.
76. Cronin, 2018.
77. Hiramatsu et al., 2017; Moreira et al., 2019.
78. Marshall et al., 2019a.
79. Maan and Cummings, 2012.
80. Chittka and Menzel, 1992.
81. Chittka, 1997.

第四章　沒人喜歡的感覺——疼痛

1. Braude et al., 2021.
2. Park, Lewin, and Buffenstein, 2010; Braude et al., 2021.
3. Catania and Remple, 2002.
4. Van der Horst et al., 2011.
5. Park et al., 2017.
6. Zions et al., 2020.
7. Park et al., 2017.
8. LaVinka and Park, 2012.
9. Park et al., 2008.
10. Poulson et al., 2020.
11. The basics of nociception are reviewed in Kavaliers (1988); Lewin, Lu, and Park (2004); Tracey (2017).
12. Smith, Park, and Lewin, 2020.
13. Smith et al., 2011.
14. Liu et al., 2014.
15. Jordt and Julius, 2002.
16. Melo et al., 2021.
17. Rowe et al., 2013.
18. Sherrington, 1903.
19. Excellent reviews of nociception and pain are Sneddon (2018); Williams et al. (2019).
20. Cox et al., 2006; Goldberg et al., 2012.
21. Cox et al., 2006.
22. Cowart, 2021.
23. *The Lady's Handbook for Her Mysterious Illness* by Sarah Ramey (2020) and *Doing Harm* by Maya Dusenbery (2018) are excellent books on this topic.
24. A review of pain in animals is Sneddon (2018).
25. Bateson, 1991.
26. Sullivan, 2013.
27. Sneddon et al., 2014.
28. Anand, Sippell, and Aynsley-Green, 1987.
29. Broom, 2001.
30. Li, 2013; Lu et al., 2017.
31. Sneddon, Braithwaite, and Gentle, 2003a, 2003b.
32. Dunlop and Laming, 2005; Reilly et al., 2008.
33. Bjørge et al., 2011; Mettam et al., 2011.
34. Sneddon, 2013.
35. Millsopp and Laming, 2008.
36. Braithwaite, 2010.
37. Rose et al., 2014; Key, 2016.
38. Rose et al., 2014; Key, 2016; Sneddon, 2019.
39. Rose et al., 2014.
40. Braithwaite and Droege, 2016.
41. Dinets, 2016.
42. Marder and Bucher, 2007.
43. Garcia-Larrea and Bastuji, 2018.
44. Adamo, 2016, 2019.
45. Appel and Elwood, 2009; Elwood and Appel, 2009.
46. Elwood, 2019.
47. Sneddon et al., 2014.
48. Chittka and Niven, 2009.
49. Bateson, 1991; Elwood, 2011.
50. Stiehl, Lalla, and Breazeal, 2004; Lee-Johnson and Carnegie, 2010; Ikinamo, 2011.
51. Hochner, 2012.
52. European Parliament, Council of the European Union, 2010.
53. Crook et al., 2011.
54. Crook, Hanlon, and Walters, 2013.
55. Crook et al., 2014.
56. Alupay, Hadjisolomou, and Crook, 2014.
57. Alupay, Hadjisolomou, and Crook, 2014.
58. Crook, 2021.
59. Chatigny, 2019.
60. Eisemann et al., 1984.
61. Eisemann et al., 1984.

第五章　太酷了——熱覺

1. Geiser, 2013.
2. Daan, Barnes, and Strijkstra, 1991.
3. Andrews, 2019.
4. Matos-Cruz et al., 2017.

90. Warrant and Locket, 2004.
91. Two great reviews about vision in the ocean are Warrant and Locket (2004); Johnsen (2014).
92. Widder, 2019.
93. Johnsen and Widder, 2019.
94. Nilsson et al., 2012.
95. Nilsson et al., 2012.
96. Schrope, 2013.
97. Kelber, Balkenius, and Warrant, 2002.

第三章 紫外光紅、紫外光綠、紫外光黃——顏色

1. Tansley, 1965.
2. Neitz, Geist, and Jacobs, 1989.
3. Neitz, Geist, and Jacobs, 1989.
4. For excellent primers on color vision, check out Osorio and Vorobyev (2008); Cuthill et al. (2017); and Chapter 7 of Cronin et al. (2014).
5. Daphnia A review of unusual color vision is Marshall and Arikawa (2014).
6. Sacks and Wasserman, 1987.
7. Emerling and Springer, 2015.
8. Peichl, 2005; Hart et al., 2011.
9. Peichl, Behrmann, and Kröger, 2001.
10. Hanke and Kelber, 2020.
11. Seidou et al., 1990.
12. Maximov, 2000.
13. Neitz, Geist, and Jacobs, 1989.
14. Paul and Stevens, 2020.
15. Colour Blind Awareness, n.d..
16. Carvalho et al., 2017.
17. Carvalho et al., 2017.
18. Pointer and Attridge, 1998; Neitz, Carroll, and Neitz, 2001.
19. Mollon, 1989; Osorio and Vorobyev, 1996; Smith et al., 2003.
20. Dominy and Lucas, 2001; Dominy, Svenning, and Li, 2003.
21. Jacobs, 1984.
22. Jacobs and Neitz, 1987.
23. Saito et al., 2004.
24. Jacobs and Neitz, 1987.
25. Fedigan et al., 2014.
26. Melin et al., 2007, 2017.
27. Mancuso et al., 2009.
28. Lubbock, 1881.
29. Dusenbery, 1992.
30. For an excellent overview on UV vision and its history, see Cronin and Bok (2016).
31. Goldsmith, 1980.
32. Jacobs, Neitz, and Deegan, 1991.
33. Douglas and Jeffery, 2014.
34. Zimmer, 2012.
35. Tedore and Nilsson, 2019.
36. Marshall, Carleton, and Cronin, 2015.
37. Tyler et al., 2014.
38. Primack, 1982.
39. Herberstein, Heiling, and Cheng, 2009.
40. Andersson, Ornborg, and Andersson, 1998; Hunt et al., 1998.
41. Eaton, 2005.
42. Cummings, Rosenthal, and Ryan, 2003.
43. Siebeck et al., 2010.
44. Stevens and Cuthill, 2007.
45. Viitala et al., 1995.
46. Lind et al., 2013.
47. Stoddard et al., 2020.
48. A classic paper on visualizing color vision is Kelber, Vorobyev, and Osorio (2003).
49. Stoddard et al., 2020.
50. Stoddard et al., 2019.
51. Neumeyer, 1992.
52. Collin et al., 2009.
53. Hines et al., 2011.
54. Briscoe et al., 2010.
55. Finkbeiner et al., 2017.
56. McCulloch, Osorio, and Briscoe, 2016.
57. Jordan et al., 2010.
58. Greenwood, 2012; Jordan and Mollon, 2019.
59. Zimmermann et al., 2018.
60. Koshitaka et al., 2008; Chen et al., 2016; Arikawa, 2017.
61. Patek, Korff, and Caldwell, 2004.
62. Marshall, 1988.
63. Cronin and Marshall, 1989a, 1989b.
64. An excellent review of mantis shrimp vision is Cronin, Mar- shall, and Caldwell (2017).
65. Marshall and Oberwinkler, 1999; Bok et al., 2014.
66. Inman, 2013.
67. Thoen et al., 2014.
68. Daly et al., 2018.
69. Marshall, Land, and Cronin, 2014.

10. Li et al., 2015.
11. Goté et al., 2019.
12. Johnsen, 2012, p. 2.
13. Porter et al., 2012.
14. Porter et al., 2012.
15. The textbook *Visual Ecology* is a fantastic and very readable primer on vision and its many uses (Cronin et al., 2014).
16. Nilsson, 2009.
17. Plachetzki, Fong, and Oakley, 2012.
18. Crowe-Riddell, Simões, et al., 2019.
19. Kingston et al., 2015.
20. Arikawa, 2001.
21. Parker, 2004.
22. Darwin, 1958, p. 171.
23. Picciani et al., 2018.
24. Nilsson and Pelger, 1994.
25. Garm and Nilsson, 2014.
26. Schuergers et al., 2016.
27. Gavelis et al., 2015.
28. Caro, 2016.
29. Melin et al., 2016.
30. Caro et al., 2019.
31. An excellent review of visual acuity in animals is Caves, Brandley, and Johnsen (2018).
32. Reymond, 1985; Mitkus et al., 2018.
33. Fox, Lehmkuhle, and Westendorf, 1976.
34. Caves, Brandley, and Johnsen, 2018.
35. Veilleux and Kirk, 2014; Caves, Brandley, and Johnsen, 2018.
36. Feller et al., 2021.
37. Kirschfeld, 1976.
38. Mitkus et al., 2018.
39. Land, 1966.
40. Speiser and Johnsen, 2008a.
41. Speiser and Johnsen, 2008b.
42. Land, 2018.
43. Palmer et al., 2017.
44. Li et al., 2015.
45. Bok, Capa, and Nilsson, 2016.
46. Land, 2003.
47. Sumner-Rooney et al., 2018.
48. Ullrich-Luter et al., 2011.
49. Sumner-Rooney et al., 2020.
50. Carrete et al., 2012.
51. Martin, Portugal, and Murn, 2012.
52. See Martin (2012), which also reviews and cites Martin's many papers on bird visual fields.
53. Martin, 2012.
54. Moore et al., 2017; Baden, Euler, and Berens, 2020.
55. Stamp Dawkins, 2002.
56. Mitkus et al., 2018.
57. Potier et al., 2017.
58. A wide range of experiments is reviewed in Rogers (2012).
59. Hanke, Römer, and Dehnhardt, 2006.
60. Hughes, 1977.
61. An excellent review of regionalization in animal retinas is Baden, Euler, and Berens (2020).
62. Mass and Supin, 1995; Baden, Euler, and Berens, 2020.
63. Mass and Supin, 2007.
64. Katz et al., 2015.
65. Perry and Desplan, 2016.
66. Owens et al., 2012.
67. Partridge et al., 2014.
68. Thomas, Robison, and Johnsen, 2017.
69. Meyer-Rochow, 1978.
70. Simons, 2020.
71. Wardill et al., 2013.
72. Gonzalez-Bellido, Wardill, and Juusola, 2011.
73. Gonzalez-Bellido, Wardill, and Juusola, 2011.
74. Masland, 2017.
75. Laughlin and Weckström, 1993.
76. Several values of animal CFFs can be found in Healy et al. (2013); Inger et al. (2014).
77. Fritsches, Brill, and Warrant, 2005.
78. Boström et al., 2016.
79. Evans et al., 2012.
80. Ruck, 1958.
81. Warrant et al., 2004.
82. O'Carroll and Warrant, 2017.
83. O'Carroll and Warrant, 2017.
84. Niven and Laughlin, 2008; Moran, Softley, and Warrant, 2015.
85. Porter and Sumner-Rooney, 2018.
86. Porter and Sumner-Rooney, 2018.
87. Warrant, 2017.
88. Stokkan et al., 2013.
89. Collins, Hendrickson, and Kaas, 2005.

55. Trible et al., 2017.
56. Forel, 1874.
57. Atema, 2018.
58. Roberts et al., 2010.
59. Schiestl et al., 2000.
60. Wilson, 2015.
61. Niimura, Matsui, and Touhara, 2014.
62. McArthur et al., 2019.
63. Miller, Hensman, et al., 2015.
64. von Dürckheim et al., 2018.
65. Plotnik et al., 2019.
66. Bates et al., 2007.
67. Moss, 2000.
68. Hurst et al., 2008.
69. Rasmussen et al., 1996.
70. Rasmussen and Schulte, 1998.
71. Hurst et al., 2008.
72. Bates et al., 2008.
73. Miller, Hensman, et al., 2015.
74. Ramey et al., 2013.
75. Rasmussen and Krishnamurthy, 2000.
76. Wisby and Hasler, 1954.
77. Bingman et al., 2017.
78. Owen et al., 2015.
79. Jacobs, 2012.
80. Stager, 1964; Birkhead, 2013; Eaton, 2014.
81. Audubon, 1826.
82. Stager, 1964.
83. A historical look at Bang and Wenzel's influence is Nevitt and Hagelin (2009).
84. Bang, 1960; Bang and Cobb, 1968.
85. Nevitt and Hagelin, 2009.
86. Zelenitsky, Therrien, and Kobayashi, 2009.
87. Sieck and Wenzel, 1969.
88. Wenzel and Sieck, 1972.
89. Nevitt and Hagelin, 2009.
90. Nevitt, 2000.
91. Nevitt, Veit, and Kareiva, 1995.
92. Nevitt and Bonadonna, 2005.
93. Bonadonna et al., 2006; Van Buskirk and Nevitt, 2008.
94. Nevitt, Losekoot, and Weimerskirch, 2008.
95. Nevitt, 2008; Nevitt, Losekoot, and Weimerskirch, 2008.
96. Gagliardo et al., 2013.
97. Nicolson, 2018, p. 230.
98. Sobel et al., 1999.
99. Schwenk, 1994.
100. Shine et al., 2003.
101. ord and Low, 1984.
102. Schwenk, 1994.
103. Clark, 2004; Clark and Ramirez, 2011.
104. Durso, 2013.
105. Chiszar et al., 1983, 1999; Chiszar, Walters, and Smith, 2008.
106. Smith et al., 2009.
107. Ryerson, 2014.
108. Baxi, Dorries, and Eisthen, 2006.
109. Kardong and Berkhoudt, 1999.
110. Baxi, Dorries, and Eisthen, 2006.
111. Pain, 2001.
112. Yarmolinsky, Zuker, and Ryba, 2009.
113. Secor, 2008.
114. de Brito Sanchez et al., 2014.
115. Thoma et al., 2016.
116. Van Lenteren et al., 2007.
117. Dennis, Goldman, and Vosshall, 2019.
118. Raad et al., 2016.
119. Yanagawa, Guigue, and Marion-Poll, 2014.
120. Atema, 1971; Caprio et al., 1993.
121. Kasumyan, 2019.
122. Caprio, 1975.
123. Caprio et al., 1993.
124. Jiang et al., 2012.
125. Shan et al., 2018.
126. Johnson et al., 2018.
127. Toda et al., 2021.
128. Baldwin et al., 2014.
129. Nilsson, 2009.

第二章　看見世界的各種方式——光

1. Cross et al., 2020.
2. Morehouse, 2020.
3. Land wrote great accounts of his own work in Land (2018).
4. Land, 1969a, 1969b.
5. Land, 2018, p. 107.
6. Jakob et al., 2018.
7. Nilsson et al., 2012; Polilov, 2012.
8. A review of animal eyes is Nilsson (2009).
9. Stowasser et al., 2010; Thomas, Robison, and Johnsen, 2017.

附註

序言　唯一真正的發現之旅

1. Uexküll, 1909.
2. A modern translation of Uexküll's seminal work is Uexküll (2010).
3. Uexküll, 2010, p. 200.
4. Beston, 2003, p. 25.
5. A classic work on the basics of sensory biology is Dusenbery (1992).
6. Mugan and MacIver, 2019.
7. Niven and Laughlin, 2008; Moran, Softley, and Warrant, 2015.
8. Wehner, 1987.
9. Uexküll, 2010, p. 51.
10. Pyenson et al., 2012.
11. Johnsen, 2017.
12. Macpherson, 2011.
13. Macpherson, 2011, p. 36.
14. Nagel, 1974, pp. 438–439.
15. Griffin, 1974.
16. Horowitz, 2010, p. 243.
17. Proust, 1993, p. 343.

第一章　無處不在的化學分子——嗅覺與味覺

1. For more on dogs and their sense of smell, I highly recommend two books by Alexandra Horowitz (2010, 2016).
2. Kaminski et al., 2019.
3. Craven, Paterson, and Settles, 2010.
4. Quignon et al., 2012.
5. Craven, Paterson, and Settles, 2010.
6. Steen et al., 1996.
7. Krestel et al., 1984; Walker et al., 2006; Wackermannová, Pinc, and Jebavý, 2016.
8. Krestel et al., 1984.
9. Hepper, 1988.
10. Hepper and Wells, 2005.
11. King, Becker, and Markee, 1964.
12. Smith et al., 2004.
13. Miller, Maritz, et al., 2015.
14. Horowitz and Franks, 2020.
15. Duranton and Horowitz, 2019.
16. Pihlström et al., 2005.
17. Laska, 2017.
18. McGann, 2017.
19. Weiss et al., 2020.
20. Darwin, 1871, volume 1, p. 24.
21. Kant, 2007, p. 270.
22. Majid, 2015.
23. Ackerman, 1991, p. 6.
24. Majid et al., 2017; Majid and Kruspe, 2018.
25. Porter et al., 2007.
26. Silpe and Bassler, 2019.
27. Dusenbery, 1992.
28. An excellent review on the basics of olfaction is Keller and Vosshall (2004b).
29. Keller and Vosshall, 2004b.
30. Ravia et al., 2020.
31. Reviews on smell: Eisthen (2002); Ache and Young (2005); Bargmann (2006).
32. Firestein, 2005.
33. Keller and Vosshall, 2004a.
34. Keller et al., 2007.
35. Vogt and Riddiford, 1981.
36. Kalberer, Reisenman, and Hildebrand, 2010.
37. Atema, 2018.
38. Haynes et al., 2002.
39. A review on animal pheromones is Wyatt (2015a).
40. Wyatt, 2015b.
41. Wyatt, 2015b.
42. Leonhardt et al., 2016.
43. Tumlinson et al., 1971.
44. Sharma et al., 2015.
45. Monnin et al., 2002.
46. Lenoir et al., 2001.
47. Schneirla, 1944.
48. Yong, 2020.
49. Wilson, Durlach, and Roth, 1958.
50. Treisman, 2010.
51. D'Ettorre, 2016.
52. Moreau et al., 2006.
53. McKenzie and Kronauer, 2018.
54. McKenzie and Kronauer, 2018.

Zions, M., et al. (2020) Nest carbon dioxide masks GABA-dependent seizure susceptibility in the naked mole-rat, *Current Biology,* 30(11), 2068–2077.e4.

Zippelius, H.-M. (1974) Ultraschall-Laute nestjunger Mäuse, *Behaviour,* 49(3–4), 197–204.

Zuk, M., Rotenberry, J. T., and Tinghitella, R. M. (2006) Silent night: Adaptive disappearance of a sexual signal in a parasitized population of field crickets, *Biology Letters,* 2(4), 521–524.

Zullo, L., et al. (2009) Nonsomatotopic organization of the higher motor centers in octopus, *Current Biology,* 19(19), 1632–1636.

Zupanc, G. K. H., and Bullock, T. H. (2005) From electrogenesis to electroreception: An overview, in Bullock, T. H., et al. (eds), *Electroreception,* 5–46. New York: Springer.

Wueringer, B. E., Squire, L., et al. (2012a) Electric field detection in sawfish and shovelnose rays, *PLOS One,* 7(7), e41605.

Wueringer, B. E., Squire, L., et al. (2012b) The function of the sawfish's saw, *Current Biology,* 22(5), R150–R151.

Wurtsbaugh, W. A., and Neverman, D. (1988) Post-feeding thermotaxis and daily vertical migration in a larval fish, *Nature,* 333(6176), 846–848.

Wyatt, T. (2015a) How animals communicate via pheromones, *American Scientist,* 103(2), 114.

Wyatt, T. D. (2015b) The search for human pheromones: The lost decades and the necessity of returning to first principles, *Proceedings of the Royal Society B: Biological Sciences,* 282(1804), 20142994.

Wynn, J., et al. (2020) Natal imprinting to the Earth's magnetic field in a pelagic seabird, *Current Biology,* 30(14), 2869–2873.e2.

Yadav, C. (2017) Invitation by vibration: Recruitment to feeding shelters in social caterpillars, *Behavioral Ecology and Sociobiology,* 71(3), 51.

Yager, D. D., and Hoy, R. R. (1986) The cyclopean ear: A new sense for the praying mantis, *Science,* 231(4739), 727–729.

Yanagawa, A., Guigue, A. M. A., and Marion-Poll, F. (2014) Hygienic grooming is induced by contact chemicals in *Drosophila melanogaster, Frontiers in Behavioral Neuroscience,* 8, 254.

Yarmolinsky, D. A., Zuker, C. S., and Ryba, N. J. P. (2009) Common sense about taste: From mammals to insects, *Cell,* 139(2), 234–244.

Yeates, L. C., Williams, T. M., and Fink, T. L. (2007) Diving and foraging energetics of the smallest marine mammal, the sea otter (*Enhydra lutris*), *Journal of Experimental Biology,* 210(11), 1960–1970.

Yong, E. (2020) America is trapped in a pandemic spiral, *The Atlantic.* Available at: www.the atlantic.com/health/archive/2020/09/pandemic-intuition-nightmare-spiral-winter/616204/.

Yoshizawa, M., et al. (2014) The sensitivity of lateral line receptors and their role in the behavior of Mexican blind cavefish (*Astyanax mexicanus*), *Journal of Experimental Biology,* 217(6), 886–895.

Yovel, Y., et al. (2009) The voice of bats: How greater mouse-eared bats recognize individuals based on their echolocation calls, *PLOS Computational Biology,* 5(6), e1000400.

Zagaeski, M., and Moss, C. F. (1994) Target surface texture discrimination by the echolocating bat, *Eptesicus fuscus, Journal of the Acoustical Society of America,* 95(5), 2881–2882.

Zapka, M., et al. (2009) Visual but not trigeminal mediation of magnetic compass information in a migratory bird, *Nature,* 461(7268), 1274–1277.

Zelenitsky, D. K., Therrien, F., and Kobayashi, Y. (2009) Olfactory acuity in theropods: Pa- laeobiological and evolutionary implications, *Proceedings of the Royal Society B: Biological Sciences,* 276(1657), 667–673.

Zimmer, C. (2012) Monet's ultraviolet eye, *Download the Universe.* Available at: www.downloadtheuniverse.com/dtu/2012/04/monets-ultraviolet-eye.html.

Zimmerman, A., Bai, L., and Ginty, D. D. (2014) The gentle touch receptors of mammalian skin, *Science,* 346(6212), 950–954.

Zimmermann, M. J. Y., et al. (2018) Zebrafish differentially process color across visual space to match natural scenes, *Current Biology,* 28(13), 2018–2032.e5.

pervasive, and increasing, *Proceedings of the National Academy of Sciences,* 112(38), 11899–11904.

Wilcox, S. R., Jackson, R. R., and Gentile, K. (1996) Spiderweb smokescreens: Spider trickster uses background noise to mask stalking movements, *Animal Behaviour,* 51(2), 313–326. Williams, C. J., et al. (2019) Analgesia for non-mammalian vertebrates, *Current Opinion in Physiology,* 11, 75–84.

Wilson, D. R., and Hare, J. F. (2004) Ground squirrel uses ultrasonic alarms, *Nature,* 430(6999), 523.

Wilson, E. O. (2015) Pheromones and other stimuli we humans don't get, with E. O. Wilson, *Big Think.* Available at: bigthink.com/videos/eo-wilson-on-the-world-of-pheromones.

Wilson, E. O., Durlach, N. I., and Roth, L. M. (1958) Chemical releasers of necrophoric behavior in ants, *Psyche,* 65(4), 108–114.

Wilson, S., and Moore, C. (2015) S1 somatotopic maps, *Scholarpedia,* 10(4), 8574.

Wiltschko, R., and Wiltschko, W. (2013) The magnetite-based receptors in the beak of birds and their role in avian navigation, *Journal of Comparative Physiology A,* 199(2), 89–98.

Wiltschko, R., and Wiltschko, W. (2019) Magnetoreception in birds, *Journal of the Royal Society Interface,* 16(158), 20190295.

Wiltschko, W. (1968) Über den Einfluß statischer Magnetfelder auf die Zugorientierung der Rotkehlchen (*Erithacus rubecula*), *Zeitschrift für Tierpsychologie,* 25(5), 537–558.

Wiltschko, W., et al. (2002) Lateralization of magnetic compass orientation in a migratory bird, *Nature,* 419(6906), 467–470.

Wiltschko, W., and Merkel, F. W. (1965) Orientierung zugunruhiger Rotkehlchen im statischen Magnetfeld, *Verhandlungen der Deutschen Zoologischen Gesellschaft in Jena,* 59, 362– 367.

Windsor, D. A. (1998) Controversies in parasitology: Most of the species on Earth are parasites, *International Journal for Parasitology,* 28(12), 1939–1941.

Winklhofer, M., and Mouritsen, H. (2016) A room-temperature ferrimagnet made of metalloproteins?, bioRxiv, 094607.

Wisby, W. J., and Hasler, A. D. (1954) Effect of olfactory occlusion on migrating silver salmon (*O. kisutch*), *Journal of the Fisheries Research Board of Canada,* 11(4), 472–478.

Witherington, B., and Martin, R. E. (2003) Understanding, assessing, and resolving light-pollution problems on sea turtle nesting beaches, Florida Marine Research Institute Tech- nical Report TR-2.

Witte, F., et al. (2013) Cichlid species diversity in naturally and anthropogenically turbid habitats of Lake Victoria, East Africa, *Aquatic Sciences,* 75(2), 169–183.

Woith, H., et al. (2018) Review: Can animals predict earthquakes?, *Bulletin of the Seismological Society of America,* 108(3A), 1031–1045.

Wolff, G. H., and Riffell, J. A. (2018) Olfaction, experience and neural mechanisms underlying mosquito host preference, *Journal of Experimental Biology,* 221(4), jeb157131.

Wu, C. H. (1984) Electric fish and the discovery of animal electricity, *American Scientist,* 72(6), 598–607.

Wu, L.-Q., and Dickman, J. D. (2012) Neural correlates of a magnetic sense, *Science,* 336(6084), 1054–1057.

Wueringer, B. E. (2012) Electroreception in elasmobranchs: Sawfish as a case study, *Brain, Behavior and Evolution,* 80(2), 97–107.

eyes and tiny brains, *Philosophical Transactions of the Royal Society B: Biological Sciences,* 372(1717), 20160063.

Warrant, E. J., et al. (2004) Nocturnal vision and landmark orientation in a tropical halictid bee, *Current Biology,* 14(15), 1309–1318.

Warrant, E., et al. (2016) The Australian bogong moth *Agrotis infusa:* A long-distance nocturnal navigator, *Frontiers in Behavioral Neuroscience,* 10, 77.

Warrant, E. J., and Locket, N. A. (2004) Vision in the deep sea, *Biological Reviews of the Cambridge Philosophical Society,* 79(3), 671–712.

Watanabe, T. (1999) The influence of energetic state on the form of stabilimentum built by *Octonoba sybotides* (Araneae: Uloboridae), *Ethology,* 105(8), 719–725.

Watanabe, T. (2000) Web tuning of an orb-web spider, *Octonoba sybotides,* regulates prey-catching behaviour, *Proceedings of the Royal Society B: Biological Sciences,* 267(1443), 565–569.

Webb, B. (1996) A cricket robot, *Scientific American.* Available at: www.scientificamerican.com/article/a-cricket-robot/.

Webb, J. F. (2013) Morphological diversity, development, and evolution of the mechanosensory lateral line system, in Coombs, S., et al. (eds), *The lateral line system,* 17–72. New York: Springer.

Webster, D. B. (1962) A function of the enlarged middle-ear cavities of the kangaroo rat, *Dipodomys, Physiological Zoology,* 35(3), 248–255.

Webster, D. B., and Webster, M. (1971) Adaptive value of hearing and vision in kangaroo rat predator avoidance, *Brain, Behavior and Evolution,* 4(4), 310–322.

Webster, D. B., and Webster, M. (1980) Morphological adaptations of the ear in the rodent family heteromyidae, *American Zoologist,* 20(1), 247–254.

Weger, M., and Wagner, H. (2016) Morphological variations of leading-edge serrations in owls (*Strigiformes*), *PLOS One,* 11(3), e0149236.

Wehner, R. (1987) "Matched filters"—Neural models of the external world, *Journal of Comparative Physiology A,* 161(4), 511–531.

Weiss, T., et al. (2020) Human olfaction without apparent olfactory bulbs, *Neuron,* 105(1), 35–45.e5.

Wenzel, B. M., and Sieck, M. H. (1972) Olfactory perception and bulbar electrical activity in several avian species, *Physiology & Behavior,* 9(3), 287–293.

Wheeler, W. M. (1910) *Ants: Their structure, development and behavior.* New York: Columbia University Press.

Widder, E. (2019) The Medusa, NOAA Ocean Exploration. Available at: oceanexplorer.noaa.gov/explorations/19biolum/background/medusa/medusa.html.

Wieskotten, S., et al. (2010) Hydrodynamic determination of the moving direction of an artificial fin by a harbour seal (*Phoca vitulina*), *Journal of Experimental Biology,* 213(13), 2194–2200.

Wieskotten, S., et al. (2011) Hydrodynamic discrimination of wakes caused by objects of different size or shape in a harbour seal (*Phoca vitulina*), *Journal of Experimental Biology,* 214(11), 1922–1930.

Wignall, A. E., and Taylor, P. W. (2011) Assassin bug uses aggressive mimicry to lure spider prey, *Proceedings of the Royal Society B: Biological Sciences,* 278(1710), 1427–1433.

Wilcox, C., Van Sebille, E., and Hardesty, B. D. (2015) Threat of plastic pollution to seabirds is global,

293(5828), 161–163.
Vollrath, F. (1979a) Behaviour of the kleptoparasitic spider *Argyrodes elevatus* (Araneae, theridiidae), *Animal Behaviour,* 27(Pt 2), 515–521.
Vollrath, F. (1979b) Vibrations: Their signal function for a spider kleptoparasite, *Science,* 205(4411), 1149–1151.
Von der Emde, G. (1990) Discrimination of objects through electrolocation in the weakly electric fish, *Gnathonemus petersii, Journal of Comparative Physiology A,* 167, 413–421.
Von der Emde, G. (1999) Active electrolocation of objects in weakly electric fish, *Journal of Experimental Biology,* 202, 1205–1215.
Von der Emde, G., et al. (1998) Electric fish measure distance in the dark, *Nature,* 395(6705), 890–894.
Von der Emde, G., and Ruhl, T. (2016) Matched filtering in African weakly electric fish: Two senses with complementary filters, in von der Emde, G., and Warrant, E. (eds), *The ecology of animal senses,* 237–263. Cham: Springer.
Von der Emde, G., and Schnitzler, H.-U. (1990) Classification of insects by echolocating greater horseshoe bats, *Journal of Comparative Physiology A,* 167(3), 423–430.
Von Dürckheim, K. E. M., et al. (2018) African elephants (*Loxodonta africana*) display remarkable olfactory acuity in human scent matching to sample performance, *Applied Animal Behaviour Science,* 200, 123–129.
Von Holst, E., and Mittelstaedt, H. (1950) Das reafferenzprinzip, *Naturwissenschaften,* 37(20), 464–476.
Wackermannová, M., Pinc, L., and Jebavý, L. (2016) Olfactory sensitivity in mammalian species, *Physiological Research,* 65(3), 369–390.
Walker, D. B., et al. (2006) Naturalistic quantification of canine olfactory sensitivity, *Applied Animal Behaviour Science,* 97(2–4), 241–254.
Walsh, C. M., Bautista, D. M., and Lumpkin, E. A. (2015) Mammalian touch catches up, *Current Opinion in Neurobiology,* 34, 133–139.
Wang, C. X., et al. (2019) Transduction of the geomagnetic field as evidenced from alpha-band activity in the human brain, *eNeuro,* 6(2), ENEURO.0483-18.2019.
Ward, J. (2013) Synesthesia, *Annual Review of Psychology,* 64(1), 49–75.
Wardill, T., et al. (2013) The miniature dipteran killer fly *Coenosia attenuata* exhibits adaptable aerial prey capture strategies, *Frontiers of Physiology Conference Abstract: International Conference on Invertebrate Vision,* doi:10.3389/conf.fphys.2013.25.00057.
Ware, H. E., et al. (2015) A phantom road experiment reveals traffic noise is an invisible source of habitat degradation, *Proceedings of the National Academy of Sciences,* 112(39), 12105–12109.
Warkentin, K. M. (1995) Adaptive plasticity in hatching age: A response to predation risk trade-offs, *Proceedings of the National Academy of Sciences,* 92(8), 3507–3510.
Warkentin, K. M. (2005) How do embryos assess risk? Vibrational cues in predator-induced hatching of red-eyed treefrogs, *Animal Behaviour,* 70(1), 59–71.
Warkentin, K. M. (2011) Environmentally cued hatching across taxa: Embryos respond to risk and opportunity, *Integrative and Comparative Biology,* 51(1), 14–25.
Warrant, E. J. (2017) The remarkable visual capacities of nocturnal insects: Vision at the limits with small

W. W. L., Fay, R. R., and Popper, A. N. (eds), *Hearing by whales and dolphins,*156–224. New York: Springer.

Tyler, N. J. C., et al. (2014) Ultraviolet vision may enhance the ability of reindeer to discriminate plants in snow, *Arctic,* 67(2), 159–166.

Uexküll, J. von (1909) *Umwelt und Innenwelt der Tiere.* Berlin: J. Springer.

Uexküll, J. von (2010) *A foray into the worlds of animals and humans: With a theory of meaning* (trans. J. D. O'Neil). Minneapolis: University of Minnesota Press.

Ulanovsky, N., and Moss, C. F. (2008) What the bat's voice tells the bat's brain, *Proceedings of the National Academy of Sciences,* 105(25), 8491–8498.

Ullrich-Luter, E. M., et al. (2011) Unique system of photoreceptors in sea urchin tube feet, *Proceedings of the National Academy of Sciences,* 108(20), 8367–8372.

Vaknin, Y., et al. (2000) The role of electrostatic forces in pollination, *Plant Systematics and Evolution,* 222(1), 133–142.

Van Buskirk, R. W., and Nevitt, G. A. (2008) The influence of developmental environment on the evolution of olfactory foraging behaviour in procellariiform seabirds, *Journal of Evolutionary Biology,* 21(1), 67–76.

Van der Horst, G., et al. (2011) Sperm structure and motility in the eusocial naked mole-rat, *Heterocephalus glaber:* A case of degenerative orthogenesis in the absence of sperm competition?, *BMC Evolutionary Biology,* 11(1), 351.

Van Doren, B. M., et al. (2017) High-intensity urban light installation dramatically alters nocturnal bird migration, *Proceedings of the National Academy of Sciences,* 114(42), 11175–11180.

Van Lenteren, J. C., et al. (2007) Structure and electrophysiological responses of gustatory organs on the ovipositor of the parasitoid *Leptopilina heterotoma, Arthropod Structure & Development,* 36(3), 271–276.

Van Staaden, M. J., et al. (2003) Serial hearing organs in the atympanate grasshopper *Bullacris membracioides* (Orthoptera, Pneumoridae), *Journal of Comparative Neurology,* 465(4), 579–592. Veilleux, C. C., and Kirk, E. C. (2014) Visual acuity in mammals: Effects of eye size and ecol-ogy, *Brain, Behavior and Evolution,* 83(1), 43–53.

Vélez, A., Ryoo, D. Y., and Carlson, B. A. (2018) Sensory specializations of mormyrid fish are associated with species differences in electric signal localization behavior, *Brain, Behavior and Evolution,* 92(3–4), 125–141.

Vernaleo, B. A., and Dooling, R. J. (2011) Relative salience of envelope and fine structure cues in zebra finch song, *Journal of the Acoustical Society of America,* 129(5), 3373–3383.

Vidal-Gadea, A., et al. (2015) Magnetosensitive neurons mediate geomagnetic orientation in *Caenorhabditis elegans, eLife,* 4, e07493.

Viguier, C. (1882) Le sens de l'orientation et ses organes chez les animaux et chez l'homme, *Revue philosophique de la France et de l'*étranger, 14, 1–36.

Viitala, J., et al. (1995) Attraction of kestrels to vole scent marks visible in ultraviolet light, *Nature,* 373(6513), 425–427.

Vogt, R. G., and Riddiford, L. M. (1981) Pheromone binding and inactivation by moth antennae, *Nature,*

Thaler, L., and Goodale, M. A. (2016) Echolocation in humans: An overview, *Wiley Interdisciplinary Reviews: Cognitive Science,* 7(6), 382–393.

Thoen, H. H., et al. (2014) A different form of color vision in mantis shrimp, *Science,* 343(6169), 411–413.

Thoma, V., et al. (2016) Functional dissociation in sweet taste receptor neurons between and within taste organs of *Drosophila, Nature Communications,* 7(1), 10678.

Thomas, K. N., Robison, B. H., and Johnsen, S. (2017) Two eyes for two purposes: In situ evidence for asymmetric vision in the cockeyed squids *Histioteuthis heteropsis* and *Stigmatoteuthis dofleini, Philosophical Transactions of the Royal Society B: Biological Sciences,* 372(1717), 20160069.

Thometz, N. M., et al. (2016) Trade-offs between energy maximization and parental care in a central place forager, the sea otter, *Behavioral Ecology,* 27(5), 1552–1566.

Thums, M., et al. (2013) Evidence for behavioural thermoregulation by the world's largest fish, *Journal of the Royal Society Interface,* 10(78), 20120477.

Tierney, K. B., et al. (2008) Salmon olfaction is impaired by an environmentally realistic pesticide mixture, *Environmental Science & Technology,* 42(13), 4996–5001.

Toda, Y., et al. (2021) Early origin of sweet perception in the songbird radiation, *Science,* 373(6551), 226–231.

Tracey, W. D. (2017) Nociception, *Current Biology,* 27(4), R129–R133.

Treiber, C. D., et al. (2012) Clusters of iron-rich cells in the upper beak of pigeons are macrophages not magnetosensitive neurons, *Nature,* 484(7394), 367–370.

Treisman, D. (2010) Ants and answers: A conversation with E. O. Wilson, *The New Yorker.* Available at: www.newyorker.com/books/page-turner/ants-and-answers-a-conversationwith-e-o-wilson.

Trible, W., et al. (2017) *Orco* mutagenesis causes loss of antennal lobe glomeruli and impaired social behavior in ants, *Cell,* 170(4), 727–735.e10.

Tricas, T. C., Michael, S. W., and Sisneros, J. A. (1995) Electrosensory optimization to conspecific phasic signals for mating, *Neuroscience Letters,* 202(1), 129–132.

Tsai, C.-C., et al. (2020) Physical and behavioral adaptations to prevent overheating of the living wings of butterflies, *Nature Communications,* 11(1), 551.

Tsujii, K., et al. (2018) Change in singing behavior of humpback whales caused by shipping noise, *PLOS One,* 13(10), e0204112.

Tumlinson, J. H., et al. (1971) Identification of the trail pheromone of a leaf-cutting ant, *Atta texana, Nature,* 234(5328), 348–349.

Turkel, W. J. (2013) *Spark from the deep: How shocking experiments with strongly electric fish powered scientific discovery.* Baltimore: Johns Hopkins University Press.

Tuthill, J. C., and Azim, E. (2018) Proprioception, *Current Biology,* 28(5), R194–R203.

Tuttle, M. D., and Ryan, M. J. (1981) Bat predation and the evolution of frog vocalizations in the neotropics, *Science,* 214(4521), 677–678.

Tyack, P. L. (1997) Studying how cetaceans use sound to explore their environment, in Owings, D. H., Beecher, M. D., and Thompson, N. S. (eds), *Perspectives in ethology,* vol. 12, 251–297. New York: Plenum Press.

Tyack, P. L., and Clark, C. W. (2000) Communication and acoustic behavior of dolphins and whales, in Au, movement in response to ambient light, *Current Biology,* 30(2), 319–327.e4.

Supa, M., Cotzin, M., and Dallenbach, K. M. (1944) "Facial vision": The perception of obstacles by the blind, *The American Journal of Psychology,* 57(2), 133–183.

Suraci, J. P., et al. (2019) Fear of humans as apex predators has landscape-scale impacts from mountain lions to mice, *Ecology Letters,* 22(10), 1578–1586.

Surlykke, A., et al. (eds), (2014) *Biosonar.* New York: Springer.

Surlykke, A., and Kalko, E. K. V. (2008) Echolocating bats cry out loud to detect their prey, *PLOS One,* 3(4), e2036.

Surlykke, A., Simmons, J. A., and Moss, C. F. (2016) Perceiving the world through echolocation and vision, in Fenton, M. B., et al. (eds), *Bat bioacoustics,* 265–288. New York: Springer.

Suter, R. B. (1978) *Cyclosa turbinata* (Araneae, Araneidae): Prey discrimination via web-borne vibrations, *Behavioral Ecology and Sociobiology,* 3(3), 283–296.

Suthers, R. A. (1967) Comparative echolocation by fishing bats, *Journal of Mammalogy,* 48(1), 79–87.

Sutton, G. P., et al. (2016) Mechanosensory hairs in bumblebees (*Bombus terrestris*) detect weak electric fields, *Proceedings of the National Academy of Sciences,* 113(26), 7261–7265.

Swaddle, J. P., et al. (2015) A framework to assess evolutionary responses to anthropogenic light and sound, *Trends in Ecology & Evolution,* 30(9), 550–560.

Takeshita, F., and Murai, M. (2016) The vibrational signals that male fiddler crabs (*Uca lactea*) use to attract females into their burrows, *The Science of Nature,* 103, 49.

Tansley, K. (1965) *Vision in vertebrates.* London: Chapman and Hall.

Tautz, J., and Markl, H. (1978) Caterpillars detect flying wasps by hairs sensitive to airborne vibration, *Behavioral Ecology and Sociobiology,* 4(1), 101–110.

Tautz, J., and Rostás, M. (2008) Honeybee buzz attenuates plant damage by caterpillars, *Current Biology,* 18(24), R1125–R1126.

Taylor, C. J., and Yack, J. E. (2019) Hearing in caterpillars of the monarch butterfly (*Danaus plexippus*), *Journal of Experimental Biology,* 222(22), jeb211862.

Tedore, C., and Nilsson, D.-E. (2019) Avian UV vision enhances leaf surface contrasts in forest environments, *Nature Communications,* 10(1), 238.

Temple, S., et al. (2012) High-resolution polarisation vision in a cuttlefish, *Current Biology,* 22(4), R121–R122.

Ter Hofstede, H. M., and Ratcliffe, J. M. (2016) Evolutionary escalation: The bat-moth arms race, *Journal of Experimental Biology,* 219(11), 1589–1602.

Thaler, L., et al. (2017) Mouth-clicks used by blind expert human echolocators—Signal description and model based signal synthesis, *PLOS Computational Biology,* 13(8), e1005670.

Thaler, L., et al. (2020) The flexible action system: Click-based echolocation may replace certain visual functionality for adaptive walking, *Journal of Experimental Psychology: Human Perception and Performance,* 46(1), 21–35.

Thaler, L., Arnott, S. R., and Goodale, M. A. (2011) Neural correlates of natural human echolocation in early and late blind echolocation experts, *PLOS One,* 6(5), e20162.

(*Dipodomys elator*) and barn owl (*Tyto alba*), *The American Midland Naturalist,* 153(1), 135– 141.
Stebbins, W. C. (1983) *The acoustic sense of animals.* Cambridge, MA: Harvard University Press.
Steen, J. B., et al. (1996) Olfaction in bird dogs during hunting, *Acta Physiologica Scandinavica,* 157(1), 115–119.
Sterbing-D'Angelo, S. J., et al. (2017) Functional role of airflow-sensing hairs on the bat wing, *Journal of Neurophysiology,* 117(2), 705–712.
Sterbing-D'Angelo, S. J., and Moss, C. F. (2014) Air flow sensing in bats, in Bleckmann, H., Mogdans, J., and Coombs, S. L. (eds), *Flow sensing in air and water,* 197–213. Berlin: Springer.
Stevens, M., and Cuthill, I. C. (2007) Hidden messages: Are ultraviolet signals a special channel in avian communication?, *BioScience,* 57(6), 501–507.
Stiehl, W. D., Lalla, L., and Breazeal, C. (2004) A "somatic alphabet" approach to "sensitive skin," in *Proceedings, ICRA '04, IEEE International Conference on Robotics and Automation, 2004,* 3, 2865–2870. New Orleans: IEEE.
Stoddard, M. C., et al. (2019) I see your false colours: How artificial stimuli appear to different animal viewers, *Interface Focus,* 9(1), 20180053.
Stoddard, M. C., et al. (2020) Wild hummingbirds discriminate nonspectral colors, *Proceedings of the National Academy of Sciences,* 117(26), 15112–15122.
Stokkan, K.-A., et al. (2013) Shifting mirrors: Adaptive changes in retinal reflections to winter darkness in Arctic reindeer, *Proceedings of the Royal Society B: Biological Sciences,* 280(1773), 20132451.
Stowasser, A., et al. (2010) Biological bifocal lenses with image separation, *Current Biology,* 20(16), 1482–1486.
Strauß, J., and Stumpner, A. (2015) Selective forces on origin, adaptation and reduction of tympanal ears in insects, *Journal of Comparative Physiology A,* 201(1), 155–169.
Strobel, S. M., et al. (2018) Active touch in sea otters: In-air and underwater texture discrimination thresholds and behavioral strategies for paws and vibrissae, *Journal of Experimental Biology,* 221(18), jeb181347.
Suga, N., and Schlegel, P. (1972) Neural attenuation of responses to emitted sounds in echolocating bats, *Science,* 177(4043), 82–84.
Sukhum, K. V., et al. (2016) The costs of a big brain: Extreme encephalization results in higher energetic demand and reduced hypoxia tolerance in weakly electric African fishes, *Proceedings of the Royal Society B: Biological Sciences,* 283(1845), 20162157.
Sullivan, J. J. (2013) One of us, *Lapham's Quarterly.* Available at: www.laphamsquarterly.org/animals/one-us.
Sumbre, G., et al. (2006) Octopuses use a human-like strategy to control precise point-to-point arm movements, *Current Biology,* 16(8), 767–772.
Sumner-Rooney, L., et al. (2018) Whole-body photoreceptor networks are independent of "lenses" in brittle stars, *Proceedings of the Royal Society B: Biological Sciences,* 285(1871), 20172590.
Sumner-Rooney, L. H., et al. (2014) Do chitons have a compass? Evidence for magnetic sensitivity in *Polyplacophora, Journal of Natural History,* 48(45–48), 3033–3045.
Sumner-Rooney, L. H., et al. (2020) Extraocular vision in a brittle star is mediated by chromatophore

Smith, E. St. J., Park, T. J., and Lewin, G. R. (2020) Independent evolution of pain insensitivity in African mole-rats: Origins and mechanisms, *Journal of Comparative Physiology A,* 206(3), 313–325.

Smith, F. A., et al. (2018) Body size downgrading of mammals over the late Quaternary, *Science,* 360(6386), 310–313.

Smith, L. M., et al. (2020) Impacts of COVID-19-related social distancing measures on personal environmental sound exposures, *Environmental Research Letters,* 15(10), 104094.

Sneddon, L. (2013) Do painful sensations and fear exist in fish?, in van der Kemp, T., and Lachance, M. (eds), *Animal suffering: From science to law,* 93–112. Toronto: Carswell.

Sneddon, L. U. (2018) Comparative physiology of nociception and pain, *Physiology,* 33(1), 63–73.

Sneddon, L. U. (2019) Evolution of nociception and pain: Evidence from fish models, *Philosophical Transactions of the Royal Society B: Biological Sciences,* 374(1785), 20190290.

Sneddon, L. U., et al. (2014) Defining and assessing animal pain, *Animal Behaviour,* 97, 201–212. Sneddon, L. U., Braithwaite, V. A., and Gentle, M. J. (2003a) Do fishes have nociceptors? Evidence for the evolution of a vertebrate sensory system, *Proceedings of the Royal Society B:Biological Sciences,* 270(1520), 1115–1121.

Sneddon, L. U., Braithwaite, V. A., and Gentle, M. J. (2003b) Novel object test: Examining nociception and fear in the rainbow trout, *Journal of Pain,* 4(8), 431–440.

Snyder, J. B., et al. (2007) Omnidirectional sensory and motor volumes in electric fish, *PLOS Biology,* 5(11), e301.

Soares, D. (2002) An ancient sensory organ in crocodilians, *Nature,* 417(6886), 241–242.

Sobel, N., et al. (1999) The world smells different to each nostril, *Nature,* 402(6757), 35.

Solvi, C., Gutierrez Al-Khudhairy, S., and Chittka, L. (2020) Bumble bees display cross-modal object recognition between visual and tactile senses, *Science,* 367(6480), 910–912.

Speiser, D. I., and Johnsen, S. (2008a) Comparative morphology of the concave mirror eyes of scallops (Pectinoidea), *American Malacological Bulletin,* 26(1–2), 27–33.

Speiser, D. I., and Johnsen, S. (2008b) Scallops visually respond to the size and speed of virtual particles, *Journal of Experimental Biology,* 211(Pt 13), 2066–2070.

Sperry, R. W. (1950) Neural basis of the spontaneous optokinetic response produced by visual inversion, *Journal of Comparative and Physiological Psychology,* 43(6), 482–489.

Spoelstra, K., et al. (2017) Response of bats to light with different spectra: Light-shy and agile bat presence is affected by white and green, but not red light, *Proceedings of the Royal Society B: Biological Sciences,* 284(1855), 20170075.

Stack, D. W., et al. (2011) Reducing visitor noise levels at Muir Woods National Monument using experimental management, *Journal of the Acoustical Society of America,* 129(3), 1375– 1380.

Stager, K. E. (1964) The role of olfaction in food location by the turkey vulture (*Cathartes aura*), *Contributions in Science,* 81, 1–63.

Stamp Dawkins, M. (2002) What are birds looking at? Head movements and eye use in chick- ens, *Animal Behaviour,* 63(5), 991–998.

Standing Bear, L. (2006) *Land of the spotted eagle.* Lincoln: Bison Books.

Stangl, F. B., et al. (2005) Comments on the predator-prey relationship of the Texas kangaroo rat cutaneous stimulus, *Journal of Physiology,* 30(1), 39–46.

Shimozawa, T., Murakami, J., and Kumagai, T. (2003) Cricket wind receptors: Thermal noise for the highest sensitivity known, in Barth, F. G., Humphrey, J. A. C., and Secomb, T. W. (eds), *Sensors and sensing in biology and engineering,* 145–157. Vienna: Springer.

Shine, R., et al. (2002) Antipredator responses of free-ranging pit vipers (*Gloydius shedaoensis,* Viperidae), *Copeia,* 2002(3), 843–850.

Shine, R., et al. (2003) Chemosensory cues allow courting male garter snakes to assess body length and body condition of potential mates, *Behavioral Ecology and Sociobiology,* 54(2), 162–166.

Sidebotham, J. (1877) Singing mice, *Nature,* 17(419), 29.

Siebeck, U. E., et al. (2010) A species of reef fish that uses ultraviolet patterns for covert face recognition, *Current Biology,* 20(5), 407–410.

Sieck, M. H., and Wenzel, B. M. (1969) Electrical activity of the olfactory bulb of the pigeon, *Electroencephalography and Clinical Neurophysiology,* 26(1), 62–69.

Siemers, B. M., et al. (2009) Why do shrews twitter? Communication or simple echo-based orientation, *Biology Letters,* 5(5), 593–596.

Silpe, J. E., and Bassler, B. L. (2019) A host-produced quorum-sensing autoinducer controls a phage lysis-lysogeny decision, *Cell,* 176(1–2), 268–280.e13.

Simmons, J. A., Ferragamo, M. J., and Moss, C. F. (1998) Echo-delay resolution in sonar images of the big brown bat, *Eptesicus fuscus, Proceedings of the National Academy of Sciences,* 95(21), 12647–12652.

Simmons, J. A., and Stein, R. A. (1980) Acoustic imaging in bat sonar: Echolocation signals and the evolution of echolocation, *Journal of Comparative Physiology,* 135(1), 61–84.

Simões, J. M., et al. (2021) Robustness and plasticity in *Drosophila* heat avoidance, *Nature Communications,* 12(1), 2044.

Simons, E. (2020) Backyard fly training and you, *Bay Nature.* Available at: baynature.org/article/lord-of-the-flies/.

Simpson, S. D., et al. (2016) Anthropogenic noise increases fish mortality by predation, *Nature Communications,* 7(1), 10544.

Sisneros, J. A. (2009) Adaptive hearing in the vocal plainfin midshipman fish: Getting in tune for the breeding season and implications for acoustic communication, *Integrative Zoology,* 4(1), 33–42.

Skedung, L., et al. (2013) Feeling small: Exploring the tactile perception limits, *Scientific Reports,* 3(1), 2617.

Slabbekoorn, H., and Peet, M. (2003) Birds sing at a higher pitch in urban noise, *Nature,* 424(6946), 267.

Smith, A. C., et al. (2003) The effect of colour vision status on the detection and selection of fruits by tamarins (*Saguinus* spp.), *Journal of Experimental Biology,* 206(18), 3159–3165.

Smith, B., et al. (2004) A survey of frog odorous secretions, their possible functions and phylogenetic significance, *Applied Herpetology,* 2, 47–82.

Smith, C. F., et al. (2009) The spatial and reproductive ecology of the copperhead (*Agkistrodon contortrix*) at the northeastern extreme of its range, *Herpetological Monographs,* 23(1), 45–73.

Smith, E. St. J., et al. (2011) The molecular basis of acid insensitivity in the African naked mole-rat, *Science,* 334(6062), 1557–1560.

Schulten, K., Swenberg, C. E., and Weller, A. (1978) A biomagnetic sensory mechanism based on magnetic field modulated coherent electron spin motion, *Zeitschrift für Physikalische Chemie,* 111(1), 1–5.

Schumacher, S., et al. (2016) Cross-modal object recognition and dynamic weighting of sensory inputs in a fish, *Proceedings of the National Academy of Sciences,* 113(27), 7638–7643.

Schusterman, R. J., et al. (2000) Why pinnipeds don't echolocate, *Journal of the Acoustical Society of America,* 107(4), 2256–2264.

Schütz, S., et al. (1999) Insect antenna as a smoke detector, *Nature,* 398(6725), 298–299.

Schwenk, K. (1994) Why snakes have forked tongues, *Science,* 263(5153), 1573–1577.

Secor, S. M. (2008) Digestive physiology of the Burmese python: Broad regulation of integrated performance, *Journal of Experimental Biology,* 211(24), 3767–3774.

Seehausen, O., et al. (2008) Speciation through sensory drive in cichlid fish, *Nature,* 455(7213), 620–626.

Seehausen, O., van Alphen, J. J. M., and Witte, F. (1997) Cichlid fish diversity threatened by eutrophication that curbs sexual selection, *Science,* 277(5333), 1808–1811.

Seidou, M., et al. (1990) On the three visual pigments in the retina of the firefly squid, *Watasenia scintillans, Journal of Comparative Physiology A,* 166, 769–773.

Seneviratne, S. S., and Jones, I. L. (2008) Mechanosensory function for facial ornamentation in the whiskered auklet, a crevice-dwelling seabird, *Behavioral Ecology,* 19(4), 784–790.

Sengupta, P., and Garrity, P. (2013) Sensing temperature, *Current Biology,* 23(8), R304–R307.

Senzaki, M., et al. (2016) Traffic noise reduces foraging efficiency in wild owls, *Scientific Reports,* 6(1), 30602.

Sewell, G. D. (1970) Ultrasonic communication in rodents, *Nature,* 227(5256), 410.

Seyfarth, E.-A. (2002) Tactile body raising: Neuronal correlates of a "simple" behavior in spiders, in Toft, S., and Scharff, N. (eds), *European Arachnology 2000: Proceedings of the 19th European College of Arachnology,* 19–32. Aarhus: Aarhus University Press.

Shadwick, R. E., Potvin, J., and Goldbogen, J. A. (2019) Lunge feeding in rorqual whales, *Physiology,* 34(6), 409–418.

Shamble, P. S., et al. (2016) Airborne acoustic perception by a jumping spider, *Current Biology,* 26(21), 2913–2920.

Shan, L., et al. (2018) Lineage-specific evolution of bitter taste receptor genes in the giant and red pandas implies dietary adaptation, *Integrative Zoology,* 13(2), 152–159.

Shannon, G., et al. (2014) Road traffic noise modifies behaviour of a keystone species, *Animal Behaviour,* 94, 135–141.

Shannon, G., et al. (2016) A synthesis of two decades of research documenting the effects of noise on wildlife: Effects of anthropogenic noise on wildlife, *Biological Reviews,* 91(4), 982– 1005.

Sharma, K. R., et al. (2015) Cuticular hydrocarbon pheromones for social behavior and their coding in the ant antenna, *Cell Reports,* 12(8), 1261–1271.

Shaw, J., et al. (2015) Magnetic particle-mediated magnetoreception, *Journal of the Royal Society Interface,* 12(110), 20150499.

Sherrington, C. S. (1903) Qualitative difference of spinal reflex corresponding with qualitative difference of

Physiology A, 182(5), 647–657.

Schmitz, H., and Bousack, H. (2012) Modelling a historic oil-tank fire allows an estimation of the sensitivity of the infrared receptors in pyrophilous *Melanophila* beetles, *PLOS One,* 7(5), e37627.

Schmitz, H., Schmitz, A., and Schneider, E. S. (2016) Matched filter properties of infrared receptors used for fire and heat detection in insects, in von der Emde, G., and Warrant, E. (eds), *The ecology of animal senses,* 207–234. Cham: Springer.

Schneider, E. R., et al. (2014) Neuronal mechanism for acute mechanosensitivity in tactile- foraging waterfowl, *Proceedings of the National Academy of Sciences,* 111(41), 14941–14946.

Schneider, E. R., et al. (2017) Molecular basis of tactile specialization in the duck bill, *Proceedings of the National Academy of Sciences,* 114(49), 13036–13041.

Schneider, E. R., et al. (2019) A cross-species analysis reveals a general role for Piezo2 in mechanosensory specialization of trigeminal ganglia from tactile specialist birds, *Cell Reports,* 26(8), 1979–1987.e3.

Schneider, E. S., Schmitz, A., and Schmitz, H. (2015) Concept of an active amplification mechanism in the infrared organ of pyrophilous *Melanophila* beetles, *Frontiers in Physiology,* 6, 391.

Schneider, W. T., et al. (2018) Vestigial singing behaviour persists after the evolutionary loss of song in crickets, *Biology Letters,* 14(2), 20170654.

Schneirla, T. C. (1944) A unique case of circular milling in ants, considered in relation to trail following and the general problem of orientation, *American Museum Novitates,* no. 1253.

Schnitzler, H.-U. (1967) Kompensation von Dopplereffekten bei Hufeisen-Fledermäusen, *Naturwissenschaften,* 54(19), 523.

Schnitzler, H.-U. (1973) Control of Doppler shift compensation in the greater horseshoe bat, *Rhinolophus ferrumequinum, Journal of Comparative Physiology,* 82(1), 79–92.

Schnitzler, H.-U., and Denzinger, A. (2011) Auditory fovea and Doppler shift compensation: Adaptations for flutter detection in echolocating bats using CF-FM signals, *Journal of Comparative Physiology A,* 197(5), 541–559.

Schnitzler, H.-U., and Kalko, E. K. V. (2001) Echolocation by insect-eating bats, *BioScience,* 51(7), 557–569.

Schraft, H. A., Bakken, G. S., and Clark, R. W. (2019) Infrared-sensing snakes select ambush orientation based on thermal backgrounds, *Scientific Reports,* 9(1), 3950.

Schraft, H. A., and Clark, R. W. (2019) Sensory basis of navigation in snakes: The relative importance of eyes and pit organs, *Animal Behaviour,* 147, 77–82.

Schraft, H. A., Goodman, C., and Clark, R. W. (2018) Do free-ranging rattlesnakes use thermal cues to evaluate prey?, *Journal of Comparative Physiology A,* 204(3), 295–303.

Schrope, M. (2013) Giant squid filmed in its natural environment, *Nature,* doi.org/10.1038/nature.2013.12202.

Schuergers, N., et al. (2016) Cyanobacteria use micro-optics to sense light direction, *eLife,* 5, e12620.

Schuller, G., and Pollak, G. (1979) Disproportionate frequency representation in the inferior colliculus of Doppler-compensating greater horseshoe bats: Evidence for an acoustic fovea, *Journal of Comparative Physiology,* 132(1), 47–54.

Proceedings of the National Academy of Sciences, 104(36), 14372–14376.

Ryan, M. J. (1980) Female mate choice in a neotropical frog, *Science,* 209(4455), 523–525.

Ryan, M. J. (2018) *A taste for the beautiful: The evolution of attraction.* Princeton, NJ: Princeton University Press.

Ryan, M. J., et al. (1990) Sexual selection for sensory exploitation in the frog *Physalaemus pustulosus, Nature,* 343(6253), 66–67.

Ryan, M. J., and Rand, A. S. (1993) Sexual selection and signal evolution: The ghost of biases past, *Philosophical Transactions of the Royal Society B: Biological Sciences,* 340(1292), 187–195.

Rycyk, A. M., et al. (2018) Manatee behavioral response to boats, *Marine Mammal Science,* 34(4), 924–962.

Ryerson, W. (2014) Why snakes flick their tongues: A fluid dynamics approach. Unpublished dissertation, University of Connecticut.

Sacks, O., and Wasserman, R. (1987) The case of the colorblind painter, *The New York Review of Books,* November 19. Available at: www.nybooks.com/articles/1987/11/19/the-case-of-the-colorblind-painter/.

Saito, C. A., et al. (2004) Alouatta trichromatic color vision—single-unit recording from retinal ganglion cells and microspectrophotometry, *Investigative Ophthalmology & Visual Science,* 45, 4276.

Salazar, V. L., Krahe, R., and Lewis, J. E. (2013) The energetics of electric organ discharge generation in gymnotiform weakly electric fish, *Journal of Experimental Biology,* 216(13), 2459–2468.

Sales, G. D. (2010) Ultrasonic calls of wild and wild-type rodents, in Brudzynski, S. (ed), *Handbook of behavioral neuroscience,* vol. 19, 77–88. Amsterdam: Elsevier.

Sanders, D., et al. (2021) A meta-analysis of biological impacts of artificial light at night, *Nature Ecology & Evolution,* 5(1), 74–81.

Sarko, D. K., Rice, F. L., and Reep, R. L. (2015) Elaboration and innervation of the vibrissal system in the rock hyrax (*Procavia capensis*), *Brain, Behavior and Evolution,* 85(3), 170–188.

Savoca, M. S., et al. (2016) Marine plastic debris emits a keystone infochemical for olfactory foraging seabirds, *Science Advances,* 2(11), e1600395.

Sawtell, N. B. (2017) Neural mechanisms for predicting the sensory consequences of behavior: Insights from electrosensory systems, *Annual Review of Physiology,* 79(1), 381–399.

Scanlan, M. M., et al. (2018) Magnetic map in nonanadromous Atlantic salmon, *Proceedings of the National Academy of Sciences,* 115(43), 10995–10999.

Schevill, W. E., and McBride, A. F. (1956) Evidence for echolocation by cetaceans, *Deep Sea Research,* 3(2), 153–154.

Schevill, W. E., Watkins, W. A., and Backus, R. H. (1964) The 20-cycle signals and *Balaenoptera* (fin whales), in Tavolga, W. N. (ed), *Marine bio-acoustics,* 147–152. Oxford: Pergamon Press.

Schiestl, F. P., et al. (2000) Sex pheromone mimicry in the early spider orchid (*Ophrys sphegodes*): Patterns of hydrocarbons as the key mechanism for pollination by sexual deception, *Journal of Comparative Physiology A,* 186(6), 567–574.

Schmitz, H., and Bleckmann, H. (1998) The photomechanic infrared receptor for the detection of forest fires in the beetle *Melanophila acuminata* (Coleoptera: Buprestidae), *Journal of Comparative*

Ravia, A., et al. (2020) A measure of smell enables the creation of olfactory metamers, *Nature,* 588(7836), 118–123.

Reep, R. L., Marshall, C. D., and Stoll, M. L. (2002) Tactile hairs on the postcranial body in Florida manatees: A mammalian lateral line?, *Brain, Behavior and Evolution,* 59(3), 141–154.

Reep, R., and Sarko, D. (2009) Tactile hair in manatees, *Scholarpedia,* 4(4), 6831.

Reilly, S. C., et al. (2008) Novel candidate genes identified in the brain during nociception in common carp (*Cyprinus carpio*) and rainbow trout (*Oncorhynchus mykiss*), *Neuroscience Letters,* 437(2), 135–138.

Reymond, L. (1985) Spatial visual acuity of the eagle *Aquila audax:* A behavioural, optical and anatomical investigation, *Vision Research,* 25(10), 1477–1491.

Reynolds, R. P., et al. (2010) Noise in a laboratory animal facility from the human and mouse perspectives, *Journal of the American Association for Laboratory Animal Science,* 49(5), 592–597.

Ridgway, S. H., and Au, W. W. L. (2009) Hearing and echolocation in dolphins, in Squire, L. R. (ed), *Encyclopedia of neuroscience,* 1031–1039. Amsterdam: Elsevier.

Riitters, K. H., and Wickham, J. D. (2003) How far to the nearest road?, *Frontiers in Ecology and the Environment,* 1(3), 125–129.

Ritz, T., Adem, S., and Schulten, K. (2000) A model for photoreceptor-based magnetoreception in birds, *Biophysical Journal,* 78(2), 707–718.

Robert, D., Amoroso, J., and Hoy, R. (1992) The evolutionary convergence of hearing in a parasitoid fly and its cricket host, *Science,* 258(5085), 1135–1137.

Robert, D., Mhatre, N., and McDonagh, T. (2010) The small and smart sensors of insect audi- tory systems, in *2010 Ninth IEEE Sensors Conference (SENSORS 2010),* 2208–2211. Kona, HI: IEEE. Available at: ieeexplore.ieee.org/document/5690624/.

Roberts, S. A., et al. (2010) Darcin: A male pheromone that stimulates female memory and sexual attraction to an individual male's odour, *BMC Biology,* 8(1), 75.

Robinson, M. H., and Mirick, H. (1971) The predatory behavior of the golden-web spider *Nephila clavipes* (Araneae: Araneidae), *Psyche,* 78(3), 123–139.

Rogers, L. J. (2012) The two hemispheres of the avian brain: Their differing roles in perceptual processing and the expression of behavior, *Journal of Ornithology,* 153(1), 61–74.

Rolland, R. M., et al. (2012) Evidence that ship noise increases stress in right whales, *Proceedings of the Royal Society B: Biological Sciences,* 279(1737), 2363–2368.

Ros, M. (1935) Die Lippengruben der Pythonen als Temperaturorgane, *Jenaische Zeitschrift für Naturwissenschaft,* 70, 1–32.

Rose, J. D., et al. (2014) Can fish really feel pain?, *Fish and Fisheries,* 15(1), 97–133.

Rowe, A. H., et al. (2013) Voltage-gated sodium channel in grasshopper mice defends against bark scorpion toxin, *Science,* 342(6157), 441–446.

Rubin, J. J., et al. (2018) The evolution of anti-bat sensory illusions in moths, *Science Advances,* 4(7), eaar7428.

Ruck, P. (1958) A comparison of the electrical responses of compound eyes and dorsal ocelli in four insect species, *Journal of Insect Physiology,* 2(4), 261–274.

Rundus, A. S., et al. (2007) Ground squirrels use an infrared signal to deter rattlesnake predation,

Primack, R. B. (1982) Ultraviolet patterns in flowers, or flowers as viewed by insects, *Arnoldia,* 42(3), 139–146.

Prior, N. H., et al. (2018) Acoustic fine structure may encode biologically relevant information for zebra finches, *Scientific Reports,* 8(1), 6212.

Proske, U., and Gregory, E. (2003) Electrolocation in the platypus—Some speculations, *Comparative Biochemistry and Physiology Part A: Molecular & Integrative Physiology,* 136(4), 821–825.

Proust, M. (1993) *In search of lost time,* volume 5. Translated by C. K. Scott Moncrieff and Terence Kilmartin. New York: Modern Library.

Putman, N. F., et al. (2013) Evidence for geomagnetic imprinting as a homing mechanism in Pacific salmon, *Current Biology,* 23(4), 312–316.

Pye, D. (2004) Poem by David Pye: On the variety of hearing organs in insects, *Microscopic Research Techniques,* 63, 313–314.

Pyenson, N. D., et al. (2012) Discovery of a sensory organ that coordinates lunge feeding in rorqual whales, *Nature,* 485(7399), 498–501.

Pynn, L. K., and DeSouza, J. F. X. (2013) The function of efference copy signals: Implications for symptoms of schizophrenia, *Vision Research,* 76, 124–133.

Pytte, C. L., Ficken, M. S., Moiseff, A. (2004) Ultrasonic singing by the blue-throated hummingbird: A comparison between production and perception, *Journal of Comparative Physiology A,* 190(8), 665–673.

Qin, S., et al. (2016) A magnetic protein biocompass, *Nature Materials,* 15(2), 217–226.

Quignon, P., et al. (2012) Genetics of canine olfaction and receptor diversity, *Mammalian Genome,* 23(1–2), 132–143.

Raad, H., et al. (2016) Functional gustatory role of chemoreceptors in *Drosophila* wings, *Cell Reports,* 15(7), 1442–1454.

Radinsky, L. B. (1968) Evolution of somatic sensory specialization in otter brains, *Journal of Comparative Neurology,* 134(4), 495–505.

Ramey, E., et al. (2013) Desert-dwelling African elephants (*Loxodonta africana*) in Namibia dig wells to purify drinking water, *Pachyderm,* 53, 66–72.

Ramey, S. (2020) *The lady's handbook for her mysterious illness.* London: Fleet.

Ramsier, M. A., et al. (2012) Primate communication in the pure ultrasound, *Biology Letters,* 8(4), 508–511.

Rasmussen, L. E. L., et al. (1996) Insect pheromone in elephants, *Nature,* 379(6567), 684.

Rasmussen, L. E. L., and Krishnamurthy, V. (2000) How chemical signals integrate Asian elephant society: The known and the unknown, *Zoo Biology,* 19(5), 405–423.

Rasmussen, L. E. L., and Schulte, B. A. (1998) Chemical signals in the reproduction of Asian (*Elephas maximus*) and African (*Loxodonta africana*) elephants, *Animal Reproduction Science,* 53(1–4), 19–34.

Ratcliffe, J. M., et al. (2013) How the bat got its buzz, *Biology Letters,* 9(2), 20121031.

Ravaux, J., et al. (2013) Thermal limit for Metazoan life in question: In vivo heat tolerance of the Pompeii worm, *PLOS One,* 8(5), e64074.

of a probing shorebird with its spatial distribution, *Journal of Animal Ecology,* 64(4), 493–504.

Piersma, T., et al. (1998) A new pressure sensory mechanism for prey detection in birds: The use of principles of seabed dynamics?, *Proceedings of the Royal Society B: Biological Sciences,* 265(1404), 1377–1383.

Pihlström, H., et al. (2005) Scaling of mammalian ethmoid bones can predict olfactory organ size and performance, *Proceedings of the Royal Society B: Biological Sciences,* 272(1566), 957–962.

Pitcher, T. J., Partridge, B. L., and Wardle, C. S. (1976) A blind fish can school, *Science,* 194(4268), 963–965.

Plachetzki, D. C., Fong, C. R., and Oakley, T. H. (2012) Cnidocyte discharge is regulated by light and opsin-mediated phototransduction, *BMC Biology,* 10(1), 17.

Plotnik, J. M., et al. (2019) Elephants have a nose for quantity, *Proceedings of the National Academy of Sciences,* 116(25), 12566–12571.

Pointer, M. R., and Attridge, G. G. (1998) The number of discernible colours, *Color Research & Application,* 23(1), 52–54.

Polajnar, J., et al. (2015) Manipulating behaviour with substrate-borne vibrations—Potential for insect pest control, *Pest Management Science,* 71(1), 15–23.

Polilov, A. A. (2012) The smallest insects evolve anucleate neurons, *Arthropod Structure & Development,* 41(1), 29–34.

Pollack, L. (2012) Historical series: Magnetic sense of birds. Available at: www.ks.uiuc.edu/ History/ magnetoreception/.

Poole, J. H., et al. (1988) The social contexts of some very low frequency calls of African elephants, *Behavioral Ecology and Sociobiology,* 22(6), 385–392.

Popper, A. N., et al. (2004) Response of clupeid fish to ultrasound: A review, *ICES Journal of Marine Science,* 61(7), 1057–1061.

Porter, J., et al. (2007) Mechanisms of scent-tracking in humans, *Nature Neuroscience,* 10(1), 27–29.

Porter, M. L., et al. (2012) Shedding new light on opsin evolution, *Proceedings of the Royal Society B: Biological Sciences,* 279(1726), 3–14.

Porter, M. L., and Sumner-Rooney, L. (2018) Evolution in the dark: Unifying our understanding of eye loss, *Integrative and Comparative Biology,* 58(3), 367–371.

Potier, S., et al. (2017) Eye size, fovea, and foraging ecology in accipitriform raptors, *Brain, Behavior and Evolution,* 90(3), 232–242.

Poulet, J. F. A., and Hedwig, B. (2003) A corollary discharge mechanism modulates central auditory processing in singing crickets, *Journal of Neurophysiology,* 89(3), 1528–1540.

Poulson, S. J., et al. (2020) Naked mole-rats lack cold sensitivity before and after nerve injury, *Molecular Pain,* 16, 1744806920955103.

Prescott, T. J., Diamond, M. E., and Wing, A. M. (2011) Active touch sensing, *Philosophical Transactions of the Royal Society B: Biological Sciences,* 366(1581), 2989–2995.

Prescott, T. J., and Dürr, V. (2015) The world of touch, *Scholarpedia,* 10(4), 32688.

Prescott, T. J., Mitchinson, B., and Grant, R. (2011) Vibrissal behavior and function, *Scholarpedia,* 6(10), 6642.

Parker, A. (2004) *In the blink of an eye: How vision sparked the big bang of evolution.* New York: Basic Books.

Partridge, B. L., and Pitcher, T. J. (1980) The sensory basis of fish schools: Relative roles of lateral line and vision, *Journal of Comparative Physiology,* 135(4), 315–325.

Partridge, J. C., et al. (2014) Reflecting optics in the diverticular eye of a deep-sea barreleye fish (*Rhynchohyalus natalensis*), *Proceedings of the Royal Society B: Biological Sciences,* 281(1782), 20133223.

Patek, S. N., Korff, W. L., and Caldwell, R. L. (2004) Deadly strike mechanism of a mantis shrimp, *Nature,* 428(6985), 819–820.

Patton, P., Windsor, S., and Coombs, S. (2010) Active wall following by Mexican blind cavefish (*Astyanax mexicanus*), *Journal of Comparative Physiology A,* 196(11), 853–867.

Paul, S. C., and Stevens, M. (2020) Horse vision and obstacle visibility in horseracing, *Applied Animal Behaviour Science,* 222, 104882.

Paulin, M. G. (1995) Electroreception and the compass sense of sharks, *Journal of Theoretical Biology,* 174(3), 325–339.

Payne, K. (1999) *Silent thunder: In the presence of elephants.* London: Penguin.

Payne, K. B., Langbauer, W. R., and Thomas, E. M. (1986) Infrasonic calls of the Asian elephant (*Elephas maximus*), *Behavioral Ecology and Sociobiology,* 18(4), 297–301.

Payne, R. S. (1971) Acoustic location of prey by barn owls (*Tyto alba*), *Journal of Experimental Biology,* 54(3), 535–573.

Payne, R. S., and McVay, S. (1971) Songs of humpback whales, *Science,* 173(3997), 585–597.

Payne, R., and Webb, D. (1971) Orientation by means of long range acoustic signaling in baleen whales, *Annals of the New York Academy of Sciences,* 188(1 Orientation), 110–141.

Peichl, L. (2005) Diversity of mammalian photoreceptor properties: Adaptations to habitat and lifestyle?, *The Anatomical Record Part A: Discoveries in Molecular, Cellular, and Evolutionary Biology,* 287A(1), 1001–1012.

Peichl, L., Behrmann, G., and Kröger, R. H. (2001) For whales and seals the ocean is not blue: A visual pigment loss in marine mammals, *The European Journal of Neuroscience,* 13(8), 1520– 1528.

Perry, M. W., and Desplan, C. (2016) Love spots, *Current Biology,* 26(12), R484–R485.

Persons, W. S., and Currie, P. J. (2015) Bristles before down: A new perspective on the functional origin of feathers, *Evolution: International Journal of Organic Evolution,* 69(4), 857–862.

Pettigrew, J. D., Manger, P. R., and Fine, S. L. B. (1998) The sensory world of the platypus, *Philosophical Transactions of the Royal Society B: Biological Sciences,* 353(1372), 1199–1210.

Phillips, J. N., et al. (2019) Background noise disrupts host-parasitoid interactions, *Royal Society Open Science,* 6(9), 190867.

Phippen, J. W. (2016) "Kill every buffalo you can! Every buffalo dead is an Indian gone," *The Atlantic.* Available at: www.theatlantic.com/national/archive/2016/05/the-buffalo-killers/ 482349/.

Picciani, N., et al. (2018) Prolific origination of eyes in Cnidaria with co-option of non-visual opsins, *Current Biology,* 28(15), 2413–2419.e4.

Piersma, T., et al. (1995) Holling's functional response model as a tool to link the food-finding mechanism

artificially transmitted seismic stimuli, *Behavioral Ecology and Sociobiology,* 59(6), 842–850.

O'Connell-Rodwell, C. E., et al. (2007) Wild African elephants (*Loxodonta africana*) discriminate between familiar and unfamiliar conspecific seismic alarm calls, *Journal of the Acoustical Society of America,* 122(2), 823–830.

O'Connell-Rodwell, C. E., Hart, L. A., and Arnason, B. T. (2001) Exploring the potential use of seismic waves as a communication channel by elephants and other large mammals, *American Zoologist,* 41(5), 1157–1170.

Olson, C. R., et al. (2018) Black Jacobin hummingbirds vocalize above the known hearing range of birds, *Current Biology,* 28(5), R204–R205.

Osorio, D., and Vorobyev, M. (1996) Colour vision as an adaptation to frugivory in primates, *Proceedings of the Royal Society B: Biological Sciences,* 263(1370), 593–599.

Osorio, D., and Vorobyev, M. (2008) A review of the evolution of animal colour vision and visual communication signals, *Vision Research,* 48(20), 2042–2051.

Ossiannilsson, F. (1949) Insect drummers, a study on the morphology and function of the sound-producing organ of Swedish *Homoptera auchenorrhyncha,* with notes on their sound- production. Dissertation, Entomologika sällskapet i Lund.

Owen, M. A., et al. (2015) An experimental investigation of chemical communication in the polar bear: Scent communication in polar bears, *Journal of Zoology,* 295(1), 36–43.

Owens, A. C. S., et al. (2020) Light pollution is a driver of insect declines, *Biological Conservation,* 241, 108259.

Owens, G. L., et al. (2012) In the four-eyed fish (*Anableps anableps*), the regions of the retina exposed to aquatic and aerial light do not express the same set of opsin genes, *Biology Letters,* 8(1), 86–89.

Pack, A., and Herman, L. (1995) Sensory integration in the bottlenosed dolphin: Immediate recognition of complex shapes across the senses of echolocation and vision, *Journal of the Acoustical Society of America,* 98, 722–33.

Page, R. A., and Ryan, M. J. (2008) The effect of signal complexity on localization performance in bats that localize frog calls, *Animal Behaviour,* 76(3), 761–769.

Pain, S. (2001) Stench warfare, *New Scientist.* Available at: www.newscientist.com/article/mg17122984-600-stench-warfare/.

Palmer, B. A., et al. (2017) The image-forming mirror in the eye of the scallop, *Science,* 358(6367), 1172–1175.

Panksepp, J., and Burgdorf, J. (2000) 50-kHz chirping (laughter?) in response to conditioned and unconditioned tickle-induced reward in rats: Effects of social housing and genetic variables, *Behavioural Brain Research,* 115(1), 25–38.

Park, T. J., et al. (2008) Selective inflammatory pain insensitivity in the African naked mole-rat (*Heterocephalus glaber*), *PLOS Biology,* 6(1), e13.

Park, T. J., et al. (2017) Fructose-driven glycolysis supports anoxia resistance in the naked mole-rat, *Science,* 356(6335), 307–311.

Park, T. J., Lewin, G. R., and Buffenstein, R. (2010) Naked mole rats: Their extraordinary sensory world, in Breed, M., and Moore, J. (eds), *Encyclopedia of animal behavior,* 505–512. Amsterdam: Elsevier.

Niesterok, B., et al. (2017) Hydrodynamic detection and localization of artificial flatfish breathing currents by harbour seals (*Phoca vitulina*), *Journal of Experimental Biology,* 220(2), 174– 185.

Niimura, Y., Matsui, A., and Touhara, K. (2014) Extreme expansion of the olfactory receptor gene repertoire in African elephants and evolutionary dynamics of orthologous gene groups in 13 placental mammals, *Genome Research,* 24(9), 1485–1496.

Nilsson, D.-E. (2009) The evolution of eyes and visually guided behaviour, *Philosophical Transactions of the Royal Society B: Biological Sciences,* 364(1531), 2833–2847.

Nilsson, D.-E., et al. (2012) A unique advantage for giant eyes in giant squid, *Current Biology,* 22(8), 683–688.

Nilsson, D.-E., and Pelger, S. (1994) A pessimistic estimate of the time required for an eye to evolve, *Proceedings of the Royal Society B: Biological Sciences,* 256(1345), 53–58.

Nilsson, G. (1996) Brain and body oxygen requirements of *Gnathonemus petersii,* a fish with an exceptionally large brain, *Journal of Experimental Biology,* 199(3), 603–607.

Nimpf, S., et al. (2019) A putative mechanism for magnetoreception by electromagnetic induction in the pigeon inner ear, *Current Biology,* 29(23), 4052–4059.e4.

Niven, J. E., and Laughlin, S. B. (2008) Energy limitation as a selective pressure on the evolution of sensory systems, *Journal of Experimental Biology,* 211(Pt 11), 1792–1804.

Noble, G. K., and Schmidt, A. (1937) The structure and function of the facial and labial pits of snakes, *Proceedings of the American Philosophical Society,* 77(3), 263–288.

Noirot, E. (1966) Ultra-sounds in young rodents. I. Changes with age in albino mice, *Animal Behaviour,* 14(4), 459–462.

Noirot, I. C., et al. (2009) Presence of aromatase and estrogen receptor alpha in the inner ear of zebra finches, *Hearing Research,* 252(1–2), 49–55.

Nordmann, G. C., Hochstoeger, T., and Keays, D. A. (2017) Magnetoreception—A sense without a receptor, *PLOS Biology,* 15(10), e2003234.

Norman, L. J., and Thaler, L. (2019) Retinotopic-like maps of spatial sound in primary "visual" cortex of blind human echolocators, *Proceedings of the Royal Society B: Biological Sciences,* 286(1912), 20191910.

Norris, K. S., et al. (1961) An experimental demonstration of echolocation behavior in the porpoise, *Tursiops truncatus* (Montagu), *Biological Bulletin,* 120(2), 163–176.

Ntelezos, A., Guarato, F., and Windmill, J. F. C. (2016) The anti-bat strategy of ultrasound absorption: The wings of nocturnal moths (Bombycoidea: Saturniidae) absorb more ul- trasound than the wings of diurnal moths (Chalcosiinae: Zygaenoidea: Zygaenidae), *Biol- ogy Open,* 6(1), 109–117.

O'Carroll, D. C., and Warrant, E. J. (2017) Vision in dim light: Highlights and challenges, *Philosophical Transactions of the Royal Society B: Biological Sciences,* 372(1717), 20160062. O'Connell, C. (2008) *The elephant's secret sense: The hidden life of the wild herds of Africa.* Chicago: University of Chicago Press.

O'Connell, C. E., Arnason, B. T., and Hart, L. A. (1997) Seismic transmission of elephant vocalizations and movement, *Journal of the Acoustical Society of America,* 102(5), 3124.

O'Connell-Rodwell, C. E., et al. (2006) Wild elephant (*Loxodonta africana*) breeding herds respond to

Nakata, K. (2010) Attention focusing in a sit-and-wait forager: A spider controls its preydetection ability in different web sectors by adjusting thread tension, *Proceedings of the Royal Society B: Biological Sciences,* 277(1678), 29–33.

Nakata, K. (2013) Spatial learning affects thread tension control in orb-web spiders, *Biology Letters,* 9(4), 20130052.

Narins, P. M., and Lewis, E. R. (1984) The vertebrate ear as an exquisite seismic sensor, *Journal of the Acoustical Society of America,* 76(5), 1384–1387.

Narins, P. M., Stoeger, A. S., and O'Connell-Rodwell, C. (2016) Infrasonic and seismic communication in the vertebrates with special emphasis on the Afrotheria: An update and future directions, in Suthers, R. A., et al. (eds), *Vertebrate sound production and acoustic communication,* 191–227. Cham: Springer.

Necker, R. (1985) Observations on the function of a slowly-adapting mechanoreceptor associated with filoplumes in the feathered skin of pigeons, *Journal of Comparative Physiology A,* 156(3), 391–394.

Neil, T. R., et al. (2020) Moth wings are acoustic metamaterials, *Proceedings of the National Academy of Sciences,* 117(49), 31134–31141.

Neitz, J., Carroll, J., and Neitz, M. (2001) Color vision: Almost reason enough for having eyes, *Optics & Photonics News,* 12(1), 26–33.

Neitz, J., Geist, T., and Jacobs, G. H. (1989) Color vision in the dog, *Visual Neuroscience,* 3(2), 119–125.

Nesher, N., et al. (2014) Self-recognition mechanism between skin and suckers prevents octopus arms from interfering with each other, *Current Biology,* 24(11), 1271–1275.

Neumeyer, C. (1992) Tetrachromatic color vision in goldfish: Evidence from color mixture experiments, *Journal of Comparative Physiology A,* 171(5), 639–649.

Neunuebel, J. P., et al. (2015) Female mice ultrasonically interact with males during courtship displays, *eLife,* 4, e06203.

Nevitt, G. (2000) Olfactory foraging by Antarctic procellariiform seabirds: Life at high Reynolds numbers, *Biological Bulletin,* 198(2), 245–253.

Nevitt, G. A. (2008) Sensory ecology on the high seas: The odor world of the procellariiform seabirds, *Journal of Experimental Biology,* 211(11), 1706–1713.

Nevitt, G. A., and Bonadonna, F. (2005) Sensitivity to dimethyl sulphide suggests a mechanism for olfactory navigation by seabirds, *Biology Letters,* 1(3), 303–305.

Nevitt, G. A., and Hagelin, J. C. (2009) Symposium overview: Olfaction in birds: A dedication to the pioneering spirit of Bernice Wenzel and Betsy Bang, *Annals of the New York Academy of Sciences,* 1170(1), 424–427.

Nevitt, G. A., Losekoot, M., and Weimerskirch, H. (2008) Evidence for olfactory search in wandering albatross, *Diomedea exulans, Proceedings of the National Academy of Sciences,* 105(12), 4576–4581.

Nevitt, G. A., Veit, R. R., and Kareiva, P. (1995) Dimethyl sulphide as a foraging cue for Antarctic procellariiform seabirds, *Nature,* 376(6542), 680–682.

Newman, E. A., and Hartline, P. H. (1982) The infrared "vision" of snakes, *Scientific American,* 246(3), 116–127.

Nicolson, A. (2018) *The seabird's cry.* New York: Henry Holt.

Mortimer, B., et al. (2016) Tuning the instrument: Sonic properties in the spider's web, *Journal of the Royal Society Interface,* 13(122), 20160341.

Mortimer, J. A., and Portier, K. M. (1989) Reproductive homing and internesting behavior of the green turtle (*Chelonia mydas*) at Ascension Island, South Atlantic Ocean, *Copeia,* 1989(4), 962–977.

Moss, C. F. (2018) Auditory mechanisms of echolocation in bats, in Sherman, S. M. (ed), *Oxford research encyclopedia of neuroscience.* Oxford: Oxford University Press.

Moss, C. F., et al. (2006) Active listening for spatial orientation in a complex auditory scene, *PLOS Biology,* 4(4), e79.

Moss, C. F., Chiu, C., and Surlykke, A. (2011) Adaptive vocal behavior drives perception by echolocation in bats, *Current Opinion in Neurobiology,* 21(4), 645–652.

Moss, C. F., and Schnitzler, H.-U. (1995) Behavioral studies of auditory information processing, in Popper, A. N., and Fay, R. R. (eds), *Hearing by bats,* 87–145. New York: Springer.

Moss, C. F., and Surlykke, A. (2010) Probing the natural scene by echolocation in bats, *Frontiers in Behavioral Neuroscience,* 4, 33.

Moss, C. J. (2000) *Elephant memories: Thirteen years in the life of an elephant family.* Chicago: University of Chicago Press.

Mouritsen, H. (2018) Long-distance navigation and magnetoreception in migratory animals, *Nature,* 558(7708), 50–59.

Mouritsen, H., et al. (2005) Night-vision brain area in migratory songbirds, *Proceedings of the National Academy of Sciences,* 102(23), 8339–8344.

Mourlam, M. J., and Orliac, M. J. (2017) Infrasonic and ultrasonic hearing evolved after the emergence of modern whales, *Current Biology,* 27(12), 1776–1781.e9.

Mugan, U., and MacIver, M. A. (2019) The shift from life in water to life on land advantaged planning in visually-guided behavior, bioRxiv, 585760.

Müller, P., and Robert, D. (2002) Death comes suddenly to the unprepared: Singing crickets, call fragmentation, and parasitoid flies, *Behavioral Ecology,* 13(5), 598–606.

Murchy, K. A., et al. (2019) Impacts of noise on the behavior and physiology of marine invertebrates: A meta-analysis, *Proceedings of Meetings on Acoustics,* 37(1), 040002.

Murphy, C. T., Reichmuth, C., and Mann, D. (2015) Vibrissal sensitivity in a harbor seal (*Phoca vitulina*), *Journal of Experimental Biology,* 218(15), 2463–2471.

Murray, R. W. (1960) Electrical sensitivity of the ampullæ of Lorenzini, *Nature,* 187(4741), 957.

Nachtigall, P. E. (2016) Biosonar and sound localization in dolphins, in Sherman, S. M. (ed), *Oxford research encyclopedia of neuroscience.* New York: Oxford University Press.

Nachtigall, P. E., and Supin, A. Y. (2008) A false killer whale adjusts its hearing when it echolocates, *Journal of Experimental Biology,* 211(11), 1714–1718.

Nagel, T. (1974) What is it like to be a bat?, *The Philosophical Review,* 83(4), 435–450.

Nakano, R., et al. (2009) Moths are not silent, but whisper ultrasonic courtship songs, *Journal of Experimental Biology,* 212(24), 4072–4078.

Nakano, R., et al. (2010) To females of a noctuid moth, male courtship songs are nothing more than bat echolocation calls, *Biology Letters,* 6(5), 582–584.

Modrell, M. S., et al. (2011) Electrosensory ampullary organs are derived from lateral line placodes in bony fishes, *Nature Communications,* 2(1), 496.

Mogdans, J. (2019) Sensory ecology of the fish lateral-line system: Morphological and physiological adaptations for the perception of hydrodynamic stimuli, *Journal of Fish Biology,* 95(1), 53–72.

Møhl, B., et al. (2003) The monopulsed nature of sperm whale clicks, *Journal of the Acoustical Society of America,* 114(2), 1143–1154.

Moir, H. M., Jackson, J. C., and Windmill, J. F. C. (2013) Extremely high frequency sensitivity in a "simple" ear, *Biology Letters,* 9(4), 20130241.

Mollon, J. D. (1989) "Tho' she kneel'd in that place where they grew . . .": The uses and origins of primate colour vision, *Journal of Experimental Biology,* 146, 21–38.

Monnin, T., et al. (2002) Pretender punishment induced by chemical signalling in a queenless ant, *Nature,* 419(6902), 61–65.

Montague, M. J., Danek-Gontard, M., and Kunc, H. P. (2013) Phenotypic plasticity affects the response of a sexually selected trait to anthropogenic noise, *Behavioral Ecology,* 24(2), 343– 348.

Montealegre-Z, F., et al. (2012) Convergent evolution between insect and mammalian audi- tion, *Science,* 338(6109), 968–971.

Monterey Bay Aquarium (2016) Say hello to Selka!, Monterey Bay Aquarium. Available at: montereybayaquarium.tumblr.com/post/149326681398/say-hello-to-selka.

Montgomery, J., Bleckmann, H., and Coombs, S. (2013) Sensory ecology and neuroethology of the lateral line, in Coombs, S., et al. (eds), *The lateral line system,* 121–150. New York: Springer.

Montgomery, J. C., and Saunders, A. J. (1985) Functional morphology of the piper *Hyporhamphus ihi* with reference to the role of the lateral line in feeding, *Proceedings of the Royal Society B: Biological Sciences,* 224(1235), 197–208.

Mooney, T. A., Yamato, M., and Branstetter, B. K. (2012) Hearing in cetaceans: From natural history to experimental biology, *Advances in marine biology,* 63, 197–246.

Moore, B., et al. (2017) Structure and function of regional specializations in the vertebrate retina, in Kaas, J. H., and Streidter, G. (eds), *Evolution of nervous systems,* 351–372. Oxford, UK: Academic Press.

Moran, D., Softley, R., and Warrant, E. J. (2015) The energetic cost of vision and the evolution of eyeless Mexican cavefish, *Science Advances,* 1(8), e1500363.

Moreau, C. S., et al. (2006) Phylogeny of the ants: Diversification in the age of angiosperms, *Science,* 312(5770), 101–104.

Morehouse, N. (2020) Spider vision, *Current Biology,* 30(17), R975–R980.

Moreira, L. A. A., et al. (2019) Platyrrhine color signals: New horizons to pursue, *Evolutionary Anthropology: Issues, News, and Reviews,* 28(5), 236–248.

Morley, E. L., and Robert, D. (2018) Electric fields elicit ballooning in spiders, *Current Biology,* 28(14), 2324–2330.e2.

Mortimer, B. (2017) Biotremology: Do physical constraints limit the propagation of vibrational information?, *Animal Behaviour,* 130, 165–174.

Mortimer, B., et al. (2014) The speed of sound in silk: Linking material performance to biological function, *Advanced Materials,* 26(30), 5179–5183.

Melin, A. D., et al. (2017) Trichromacy increases fruit intake rates of wild capuchins (*Cebus capucinus imitator*), *Proceedings of the National Academy of Sciences,* 114(39), 10402–10407.

Melo, N., et al. (2021) The irritant receptor TRPA1 mediates the mosquito repellent effect of catnip, *Current Biology,* 31(9), 1988–1994.e5.

Mencinger-Vračko, B., and Devetak, D. (2008) Orientation of the pit-building antlion larva *Euroleon* (Neuroptera, Myrmeleontidae) to the direction of substrate vibrations caused by prey, *Zoology,* 111(1), 2–8.

Menda, G., et al. (2019) The long and short of hearing in the mosquito *Aedes aegypti, Current Biology,* 29(4), 709–714.e4.

Merkel, F. W., and Fromme, H. G. (1958) Untersuchungen über das Orientierungsvermögen nächtlich ziehender Rotkehlchen, *Naturwissenschaften,* 45(2), 499–500.

Merker, B. (2005) The liabilities of mobility: A selection pressure for the transition to consciousness in animal evolution, *Consciousness and Cognition,* 14(1), 89–114.

Mettam, J. J., et al. (2011) The efficacy of three types of analgesic drugs in reducing pain in the rainbow trout, *Oncorhynchus mykiss, Applied Animal Behaviour Science,* 133(3), 265–274.

Meyer-Rochow, V. B. (1978) The eyes of mesopelagic crustaceans. II. *Streetsia challengeri* (amphipoda), *Cell and Tissue Research,* 186(2), 337–349.

Mhatre, N., Sivalinghem, S., and Mason, A. C. (2018) Posture controls mechanical tuning in the black widow spider mechanosensory system, bioRxiv. Available at: biorxiv.org/ lookup/doi/10.1101/484238.

Middendorff, A. T. (1855) *Die Isepiptesen Russlands: Grundlagen zur Erforschung der Zugzeiten und Zugrichtungen der Vögel Russlands.* St. Petersburg: Academie impériale des Sciences.

Miles, R. N., Robert, D., and Hoy, R. R. (1995) Mechanically coupled ears for directional hearing in the parasitoid fly *Ormia ochracea, Journal of the Acoustical Society of America,* 98(6), 3059–3070.

Miller, A. K., Hensman, M. C., et al. (2015) African elephants (*Loxodonta africana*) can detect TNT using olfaction: Implications for biosensor application, *Applied Animal Behaviour Science,* 171, 177–183.

Miller, A. K., Maritz, B., et al. (2015) An ambusher's arsenal: Chemical crypsis in the puff adder (*Bitis arietans*), *Proceedings of the Royal Society B: Biological Sciences,* 282(1821), 20152182.

Miller, P. J. O., Kvadsheim, P. H., et al. (2015) First indications that northern bottlenose whales are sensitive to behavioural disturbance from anthropogenic noise, *Royal Society Open Science,* 2(6), 140484.

Millsopp, S., and Laming, P. (2008) Trade-offs between feeding and shock avoidance in goldfish (*Carassius auratus*), *Applied Animal Behaviour Science,* 113(1), 247–254.

Mitchinson, B., et al. (2011) Active vibrissal sensing in rodents and marsupials, *Philosophical Transactions of the Royal Society B: Biological Sciences,* 366(1581), 3037–3048.

Mitkus, M., et al. (2018) Raptor vision, in Sherman, S. M. (ed), *Oxford research encyclopedia of neuroscience.* Oxford: Oxford University Press.

Mitra, O., et al. (2009) Grunting for worms: Seismic vibrations cause *Diplocardia* earthworms to emerge from the soil, *Biology Letters,* 5(1), 16–19.

Moayedi, Y., Nakatani, M., and Lumpkin, E. (2015) Mammalian mechanoreception, *Scholarpedia,* 10(3), 7265.

Masland, R. H. (2017) Vision: Two speeds in the retina, *Current Biology,* 27(8), R303–R305.

Mason, A. C., Oshinsky, M. L., and Hoy, R. R. (2001) Hyperacute directional hearing in a microscale auditory system, *Nature,* 410(6829), 686–690.

Mason, M. J. (2003) Bone conduction and seismic sensitivity in golden moles (Chrysochlori- dae), *Journal of Zoology,* 260(4), 405–413.

Mason, M. J., and Narins, P. M. (2002) Seismic sensitivity in the desert golden mole (*Eremitalpa granti*): A review, *Journal of Comparative Psychology,* 116(2), 158–163.

Mass, A. M., and Supin, A. Y. (1995) Ganglion cell topography of the retina in the bottlenosed dolphin, *Tursiops truncatus, Brain, Behavior and Evolution,* 45(5), 257–265.

Mass, A. M., and Supin, A. Y. (2007) Adaptive features of aquatic mammals' eye, *The Anatomical Record,* 290(6), 701–715.

Masters, W. M. (1984) Vibrations in the orbwebs of *Nuctenea sclopetaria* (Araneidae). I. Transmission through the web, *Behavioral Ecology and Sociobiology,* 15(3), 207–215.

Matos-Cruz, V., et al. (2017) Molecular prerequisites for diminished cold sensitivity in ground squirrels and hamsters, *Cell Reports,* 21(12), 3329–3337.

Maximov, V. V. (2000) Environmental factors which may have led to the appearance of colour vision, *Philosophical Transactions of the Royal Society B: Biological Sciences,* 355(1401), 1239– 1242.

McArthur, C., et al. (2019) Plant volatiles are a salient cue for foraging mammals: Elephants target preferred plants despite background plant odour, *Animal Behaviour,* 155, 199–216.

McBride, C. S. (2016) Genes and odors underlying the recent evolution of mosquito preference for humans, *Current Biology,* 26(1), R41–R46.

McBride, C. S., et al. (2014) Evolution of mosquito preference for humans linked to an odorant receptor, *Nature,* 515(7526), 222–227.

McCulloch, K. J., Osorio, D., and Briscoe, A. D. (2016) Sexual dimorphism in the compound eye of *Heliconius erato*: A nymphalid butterfly with at least five spectral classes of photoreceptor, *Journal of Experimental Biology,* 219(15), 2377–2387.

McGann, J. P. (2017) Poor human olfaction is a 19th-century myth, *Science,* 356(6338), eaam7263.

McGregor, P. K., and Westby, G. M. (1992) Discrimination of individually characteristic electric organ discharges by a weakly electric fish, *Animal Behaviour,* 43(6), 977–986.

McKemy, D. D. (2007) Temperature sensing across species, *Pflügers Archiv—European Journal of Physiology,* 454(5), 777–791.

McKenzie, S. K., and Kronauer, D. J. C. (2018) The genomic architecture and molecular evolution of ant odorant receptors, *Genome Research,* 28(11), 1757–1765.

McMeniman, C. J., et al. (2014) Multimodal integration of carbon dioxide and other sensory cues drives mosquito attraction to humans, *Cell,* 156(5), 1060–1071.

Meister, M. (2016) Physical limits to magnetogenetics, *eLife,* 5, e17210.

Melin, A. D., et al. (2007) Effects of colour vision phenotype on insect capture by a freeranging population of white-faced capuchins, *Cebus capucinus, Animal Behaviour,* 73(1), 205–214.

Melin, A. D., et al. (2016) Zebra stripes through the eyes of their predators, zebras, and humans, *PLOS One,* 11(1), e0145679.

Madsen, P. T., et al. (2002) Sperm whale sound production studied with ultrasound time/depth-recording tags, *Journal of Experimental Biology,* 205(Pt 13), 1899–1906.

Madsen, P. T., et al. (2013) Echolocation in Blainville's beaked whales (*Mesoplodon densirostris*), *Journal of Comparative Physiology A,* 199(6), 451–469.

Madsen, P. T., and Surlykke, A. (2014) Echolocation in air and water, in Surlykke, A., et al. (eds), *Biosonar,* 257–304. New York: Springer.

Majid, A. (2015) Cultural factors shape olfactory language, *Trends in Cognitive Sciences,* 19(11), 629–630.

Majid, A., et al. (2017) What makes a better smeller?, *Perception,* 46(3–4), 406–430.

Majid, A., and Kruspe, N. (2018) Hunter-gatherer olfaction is special, *Current Biology,* 28(3), 409–413.e2.

Malakoff, D. (2010) A push for quieter ships, *Science,* 328(5985), 1502–1503.

Mancuso, K., et al. (2009) Gene therapy for red-green colour blindness in adult primates, *Nature,* 461(7625), 784–787.

Marder, E., and Bucher, D. (2007) Understanding circuit dynamics using the stomatogastric nervous system of lobsters and crabs, *Annual Review of Physiology,* 69(1), 291–316.

Marshall, C. D., et al. (1998) Prehensile use of perioral bristles during feeding and associated behaviors of the Florida manatee (*Trichechus manatus latirostris*), *Marine Mammal Science,* 14(2), 274–289.

Marshall, C. D., Clark, L. A., and Reep, R. L. (1998) The muscular hydrostat of the Florida manatee (*Trichechus manatus latirostris*): A functional morphological model of perioral bris- tle use, *Marine Mammal Science,* 14(2), 290–303.

Marshall, J., and Arikawa, K. (2014) Unconventional colour vision, *Current Biology,* 24(24), R1150–R1154.

Marshall, J., Carleton, K. L., and Cronin, T. (2015) Colour vision in marine organisms, *Current Opinions in Neurobiology,* 34, 86–94.

Marshall, J., and Oberwinkler, J. (1999) The colourful world of the mantis shrimp, *Nature,* 401(6756), 873–874.

Marshall, N. J. (1988) A unique colour and polarization vision system in mantis shrimps, *Nature,* 333(6173), 557–560.

Marshall, N. J., et al. (2019a) Colours and colour vision in reef fishes: Past, present and future research directions, *Journal of Fish Biology,* 95(1), 5–38.

Marshall, N. J., et al. (2019b) Polarisation signals: A new currency for communication, *Journal of Experimental Biology,* 222(3), jeb134213.

Marshall, N. J., Land, M. F., and Cronin, T. W. (2014) Shrimps that pay attention: Saccadic eye movements in stomatopod crustaceans, *Philosophical Transactions of the Royal Society B: Biological Sciences,* 369(1636), 20130042.

Martin, G. R. (2012) Through birds' eyes: Insights into avian sensory ecology, *Journal of Ornithology,* 153(Suppl. 1), 23–48.

Martin, G. R., Portugal, S. J., and Murn, C. P. (2012) Visual fields, foraging and collision vulnerability in *Gyps* vultures, *Ibis,* 154(3), 626–631.

Martinez, V., et al. (2020) Antlions are sensitive to subnanometer amplitude vibrations carried by sand substrates, *Journal of Comparative Physiology A,* 206(5), 783–791.

Mexican cavefish, *Developmental Biology,* 441(2), 328–337.

Lohmann, K. J. (1991) Magnetic orientation by hatchling loggerhead sea turtles (*Caretta caretta*), *Journal of Experimental Biology,* 155, 37–49.

Lohmann, K., et al. (1995) Magnetic orientation of spiny lobsters in the ocean: Experiments with undersea coil systems, *Journal of Experimental Biology,* 198(Pt 10), 2041–2048.

Lohmann, K. J., et al. (2001) Regional magnetic fields as navigational markers for sea turtles, *Science,* 294(5541), 364–366.

Lohmann, K. J., et al. (2004) Geomagnetic map used in sea-turtle navigation, *Nature,* 428(6986), 909–910.

Lohmann, K., and Lohmann, C. (1994) Detection of magnetic inclination angle by sea turtles: A possible mechanism for determining latitude, *Journal of Experimental Biology,* 194(1), 23–32.

Lohmann, K. J., and Lohmann, C. M. F. (1996) Detection of magnetic field intensity by sea turtles, *Nature,* 380(6569), 59–61.

Lohmann, K. J., and Lohmann, C. M. F. (2019) There and back again: Natal homing by magnetic navigation in sea turtles and salmon, *Journal of Experimental Biology,* 222(Suppl. 1), jeb184077.

Lohmann, K. J., Putman, N. F., and Lohmann, C. M. F. (2008) Geomagnetic imprinting: A unifying hypothesis of long-distance natal homing in salmon and sea turtles, *Proceedings of the National Academy of Sciences,* 105(49), 19096–19101.

Longcore, T. (2018) Hazard or hope? LEDs and wildlife, *LED Professional Review,* 70, 52–57.

Longcore, T., et al. (2012) An estimate of avian mortality at communication towers in the United States and Canada, *PLOS One,* 7(4), e34025.

Longcore, T., and Rich, C. (2016) *Artificial night lighting and protected lands: Ecological effects and management approaches.* Natural Resource Report 2017/1493.

Lu, P., et al. (2017) Extraoral bitter taste receptors in health and disease, *Journal of General Physiology,* 149(2), 181–197.

Lubbock, J. (1881) Observations on ants, bees, and wasps.—Part VIII, *Journal of the Linnean Society of London, Zoology,* 15(87), 362–387.

Lucas, J., et al. (2002) A comparative study of avian auditory brainstem responses: Correlations with phylogeny and vocal complexity, and seasonal effects, *Journal of Comparative Physiology A,* 188(11–12), 981–992.

Lucas, J. R., et al. (2007) Seasonal variation in avian auditory evoked responses to tones: A comparative analysis of Carolina chickadees, tufted titmice, and white-breasted nut- hatches, *Journal of Comparative Physiology A,* 193(2), 201–215.

Ludeman, D. A., et al. (2014) Evolutionary origins of sensation in metazoans: Functional evidence for a new sensory organ in sponges, *BMC Evolutionary Biology,* 14(1), 3.

Maan, M. E., and Cummings, M. E. (2012) Poison frog colors are honest signals of toxicity, particularly for bird predators, *The American Naturalist,* 179(1), E1–E14.

Macpherson, F. (2011) Individuating the senses, in Macpherson, F. (ed), *The senses: Classic and contemporary philosophical perspectives,* 3–43. Oxford: Oxford University Press.

Madhav, M. S., et al. (2018) High-resolution behavioral mapping of electric fishes in Amazonian habitats, *Scientific Reports,* 8(1), 5830.

IEEE Transactions on Systems, Man, and Cybernetics, Part B (Cybernetics), 40(2), 469–480.

Legendre, F., Marting, P. R., and Cocroft, R. B. (2012) Competitive masking of vibrational signals during mate searching in a treehopper, *Animal Behaviour,* 83(2), 361–368.

Leitch, D. B., and Catania, K. C. (2012) Structure, innervation and response properties of integumentary sensory organs in crocodilians, *Journal of Experimental Biology,* 215(23), 4217– 4230.

Lenoir, A., et al. (2001) Chemical ecology and social parasitism in ants, *Annual Review of Entomology,* 46(1), 573–599.

Leonard, M. L., and Horn, A. G. (2008) Does ambient noise affect growth and begging call structure in nestling birds?, *Behavioral Ecology,* 19(3), 502–507.

Leonhardt, S. D., et al. (2016) Ecology and evolution of communication in social insects, *Cell,* 164(6), 1277–1287.

Levy, G., and Hochner, B. (2017) Embodied organization of *Octopus vulgaris* morphology, vision, and locomotion, *Frontiers in Physiology,* 8, 164.

Lewin, G., Lu, Y., and Park, T. (2004) A plethora of painful molecules, *Current Opinion in Neurobiology,* 14(4), 443–449.

Lewis, E. R., et al. (2006) Preliminary evidence for the use of microseismic cues for navigation by the Namib golden mole, *Journal of the Acoustical Society of America,* 119(2), 1260–1268.

Lewis, J. (2014) Active electroreception: Signals, sensing, and behavior, in Evans, D. H., Claiborne, J. B., and Currie, S. (eds), *The physiology of fishes,* 4th ed., 373–388. Boca Raton, FL: CRC Press.

Li, F. (2013) Taste perception: From the tongue to the testis, *Molecular Human Reproduction,* 19(6), 349–360.

Li, L., et al. (2015) Multifunctionality of chiton biomineralized armor with an integrated visual system, *Science,* 350(6263), 952–956.

Lind, O., et al. (2013) Ultraviolet sensitivity and colour vision in raptor foraging, *Journal of Experimental Biology,* 216(Pt 10), 1819–1826.

Linsley, E. G. (1943) Attraction of *Melanophila* beetles by fire and smoke, *Journal of Economic Entomology,* 36(2), 341–342.

Linsley, E. G., and Hurd, P. D. (1957) *Melanophila* beetles at cement plants in Southern California (Coleoptera, Buprestidae), *Coleopterists Bulletin,* 11(1/2), 9–11.

Lissmann, H. W. (1951) Continuous electrical signals from the tail of a fish, *Gymnarchus niloticus* Cuv., *Nature,* 167(4240), 201–202.

Lissmann, H. W. (1958) On the function and evolution of electric organs in fish, *Journal of Experimental Biology,* 35(1), 156–191.

Lissmann, H. W., and Machin, K. E. (1958) The mechanism of object location in *Gymnarchus niloticus* and similar fish, *Journal of Experimental Biology,* 35(2), 451–486.

Liu, M. Z., and Vosshall, L. B. (2019) General visual and contingent thermal cues interact to elicit attraction in female *Aedes aegypti* mosquitoes, *Current Biology,* 29(13), 2250–2257.e4.

Liu, Z., et al. (2014) Repeated functional convergent effects of NaV1.7 on acid insensitivity in hibernating mammals, *Proceedings of the Royal Society B: Biological Sciences,* 281(1776), 20132950.

Lloyd, E., et al. (2018) Evolutionary shift towards lateral line dependent prey capture behavior in the blind

Kwon, D. (2019) Watcher of whales: A profile of Roger Payne. *The Scientist.* Available at: www.the-scientist.com/profile/watcher-of-whales--a-profile-of-roger-payne-66610.

yba, C. C. M., et al. (2017) Artificially lit surface of Earth at night increasing in radiance and extent, *Science Advances,* 3(11), e1701528.

Land, M. F. (1966) A multilayer interference reflector in the eye of the scallop, *Pecten maximus, Journal of Experimental Biology,* 45(3), 433–447.

Land, M. F. (1969a) Movements of the retinae of jumping spiders (Salticidae: Dendryphantinae) in response to visual stimuli, *Journal of Experimental Biology,* 51(2), 471–493.

Land, M. F. (1969b) Structure of the retinae of the principal eyes of jumping spiders (Salticidae: Dendryphantinae) in relation to visual optics, *Journal of Experimental Biology,* 51(2), 443–470.

Land, M. F. (2003) The spatial resolution of the pinhole eyes of giant clams (*Tridacna maxima*), *Proceedings of the Royal Society B: Biological Sciences,* 270(1511), 185–188.

Land, M. F. (2018) *Eyes to see: The astonishing variety of vision in nature.* Oxford: Oxford University Press.

Land, M. F., et al. (1990) The eye-movements of the mantis shrimp *Odontodactylus scyllarus* (Crustacea: Stomatopoda), *Journal of Comparative Physiology A,* 167(2), 155–166.

Landler, L., et al. (2018) Comment on "Magnetosensitive neurons mediate geomagnetic orientation in *Caenorhabditis elegans,*" *eLife,* 7, e30187.

Landolfa, M. A., and Barth, F. G. (1996) Vibrations in the orb web of the spider *Nephila clavipes*: Cues for discrimination and orientation, *Journal of Comparative Physiology A,* 179(4), 493– 508.

Lane, K. A., Lucas, K. M., and Yack, J. E. (2008) Hearing in a diurnal, mute butterfly, *Morpho peleides* (Papilionoidea, Nymphalidae), *Journal of Comparative Neurology,* 508(5), 677–686.

Laska, M. (2017) Human and animal olfactory capabilities compared, in Buettner, A. (ed), *Springer handbook of odor,* 81–82. New York: Springer.

Laughlin, S. B., and Weckström, M. (1993) Fast and slow photoreceptors—A comparative study of the functional diversity of coding and conductances in the Diptera, *Journal of Comparative Physiology A,* 172(5), 593–609.

Laursen, W. J., et al. (2016) Low-cost functional plasticity of TRPV1 supports heat tolerance in squirrels and camels, *Proceedings of the National Academy of Sciences,* 113(40), 11342–11347.

LaVinka, P. C., and Park, T. J. (2012) Blunted behavioral and C Fos responses to acidic fumes in the African naked mole-rat, *PLOS One,* 7(9), e45060.

Lavoué, S., et al. (2012) Comparable ages for the independent origins of electrogenesis in African and South American weakly electric fishes, *PLOS One,* 7(5), e36287.

Lawson, S. L., et al. (2018) Relative salience of syllable structure and syllable order in zebra finch song, *Animal Cognition,* 21(4), 467–480.

Lazzari, C. R. (2009) Orientation towards hosts in haematophagous insects, in Simpson, S., and Casas, J. (eds), *Advances in insect physiology,* vol. 37, 1–58. Amsterdam: Elsevier.

Lecocq, T., et al. (2020) Global quieting of high-frequency seismic noise due to COVID-19 pandemic lockdown measures, *Science,* 369(6509), 1338–1343.

Lee-Johnson, C. P., and Carnegie, D. A. (2010) Mobile robot navigation modulated by artificial emotions, *x-notata, Nephila clavipes;* Araneidae), *Journal of Comparative Physiology,* 148(4), 445– 455.

Klopsch, C., Kuhlmann, H. C., and Barth, F. G. (2012) Airflow elicits a spider's jump towards airborne prey. I. Airflow around a flying blowfly, *Journal of the Royal Society Interface,* 9(75), 2591–2602.

Klopsch, C., Kuhlmann, H. C., and Barth, F. G. (2013) Airflow elicits a spider's jump towards airborne prey. II. Flow characteristics guiding behaviour, *Journal of the Royal Society Interface,* 10(82), 20120820.

Knop, E., et al. (2017) Artificial light at night as a new threat to pollination, *Nature,* 548(7666), 206–209.

Knudsen, E. I., Blasdel, G. G., and Konishi, M. (1979) Sound localization by the barn owl (*Tyto alba*) measured with the search coil technique, *Journal of Comparative Physiology A,* 133(1), 1–11.

Kober, R., and Schnitzler, H. (1990) Information in sonar echoes of fluttering insects available for echolocating bats, *Journal of the Acoustical Society of America,* 87(2), 882–896.

Kojima, S. (1990) Comparison of auditory functions in the chimpanzee and human, *Folia Primatologica,* 55(2), 62–72.

Kolbert, E. (2014) *The sixth extinction: An unnatural history.* New York: Henry Holt.

Konishi, M. (1969) Time resolution by single auditory neurones in birds, *Nature,* 222(5193), 566–567.

Konishi, M. (1973) Locatable and nonlocatable acoustic signals for barn owls, *The American Naturalist,* 107(958), 775–785.

Konishi, M. (2012) How the owl tracks its prey, *American Scientist,* 100(6), 494.

Koselj, K., Schnitzler, H.-U., and Siemers, B. M. (2011) Horseshoe bats make adaptive preyselection decisions, informed by echo cues, *Proceedings of the Royal Society B: Biological Sciences,* 278(1721), 3034–3041.

Koshitaka, H., et al. (2008) Tetrachromacy in a butterfly that has eight varieties of spectral receptors, *Proceedings of the Royal Society B: Biological Sciences,* 275(1637), 947–954.

Kothari, N. B., et al. (2014) Timing matters: Sonar call groups facilitate target localization in bats, *Frontiers in Physiology,* 5, 168.

Krestel, D., et al. (1984) Behavioral determination of olfactory thresholds to amyl acetate in dogs, *Neuroscience and Biobehavioral Reviews,* 8(2), 169–174.

Kröger, R. H. H., and Goiricelaya, A. B. (2017) Rhinarium temperature dynamics in domestic dogs, *Journal of Thermal Biology,* 70, 15–19.

Krumm, B., et al. (2017) Barn owls have ageless ears, *Proceedings of the Royal Society B: Biological Sciences,* 284(1863), 20171584.

Kuhn, R. A., et al. (2010) Hair density in the Eurasian otter *Lutra lutra* and the sea otter *Enhydra lutris, Acta Theriologica,* 55(3), 211–222.

Kuna, V. M., and Nábělek, J. L. (2021) Seismic crustal imaging using fin whale songs, *Science,* 371(6530), 731–735.

Kunc, H., et al. (2014) Anthropogenic noise affects behavior across sensory modalities, *The American Naturalist,* 184 (4), E93–E100.

Kürten, L., and Schmidt, U. (1982) Thermoperception in the common vampire bat (*Desmodus rotundus*), *Journal of Comparative Physiology A,* 146(2), 223–228.

Katz, H. K., et al. (2015) Eye movements in chameleons are not truly independent—Evidence from simultaneous monocular tracking of two targets, *Journal of Experimental Biology,* 218(13), 2097–2105.

Kavaliers, M. (1988) Evolutionary and comparative aspects of nociception, *Brain Research Bulletin,* 21(6), 923–931.

Kawahara, A. Y., et al. (2019) Phylogenomics reveals the evolutionary timing and pattern of butterflies and moths, *Proceedings of the National Academy of Sciences,* 116(45), 22657–22663. Kelber, A., Balkenius, A., and Warrant, E. J. (2002) Scotopic colour vision in nocturnal hawk-moths, *Nature,* 419(6910), 922–925.

Kelber, A., Vorobyev, M., and Osorio, D. (2003) Animal colour vision—Behavioural tests and physiological concepts, *Biological Reviews of the Cambridge Philosophical Society,* 78(1), 81–118.

Keller, A., et al. (2007) Genetic variation in a human odorant receptor alters odour perception, *Nature,* 449(7161), 468–472.

Keller, A., and Vosshall, L. B. (2004a) A psychophysical test of the vibration theory of olfaction, *Nature Neuroscience,* 7(4), 337–338.

Keller, A., and Vosshall, L. B. (2004b) Human olfactory psychophysics, *Current Biology,* 14(20), R875–R878.

Kempster, R. M., Hart, N. S., and Collin, S. P. (2013) Survival of the stillest: Predator avoidance in shark embryos, *PLOS One,* 8(1), e52551.

Ketten, D. R. (1997) Structure and function in whale ears, *Bioacoustics,* 8(1–2), 103–135.

Key, B. (2016) Why fish do not feel pain, *Animal Sentience,* 1(3).

Key, F. M., et al. (2018) Human local adaptation of the TRPM8 cold receptor along a latitudinal cline, *PLOS Genetics,* 14(5), e1007298.

Kick, S., and Simmons, J. (1984) Automatic gain control in the bat's sonar receiver and the neuroethology of echolocation, *Journal of Neuroscience,* 4(11), 2725–2737.

Kimchi, T., Etienne, A. S., and Terkel, J. (2004) A subterranean mammal uses the magnetic compass for path integration, *Proceedings of the National Academy of Sciences,* 101(4), 1105– 1109.

King, J. E., Becker, R. F., and Markee, J. E. (1964) Studies on olfactory discrimination in dogs: (3) Ability to detect human odour trace, *Animal Behaviour,* 12(2), 311–315.

Kingston, A. C. N., et al. (2015) Visual phototransduction components in cephalopod chromatophores suggest dermal photoreception, *Journal of Experimental Biology,* 218(10), 1596– 1602.

Kirschfeld, K. (1976) The resolution of lens and compound eyes, in Zettler, F., and Weiler, R. (eds), *Neural principles in vision,* 354–370. Berlin: Springer.

Kirschvink, J., et al. (1997) Measurement of the threshold sensitivity of honeybees to weak, extremely low-frequency magnetic fields, *Journal of Experimental Biology,* 200(Pt 9), 1363–1368.

Kish, D. (1995) Echolocation: How humans can "see" without sight. Unpublished master's thesis, California State University.

Kish, D. (2015) How I use sonar to navigate the world. TED Talk. Available at: www.ted.com/talks/daniel_kish_how_i_use_sonar_to_navigate_the_world.

Klärner, D., and Barth, F. G. (1982) Vibratory signals and prey capture in orb-weaving spiders (*Zygiella*

Jordt, S.-E., and Julius, D. (2002) Molecular basis for species-specific sensitivity to "hot" chili peppers, *Cell,* 108(3), 421–430.

Josberger, E. E., et al. (2016) Proton conductivity in ampullae of Lorenzini jelly, *Science Advances,* 2(5), e1600112.

Jung, J., et al. (2019) How do red-eyed treefrog embryos sense motion in predator attacks? Assessing the role of vestibular mechanoreception, *Journal of Experimental Biology,* 222(21), jeb206052.

Jung, K., Kalko, E. K. V., and von Helversen, O. (2007) Echolocation calls in Central American emballonurid bats: Signal design and call frequency alternation, *Journal of Zoology,* 272(2), 125–137.

Kajiura, S. M. (2001) Head morphology and electrosensory pore distribution of carcharhinid and sphyrnid sharks, *Environmental Biology of Fishes,* 61(2), 125–133.

Kajiura, S. M. (2003) Electroreception in neonatal bonnethead sharks, *Sphyrna tiburo, Marine Biology,* 143(3), 603–611.

Kajiura, S. M., and Holland, K. N. (2002) Electroreception in juvenile scalloped hammerhead and sandbar sharks, *Journal of Experimental Biology,* 205(23), 3609–3621.

Kalberer, N. M., Reisenman, C. E., and Hildebrand, J. G. (2010) Male moths bearing transplanted female antennae express characteristically female behaviour and central neural activity, *Journal of Experimental Biology,* 213(8), 1272–1280.

Kalka, M. B., Smith, A. R., and Kalko, E. K. V. (2008) Bats limit arthropods and herbivory in a tropical forest, *Science,* 320(5872), 71.

Kalmijn, A. J. (1971) The electric sense of sharks and rays, *Journal of Experimental Biology,* 55(2), 371–383.

Kalmijn, A. J. (1974) The detection of electric fields from inanimate and animate sources other than electric organs, in Fessard, A. (ed), *Electroreceptors and other specialized receptors in lower vertebrates,* 147–200. Berlin: Springer.

Kalmijn, A. J. (1982) Electric and magnetic field detection in elasmobranch fishes, *Science,* 218(4575), 916–918.

Kaminski, J., et al. (2019) Evolution of facial muscle anatomy in dogs, *Proceedings of the National Academy of Sciences,* 116(29), 14677–14681.

Kane, S. A., Van Beveren, D., and Dakin, R. (2018) Biomechanics of the peafowl's crest reveals frequencies tuned to social displays, *PLOS One,* 13(11), e0207247.

Kant, I. (2007) *Anthropology, history, and education.* Cambridge: Cambridge University Press.

Kapoor, M. (2020) The only catfish native to the western U.S. is running out of water, *High Country News.* Available at: www.hcn.org/issues/52.7/fish-the-only-catfish-native-to-the-western-u-s-is-running-out-of-water.

Kardong, K. V., and Berkhoudt, H. (1999) Rattlesnake hunting behavior: Correlations between plasticity of predatory performance and neuroanatomy, *Brain, Behavior and Evolution,* 53(1), 20–28.

Kardong, K. V., and Mackessy, S. P. (1991) The strike behavior of a congenitally blind rattlesnake, *Journal of Herpetology,* 25(2), 208–211.

Kasumyan, A. O. (2019) The taste system in fishes and the effects of environmental variables, *Journal of Fish Biology,* 95(1), 155–178.

Proceedings of the National Academy of Sciences, 84(8), 2545–2549.

Jacobs, G. H., Neitz, J., and Deegan, J. F. (1991) Retinal receptors in rodents maximally sensitive to ultraviolet light, *Nature,* 353(6345), 655–656.

Jacobs, L. F. (2012) From chemotaxis to the cognitive map: The function of olfaction, *Proceedings of the National Academy of Sciences,* 109(Suppl. 1), 10693–10700.

Jakob, E. M., et al. (2018) Lateral eyes direct principal eyes as jumping spiders track objects, *Current Biology,* 28(18), R1092–R1093.

Jakobsen, L., Ratcliffe, J. M., and Surlykke, A. (2013) Convergent acoustic field of view in echolocating bats, *Nature,* 493(7430), 93–96.

Japyassú, H. F., and Laland, K. N. (2017) Extended spider cognition, *Animal Cognition,* 20(3), 375–395.

Jechow, A., and Hölker, F. (2020) Evidence that reduced air and road traffic decreased artificial night-time skyglow during COVID-19 lockdown in Berlin, Germany, *Remote Sensing,* 12(20), 3412.

Jiang, P., et al. (2012) Major taste loss in carnivorous mammals, *Proceedings of the National Academy of Sciences,* 109(13), 4956–4961.

Johnsen, S. (2012) *The optics of life: A biologist's guide to light in nature.* Princeton, NJ: Princeton University Press.

Johnsen, S. (2014) Hide and seek in the open sea: Pelagic camouflage and visual countermeasures, *Annual Review of Marine Science,* 6(1), 369–392.

Johnsen, S. (2017) Open questions: We don't really know anything, do we? Open questions in sensory biology, *BMC Biology,* 15, art. 43.

Johnsen, S., and Lohmann, K. J. (2005) The physics and neurobiology of magnetoreception, *Nature Reviews Neuroscience,* 6(9), 703–712.

Johnsen, S., Lohmann, K. J., and Warrant, E. J. (2020) Animal navigation: A noisy magnetic sense?, *Journal of Experimental Biology,* 223(18), jeb164921.

Johnsen, S., and Widder, E. (2019) Mission logs: June 20, Here be monsters: We filmed a giant squid in America's backyard, *NOAA Ocean Exploration.* Available at: oceanexplorer.noaa.gov/explorations/19biolum/logs/jun20/jun20.html.

Johnson, M., et al. (2004) Beaked whales echolocate on prey, *Proceedings of the Royal Society B: Biological Sciences,* 271(Suppl. 6), S383–S386.

Johnson, M., Aguilar de Soto, N., and Madsen, P. (2009) Studying the behaviour and sensory ecology of marine mammals using acoustic recording tags: A review, *Marine Ecology Progress Series,* 395, 55–73.

Johnson, R. N., et al. (2018) Adaptation and conservation insights from the koala genome, *Nature Genetics,* 50(8), 1102–1111.

Jones, G., and Teeling, E. (2006) The evolution of echolocation in bats, *Trends in Ecology & Evolution,* 21(3), 149–156.

Jordan, G., et al. (2010) The dimensionality of color vision in carriers of anomalous trichromacy, *Journal of Vision,* 10(8), 12.

Jordan, G., and Mollon, J. (2019) Tetrachromacy: The mysterious case of extra-ordinary color vision, *Current Opinion in Behavioral Sciences,* 30, 130–134.

Africa, *American Zoologist,* 21(1), 211–222.

Hopkins, C. D. (2005) Passive electrolocation and the sensory guidance of oriented behavior, in Bullock, T. H., et al. (eds), *Electroreception,* 264–289. New York: Springer.

Hopkins, C. D. (2009) Electrical perception and communication, in Squire, L. R. (ed), *Encyclopedia of neuroscience,* 813–831. Amsterdam: Elsevier.

Hore, P. J., and Mouritsen, H. (2016) The radical-pair mechanism of magnetoreception, *Annual Review of Biophysics,* 45(1), 299–344.

Horowitz, A. (2010) *Inside of a dog: What dogs see, smell, and know.* London: Simon & Schuster UK.

Horowitz, A. (2016) *Being a dog: Following the dog into a world of smell.* New York: Scribner.

Horowitz, A., and Franks, B. (2020) What smells? Gauging attention to olfaction in canine cognition research, *Animal Cognition,* 23(1), 11–18.

Horváth, G., et al. (2009) Polarized light pollution: A new kind of ecological photopollution, *Frontiers in Ecology and the Environment,* 7(6), 317–325.

Horwitz, J. (2015) *War of the whales: A true story.* New York: Simon & Schuster.

Hughes, A. (1977) The topography of vision in mammals of contrasting life style: Comparative optics and retinal organisation, in Crescitelli, F. (ed), *The visual system in vertebrates,* 613–756. New York: Springer.

Hughes, H. C. (2001) *Sensory exotica: A world beyond human experience.* Cambridge, MA: MIT Press.

Hulgard, K., et al. (2016) Big brown bats (*Eptesicus fuscus*) emit intense search calls and fly in stereotyped flight paths as they forage in the wild, *Journal of Experimental Biology,* 219(3), 334–340.

Hunt, S., et al. (1998) Blue tits are ultraviolet tits, *Proceedings of the Royal Society B: Biological Sciences,* 265(1395), 451–455.

Hurst, J., et al. (eds), (2008) *Chemical signals in vertebrates 11.* New York: Springer.

Ibrahim, N., et al. (2014) Semiaquatic adaptations in a giant predatory dinosaur, *Science,* 345(6204), 1613–1616.

Ikinamo (2011) Simroid dental training humanoid robot communicates with trainee dentists #DigInfo. [Video] Available at: www.youtube.com/watch?v=C47NHADFQSo.

Inger, R., et al. (2014) Potential biological and ecological effects of flickering artificial light, *PLOS One,* 9(5), e98631.

Inman, M. (2013) Why the mantis shrimp is my new favorite animal, *The Oatmeal.* Available at: theoatmeal.com/comics/mantis_shrimp.

Irwin, W. P., Horner, A. J., and Lohmann, K. J. (2004) Magnetic field distortions produced by protective cages around sea turtle nests: Unintended consequences for orientation and navigation?, *Biological Conservation,* 118(1), 117–120.

Ivanov, M. P. (2004) Dolphin's echolocation signals in a complicated acoustic environment, *Acoustical Physics,* 50(4), 469–479.

Jacobs, G. H. (1984) Within-species variations in visual capacity among squirrel monkeys (*Saimiri sciureus*): Color vision, *Vision Research,* 24(10), 1267–1277.

Jacobs, G. H., and Neitz, J. (1987) Inheritance of color vision in a New World monkey (*Saimiri sciureus*), odour trail?, *Chemical Senses,* 30(4), 291–298.

Herberstein, M. E., Heiling, A. M., and Cheng, K. (2009) Evidence for UV-based sensory exploitation in Australian but not European crab spiders, *Evolutionary Ecology,* 23(4), 621– 634.

Heyers, D., et al. (2007) A visual pathway links brain structures active during magnetic compass orientation in migratory birds, *PLOS One,* 2(9), e937.

Hildebrand, J. (2005) Impacts of anthropogenic sound, in Reynolds, J. E., et al. (eds), *Marine mammal research: Conservation beyond crisis,* 101–124. Baltimore: Johns Hopkins University Press.

Hill, P. S. M. (2008) *Vibrational communication in animals.* Cambridge, MA: Harvard University Press.

Hill, P. S. M. (2009) How do animals use substrate-borne vibrations as an information source?, *Naturwissenschaften,* 96(12), 1355–1371.

Hill, P. S. M. (2014) Stretching the paradigm or building a new? Development of a cohesive language for vibrational communication, in Cocroft, R. B., et al. (eds), *Studying vibrational communication,* 13–30. Berlin: Springer.

Hill, P. S. M., and Wessel, A. (2016) Biotremology, *Current Biology,* 26(5), R187–R191.

Hines, H. M., et al. (2011) Wing patterning gene redefines the mimetic history of *Heliconius*

butterflies, *Proceedings of the National Academy of Sciences,* 108(49), 19666–19671.

Hiramatsu, C., et al. (2017) Experimental evidence that primate trichromacy is well suited for detecting primate social colour signals, *Proceedings of the Royal Society B: Biological Sciences,* 284(1856), 20162458.

Hiryu, S., et al. (2005) Doppler-shift compensation in the Taiwanese leaf-nosed bat (*Hipposideros terasensis*) recorded with a telemetry microphone system during flight, *Journal of the Acoustical Society of America,* 118(6), 3927–3933.

Hochner, B. (2012) An embodied view of octopus neurobiology, *Current Biology,* 22(20), R887–R892.

Hochner, B. (2013) How nervous systems evolve in relation to their embodiment: What we can learn from octopuses and other molluscs, *Brain, Behavior and Evolution,* 82(1), 19–30.

Hochstoeger, T., et al. (2020) The biophysical, molecular, and anatomical landscape of pigeon CRY4: A candidate light-based quantal magnetosensor, *Science Advances,* 6(33), eabb9110.

Hofer, B. (1908) Studien über die Hautsinnesorgane der Fische. I. Die Funktion der Seitenorgane bei den Fischen, *Berichte aus der Kgl. Bayerischen Biologischen Versuchsstation in München,* 1, 115–164.

Hoffstaetter, L. J., Bagriantsev, S. N., and Gracheva, E. O. (2018) TRPs et al.: A molecular toolkit for thermosensory adaptations, *Pflügers Archiv—European Journal of Physiology,* 470(5), 745–759.

Holderied, M. W., and von Helversen, O. (2003) Echolocation range and wingbeat period match in aerial-hawking bats, *Proceedings of the Royal Society B: Biological Sciences,* 270(1530), 2293–2299.

Holland, R. A., et al. (2006) Navigation: Bat orientation using Earth's magnetic field, *Nature,* 444(7120), 702.

Holy, T. E., and Guo, Z. (2005) Ultrasonic songs of male mice, *PLOS Biology,* 3(12), e386.

Hopkins, C., and Bass, A. (1981) Temporal coding of species recognition signals in an electric fish, *Science,* 212(4490), 85–87.

Hopkins, C. D. (1981) On the diversity of electric signals in a community of mormyrid electric fish in West *of Experimental Biology,* 213(15), 2665–2672.

Hanke, W., and Dehnhardt, G. (2015) Vibrissal touch in pinnipeds, *Scholarpedia,* 10(3), 6828.

Hanke, W., Römer, R., and Dehnhardt, G. (2006) Visual fields and eye movements in a harbor seal (*Phoca vitulina*), *Vision Research,* 46(17), 2804–2814.

Hardy, A. R., and Hale, M. E. (2020) Sensing the structural characteristics of surfaces: Texture encoding by a bottom-dwelling fish, *Journal of Experimental Biology,* 223(21), jeb227280.

Harley, H. E., Roitblat, H. L., and Nachtigall, P. E. (1996) Object representation in the bottle-nose dolphin (*Tursiops truncatus*): Integration of visual and echoic information, *Journal of Experimental Psychology: Animal Behavior Processes,* 22(2), 164–174.

Hart, N. S., et al. (2011) Microspectrophotometric evidence for cone monochromacy in sharks, *Naturwissenschaften,* 98(3), 193–201.

Hartline, P. H., Kass, L., and Loop, M. S. (1978) Merging of modalities in the optic tectum: Infrared and visual integration in rattlesnakes, *Science,* 199(4334), 1225–1229.

Hartzell, P. L., et al. (2011) Distribution and phylogeny of glacier ice worms (*Mesenchytraeus solifugus* and *Mesenchytraeus solifugus rainierensis*), *Canadian Journal of Zoology,* 83(9), 1206– 1213.

Haspel, G., et al. (2012) By the teeth of their skin, cavefish find their way, *Current Biology,* 22(16), R629–R630.

Haynes, K. F., et al. (2002) Aggressive chemical mimicry of moth pheromones by a bolas spider: How does this specialist predator attract more than one species of prey?, *Chemoecology,* 12(2), 99–105.

Healy, K., et al. (2013) Metabolic rate and body size are linked with perception of temporal information, *Animal Behaviour,* 86(4), 685–696.

Heffner, H. E. (1983) Hearing in large and small dogs: Absolute thresholds and size of the tympanic membrane, *Behavioral Neuroscience,* 97(2), 310–318.

Heffner, H. E., and Heffner, R. S. (2018) The evolution of mammalian hearing, in *To the ear and back again—Advances in auditory biophysics: Proceedings of the 13th Mechanics of Hearing Workshop,* St. Catharines, Canada, 130001. Available at: aip.scitation.org/doi/abs/10.1063/ 1.5038516.

Heffner, R. S., and Heffner, H. E. (1985) Hearing range of the domestic cat, *Hearing Research,* 19(1), 85–88.

Hein, C. M., et al. (2011) Robins have a magnetic compass in both eyes, *Nature,* 471(7340), E1. Heinrich, B. (1993) *The hot-blooded insects: Strategies and mechanisms of thermoregulation.* Berlin:

Springer.

Henninger, J., et al. (2018) Statistics of natural communication signals observed in the wild identify important yet neglected stimulus regimes in weakly electric fish, *Journal of Neuroscience,* 38(24), 5456–5465.

Henry, K. S., et al. (2011) Songbirds tradeoff auditory frequency resolution and temporal resolution, *Journal of Comparative Physiology A,* 197(4), 351–359.

Henson, O. W. (1965) The activity and function of the middle-ear muscles in echo-locating bats, *Journal of Physiology,* 180(4), 871–887.

Hepper, P. G. (1988) The discrimination of human odour by the dog, *Perception,* 17(4), 549–554.

Hepper, P. G., and Wells, D. L. (2005) How many footsteps do dogs need to determine the direction of an

Griffin, D. R., and Galambos, R. (1941) The sensory basis of obstacle avoidance by flying bats, *Journal of Experimental Zoology,* 86(3), 481–506.

Griffin, D. R., Webster, F. A., and Michael, C. R. (1960) The echolocation of flying insects by bats, *Animal Behaviour,* 8(3), 141–154.

Grinnell, A. D. (1966) Mechanisms of overcoming interference in echolocating animals, in Busnel, R.-G. (ed), *Animal Sonar Systems: Biology and Bionics,* 1, 451–480.

Grinnell, A .D., Gould, E., and Fenton, M. B. (2016) A history of the study of echolocation, in Fenton, M. B., et al. (eds), *Bat bioacoustics,* 1–24. New York: Springer.

Grinnell, A. D., and Griffin, D. R. (1958) The sensitivity of echolocation in bats, *Biological Bulletin,* 114(1), 10–22.

Gross, K., Pasinelli, G., and Kunc, H. P. (2010) Behavioral plasticity allows short-term adjust- ment to a novel environment, *The American Naturalist,* 176(4), 456–464.

Grüsser, O.-J. (1994) Early concepts on efference copy and reafference, *Behavioral and Brain Sciences,* 17(2), 262–265.

Gu, J.-J., et al. (2012) Wing stridulation in a Jurassic katydid (Insecta, Orthoptera) produced low-pitched musical calls to attract females, *Proceedings of the National Academy of Sciences,* 109(10), 3868–3873.

Günther, R. H., O'Connell-Rodwell, C. E., and Klemperer, S. L. (2004) Seismic waves from elephant vocalizations: A possible communication mode?, *Geophysical Research Letters,* 31(11).

Gutnick, T., et al. (2011) *Octopus vulgaris* uses visual information to determine the location of its arm, *Current Biology,* 21(6), 460–462.

Hagedorn, M. (2004) Essay: The lure of field research on electric fish, in von der Emde, G., Mogdans, J., and Kapoor, B. G. (eds), *The senses of fish: Adaptations for the reception of natural stimuli,* 362–368. Dordrecht: Springer.

Hagedorn, M., and Heiligenberg, W. (1985) Court and spark: Electric signals in the courtship and mating of gymnotoid fish, *Animal Behaviour,* 33(1), 254–265.

Hager, F. A., and Kirchner, W. H. (2013) Vibrational long-distance communication in the termites *Macrotermes natalensis* and *Odontotermes* sp., *Journal of Experimental Biology,* 216(17), 3249–3256.

Hager, F. A., and Krausa, K. (2019) Acacia ants respond to plant-borne vibrations caused by mammalian browsers, *Current Biology,* 29(5), 717–725.e3.

Halfwerk, W., et al. (2019) Adaptive changes in sexual signalling in response to urbanization, *Nature Ecology & Evolution,* 3(3), 374–380.

Hamel, J. A., and Cocroft, R. B. (2012) Negative feedback from maternal signals reduces false alarms by collectively signalling offspring, *Proceedings of the Royal Society B: Biological Sciences,* 279(1743), 3820–3826.

Han, C. S., and Jablonski, P. G. (2010) Male water striders attract predators to intimidate females into copulation, *Nature Communications,* 1(1), 52.

Hanke, F. D., and Kelber, A. (2020) The eye of the common octopus (*Octopus vulgaris*), *Frontiers in Physiology,* 10, 1637.

Hanke, W., et al. (2010) Harbor seal vibrissa morphology suppresses vortex-induced vibrations, *Journal* coral reef habitat, *Nature Communications,* 10(1), 5414.

Gorham, P. W. (2013) Ballooning spiders: The case for electrostatic flight, arXiv:1309.4731. Goris, R. C. (2011) Infrared organs of snakes: An integral part of vision, *Journal of Herpetology,* 45(1), 2–14.

Goté, J. T., et al. (2019) Growing tiny eyes: How juvenile jumping spiders retain high visual performance in the face of size limitations and developmental constraints, *Vision Research,* 160, 24–36.

Gould, E. (1965) Evidence for echolocation in the Tenrecidae of Madagascar, *Proceedings of the American Philosophical Society,* 109(6), 352–360.

Goutte, S., et al. (2017) Evidence of auditory insensitivity to vocalization frequencies in two frogs, *Scientific Reports,* 7(1), 12121.

Gracheva, E. O., et al. (2010) Molecular basis of infrared detection by snakes, *Nature,* 464(7291), 1006–1011.

Gracheva, E. O., et al. (2011) Ganglion-specific splicing of TRPV1 underlies infrared sensation in vampire bats, *Nature,* 476(7358), 88–91.

Gracheva, E. O., and Bagriantsev, S. N. (2015) Evolutionary adaptation to thermosensation, *Current Opinion in Neurobiology,* 34, 67–73.

Granger, J., et al. (2020) Gray whales strand more often on days with increased levels of atmospheric radio-frequency noise, *Current Biology,* 30(4), R155–R156.

Grant, R. A., Breakell, V., and Prescott, T. J. (2018) Whisker touch sensing guides locomotion

in small, quadrupedal mammals, *Proceedings of the Royal Society B: Biological Sciences,* 285(1880), 20180592.

Grant, R. A., Sperber, A. L., and Prescott, T. J. (2012) The role of orienting in vibrissal touch sensing, *Frontiers in Behavioral Neuroscience,* 6, 39.

Grasso, F. W. (2014) The octopus with two brains: How are distributed and central representations integrated in the octopus central nervous system?, in Darmaillacq, A.-S., Dickel, L., and Mather, J. (eds), *Cephalopod cognition,* 94–122. Cambridge: Cambridge University Press.

Graziadei, P. P., and Gagne, H. T. (1976) Sensory innervation in the rim of the octopus sucker, *Journal of Morphology,* 150(3), 639–679.

Greenwood, V. (2012) The humans with super human vision, *Discover Magazine.* Available at: www.discovermagazine.com/mind/the-humans-with-super-human-vision.

Gregory, J. E., et al. (1989) Responses of electroreceptors in the snout of the echidna, *Journal of Physiology,* 414, 521–538.

Greif, S., et al. (2017) Acoustic mirrors as sensory traps for bats, *Science,* 357(6355), 1045–1047. Griffin, D. R. (1944a) Echolocation by blind men, bats and radar, *Science,* 100(2609), 589–590. Griffin, D. R. (1944b) The sensory basis of bird navigation, *The Quarterly Review of Biology,* 19(1), 15–31.

Griffin, D. R. (1953) Bat sounds under natural conditions, with evidence for echolocation of insect prey, *Journal of Experimental Zoology,* 123(3), 435–465.

Griffin, D. R. (1974) *Listening in the dark: The acoustic orientation of bats and men.* New York: Dover Publications.

Griffin, D. R. (2001) Return to the magic well: Echolocation behavior of bats and responses of insect prey, *BioScience,* 51(7), 555–556.

Gehring, W. J., and Wehner, R. (1995) Heat shock protein synthesis and thermotolerance in *Cataglyphis,* an ant from the Sahara desert, *Proceedings of the National Academy of Sciences,* 92(7), 2994–2998.

Geipel, I., et al. (2019) Bats actively use leaves as specular reflectors to detect acoustically camouflaged prey, *Current Biology,* 29(16), 2731–2736.e3.

Geipel, I., Jung, K., and Kalko, E. K. V. (2013) Perception of silent and motionless prey on vegetation by echolocation in the gleaning bat *Micronycteris microtis, Proceedings of the Royal Society B: Biological Sciences,* 280(1754), 20122830.

Geiser, F. (2013) Hibernation, *Current Biology,* 23(5), R188–R193.

Gentle, M. J., and Breward, J. (1986) The bill tip organ of the chicken (*Gallus gallus* var. *domesticus*), *Journal of Anatomy,* 145, 79–85.

Ghose, K., Moss, C. F., and Horiuchi, T. K. (2007) Flying big brown bats emit a beam with two lobes in the vertical plane, *Journal of the Acoustical Society of America,* 122(6), 3717– 3724.

Gil, D., et al. (2015) Birds living near airports advance their dawn chorus and reduce overlap with aircraft noise, *Behavioral Ecology,* 26(2), 435–443.

Gill, A. B., et al. (2014) Marine renewable energy, electromagnetic (EM) fields and EM-sensitive animals, in Shields, M. A., and Payne, A. I. L. (eds), *Marine renewable energy technology and environmental interactions,* 61–79. Dordrecht: Springer.

Gläser, N., and Kröger, R. H. H. (2017) Variation in rhinarium temperature indicates sensory specializations in placental mammals, *Journal of Thermal Biology,* 67, 30–34.

Godfrey-Smith, P. (2016) *Other minds: The octopus, the sea, and the deep origins of consciousness.* New York: Farrar, Straus and Giroux.

Goerlitz, H. R., et al. (2010) An aerial-hawking bat uses stealth echolocation to counter moth hearing, *Current Biology,* 20(17), 1568–1572.

Goldberg, Y. P., et al. (2012) Human Mendelian pain disorders: A key to discovery and validation of novel analgesics, *Clinical Genetics,* 82(4), 367–373.

Goldbogen, J. A., et al. (2019) Extreme bradycardia and tachycardia in the world's largest animal, *Proceedings of the National Academy of Sciences,* 116(50), 25329–25332.

Gol'din, P. (2014) "Antlers inside": Are the skull structures of beaked whales (Cetacea: Ziphiidae) used for echoic imaging and visual display?, *Biological Journal of the Linnean Society,* 113(2), 510–515.

Goldsmith, T. H. (1980) Hummingbirds see near ultraviolet light, *Science,* 207(4432), 786–788. Gonzalez-Bellido, P. T., Wardill, T. J., and Juusola, M. (2011) Compound eyes and retinal in- formation processing in miniature dipteran species match their specific ecological de-

mands, *Proceedings of the National Academy of Sciences,* 108(10), 4224–4229.

Göpfert, M. C., and Hennig, R. M. (2016) Hearing in insects, *Annual Review of Entomology,* 61, 257–276.

Göpfert, M. C., Surlykke, A., and Wasserthal, L. T. (2002) Tympanal and atympanal "mouthears" in hawkmoths (Sphingidae), *Proceedings of the Royal Academy B: Biological Sciences,* 269(1486), 89–95.

Gordon, T. A. C., et al. (2018) Habitat degradation negatively affects auditory settlement behavior of coral reef fishes, *Proceedings of the National Academy of Sciences,* 115(20), 5193–5198.

Gordon, T. A. C., et al. (2019) Acoustic enrichment can enhance fish community development on degraded

Fransson, T., et al. (2001) Magnetic cues trigger extensive refuelling, *Nature,* 414(6859), 35–36. Friis, I., Sjulstok, E., and Solov'yov, I. A. (2017) Computational reconstruction reveals a candidate magnetic biocompass to be likely irrelevant for magnetoreception, *Scientific Reports,* 7(1), 13908.

Frisk, G. V. (2012) Noiseonomics: The relationship between ambient noise levels in the sea and global economic trends, *Scientific Reports,* 2(1), 437.

Fritsches, K. A., Brill, R. W., and Warrant, E. J. (2005) Warm eyes provide superior vision in swordfishes, *Current Biology,* 15(1), 55–58.

Fukutomi, M., and Carlson, B. A. (2020) A history of corollary discharge: Contributions of mormyrid weakly electric fish, *Frontiers in Integrative Neuroscience,* 14, 42.

Fullard, J. H., and Yack, J. E. (1993) The evolutionary biology of insect hearing, *Trends in Ecology & Evolution,* 8(7), 248–252.

Gagliardo, A., et al. (2013) Oceanic navigation in Cory's shearwaters: Evidence for a crucial role of olfactory cues for homing after displacement, *Journal of Experimental Biology,* 216(15), 2798–2805.

Gagnon, Y. L., et al. (2015) Circularly polarized light as a communication signal in mantis shrimps, *Current Biology,* 25(23), 3074–3078.

Gal, R., et al. (2014) Sensory arsenal on the stinger of the parasitoid jewel wasp and its possible role in identifying cockroach brains, *PLOS One,* 9(2), e89683.

Galambos, R., and Griffin, D. R. (1942) Obstacle avoidance by flying bats: The cries of bats, *Journal of Experimental Zoology,* 89(3), 475–490.

Gall, M. D., Salameh, T. S., and Lucas, J. R. (2013) Songbird frequency selectivity and temporal resolution vary with sex and season, *Proceedings of the Royal Society B: Biological Sciences,* 280(1751), 20122296.

Gall, M. D., and Wilczynski, W. (2015) Hearing conspecific vocal signals alters peripheral auditory sensitivity, *Proceedings of the Royal Society B: Biological Sciences,* 282(1808), 20150749.

Garcia-Larrea, L., and Bastuji, H. (2018) Pain and consciousness, *ProgressinNeuro-Psychopharmacology and Biological Psychiatry,* 87(Pt B), 193–199.

Gardiner, J. M., et al. (2014) Multisensory integration and behavioral plasticity in sharks from different ecological niches, *PLOS One,* 9(4), e93036.

Garm, A., and Nilsson, D.-E. (2014) Visual navigation in starfish: First evidence for the use of vision and eyes in starfish, *Proceedings of the Royal Society B: Biological Sciences,* 281(1777), 20133011.

Garstang, M., et al. (1995) Atmospheric controls on elephant communication, *Journal of Experimental Biology,* 198(Pt 4), 939–951.

Gaspard, J. C., et al. (2017) Detection of hydrodynamic stimuli by the postcranial body of Florida manatees (*Trichechus manatus latirostris*), *Journal of Comparative Physiology A,* 203(2), 111–120.

Gaston, K. J. (2019) Nighttime ecology: The "nocturnal problem" revisited, *The American Naturalist,* 193(4), 481–502.

Gavelis, G. S., et al. (2015) Eye-like ocelloids are built from different endosymbiotically acquired components, *Nature,* 523(7559), 204–207.

Gehring, J., Kerlinger, P., and Manville, A. (2009) Communication towers, lights, and birds: Successful methods of reducing the frequency of avian collisions, *Ecological Applications,* 19(2), 505–514.

Fedigan, L. M., et al. (2014) The heterozygote superiority hypothesis for polymorphic color vision is not supported by long-term fitness data from wild neotropical monkeys, *PLOS One,* 9(1), e84872.

Feller, K. D., et al. (2021) Surf and turf vision: Patterns and predictors of visual acuity in compound eye evolution, *Arthropod Structure & Development,* 60, 101002.

Fenton, M. B., et al. (eds), (2016) *Bat bioacoustics.* New York: Springer.

Fenton, M. B., Faure, P. A., and Ratcliffe, J. M. (2012) Evolution of high duty cycle echolocation in bats, *Journal of Experimental Biology,* 215(17), 2935–2944.

Fertin, A., and Casas, J. (2007) Orientation towards prey in antlions: Efficient use of wave propagation in sand, *Journal of Experimental Biology,* 210(19), 3337–3343.

Feynman, R. (1964) *The Feynman Lectures on Physics,* vol. II, ch. 9, *Electricity in the Atmosphere.* Available at: www.feynmanlectures.caltech.edu/II_09.html.

Finger, S., and Piccolino, M. (2011) *The shocking history of electric fishes: From ancient epochs to the birth of modern neurophysiology.* New York: Oxford University Press.

Finkbeiner, S. D., et al. (2017) Ultraviolet and yellow reflectance but not fluorescence is important for visual discrimination of conspecifics by *Heliconius erato, Journal of Experimental Biology,* 220(7), 1267–1276.

Finneran, J. J. (2013) Dolphin "packet" use during long-range echolocation tasks, *Journal of the Acoustical Society of America,* 133(3), 1796–1810.

Firestein, S. (2005) A Nobel nose: The 2004 Nobel Prize in Physiology and Medicine, *Neuron,* 45(3), 333–338.

Fishbein, A. R., et al. (2020) Sound sequences in birdsong: How much do birds really care?, *Philosophical Transactions of the Royal Society B: Biological Sciences,* 375(1789), 20190044.

Fleissner, G., et al. (2003) Ultrastructural analysis of a putative magnetoreceptor in the beak of homing pigeons, *Journal of Comparative Neurology,* 458(4), 350–360.

Fleissner, G., et al. (2007) A novel concept of Fe-mineral-based magnetoreception: Histological and physicochemical data from the upper beak of homing pigeons, *Naturwissenschaften,* 94(8), 631–642.

Forbes, A. A., et al. (2018) Quantifying the unquantifiable: Why Hymenoptera, not Coleoptera, is the most speciose animal order, *BMC Ecology,* 18(1), 21.

Ford, N. B., and Low, J. R. (1984) Sex pheromone source location by garter snakes, *Journal of Chemical Ecology,* 10(8), 1193–1199.

Forel, A. (1874) *Les fourmis de la Suisse: Syst*ématique, *notices anatomiques et physiologiques, architecture, distribution géographique, nouvelles expériences et observations de moeurs.* Zurich: Druck von Zürcher & Furrer. Fournier, J. P., et al. (2013) If a bird flies in the forest, does an insect hear it?, *Biology Letters,* 9(5), 20130319.

Fox, R., Lehmkuhle, S. W., and Westendorf, D. H. (1976) Falcon visual acuity, *Science,* 192(4236), 263–265.

Francis, C. D., et al. (2012) Noise pollution alters ecological services: Enhanced pollination and disrupted seed dispersal, *Proceedings of the Royal Society B: Biological Sciences,* 279(1739), 2727– 2735.

Francis, C. D., et al. (2017) Acoustic environments matter: Synergistic benefits to humans and ecological communities, *Journal of Environmental Management,* 203(Pt 1), 245–254.

cells, *Proceedings of the National Academy of Sciences,* 109(30), 12022–12027.

Einwich, A., et al. (2020) A novel isoform of cryptochrome 4 (Cry4b) is expressed in the retina of a night-migratory songbird, *Scientific Reports,* 10(1), 15794.

Eisemann, C. H., et al. (1984) Do insects feel pain? A biological view, *Experientia,* 40(2), 164– 167.

Eisenberg, J. F., and Gould, E. (1966) The behavior of *Solenodon paradoxus* in captivity with comments on the behavior of other insectivora, *Zoologica,* 51(4), 49–60.

Eisthen, H. L. (2002) Why are olfactory systems of different animals so similar?, *Brain, Behavior and Evolution,* 59(5–6), 273–293.

Elemans, C. P. H., et al. (2011) Superfast muscles set maximum call rate in echolocating bats, *Science,* 333(6051), 1885–1888.

Elwood, R. W. (2011) Pain and suffering in invertebrates?, *ILAR Journal,* 52(2), 175–184. Elwood, R. W. (2019) Discrimination between nociceptive reflexes and more complex re-sponses consistent with pain in crustaceans, *Philosophical Transactions of the Royal Society B: Biological Sciences,* 374(1785), 20190368.

Elwood, R. W., and Appel, M. (2009) Pain experience in hermit crabs?, *Animal Behaviour,* 77(5), 1243–1246.

Embar, K., et al. (2018) Pit fights: Predators in evolutionarily independent communities, *Journal of Mammalogy,* 99(5), 1183–1188.

Emerling, C. A., and Springer, M. S. (2015) Genomic evidence for rod monochromacy in sloths and armadillos suggests early subterranean history for *Xenarthra, Proceedings of the Royal Society B: Biological Sciences,* 282(1800), 20142192.

Engels, S., et al. (2012) Night-migratory songbirds possess a magnetic compass in both eyes, *PLOS One,* 7(9), e43271.

Engels, S., et al. (2014) Anthropogenic electromagnetic noise disrupts magnetic compass orien- tation in a migratory bird, *Nature,* 509(7500), 353–356.

Erbe, C., et al. (2019) The effects of ship noise on marine mammals—A review, *Frontiers in Marine Science,* 6, 606.

Erbe, C., Dunlop, R., and Dolman, S. (2018) Effects of noise on marine mammals, in Slab- bekoorn, H., et al. (eds), *Effects of anthropogenic noise on animals,* 277–309. New York: Springer.

Eriksson, A., et al. (2012) Exploitation of insect vibrational signals reveals a new method of pest management, *PLOS One,* 7(3), e32954.

Etheredge, J. A., et al. (1999) Monarch butterflies (*Danaus plexippus* L.) use a magnetic compass for navigation, *Proceedings of the National Academy of Sciences,* 96(24), 13845–13846.

European Parliament, Council of the European Union (2010) Directive 2010/63/EU of the European Parliament and of the Council of 22 September 2010 on the protection of ani- mals used for scientific purposes: Text with EEA relevance, L 276(20.10.2010), 33–79.

Evans, J. E., et al. (2012) Short-term physiological and behavioural effects of high- versus low- frequency fluorescent light on captive birds, *Animal Behaviour,* 83(1), 25–33.

Falchi, F., et al. (2016) The new world atlas of artificial night sky brightness, *Science Advances,* 2(6), e1600377.

410(6826), 363–366.

Dominy, N. J., Svenning, J.-C., and Li, W.-H. (2003) Historical contingency in the evolution of primate color vision, *Journal of Human Evolution,* 44(1), 25–45.

Dooling, R. J., et al. (2002) Auditory temporal resolution in birds: Discrimination of harmonic complexes, *Journal of the Acoustical Society of America,* 112(2), 748–759.

Dooling, R. J., Lohr, B., and Dent, M. L. (2000) Hearing in birds and reptiles, in Dooling, R. J., Fay, R. R., and Popper, A. N. (eds), *Comparative hearing: Birds and reptiles,* 308–359. New York: Springer.

Dooling, R. J., and Prior, N. H. (2017) Do we hear what birds hear in birdsong?, *Animal Behaviour,* 124, 283–289.

Douglas, R. H., and Jeffery, G. (2014) The spectral transmission of ocular media suggests ultraviolet sensitivity is widespread among mammals, *Proceedings of the Royal Society B: Biological Sciences,* 281(1780), 20132995.

Dreyer, D., et al. (2018) The Earth's magnetic field and visual landmarks steer migratory flight behavior in the nocturnal Australian bogong moth, *Current Biology,* 28(13), 2160– 2166.e5.

Du, W.-G., et al. (2011) Behavioral thermoregulation by turtle embryos, *Proceedings of the National Academy of Sciences,* 108(23), 9513–9515.

Duarte, C. M., et al. (2021) The soundscape of the Anthropocene ocean, *Science,* 371(6529), eaba4658.

Dunlop, R., and Laming, P. (2005) Mechanoreceptive and nociceptive responses in the central nervous system of goldfish (*Carassius auratus*) and trout (*Oncorhynchus mykiss*), *Journal of Pain,* 6(9), 561–568.

Dunning, D. C., and Roeder, K. D. (1965) Moth sounds and the insect-catching behavior of bats, *Science,* 147(3654), 173–174.

Duranton, C., and Horowitz, A. (2019) Let me sniff! Nosework induces positive judgment bias in pet dogs, *Applied Animal Behaviour Science,* 211, 61–66.

Durso, A. (2013) Non-toxic venoms?, *Life is short, but snakes are long* (blog). Available at: snakesarelong.blogspot.com/2013/03/non-toxic-venoms.html.

Dusenbery, D. B. (1992) *Sensory ecology: How organisms acquire and respond to information.* New York: W. H. Freeman.

Dusenbery, M. (2018) *Doing harm: The truth about how bad medicine and lazy science leave women dismissed, misdiagnosed, and sick.* New York: HarperOne.

Eaton, J. (2014) When it comes to smell, the turkey vulture stands (nearly) alone, *Bay Nature.* Available at: baynature.org/article/comes-smell-turkey-vulture-stands-nearly-alone/.

Eaton, M. D. (2005) Human vision fails to distinguish widespread sexual dichromatism among sexually "monochromatic" birds, *Proceedings of the National Academy of Sciences,* 102(31), 10942–10946.

Ebert, J., and Westhoff, G. (2006) Behavioural examination of the infrared sensitivity of rattlesnakes (*Crotalus atrox*), *Journal of Comparative Physiology A,* 192(9), 941–947.

Edelman, N. B., et al. (2015) No evidence for intracellular magnetite in putative vertebrate magnetoreceptors identified by magnetic screening, *Proceedings of the National Academy of Sciences,* 112(1), 262–267.

Eder, S. H. K., et al. (2012) Magnetic characterization of isolated candidate vertebrate magnetoreceptor

Darwin, C. (1958) *The origin of species by means of natural selection.* New York: Signet.

De Brito Sanchez, M. G., et al. (2014) The tarsal taste of honey bees: Behavioral and electrophysiological analyses, *Frontiers in Behavioral Neuroscience,* 8.

Degen, T., et al. (2016) Street lighting: Sex-independent impacts on moth movement, *Journal of Animal Ecology,* 85(5), 1352–1360.

DeGennaro, M., et al. (2013) *Orco* mutant mosquitoes lose strong preference for humans and are not repelled by volatile DEET, *Nature,* 498(7455), 487–491.

Dehnhardt, G., et al. (2001) Hydrodynamic trail-following in harbor seals (*Phoca vitulina*), *Science,* 293(5527), 102–104.

Dehnhardt, G., Mauck, B., and Hyvärinen, H. (1998) Ambient temperature does not affect the tactile sensitivity of mystacial vibrissae in harbour seals, *Journal of Experimental Biology,* 201(22), 3023–3029.

Dennis, E. J., Goldman, O. V., and Vosshall, L. B. (2019) *Aedes aegypti* mosquitoes use their legs to sense DEET on contact, *Current Biology,* 29(9), 1551–1556.e5.

Derryberry, E. P., et al. (2020) Singing in a silent spring: Birds respond to a half-century soundscape reversion during the COVID-19 shutdown, *Science,* 370(6516), 575–579.

DeRuiter, S. L., et al. (2013) First direct measurements of behavioural responses by Cuvier's beaked whales to mid-frequency active sonar, *Biology Letters,* 9(4), 20130223.

De Santana, C. D., et al. (2019) Unexpected species diversity in electric eels with a description of the strongest living bioelectricity generator, *Nature Communications,* 10(1), 4000.

D'Estries, M. (2019) This bat-friendly town turned the night red, *Treehugger.* Available at: www.treehugger.com/worlds-first-bat-friendly-town-turns-night-red-4868381.

D'Ettorre, P. (2016) Genomic and brain expansion provide ants with refined sense of smell, *Proceedings of the National Academy of Sciences,* 113(49), 13947–13949.

Deutschlander, M. E., Borland, S. C., and Phillips, J. B. (1999) Extraocular magnetic compass in newts, *Nature,* 400(6742), 324–325.

Diderot, D. (1749) Lettre sur les aveugles à l'usage de ceux qui voient. Available at: www.google.com/books/edition/Lettre_sur_les_aveugles/W3oHAAAAQAAJ?hl=en&gbpv=1.

Dijkgraaf, S. (1963) The functioning and significance of the lateral-line organs, *Biological Reviews,* 38(1), 51–105.

Dijkgraaf, S. (1989) A short personal review of the history of lateral line research, in Coombs, S., Görner, P., and Münz, H. (eds), *The mechanosensory lateral line,* 7–14. New York: Springer.

Dijkgraaf, S., and Kalmijn, A. J. (1962) Verhaltensversuche zur Funktion der Lorenzinischen Ampullen, *Naturwissenschaften,* 49, 400.

Dinets, V. (2016) No cortex, no cry, *Animal Sentience,* 1(3).

Di Silvestro, R. (2012) Spider-Man vs the real deal: Spider powers, National Wildlife Foun- dation blog. Available at: blog.nwf.org/2012/06/spiderman-vs-the-real-deal-spider-powers/.

Dominoni, D. M., et al. (2020) Why conservation biology can benefit from sensory ecology, *Nature Ecology & Evolution,* 4(4), 502–511.

Dominy, N. J., and Lucas, P. W. (2001) Ecological importance of trichromatic vision to primates, *Nature,*

1125.

Crook, R. J., Hanlon, R. T., and Walters, E. T. (2013) Squid have nociceptors that display widespread long-term sensitization and spontaneous activity after bodily injury, *Journal of Neuroscience,* 33(24), 10021–10026.

Crook, R. J., and Walters, E. T. (2014) Neuroethology: Self-recognition helps octopuses avoid entanglement, *Current Biology,* 24(11), R520–R521.

Cross, F. R., et al. (2020) Arthropod intelligence? The case for Portia, *Frontiers in Psychology,* 11.

Crowe-Riddell, J. M., Simões, B. F., et al. (2019) Phototactic tails: Evolution and molecular basis of a novel sensory trait in sea snakes, *Molecular Ecology,* 28(8), 2013–2028.

Crowe-Riddell, J. M., Williams, R., et al. (2019) Ultrastructural evidence of a mechanosensory function of scale organs (sensilla) in sea snakes (Hydrophiinae), *Royal Society Open Science,* 6(4), 182022.

Cullen, K. E. (2004) Sensory signals during active versus passive movement, *Current Opinion in Neurobiology,* 14(6), 698–706.

Cummings, M. E., Rosenthal, G. G., and Ryan, M. J. (2003) A private ultraviolet channel in visual communication, *Proceedings of the Royal Society B: Biological Sciences,* 270(1518), 897– 904.

Cunningham, S., et al. (2010) Bill morphology of ibises suggests a remote-tactile sensory system for prey detection, *The Auk,* 127(2), 308–316.

Cunningham, S., Castro, I., and Alley, M. (2007) A new prey-detection mechanism for kiwi (*Apteryx* spp.) suggests convergent evolution between paleognathous and neognathous birds, *Journal of Anatomy,* 211(4), 493–502.

Cunningham, S. J., Alley, M. R., and Castro, I. (2011) Facial bristle feather histology and morphology in New Zealand birds: Implications for function, *Journal of Morphology,* 272(1), 118–128.

Cuthill, I. C., et al. (2017) The biology of color, *Science,* 357(6350), eaan0221.

Czaczkes, T. J., et al. (2018) Reduced light avoidance in spiders from populations in lightpolluted urban environments, *Naturwissenschaften,* 105(11–12), 64.

Czech-Damal, N. U., et al. (2012) Electroreception in the Guiana dolphin (*Sotalia guianensis*), *Proceedings of the Royal Society B: Biological Sciences,* 279(1729), 663–668.

Czech-Damal, N. U., et al. (2013) Passive electroreception in aquatic mammals, *Journal of Comparative Physiology A,* 199(6), 555–563.

Daan, S., Barnes, B. M., and Strijkstra, A. M. (1991) Warming up for sleep? Ground squirrels sleep during arousals from hibernation, *Neuroscience Letters,* 128(2), 265–268.

Daly, I., et al. (2016) Dynamic polarization vision in mantis shrimps, *Nature Communications,* 7, 12140.

Daly, I. M., et al. (2018) Complex gaze stabilization in mantis shrimp, *Proceedings of the Royal Society B: Biological Sciences,* 285(1878), 20180594.

Dangles, O., Casas, J., and Coolen, I. (2006) Textbook cricket goes to the field: The ecological scene of the neuroethological play, *Journal of Experimental Biology,* 209(3), 393–398.

Darwin, C. (1871) *The descent of man, and selection in relation to sex.* London: J. Murray.

Darwin, C. (1890) *The formation of vegetable mould, through the action of worms, with observations on their habits*. New York: D. Appleton and Company.

temperatures, *eLife,* 4, e11750.

Costa, D. (1993) The secret life of marine mammals: Novel tools for studying their behavior and biology at sea, *Oceanography,* 6(3), 120–128.

Costa, D., and Kooyman, G. (2011) Oxygen consumption, thermoregulation, and the effect of fur oiling and washing on the sea otter, *Enhydra lutris, Canadian Journal of Zoology,* 60(11), 2761–2767.

Cowart, L. (2021) *Hurts so good: The science and culture of pain on purpose.* New York: PublicAffairs.

Cox, J. J., et al. (2006) An SCN9A channelopathy causes congenital inability to experience pain, *Nature,* 444(7121), 894–898.

Crampton, W. G. R. (2019) Electroreception, electrogenesis and electric signal evolution, *Journal of Fish Biology,* 95(1), 92–134.

Cranford, T. W., Amundin, M., and Norris, K. S. (1996) Functional morphology and homology in the odontocete nasal complex: Implications for sound generation, *Journal of Mor- phology,* 228(3), 223–285.

Crapse, T. B., and Sommer, M. A. (2008) Corollary discharge across the animal kingdom, *Nature Reviews Neuroscience,* 9(8), 587–600.

Craven, B. A., Paterson, E. G., and Settles, G. S. (2010) The fluid dynamics of canine olfaction: Unique nasal airflow patterns as an explanation of macrosmia, *Journal of the Royal Society Interface,* 7(47), 933–943.

Crish, C., Crish, S., and Comer, C. (2015) Tactile sensing in the naked mole rat, *Scholarpedia,* 10(3), 7164.

Cronin, T. W. (2018) A different view: Sensory drive in the polarized-light realm, *Current Zoology,* 64(4), 513–523.

Cronin, T. W., et al. (2014) *Visual Ecology.* Princeton, NJ: Princeton University Press.

Cronin, T. W., and Bok, M. J. (2016) Photoreception and vision in the ultraviolet, *Journal of Experimental Biology,* 219(18), 2790–2801.

Cronin, T. W., and Marshall, N. J. (1989a) A retina with at least ten spectral types of photoreceptors in a mantis shrimp, *Nature,* 339(6220), 137–140.

Cronin, T. W., and Marshall, N. J. (1989b) Multiple spectral classes of photoreceptors in the retinas of gonodactyloid stomatopod crustaceans, *Journal of Comparative Physiology A,* 166(2), 261–275.

Cronin, T. W., Marshall, N. J., and Caldwell, R. L. (2017) Stomatopod vision, in Sherman, S. M. (ed), *Oxford research encyclopedia of neuroscience.* New York: Oxford University Press. Available at: oxfordre.com/neuroscience/view/10.1093/acrefore/9780190264086.001.0001/acrefore-9780190264086-e-157.

Cronon, W. (1996) The trouble with wilderness; Or, getting back to the wrong nature, *Environmental History,* 1(1), 7–28.

Crook, R. J. (2021) Behavioral and neurophysiological evidence suggests affective pain experience in octopus, *iScience,* 24(3), 102229.

Crook, R. J., et al. (2011) Peripheral injury induces long-term sensitization of defensive responses to visual and tactile stimuli in the squid *Loligo pealeii,* Lesueur 1821, *Journal of Experimental Biology,* 214(19), 3173–3185.

Crook, R. J., et al. (2014) Nociceptive sensitization reduces predation risk, *Current Biology,* 24(10), 1121–

Clark, R., and Ramirez, G. (2011) Rosy boas (*Lichanura trivirgata*) use chemical cues to identify female mice (*Mus musculus*) with litters of dependent young, *Herpetological Journal,* 21(3), 187–191.

Clarke, D., et al. (2013) Detection and learning of floral electric fields by bumblebees, *Science,* 340(6128), 66–69.

Clarke, D., Morley, E., and Robert, D. (2017) The bee, the flower, and the electric field: Electric ecology and aerial electroreception, *Journal of Comparative Physiology A,* 203(9), 737– 748.

Cocroft, R. (1999) Offspring-parent communication in a subsocial treehopper (Hemiptera: Membracidae: *Umbonia crassicornis*), *Behaviour,* 136(1), 1–21.

Cocroft, R. B. (2011) The public world of insect vibrational communication, *Molecular Ecology,* 20(10), 2041–2043.

Cocroft, R. B., and Rodríguez, R. L. (2005) The behavioral ecology of insect vibrational communication, *BioScience,* 55(4), 323–334.

Cohen, K. E., et al. (2020) Knowing when to stick: Touch receptors found in the remora adhesive disc, *Royal Society Open Science,* 7(1), 190990.

Cohen, K. L., Seid, M. A., and Warkentin, K. M. (2016) How embryos escape from danger: The mechanism of rapid, plastic hatching in red-eyed treefrogs, *Journal of Experimental Biology,* 219(12), 1875–1883.

Cokl, A., and Virant-Doberlet, M. (2003) Communication with substrate-borne signals in small plant-dwelling insects, *Annual Review of Entomology,* 48, 29–50.

Cole, J. (2016) *Losing touch: A man without his body.* Oxford: Oxford University Press.

Collin, S. P. (2019) Electroreception in vertebrates and invertebrates, in Choe, J. C. (ed), *Encyclopedia of animal behavior,* 2nd ed., 120–131. Amsterdam: Elsevier.

Collin, S. P., et al. (2009) The evolution of early vertebrate photoreceptors, *Philosophical Transactions of the Royal Society B: Biological Sciences,* 364(1531), 2925–2940.

Collins, C. E., Hendrickson, A., and Kaas, J. H. (2005) Overview of the visual system of Tarsius, *The Anatomical Record: Part A, Discoveries in Molecular, Cellular, and Evolutionary Biology,* 287(1), 1013–1025.

Colour Blind Awareness (n.d.) Living with Colour Vision Deficiency, Colour Blind Awareness. Available at: www.colourblindawareness.org/colour-blindness/living-with-colour-vision-deficiency/.

Conner, W. E., and Corcoran, A. J. (2012) Sound strategies: The 65-million-year-old battle between bats and insects, *Annual Review of Entomology,* 57(1), 21–39.

Corbet, S. A., Beament, J., and Eisikowitch, D. (1982) Are electrostatic forces involved in pollen transfer?, *Plant, Cell & Environment,* 5(2), 125–129.

Corcoran, A. J., et al. (2011) How do tiger moths jam bat sonar?, *Journal of Experimental Biology,* 214(14), 2416–2425.

Corcoran, A. J., Barber, J. R., and Conner, W. E. (2009) Tiger moth jams bat sonar, *Science,* 325(5938), 325–327.

Corcoran, A. J., and Moss, C. F. (2017) Sensing in a noisy world: Lessons from auditory specialists, echolocating bats, *Journal of Experimental Biology,* 220(24), 4554–4566.

Corfas, R. A., and Vosshall, L. B. (2015) The cation channel TRPA1 tunes mosquito thermotaxis to host

Chatigny, F. (2019) The controversy on fish pain: A veterinarian's perspective, *Journal of Applied Animal Welfare Science,* 22(4), 400–410.

Chen, P.-J., et al. (2016) Extreme spectral richness in the eye of the common bluebottle butterfly, *Graphium sarpedon, Frontiers in Ecology and Evolution,* 4, 12.

Chen, Q., et al. (2012) Reduced performance of prey targeting in pit vipers with contralaterally occluded infrared and visual senses, *PLOS One,* 7(5), e34989.

Chernetsov, N., Kishkinev, D., and Mouritsen, H. (2008) A long-distance avian migrant compensates for longitudinal displacement during spring migration, *Current Biology,* 18(3), 188–190.

Chiou, T.-H., et al. (2008) Circular polarization vision in a stomatopod crustacean, *Current Biology,* 18(6), 429–434.

Chiszar, D., et al. (1983) Strike-induced chemosensory searching by rattlesnakes: The role of envenomation-related chemical cues in the post-strike environment, in Müller-Schwarze, D., and Silverstein, R. M. (eds), *Chemical signals in vertebrates,* 3:1–24. Boston: Springer.

Chiszar, D., et al. (1999) Discrimination between envenomated and nonenvenomated prey by western diamondback rattlesnakes (*Crotalus atrox*): Chemosensory consequences of venom, *Copeia,* 1999(3), 640–648.

Chiszar, D., Walters, A., and Smith, H. M. (2008) Rattlesnake preference for envenomated prey: Species specificity, *Journal of Herpetology,* 42(4), 764–767.

Chittka, L. (1997) Bee color vision is optimal for coding flower color, but flower colors are not optimal for being coded—why?, *Israel Journal of Plant Sciences,* 45(2–3), 115–127.

Chittka, L., and Menzel, R. (1992) The evolutionary adaptation of flower colours and the insect pollinators' colour vision, *Journal of Comparative Physiology A,* 171(2), 171–181.

Chittka, L., and Niven, J. (2009) Are bigger brains better?, *Current Biology,* 19(21), R995–R1008. Chiu, C., and Moss, C. F. (2008) When echolocating bats do not echolocate, *Communicative &*

Integrative Biology, 1(2), 161–162.

Chiu, C., Xian, W., and Moss, C. F. (2008) Flying in silence: Echolocating bats cease vocalizing to avoid sonar jamming, *Proceedings of the National Academy of Sciences,* 105(35), 13116– 13121.

Chiu, C., Xian, W., and Moss, C. F. (2009) Adaptive echolocation behavior in bats for the analysis of auditory scenes, *Journal of Experimental Biology,* 212(9), 1392–1404.

Cinzano, P., Falchi, F., and Elvidge, C. D. (2001) The first world atlas of the artificial night sky brightness, *Monthly Notices of the Royal Astronomical Society,* 328(3), 689–707.

Clark, C. J., LePiane, K., and Liu, L. (2020) Evolution and ecology of silent flight in owls and other flying vertebrates, *Integrative Organismal Biology,* 2(1), obaa001.

Clark, C. W., and Gagnon, G. C. (2004) Low-frequency vocal behaviors of baleen whales in the North Atlantic: Insights from IUSS detections, locations and tracking from 1992 to 1996, *Journal of Underwater Acoustics,* 52, 609–640.

Clark, G. A., and de Cruz, J. B. (1989) Functional interpretation of protruding filoplumes in oscines, *The Condor,* 91(4), 962–965.

Clark, R. (2004) Timber rattlesnakes (*Crotalus horridus*) use chemical cues to select ambush sites, *Journal of Chemical Ecology,* 30(3), 607–617.

Ecology and Evolution, 5, 34.

Casas, J., and Dangles, O. (2010) Physical ecology of fluid flow sensing in arthropods, *Annual Review of Entomology,* 55(1), 505–520.

Casas, J., and Steinmann, T. (2014) Predator-induced flow disturbances alert prey, from the onset of an attack, *Proceedings of the Royal Society B: Biological Sciences,* 281(1790), 20141083.

Catania, K. C. (1995a) Magnified cortex in star-nosed moles, *Nature,* 375(6531), 453–454.

Catania, K. C. (1995b) Structure and innervation of the sensory organs on the snout of the star-nosed mole, *Journal of Comparative Neurology,* 351(4), 536–548.

Catania, K. C. (2006) Olfaction: Underwater "sniffing" by semi-aquatic mammals, *Nature,* 444(7122), 1024–1025.

Catania, K. C. (2008) Worm grunting, fiddling, and charming—Humans unknowingly mimic a predator to harvest bait, *PLOS One,* 3(10), e3472.

Catania, K. C. (2011) The sense of touch in the star-nosed mole: From mechanoreceptors to the brain, *Philosophical Transactions of the Royal Society B: Biological Sciences,* 366(1581), 3016– 3025.

Catania, K. C. (2016) Leaping eels electrify threats, supporting Humboldt's account of a battle with horses, *Proceedings of the National Academy of Sciences,* 113(25), 6979–6984.

Catania, K. C. (2019) The astonishing behavior of electric eels, *Frontiers in Integrative Neuroscience,* 13, 23.

Catania, K. C., et al. (1993) Nose stars and brain stripes, *Nature,* 364(6437), 493.

Catania, K. C., and Kaas, J. H. (1997a) Somatosensory fovea in the star-nosed mole: Behavioral use of the star in relation to innervation patterns and cortical representation, *Journal of Comparative Neurology,* 387(2), 215–233.

Catania, K. C., and Kaas, J. H. (1997b) The mole nose instructs the brain, *Somatosensory & Motor Research,* 14(1), 56–58.

Catania, K. C., Northcutt, R. G., and Kaas, J. H. (1999) The development of a biological novelty: A different way to make appendages as revealed in the snout of the star-nosed mole *Condylura cristata, Journal of Experimental Biology,* 202(Pt 20), 2719–2726.

Catania, K. C., and Remple, F. E. (2004) Tactile foveation in the star-nosed mole, *Brain, Behavior and Evolution,* 63(1), 1–12.

Catania, K. C., and Remple, F. E. (2005) Asymptotic prey profitability drives star-nosed moles to the foraging speed limit, *Nature,* 433(7025), 519–522.

Catania, K. C., and Remple, M. S. (2002) Somatosensory cortex dominated by the representation of teeth in the naked mole-rat brain, *Proceedings of the National Academy of Sciences,* 99(8), 5692–5697.

Caves, E. M., Brandley, N. C., and Johnsen, S. (2018) Visual acuity and the evolution of signals, *Trends in Ecology & Evolution,* 33(5), 358–372.

Ceballos, G., Ehrlich, P. R., and Dirzo, R. (2017) Biological annihilation via the ongoing sixth mass extinction signaled by vertebrate population losses and declines, *Proceedings of the National Academy of Sciences,* 114(30), E6089–E6096.

Chappuis, C. J., et al. (2013) Water vapour and heat combine to elicit biting and biting persistence in tsetse, *Parasites & Vectors,* 6(1), 240.

Caprio, J. (1975) High sensitivity of catfish taste receptors to amino acids, *Comparative Biochemistry and Physiology Part A: Physiology,* 52(1), 247–251.

Caprio, J., et al. (1993) The taste system of the channel catfish: From biophysics to behavior, *Trends in Neurosciences,* 16(5), 192–197.

Caputi, A. A. (2017) Active electroreception in weakly electric fish, in Sherman, S. M. (ed), *Oxford research encyclopedia of neuroscience.* New York: Oxford University Press. Available at: DOI: 10.1093/acrefore/9780190264086.013.106.

Caputi, A. A., et al. (2013) On the haptic nature of the active electric sense of fish, *Brain Research,* 1536, 27–43.

Caputi, Á. A., Aguilera, P. A., and Pereira, A. C. (2011) Active electric imaging: Body-object interplay and object's "electric texture," *PLOS One,* 6(8), e22793.

Caras, M. L. (2013) Estrogenic modulation of auditory processing: A vertebrate comparison, *Frontiers in Neuroendocrinology,* 34(4), 285–299.

Carlson, B. A. (2002) Electric signaling behavior and the mechanisms of electric organ discharge production in mormyrid fish, *Journal of Physiology-Paris,* 96(5), 405–419.

Carlson, B. A., et al. (eds), (2019) *Electroreception: Fundamental insights from comparative approaches.* Cham: Springer.

Carlson, B. A., and Arnegard, M. E. (2011) Neural innovations and the diversification of African weakly electric fishes, *Communicative & Integrative Biology,* 4(6), 720–725.

Carlson, B. A., and Sisneros, J. A. (2019) A brief history of electrogenesis and electroreception in fishes, in Carlson, B. A., et al. (eds), *Electroreception: Fundamental insights from comparative approaches,* 1–23. Cham: Springer.

Caro, T. M. (2016) *Zebra stripes.* Chicago: University of Chicago Press.

Caro, T., et al. (2019) Benefits of zebra stripes: Behaviour of tabanid flies around zebras and horses, *PLOS One,* 14(2), e0210831.

Carpenter, C. W., et al. (2018) Human ability to discriminate surface chemistry by touch, *Materials Horizons,* 5(1), 70–77.

Carr, A. (1995) Notes on the behavioral ecology of sea turtles, in Bjorndal, K. A. (ed), *Biology and conservation of sea turtles,* rev. ed., 19–26. Washington, DC: Smithsonian Institution Press.

Carr, A. L., and Salgado, V. L. (2019) Ticks home in on body heat: A new understanding of Haller's organ and repellent action, *PLOS One,* 14(8), e0221659.

Carr, C. E., and Christensen-Dalsgaard, J. (2015) Sound localization strategies in three predators, *Brain, Behavior and Evolution,* 86(1), 17–27.

Carr, C. E., and Christensen-Dalsgaard, J. (2016) Evolutionary trends in directional hearing, *Current Opinion in Neurobiology,* 40, 111–117.

Carr, T. D., et al. (2017) A new tyrannosaur with evidence for anagenesis and crocodile-like facial sensory system, *Scientific Reports,* 7(1), 44942.

Carrete, M., et al. (2012) Mortality at wind-farms is positively related to large-scale distribution and aggregation in griffon vultures, *Biological Conservation,* 145(1), 102–108.

Carvalho, L. S., et al. (2017) The genetic and evolutionary drives behind primate color vision, *Frontiers in*

Brown, F. A. (1962) Responses of the planarian, dugesia, and the protozoan, paramecium, to very weak horizontal magnetic fields, *Biological Bulletin,* 123(2), 264–281.

Brown, F. A., Webb, H. M., and Barnwell, F. H. (1964) A compass directional phenomenon in mud-snails and its relation to magnetism, *Biological Bulletin,* 127(2), 206–220.

Brown, R. E., and Fedde, M. R. (1993) Airflow sensors in the avian wing, *Journal of Experimental Biology,* 179(1), 13–30.

Brownell, P., and Farley, R. D. (1979a) Detection of vibrations in sand by tarsal sense organs of the nocturnal scorpion, *Paruroctonus mesaensis, Journal of Comparative Physiology A,* 131(1), 23–30.

Brownell, P., and Farley, R. D. (1979b) Orientation to vibrations in sand by the nocturnal scorpion, *Paruroctonus mesaensis:* Mechanism of target localization, *Journal of Comparative Physiology A,* 131(1), 31–38.

Brownell, P., and Farley, R. D. (1979c) Prey-localizing behaviour of the nocturnal desert scorpion, *Paruroctonus mesaensis*: Orientation to substrate vibrations, *Animal Behaviour,* 27(Pt 1), 185–193.

Brownell, P. H. (1984) Prey detection by the sand scorpion, *Scientific American,* 251(6), 86–97. Brumm, H. (2004) The impact of environmental noise on song amplitude in a territorial bird, *Journal of Animal Ecology,* 73(3), 434–440.

Brunetta, L., and Craig, C. L. (2012) *Spider silk: Evolution and 400 million years of spinning, waiting, snagging, and mating.* New Haven, CT: Yale University Press.

Bryant, A. S., et al. (2018) A critical role for thermosensation in host seeking by skin-penetrating nematodes, *Current Biology,* 28(14), 2338–2347.e6.

Bryant, A. S., and Hallem, E. A. (2018) Temperature-dependent behaviors of parasitic helminths, *Neuroscience Letters,* 687, 290–303.

Bullock, T. H. (1969) Species differences in effect of electroreceptor input on electric organ pacemakers and other aspects of behavior in electric fish, *Brain, Behavior and Evolution,* 2(2), 102–118.

Bullock, T. H., Behrend, K., and Heiligenberg, W. (1975) Comparison of the jamming avoidance responses in Gymnotoid and Gymnarchid electric fish: A case of convergent evolution of behavior and its sensory basis, *Journal of Comparative Physiology,* 103(1), 97–121.

Bullock, T. H., and Diecke, F. P. J. (1956) Properties of an infra-red receptor, *Journal of Physiology,* 134(1), 47–87.

Bush, N. E., Solla, S. A., and Hartmann, M. J. (2016) Whisking mechanics and active sensing, *Current Opinion in Neurobiology,* 40, 178–188.

Buxton, R. T., et al. (2017) Noise pollution is pervasive in U.S. protected areas, *Science,* 356(6337), 531–533.

Cadena, V., et al. (2013) Evaporative respiratory cooling augments pit organ thermal detection in rattlesnakes, *Journal of Comparative Physiology A,* 199(12), 1093–1104.

Caldwell, M. S., McDaniel, J. G., and Warkentin, K. M. (2010) Is it safe? Red-eyed treefrog embryos assessing predation risk use two features of rain vibrations to avoid false alarms, *Animal Behaviour,* 79(2), 255–260.

Calma, J. (2020) The pandemic turned the volume down on ocean noise pollution, *The Verge.* Available at: www.theverge.com/22166314/covid-19-pandemic-ocean-noise-pollution.

(2012) Experimental chronic noise is related to elevated fecal corticosteroid metabolites in lekking male greater sage-grouse (*Centrocercus urophasianus*), *PLOS One,* 7(11), e50462.

Bok, M. J., et al. (2014) Biological sunscreens tune polychromatic ultraviolet vision in mantis shrimp, *Current Biology,* 24(14), 1636–1642.

Bok, M. J., Capa, M., and Nilsson, D.-E. (2016) Here, there and everywhere: The radiolar eyes of fan worms (Annelida, Sabellidae), *Integrative and Comparative Biology,* 56(5), 784–795.

Boles, L. C., and Lohmann, K. J. (2003) True navigation and magnetic maps in spiny lobsters, *Nature,* 421(6918), 60–63.

Bonadonna, F., et al. (2006) Evidence that blue petrel, *Halobaena caerulea,* fledglings can detect and orient to dimethyl sulfide, *Journal of Experimental Biology,* 209(11), 2165–2169.

Boonman, A., et al. (2013) It's not black or white: On the range of vision and echolocation in echolocating bats, *Frontiers in Physiology,* 4, 248.

Boonman, A., Bumrungsri, S., and Yovel, Y. (2014) Nonecholocating fruit bats produce biosonar clicks with their wings, *Current Biology,* 24(24), 2962–2967.

Boström, J. E., et al. (2016) Ultra-rapid vision in birds, *PLOS One,* 11(3), e0151099.

Bottesch, M., et al. (2016) A magnetic compass that might help coral reef fish larvae return to their natal reef, *Current Biology,* 26(24), R1266–R1267.

Braithwaite, V. (2010) *Do fish feel pain?* New York: Oxford University Press.

Braithwaite, V., and Droege, P. (2016) Why human pain can't tell us whether fish feel pain, *Animal Sentience,* 3(3).

Braude, S., et al. (2021) Surprisingly long survival of premature conclusions about naked molerat biology, *Biological Reviews,* 96(2), 376–393.

Brill, R. L., et al. (1992) Target detection, shape discrimination, and signal characteristics of an echolocating false killer whale (*Pseudorca crassidens*), *Journal of the Acoustical Society of America,* 92(3), 1324–1330.

Brinkløv, S., Elemans, C. P. H., and Ratcliffe, J. M. (2017) Oilbirds produce echolocation signals beyond their best hearing range and adjust signal design to natural light conditions, *Royal Society Open Science,* 4(5), 170255.

Brinkløv, S., Fenton, M. B., and Ratcliffe, J. M. (2013) Echolocation in oilbirds and swiftlets, *Frontiers in Physiology,* 4, 123.

Brinkløv, S., Kalko, E. K. V., and Surlykke, A. (2009) Intense echolocation calls from two "whispering" bats, *Artibeus jamaicensis* and *Macrophyllum macrophyllum* (Phyllostomidae), *Journal of Experimental Biology,* 212(Pt 1), 11–20.

Brinkløv, S., and Warrant, E. (2017) Oilbirds, *Current Biology,* 27(21), R1145–R1147.

Briscoe, A. D., et al. (2010) Positive selection of a duplicated UV-sensitive visual pigment coincides with wing pigment evolution in *Heliconius* butterflies, *Proceedings of the National Academy of Sciences,* 107(8), 3628–3633.

Broom, D. (2001) Evolution of pain, *Vlaams Diergeneeskundig Tijdschrift,* 70, 17–21.

Brothers, J. R., and Lohmann, K. J. (2018) Evidence that magnetic navigation and geomagnetic imprinting shape spatial genetic variation in sea turtles, *Current Biology,* 28(8), 1325–1329.e2.

members, *Biology Letters,* 4(1), 34–36.

Bateson, P. (1991) Assessment of pain in animals, *Animal Behaviour,* 42(5), 827–839.

Bauer, G. B., et al. (2012) Tactile discrimination of textures by Florida manatees (*Trichechus manatus latirostris*), *Marine Mammal Science,* 28(4), E456–E471.

Bauer, G. B., Reep, R. L., and Marshall, C. D. (2018) The tactile senses of marine mammals, *International Journal of Comparative Psychology,* 31.

Baxi, K. N., Dorries, K. M., and Eisthen, H. L. (2006) Is the vomeronasal system really specialized for detecting pheromones?, *Trends in Neurosciences,* 29(1), 1–7.

Bedore, C. N., and Kajiura, S. M. (2013) Bioelectric fields of marine organisms: Voltage and frequency contributions to detectability by electroreceptive predators, *Physiological and Biochemical Zoology,* 86(3), 298–311.

Bedore, C. N., Kajiura, S. M., and Johnsen, S. (2015) Freezing behaviour facilitates bioelectric crypsis in cuttlefish faced with predation risk, *Proceedings of the Royal Society B: Biological Sciences,* 282(1820), 20151886.

Benoit-Bird, K. J., and Au, W. W. L. (2009a) Cooperative prey herding by the pelagic dolphin, *Stenella longirostris, Journal of the Acoustical Society of America,* 125(1), 125–137.

Benoit-Bird, K. J., and Au, W. W. L. (2009b) Phonation behavior of cooperatively foraging spinner dolphins, *Journal of the Acoustical Society of America,* 125(1), 539–546.

Bernal, X. E., Rand, A. S., and Ryan, M. J. (2006) Acoustic preferences and localization performance of blood-sucking flies (*Corethrella Coquillett*) to túngara frog calls, *Behavioral Ecol- ogy,* 17(5), 709–715.

Beston, H. (2003) *The outermost house: A year of life on the great beach of Cape Cod.* New York: Holt Paperbacks.

Bianco, G., Ilieva, M., and Åkesson, S. (2019) Magnetic storms disrupt nocturnal migratory activity in songbirds, *Biology Letters,* 15(3), 20180918.

Bingman, V. P., et al. (2017) Importance of the antenniform legs, but not vision, for homing by the neotropical whip spider *Paraphrynus laevifrons, Journal of Experimental Biology,* 220(Pt 5), 885–890.

Birkhead, T. (2013) *Bird sense: What it's like to be a bird.* New York: Bloomsbury.

Bisoffi, Z., et al. (2013) *Strongyloides stercoralis:* A plea for action, *PLOS Neglected Tropical Diseases,* 7(5), e2214.

Bjørge, M. H., et al. (2011) Behavioural changes following intraperitoneal vaccination in Atlantic salmon (*Salmo salar*), *Applied Animal Behaviour Science,* 133(1), 127–135.

Blackledge, T. A., Kuntner, M., and Agnarsson, I. (2011) The form and function of spider orb webs, in Casas, J. (ed), *Advances in insect physiology,* 175–262. Amsterdam: Elsevier.

Blackwall, J. (1830) Mr Murray's paper on the aerial spider, *Magazine of Natural History and Journal of Zoology, Botany, Mineralogy, Geology, and Meteorology,* 2, 116–413.

Blakemore, R. (1975) Magnetotactic bacteria, *Science,* 190(4212), 377–379.

Bleicher, S. S., et al. (2018) Divergent behavior amid convergent evolution: A case of four desert rodents learning to respond to known and novel vipers, *PLOS One,* 13(8), e0200672. Blickley, J. L., et al.

Bakken, G. S., et al. (2018) Cooler snakes respond more strongly to infrared stimuli, but we have no idea why, *Journal of Experimental Biology,* 221(17), jeb182121.

Bakken, G. S., and Krochmal, A. R. (2007) The imaging properties and sensitivity of the facial pits of pitvipers as determined by optical and heat-transfer analysis, *Journal of Experimental Biology,* 210(16), 2801–2810.

Baldwin, M. W., et al. (2014) Evolution of sweet taste perception in hummingbirds by transformation of the ancestral umami receptor, *Science,* 345(6199), 929–933.

Bálint, A., et al. (2020) Dogs can sense weak thermal radiation, *Scientific Reports,* 10(1), 3736.

Baltzley, M. J., and Nabity, M. W. (2018) Reanalysis of an oft-cited paper on honeybee magnetoreception reveals random behavior, *Journal of Experimental Biology,* 221(Pt 22), jeb185454.

Bang, B. G. (1960) Anatomical evidence for olfactory function in some species of birds, *Nature,* 188(4750), 547–549.

Bang, B. G., and Cobb, S. (1968) The size of the olfactory bulb in 108 species of birds, *The Auk,* 85(1), 55–61.

Barber, J. R., et al. (2015) Moth tails divert bat attack: Evolution of acoustic deflection, *Proceedings of the National Academy of Sciences,* 112(9), 2812–2816.

Barber, J. R., and Conner, W. E. (2007) Acoustic mimicry in a predator-prey interaction, *Proceedings of the National Academy of Sciences,* 104(22), 9331–9334.

Barber, J. R., Crooks, K. R., and Fristrup, K. M. (2010) The costs of chronic noise exposure for terrestrial organisms, *Trends in Ecology & Evolution,* 25(3), 180–189.

Barber, J. R., and Kawahara, A. Y. (2013) Hawkmoths produce anti-bat ultrasound, *Biology Letters,* 9(4), 20130161.

Barbero, F., et al. (2009) Queen ants make distinctive sounds that are mimicked by a butterfly social parasite, *Science,* 323(5915), 782–785.

Bargmann, C. I. (2006) Comparative chemosensation from receptors to ecology, *Nature,* 444(7117), 295–301.

Barth, F. G. (2002) *A spider's world: Senses and behavior.* Berlin: Springer. Barth, F. (2015) A spider's tactile hairs, *Scholarpedia,* 10(3), 7267.

Barth, F. G., and Höller, A. (1999) Dynamics of arthropod filiform hairs. V. The response of spider trichobothria to natural stimuli, *Philosophical Transactions of the Royal Society B: Biological Sciences,* 354(1380), 183–192.

Barton, B. T., et al. (2018) Testing the AC/DC hypothesis: Rock and roll is noise pollution and weakens a trophic cascade, *Ecology and Evolution,* 8(15), 7649–7656.

Basolo, A. L. (1990) Female preference predates the evolution of the sword in swordtail fish, *Science,* 250(4982), 808–810.

Bates, A. E., et al. (2010) Deep-sea hydrothermal vent animals seek cool fluids in a highly variable thermal environment, *Nature Communications,* 1(1), 14.

Bates, L. A., et al. (2007) Elephants classify human ethnic groups by odor and garment color, *Current Biology,* 17(22), 1938–1942.

Bates, L. A., et al. (2008) African elephants have expectations about the locations of out-of- sight family

which appears to be crucial for reproductive behavior, *BioScience,* 51(3), 219–225.

Arikawa, K. (2017) The eyes and vision of butterflies, *Journal of Physiology,* 595(16), 5457–5464.

Arkley, K., et al. (2014) Strategy change in vibrissal active sensing during rat locomotion, *Current Biology,* 24(13), 1507–1512.

Arnegard, M. E., and Carlson, B. A. (2005) Electric organ discharge patterns during group hunting by a mormyrid fish, *Proceedings of the Royal Society B: Biological Sciences,* 272(1570), 1305–1314.

Arranz, P., et al. (2011) Following a foraging fish-finder: Diel habitat use of Blainville's beaked whales revealed by echolocation, *PLOS One,* 6(12), e28353.

Aschwanden, C. (2015) Science isn't broken, *FiveThirtyEight.* Available at: fivethirtyeight.com/ features/ science-isnt-broken/.

Atema, J. (1971) Structures and functions of the sense of taste in the catfish (*Ictalurus natalis*), *Brain, Behavior and Evolution,* 4(4), 273–294.

Atema, J. (2018) Opening the chemosensory world of the lobster, *Homarus americanus*, *Bulletin of Marine Science,* 94(3), 479–516.

Au, W. W. L. (1993) *The sonar of dolphins.* New York: Springer-Verlag.

Au, W. W. L. (1996) Acoustic reflectivity of a dolphin, *Journal of the Acoustical Society of America,* 99(6), 3844–3848.

Au, W. W. L. (2011) History of dolphin biosonar research, *Acoustics Today,* 11(4), 10–17.

Au, W. W. L., et al. (2009) Acoustic basis for fish prey discrimination by echolocating dolphins and porpoises, *Journal of the Acoustical Society of America,* 126(1), 460–467.

Au, W. W. L., and Simmons, J. A. (2007) Echolocation in dolphins and bats, *Physics Today,* 60(9), 40–45.

Au, W. W., and Turl, C. W. (1983) Target detection in reverberation by an echolocating Atlantic bottlenose dolphin (*Tursiops truncatus*), *Journal of the Acoustical Society of America,* 73(5), 1676–1681.

Audubon, J. J. (1826) Account of the habits of the turkey buzzard (*Vultur aura*), particularly with the view of exploding the opinion generally entertained of its extraordinary power of smelling, *Edinburgh New Philosophical Journal,* 2, 172–184.

Baden, T., Euler, T., and Berens, P. (2020) Understanding the retinal basis of vision across species, *Nature Reviews Neuroscience,* 21(1), 5–20.

Baker, C. A., and Carlson, B. A. (2019) Electric signals, in Choe, J. C. (ed), *Encyclopedia of animal behavior,* 2nd ed., 474–486. Amsterdam: Elsevier.

Baker, C. A., Huck, K. R., and Carlson, B. A. (2015) Peripheral sensory coding through oscillatory synchrony in weakly electric fish, *eLife,* 4, e08163.

Baker, C. V. H. (2019) The development and evolution of lateral line electroreceptors: Insights from comparative molecular approaches, in Carlson, B. A., et al. (eds), *Electroreception: Fundamental insights from comparative approaches,* 25–62. Cham: Springer.

Baker, C. V. H., Modrell, M. S., and Gillis, J. A. (2013) The evolution and development of vertebrate lateral line electroreceptors, *Journal of Experimental Biology,* 216(13), 2515–2522.

Baker, R. R. (1980) Goal orientation by blindfolded humans after long-distance displacement: Possible involvement of a magnetic sense, *Science,* 210(4469), 555–557.

參考文獻

Ache, B. W., and Young, J. M. (2005) Olfaction: Diverse species, conserved principles, *Neuron,* 48(3), 417–430.

Ackerman, D. (1991) *A natural history of the senses.* New York: Vintage Books.

Adamo, S. A. (2016) Do insects feel pain? A question at the intersection of animal behaviour, philosophy and robotics, *Animal Behaviour,* 118, 75–79.

Adamo, S. A. (2019) Is it pain if it does not hurt? On the unlikelihood of insect pain, *The Canadian Entomologist,* 151(6), 685–695.

Aflitto, N., and DeGomez, T. (2014) Sonic pest repellents, College of Agriculture, University of Arizona (Tucson, AZ). Available at: repository.arizona.edu/handle/10150/333139.

Agnarsson, I., Kuntner, M., and Blackledge, T. A. (2010) Bioprospecting finds the toughest biological material: Extraordinary silk from a giant riverine orb spider, *PLOS One,* 5(9), e11234.

Albert, J. S., and Crampton, W. G. R. (2006) Electroreception and electrogenesis, in Evans, D. H., and Claiborne, J. B. (eds), *The physiology of fishes,* 3rd ed., 431–472. Boca Raton, FL: CRC Press.

Alexander, R. M. (1996) Hans Werner Lissmann, 30 April 1909–21 April 1995, *Biographical Memoirs of Fellows of the Royal Society,* 42, 235–245.

Altermatt, F., and Ebert, D. (2016) Reduced flight-to-light behaviour of moth populations exposed to long-term urban light pollution, *Biology Letters,* 12(4), 20160111.

Alupay, J. S., Hadjisolomou, S. P., and Crook, R. J. (2014) Arm injury produces long-term behavioral and neural hypersensitivity in octopus, *Neuroscience Letters,* 558, 137–142.

Amey-Özel, M., et al. (2015) More a finger than a nose: The trigeminal motor and sensory innervation of the Schnauzenorgan in the elephant-nose fish Gnathonemus petersii, *Journal of Comparative Neurology,* 523(5), 769–789.

Anand, K. J. S., Sippell, W. G., and Aynsley-Green, A. (1987) Randomised trial of fentanyl anaesthesia in preterm babies undergoing surgery: Effects on the stress response, *The Lan- cet,* 329(8527), 243–248.

Andersson, S., Ornborg, J., and Andersson, M. (1998) Ultraviolet sexual dimorphism and assortative mating in blue tits, *Proceedings of the Royal Society B: Biological Sciences,* 265(1395), 445–450.

Andrews, M. T. (2019) Molecular interactions underpinning the phenotype of hibernation in mammals, *Journal of Experimental Biology,* 222(Pt 2), jeb160606.

Appel, M., and Elwood, R. W. (2009) Motivational trade-offs and potential pain experience in hermit crabs, *Applied Animal Behaviour Science,* 119(1), 120–124.

Arch, V. S., and Narins, P. M. (2008) "Silent" signals: Selective forces acting on ultrasonic communication systems in terrestrial vertebrates, *Animal Behaviour,* 76(4), 1423–1428.

Arikawa, K. (2001) Hindsight of butterflies: The *Papilio* butterfly has light sensitivity in the genitalia,